dtv

In der Schule hört man in der Regel zuerst die Antworten und bekommt in der Prüfung die Fragen vorgelegt. Lewis C. Epstein geht anders vor. Er stellt zuerst die Frage, und nicht nur das, er schlägt gleich mehrere Antworten vor. Man kann erst mal selbst nachdenken und dann nachsehen, ob man richtig liegt. In die Antworten packt Epstein die Grundideen der Physik – und dies praktisch ohne Formeln. So bekommt man spielerisch eine Lösung für sämtliche physikalischen Fragen von der Funktion einer Glühbirne oder einer Toilettenspülung bis zur Relativitätstheorie und verständliche Erklägungen für alles, worauf man sich keinen Reim machen kann. Ursprünglich nur für Schüler und Studenten gedacht, hat sich Epsteins Buch inzwischen zum populären Physik-Klassiker für Laien und Fachleute entwickelt.

»Eine faszinierende Lektüre – sogar für gelernte Physiker.«
The New Scientist

Lewis C. Epstein, Jahrgang 1937, unterrichtete Physik am City College in San Francisco. Er lebt in Kalifornien.

Lewis C. Epstein

DENKSPORT-PHYSIK

Fragen und Antworten

Aus dem Englischen übersetzt und für
die deutsche Ausgabe bearbeitet
von Prof. Dr. habil. Hans-Erhard Lessing

Durchgehend illustriert von
Lewis C. Epstein

Deutscher Taschenbuch Verlag

Algebra ist eine wunderbare Erfindung.
Mit ihr können selbst Idioten Physik treiben,
ohne sie zu verstehen.

Ausführliche Informationen über unsere Autoren und Bücher finden Sie auf unserer Website www.dtv.de

MIX
Papier aus verantwortungsvollen Quellen
FSC® C019821

Ungekürzte Ausgabe 2011
3. Auflage 2012
(insgesamt 11. Auflage seit 2006)

Titel der amerikanischen Originalausgabe: ›Thinking Physics‹

Umschlagkonzept: Balk & Brumshagen
Umschlagbild: Lewis C. Epstein
Satz: Greiner & Reichel, Köln
Gesetzt aus der Plantin 10,25/12,5˙
Druck und Bindung: Druckerei C. H. Beck, Nördlingen
Gedruckt auf säurefreiem, chlorfrei gebleichtem Papier
Printed in Germany · ISBN 978-3-423-34682-5

WIDMUNG

Die meisten Leute befassen sich mit Physik, um eine schulische Anforderung zu erfüllen. Eine kleine Anzahl treibt Physik, um die Tricks der Natur kennen zu lernen, um herauszufinden, wie Dinge größer oder kleiner oder schneller oder stärker oder empfindlicher gemacht werden können. Nur ganz, ganz wenige treiben Physik, weil sie sich fragen, warum Dinge funktionieren. Sie möchten den Dingen auf den Grund gehen – auf den Urgrund, wenn es denn einen solchen gibt.

DENKSPORT PHYSIK ist allen gewidmet, die wissen wollen, warum. Einstein nannte dies Gedankenphysik.

INHALT

WIE MAN DIESES BUCH BENUTZT

Die beste Art, dieses Buch zu nutzen, besteht *nicht* darin, es auf einen Schlag komplett durchzulesen. Lesen Sie lieber eine Frage und machen Sie dann stopp. Klappen Sie das Buch sogar zu. Oder legen Sie es weit weg und *denken* Sie über diese Frage nach. Erst nachdem Sie sich eine Meinung gebildet haben, sollten Sie die Lösung lesen. Aber warum sich mit Nachdenken foltern? Tja, wozu joggen oder Liegestütze machen?

Wenn man Ihnen im Alter von drei Jahren einen Hammer gibt, um Nägel einzuschlagen, denken Sie wohl: »Schon gut, ganz nett.« Aber wenn man Ihnen im Alter von drei Jahren einen Felsbrocken gibt, um Nägel einzuschlagen, und dann mit vier einen Hammer, denken Sie: »Welch wunderbare Erfindung!« Offensichtlich lernt man die Lösung erst dann wirklich zu schätzen, wenn man sich zuvor des Problems bewusst war.

Was sind die Probleme in der Physik? Wie man Dinge berechnet? Ja – aber noch viel mehr. Die wichtigste Aufgabe der Physik ist es, ein Gespür zu entwickeln, wie man sich im Kopf Bilder macht, wie man das Unwesentliche vom Wesentlichen trennt und zum Kern des Problems kommt, oder: *Wie man sich selbst Fragen stellt.* Sehr oft haben solche Fragen wenig mit Rechnen zu tun und können einfach mit Ja oder Nein beantwortet werden: Trifft ein schwerer Gegenstand, der zur gleichen Zeit und aus derselben Höhe abgeworfen wurde wie ein leichter Gegenstand, zuerst auf dem Boden auf? Hängt die beobachtete Geschwindigkeit eines bewegten Gegenstandes von der Geschwindigkeit des Beobachters ab? Existiert ein Teilchen oder nicht? Zeigen sich Beugungsfransen oder nicht? Solche qualitativen Fragen sind die entscheidenden Fragen in der Physik.

Deshalb darf der zahlenmäßige Überbau der Physik nicht deren qualitatives Fundament vernebeln. Mehr als ein weiser alter Physiker hat gemeint, dass man ein Problem erst dann wirklich versteht, wenn man die Lösung intuitiv erraten hat, *bevor* man sie berechnet. Wie soll das gehen? Indem Sie Ihre physikalische Intuition trainieren. Und wie geht *das*? Genauso, wie Sie Ihren Körper trainieren – durch Übung.

Lassen Sie dieses Buch also zu einer Anleitung für gedankliche Liegestütze werden. Denken Sie sorgfältig nach über die Fragen und die Antworten, *bevor* Sie die vom Autor angebotenen Antworten lesen. *Doch Sie werden merken, dass viele Antworten nicht so ausfallen, wie Sie es zunächst erwartet haben. Bedeutet dies, dass Sie keinen Sinn für Physik haben? Keineswegs! Denn die meisten Fragen wurden absichtlich ausgesucht, um solche Aspekte der Physik zu illustrieren, die oberflächlicher Mutmaßung zu widersprechen scheinen. Vorstellungen zu revidieren, auch im eigenen Kopf, kann anstrengend sein.* Aber dabei werden Ihnen einige der Probleme begegnen, die bereits in den Gehirnen von Archimedes, Galilei, Newton, Maxwell und Einstein spukten. Bei manchen dauerte es Jahrhunderte, bis sie geknackt waren. Sie werden nur Stunden dazu brauchen. Ihre Stunden des Nachdenkens werden eine lohnende Erfahrung sein. Viel Vergnügen!

Lewis C. Epstein

MECHANIK

Am Beginn der Mechanik steht die Energiekrise – sie fällt mit den Anfängen unserer Kultur zusammen. Uralt ist der Traum, eine Maschine zu bauen, die mehr Arbeit leistet, als man in sie hineinsteckt. Ist dies ein abwegiger Traum? Schließlich liefert der Hebel an einem Ende doch mehr Kraft, als man am anderen aufwendet. Aber leistet er auch mehr Arbeit? Das heißt, liefert er auch mehr Verschiebung gegen die Kraft? Wenn der Hebel nichts bringt, könnte vielleicht irgendeine andere Vorrichtung solch ein Ziel, ein Perpetuum mobile also, erreichen? Man kann sagen, dass die (erfolglosen) Versuche, Gold herzustellen, die Chemie ins Leben riefen und die (erfolglosen) Versuche einer Astrologie die Astronomie. Genauso entstand aus der (erfolglosen) Suche nach dem Perpetuum mobile die Mechanik.

Sie haben vielleicht schon festgestellt, dass der größte Abschnitt diese Buches der *Mechanik* gewidmet ist (wie in anderen Physikbüchern auch). Aber warum ist die Mechanik so wichtig? Weil es das Ziel der Physik ist, alle anderen Gebiete der Physik auf die Mechanik zurückzuführen. Und warum das? Weil wir die Mechanik am besten verstehen. Früher dachte man, Wärme sei irgendeine Art Substanz. Später fand man heraus, dass sie eigentlich Mechanik ist: kleine Kügelchen namens Molekül springen entweder im Raum herum oder zittern untereinander wie mit Federn verbunden hin und her. Ganz ähnlich ließ sich der Schall auf Mechanik zurückführen. Man gab sich auch viel Mühe, das Licht auf Mechanik zu reduzieren.

Mechanik besteht aus zwei Teilen, dem einfacheren namens *Statik*, wo sich alle Kräfte zu null ausgleichen, sodass nichts passiert, und dem dramatischeren namens *Dynamik*, wo sich die Kräfte nicht alle gegenseitig aufheben, sondern netto eine Kraft verbleibt, welche Dinge geschehen lässt. Wie viel geschieht, hängt davon ab, wie lange diese Kraft wirkt. Doch »lang« kann vielerlei bedeuten. Soll es lange Entfernung oder lange Dauer bedeuten? Der kleine, aber feine Unterschied zwischen einer Kraft über soundso viel Meter hinweg oder einer Kraft soundso viel Sekunden lang ist der Zauberschlüssel zum Verständnis der Dynamik.

Sie werden merken, dass ein Großteil der Fragen sich mit Zusammenstößen beschäftigt (PLATSCH, PLOPP, PATSCH und so fort). Nun sind Zusammenstöße zwar an sich interessant, doch sind sie wirklich so wichtig? Viele Physiker glauben das. Warum? Wenn die ganze Welt mechanisch mittels kleiner Kügelchen (Moleküle, Elektronen, Photonen, Gravitonen usw.) erklärt werden soll, dann ist die einzige Möglichkeit, dass ein Kügelchen ein anderes beeinflusst, eben der Zusammenstoß zwischen den Kügelchen. Wenn dem so ist, ist der Zusammenstoß die Quintessenz der physikalischen Wechselwirkung.

Nun mag es das Ziel der Physik sein, jedes Thema auf die Mechanik und die Mechanik wiederum auf Zusammenstöße zurückzuführen. Erreicht wurde dieses Ziel bisher jedoch nicht und wird es womöglich nie. Dennoch sollten Sie, falls Sie Physik verstehen wollen, zunächst die Mechanik verstehen – oder besser noch – lieben lernen.

Zum Erwerb der Naturwissenschaften
nützen Beispiele mehr als Prinzipien.
Sir Isaak Newton

Alles visualisieren!

Eine längere Radtour wird unternommen. Eine Stunde lang fährt man mit acht Kilometer pro Stunde. Dann drei Stunden lang mit sechs Kilometer pro Stunde und schließlich zwei Stunden lang mit elf Kilometer pro Stunde. Wie viel Kilometer ist man insgesamt gefahren?

a) 8 km
b) 14 km
c) 25 km
d) 48 km
e) 56 km

Antwort: Alles visualisieren!

Die Antwort lautet d). Geschwindigkeit mal Zeit ergibt die Entfernung. Aber wie groß ist die Geschwindigkeit? Sie ändert sich ja während der Fahrt. Also spaltet man die Tour in einzelne Abschnitte auf. Eine Stunde mit 8 km/h ergibt 8 Kilometer. Drei Stunden bei 6 km/h ergeben 18 Kilometer, und zwei Stunden bei 11 km/h ergeben 22 Kilometer. Dann addiert man die Abschnitte: 8 plus 18 plus 22 summieren sich zu 48. Und dann hat man die Antwort.

Aber damit nicht genug! Denn dies ist bloß eine Rechnung und Rechnen ist blind. Kann man nicht veranschaulichen, was man tut? Dazu nimmt man die Geometrie, denn sie hat Augen. Machen Sie ein Schaubild von der Geschwindigkeit der Fahrt. Für eine Stunde beträgt sie 8 km/h. Dann verlangsamt sie sich auf 6 km/h und bleibt dabei drei Stunden lang. Dann rast sie zwei Stunden lang mit 11 km/h und kommt schließlich zum Stillstand, d. h., die Geschwindigkeit ist gleich null.

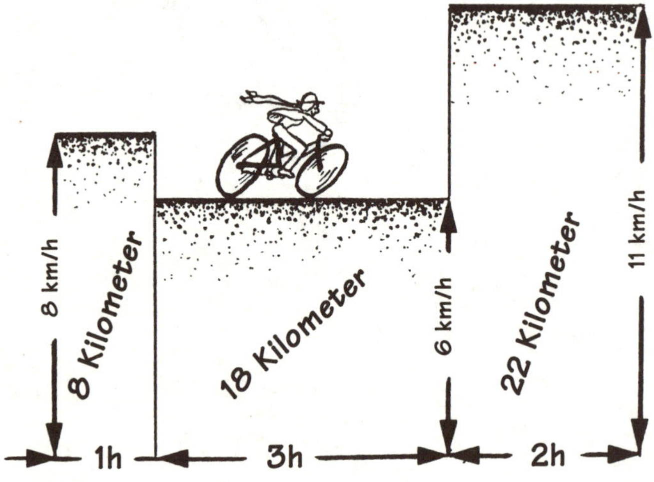

Jetzt teilt man das Schaubild in drei Rechtecke auf. Jedes Rechteck stellt einen Abschnitt der Tour dar. Das erste Rechteck ist 8 km/h hoch und eine Stunde breit. Welche Fläche hat das Rechteck? Dazu multipliziert man seine Höhe mit seiner Breite – also 8 km/h mal eine Stunde – und erhält 8 Kilometer. Die Fläche des Rechtecks gibt also die zurückgelegte Strecke während des ersten Abschnitts der Tour wieder. Die Fläche des zweiten Rechtecks ist 6 km/h multipliziert mit 3 Stunden, also 18 Kilometer, und zeigt somit die während des zweiten Tourabschnitts zurückgelegte Strecke.

Das ist ein hübsches Verfahren, um zurückgelegte Strecken sichtbar zu machen. Stellen Sie sich einen Tachometer vor, der einem das Schaubild der Geschwindigkeit über den Verlauf der Zeit hinweg notiert – einen Tachographen also. Die gesamte Fläche unter der eckigen Geschwindigkeitskurve zeigt nun an, wie weit man bisher gefahren ist.

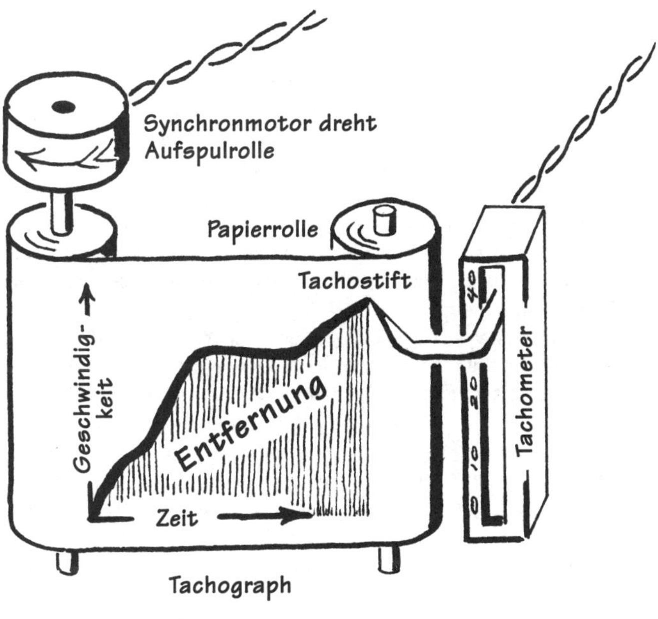

Integralrechnung

Aus dem Schaubild einer anderen Radtour lassen sich die Antworten auf folgende Fragen ablesen:

Wie schnell war man zwei Stunden nach Beginn der Fahrt?

a) 0 km/h
b) 10 km/h
c) 20 km/h
d) 30 km/h
e) 40 km/h

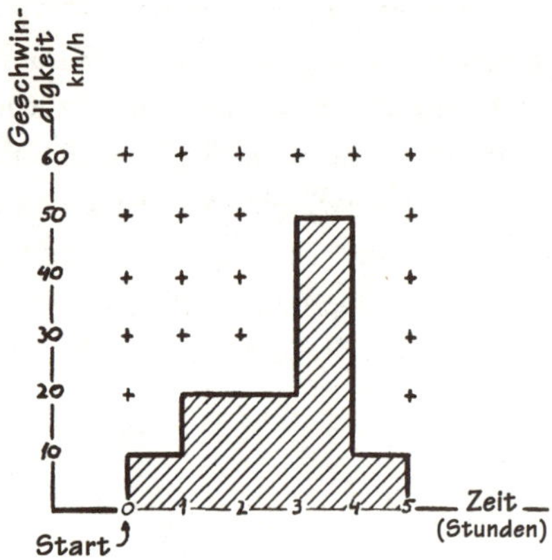

Wie weit reichte die gesamte Radfahrt?

a) 40 km
b) 80 km
c) 110 km
d) 120 km
e) 210 km

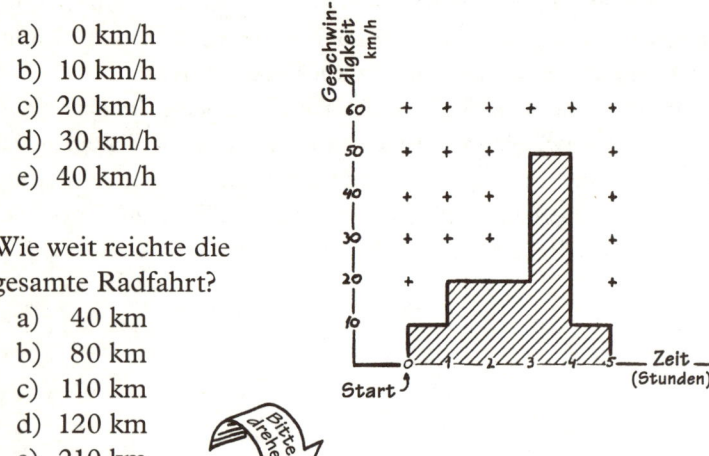

Antwort: Integralrechnung

Die Antwort auf die erste Frage lautet c): Über der 2-Stunden-Marke liest man die Geschwindigkeit 20 km/h ab.

Die Antwort auf die zweite Frage ist wiederum c). Die Fläche unter der Geschwindigkeitslinie (oder »-kurve«) wird in kleine Quadrate aufgeteilt. Jedes Quadrat ist eine Stunde breit und 10 km/h hoch, also ist die Fläche davon 10 Kilometer. Jetzt zählt man, wie viele Quadrate unter die fette Linie passen: insgesamt elf. Elf mal 10 Kilometer ergibt 110 Kilometer. Also ist die Gesamtfläche unter der fetten Linie 110 Kilometer, und so weit ging die ganze Fahrt. Wie kann aber die Fläche eines Quadrats Kilometer darstellen? Müssten das nicht Quadratkilometer sein? Nun, die Fläche eines Quadrats stellt Quadratkilometer dar, wenn alle Seiten in Kilometern gemessen werden. Wenn dagegen die Breite in Stunden und die Höhe in Kilometern pro Stunde gemessen werden, kann man die Fläche mit etwas Vorstellungsvermögen als Kilometer verstehen.

Das hier benutzte Verfahren zum Bestimmen der gefahrenen Entfernung ist die Methode des Integralkalküls. Integral bedeutet das Integrieren oder Aufsummieren vieler kleiner Teile. Kalkül bezieht sich auf viele ganz kleine Teile oder Schichten, die sich bis zur Summe aufbauen. Der Name kommt vom Kalk, der sich in Schichten aufbaut wie der Zahnstein. Wenn der Zahnarzt ihn abkratzt, wird er in Schüppchen frei. Jedes Schüppchen entspricht einer Schicht.

Dragster

Ein auf hohe Beschleunigung getunter Dragster startet aus dem Stand und beschleunigt in 10 Sekunden auf 90 km/h. Wie weit fährt er in diesen 10 Sekunden?

a) 1/90 km
b) 1/10 km
c) 1/8 km
d) 1/2 km
e) 90 km

Antwort: Dragster

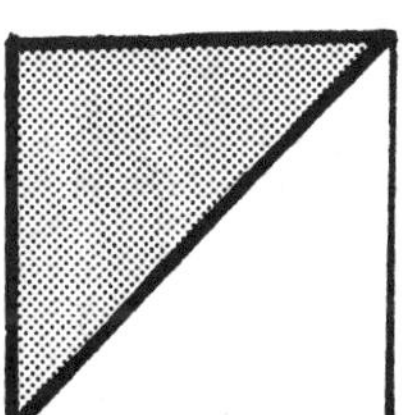

Die Antwortet lautet c). Zuerst sollte man die Zeit in Stunden darstellen. Zehn Sekunden bedeuten 1/6 Minute, und eine Minute beträgt 1/60 der Stunde, also sind 10 Sekunden 1/360 einer Stunde.

Die Fläche unter der Geschwindigkeitskurve ist dreieckig, und die Fläche eines Dreiecks beträgt die Hälfte des Rechtecks aus Grundlinie mal Höhe. Die Höhe des Dreiecks beträgt 90 km/h und die Grundlinie 1/360 von einer Stunde, somit muss die insgesamt zurückgelegte Entfernung (1/2) x (90 km/h) x (1 h/360) = 1/8 Kilometer sein.

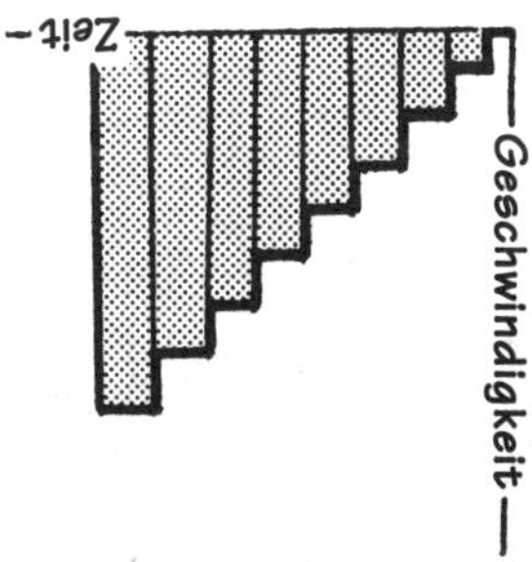

Man kann, so man will, sich das Dreieck bestehend aus einer Menge Stufen jeweils konstanter Geschwindigkeit vorstellen. Jede Stufe bedeutet eine Schicht des Kalküls.

Ohne Tacho

Der nächste Dragster ist derart abgespeckt, dass er nicht mal einen Tacho besitzt. Mit höchster Beschleunigung legt er aus dem Stand 1/5 Kilometer in 10 Sekunden zurück. Welche Geschwindigkeit erreicht er nach diesen 10 Sekunden?

a) 5 km/h
b) 104 km/h
c) 120 km/h
d) 124 km/h
e) 144 km/h

Antwort: Ohne Tacho

Die Antwort lautet e). Es ist fast genauso wie bei DRAGSTER. Dort war die Regel: (1/2) x (Maximalgeschwindigkeit) x (Zeit) = (Entfernung).

Also hier (1/2) x (? km/h) x (1/360 h) = 1/5 km

Jetzt beide Seiten der Gleichung durch 1/360 h teilen. Man erinnere sich, dass 1/360 h geteilt durch 1/360 h nichts anderes als Eins ergibt und 1/5 km geteilt durch 1/360 h eben 72 km/h, also (1/2) x (? km/h) = 72 km/h. Schließlich: ? km/h = (2) x (72 km/h) = 144 Kilometer pro Stunde.

Nicht allzu weit

Betrachten Sie das Geschwindigkeits-Schaubild und sagen Sie, wie weit vom Ausgangspunkt entfernt diese Fahrt endete.

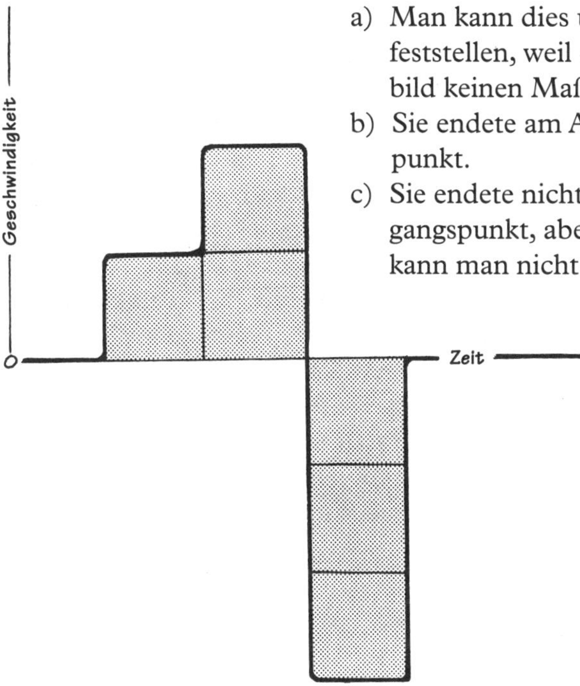

a) Man kann dies unmöglich feststellen, weil das Schaubild keinen Maßstab hat.
b) Sie endete am Ausgangspunkt.
c) Sie endete nicht am Ausgangspunkt, aber wo genau, kann man nicht sagen.

Antwort: Nicht allzu weit

Die Antwort lautet b). Was bedeutet es, wenn die Geschwindigkeit kleiner als null ist? Dies heißt, der Gegenstand bewegt sich zurück. Nun gibt es drei Quadrate über der Null-Linie und drei darunter. Es wurde also rückwärts genauso weit gefahren wie vorwärts. Es handelt sich nämlich um eine Rundfahrt, die am Ausgangspunkt endete. Man kann dies feststellen, obwohl sich nicht sagen lässt, wie schnell oder wie lange sich der Gegenstand bewegte! Wenn man ähnliche Dinge miteinander vergleicht, spielen Maßeinheiten keine Rolle.

Fahrräder mit Biene

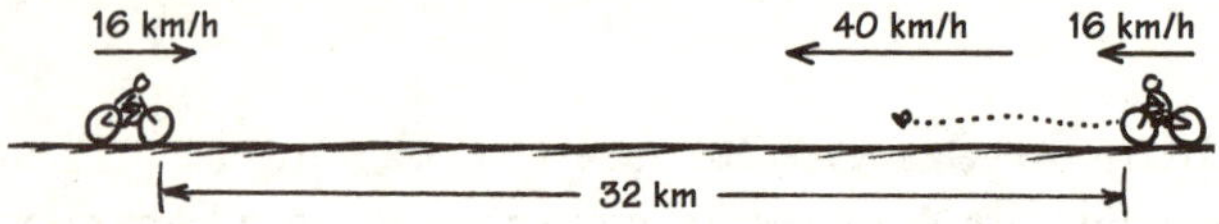

Zwei Radfahrer fahren mit Festgeschwindigkeit von 16 km/h aufeinander zu. In dem Moment, in dem sie 32 Kilometer voneinander entfernt sind, startet eine Biene vom Vorderrad eines der Fahrräder und fliegt mit Festgeschwindigkeit von 40 km/h direkt zum Vorderrad des anderen Fahrrads. Dort angekommen wendet sie augenblicklich und fliegt mit derselben Geschwindigkeit zum ersten Fahrrad zurück, wo sie nach Berührung des Vorderrads wiederum augenblicklich wendet und dieses Hin und Her immer wieder veranstaltet, wobei die Abfolge der Strecken immer kürzer wird, bis die unglückliche Biene zwischen den Vorderrädern zerquetscht wird. Wie groß ist die gesamte Kilometerzahl, welche die Biene auf ihren vielen Hin-und-her-Flügen seit der Zeit, als die Fahrräder 32 Kilometer entfernt waren, bis zu ihrem unglücklichen Ende zurückgelegt hat? (Je nach Vorgehensweise kann dies ganz einfach oder sehr schwer herauszubekommen sein).

a) 32 Kilometer
b) 40 Kilometer
c) 80 Kilometer
d) mehr als 80 Kilometer
e) Aufgabe lässt sich mit den gegebenen Informationen nicht lösen

Antwort: Fahrräder mit Biene

Die Antwort lautet b). Die Gesamtflugstrecke der Biene war 40 Kilometer. Das einfachste Vorgehen zur Lösung besteht im Betrachten der beteiligten Zeit. Die Radfahrer brauchen eine Stunde, um aufeinander zu treffen, da jeder mit 16 km/h gerade 16 km weit fährt – also macht auch die Biene eine Stunde lang ihre Hin-und-her-Flüge. Da sich ihre Geschwindigkeit auf 40 km/h beläuft, legt sie die Gesamtstrecke von 40 Kilometern zurück. Wieder mal ist die Zeit die wichtige Überlegung bei Geschwindigkeitsaufgaben!

Struppi

Dr. Braun beschäftigt seinen Hund Struppi auf seinem 15-minütigen Spazierweg, indem er ein Stöckchen wirft, das Struppi verfolgt und apportiert. Um nun Struppi insgesamt möglichst andauernd rennen zu lassen, während Dr. Braun weitergeht, muss dieser das Stöckchen in welche Richtung werfen:

a) nach vorn
b) nach hinten
c) seitwärts
d) in beliebiger Richtung, da alle gleichwertig sind

Antwort: Struppi

Die Antwort lautet d). Wieder ist die Zeit der wichtige Faktor. Braun hält Struppi für 15 Minuten am Rennen, einerlei in welche Richtung er das Stöckchen wirft! Wäre die Frage nach der längsten Rennzeit pro Wurf ergangen, würde die Antwort b, nach hinten, lauten, denn Struppi müsste die zusätzliche Distanz rennen, die Braun während Struppis Jagd nach dem Stöckchen zurückgelegt hätte. Doch die Frage zielte einfach auf Struppis Renndauer während Brauns 15-Minuten-Spaziergang. Haarspalterei? Vielleicht – aber es soll hier eine wichtige Regel demonstriert werden, nämlich dass man sicherstellen muss, auch wirklich auf das zu antworten, was gefragt ist. Wie bedauerlich, wenn Studenten in Prüfungen oft Fragen beantworten, die gar nicht gestellt wurden. Wer in eine Prüfung geht, sollte darauf achten, dass ihm das nicht passiert!

Noch eins drauf

Die Neckarau-Straßenbahn nähert sich dem Wasserturm mit 360 Zentimeter pro Sekunde. Ein Passagier wandert mit Gesicht in Fahrtrichtung in der Straßenbahn nach vorn mit 90 Zentimeter pro Sekunde relativ zur Bestuhlung und Einrichtung des Waggons. Der Passagier isst zudem ein Sandwich, das mit 5 Zentimeter pro Sekunde in seinem Mund verschwindet (er schlingt fürchterlich). Eine Ameise auf dem Sandwich läuft weg vom Mund zum freien Sandwich-Ende. Der Abstand zwischen Ameise und freiem Sandwich-Ende verringert sich mit 3 Zentimeter pro Sekunde. Die Frage lautet nun: Wie schnell nähert sich die Ameise dem Wasserturm?

a) 0 cm/s
b) 250 cm/s
c) 425 cm/s
d) 448 cm/s
e) 450 cm/s

Könnte man obige Antwort von Zentimetern pro Sekunde in Kilometer pro Stunde umwandeln? (Man braucht es jetzt nicht auszurechnen.)

a) ja
b) nein

Falls man obiges mit »Ja« beantwortet hat, frage man sich selbst, ob es möglich ist, *irgendetwas* darüber zu sagen, wie weit die Ameise in einer *Stunde* läuft, wo es doch nur noch eine Sache von Sekunden ist, bis die arme Ameise verzehrt und tot ist.

Antwort: Noch eins drauf

Die Antwort zur ersten Frage lautet d). Man kann sich dies wie folgt vorstellen: Man addiere die Geschwindigkeit der Straßenbahn zur Geschwindigkeit des Passagiers – beide bewegen sich zum Wasserturm hin. Man subtrahiere die Geschwindigkeit des Sandwichs (das sich in Gegenrichtung bewegt). Dann addiere man noch die Geschwindigkeit der Ameise (die sich ebenso zum Wasserturm hin bewegt).

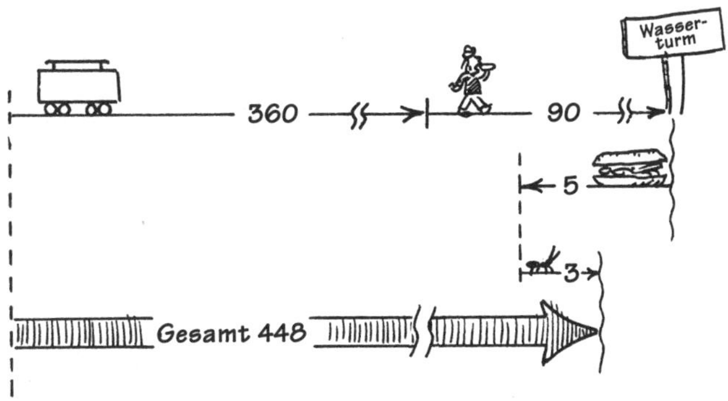

Derselbe Gedanke gilt auch für das Addieren von Geschwindigkeiten, die nicht auf einer Linie entweder hin oder her erfolgen, etwa wenn der Passagier in der Straßenbahn unter einem Winkel läuft (wir wollen hier Sandwich und Ameise mal vergessen):

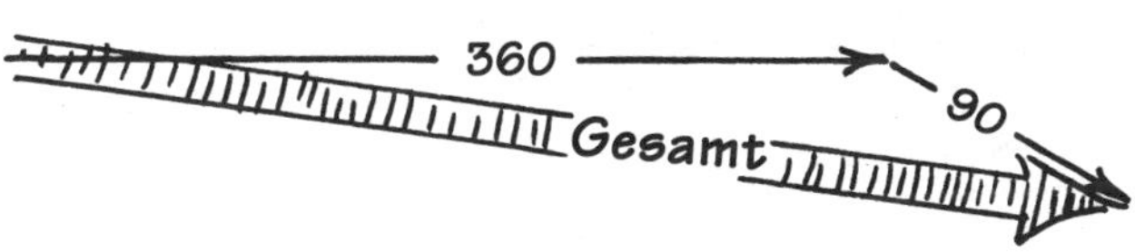

Die Antwort auf die zweite Frage lautet a). Man bedenke jedoch, wenn man von Kilometern pro Stunde spricht, dass dies *im Konditional* steht. Man sagt nicht, wie weit ein Ding gehen *wird*, sondern wie weit es gehen *würde*, *falls* es eine Stunde lang gehen könnte.

Geschwindigkeit ungleich Beschleunigung

Beim Hinabrollen der Kugel auf diesem Hang

a) nimmt ihre Geschwindigkeit zu und Beschleunigung ab
b) nimmt ihre Geschwindigkeit ab und Beschleunigung zu
c) nehmen beide zu
d) bleiben beide konstant
e) nehmen beide ab.

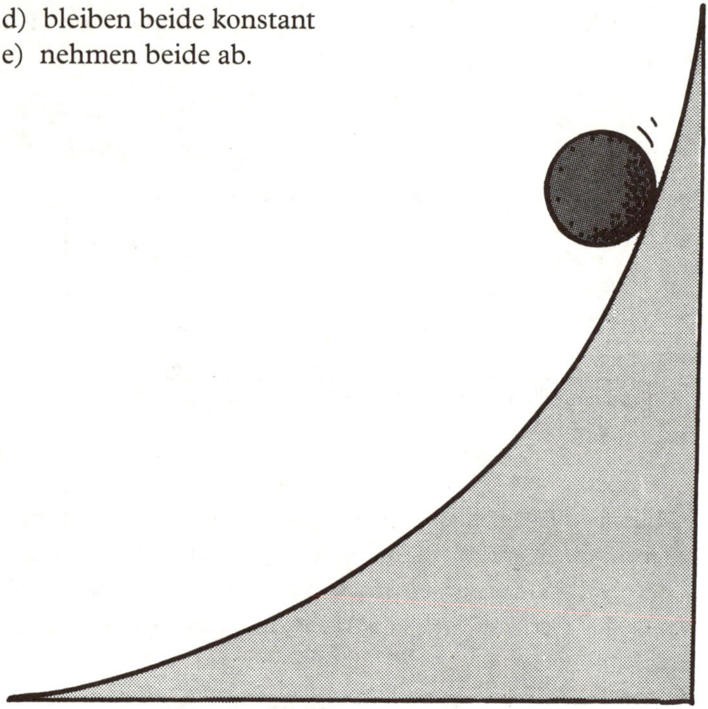

Antwort: Geschwindigkeit ungleich Beschleunigung

Die Antwort lautet a). Die Geschwindigkeit der Kugel nimmt beim Hinabrollen zu, doch die Beschleunigung hängt von der Steilheit des Hangs ab. Ganz oben am Hang ist die Beschleunigung am größten, weil der Hang dort am steilsten ist. Während die Kugel den Hang hinabrollt, wird der Hang weniger steil und ihre Beschleunigung nimmt ab. Also kann die Beschleunigung abnehmen, während zugleich die Geschwindigkeit zunimmt. Man sollte dieses Beispiel im Gedächtnis bewahren und darauf zurückgreifen, wenn man den Unterschied zwischen Geschwindigkeit und Beschleunigung zu vergessen droht.

In der Skizze wird die Beschleunigung a der Kugel parallel zur Hangoberfläche gezeigt als Komponente der Erdbeschleunigung g, also der Beschleunigung im freien Fall (wie sie bei vertikaler »Neigung« wirken würde). Je steiler die Neigung, desto mehr nähert sich a an g. Oder man könnte auch sagen, je weniger steil der Hang ist, desto mehr nähert sich a an Null an – dem Wert der Beschleunigung, den die Kugel auf einer topfebenen Fläche erfahren würde. Solchen Vektor-Komponenten begegnet man noch später.

Genau genommen ist diese Beschreibung der Beschleunigung noch nicht vollständig. Denn da die Kugel sich auf einer gekrümmten Oberfläche bewegt, beinhaltet ihre gekrümmte Bewegung noch einen anderen Effekt, der später besprochen werden wird.

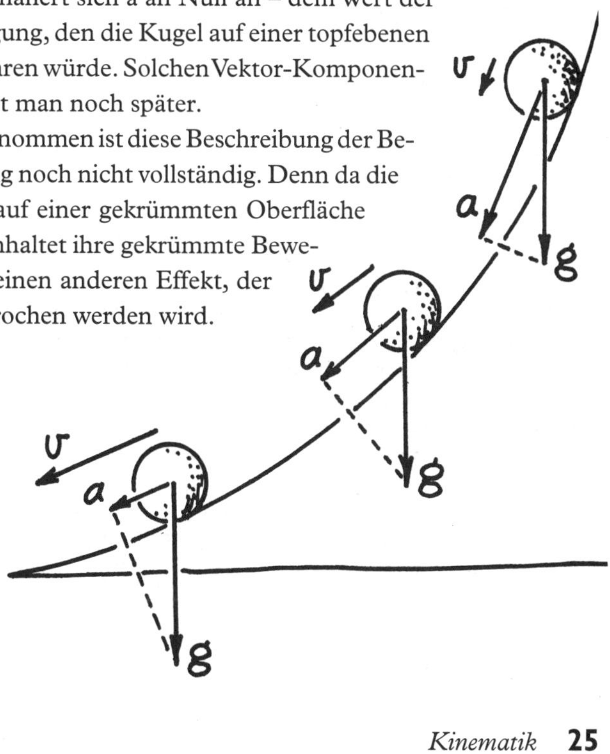

Beschleunigung im Gipfelpunkt

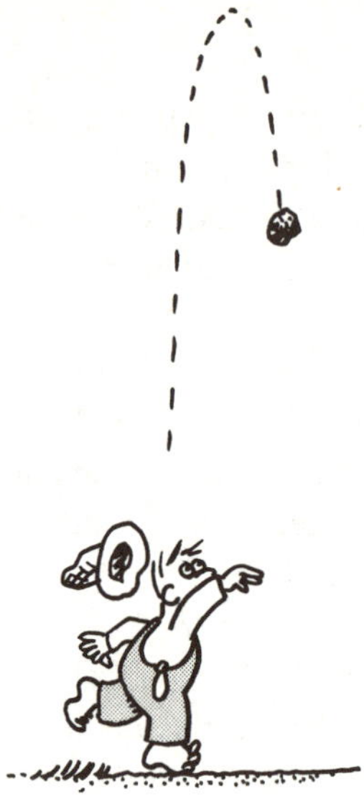

Ein Stein wird senkrecht nach oben geworfen, und im Gipfelpunkt seiner Bahn ist seine Geschwindigkeit momentan null. Wie groß ist seine Beschleunigung in diesem Punkt?

a) null
b) $10\ m/s^2$
c) mehr als null, aber weniger als $10\ m/s^2$

Antwort: Beschleunigung im Gipfelpunkt

Die Antwort lautet b). Obschon die Geschwindigkeit momentan null ist, unterliegt sie doch soeben einer ÄNDERUNG. Dies wird ersichtlich, wenn man die Bewegung einen Augenblick davor und danach betrachtet, wenn sich der Stein noch oder wieder bewegt. Beispielsweise beträgt seine Geschwindigkeit eine Sekunde vor oder nach Erreichen des Gipfelpunkts 10 m/s. Also ändert sich die Geschwindigkeit von plus 10 m/s in minus 10 m/s, also um 20 m/s und dies innerhalb 2 Sekunden. 20 m/s geteilt durch 2 s ergibt wieder $10\ m/s^2$, d. h., für die Geschwindigkeitsänderung im Gipfelpunkt gilt wie an jeder anderen Stelle der gleiche Zahlenwert. Bei vernachlässigbarem Luftwiderstand ist also die Geschwindigkeitsänderung überall $10\ m/s^2$.

Oder von einer anderen Warte aus: Das Newton'sche Grundgesetz besagt, dass eine auf irgendein Ding wirkende Nettokraft jenes Ding beschleunigen wird. Bei uns wirkt die Schwerkraft auf den Stein an jeder Stelle seiner Bahn und erzeugt eine konstante Beschleunigung an jeder Stelle der Bahn – also auch im Gipfelpunkt. Denn würde der Stein beim momentanen Stillstand im Gipfelpunkt *nicht* beschleunigen, dann würde er ja dort bleiben und nicht mehr fallen – auf ewig.

Zeitumkehr

Von einem fallenden Ding wird ein Kinofilm gedreht, der zeigt, wie das Ding sich nach unten beschleunigt. Wenn man jetzt den Film rückwärts laufen lässt, zeigt er, wie sich das Ding beschleunigt.

a) aufwärts
b) weiterhin abwärts

Antwort: Zeitumkehr

Überraschung, die Antwort lautet b). Denn wenn man den Film rückwärts laufen lässt, zeigt er das Ding sich aufwärts bewegend, aber seine Beschleunigung geht immer noch abwärts. Man lasse den Film vor dem geistigen Auge rückwärts laufen. Man sieht das Ding sich anfangs schnell nach oben bewegen, dann immer langsamer, genau wie wenn man es nach oben werfen würde. Die Aufwärtsbewegung wird eindeutig nicht schneller, als gäbe es aufwärts keine Beschleunigung. Doch die Geschwindigkeit ändert sich, also muss es eine Beschleunigung geben. Und eine Abnahme der Geschwindigkeit aufwärts bedeutet eine Beschleunigung abwärts.

Dies soll uns etwas über Änderungen pro Zeit (oder Änderungsgeschwindigkeiten) zeigen. Wenn die Zeit umgekehrt wird, kehrt sich die Änderungsgeschwindigkeit von etwas (oben: des Orts) um, das heißt die Änderungsgeschwindigkeit von etwas nimmt nun ab, wenn sie vorher zunahm. Jedoch: Wenn die Zeit umgekehrt wird, kehrt sich die Änderungsgeschwindigkeit der Änderungsgeschwindigkeit von etwas *nicht* um. Beschleunigung bedeutet die Änderungsgeschwindigkeit von Geschwindigkeit, und Geschwindigkeit bedeutet die Änderungsgeschwindigkeit des Orts, also ist die Beschleunigung die Änderungsgeschwindigkeit einer Änderungsgeschwindigkeit, und darum kehrte sie sich im obigen Fall nicht um.

Was ist dann mit der Änderungsgeschwindigkeit der Änderungsgeschwindigkeit einer Änderungsgeschwindigkeit – kehrt sie sich um, wenn die Zeit umgekehrt wird? Ja, sie kehrt sich um. Was ist mit der Änderungsgeschwindigkeit der Änderungsgeschwindigkeit der Änderungsgeschwindigkeit einer Änderungsgeschwindigkeit? Die kehrt sich nicht um, wenn die Zeit umgekehrt wird. Es gibt dafür übrigens Symbole, die uns eine Menge Worte sparen helfen.

Ist X der Ort eines Dings, dann bedeutet $\dot{X}$ die Änderungsgeschwindigkeit des Orts oder eben die Geschwindigkeit des Dings und $\ddot{X}$ seine Beschleunigung. $\dddot{X}$ bedeutet die Änderungsgeschwindigkeit der Beschleunigung, was im Angelsächsischen als »jerk« (Ruck) bezeichnet wird, und $\ddddot{X}$ bedeutet die Änderungsgeschwindigkeit des Rucks, wofür man sich selbst noch einen guten Namen einfallen lassen kann.

Skalar

Die von einem Akku abgegebene Spannung, das Volumen einer Flasche, die Uhrzeit oder das Gewichtsstück haben alle etwas gemein: nämlich dass sie darstellbar sind

a) durch eine einzige Zahl
b) durch mehr als eine Zahl.

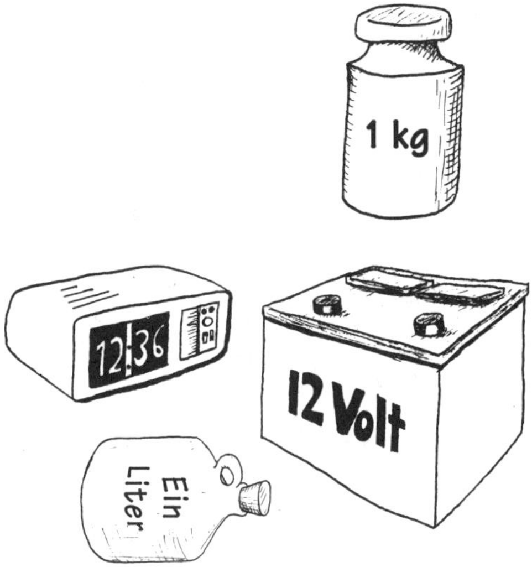

Antwort: Skalar

Die Antwortet lautet a). Jedes ist durch eine einzige Zahl gekennzeichnet – der Akku durch 12 Volt, die Flasche durch 1 Liter, die Zeit durch 12:36 Uhr und das Gewichtsstück durch 1 Kilogramm. Sachen, die durch eine einzige Zahl gekennzeichnet werden können, nennt man Skalare. Zum Beispiel: Wie würden Sie auf einer Skala von 1 bis 10 den Autor dieses Buches bewerten?

Vektor

Das Paar Bluejeans, die Schraube, die amerikanische Straßenkreuzung und Miss Germany haben alle etwas gemeinsam. Sind sie gekennzeichnet

a) durch eine einzige Zahl
b) durch mehr als eine Zahl.

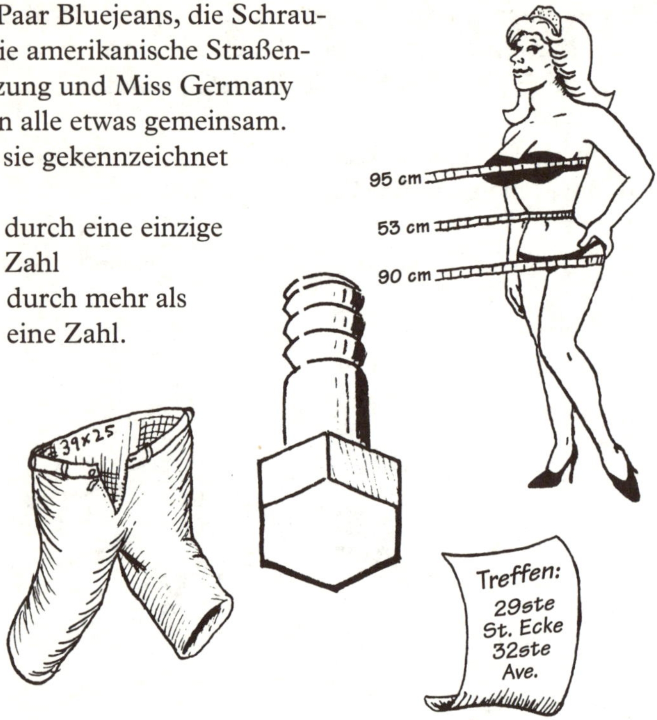

Antwort: Vektor

Die Antwort lautet b). Die Bluejeans sind durch ein Längenmaß und ein Taillenmaß in Zoll gekennzeichnet, die Schraube durch ihre Länge und die Zahl ihrer Gewindegänge pro Zentimeter, die amerikanische Straßenkreuzung durch die beiden Straßen-Ziffern und Miss Germany durch mindestens drei Maße, z. B. 95–53–90. Größen, die durch mehr als eine Zahl zu kennzeichnen sind, werden als Vektoren bezeichnet.

Der Name Vektor bedeutet Träger (oder Fahrer). In der Medizin bezeichnet man den Moskito als Malariaträger. In der Physik misst der Vektor (oder Fahrstrahl), wohin ein Ding getragen wird. Angenommen, das Ding wird drei Meter nach vorn, dann fünf Meter nach rechts und schließlich sechs Meter nach oben getragen. Sein Verschiebungs-Vektor wäre dann (3,5,6). Vektoren kann man sich als Pfeile vorstellen, die den Ort, woher ein Ding getragen wird, mit dem Ort verbinden, wohin das Ding getragen wird.

Kräfte und Geschwindigkeiten sind ebenfalls Vektoren, da man sie als Pfeile charakterisieren kann. Die Pfeilrichtung zeigt die Richtung der Kraft oder Geschwindigkeit und die Pfeillänge dann die Stärke der Kraft oder den Betrag der Geschwindigkeit. Aber Achtung! Der Geschwindigkeitsbetrag ist kein Vektor. Warum? Weil er durch eine einzige Zahl gekennzeichnet ist, z. B. elf Kilometer pro Stunde. Der Geschwindigkeitsbetrag ist ein Skalar, denn er gibt noch nicht die Richtung der Bewegung. Das tut der Geschwindigkeits-Vektor.

Mal angenommen, Sie wollen gar nicht Physiker werden. Warum sollten Sie sich dann um den Unterschied zwischen Skalaren und Vektoren scheren? Nun, weil viele Leute, z. B. Bürokraten, ohne Physiker zu sein gefordert sind, Sachen zu klassifizieren, zu kategorisieren oder Bewertungsschemata zu erstellen. Solche Leute versuchen oft, Sachen auf einer Skala von eins bis zehn oder A bis F (amerikanische Zensuren) einzuordnen, ohne überhaupt erst mal zu überlegen, was genau sie da eigentlich klassifizieren. Manchmal bringen sie dadurch ein richtiges Durcheinander in das, was sie erreichen wollen.

Zum Beispiel wird ein gängiges Maß der Intelligenz mit einer einzigen Zahl namens IQ (Intelligenzquotient) verknüpft. Dies unterstellt, dass Intelligenz ein Skalar sei. Doch ist Intelligenz wirklich ein Skalar? Manche Leute haben ein gutes Gedächtnis, können aber nicht schlussfolgern. Manche Leute lernen schnell und vergessen auch schnell (Büffler!). Intelligenz hängt von vielen Faktoren ab wie Lernfähigkeit, Erinnerungsvermögen, Fähigkeit zu schlussfolgern usw. Also ist Intelligenz ein Vektor und kein Skalar. Dies ist ein wesentlicher Unterschied und die Unfähigkeit, dies nicht erkannt zu haben, hat Tausende von Menschen verunglimpft. Also macht man sich besser die Begriffe des Vektors und des Skalars klar – ob man Physiker ist oder nicht.

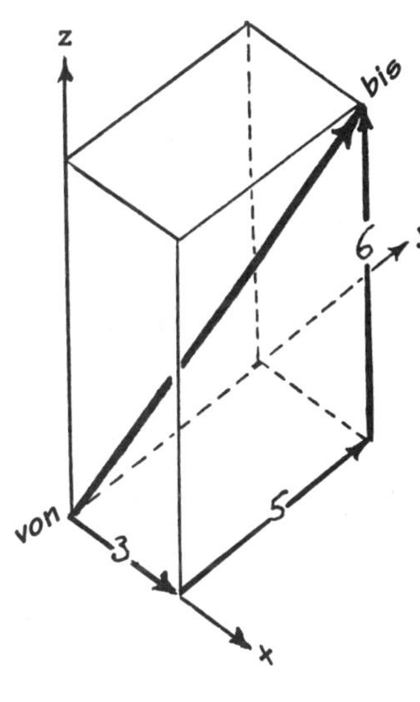

Die Richtungen vorwärts, links und aufwärts werden manchmal mit x, y und z benannt. Der hier gezeigte Vektor lautet (x, y, z) = (3, 5, 6)

Tensor

Wir nehmen einen quadratischen Radiergummi. Würde solch ein Quadrat einfach von A nach B bewegt, könnte diese Veränderung leicht als Vektor ausgedrückt werden. Aber es soll jetzt mal nicht verschoben, sondern bei A in die Form eines Parallelogramms gezogen werden. Kann diese Änderung vom Quadrat zum Parallelogramm charakterisiert werden als

a) Skalar?
b) Vektor?
c) weder-noch?

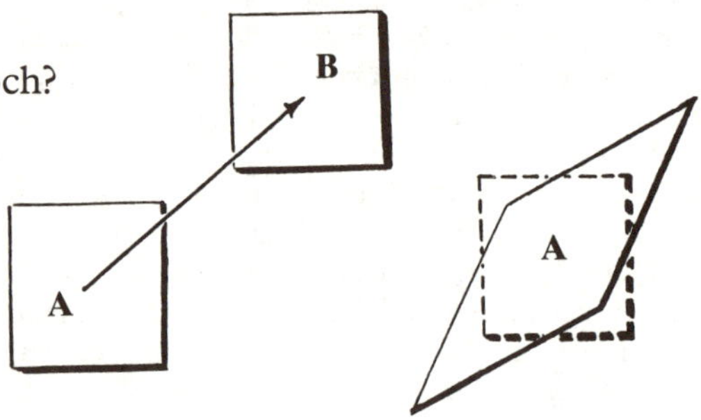

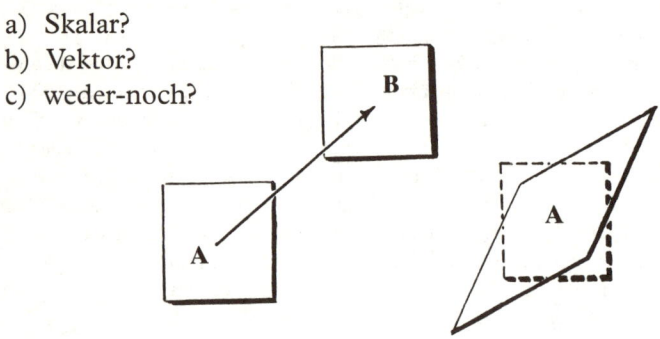

Antwort: Tensor

Die Antwort lautet c). Es gibt Dinge, die nicht ohne weiteres als Skalare oder Vektoren charakterisiert werden können – wie z. B. das Parallelogramm. Doch Parallelogramme können durch etwas namens *Tensor* charakterisiert werden. Der Name kommt von der Spannung (lateinisch tensio), die das Quadrat zum Parallelogramm verformt. Ein Tensor ist eigentlich ein Supervektor. Ein normaler Vektor besteht aus einer Kette von Skalaren wie (3,5,6). Die Drei, die Fünf und die Sechs sind selbst bloß Skalare. Ein Supervektor besteht ebenso aus einer Kette von Gliedern, bloß sind die einzelnen Glieder in der Kette keine Skalare: Jedes Glied in der Kette ist selbst ein Vektor. Deshalb nenne ich den Tensor eben Supervektor. Ergo muss ein Tensor aussehen wie (⇨, ⇗, ⇘), also eine Kette von Vektoren.

Wie viele Vektoren braucht man, um ein Parallelogramm zu charakterisieren? Nun, wie viele Seiten hat ein Parallelogramm? Vier. Aber man muss nur zwei kennen, da gegenüberliegende Seiten des Parallelogramms einander parallel sind – darum heißt es ja Parallelogramm. Also kann ein Parallelogramm durch einen Tensor charakterisiert werden, der aus zwei Vektoren besteht. Zum Beispiel wird ein Quadrat (ist ja auch ein Parallelogramm) durch den Tensor (⇧,⇨) gekennzeichnet. Wenn das Quadrat aus seiner Quadratform zur Raute verzerrt wird, wird dieses durch den Tensor (⬀,⇨) gekennzeichnet.

Nun kann jeder Vektor durch eine Kette von skalaren Zahlen charakterisiert werden, und jene Kette kann man auch als Spalte statt als Reihe schreiben

$\begin{pmatrix}3\\5\\6\end{pmatrix}$ anstatt (3, 5, 6).

Dann kann man einen Tensor so schreiben $\begin{bmatrix}\begin{pmatrix}3\\5\\6\end{pmatrix} & \begin{pmatrix}a\\b\\c\end{pmatrix} & \begin{pmatrix}g\\h\\i\end{pmatrix}\end{bmatrix}$

wenn $\begin{pmatrix}a\\b\\c\end{pmatrix}$ und $\begin{pmatrix}g\\h\\i\end{pmatrix}$ weitere Vektoren sind.

Solch ein 3x3-Tensor müsste eine Art verzerrten Würfel darstellen. Der Würfel hat drei Kanten, wovon jede durch einen dreidimensionalen Vektor gekennzeichnet ist.

Wie man sich denken kann, sind Tensoren für Bauingenieure besonders nützlich. Denn sie charakterisieren ganz praktische Sachen wie Scherspannung, Drehung, Dehnung und Verformung. An den Wolken kann man auch oft tensorielle Verwandlungen beobachten. Dies passiert, weil die Windge-

Tensorielle Verwandlung einer Wolke durch Scherwind

schwindigkeit hoch oben diejenige in Bodennähe übertrifft, also wird ein Würfelstück der Atmosphäre geschert und damit auch die darin befindliche Wolke.

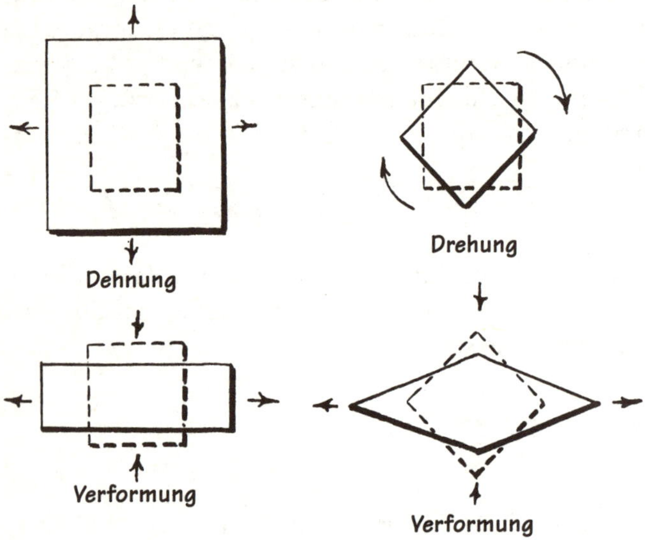

Alle tensoriellen Verwandlungen lassen sich als Kombination aus Dehnungen, Drehungen und Verformungen darstellen. Unten wird z. B. ein Quadrat zum Parallelogramm geschert mittels einer Drehung, einer Verformung und einer Gegendrehung.

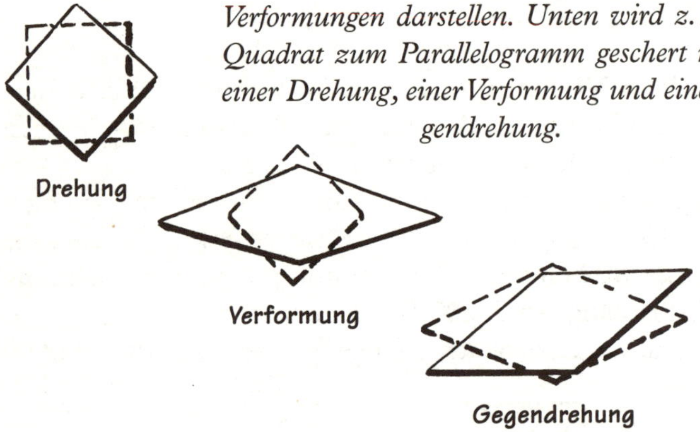

Antwort: Supertensoren

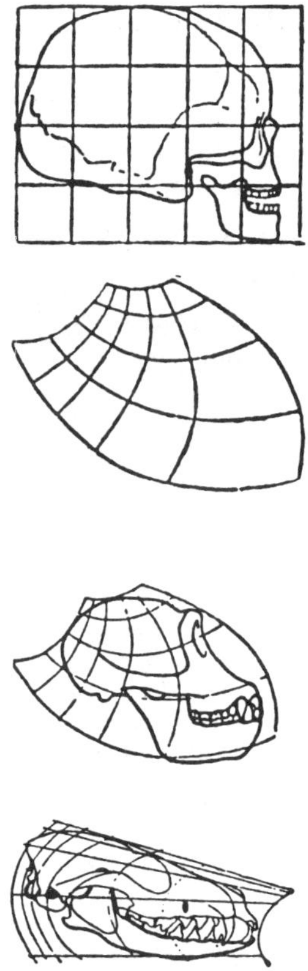

Die Antwort lautet a). Der Supertensor ist ein Vektor, bestehend aus einer Kette von gewöhnlichen Tensoren. Gibt es Super-Supertensoren? Ja, das sind Vektoren bestehend aus einer Kette von Supertensoren, und dies könnte man so weiterführen.

Gibt es ein Beispiel für etwas, das als Supertensor charakterisiert werden kann? Ja, die Verwandlung des menschlichen Schädels z. B. in denjenigen eines Pavians oder eines Hundes kann man durch einen Supertensor darstellen. Jedes Quadratfeld des Schädels verwandelt sich in ein jeweils anders geformtes Parallelogramm. Da jedes Parallelogramm unterschiedlich ist, kann die Verwandlung nicht durch einen gewöhnlichen Tensor beschrieben werden, der einfach ein Quadrat in ein einziges Parallelogramm verwandelt. Man braucht dazu mehr als einen normalen Tensor, nämlich eine ganze Menge verschiedener Tensoren, und ein Supertensor ist eben eine Kette aus gewöhnlichen Tensoren. Gewöhnliche Tensoren vermögen Richtung und Länge gerader Strecken zu verwandeln. Supertensoren können dagegen gerade Strecken in Kurvenstrecken und zudem noch deren Richtung und Länge verändern. Gewöhnliche Tensoren können Geraden nicht krumm machen.

Mittels Supertensoren sind die Gleichungen in Einsteins Allgemeiner Relativitätstheorie beschrieben. Die Schwerkraft, welche von dieser Theorie beschrieben wird, krümmt die Pfade von Dingen. Ohne die Schwerkraft würden diese Pfade gerade verlaufen. Auch einige Versuche zur Einheitlichen Feldtheorie, in der Schwerkraft, Elektrizität und andere Kräfte zusammen kombiniert werden, beruhen auf Super-Supertensoren.

Lehrbücher bezeichnen diese höheren Tensoren als Tensoren dritter und vierter Ordnung. Solche Bücher bezeichnen dann Skalare oft als Tensoren nullter Ordnung.

Supertensoren

Gibt es Supertensoren?

a) ja b) nein

Krümmer

Wasser schießt aus dem Ende eines zu einer Neun gekrümmten Schlauchs.

a) Das Wasser schießt im Bogen heraus.
b) Das Wasser schießt gerade heraus.

Man ignoriere die Wirkung der Schwerkraft.

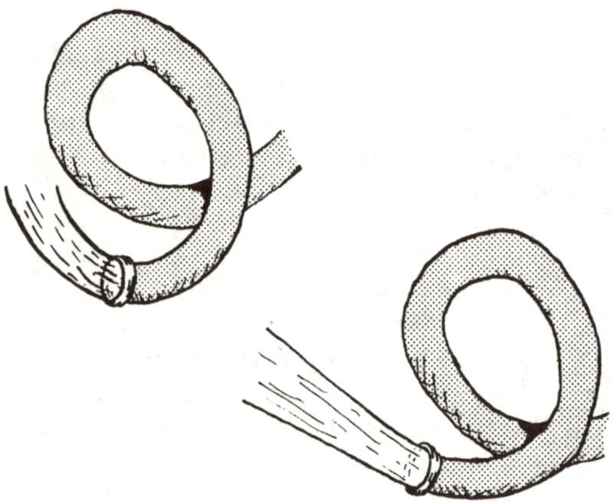

Antwort: Krümmer

Die Antwort lautet b). Erst einmal aus dem Rohr heraus folgt das Wasser einer geraden Linie. Um den Pfad des Wassers zu krümmen, ist eine Kraft notwendig. Solange das Wasser im Rohr ist, kann das Rohr es zwingen, einen gekrümmten Pfad zu nehmen. Sobald das Wasser jedoch austritt, ist es frei. Kräftefreie Dinge bewegen sich auf geradliniger Bahn.

Steinschlag

Ein Felsbrocken ist um vieles schwerer als ein Kieselstein, d. h. die auf ihn wirkende Schwerkraft ist ein Vielfaches von derjenigen auf den Kiesel. Doch wenn man Felsbrocken und Kiesel zugleich fallen lässt, fallen sie gemeinsam mit derselben Beschleunigung (den Luftwiderstand vernachlässigt). Der Hauptgrund dafür, dass der Felsbrocken nicht mehr beschleunigt als der Kiesel, hat zu tun mit:

a) Energie
b) Gewicht
c) Trägheit
d) Oberfläche
e) keinem davon

Antwort: Steinschlag

Die Antwort lautet c). Es ist schlicht und einfach die Trägheit.

Wäre die Beschleunigung bloß proportional zur Kraft, dann würde auf den Felsbrocken eine größere Schwerkraft wirken und folglich der leichtere Kiesel weniger beschleunigt. Aber Beschleunigung ist eine Sache, die auch mit der Trägheit der Masse zu tun hat, also der Tendenz der Masse, Änderungen der Bewegung zu widerstehen. Die Masse widersetzt sich der Beschleunigung: Je größer bei vorgegebener Kraft die Masse ist, umso geringer die sich ergebende Beschleunigung. Dies ist das Newton'sche Grundgesetz: Beschleunigung a (von englisch *a*cceleration) ist zur Nettokraft F (von englisch *F*orce) direkt proportional und zur Masse m umgekehrt proportional, d. h.

$a = F/m$.

Auf ein frei fallendes Ding ist die einzig wirkende Kraft die Schwerkraft – sein Gewicht. Und Gewicht ist proportional zur Masse (zwei Kilogramm Zucker haben das zweifache Gewicht von einem Kilogramm). Ein Felsbrocken, der 100-mal mehr wiegt als ein Kiesel, hat auch 100-mal mehr Masse. An ihm zerrt die Erdanziehung zwar 100-mal stärker als am Kiesel, doch er hat eben auch die 100fache träge Masse oder das 100fache Widerstreben, seinen Bewegungszustand zu ändern.

Dies ist also die Begründung, warum das Verhältnis von Kraft/Masse und daher die Beschleunigung für alle frei fallenden Dinge gleich groß ist (10 m/s^2). Ist der Luftwiderstand nicht vernachlässigbar (wie in der nächsten Frage), dann wird die Fallbeschleunigung kleiner als 10 m/s^2. Wenn der Luftwiderstand gar bis zum Betrag der Gewichtskraft anwächst, dann wird die Nettokraft null und es gibt keine Beschleunigung mehr (so z. B. beim Fallschirm).

Elefant und Flaumfeder

Ein Elefant und eine Flaumfeder fallen beide von einem hohen Baum. Wer erfährt den größeren Luftwiderstand, bevor er zu Boden fällt?

a) der Elefant
b) die Flaumfeder
c) beide denselben

Antwort: Elefant und Flaumfeder

Die Antwort lautet a). Man beachte, dass die *Auswirkung* des Luftwiderstands auf die Flaumfeder zwar ausgeprägter, die tatsächliche *Kraft* des Luftwiderstands auf den Elefanten aber viel größer ist als auf die Flaumfeder. Das kommt daher, dass der größere Elefant beträchtlich mehr Luft durchpflügt als die kleinere Flaumfeder. Zudem fällt der schwerere Elefant schneller durch die Luft, wodurch der Luftwiderstand noch mehr ansteigt. Die Flaumfeder ist sehr leicht, wohl der Bruchteil eines Gramms, also fällt sie nicht so schnell, bis der Luftwiderstand denselben Bruchteil eines Gramms erreicht. Sobald dies geschieht, hat die Flaumfeder ihre Endgeschwindigkeit erreicht, die Beschleunigung hört auf und ihre Geschwindigkeit wie auch der Luftwiderstand bleiben für den Rest des Falls unverändert. Dagegen begegnet ein Elefant, der von einem hohen Baum fällt, einem Luftwiderstand, der sich – sagen wir mal – zu 100 Newton aufbaut (10 Newton entsprechen auf der Erde der Gewichtskraft auf ein Kilogramm). Dieser ist viel größer als bei der Flaumfeder, aber gegenüber dem Gewicht des unglücklichen 2-Tonnen-Elefanten praktisch vernachlässigbar, sodass er bis zum Aufprall beschleunigt wird.

Falls man diese Frage falsch beantwortet hat, liegt es vermutlich daran, dass man nicht wirklich die Frage beantwortete, wie sie gestellt war. Man unterscheide sorgsam zwischen dem, wonach gefragt wird, und der *Auswirkung* von dem, was gefragt wird. Wir haben noch mehr solche Fragen, bleiben Sie also wachsam!

Ein Glas voll Fliegen

Ein Schwarm Fliegen befindet sich in einem verschlossenen Glas. Man stellt das Glas auf eine Waage. Die Waage zeigt das größte Gewicht an, wenn die Fliegen

a) im Glas auf dem Boden sitzen
b) im Glas herumschwirren
c) Das Gewicht ist in beiden Fällen gleich

Antwort: Ein Glas voll Fliegen

Die Antwort lautet c). Wenn alle Fliegen zugleich starten oder landen, mag es einen kleinen Ausschlag auf der Skala der Waage geben, aber wenn sie bloß innerhalb des verschlossenen Glases herumfliegen, ist die Gewichtsanzeige dieselbe wie diejenige, wenn sie auf dem Boden sitzen. Das Gewicht hängt nun mal von der Masse in dem Glas ab und diese ändert sich nicht. Doch wie wird das Gewicht der herumschwirrenden Fliege auf den Glasboden übertragen? Durch Luftbewegungen, besonders die Abwärtsströmung, welche die Flügel der Fliege erzeugen. Doch irgendwann muss diese abwärts strömende Luft auch wieder nach oben kommen. Übt die Luftströmung nicht auf den Deckel der Flasche dieselbe Kraft aus wie auf den Boden? Nein. Die Luft übt mehr Kraft auf den Boden aus, weil sie schneller strömt, wenn sie auf ihn trifft. Was aber verlangsamt die Luft auf dem Weg von unten nach oben? Reibung. Ohne Reibung könnten die Fliegen gar nicht fliegen.

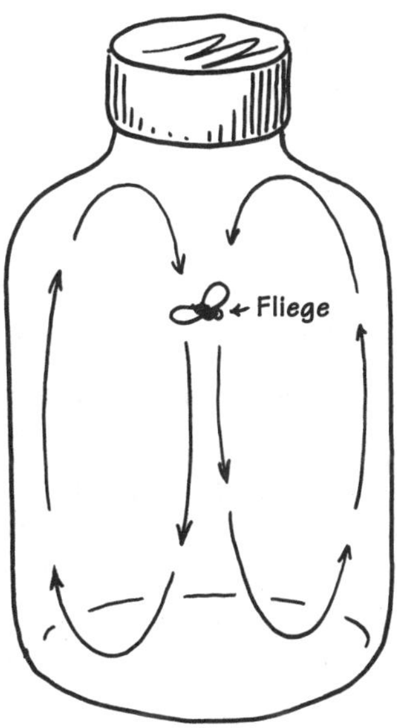

Vor dem Wind

Ein Segelboot ist eine tolle Sache, vor allem an einem windigen Tag. Man segelt mit vollen Segeln vor einem Wind von 36 km/h. Dann kann man auf folgende Maximalgeschwindigkeit hoffen:

a) nahezu 36 km/h
b) zwischen 36 und 72 km/h
c) Es gibt hier keine theoretische Geschwindigkeitsgrenze.

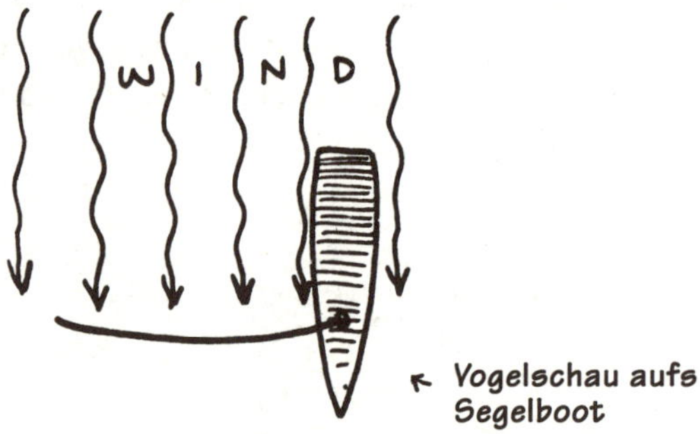

Antwort: Vor dem Wind

Die Antwort lautet a). Man könnte die Geschwindigkeit des Windes nur erreichen, wenn die Kräfte der Wasserreibung am Boot null wären – und selbst dann könnte man nicht schneller segeln als der Wind. Warum? Denn wenn das Boot so schnell wie der Wind segeln würde, gäbe es keinen Druck des Windes mehr auf das Segel. Das Segel würde durchhängen wie an einem windstillen Tag. Auf Windgeschwindigkeit gäbe es relativ zum Segel eben keinen Wind mehr.

Nochmals vor dem Wind

Man segelt wieder mit dem Wind, zieht aber das Segel derart ein, dass es nicht mehr den Winkel 90° mit dem Kiel bildet. Diese Taktik wird

a) die Bootsgeschwindigkeit verringern
b) die Bootsgeschwindigkeit erhöhen
c) die Bootsgeschwindigkeit nicht ändern

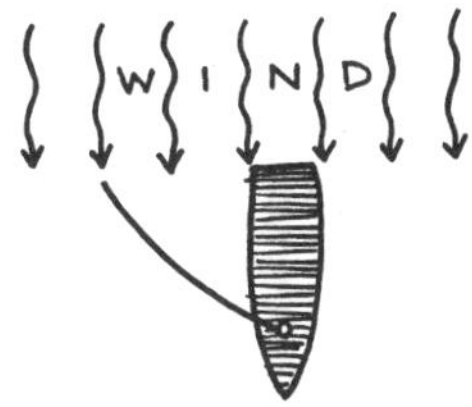

Antwort: Nochmals vor dem Wind

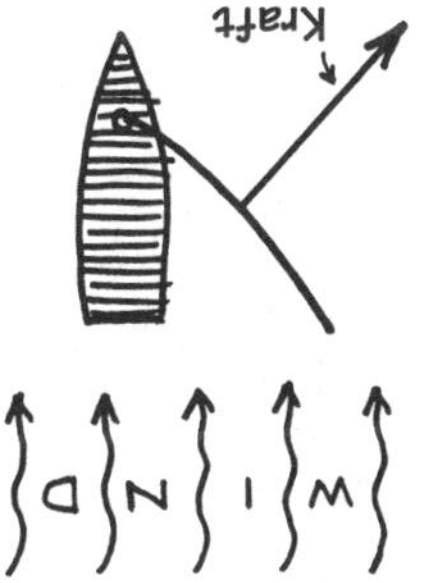

Die Antwort lautet a) aus zwei Gründen. Zum einen ist die Kraft auf das Segel kleiner, weil es in der Winkellage weniger Wind einfängt. Zum anderen erfolgt die Windkraft nicht mehr in Richtung der Bootsbewegung. Wann immer ein Fluidum (ob nun Gas oder Flüssigkeit) mit einer glatten Oberfläche in Wechselwirkung tritt, erfolgt die Kraft der Wechselwirkung senkrecht zur glatten Oberfläche. Also ragt der Vektor dieser Kraft unter 90° aus der Oberfläche des Segels wie gezeigt. Dieser Vektor ist nicht bloß kürzer als im Fall des maximalen Windeinfangs (wie bei der letzten Frage), sondern in Richtung der Bootsbewegung weist auch nur ein Anteil dieses Vektors. Nur diese Komponente treibt das Boot vorwärts (die andere Komponente seitlich zur Fahrtrichtung will das Boot bloß umkippen und trägt nichts zur Vorausfahrt bei). Also wird das Boot vom Wind vorangetrieben, aber nicht mit so viel Kraft wie zuvor. Wird das Segel weiter herangeholt, nimmt der Kraftvektor an Größe ab, und es resultiert eine kleinere Komponente für den Vortrieb. Wird das Segel ganz eingeholt, dass es dann parallel zum Kiel steht, fängt es überhaupt keinen Wind mehr und die Vortriebskraft ist null.

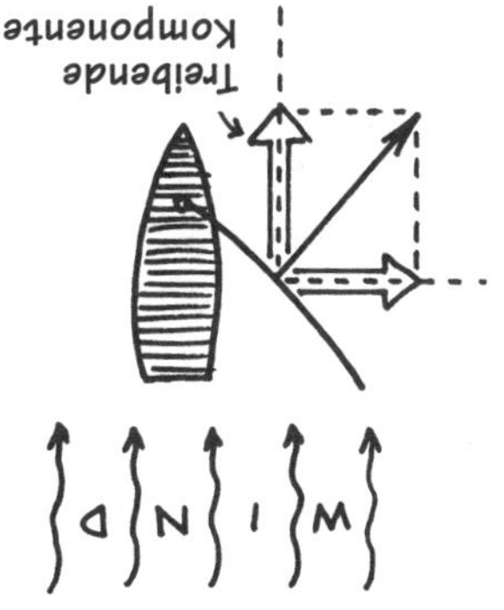

Mit halbem Wind

Indem man den Winkel des Segels zum Boot wie in der letzten Frage beibehält, steuert man das Boot jetzt so, dass es quer zum Wind segelt statt genau mit dem Wind. Wird man nun langsamer oder schneller segeln als zuvor?

a) schneller
b) langsamer
c) gleich schnell

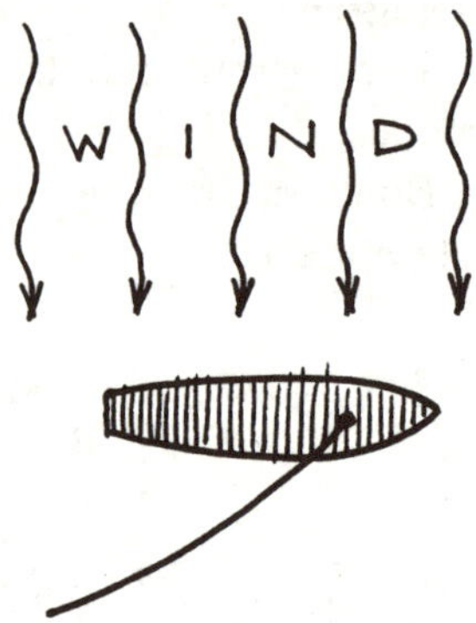

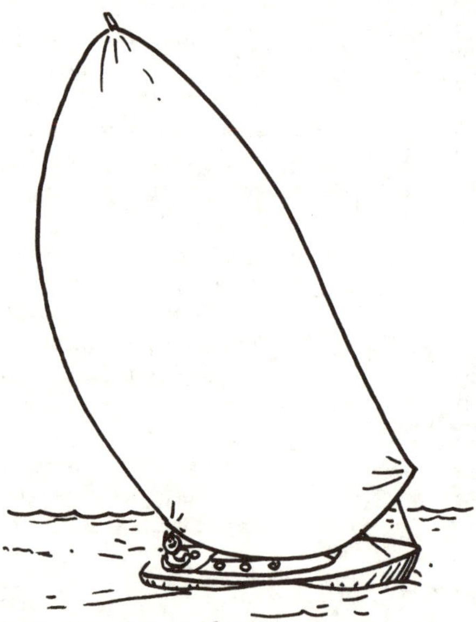

Antwort: Mit halbem Wind

Die Antwort lautet a). Wie zuvor kann man den Kraftvektor senkrecht zur Segelfläche in Komponenten zerlegen – eine in Bootsrichtung, die das Boot vorwärts treibt, und eine senkrecht zur Bootsrichtung, die nutzlos ist. Wenn nun im jetzigen Fall der originale Kraftvektor (Winddruck gegen das Segel) nicht größer als vorher wäre, dann wäre auch die Bootsgeschwindigkeit wie zuvor. Doch der Kraftvektor *ist* tatsächlich größer. Warum? Weil das Segel nicht bis auf Windgeschwindigkeit mitkommt, wird es nicht bald durchhängen wie zuvor. Selbst wenn das Boot so schnell wie der Wind segelt, gibt es noch einen Winddruck gegen das Segel. Dieser treibt das Boot sogar noch schneller vorwärts, sodass es also in dieser Lage schneller als der Wind segeln kann. Es erreicht seine Endgeschwindigkeit, wenn der »relative Wind« (Resultierende oder Vektorsumme aus »natürlichem« Wind und dem »künstlichen« Wind dank der Bootsbewegung) schließlich ohne Winddruck dem Segel entlang bläst.

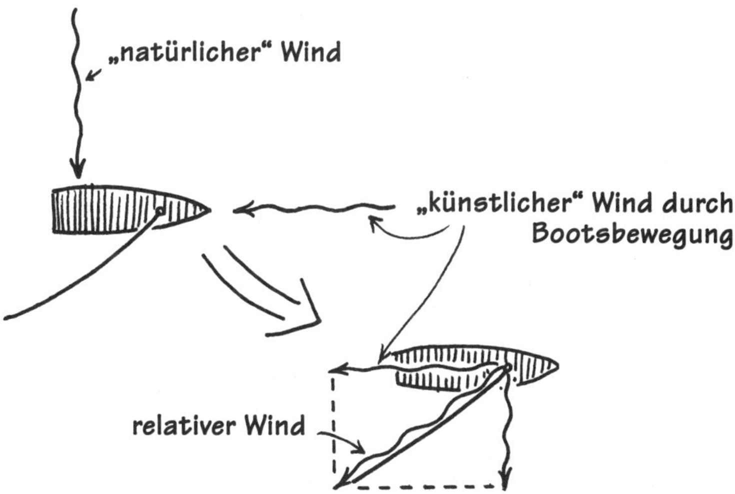

Kein Winddruck mehr, wenn Winkel des relativen Winds gleich Segelwinkel

Gegen den Wind

Diese Frage stützt sich auf das Verständnis der drei früheren Fragen. Man beachte bei den gezeigten Booten die Richtung des Segels relativ zur Windrichtung und zur Kielrichtung (ist gleich Bootsrichtung). Welches der vier Boote bewegt sich mit der größten Geschwindigkeit vorwärts?

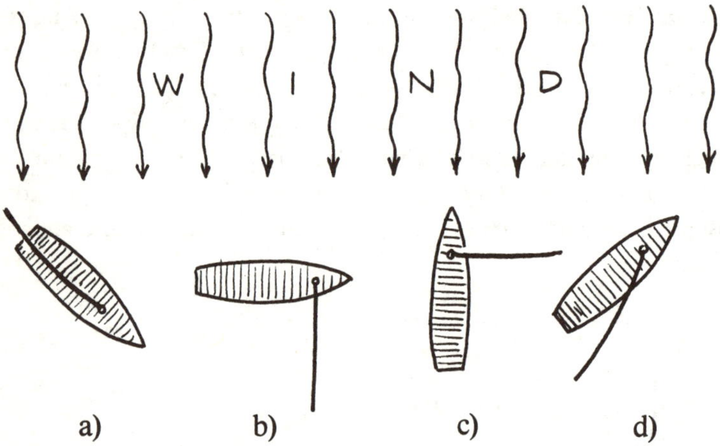

Antwort: Gegen den Wind

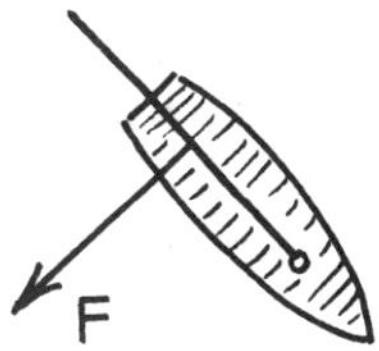

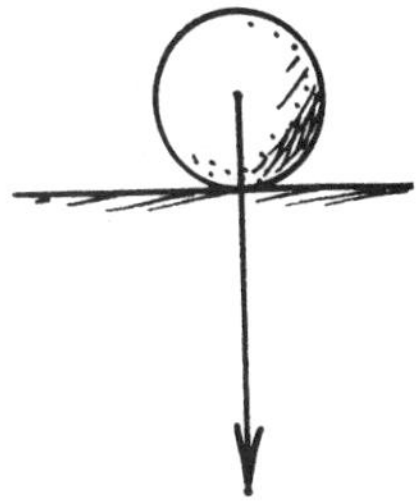

Die Antwort lautet d), denn hier ist es das einzige Boot, das sich vorwärts bewegt. Die Orientierung des Segels von Boot a ist derart, dass der Kraftvektor senkrecht zur möglichen Bewegungsrichtung des Bootes (wie vom Kiel darunter diktiert) steht. Diese komplett seitwärts gerichtete Kraft hat keine Komponente in vorwärtiger (oder rückwärtiger) Richtung. Sie ist genauso nutzlos zum Vortreiben des Boots wie die abwärts gerichtete Schwerkraft für das Bewegen einer Bowlingkugel auf einer horizontalen Oberfläche. Segelboot b lässt überhaupt jeden Winddruck vermissen, da der Wind bloß am Segel vorbeibläst, statt es zu blähen. Das Segel von Segelboot c erfährt den vollen Winddruck, doch dieser treibt es rückwärts statt vorwärts. Die Situation von d ist derjenigen bei der Frage MIT HALBEM WIND nicht unähnlich. Man beachte in der Skizze unten, dass der Kraftvektor eine Komponente in Vorwärtsrichtung hat, die das Boot unter dem angezeigten Winkel in und gegen den Wind treibt. Dieses Boot kann tatsächlich schneller segeln als das Segelboot mit halbem Wind, denn je schneller es segelt, desto *größer* ist der Winddruck. Also ist die Höchstgeschwindigkeit eines Segelboots gewöhnlich unter einem Winkel gegen den Wind! Es kann nicht direkt gegen den Wind segeln, also fährt es zu einem Ziel, das direkt gegen den Wind liegt, im Zickzack hin und her. Dies nennt man »kreuzen«.

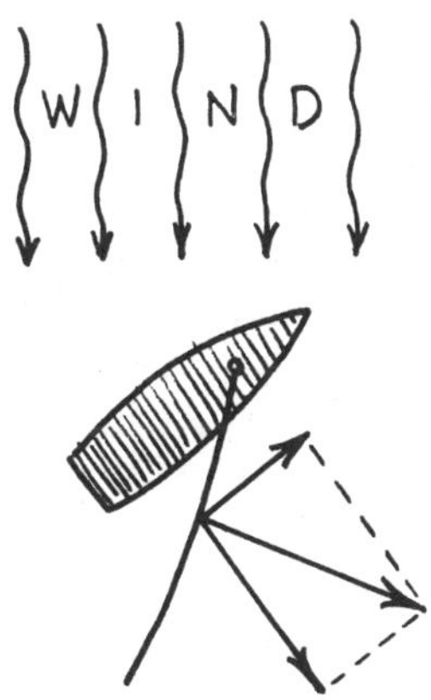

Muskelprotz

Wenn der Muskelprotz das 2 Kilo schwere Telefonbuch am Seil vertikal hängen hat, ist die Zugspannung in jedem Seilende 10 Newton (halbe Gewichtskraft von 2 kg). Wenn er das Telefonbuch an horizontal gezogenen Seilenden halten könnte, wie groß wäre die Zugspannung in jedem Seilende?

a) etwa 10 Newton
b) etwa 20 Newton
c) etwa 40 Newton
d) mehr als eine Million Newton

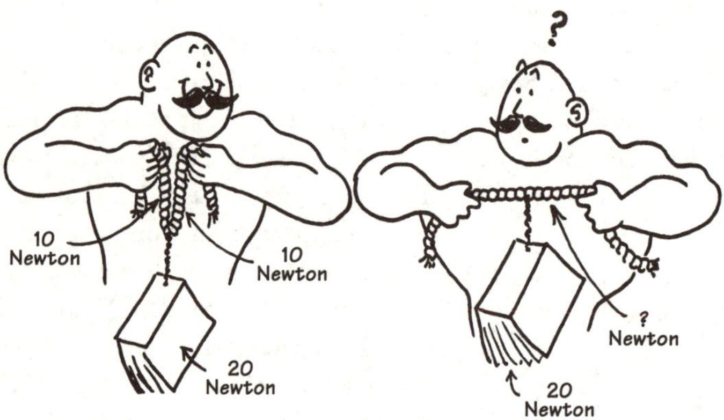

Antwort: Muskelprotz

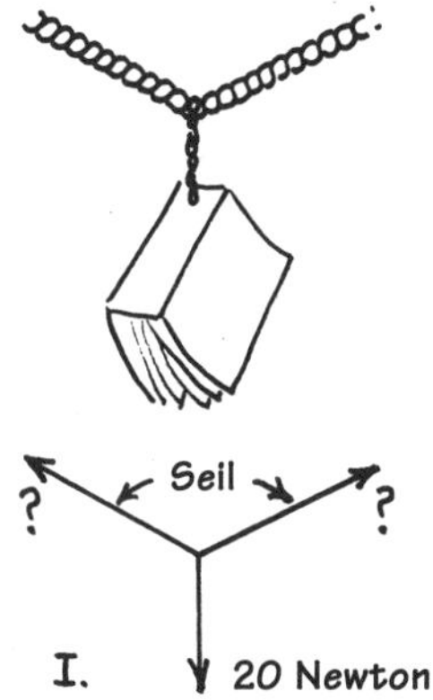

Die Antwort lautet d). Um zu erkennen warum, betrachte man das Buch am winkligen Seil hängend wie gezeigt. Alle Kräfte am Buch stellen wir durch Vektorpfeile dar. Der 20-Newton-Vektor stellt die Gewichtskraft des Buches dar. Wie lang sind nun die anderen Vektoren, um das Buch im Gleichgewicht zu halten? Die Länge dieser Vektorpfeile wird uns angeben, wie groß die Zugspannungen im Seil im Vergleich zu unserem 20-Newton-Pfeil sind.

Wann immer zwei Kräfte vereint wirken, kann man die Gesamtkraft aus den beiden Kräften folgendermaßen finden: Zuerst zeichnet man die beiden Kräfte als dünne Pfeile (Skizze II). Dann ergänzt man diese durch gestrichelte Linien zu einem Parallelogramm. Da hinein zeichnet man die Diagonale als dicken Pfeil. Dieser dicke Pfeil ist die Gesamtkraft (oft auch als Resultierende bezeichnet).

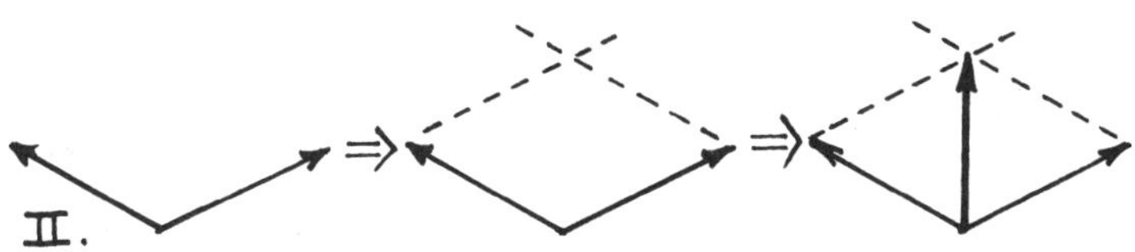

Übrigens berichtet ein Physiklehrer namens Dave Wall, dass manche Leute meinen, wenn man an etwas mit einem längeren Seil ziehe, dann müsse man einen längeren Kraftpfeil zeichnen. Das ist ein Trugschluss. Die Länge des Kraftpfeils hängt nur davon ab, wie stark die Kraft ist – und das hängt davon ab, wie stark man zieht, und hat nichts mit der Seillänge zu tun.

Die Gesamtwirkung der derart gehaltenen Seilenden besteht darin, das 2-Kilo-Buch in der Schwebe zu halten. Das heißt, die Gesamtwirkung der Seilenden besteht in einer Aufwärtskraft von 20 Newton. Mit wie viel Kraft müssen die Seilenden gezogen werden, um eine Aufwärtskraft von 20 Newton zu erzeugen? Um diese zu finden, zeichnen Sie zuerst zwei gestrichelte Linien in Richtung der Seilenden (Skizze III). Dann zeichnen Sie die 20-Newton-Aufwärtskraft, welche die Seilenden erzeugen sollen (fetter Pfeil). Dann zeichnen Sie von dessen Pfeilspitze aus gestrichelte Linien parallel zu den Seilrichtungen, sodass ein Parallelogramm entsteht. Wo diese gestrichelten Linien die Seilrichtungen kreuzen, malen Sie Pfeilspitzen hin. Die so gewonnenen Pfeile in Richtung der Seilenden bedeuten die von den Seilenden ausgeübten Kräfte. Wie Sie erkennen, ist jeder der beiden Pfeile länger und bedeutet daher eine größere Kraft als der 20-Newton-Pfeil. Sie können die Kraft schätzen, indem sie die Länge der beiden Pfeile mit der Länge des 20-Newton-Pfeils vergleichen, denn wenn Sie das Vektordiagramm sorgfältig gezeichnet haben, ist es maßstäblich.

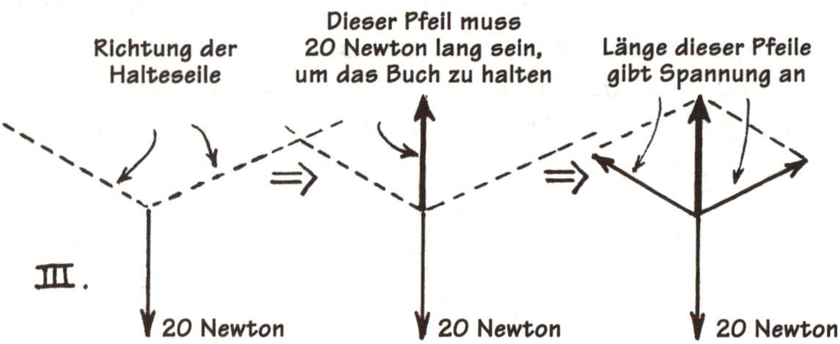

Allerdings soll unser Muskelprotz das Buch mit den Seilen nicht so winklig halten, wie wir soeben angenommen haben, sondern horizontal. Je mehr die tragenden Seilenden horizontal werden, umso größer wird die Zugspannung, denn unser Parallelogramm wird immer länger, je flacher seine beiden Seiten werden, siehe unten. Wenn die Seilenden horizontal werden, geht die Zugspannung zur Erzeugung einer vertikalen 20-Newton-Resultierenden gegen unendlich. Also ist es unmöglich, dass die das Buch tragenden Seilenden absolut horizontal werden … ein Knick bleibt immer. Unsere Antwort »mehr als eine Million Newton« ist also eher zu niedrig.

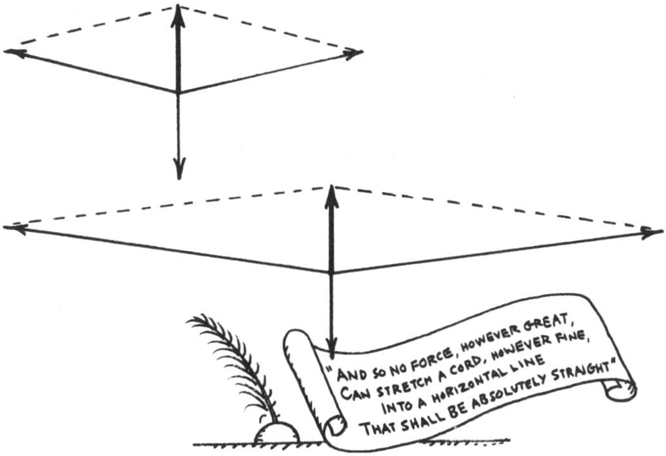

Aus Wherewell's *Elementary Treatise on Mechanics*, 1819

Falls man vergessen haben sollte, wie man ein Parallelogramm zeichnet, starte man mit den beiden Seiten, die man schon hat. Dann verschiebe man ein Lineal parallel zur einen bis zum Ende der anderen Seite (geht bekanntlich besser mit zwei Zeichendreiecken). Man fahre mit dem Stift entlang und zeichne eine gestrichelte Linie. Dasselbe für die andere Seite wiederholen … und schon hat man's.

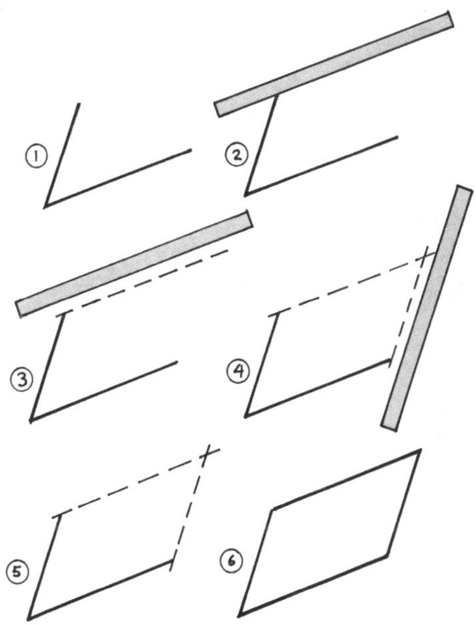

Lassen sich Vektoren stets addieren?

Kann man zwei als Vektor darstellbare physikalische Phänomene immer durch ein physikalisches Phänomen darstellen, das dann die Summe der beiden Vektoren ist? Wenn also wie unten die Vektoren A und B jeweils eine gleichartige Größe bedeuten, kann die vereinte Wirkung der beiden Größen stets durch einen Vektor C dargestellt werden, der die Diagonale im Parallelogramm aus Vektor A und B ist? Kurz: Lassen sich Vektoren stets addieren?

a) Ja, Vektoren lassen sich immer addieren.
b) Nein, Vektoren lassen sich nicht immer addieren.

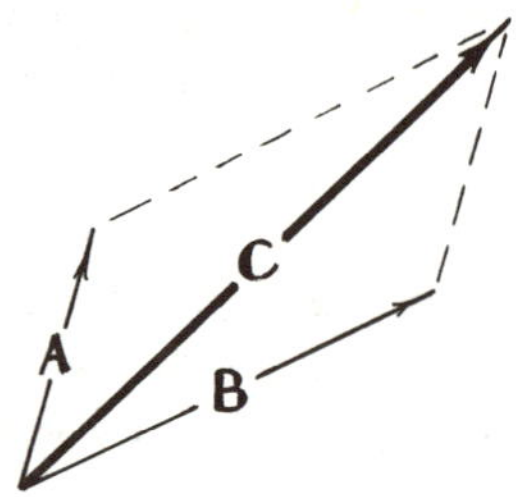

Antwort: Lassen sich Vektoren stets addieren?

Die Antwort lautet b). Die meisten Vektoren lassen sich addieren. Viele Physikbücher unterstellen stillschweigend, dass alles, was als Vektor dargestellt werden kann, auch wie ein Vektor addiert werden muss. Zum Beispiel unterstellen – ohne Beweis – viele Leute, dass sich Drehimpulsvektoren addieren lassen. Sie lassen sich addieren, aber das ist nicht selbstverständlich.

Und nicht alle Vektoren lassen sich addieren. Der Leistungsfluss in einem Lichtbündel lässt sich als Vektor darstellen. Dies ist der sogenannte »Poynting'sche Vektor«. Wenn aber zwei Lichtbündel zusammenwirken, addieren diese sich keineswegs zu einem dritten Lichtbündel.

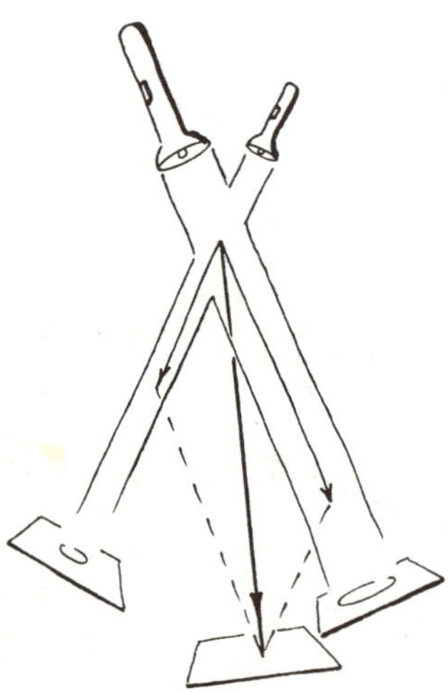

Kraft oder keine?

Der Athlet hält die Feder auseinandergezogen. Wirkt auf die Feder eine Kraft?

a) Natürlich wirkt eine Kraft.
b) Auf die Feder wirkt keine Kraft.

Antwort: Kraft oder keine?

Große Überraschung: Die Antwort lautet b). Wie das? Nun, zum einen wirkt eine Kraft immer in einer bestimmten Richtung. In welcher Richtung wirkt die Kraft auf die Feder? Nach rechts oder nach links? Zum anderen lässt eine Kraft Dinge sich beschleunigen. In welcher Richtung beschleunigt sich die Feder? Die Feder beschleunigt sich überhaupt nicht. Sie bewegt sich nicht einmal.

Schön, wenn also keine Kraft auf die Feder wirkt, was wirkt dann auf sie? Eine *Zugspannung*. Kraft und Zugspannung sind zwei Paar Stiefel, und diesen Unterschied nicht zu beachten, schafft ganz schön Verwirrung. Zugspannungen sind das Ergebnis von *unterschiedlichen* Kräften, die auf unterschiedliche Teile eines Körpers wirken. Zugspannungen können daher Dinge brechen. Wenn auf alle Teile eines Körpers dieselbe Kraft wirkt, wird er in Richtung der Kraft beschleunigt, aber nicht zerbrochen.

Wenn dieselbe Kraft auf alle Teile eines Körpers wirkt, bezeichnet man solch eine Kraft als reine Kraft. Reine Kräfte können Dinge nicht zerbrechen.

Wenn all die Kräfte auf einen Körper sich wie bei der Feder gegenseitig aufheben, d. h. zu null addieren, wird die Zugspannung eine reine Zugspannung genannt. Allerdings kann man sich Situationen vorstellen, wo Kräfte und Zugspannungen gemischt vorkommen.

Obwohl Kraft und Zugspannung beide in Newton gemessen werden, ist der Unterschied zwischen ihnen enorm.* Tatsächlich handelt es sich eigentlich um verschiedene mathematische Größen. Kraft ist ein Vektor und Zugspannung ein Tensor.

* Auch Drehmoment und Energie haben dieselbe Maßeinheit (Newtonmeter = Joule), sind jedoch gewiss ganz verschiedene Größen.

Zugkraft

Man überlege Folgendes sorgsam: Unten bewirkt im Fall a wie im Fall b eine Gesamtkraft von 100 Newton die Beschleunigung von Klotz A über den Tisch zur Rolle hin. Hierbei soll die Reibung vernachlässigt werden, und zwar vollständig.* Die Beschleunigung von Klotz A ist

a) im Fall a größer
b) im Fall b größer
c) in beiden Fällen dieselbe

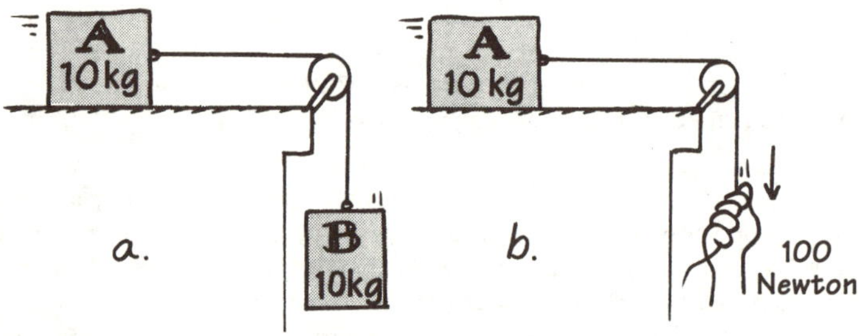

* Doch Reibung spielt hier allerdings eine Rolle – diejenige zwischen Klotz A und der Oberfläche, die Luftreibung an den sich bewegenden Klötzen und sogar die Reibung an der Rolle, von deren träger Drehung ganz zu schweigen, was ebenfalls die Bewegung behindert. Wie können wir also allen Ernstes »Reibung vollständig vernachlässigen«? Indem wir dies tun, scheinen wir uns aus der Realität in eine Welt hypothetischer, idealer oder imaginärer Umstände zu flüchten.

Das stimmt zum Teil. Und ist zugleich auch einer der effektivsten Schlüssel zum Verständnis der real existierenden Welt. Man macht im Kopf die Situation einfacher als sie ist, indem man Komplikationen und Details ignoriert: eben die Realität auskleidet. Dadurch steht das Wesentliche einer Situation allein und exponiert da, und man kann es fassen. Sobald der wesentliche Teil erfasst ist, kann das Wesentliche wieder mit den Details und Komplikationen bekleidet werden.

Doch woher weiß man eigentlich, dass Reibung eine Komplikation ist, die abgestreift werden kann? Weil man sie in der Realität so weit minimieren kann, wie man nur will, wenn man genügend Anstrengungen unternimmt. Und woher weiß man, was für andere Dinge minimiert werden können? Durch Erfahrungswissen, was in unserer Welt geht und was nicht – das ist die Kunst. Dies Buch verhilft dem Leser hoffentlich dazu, eine solche Kunst zu entwickeln.

Antwort: Zugkraft

Die Antwort lautet b). Das ist so, weil die Schnurspannung in den beiden Fällen nicht dieselbe ist. Im Fall b ist die Zugspannung in der von Hand gezogenen Schnur 100 Newton und diese beschleunigt natürlich den Klotz A. Doch wenn im Fall a die Zugspannung durch den fallenden Klotz B aufgebracht wird, ist sie kleiner als 100 Newton. Warum? Wäre die Zugspannung volle 100 Newton, würde Klotz B überhaupt nicht nach unten beschleunigen, sondern befände sich im Gleichgewicht (Gewichtskraft von 10 kg ist 100 Newton). Wenn etwa Klotz A sehr viel massiger wäre als Klotz B und kaum zu bewegen, wäre die Zugspannung in der Schnur nahezu 100 Newton. Wäre dagegen Klotz A federleicht, wäre die Zugspannung sehr klein: die Schnur würde durchhängen, und Klotz B befände sich fast im freien Fall. In unserem Fall liegt die Masse von Klotz A inmitten dieser beiden Extreme, denn sie ist weder größer noch kleiner als diejenige von Klotz B. Entsprechend liegt die Zugspannung in der Mitte zwischen 100 und 0 Newton und beträgt tatsächlich 50 Newton. Also beschleunigt Klotz A nur halb so stark, wenn er vom fallenden Klotz gezogen wird.

Wir können dies auch noch auf anderem Wege erkennen: Obgleich in beiden Fällen eine Kraft von 100 Newton angreift, wird im Fall b zweimal soviel Masse beschleunigt: Die Gewichtskraft des einen 10-Kilo-Klotzes beschleunigt die Masse von zwei 10-Kilo-Klötzen. Ersichtlich muss die Beschleunigung dementsprechend halb so groß sein, wie wenn nur die Masse eines 10-Kilo-Klotzes beteiligt wäre. Noch etwas: Man beachte, dass im Fall b eine Kraft von 100 Newton auf einen Körper von 10 Kilogramm wirkt. Das heißt, dort muss (wegen $F = m \cdot a$) die Beschleunigung 10 m/s^2 betragen – genauso viel wie im freien Fall (siehe STEINSCHLAG).

Also beschleunigt Klotz A mit 10 m/s^2 über den Tisch, wenn er von Hand mit 100 Newton gezogen wird, und nur mit der Hälfte, 5 m/s^2, wenn er vom hängenden 10-Kilo-Klotz B gezogen wird. Die beiden Fälle sind also unterschiedlich.

Magnetwagen

Bringt der vor einen Eisenwagen gehaltene Magnet den Eisenwagen zum Fahren?

a) Ja, er fährt los.
b) Er fährt, wenn es keine Reibung gibt.
c) Nein, er fährt nicht.

Antwort: Magnetwagen

Die Antwort lautet c). Man könnte die Sache damit abtun, dass man niemals Arbeit erhält, wenn man keine Arbeit hineinsteckt, oder dass ein Perpetuum mobile eben unmöglich ist. Oder man könnte Newtons Prinzip von actio = reactio anwenden: Die Kraft auf den Wagen ist gleich groß und entgegengerichtet der Kraft auf den Magneten – also heben sie sich auf. Aber solch formale Erklärungen können nicht anschaulich machen, warum es nicht funktioniert.

Um intuitiv zu erkennen, warum es nicht funktioniert, verbessere man mal die Konstruktion, indem man einen weiteren Magneten vor den Wagen schraubt. Um die Sache zu vereinfachen, setze man dann die beiden Magneten in den Wagen. Dann kommt natürlich die Frage: in welche Richtung fährt er nun …

Pff oder Saug

Jetzt kommt echter Denksport. Wenn in eine Dose voll Pressluft ein Loch gestochen wird und die herauszischende Luft nach rechts bläst, fliegt die Dose raketenartig nach links. Jetzt betrachte man eine luftleer gepumpte Dose, in die ein Loch gestochen wird. Beim Eindringen in die Dose bläst die Luft nach links. Wird sich die Dose, nachdem das Vakuum gefüllt ist,

a) nach links bewegen
b) nach rechts bewegen
c) gar nicht bewegen

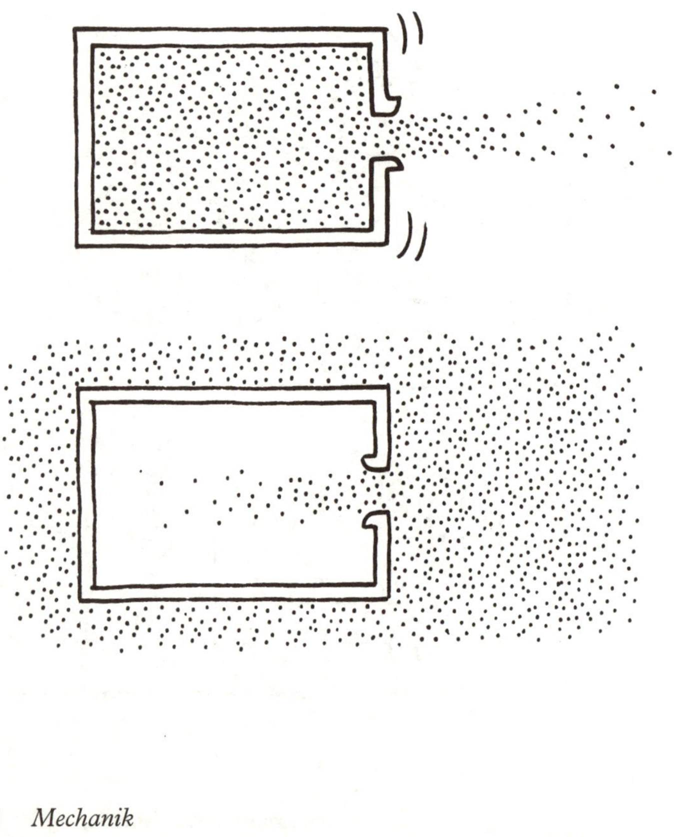

Antwort: Pff oder Saug

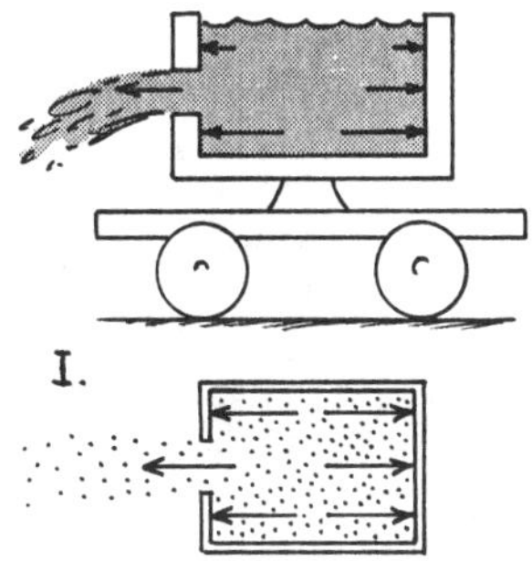

I.

Lesen Sie hier nach, ohne in Gedanken eine begründete Antwort formuliert zu haben? Falls ja, trainieren Sie Ihre Muskeln auch, indem Sie anderen bei Liegestützen zuschauen? Falls Sie die beiden letzten Fragen mit Nein beantworten können und sich für die Antwort c) bei PFF ODER SAUG entschieden haben, darf man Ihnen gratulieren!

Um zu erkennen warum, betrachte man den Wagen voll Wasser in Skizze I. Ersichtlich beschleunigt er nach rechts, weil die Kraft des Wassers gegen seine rechte Wand größer ist als die Kraft gegen seine linke Wand. Die Kraft gegen die linke ist deswegen kleiner, weil die »Kraft« gegen die Öffnung nicht auf den Wagen wirkt. Ganz ähnlich ist die Situation bei der Dose voll Pressluft. Die auf das Loch wirkende »Kraft« drückt nicht auf die Dose, und das Ungleichgewicht lässt die Dose sich nach rechts beschleunigen.

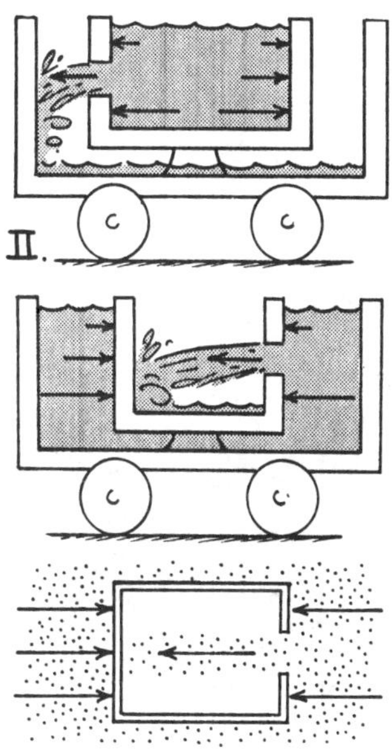

II.

Man betrachte jetzt Skizze II. Beschleunigt der Wagen in den gezeigten Situationen? Nein. Warum nicht? Weil die »Kraft« des ausströmenden Wassers dennoch auf den Wagen ausgeübt wird, beim oberen Wagen auf die Außenwand und beim unteren Wagen auf die innere Wand. Also übt das Wasser beide Male keine Gesamtkraft auf den Wagen aus und es erfolgt keine Änderung des Bewegungszustands (bis auf ein momentanes leichtes Wackeln um den Schwerpunkt). Entsprechendes gilt für die Vakuumdose. Die Kraft der einströmenden Luft, die nicht auf die Öffnung wirkt, drückt dennoch auf einen anderen Teil der Dose – ihre linke Innenwand. Wie beim doppelwandigen Wagen heben sich daher die Kräfte auf und es gibt keine Raketenbewegung.

Levi's Blue-Jeans

Das Markenzeichen von Levi Strauss zeigt zwei Pferde, die ein Paar Hosen auseinander zu reißen versuchen. Nehmen wir mal an, Levi hätte bloß ein Pferd allein und würde die andere Seite der Hose an einen Baumstumpf anbinden. Mit nur einem Pferd würde sich

a) die Zugspannung in der Hose halbieren
b) die Zugspannung in der Hose gar nicht ändern
c) die Zugspannung in der Hose verdoppeln

* erinnert an Otto v. Guericke's Halbkugel-Versuch 1657 (Anm. d. Übers.)

Antwort: Levi's Blue-Jeans

Die Antwort lautet b). Angenommen, das Pferd übe eine Zugkraft von 100 000 Newton aus. Dann muss das andere Pferd ebenfalls mit 100 000 Newton ziehen, damit das Tauziehen unentschieden bleibt. Wenn nun das eine Pferd mit 100 000 Newton zieht, dann muss der Baumstumpf mit 100 000 Newton gegenhalten, sonst würde das Pferd die Hose wegziehen. Also macht es keinen Unterschied, ob der Baumstumpf zieht oder ein zweites Pferd. Wirkt auf die Hose irgendeine Kraft? Nein, nur Zugspannung.

Der hier zugrunde liegende Gedanke lässt sich erweitern. Man stelle sich vor, zwei Autos gleicher Masse fahren mit 90 km/h, aber aufeinander zu, und stoßen frontal zusammen. Oder man stelle sich eins der Autos vor, das mit 90 km/h auf eine unverrückbare Steinmauer fährt. In welchem der beiden Fälle erleidet das Auto den größeren Schaden? Es macht keinen Unterschied! Der Schaden ist in beiden Fällen der Gleiche.

Pferd oder Auto üben eine gewisse Kraft aus. Diese Kraft kann in Gegenrichtung durch ein gleich starkes Pferd oder Auto ausgeglichen werden oder eben durch ein unbewegliches Objekt. Das unbewegliche Objekt wirkt praktisch wie ein Spiegel für Kraft. Die Wand boxt zurück, wenn man sie boxt – und zwar genauso stark. Dies ist Newtons Gesetz von Wirkung gleich Gegenwirkung (actio = reactio).

Ross und Wagen

Dies ist vermutlich die älteste und berühmteste Denksportfrage der klassischen Physik. Was trifft zu?

a) Wenn Wirkung immer gleich Gegenwirkung ist, kann ein Pferd keinen Wagen ziehen, weil die Wirkung des Pferds auf den Wagen genau gleich der Gegenwirkung des Wagens aufs Pferd ist. Der Wagen zieht das Pferd genauso stark rückwärts, wie das Pferd den Wagen vorwärts, also können sie sich nicht bewegen.
b) Das Pferd zieht etwas stärker am Wagen, als der Wagen das Pferd zurückzieht, also können sie sich vorwärts bewegen.
c) Das Pferd zieht, bevor der Wagen Zeit zu reagieren hat, also bewegen sie sich vorwärts.
d) Das Pferd kann den Wagen nur voran ziehen, wenn es mehr wiegt als der Wagen.
e) Die Kraft auf den Wagen ist so stark wie die Kraft auf das Pferd, doch das Pferd ist über seine flachen Hufe mit der Erde verbunden, wogegen der Wagen auf seinen runden Rädern frei rollen kann.

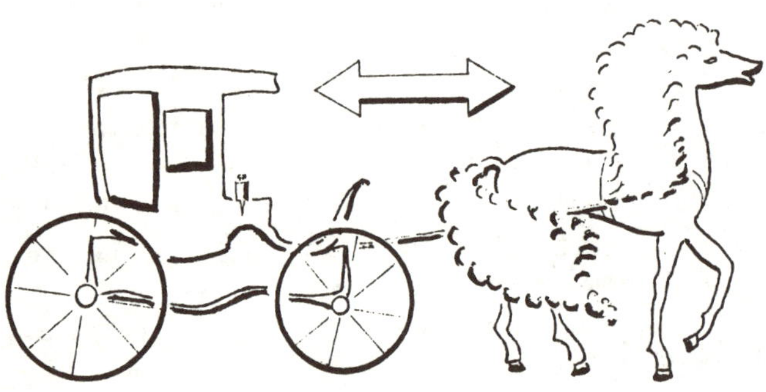

Antwort: Ross und Wagen

Die Antwort lautet e). Klar, die Kraft auf das Pferd ist so stark wie die Kraft auf den Wagen, aber uns interessiert hier Bewegung und Beschleunigung und nicht mehr Kraft allein. Die Beschleunigung eines Dings hängt sowohl von seiner Masse als auch von der auf es wirkenden Kraft ab.

Was hat also mehr Masse, das Pferd oder der Wagen? Das spielt keine Rolle, denn das Pferd hat sich mittels seiner flachen Hufe mit dem Erdboden verbunden. Also zieht zwar eine Kraft am Wagen, doch die gleich große und entgegengerichtete Reaktionskraft zieht an Pferd *und Erde*. Will man das Pferd zurückziehen, muss man auch die massige Erde zurückziehen, während der leichte Wagen, der weit weniger massig ist als die Erde, viel leichter zu bewegen ist. Also wenn der Wagen sich vorwärts bewegt, bewegt sich die ganze Erde *ganz wenig* zurück.

Wenn das Pferd den Wagen einen Meter vorwärts zieht, wie weit bewegt sich da die Erde zurück? Angenommen, der Wagen hat 500 Kilogramm Masse. Allerdings ist die Masse der Erde ganze 10 000 000 000 000 000 000 000-mal größer. Also bewegt sich unser Planet den 10 000 000 000 000 000 000 000sten Teil eines Meters rückwärts. Sie können übrigens etwas Tinte sparen, wenn Sie 10 000 000 000 000 000 000 000 (mit 22 Nullen) als 10^{22} schreiben.

* Achtung, UK- und USA-Studenten: Der angloamerikanische Sprachraum kennt heute weder Milliarde noch Billiarde – führt häufig zu irrigen Weltnachrichten. Also:

10^6	= eine Million	= a million	
10^9	= eine Milliarde	= a billion	= nur historisch »a millard«
10^{12}	= eine Billion	= a trillion	= amerikanisch auch »million million«
10^{15}	= eine Billiarde	= a quadrillion	
10^{18}	= eine Trillion	= a quintillion, und so fort	

(Anm. d. Übers.)

Neutrino aus Puffmais?

In Mutters Bratpfanne zerfällt ein zuvor unverpufftes Maiskorn in ein verpufftes Maiskorn, das in Richtung »p« wegstiebt. Während seines Zerfalls muss wahrscheinlich

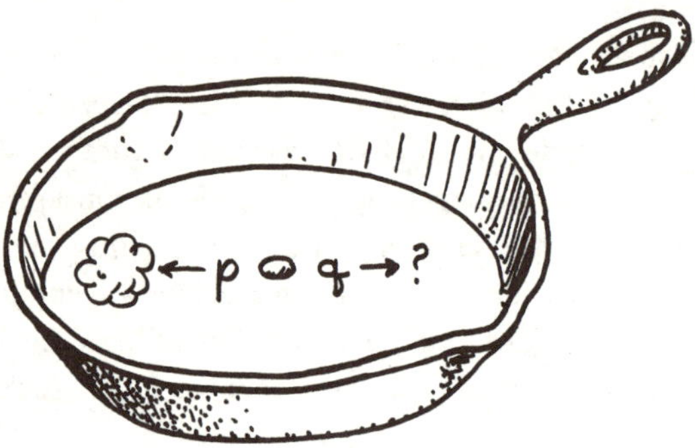

a) ein subatomares Teilchen wie ein Neutrino in Gegenrichtung »q« ausgestoßen werden
b) kein Neutrino beteiligt sein, sondern irgendein unsichtbares Etwas in Gegenrichtung »q« ausgestoßen werden
c) überhaupt nichts in Richtung »q« ausgestoßen werden

Antwort: Neutrino aus Puffmais?

Die Antwort lautet b). Wenn Neutrinos aus dem Puffmais geschossen kämen, hätte man sie schon im 18. Jahrhundert entdeckt. Aber irgendetwas Unsichtbares muss aus dem Puffmais geschossen kommen. Was könnte in Richtung »q« geschossen worden sein? Was ist dieses unsichtbare Etwas? Es ist Dampf. Im unverpufften Korn ist Feuchtigkeit enthalten, die beim Erhitzen in Dampf verwandelt wird – wodurch das Korn explodiert. Wenn der Dampf in Richtung »q« rausschießt, schleudert das verpuffte Korn in Richtung »p« zurück.

Impuls

Impuls steht für Trägheit in Bewegung und ist gleich dem Produkt aus Masse des Körpers und dessen Geschwindigkeit. Wenn zum Beispiel die Geschwindigkeit einer abgeschossenen Kanonenkugel verdoppelt wird, verdoppelt sich auch ihr Impuls. Stellen Sie sich aber vor, man könne irgendwie die Masse einer Kanonenkugel sich verdoppeln lassen und auch noch die Geschwindigkeit verdoppeln. Dann wäre ihr Impuls

a) derselbe
b) verdoppelt
c) vervierfacht
d) nichts davon

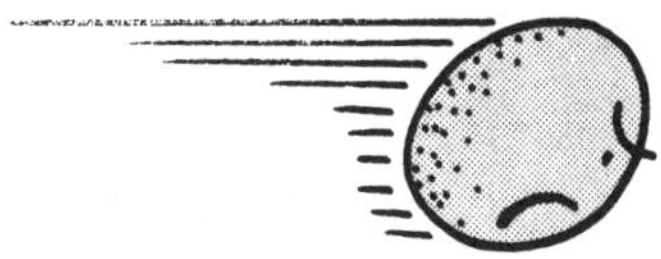

Antwort: Impuls

Die Antwort lautet c), was aus der Definition des Impulses als Masse mal Geschwindigkeit folgt. Doppelte Masse mal doppelte Geschwindigkeit gibt vierfachen Impuls. Ein Körper gewinnt Impuls durch Anwendung eines Kraftstoßes – das ist »*Kraft* mal der *Zeit*-während-der-die-Kraft-wirkt«.

Wir sagen es so, dass *Kraftstoß* = Änderung am *Impuls*

$$F \cdot \Delta t = \Delta(m \cdot v)$$

Das Δ liest sich als »delta« und bedeutet Änderung (hier: des Impulses) oder kleines Intervall Δt (hier: der Zeit). Die Klammer in $\Delta(m \cdot v)$ bedeutet, dass es um die Änderung des ganzen Produkts $m \cdot v$ geht (und nicht etwa um Δm mal v – was etwas anderes wäre).

Auf Trab bringen

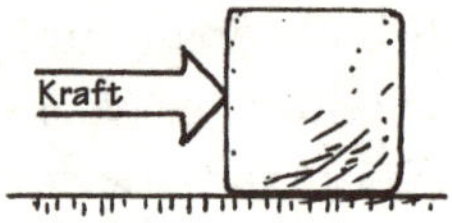

Wir wollen die Vorstellung von Kraftstoß und Impuls weiterverfolgen. Betrachten Sie einen Eisblock auf einem reibungsfreien zugefrorenen See. Angenommen, eine fortwährende Kraft wirke auf den Block. Dies bringt den Block natürlich auf Trab, er wird beschleunigt. Nachdem die Kraft eine Zeit lang gewirkt hat, hat sich die Geschwindigkeit des Blocks um einen gewissen Betrag erhöht. Wenn dann die Kraft am und die Masse vom Block unverändert bleiben, aber die Dauer der Krafteinwirkung verdoppelt wird, ist der Geschwindigkeitszuwachs

a) unverändert b) doppelt c) verdreifacht
d) vervierfacht e) halbiert

Wenn als Nächstes Kraft und Wirkungsdauer unverändert bleiben, aber die Masse des Blocks verdoppelt wird, dann ist der Geschwindigkeitszuwachs

a) verändert b) verdoppelt c) halbiert
d) vervierfacht e) geviertelt

Und jetzt soll nur die Kraft verdoppelt werden, während Masse und Wirkungsdauer unverändert bleiben sollen. Dann wird der Geschwindigkeitszuwachs

a) nicht verändert b) verdoppelt c) halbiert
d) vervierfacht e) geviertelt

Und schließlich werden wirkende Kraft, Masse und Wirkungszeit alle auf dem Anfangswert belassen, doch wird irgendwie die Schwerkraft verdoppelt, als ob der Versuch auf einem anderen Planeten durchgeführt würde. Dann wird der Geschwindigkeitszuwachs

a) nicht verändert b) verdoppelt c) halbiert
d) vervierfacht e) geviertelt

Antwort: Auf Trab bringen

Die Antwort auf die erste Frage lautet b). Die Kraft erhöht die Geschwindigkeit des Blocks um einen bestimmten Betrag für jede Sekunde, die sie wirkt. Wenn Sie die Wirkungsdauer verdoppeln, verdoppelt sich auch der Geschwindigkeitszuwachs.

Die Antwort auf die zweite Frage lautet c). Es geht schwerer, zwei Blöcke statt einem zu beschleunigen, und ein Block mit doppelter Masse entspricht zwei ursprünglichen Blöcken. Es geht doppelt so schwer, einen Block von doppelter Masse zu beschleunigen, also wird der Geschwindigkeitszuwachs halbiert. Beachten Sie, dass dies nichts mit der Schwerkraft zu tun hat. Selbst wenn der Block im schwerelosen Weltraum existierte, bräuchte man noch eine Kraft, um seine Geschwindigkeit zu ändern. Deshalb müssen Raumschiffe selbst weit draußen im Weltraum Triebwerke zur Änderung ihrer Bewegung mitführen. Im Weltraum mag der Block null Gewicht haben, aber er hat immer noch Masse oder Trägheit (Trägheit ist ein Synonym für Masse) – das heißt, er hat immer noch all seinen Widerstand gegen eine Geschwindigkeitsänderung.

Die Antwort auf die dritte Frage lautet b). Kraft lässt die Geschwindigkeit sich ändern. Wenn keine Kraft, dann keine Geschwindigkeitsänderung. Eine kleine Kraft bewirkt wenig Geschwindigkeitsänderung, eine große Kraft erzeugt eine große Geschwindigkeitsänderung. Verdoppelt man die Kraft, verdoppelt man auch die Geschwindigkeitsänderung – d. h. die Beschleunigung.

Die Antwort auf die vierte Frage lautet a). Erhöhung der Schwerkraft erhöht das Gewicht des Blocks, aber nicht seine Masse oder Trägheit. Was hier zählt, ist die Trägheit des Blocks. Nur wenn wir uns über Reibung Gedanken machen müssten, käme das Gewicht herein, weil das Gewicht die Reibung bestimmt. Aber unser Eisblock gleitet auf Eis reibungslos. Diese ganze lange Geschichte kann man mit einer kleinen alten Gleichung abkürzen: Sie lautet: Geschwindigkeitsänderung ist gleich der Kraft mal Zeitintervall geteilt durch die Masse:

$\Delta v = F \cdot \Delta t/m$.

Diese ist das Ergebnis einer Umstellung der Gleichung* Kraftstoß gleich Impulsänderung aus der vorigen Frage IMPULS (falls die Masse sich nicht ändert), $F \cdot \Delta t = \Delta(m \cdot v)$.

Ein weiterer Gedanke: Die Änderung der Bewegung braucht nicht in einem Geschwindigkeitszuwachs zu bestehen. Eine Geschwindigkeitsabnahme ist auch eine Änderung. Eine Geschwindigkeitsabnahme kann als ein Geschwindigkeitszuwachs angesehen werden, bei dem die Kraft umgekehrt wurde. Überdies kann die Bewegungsänderung auch seitwärts erfolgen, wenn eine Seitwärtskraft auf den Block einwirkt. Dabei braucht sich nicht einmal zu ändern,

* Gleichungen sind nützliche Abkürzungen von Zusammenhängen und für den Physiker unverzichtbar. Doch oft werden sie missbraucht, nämlich wenn sie als Ersatz fürs Verstehen herhalten müssen. Stecken Sie nie Ihre Anstrengung in das Auswendiglernen von Gleichungen, bevor Sie die Konzepte hinter den verwendeten Symbolen verstanden haben. Erst nach dem konzeptionellen Verstehen haben Gleichungen wirklich Bedeutung.

wie schnell der Block beschleunigt wird. Er kann auch bloß die Richtung seiner Beschleunigung ändern.

Und ein letzter Gedanke: Einfach so dahin gesprochen, können wir die Wörter »Geschwindigkeitsbetrag« und »Geschwindigkeit« austauschbar verwenden. Doch genau genommen besagt der Geschwindigkeitsbetrag ein Maß, wie schnell etwas ohne Beachtung der Richtung ist. Und Geschwindigkeit ist der Ausdruck für die Geschwindigkeit unter Beachtung ihrer Richtung (d. h. für den Vektor). Also berücksichtigt eine Geschwindigkeitsänderung die Änderung von Geschwindigkeitsbetrag und/oder -richtung, während die Änderung des Geschwindigkeitsbetrags nur aussagt, wie schnell. Deshalb definieren Physiker die Beschleunigung als zeitliche Änderung des Geschwindigkeitsvektors und nicht bloß des Betrags. Die so definierte Beschleunigung ist ebenfalls ein Vektor.

Achtung, UK- und USA-Studenten: Dort wird zwischen speed = Geschwindigkeitsbetrag und velocity = Geschwindigkeitsvektor unterschieden

Orkan

Die Kraft auf ein Haus infolge eines Orkans von 200 km/h ist

a) gleich wie
b) doppelt so groß wie
c) dreimal so groß wie
d) viermal so groß wie die Kraft eines 100-km/h-Sturms auf dasselbe Haus

Antwort: Orkan

Die Antwort lautet d). Wird die Windgeschwindigkeit verdoppelt, verdoppelt sich die Masse der Luft, die auf das Haus trifft. Doch die Geschwindigkeit jener Masse wird ebenfalls verdoppelt. Doppelte Masse und doppelte Geschwindigkeit bedeuten vierfachen Impuls pro Sekunde gegen das Haus. Die Kraft auf das Haus ist proportional dazu, wie viel Impuls pro Sekunde das Haus trifft. Wenn also die Windgeschwindigkeit sich verdoppelt, wächst die Kraft auf das Vierfache. Und wenn sich die Windgeschwindigkeit verdreifacht? Dann wächst die Kraft auf das Neunfache.

Raketenschlitten

Ein kleiner Schlitten von einem Kilogramm Masse wird auf reibungslosem Eis mit einem Spielzeugraketenantrieb bewegt. Nach Verbrauch der Raketenfüllung gleitet der Schlitten mit einem Meter pro Sekunde übers Eis. Wie viel Kraft übte die Rakete auf den Schlitten aus, um ihn auf Trab zu bringen?

a) 10 Newton
b) 40 Newton
c) 80 Newton
d) 160 Newton
e) kann man mit den gegebenen Informationen nicht sagen

Antwort: Raketenschlitten

Die richtige Antwort ist e). Ganz recht, man kann's nicht sagen. Der Raketenmotor kann entweder für kurze Zeit eine große Kraft geliefert haben, oder für lange Zeit eine kleine Kraft, aber das lässt sich anhand der gegebenen Informationen nicht entscheiden. Diese Frage ähnelt stark der Frage nach der Länge eines Rechtecks von 12 cm^2 Fläche. Es könnte einen Zentimeter lang sein und zwölf hoch oder 2 cm lang und 6 cm hoch oder 3 cm lang und 4 cm hoch. Im Fall unseres Schlittens ist der Impuls wie die Fläche des Rechtecks und die Kraft und Wirkungsdauer wie die Seiten des Rechtecks, die miteinander multipliziert die Fläche ergeben.

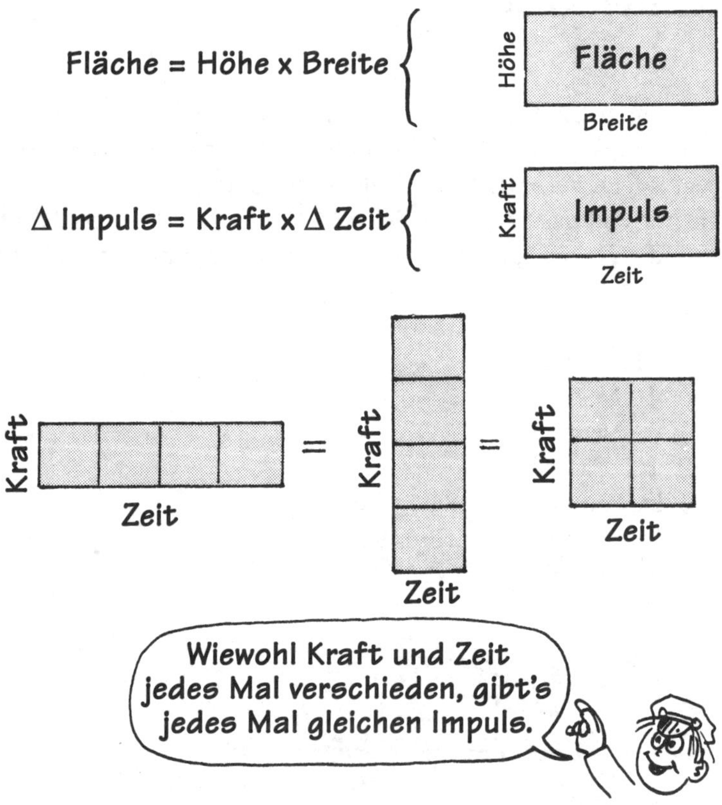

Kinetische Energie

Wir haben gesehen, dass eine Kraft mal der Zeit-während-der-die-Kraft-wirkt gleich der Änderung des Impulses ist von etwas, worauf die Kraft wirkt: Kraftstoß = ΔImpuls

Jetzt betrachten wir einen weiteren zentralen Gedanken der Physik: das Arbeit-Energie-Prinzip: Die an einem Körper verrichtete Arbeit (Kraft mal Weg-entlang–dem-die-Kraft-wirkt) erhöht die Energie des Körpers – zum Beispiel kann sie seine Lageenergie erhöhen (auch Schwerepotenzial = Gewicht mal Höhe). Diese wiederum kann in Bewegungsenergie verwandelt werden, die man kinetische Energie nennt. Wenden Sie dies nun auf das Folgende an: Ein Backstein wird auf eine gewisse Höhe gehoben und dann zu Boden fallen gelassen. Dann wird ein zweiter identischer Backstein auf die doppelte Höhe wie der erste gehoben und ebenso zu Boden fallen gelassen. Wenn der zweite Backstein auf den Boden prallt, hat er

a) halb so viel kinetische Energie wie der erste
b) genauso viel kinetische Energie wie der erste
c) doppelt so viel kinetische Energie wie der erste
d) viermal so viel kinetische Energie wie der erste

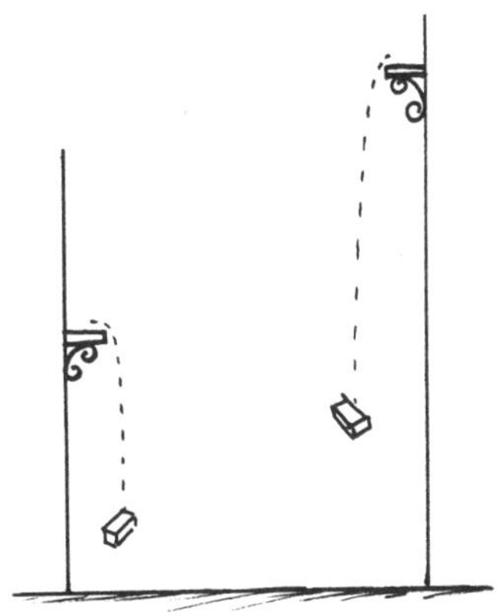

Antwort: Kinetische Energie

Die Antwort lautet c). Ein Ding doppelt so hoch zu heben, erfordert zweimal so viel Arbeit, und alle in den Backstein gesteckte Arbeit wird beim Fallen in kinetische Energie verwandelt.

Kinetische Energie, zum Zweiten

Ein Backstein wird auf eine vorgegebene Höhe gehoben und dann zu Boden fallen gelassen. Dann wird ein zweiter Backstein von doppeltem Gewicht wie der erste genauso hoch gehoben und auch zu Boden fallen gelassen. Wenn der zweite Backstein auf den Boden prallt hat er

a) halb so viel kinetische Energie
b) genauso viel kinetische Energie wie der erste
c) doppelt so viel kinetische Energie wie der erste
d) viermal so viel kinetische Energie wie der erste

Antwort: Kinetische Energie, zum Zweiten

Die Antwort lautet c). Den Backstein von doppeltem Gewicht zu heben ist wie den ersten Backstein zweimal zu heben und erfordert deshalb zweimal so viel Arbeit, die komplett zu kinetischer Energie wird, während er fällt.

Gerichtsgutachten

Bei der Vorbereitung für ein Gerichtsverfahren brütete ein Anwalt über folgender Frage.* Ein 1-Kilo-Blumentopf stürzte einen Meter vom Blumenkasten herab und traf seine Mandantin direkt auf den Kopf. Wie viel Kraft übte der Topf auf den Kopf der Mandantin aus?

a) 10 Newton
b) 40 Newton
c) 160 Newton
d) 320 Newton
e) Die Frage des Anwalts kann mit der gegebenen Information nicht beantwortet werden

* Diese Frage stellte mir mein Vater. – L. Epstein

Antwort: Gerichtsgutachten

Die Antwort lautet e). Warum nicht? Solche Fragen sollten für einen Physikkandidaten doch ein Kinderspiel sein, aber tatsächlich kann sie niemand beantworten, ohne zu wissen, wie viel Nachgiebigkeit der Mandantinnen-Schädel (und -Hals oder der Topf und Hut oder Haar) aufweist. Wenn der Topf auf etwas sehr Nachgiebiges wie ein Kissen fiele, gäbe es eine sehr kleine Kraft. Wenn er auf etwas Hartes wie Beton fiele – Klirr –, dann würde er zerbrechen. Wenn er etwas ohne jede Nachgiebigkeit träfe, wäre die Kraft unendlich groß! Angenommen, es wären zwei Zentimeter bei der Mandantin, dann müsste die ganze Energie im Topf infolge des Falls, zehn Newtonmeter, aufgenommen werden, wenn er nach zwei Zentimetern zum Halt kommt. Nun würde eine durchschnittliche Kraft von 10 Newton entlang einem Meter so viel Arbeit verrichten wie eine Durchschnittskraft von 500 Newton entlang zwei Zentimetern. Bei einem Zentimeter Nachgiebigkeit wären es 1000 Newton. (Übrigens ist der Gedanke bei einem Hartschalen-Helm weniger, dass er hart ist, sondern dass es eine Menge Nachgiebigkeit im Plastikgewebe des Helms gibt. Vielleicht werden sie in der Sprache eines anderen Planeten »Nachgebe-Helme« genannt.)

Schauerfrau

Die Schauerfrau lädt 50-Kilo-Fässer auf einen Lastwagen, indem sie diese eine Rampe hinaufrollt. Die Ladefläche liegt 1 Meter über der Straße und die Rampe ist 2 Meter lang. Mit wie viel Kraft muss sie die Fässer die Rampe hinaufschieben?

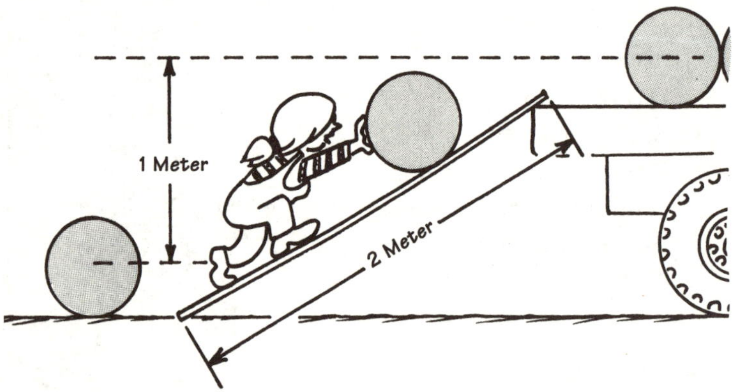

a) 1000 Newton
b) 500 Newton
c) 250 Newton
d) 50 Newton
e) kann’s nicht sagen

Antwort: Schauerfrau

Die Antwort lautet c). Das 50-Kilo-Fass wiegt 500 Newton und endet einen Meter höher als zuvor, hat also dann 1 m x 500 Newton = 500 Newtonmeter Lageenergie. Welche Kraft entlang zwei Meter Rampenlänge ergibt 500 Nm Arbeit? Es müssen 250 Newton sein, denn 2 m x 250 N = 500 Nm. Hierzu drei Kommentare:

1) Die meisten Bücher lösen solch ein Problem anders, nämlich wie schon besprochen mithilfe von Vektoren. Um zu sehen, wie Probleme derart gelöst werden, schauen Sie in anderen Büchern nach. Es ist immer ein Gewinn, zu erkennen, dass unterschiedliche Vorgehensweisen dieselbe Schlussfolgerung liefern.
2) Wenn man Füchse und Hasen oder Meter und Newton nicht zusammenzählen darf, weshalb kann man sie dann miteinander malnehmen?
3) Die Idee der schiefen Ebene oder Rampe liegt auch dem Hebel oder der Wippe und dem Flaschenzug zugrunde. Dabei wird die für eine gewisse Arbeitsmenge benötigte Kraft verringert, indem man den Weg, entlang dem die Kraft wirkt, verlängert. Um das Fass 1 m zu heben, braucht es nur halb so viel Kraft, wenn es zweimal so weit (2 m) auf der schrägen Rampe bewegt wird. Wenn das Heben des schweren Mannes auf der Wippe um 10 cm erfordert, dass das Kind 30 cm absinkt, dann braucht das Kind nur ein Drittel so schwer zu sein wie der Mann. Ähnlich beim Flaschenzug: Um den Motorblock einen Meter zu heben, muss der Mechaniker zwei Meter Seil herabziehen, einen Meter von Seil I und einen Meter von Seil II. Also muss der Mechaniker mit einer Kraft ziehen, die nur halb so groß ist wie das Gewicht des Motorblocks.

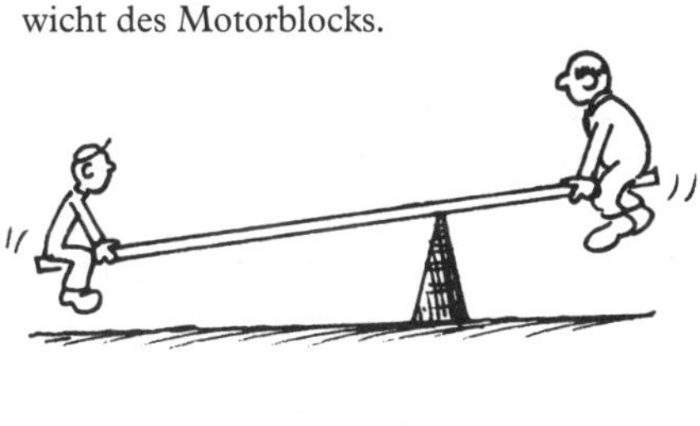

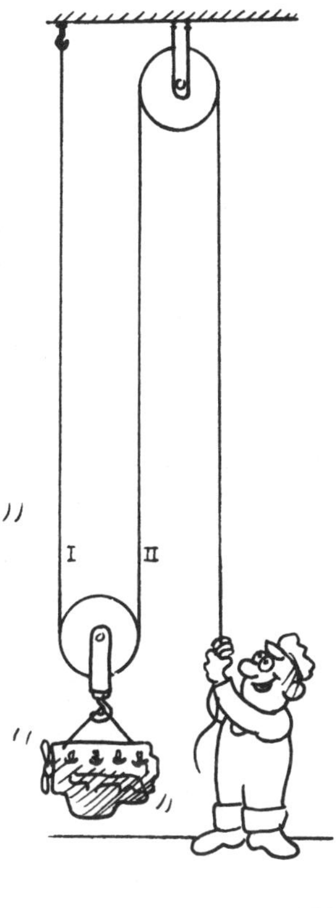

Bergauf in Serpentinen

Die Hangstraße ist 100 Meter lang und ziemlich steil. Ich fahre den Hang mit meinem Fahrrad im Zickzack hoch, wobei ich 200 Meter zurücklege. Die durchschnittliche Kraft hierfür ist:

a) 1/4
b) 1/3
c) 1/2
d) gleich der Durchschnittskraft für geradeaus hoch

Wieder denselben Hang im Zickzack hoch ist die nötige Energie

a) 1/4
b) 1/3
c) 1/2
d) gleich der Energie für geradeaus hoch

Antwort: Bergauf in Serpentinen

Die Antwort auf die erste Frage lautet c) und auf die zweite d). Alle Pfade nach oben verlangen denselben Energieaufwand. Falls irgendwelche Pfade mehr verlangten als andere, könnte ich solche hinauffahren, die am wenigsten verlangen, und dann solche hinabfahren, die aufwärts am meisten verlangen (und somit abwärts zurückgeben), und dadurch mehr Energie herausbekommen als ich anfänglich hineinstecke – zu schön, um wahr zu sein.

Energie ist hier gleich Arbeit, also Kraft mal Weg. Die Energie, um oben anzukommen, ist auf beiden Wegen dieselbe, aber nicht der zurückgelegte Weg. Wenn also die Distanz verdoppelt wird, wird die Kraft halbiert.

Dampflokomotiven

Lokomotiven zum Ziehen von Personenzügen unterscheiden sich von Lokomotiven für Güterzüge. Die Personenzug-Lok ist zum Fahren bei hoher Geschwindigkeit ausgelegt, wogegen die Güterzug-Lok schwere Lasten ziehen soll. Sehen Sie sich unten die beiden Lokomotiven I und II an: Beachten Sie die unterschiedliche Größe der Räder und entscheiden Sie dann, was zutrifft:

a) Lok I ist für Güterzüge und Lok II für Personenzüge
b) Lok I ist für Personenzüge und Lok II für Güterzüge
c) beide sind für Güterzüge
d) beide sind für Personenzüge

I

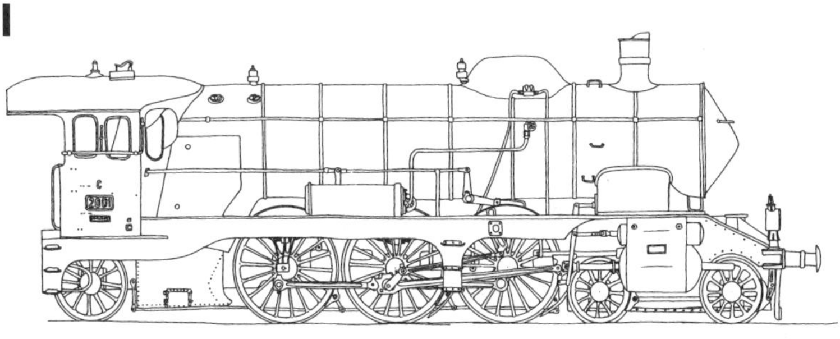

II

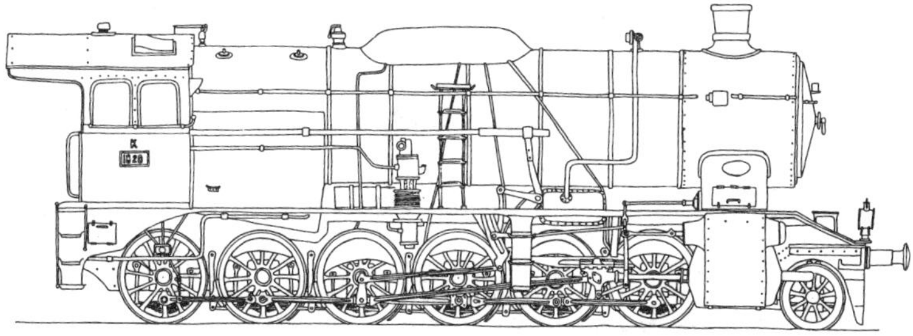

Antwort: Dampflokomotiven

Die Antwort lautet b). Die Personenzug-Lok hat die Treibräder mit dem größeren Durchmesser. Wegen des größeren Radumfangs treibt jeder Kolbenstoß die Personenzug-Lok eine weitere Distanz. Wenn also beide Loks im selben Takt puffen, wandert die Personenzug-Lok mit den größeren Treibrädern weiter. Die Personenzug-Lok macht weniger Kolbenstöße und verbraucht weniger Dampf pro gefahrenem Kilometer als die Güterzug-Lok mit den kleineren Rädern. Die Güterzug-Lok steckt daher mehr Dampf oder Energie in jeden gefahrenen Kilometer. Wie bei einem schweren Lastwagen im niederen Gang wird mehr Energie benötigt, um einen schweren Güterzug einen Kilometer auf dem Gleis zu bewegen als für den schnelleren, aber leichteren Personenzug.

Bei den meisten Dampflokomotiven, die man heute in den Kinofilmen sieht, handelt es sich übrigens um Güterzug-Loks, weil es davon früher wesentlich mehr gab, also auch mehr erhalten blieben.

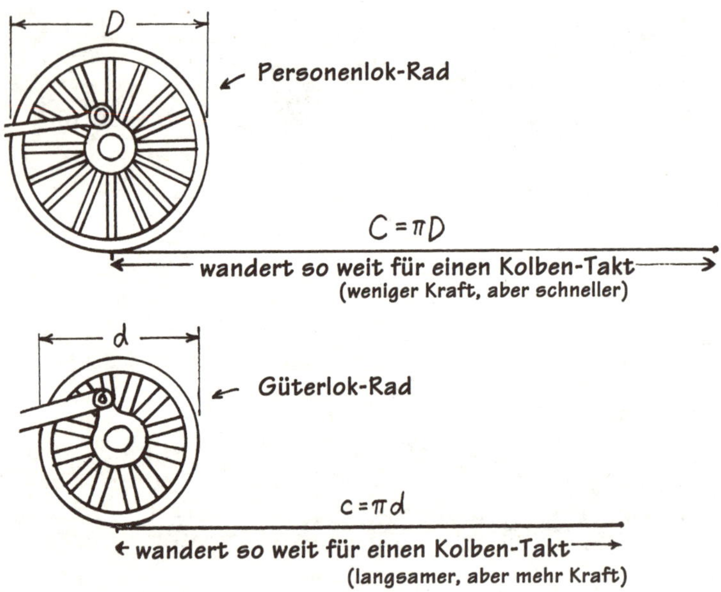

Seilrolle verrückt

Drehpunkt oder Achse einer üblichen Seilrolle liegen in deren Mitte, und bis auf Reibungseffekte ist die Zugspannung im drübergelegten Seil auf beiden Seiten gleich. Doch angenommen, die Achse läge nicht in der Mitte der Seilrolle, wie unten gezeigt. Dann wäre die Zugspannung auf jeder Seite der Rolle

a) immer noch gleich
b) ganz verschieden

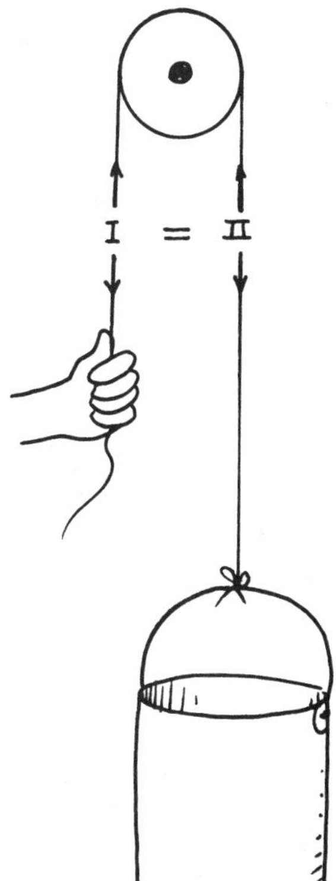

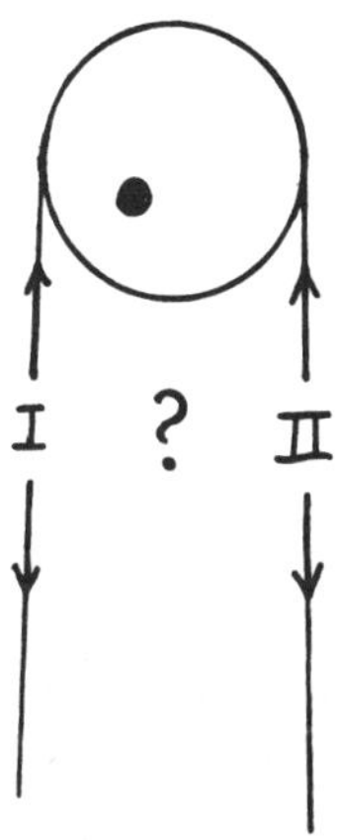

Antwort: Seilrolle verrückt

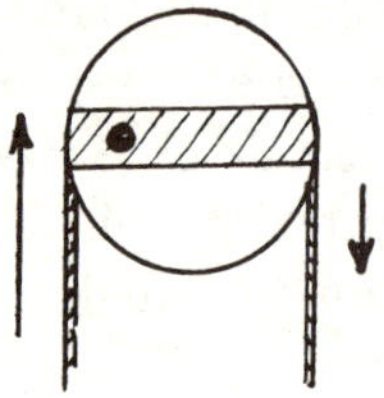

Die Antwort lautet b). Die verrückte Seilrolle ist ein verkappter Hebel.

Solch eine verrückte Seilrolle nennt man auch *exzentrische* Rolle. Erkennen Sie, wie im Compoundbogen unten die exzentrische Rolle es gestattet, den Bogen mit wenig Zugspannung in der Bogensehne gespannt zu halten? Und können Sie sehen, dass anders als beim gewöhnlichen Bogen die Zugspannung zunimmt, wenn der Pfeil abgeschossen wird?

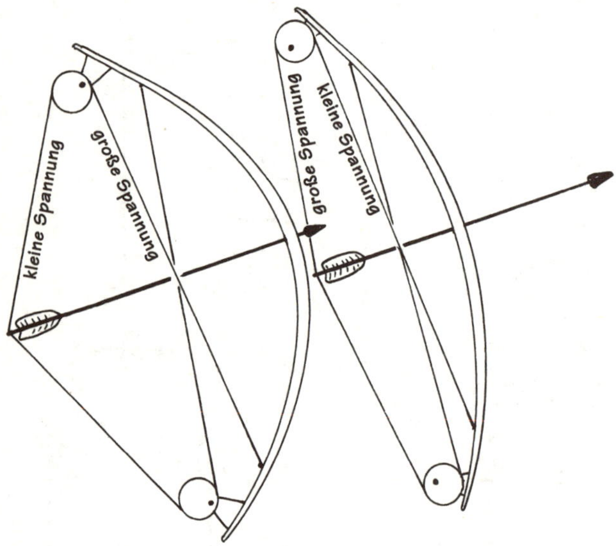

Maschinenbauingenieure haben übrigens einen Namen für diesen variablen Hebelmechanismus. Sie nennen ihn Kniehebel. Viele elektrische Schalter beinhalten einen Kniehebel, so der bekannte Kippschalter.

Joggen

Eine Joggerin legt aus dem Stand heraus los. Dabei bringt sie einen bestimmten Impuls an sich selbst auf und

a) mehr Impuls in den Boden
b) weniger Impuls in den Boden
c) denselben Impuls in den Boden

Die Joggerin legt aus dem Stand los. Dabei hat sie selbst eine bestimmte kinetische Energie und

a) der Boden noch mehr kinetische Energie
b) der Boden weniger kinetische Energie
c) der Boden dieselbe kinetische Energie

Antwort: Joggen

Die Antwort auf die erste Frage lautet c) und auf die zweite Frage b). Der Kraftstoß während einer kurzen Zeit gibt ja die Impulsänderung, hier von anfangs null auf einen bestimmten Impuls. Die Kraft auf Joggerin und Boden ist gleich, ebenso die Zeit des Wirkens (allerdings ist die Kraft auf den Boden andersherum gerichtet, also nach hinten). Ergo ist der an Joggerin wie Boden angebrachte Impuls derselbe (wenn auch entgegengerichtet).

Die kinetische Energie ist gleich groß wie Kraft mal Weg. Die Kraft auf Joggerin und Boden ist die Gleiche (aber entgegengerichtet), doch der Weg, entlang dem die Kraft wirkt, IST NICHT DERSELBE. Die Joggerin mag ein paar Meter vorankommen. Doch der massige Planet Erde bewegt sich keinen millionstel Millimeter rückwärts! Also hat der Boden praktisch null, die Joggerin dagegen die ganze kinetische Energie.

Schwimmen

Ein Schwimmer legt aus dem Stand heraus los. Dabei bringt er einen bestimmten Impuls an sich selbst auf und

a) mehr Impuls ins Wasser
b) weniger Impuls ins Wasser
c) denselben Impuls ins Wasser

Der Schwimmer legt aus dem Stand heraus los. Dabei hat er selbst eine bestimmte kinetische Energie und

a) das Wasser mehr kinetische Energie
b) das Wasser weniger kinetische Energie
c) das Wasser dieselbe kinetische Energie

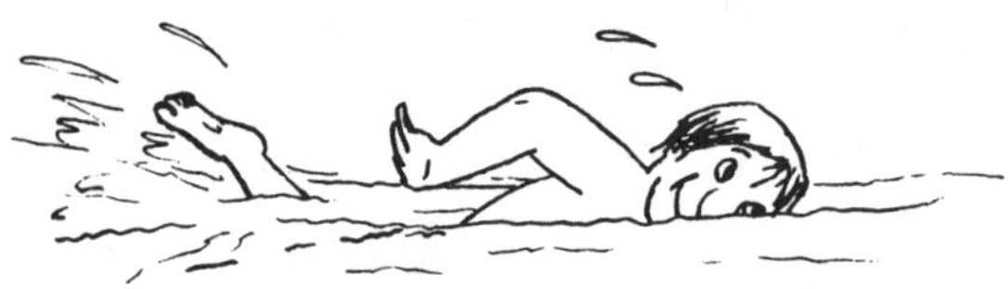

Antwort: Schwimmen

Die Antworten lauten c) und a). Der Schwimmer bringt denselben Impuls am Wasser wie (entgegengerichtet) an sich selbst auf – aus demselben Grund wie die Joggerin den gleichen, aber entgegengerichteten Impuls am Boden und sich selbst aufbrachte.

Doch wenn es um die Energie geht, sieht die Sache anders aus. Die Kraft auf Schwimmer und Wasser ist dieselbe (aber entgegengerichtet). Aber während der Schwimmer eine Hand voll Wasser einen Meter zurückdrängt, bewegt sich sein Körper viel weniger als einen Meter vorwärts (weil die Masse von einer Hand voll Wasser viel kleiner ist als die Masse des Schwimmers). Da Energie gleich Kraft mal Weg ist und jeder Schwimmzug das Wasser weiter wegdrängt als den Schwimmer, hat das Wasser entsprechend mehr kinetische Energie als der Schwimmer.

Also steckt der Schwimmer die meiste Energie ins Wasser, während die Joggerin die meiste Energie für sich behält. Daher kann ein schlechter Läufer immer noch schneller sein als ein ausgezeichneter Schwimmer.

Mittlere Fallgeschwindigkeit

Wenn ein Stein vor einer Sekunde fallen gelassen wurde, wie groß ist im Schnitt seine Geschwindigkeit während jener Sekunde?

a) 0 m/s
b) 1 m/s
c) 5 m/s
d) 10 m/s

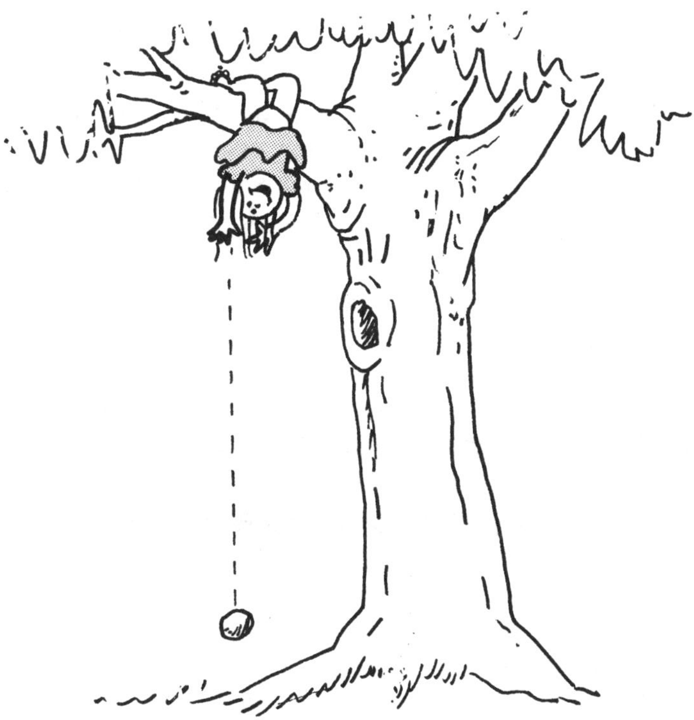

Antwort: Mittlere Fallgeschwindigkeit

Die Antwort lautet c). Obwohl die Geschwindigkeit des Steins am Ende des 1-Sekunde-Intervalls 10 m/s beträgt, war seine Anfangsgeschwindigkeit null – er wurde aus der Ruhelage fallen gelassen. Also kann die durchschnittliche Geschwindigkeit weder 10 m/s noch null sein. Da sich die Beschleunigung während des Falls nicht ändert, beträgt die Schnittgeschwindigkeit einfach 5 m/s, d.h. den Mittelwert zwischen null und 10 m/s. Wir unterscheiden also zwischen Momentangeschwindigkeit, der Geschwindigkeit in einem bestimmten Moment, und mittlerer oder Schnittgeschwindigkeit. Da der Stein eine Schnittgeschwindigkeit von 5 m/s besitzt, muss er übrigens während jener Sekunde 5 Meter gefallen sein.

Bitte nicht „wie schnell“ mit „wie weit“ verwechseln. Wieder ganz anders ist „wie schnell ändert sich wie-schnell“ – das ist die Beschleunigung.

Noch mal mittlere Fallgeschwindigkeit

Um sicherzugehen, dass man die vorige Antwort verstanden hat, betrachte man jetzt dies: Wenn ein Stein vor zwei Sekunden fallen gelassen wurde, wie groß ist seine mittlere Geschwindigkeit während der zwei Sekunden?

a) 1 m/s b) 5 m/s c) 10 m/s d) 20 m/s

Antwort: Noch mal mittlere Fallgeschwindigkeit

Die Antwort lautet c). Die Geschwindigkeit fängt bei null an und wird jede Sekunde um 10 m/s schneller. Nach zwei Sekunden ist die Geschwindigkeit auf 20 m/s angewachsen (20 = 2 x 10). Der Mittelwert zwischen null und zwanzig ist zehn. Also ist 10 m/s die mittlere oder Schnittgeschwindigkeit. Und wie tief fiel der Stein während jener zwei Sekunden? Nun, Gesamtweg ist gleich Schnittgeschwindigkeit mal Gesamtzeit, also gesamter Fallweg = 10 m/s x 2 Sekunden = 20 Meter.

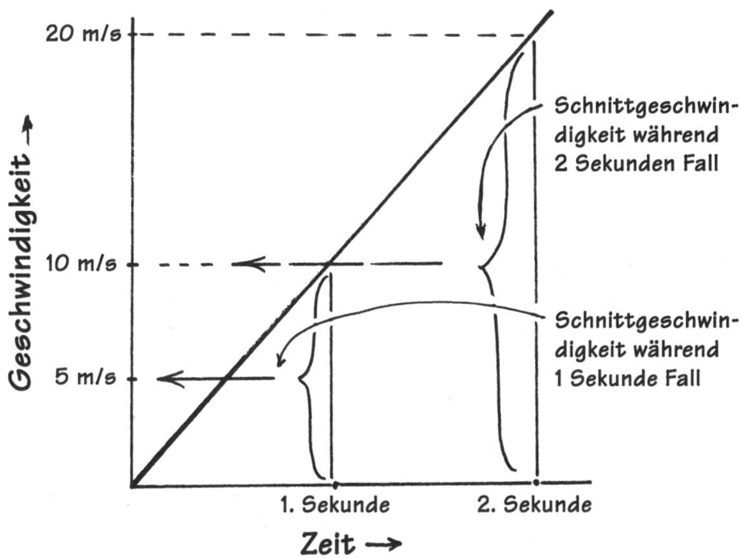

Wie tief ist der Fall?

Der Dachdecker auf dem Wolkenkratzer lässt seinen Hammer fallen. Nach einer Sekunde ist er ein Stockwerk heruntergefallen. In der nächsten Sekunde ist er

a) zwei Stockwerke unterm Dach
b) drei Stockwerke unterm Dach
c) vier Stockwerke unterm Dach
d) sechzehn Stockwerke unterm Dach
e) nichts davon

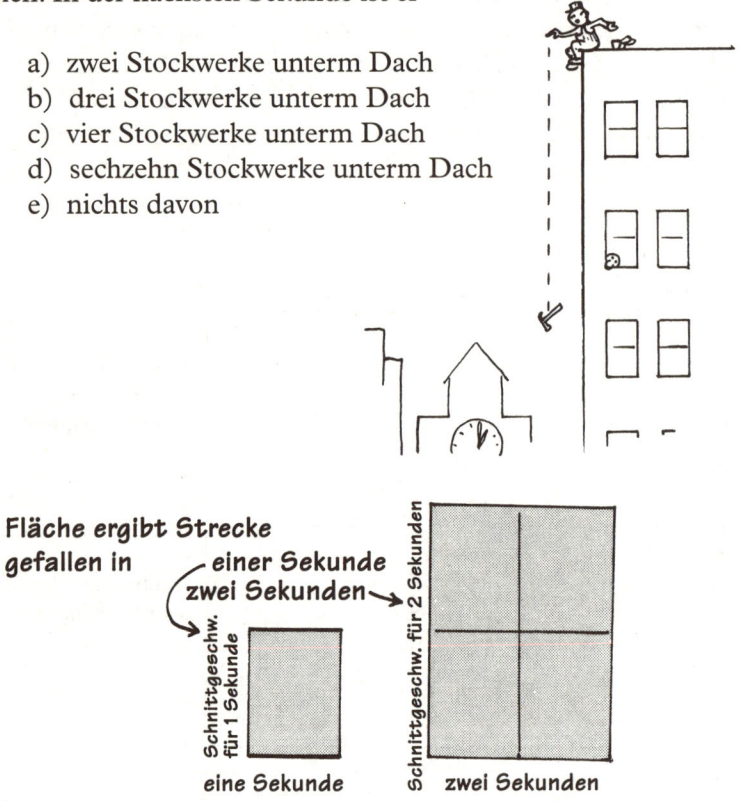

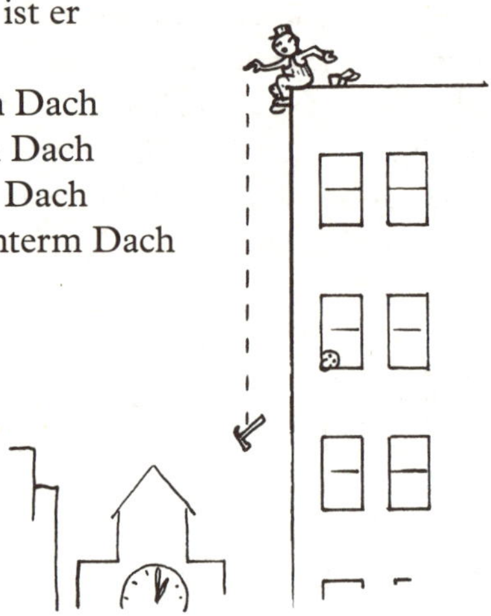

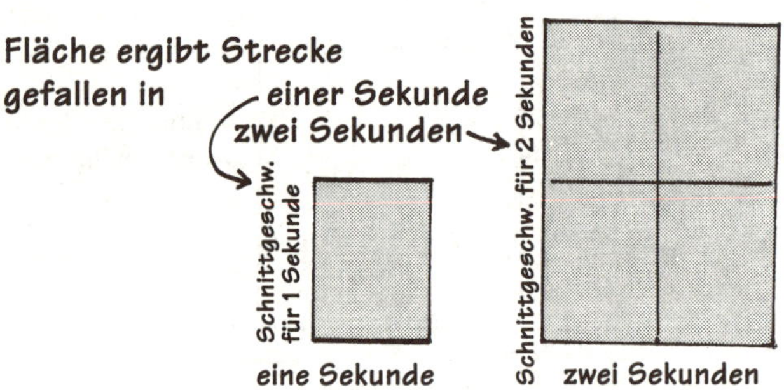

Antwort: Wie tief ist der Fall?

Die Antwort lautet c). Manche Leute mögen meinen, wenn er ein Stockwerk in der ersten Sekunde fiel, würde er in zwei Sekunden zwei Stockwerke fallen, und dies stimmte auch, wenn er immerzu mit derselben Geschwindigkeit fiele – aber das tut er nicht. Er wird beim Fallen immer schneller, also ist der jede Sekunde zurückgelegte Weg nicht der gleiche. Der Weg wächst mit jeder Sekunde. Nach zwei Sekunden haben sich Schnittgeschwindigkeit und Fallzeit verdoppelt, also wächst der Gesamtweg auf das Vierfache. Bedenken Sie: Weg = Schnittgeschwindigkeit mal Zeit.

Platsch

Eine vom Balkon gefallene Flasche trifft den Gehweg mit einer bestimmten Geschwindigkeit. Um die Geschwindigkeit beim Aufschlagen zu verdoppeln, müsste man die Flasche fallen lassen von einem

a) doppelt so hohen
b) dreimal so hohen
c) viermal so hohen
d) fünfmal so hohen
e) sechsmal so hohen Balkon?

Antwort: Platsch

Die Antwort lautet c). Simpler Bauchverstand scheint einen doppelt so hohen Balkon angeraten sein zu lassen. Aber um doppelte Geschwindigkeit zu erlangen, muss die Flasche die doppelte Zeit fallen – und in der doppelten Zeit fällt sie viermal so tief (siehe WIE TIEF IST DER FALL), also muss man viermal so viel Lageenergie in sie investieren. Wenn sie also doppelt so schnell fällt, hat sie doppelt so viel Impuls (siehe IMPULS), aber viermal so viel kinetische Energie. Ergo bedeutet Verdopplung des Impulses eines Dings nicht die doppelte kinetische Energie – die wird vielmehr vervierfacht. Offensichtlich gibt es einen großen Unterschied zwischen kinetischer Energie und Impuls.

Achterbahn

Um sicherzugehen, dass man die vorige Frage und Antwort verstanden hat, beantworte man die folgende: Ein Achterbahnwagen wird auf den Gipfel geschleppt und dann losfahren gelassen. Für mehr Nervenkitzel möchte man den Wagen unten im Tal doppelt so schnell fahren lassen. Damit dieser Wunsch wahr wird, sollte der Gipfel

a) doppelt so hoch
b) dreimal so hoch
c) viermal so hoch
d) fünfmal so hoch
e) sechsmal so hoch sein?

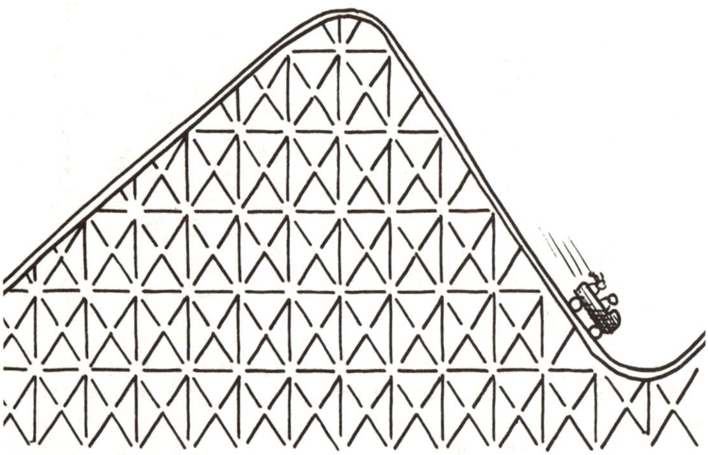

Antwort: Achterbahn

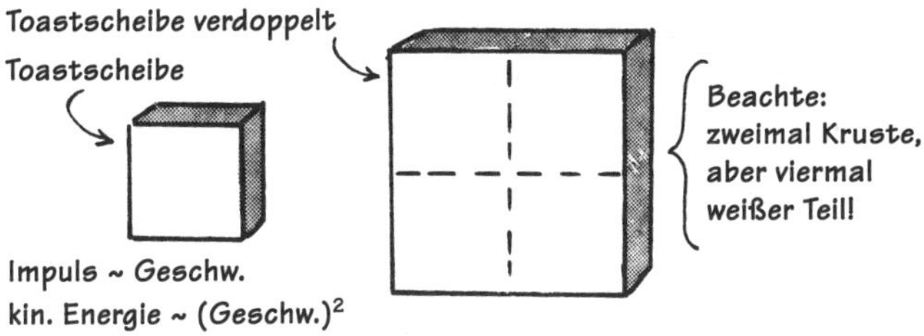

Die Antwort lautet c). Die Situation ist wie bei PLATSCH. Zur Verdopplung der Geschwindigkeit verdoppelt man den Impuls. Zur Verdopplung des Impulses erhöht man die kinetische Energie auf das Vierfache. Um die kinetische Energie zu vervierfachen, muss man viermal so hoch heben. Wie kann man den Zusammenhang zwischen Energie und Impuls konzeptionell veranschaulichen? Als Toastscheibe: die kinetische Energie ist der weiße Teil und der Impuls die Kruste. Wenn man die Dimensionen des Toasts vergrößert, was der Erhöhung der Geschwindigkeit eines Dings entspricht, sieht man hier das Weiße vervierfacht, während sich die Krustenlänge verdoppelt. Will man gar noch einen Massenzuwachs des bewegten Dings visualisieren, zeichne man mehrere Scheiben oder einfach eine dickere Scheibe (bekanntlich ist ein zwei Kilo schweres Ding gleich zwei ein Kilo schweren Dingen). Toastscheibe, Kruste und Weiß zusammen entsprechen etwas, das man einst zu Galileos Zeiten *impedo* nannte, bevor der Unterschied zwischen kinetischer Energie und Impuls klar erkannt wurde.

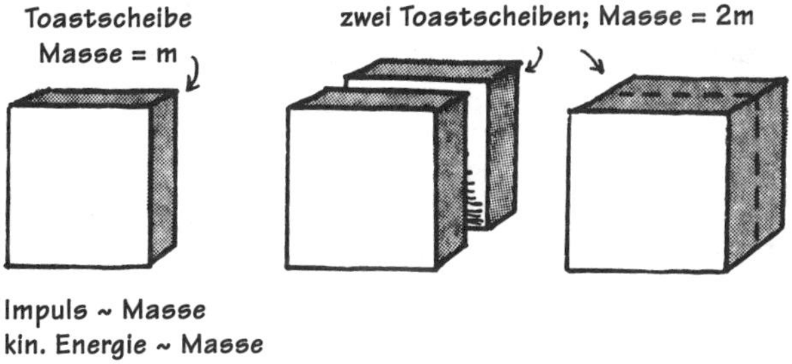

Plopp

Sie werfen einen Stein in einen schönen weichen, matschigen Schlamm. Er dringt einen Zentimeter ein. Damit der Stein vier Zentimeter eindringt, müssten Sie ihn in den Schlamm

a) doppelt so schnell
b) dreimal so schnell
c) viermal so schnell
d) achtmal so schnell
e) sechzehnmal so schnell werfen?

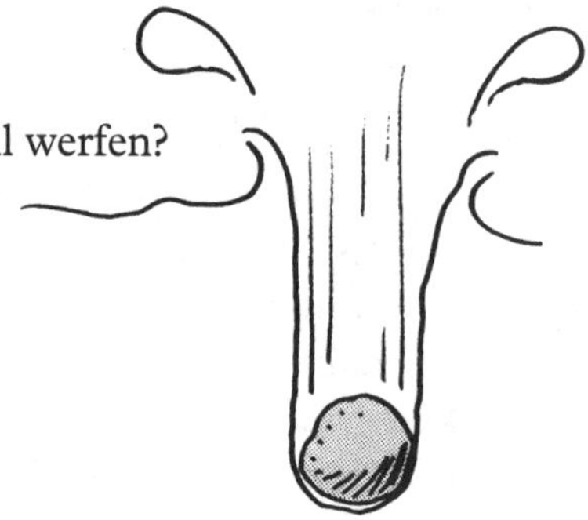

Antwort: Plopp

Die Antwort lautet a). Wieder könnte ein simpler Bauchverstand irreführen: Vierfache Geschwindigkeit sollte vierfache Eindringtiefe ergeben – dem ist aber nicht so. Warum? Stecken Sie Ihren Finger in den Schlamm. Zur eigenen Überraschung braucht dies eine gewisse Kraft. Um ihn viermal so tief reinzustecken, muss dieselbe Kraft entlang dem vierfachen Weg aufgewendet werden. Also ist die vierfache Energie erforderlich. Um die kinetische Energie eines Steins viermal größer zu machen, muss seine Geschwindigkeit verdoppelt werden (siehe PLATSCH). Denken Sie an ein Geschoss. Wird die Mündungsgeschwindigkeit bei gleichbleibender Masse des Geschosses verdoppelt, verdoppelt sich die Kraft des Geschosses, alles niederzumachen, weil sein Impuls verdoppelt wird – doch die Eindringtiefe wird auf das Vierfache erhöht. Kinetische Energie und Impuls sind zwei Paar Stiefel.

Gummigeschoss

Ein Gummigeschoss und ein Aluminiumgeschoss sollen beide dieselbe Größe, Masse und Geschwindigkeit haben. Sie werden auf einen Holzklotz geschossen. Welches wirft den Klotz am wahrscheinlichsten um?

a) das Gummigeschoss
b) das Aluminiumgeschoss
c) beide gleich

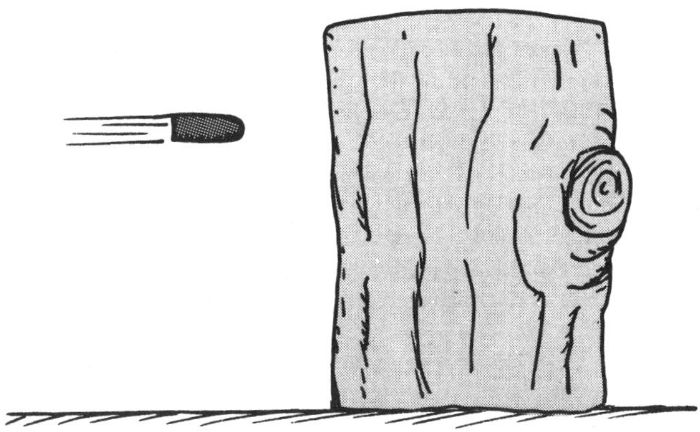

Welches bewirkt am wahrscheinlichsten den größten Schaden?

a) das Gummigeschoss
b) das Aluminiumgeschoss
c) beide gleich

Antwort: Gummigeschoss

Die Antwort auf die erste Frage lautet a) und auf die zweite b). Vor dem Auftreffen auf den Klotz ist der Impuls bei beiden Geschossen derselbe, danach nicht mehr, weil das Gummigeschoss abprallt und das Aluminiumgeschoss eindringt. Der Impuls des Aluminiumgeschosses wird vollständig auf den Klotz übertragen, der den notwendigen Impuls aufbringt, es zu stoppen. Letzterer ist für das Gummigeschoss größer, weil der Klotz nicht nur den zum Stoppen benötigten Impuls aufbringt, sondern auch noch zusätzlichen, um das Geschoss wieder zurückzuschicken. Je nach Elastizität des Abpralls braucht es hier einen bis zu zweifachen Impuls als derjenige vor dem Aufprall. Also wird das Gummigeschoss den Klotz wahrscheinlicher umwerfen. Wenn Sie dies Ihrer Schützen-Bekanntschaft erzählen, nämlich dass Gummigeschosse zum Umwerfen von Dingen wirksamer sind, mögen die Ihnen nicht glauben – es stimmt aber trotzdem!

Jetzt zur zweiten Hälfte der Frage. Obwohl das Gummigeschoss dem Klotz den größten Impuls erteilt, gibt es ihm doch nicht die meiste Energie. Denn wenn das Geschoss mit viel Geschwindigkeit zurückprallt, heißt dies, dass es die meiste Energie für sich behält, wogegen das Aluminiumgeschoss stoppt und all seine kinetische Energie abliefert. Die abgelieferte Energie geht an den Klotz. Hier ist die Feststellung ganz wichtig, dass die zusätzliche Energie, die das Aluminiumgeschoss beiträgt, keinen Impuls mit sich bringt! Energie ohne Impuls kann aber keine kinetische Energie sein. Es muss sich da um andere Energie handeln: Energie von Wärme, Verformung oder Beschädigung.

Offensichtlich gibt also das Gummigeschoss eine Menge Impuls, aber wenig Energie an den Klotz und das Aluminiumgeschoss daran mehr Energie, aber weniger Impuls.

Den Unterschied zwischen Auswirkungen von Impuls oder Energie zu verstehen, ist das Sesam-öffne-dich zur klassischen Mechanik!

Bremsweg

Eine Auto fährt mit 20 km/h, und der Fahrer tritt auf die Bremse. Danach fährt das Auto noch 1 Meter. Etwas später fährt dasselbe Auto mit 40 km/h, als der Fahrer bremst. Wie weit etwa fährt das Auto nach dem Bremsen noch?

a) 1 Meter
b) 2 Meter
c) 3 Meter
d) 4 Meter
e) 5 Meter

Antwort: Bremsweg

Die Antwort lautet d). Ein Auto anzuhalten ist wie einen Stein nach oben in die Luft zu werfen. Auf das Auto wirkt eine konstante, von den Bremsen gelieferte Bremskraft. Auf den Stein wirkt die konstante, von der Erdanziehung gelieferte Schwerkraft. Um zu wissen, wie ein nach oben geworfener Stein reagiert, mache man einen Kinofilm eines herabfallenden Steins und lasse diesen im Kopf rückwärts laufen. Um die Geschwindigkeit eines herabfallenden Steins zu verdoppeln, muss man die Fallzeit verdoppeln, wobei die Falltiefe dann viermal so groß wird. Das heißt, wenn man den Stein mit doppelter Geschwindigkeit hochwirft, steigt er viermal so hoch bis zum Halt auf dem Gipfelpunkt.

Das Auto fährt also mit 40 km/h, dann ist sein Bremsweg viermal so groß wie bei 20 km/h. Womöglich ist dies die wichtigste Sache, die Sie aus diesem Buch lernen. Wenn man die Geschwindigkeit eines Autos verdoppelt, verdoppelt sich die Brems*zeit*, doch der Brems*weg* ist gar *vier*mal so groß – und der Bremsweg, nicht die Bremszeit entscheidet, ob Sie auf etwas prallen oder nicht.

Patsch

Ein 1 kg schwerer Klumpen Lehm mit einem Meter pro Sekunde Geschwindigkeit prallt auf einen anderen 1 kg schweren Klumpen Lehm, der sich nicht bewegt. Patsch! Sie kleben zusammen und werden zu einem 2 kg schweren Klumpen. Wie groß ist die Geschwindigkeit des 2 kg schweren Klumpens?

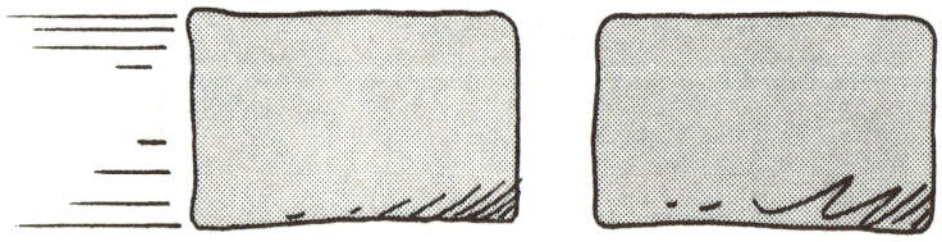

a) 0 m/s
b) 1/4 m/s
c) 1/2 m/s
d) 1 m/s
e) 2 m/s

Antwort: Patsch

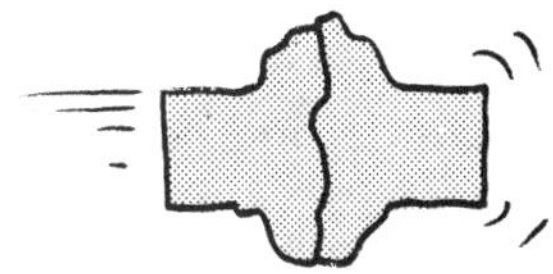

Die Antwort lautet c). Die vom beweglichen Klumpen verlorene Geschwindigkeit überträgt sich auf den unbewegten, und zwar bis sich ihre Geschwindigkeiten angleichen. Auf andere Art gesagt: den ganzen vom bewegten Klumpen verlorenen Impuls empfängt der vorher unbewegliche. Grund: Der Impuls, der die Geschwindigkeit des unbewegten Klumpens erhöht hat, ist genau gleich und entgegen dem Impuls, der den vorher bewegten Klumpen verzögert hat. Da sich der vom einen Klumpen verlorene Impuls auf den anderen überträgt, geht kein Impuls verloren. Also ist der Impuls nach dem Zusammenstoß derselbe wie davor. Impuls ist Masse mal Geschwindigkeit. Vor dem Zusammenstoß sitzt der ganze Impuls auf dem beweglichen Klumpen und auf dem unbewegten keiner. Der Zusammenstoß bewirkt eine Verdopplung der Masse des vorher bewegten Klumpens, ohne Impuls dazuzutun oder wegzunehmen. Wenn sich die Masse verdoppelt und der Impuls konstant bleibt, muss sich die Geschwindigkeit halbieren. Angenommen, ein 1 Kilo schwerer Klumpen treffe auf einen 2 Kilo schweren Klumpen. Dann bewirkt der Zusammenstoß die dreifache Masse des vorher beweglichen Klumpens, ohne Impuls dazuzutun oder wegzunehmen. Die Masse verdreifacht sich und der Impuls bleibt konstant, also sinkt die Geschwindigkeit auf ein Drittel ihres vorigen Wertes.

Dies Beispiel illustriert ein wichtiges Gesetz – den Impuls-Erhaltungssatz. Wenn wir dafür sorgen, dass der Impuls am Ende gleich groß ist, wie er anfangs war, bewahren wir den Impuls. Warum kamen wir nicht darauf, obige Frage mittels Erhaltung der kinetischen Energie zu durchdenken? Weil kinetische Energie nicht erhalten bleibt. Wenn die Klumpen zusammenstoßen und deformiert werden, wird einiges davon in Wärme verwandelt. Die Verformung selbst nimmt Energie auf; bei einem Autounfall ist Energie zum Knautschen des Blechs erforderlich. Wenn ein Lehmklumpen auf eine Steinwand trifft, verwandelt sich die gesamte kinetische Energie in Wärme. Aber wenn ein vollkommen elastischer Ball auf die Steinwand trifft, prallt er ab, ohne etwas von seiner kinetischen Energie in Wärme zu verwandeln, und verliert daher auch keinerlei kinetische Energie, d. h. er fliegt gleich schnell zurück. Hier lohnt sich noch eine Anmerkung. Genau betrachtet ist Wärme eigentlich verborgene kinetische Energie. Wenn sich alle Moleküle in dieselbe Richtung bewegen, spricht man von gewöhnlicher oder mechanischer kinetischer Energie. Wenn alle Moleküle in unterschiedlichen Richtungen herumtanzen, bewegt sich der Lehmklumpen nicht als Ganzes, und die kinetische Energie ist ganz durcheinander oder verborgen. Dann spricht man von thermischer kinetischer Energie oder Wärme.

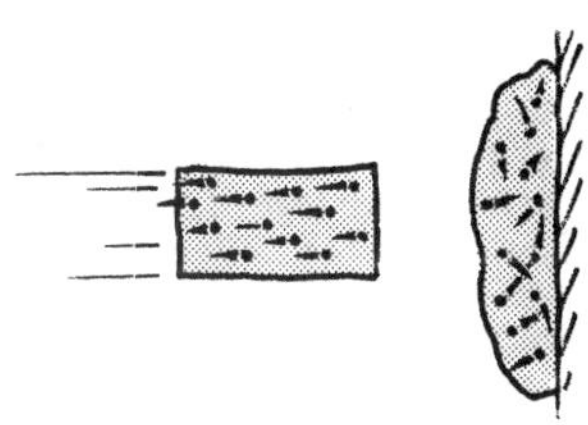

Noch ein Patsch

Ein 1 Kilo schwerer Lehmklumpen fliegt mit einem Meter pro Sekunde und klatscht auf einen anderen 1-Kilo-Lehmklumpen in Ruhe. Sie kleben zusammen und bilden einen 2 Kilo schweren Lehmklumpen. Wie viel der kinetischen Energie des zuvor beweglichen Klumpens verwandelte sich während des Zusammenstoßes in Wärme?

a) 0 %
b) 25 %
c) 50 %
d) 75 %
e) 100 %, also alle kinetische Energie wurde zu Wärme

Antwort: Noch ein Patsch

Die Antwort lautet c). Erinnern Sie sich aus der Aufgabe PATSCH daran, dass die Geschwindigkeit der vereinten Klumpen halb so groß wie diejenige des einzelnen Klumpens vorher wird. Stellen Sie sich jetzt den 2-Kilo-Klumpen als ein Paar 1-Kilo-Klumpen vor. Da diese beiden Klumpen sich halb so schnell bewegen wie zuvor der stoßende Klumpen, müssen ihre kinetischen Energien ein Viertel derjenigen des stoßenden Klumpens zuvor sein (siehe PLATSCH). Da das Paar aus zwei Klumpen besteht, hat es 1/4 + 1/4 = 1/2 so viel Energie wie der stoßende Klumpen zuvor. Demnach endet die Hälfte (50 %) der kinetischen Energie des zuvor beweglichen Klumpens als kinetische Energie des 2-Kilo-Klumpens. Die verloren gegangene andere Hälfte verwandelte sich in Wärme. Was aber, wenn es ein Geräusch – das Patsch – beim Zusammenstoß gab? Würde dieses Geräusch etwas von der verlorenen kinetischen Energie wegnehmen, sodass nicht alles in Wärme verwandelt würde? Was wird eigentlich aus dem Geräusch? Was wird aus jedem Schall, Plaudern eingeschlossen? Tja, was ist das Synonym für Gerede? Heiße Luft. Ein Geräusch verwandelt sich in Wärme und das sehr schnell. Wie schnell? So schnell, wie ein Echo verhallt.

Im Regen rollen

Ein offener Güterwagen rollt reibungslos unter einem vertikal einfallenden Regenschauer, wobei eine beträchtliche Regenmenge in den Wagen fällt und sich ansammelt. Denken Sie über die Wirkung der sich ansammelnden Regenmenge auf Geschwindigkeit, Impuls und kinetische Energie des Wagens nach.

Die *Geschwindigkeit* des Wagens wird
a) zunehmen
b) abnehmen
c) sich nicht ändern

Der *Impuls* des Wagens wird
a) zunehmen
b) abnehmen
c) sich nicht ändern

Und die *kinetische Energie* des Wagens wird
a) zunehmen
b) abnehmen
c) sich nicht ändern

Antwort: Im Regen rollen

Die Antwort auf die erste Frage lautet b), auf die zweite c) und auf die dritte b). Der rollende Wagen hat einen Impuls nur in horizontaler Richtung. Der Regen fällt senkrecht nach unten, hat also keinen horizontalen Impuls, der sich auf den Wagen übertragen könnte. Ergo ändert sich der Impuls des Wagens nicht. Die Masse des Wagens ändert sich jedoch – sie vermehrt sich um die Masse des angesammelten Regens. Ein Massenzuwachs bei konstantem Impuls hat eine Abnahme der Geschwindigkeit zur Folge. Während der Regen sich ansammelt, verlangsamt sich also der Wagen. Diese Situation ist fast eine Wiederholung von NOCH EIN PATSCH. Geschwindigkeit und kinetische Energie werden gesenkt, während der Impuls unangetastet bleibt. Was geschieht mit der verlorenen kinetischen Energie? Sie wird zu Wärme – das Wasser im Wagen ist etwas wärmer als der Regen.

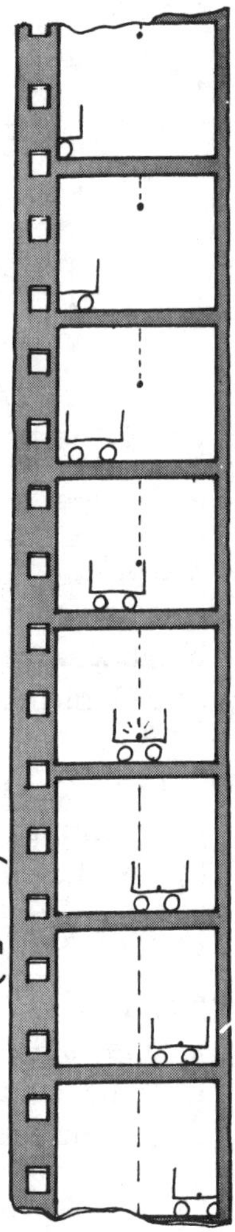

Wir haben bisher ausschließlich mithilfe der Erhaltungssätze für Impuls und Energie argumentiert. Diese hilfreichen Regeln liefern die Antwort auf viele Fragen, ohne sich mit den oft schwierigen Kräften befassen zu müssen. Aber lassen Sie uns dennoch hier über Kraft nachdenken, um unsere obigen Folgerungen besser zu verstehen. Der vertikal fallende Regen, der in den Wagen trifft, endet damit, die horizontale Geschwindigkeit des Wagens anzunehmen. Also musste eine Kraft auf ihn wirken, sei es nun eine Wechselwirkung mit der Wand, dem Boden oder der Oberfläche des angesammelten Wassers. Welche Kraft auch immer den Regentropfen eine horizontale Geschwindigkeitskomponente erteilt, sie wirkt auch auf den Wagen. Diese Reaktionskraft ist es, die den Wagen verlangsamt.

Man sieht, dass der vertikal fallende Tropfen beim Aufprall im Wagen nach rechts gedrängt wird. Dessen Reaktion nach links verlangsamt den Wagen.

Mit Abfluss rollen

Der Regen hat aufgehört. Im Boden des Wagens wird ein Abfluss-Stöpsel herausgezogen, damit das angesammelte Wasser abfließen kann. Bedenken Sie die Wirkung des abfließenden Wassers auf Geschwindigkeit, Impuls und kinetische Energie des Wagens.

Die *Geschwindigkeit* des Wagens wird

a) zunehmen
b) abnehmen
c) sich nicht ändern

Der *Impuls* des Wagens wird

a) zunehmen
b) abnehmen
c) sich nicht ändern

Die *kinetische Energie* des Wagens wird

a) zunehmen
b) abnehmen
c) sich nicht ändern

Antwort: Mit Abfluss rollen

Die Antwort auf die erste Frage lautet c), auf die zweite b) und auf die dritte b). Wenn man etwas einfach loslässt, das man festgehalten hat, dann übt es keine Kraft mehr auf einen aus und man selbst darauf auch nicht. Während das Wasser aus dem Wagen abgelassen wird, übt es keine Kraft auf den Wagen aus, also ändert sich die Geschwindigkeit des Wagens nicht. Das Wasser fällt bloß runter mit derselben horizontalen Geschwindigkeit, die es im Wagen hatte – wie wenn ein Prolet eine Bierdose aus dem Fenster eines fahrenden Autos wirft. Natürlich nimmt das abfließende Wasser seinen Impuls und seine kinetische Energie mit, wenn es den Wagen verlässt. Ergo bleibt dem Wagen weniger Impuls und weniger kinetische Energie übrig.

Energie fürs Überholen

Das Folgende wird die meisten Leser verwirren. Der chemische Energieinhalt einer bestimmten Menge Benzin wird in einem Auto zu kinetischer Energie verwandelt, das seine Geschwindigkeit von 0 km/h auf 50 km/h steigert. Um ein anderes Auto zu überholen, erhöht nun das Auto seine Geschwindigkeit auf 100 km/h. Verglichen mit der Energie für 0 auf 50 km/h ist die Energie, um von 50 km/h auf 100 km/h zu erhöhen,

a) halb so groß
b) genau so groß
c) doppelt so groß
d) dreimal so groß
e) viermal so groß

Antwort: Energie fürs Überholen

Die Antwort lautet d). Die Geschwindigkeitserhöhung von 0 auf 50 km/h belief sich auf 50 km/h und diejenige von 50 km/h auf 100 km/h wieder auf 50 km/h, also könnten Sie meinen, der Energiebedarf wäre in beiden Fällen derselbe, doch jetzt sind Sie für eine neue Einsicht reif. Nehmen Sie statt 0, 50 und 100 km/h einmal 0, 10 und 20 m/s und erinnern sich an WIE TIEF IST DER FALL. Das Ding mit 20 m/s musste zweimal so lang und viermal so tief gefallen sein als dasjenige mit 10 m/s. Also hat das schnellere viermal so viel kinetische Energie wie das langsamere. Nehmen wir mal an, dass 50 km/h bzw. 10 m/s einem »Tropfen« kinetischer Energie entsprächen. Dann entsprechen 100 km/h bzw. 20 m/s vier »Tropfen« kinetischer Energie (sagen wir große Tropfen für km/h und kleine Tropfen für m/s). Um also von 50 auf 100 zu erhöhen, muss man drei »Tropfen« dazutun.

Geschwindigkeit ungleich Energie

Einen Lastwagen, der sich in Ruhe auf einem Hügel befindet, lässt man hinabrollen. Unten angekommen beläuft sich die Geschwindigkeit auf 4 km/h. Als Nächstes rollt der LKW noch mal vom Hügel herab, aber diesmal nicht aus dem Stand, sondern mit einer Startgeschwindigkeit von 3 km/h, die er schon vor der Abwärtsfahrt besaß. Unten angekommen, wie schnell ist er dann?

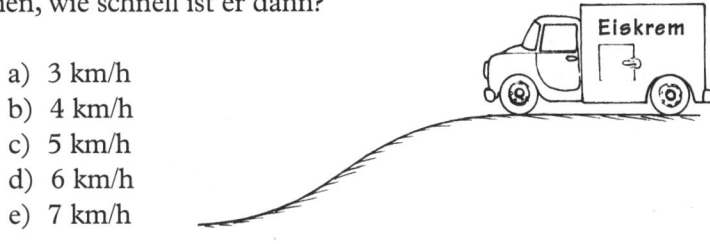

a) 3 km/h
b) 4 km/h
c) 5 km/h
d) 6 km/h
e) 7 km/h

Antwort: Geschwindigkeit ungleich Energie

Die Antwort lautet nicht e). Falls Sie diese Antwort mit 7 km/h gewählt haben, überlegen Sie noch einmal. Lesen Sie ENERGIE FÜRS ÜBERHOLEN nach!

Den Hügel hinabfahren fügt eine bestimmte Menge kinetischer Energie hinzu, aber NICHT einen bestimmten Betrag von Geschwindigkeit. Falls sich bloß die Geschwindigkeit hinzuaddierte, ergäbe 4 + 3 = 7 und das ist falsch!

Doch warum addieren sich die Geschwindigkeiten nicht? Weil um 4 km/h Fahrt aufzunehmen, der Lastwagen eine bestimmte Zeit auf dem Abhang verbringen muss. Wenn er mit 3 km/h startet, verbringt er weniger Zeit auf dem Hügel und nimmt so beim Hinabfahren weniger Fahrt auf. Wir können jedoch etwas finden, das sich addiert – und das ist die Energie. Wie wir wissen, erhöht Verdopplung der Geschwindigkeit die kinetische Energie viermal und Verdreifachung neunmal und so fort. Kinetische Energie ist proportional der quadrierten Geschwindigkeit. Wenn also die Anfangsgeschwindigkeit 3 km/h 9 Energieeinheiten bedeutet, bedeuten 4 km/h (welche das Hinabrollen ergibt) eben 16. Also ist die Gesamtenergie 9 + 16 = 25 Energieeinheiten. Nun entsprechen 25 Energieeinheiten welcher Geschwindigkeit? Geschwindigkeit 5 km/h – also lautet die Antwort c).

Beachten Sie, dass die Wahl der Einheiten von Geschwindigkeit oder Energie hier unwichtig ist. Wäre die Geschwindigkeit in Meter pro Sekunde statt km/h angegeben gewesen, lautete die Antwort eben 5 m/s statt 5 km/h. Wirklich wichtig ist bloß, dass kinetische Energie proportional zur Geschwindigkeit im Quadrat ist und sich – anders als der Impuls – stets ganz einfach addieren lässt.

Kollision

Ein Lastwagen rollt aus dem Stand den Hügel 1 hinab in einen riesigen Heuhaufen. Ein gleicher Lastwagen rollt ebenfalls aus dem Stand den doppelt so hohen Hügel 2 hinab in einen identischen Heuhaufen. Wie viel tiefer dringt der Lastwagen von Hügel 2 in den Heuhaufen ein verglichen mit dem Lastwagen von Hügel 1?

a) gleich tief
b) doppelt so tief
c) dreimal so tief
d) viermal so tief

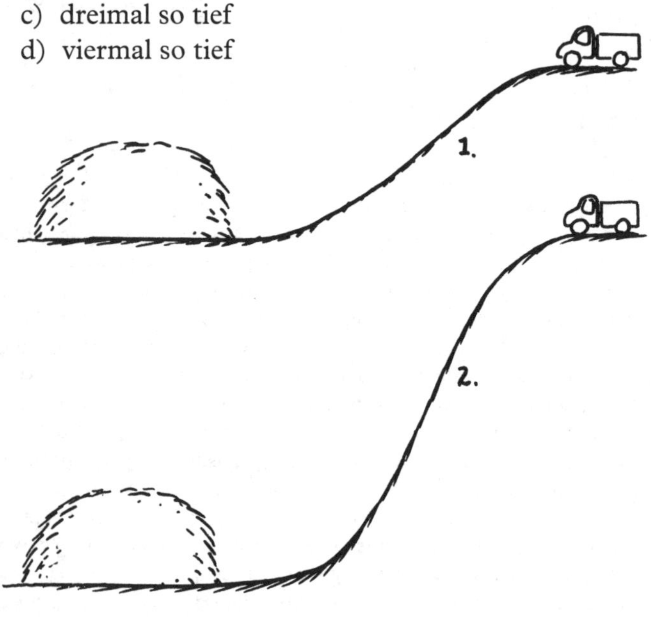

Antwort: Kollision

Die Antwort lautet b). Doppelte Höhe fürs Hinabrollen des Lastwagens unter Schwerkraft bedeutet unten doppelte kinetische Energie. Daraus ergibt sich der doppelte Weg für die Arbeit der gleichen Bremskraft beim Eindringen in den Heuhaufen.

Rugby

Mighty Mike bringt 100 kg auf die Waage und läuft mit 2 m/s über das Rugbyfeld. Speedy Gonzales wiegt nur 50 kg, aber rennt mit 4 m/s, wogegen Ponderous Poncho mit 200 kg bloß 1 m/s läuft. Wer könnte Mike durch Aufprall wirksamer stoppen?

a) Speedy Gonzales
b) Ponderous Poncho
c) beide gleich

Wer würde Mike wahrscheinlicher die Knochen brechen?

a) Speedy Gonzales
b) Ponderous Poncho
c) beide gleiche

Antwort: Rugby

Die Antwort auf die erste Frage lautet c). Man braucht hier nichts weiter, als den Impuls-Erhaltungssatz anzuwenden. Berücksichtigen Sie, dass Mikes Impuls dem Impuls von Speedy oder Poncho genau gleich, aber entgegengerichtet ist (100 x 2 = 50 x 4 = 200 x 1). Also ist der Kraftstoß, um Mike durch Aufprall zu stoppen, bei Speedy oder Poncho derselbe. Beide sind gleich wirksam, um Mike anzuhalten.

Die Antwort auf die zweite Frage ist a). Obgleich Speedy und Poncho denselben Stoppereffekt oder Impuls oder Kraftstoß haben, wird Mike beim Aufprall mit Speedy mehr Verletzungen erleiden (fragen Sie einen Rugbyspieler). Warum? Weil Speedy mehr kinetische Energie besitzt als Poncho. Denken Sie an PLOPP und BREMSWEG. Wenn man die Geschwindigkeit eines Dings verdoppelt, braucht es die doppelte Zeit zum Anhalten, jedoch *den vierfachen Weg bis zum Halt*. Es dringt viermal tiefer ein, d. h. es hat viermal so viel kinetische Energie. Nun rennt Speedy viermal schneller als Poncho. Heißt dies dann, dass er mit sechzehnfacher kinetischer Energie sechzehnmal tiefer eindringt als Poncho? Nein. Warum? Weil Speedy nur ein Viertel der Masse von Poncho hat, also hat er ein Viertel der sechzehnfachen kinetischen Energie – also nur viermal so viel. Ergo dringt Speedys vierfache Energie in Mike viermal tiefer ein. Deshalb schmerzt es mehr, von Speedy statt von Poncho gefasst zu werden.

Dampframme

Es ist immer wieder interessant, dem Eintreiben von Pfählen in den Boden zuzuschauen: die riesige Maschine mit ihrem Rattern, Puffen und Zischen und dann der Schlag des Hammers oder Bärs. Angenommen, Bär und Pfahl haben jeweils eine Tonne Masse. Zudem soll der Bär aus einer Höhe von 2 Metern herabfallen und der Aufprall den Pfahl 10 Zentimeter tief in den Boden treiben. Wie groß wäre die mittlere Kraft des Pfahls auf den Boden, während er 10 Zentimeter eindringt?

(Gewichtskraft einer Tonne ist auf der Erde 10 Kilonewton.)

a) 10 Kilonewton
b) 20 Kilonewton
c) 100 Kilonewton
d) 110 Kilonewton
e) 120 Kilonewton

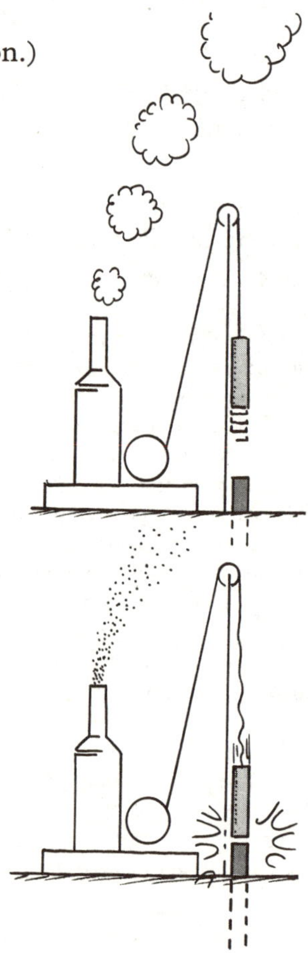

Antwort: Dampframme

Die Antwort lautet e). Der Bär hat zwanzig Kilonewtonmeter an kinetischer Energie, wenn er den Pfahl trifft. Da Bär und Pfahl die gleiche Masse haben, wird die Hälfte dieser Energie durch den Aufprall in Wärme verwandelt (wie aus NOCH EIN PATSCH erinnerlich). Dann bleiben zehn Kilonewtonmeter an kinetischer Energie übrig, um den Pfahl zehn Zentimeter einzurammen. Nun sind zehn Kilonewtonmeter so viel wie hundert Kilonewtondezimeter, weil 10 Dezimeter eben 1 Meter ergeben. Das heißt, wenn die Gewichtskraft einer Tonne gerade einen Meter tief rammt, dann verrichtet sie so viel Arbeit wie eine zehnfache, die nur 10 cm einrammt. Bedeutet dies also, dass der Pfahl somit eine Kraft von 100 Kilonewton auf den Boden ausübt? Sogar mehr! Selbst noch bevor der Bär den Pfahl trifft, belastet der Pfahl den Boden mit der Gewichtskraft von einer Tonne, also 10 Kilonewtonmeter. Und nach dem Aufprall lastet der Bär von nochmals einer Tonne kurzzeitig auf dem Pfahl. Also kommen noch zwei mal 10 Kilonewton hinzu – hundertzwanzig insgesamt. Heißt das also, dass 120 Kilonewtonmeter Arbeit in den Boden gesteckt wurden? Jawohl, die extra 20 Kilonewtonmeter stammen vom Gewicht des Pfahls plus Bärs, als sie jene letzten 10 Zentimeter herabsanken. Ziemlich vertrackt, oder? Darum verdienen Ingenieure in der Stunde so viel wie Klempner – oder etwa nicht?

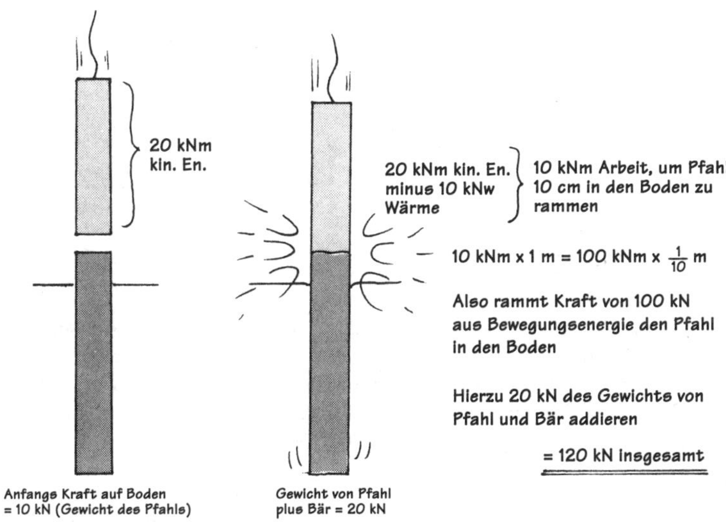
20 kNm
kin. En.
Anfangs Kraft auf Boden
= 10 kN (Gewicht des Pfahls)
20 kNm kin. En.
minus 10 kNw
Wärme
10 kNm Arbeit, um Pfahl
10 cm in den Boden zu
rammen
10 kNm x 1 m = 100 kNm x 1/10 m
Also rammt Kraft von 100 kN
aus Bewegungsenergie den Pfahl
in den Boden
Hierzu 20 kN des Gewichts von
Pfahl und Bär addieren
= 120 kN insgesamt
Gewicht von Pfahl
plus Bär = 20 kN

Hammer und Amboss

In dem hier gezeigten Vorführexperiment* schützt der Amboss den waghalsigen Physikprofessor größtenteils vor des Vorschlaghammers

a) Impuls
b) kinetischer Energie
c) beidem
d) keinem von beiden

* Solch eine Vorführung werden ich und meine seinerzeitigen Studenten wohl nie vergessen. Ich forderte unklugerweise einen Freiwilligen auf, mit dem Hammer zuzuschlagen. In der Aufregung verfehlte er den Amboss und traf meine Hand, die zweimal gebrochen wurde. Seitdem nehme ich zu dem Versuch nur noch einen geübten Assistenten (Paul Hewitt).

** Ein anderer Weg zur Einsicht ist die Überlegung, dass währed des Aufpralls die Geschwindigkeit des Hammers von 50 km/h auf 1 km/h sinkt, wogegen diejenige des Ambosses von 0 km/h auf 1 km/h steigt. Obgleich beide bei derselben Geschwindigkeit enden, bewegte sich der Hammer ansonsten schneller als der Amboss und musste sich also während des Aufpralls weiter bewegen.

Antwort: Hammer und Amboss

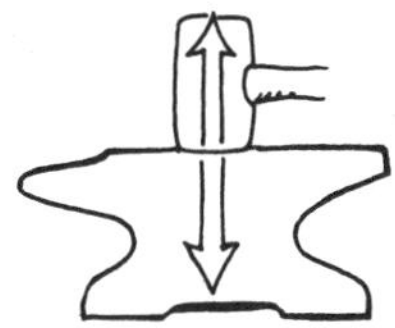

Die Antwort lautet b). Jedes bisschen Impuls, das der Amboss abbekommt, überträgt sich auch auf den Professor (und danach auf die Erde, die ihn unterstützt). Der Amboss schirmt den Professor nicht vor dem Impuls des Vorschlaghammers ab – kein bisschen. Die Abschirmung der kinetischen Energie ist eine andere Sache. Ein beträchtlicher Teil der kinetischen Energie des Hammers erreicht den Professor nie – er wird vom Amboss in Form von Wärme verschluckt. Schon mal bemerkt, dass der Hammerkopf warm wurde, wenn man kräftig gehämmert hat? Wärme bedeutet den Friedhof für kinetische Energie.

Wir können dies ein wenig einsichtiger machen, indem wir die Vorgänge beim Aufprall vom Hammer auf den Amboss untersuchen. Während des Aufpralls ist die Kraft auf den Amboss zu jeder Zeit entgegengerichtet und gleich groß wie die Kraft auf den Hammer im selben Augenblick. Der Hammer wirkt auf den Amboss ebenso lang und heftig ein wie der Amboss auf den Hammer (Aktion = Reaktion). Daher ist der Kraftstoß oder Hieb, welcher den Hammer stoppt, genau gleich groß wie der Kraftstoß oder Hieb auf den Amboss, und dann auf den Professor. Wenn der Hammer zum Halt kommt, muss der Kraftstoß allen Impuls des Hammers annulliert haben, und ebenjener Kraftstoß muss denselben Betrag an Impuls in den Amboss gesteckt haben. Ersichtlich bekommt der Amboss jedes bisschen Impuls, welches der Hammer verliert – der Impuls wird komplett vom Hammer auf den Amboss übertragen. Natürlich macht der neu erworbene Impuls den Amboss nicht besonders schnell, weil er ja viel mehr Masse hat als der Hammer.

Jetzt zur kinetischen Energie. Wenn wir den Impuls untersuchen, denken wir an die *Zeit*, während der Kräfte wirken, doch bei der Energie denken wir an den *Weg*, entlang dem die Kräfte wirken. Das rührt daher, dass die von einem Gegenstand erworbene Energie gleich der Kraft mal dem Weg ist, entlang dem die Kraft den Gegenstand schiebt. In der Skizze kann man die Wege vergleichen, welche Hammer und Amboss während des Aufpralls zurücklegen. Zu beachten ist, dass sich der Hammer von I nach II bewegt, der Amboss dagegen von 1 nach 2, also einen kürzeren Weg zurücklegt.** Gleiche Kräfte während ungleicher Wege bedeuten aber ungleiche Änderungen der kinetischen Energie – der Hammer verliert mehr kinetische Energie, als der Amboss gewinnt.

Während also der gesamte Impuls des Hammers sich auf den Amboss und dann auf den Professor überträgt, gilt dies nicht für die gesamte kinetische Energie. Der Professor wird von der kinetischen Energie abgeschirmt und kann weiter unterrichten.

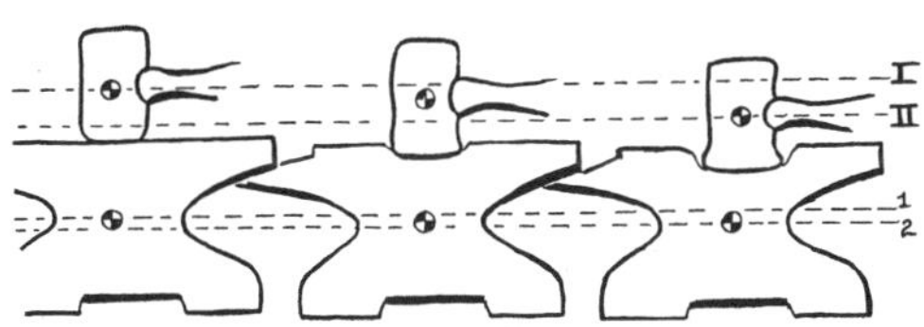

Poolbillard

(Diese Frage ist mehr für Fortgeschrittene geeignet als die meisten in diesem Buch und beinhaltet sowohl Erhaltung der Energie als auch Erhaltung des Impulses, mit etwas Vektor-Addition zum Warmwerden.) Die weiße Kugel Q und die schwarze »8« liegen wie in der Skizze auf dem Billardtisch. Wenn ein unerfahrener Spieler mittels der weißen Kugel erfolgreich die schwarze »8« in die Tasche im Eck versenkt, wie groß ist dann die Gefahr, dass die weiße Kugel Q in der anderen Tasche versinkt? Wenn die weiße Spielkugel in einer Tasche versinkt, so spricht man von einem Scratch.

a) In der gezeichneten Situation ist die Gefahr eines Scratch groß.
b) in der gezeichneten Situation besteht wenig Gefahr eines Scratch.

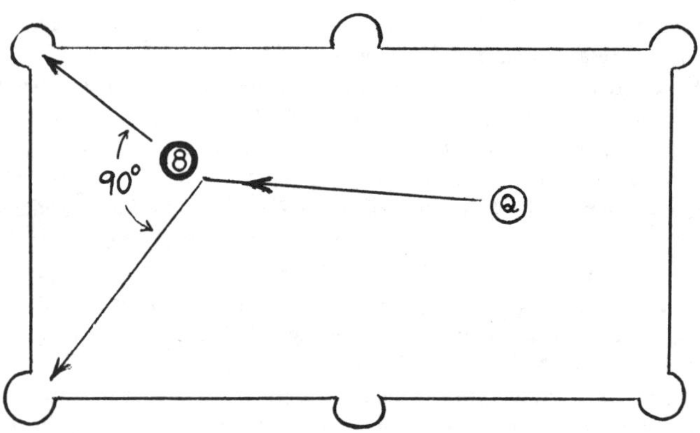

Antwort: Poolbillard

Die Antwort lautet a). Jeder Poolhai weiß, dass beim Treffen der Spielkugel Q auf die Kugel »8« die Kugeln in Richtungen davonlaufen, die etwa einen 90-Grad-Winkel bilden. Das heißt, sie rollen unter einem rechten Winkel auseinander. Von der skizzierten Lage der Kugel »8« liegen die Taschen in den Ecken etwa 90 Grad auseinander, also ist die Gefahr eines Scratch groß.

Aber warum fliegen die Kugeln unter einem rechten Winkel auseinander? Die Kugeln haben die gleiche Masse (oder sollten sie haben), also ist ihr Impuls direkt ihrer Geschwindigkeit proportional. Also sollte sich einfach die Vektorsumme aus den Geschwindigkeiten der Q-Kugel und der 8-Kugel zur selben Länge wie der ursprüngliche Geschwindigkeitsvektor der Q-Kugel vor dem Stoß aufaddieren. Doch wie die Skizzen zeigen, gibt es viele Möglichkeiten eines Paars von Geschwindigkeitsvektoren, die sich der ursprünglichen Geschwindigkeit der Q-Kugel gleichend aufaddieren. Welches Paar soll man wählen?

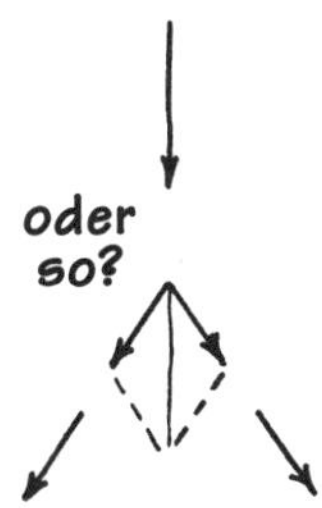

Impuls ist nicht das Einzige, was zu beachten ist, denn die Kugeln sind elastisch, und die Summe der kinetischen Energien der Kugeln nach dem Stoß beträgt etwa die Hälfte der ursprünglichen kinetischen Energie der Q-Kugel. Nun ist die kinetische Energie einer Kugel proportional zum Quadrat ihrer Geschwindigkeit und – da die Kugeln gleiche Masse besitzen – sollten das Geschwindigkeitsquadrat der Q-Kugel nach dem Stoß plus dem Geschwindigkeitsquadrat der 8-Kugel nach dem Stoß dem ursprünglichen Geschwindigkeitsquadrat der Q-Kugel vor dem Stoß gleichkommen (plus null für die bewegungslose 8-Kugel). Nach den Regeln der Vektorsumme wissen wir, dass die Geschwindigkeitsvektoren der Q-Kugel und der 8-Kugel die Seiten eines Parallelogramms bilden und nach dem Impulserhaltungssatz die Diagonale dieses Parallelogramms gleich der ursprünglichen Geschwindigkeit der Q-Kugel ist. Und wegen der Erhaltung der kinetischen Energie wissen wir, dass die quadrierten Seiten des Parallelogramms gleich dem Quadrat der Diagonalen sein müssen. Doch daraus folgt, dass der von den Pa-

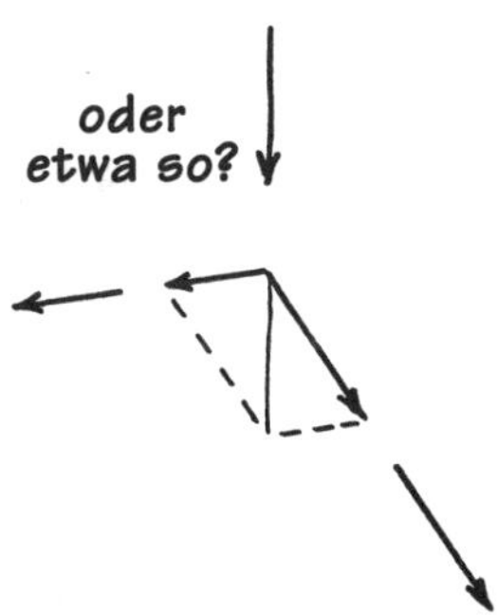

rallelogramm-Seiten eingeschlossene Winkel der rechte Winkel sein muss – siehe Pythagoras.

Also fliegen die Kugeln unter einem Winkel von 90 Grad auseinander. Warum war ich so vorsichtig und sagte »etwa« 90 Grad auseinander? Weil der Stoß nicht vollkommen elastisch verläuft und etwas von der ursprünglichen kinetischen Energie in Wärme verwandelt wird. Zudem gibt es etwas Reibung zwischen den Kugeln und dem Billardtisch. Darum sind Impuls und kinetische Energie *nach* dem Stoß nicht genau gleich ihren Werten *vor* dem Stoß. Auch dürfte von der kinetischen Energie etwas abgezweigt werden, um eine der Kugeln nach dem Stoß rotieren zu lassen. Bei Ausnutzung all dieser Effekte findet ein erfahrener Spieler immer eine Möglichkeit, die Q-Kugel ohne Scratch zu stoßen.

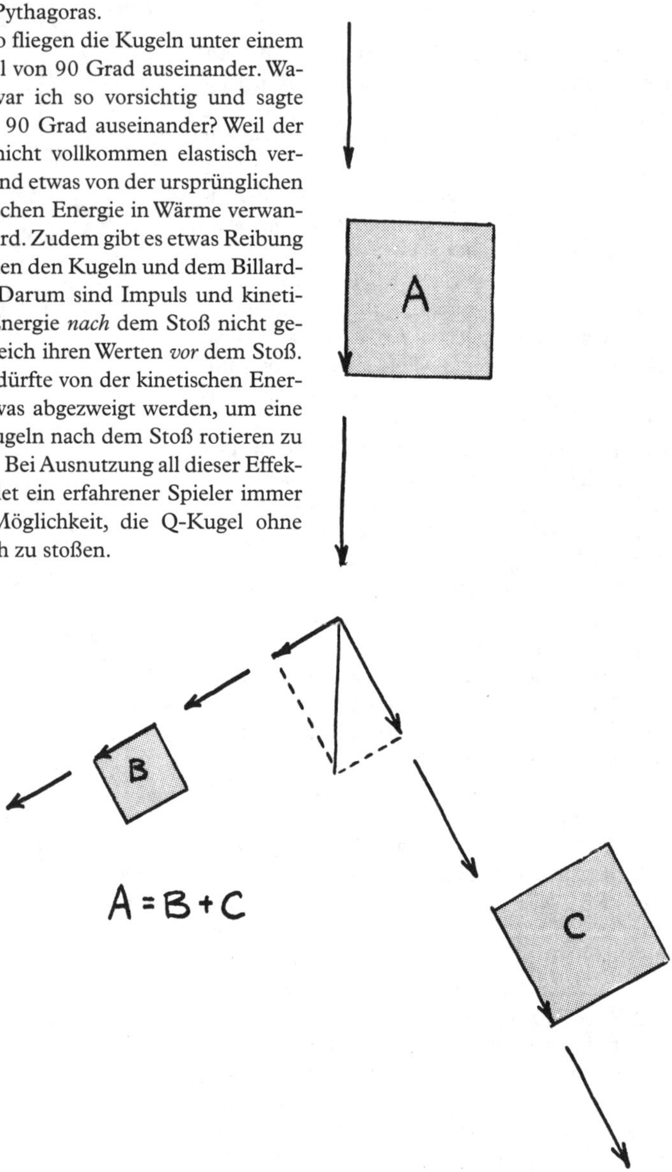

Massive Schatten

(Auch dies ist eine fortgeschrittenere Frage.) Zwei elastische Kugeln sollen im dreidimensionalen Raum zusammenstoßen und abprallen, wobei kinetische Energie und Impuls erhalten bleiben. Die Kugeln werfen Schatten, und diese Schatten nähern sich auf einer zweidimensionalen Oberfläche einander, stoßen zusammen und prallen ab. Nun tun wir mal so, als ob die Schatten eine Masse hätten. Unter der Annahme, dass der Kugelschatten eine Masse proportional zur Masse der Kugel besitze, gilt dann für die zusammenstoßenden Schatten

a) Erhalt der kinetischen Energie
b) Erhalt des Impulses
c) Erhalt von kinetischer Energie sowie Impuls
d) Erhalt weder von kinetischer Energie noch Impuls

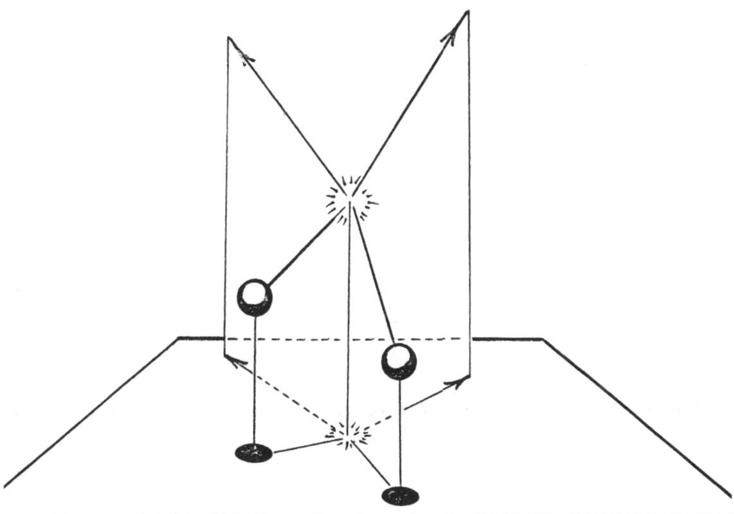

Antwort: Massive Schatten

Die Antwort lautet b). Die Schatten können die kinetische Energie nicht bewahren. Wenn sich die Kugeln wie unten skizziert bewegen, dann sind die Schatten nach dem Zusammenstoß unbeweglich (mit null kinetischer Energie), also bleibt deren Energie nicht erhalten.

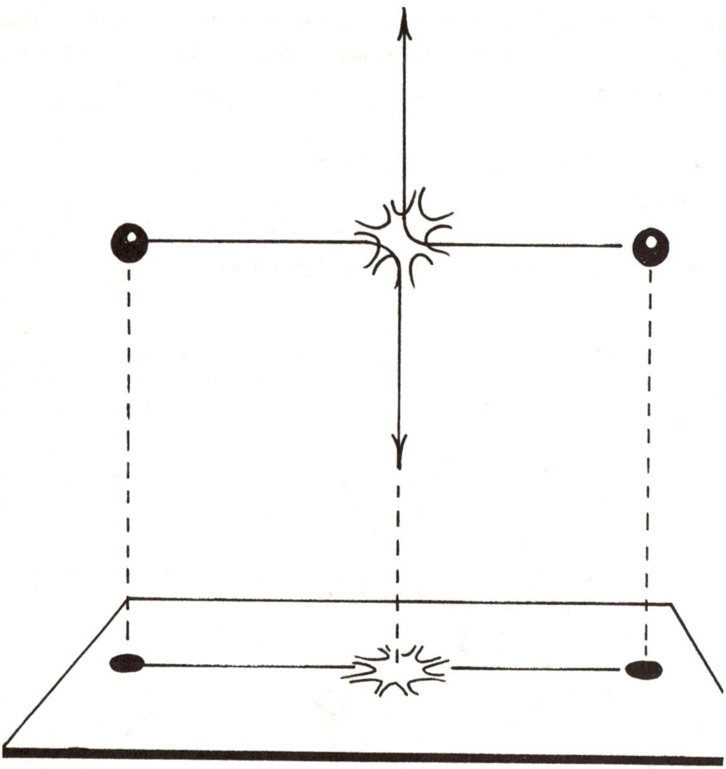

Nun zum Impuls. Die Impulse der Kugeln addieren sich vor dem Zusammenstoß zu P_1 und danach zu P_2 (siehe unten). Es gilt $P_1 = P_2$ wegen Impulserhalt. Der Schatten oder die »Projektion« von P_1 auf die ebene Oberfläche ist p_1 und der Schatten von P_2 ist p_2. Es gilt $p_1 = p_2$ auch hier. Warum? Weil die Schatten gleich langer paralleler Stöckchen (oder Vektoren) ebenfalls gleich lang sind. Was wäre, wenn die Kugeln nicht vollkommen elastisch wären? Würde der Schatten-Impuls immer noch erhalten bleiben? Ja. Alle Stöße – elastisch wie inelastisch – bewahren den Impuls, aber nur elastische Stöße bewahren die kinetische Energie. Was hat das aber zu bedeuten, wenn die Schatten den Impuls bewahren? Dies bedeutet, dass wir uns einen Impuls wie P zusammengesetzt aus Komponenten vorstellen können (etwa einer horizontalen und einer vertikalen Komponente oder einer x- und y-Komponente) und dass *jede* dieser Komponenten für sich erhalten bleibt, als ob die andere Komponente gar nicht existieren würde.

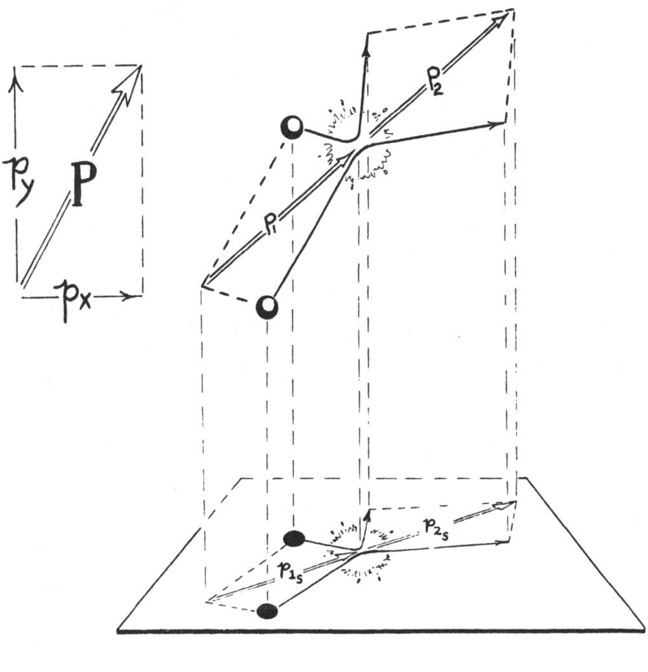

Absolutbewegung

Eine Wissenschaftlerin sitzt völlig von der Außenwelt abgeschlossen in einem Kasten, der sich gleichförmig auf einem geradlinigen Weg durch den Raum bewegt. Eine andere Wissenschaftlerin sitzt ebenso abgeschlossen in einem Kasten, der sich gleichmäßig im Raum dreht. Jede Wissenschaftlerin darf jegliches wissenschaftliche Gerät, das sie will, benutzen, um die Art ihrer Bewegung im Raum herauszufinden.

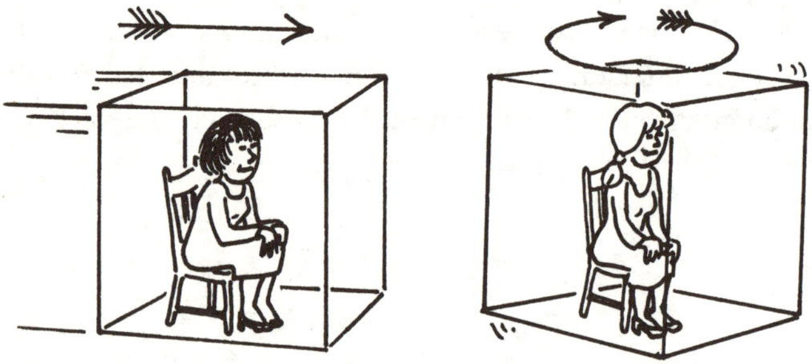

a) Die Wissenschaftlerin im sich geradlinig bewegenden Kasten kann ihre Bewegung ermitteln.
b) Die Wissenschaftlerin im sich drehenden Kasten kann ihre Bewegung ermitteln.
c) Beide können ihre Bewegung ermitteln.
d) Keine kann ihre Bewegung ermitteln.

Antwort: Absolutbewegung

Die Antwort lautet b). Diese Frage ist für die Drehbewegung, was STEINSCHLAG für die geradlinige Bewegung war. Wenn sich der nicht drehende Kasten gleichförmig und geradlinig durch den Raum bewegt, kann die Insassin dessen Bewegung nicht spüren. Wenn sie beispielsweise eine Münze über einer Tasse fallen lässt, fällt diese direkt in die Tasse, ob sich der Kasten nun bewegt oder nicht. Man probiere das mal in einem gleichförmig sich bewegenden Zug oder Flugzeug aus. Wenn aber der Kasten anhält oder anfährt oder sich dreht oder einen Ruck macht, kann man die Bewegung spüren. Wenn sich der Kasten beschleunigt, weiß man, dass man sich bewegt – aber wenn er sich nicht beschleunigt, kann man's nicht sagen. Selbst wenn man alle erdenklichen Physikexperimente in dem gleichförmig und geradlinig sich bewegenden Kasten versucht, kann man es immer noch nicht sagen. Selbst wenn man rausschaut und eine sich bewegende Umgebung erkennt, kann man immer noch nicht sicher sein, ob sich die Umgebung oder man selbst sich bewegt (zu erleben im Zug mit anderem Zug daneben). Alles, was man sagen kann, ist, dass man sich relativ zur Umgebung oder umgekehrt die Umgebung relativ zu einem selbst bewegt. Gleichförmig-geradlinige Bewegung ist immer relativ.

Doch im sich drehenden Kasten ist es anders. Man weiß, dass man sich bewegt, ohne irgendeine Umgebung zu beobachten, und wenn die Drehgeschwindigkeit schnell genug ist, braucht man nur seinen Magen zu befragen (wem ist nicht schon auf einer Rummelplatz-Drehfahrt schlecht geworden?). Selbst wenn der Kasten sich ganz langsam dreht, kann man das immer noch sagen, indem man die Schwingungsebene eines Pendels beobachtet. Drehbewegung ist absolut.

Warum ist geradlinige Bewegung etwas Besonderes unter allen anderen?

Warum ist die eine Bewegungsart relativ und die andere absolut? Warum nicht umgekehrt? Oder warum sind nicht beide entweder relativ oder absolut? Schon die alten Griechen haben gesagt, dass die Götter die Drehbewegung lieber mögen. Es handelt sich hier um tiefer gehende, unbeantwortete Fragen. Wir wissen lediglich, dass in unserem Universum die geradlinig-gleichförmige Bewegung relativ und die Drehbewegung absolut ist. Wäre es nicht so, wären die Bewegungsgesetze ganz anders als die uns vertrauten. Doch damit ist noch nicht erklärt, warum die Sachen so sind, wie sie sind – wir sind weit entfernt davon. Wer wird dieses große Rätsel lösen? Vielleicht Sie dereinst!

Schwenk

Eine Katze rennt über den Boden von I nach III, ohne ihre Geschwindigkeit zu erhöhen oder zu senken. Allerdings ändert sie bei II ihre Bewegungsrichtung. Können wir mit Sicherheit sagen, dass bei II eine Kraft auf die Katze ausgeübt wurde?

a) Ja, es muss bei II eine Kraft auf die Katze eingewirkt haben.
b) Nicht unbedingt, denn die Geschwindigkeit der Katze hat sich nicht geändert.

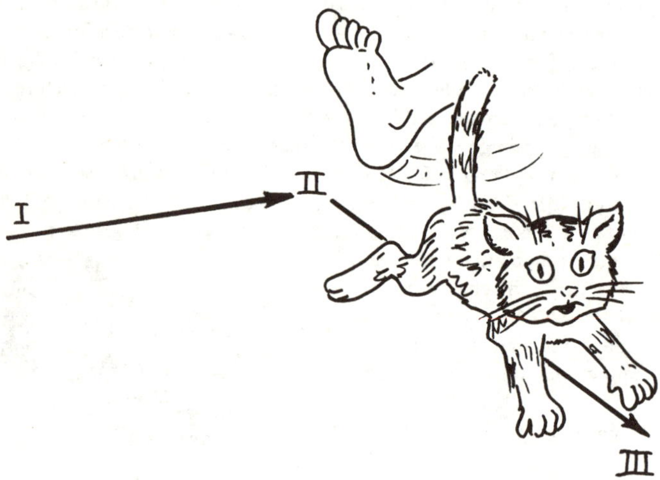

Antwort: Schwenk

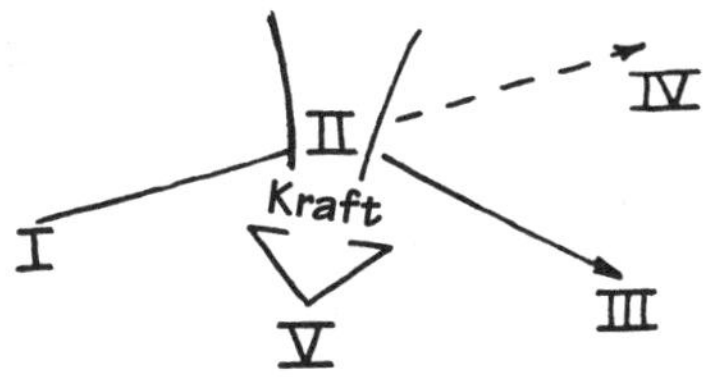

Die Antwort lautet a). Bei II muss eine Kraft auf die Katze gewirkt haben. Hätte es keine Kraft gegeben, würde die Katze in gerader Linie weiterrennen und nach IV statt III gelangen. Vielleicht trat jemand bei II die unglückliche Katze in Richtung V. Die Kraft des Fußtritts drehte die Katze dann in Richtung III. Oder die Katze hat selbst abgedreht, indem sie sich mit den Pfoten auf dem Boden abstemmte. Allerdings könnte die Katze auf reibungsfreiem Eis bei II keinen Schwenk einleiten – sie würde weiterschlittern.

Aber warum hat die Kraft nicht den Geschwindigkeitsbetrag der Katze verändert? Weil es eine Querkraft war. Eine vorwärts treibende Kraft lässt ein Ding schneller werden. Eine rückwärts gerichtete Kraft lässt ein Ding langsamer werden, anhalten oder sich rückwärts bewegen. Doch die seitliche oder Querkraft bringt Dinge zum Schwenk.

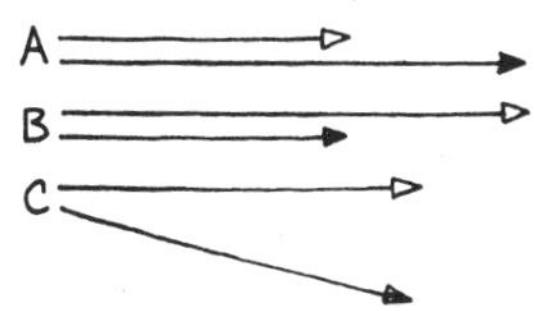

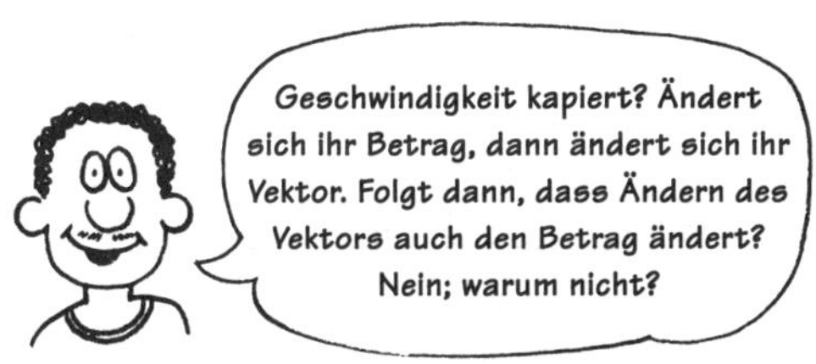

Geschwindigkeit kapiert? Ändert sich ihr Betrag, dann ändert sich ihr Vektor. Folgt dann, dass Ändern des Vektors auch den Betrag ändert? Nein; warum nicht?

Physiker betonen gern, dass eine Kraft stets den Geschwindigkeitsvektor einer Sache, aber nicht immer deren Geschwindigkeitsbetrag ändert. Der Geschwindigkeitsvektor ist der »Pfeil«, welcher die Bewegung einer Sache beschreibt. Bewegt sie sich schneller, bekommt sie einen neuen, längeren Pfeil (Skizze A). Bewegt sie sich langsamer (Ergebnis einer Verzögerung oder negativen Beschleunigung), erhält sie einen neuen, kürzeren Pfeil oder Vektor (Skizze B). Und wenn sie die Richtung ändert, kann der neue Geschwindigkeitsvektor zwar so lang wie der bisherige sein, zeigt aber in eine andere Richtung. Das heißt also: derselbe Geschwindigkeitsbetrag, aber eine andere Richtung (Skizze C). Wir sehen an diesem Beispiel also, dass sich der Geschwindigkeitsvektor ändern kann, ohne dass sich der Geschwindigkeitsbetrag ändert.

Schnellerer Dreh

Zwei identische Dinge bewegen sich auf Kreisbahnen gleichen Durchmessers, nur dass sich eines dabei doppelt so schnell wie das andere bewegt. Die Zentripetalkraft, die erforderlich ist, um das schnellere Ding auf der Kreisbahn zu halten, ist

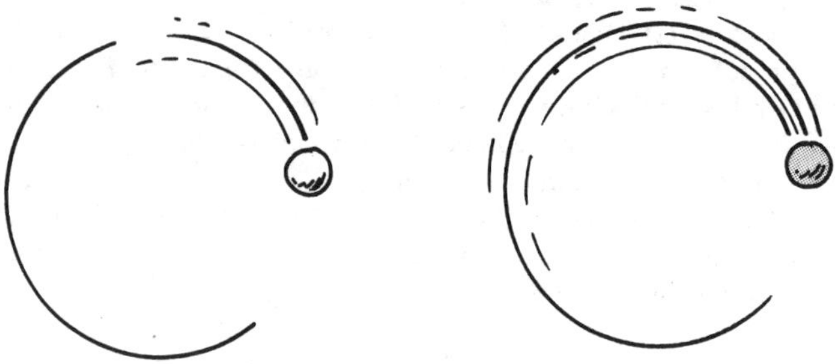

a) gleich groß
b) ein Viertel so groß
c) halb so groß
d) doppelt so groß
e) viermal so groß

wie die Kraft, um das langsamere Ding auf der Bahn zu halten?

Antwort: Schnellerer Dreh

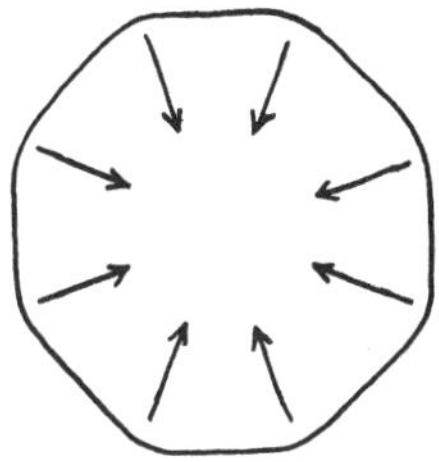

Die Antwort lautet e). Man stelle sich die Kreisbahn als abgeknickten Weg mit vielen geraden Strecken vor. Wenn das Ding diese Bahn abfährt, muss es viele kleine Tritte erhalten, damit die Fahrt immer wieder abknickt. Wenn das Ding nun doppelt so schnell herumfährt, muss man doppelt so stark treten, um die Fahrt wie zuvor abknicken zu lassen. Also ist man versucht zu glauben, dass die durchschnittliche Kraft auf das Ding verdoppelt wird. Aber da ist noch etwas.

Wenn das Ding sich zweimal so schnell bewegt, kommt es zweimal so oft zu jedem Knick. Also muss man es doppelt so oft und doppelt so stark treten. Dadurch erhöht sich die mittlere Kraft um ein Vierfaches. Wenn es sich dreimal so schnell herumbewegt, muss man dreimal so oft und dreimal so stark treten. Dies würde die mittlere Kraft auf das Neunfache erhöhen.

Bei Lew Epsteins Haus gibt es eine Straße mit einer Haarnadelkurve. Ein Verkehrsschild schreibt 30 km/h vor, doch eines Tages beschloss Lew, dies zu ignorieren und mit 50 km/h zu fahren. Was können die paar Kilometer mehr schon schaden? Die Geschwindigkeit ist doch bloß 1,7-mal größer. Aber die Steigerung der Geschwindigkeit aufs 1,7fache erhöht die erforderliche Zentripetalkraft aufs Auto auf das 1,7, x 1,7 = 2,89fache. Eine 70 %ige Geschwindigkeitssteigerung erfordert also eine um fast 200 % höhere Zentripetalkraft – welche es auf Rollsplitt nicht geben konnte, weshalb Lews Auto im Graben landete.

Kann man drauf kommen?

Ein Gegenstand von bekannter Masse, sagen wir ein Kilogramm, bewegt sich von I nach II mit bekannter Geschwindigkeit, sagen wir ein Meter pro Sekunde. Bei II wirkt eine Kraft auf den Gegenstand. Die Kraft ändert nicht den Geschwindigkeitswert des Gegenstandes, aber seine Bewegungsrichtung um 45 Grad. Ist es theoretisch möglich auszurechnen, wie stark die Kraft war?

a) Ja, man kann die Stärke der Kraft berechnen (auch wenn ich nicht weiß, wie).
b) Nein, die Stärke der Kraft kann von niemandem berechnet werden.

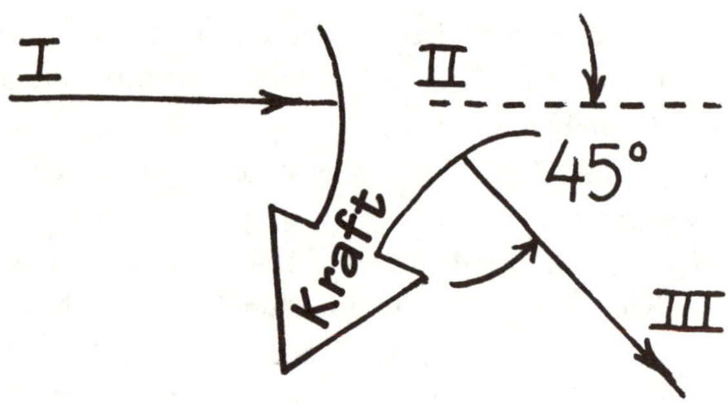

Antwort: Kann man drauf kommen?

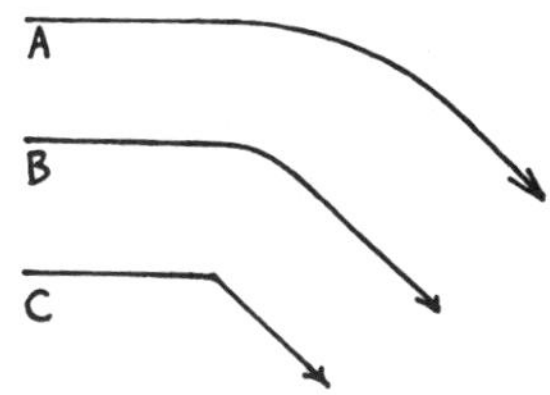

Die Antwort lautet b). Man kann nicht drauf kommen. Die Sache hier verhält sich ganz ähnlich wie beim RAKETENSCHLITTEN. Der Schwenk kann durch eine kleine Kraft während langer Zeit oder durch eine große Kraft während kurzer Zeit bewirkt werden. Ist die Kraft klein und die Wirkungsdauer groß, erfolgt der Schwenk allmählich, siehe Skizze A. Ist die Kraft jedoch groß und die Wirkungsdauer kurz, erfolgt der Schwenk abrupt, siehe Skizze B. Erfolgt der Schwenk augenblicklich, wie in Skizze C, müsste die Kraft unendlich groß sein. Also gibt es in der Natur keinen völlig abrupten Schwenk.

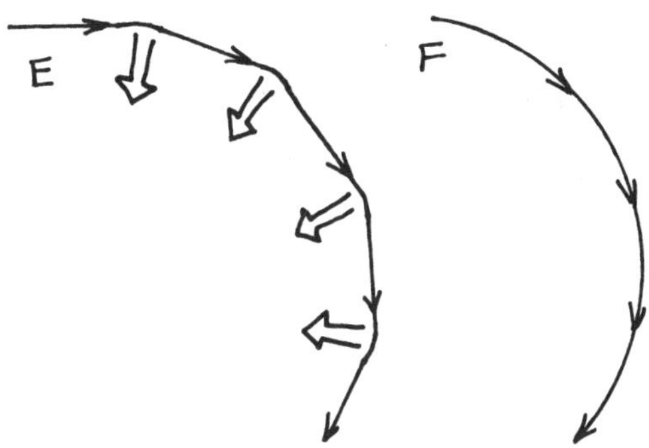

Wenn ein Gegenstand sich auf einer geknickten Bahn wie in Skizze E bewegt, wirkt die Kraft manchmal und manchmal nicht. An den Biegungen wirkt sie und auf den geraden Strecken wirkt sie nicht. Dann ist es oft bequem, von einer mittleren Kraft zu sprechen. Wenn der Gegenstand sich nun auf einer glatten Kreisbahn bewegt, dann ist die Zentripetalkraft genau gleich dieser mittleren Kraft.

Engerer Dreh

Ein Gegenstand läuft auf der geknickten Bahn I mit einer Geschwindigkeit von einem Kilometer pro Stunde um. Ein identischer Gegenstand bewegt sich auf der geknickten Bahn II mit derselben Geschwindigkeit. Der Durchmesser der Bahn II ist halb so groß wie derjenige von Bahn I. Die mittlere Kraft, erforderlich für die Bewegung des Gegenstands auf Bahn II, ist

a) gleich groß
b) halb so groß
c) doppelt so groß
d) viermal so groß
e) ein Viertel so groß

wie die mittlere Kraft auf den Gegenstand auf Bahn I.

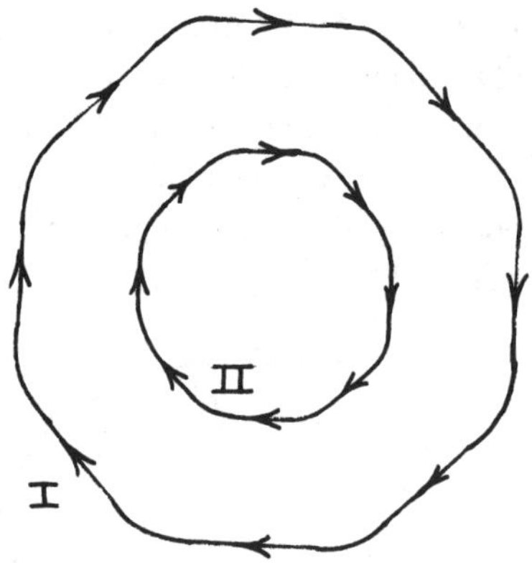

Antwort: Engerer Dreh

Die Antwort lautet c). Der Drehwinkel, die Masse und die Geschwindigkeit sind alle genau gleich auf Bahn I und II. Also könnte man glauben, das die mittlere Kraft dieselbe sei.

Aber das ist sie nicht. Warum? Weil man den Mittelwert der Kraft nehmen muss. Auf Bahn II gibt es weniger Zeit zwischen den Knicken, nur halb so lange wie auf Bahn I, weil Bahn II nur halb so lang ist wie Bahn I. Also ist auf Bahn II nur über halb so viel Zeit zu mitteln, und dadurch wird die mittlere Kraft auf Bahn II doppelt so groß wie die mittlere Kraft auf Bahn I. Wie ein Euro über zwanzig Minuten gemittelt nur 5 Cent pro Minute ergibt, wogegen er über zehn Minuten gemittelt dann 10 Cent pro Minute ergibt.

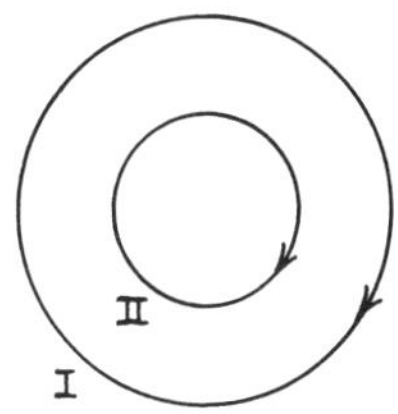

Wenn man nun Bahn I und II zu idealen Kreisen macht, gilt das Gesagte immer noch. Also wenn identische Gegenstände sich mit gleicher Geschwindigkeit bewegen, ist die Kraft auf dasjenige in dem kleineren Kreis größer. Beträgt der Durchmesser des kleineren Kreises die Hälfte oder ein Drittel des Durchmessers des größeren Kreises, ist die Kraft auf den kreisenden Gegenstand in der kleineren Bahn zweimal oder dreimal so groß wie die Kraft in der größeren Kreisbahn.

Bewegt sich etwas auf einer Kreisbahn, dann ist die schwenkende Kraft, die immer seitlich wirkt, stets zum Mittelpunkt der Kreisbahn gerichtet. Diese Schwenkkraft wird als Zentripetalkraft bezeichnet. Die Schwenkkraft bewegt den Gegenstand nicht, sondern hält ihn am Schwenken, das heißt, sie hält ihn auf der Kreisbahn.

Jedem ist bekannt, dass ein Zug oder ein Auto schwerer um die Kurve kommt, wenn diese sich stärker krümmt. Doch jetzt wissen wir warum. Je stärker die Krümmung, desto kleiner die entsprechende Kreisbahn. Und je kleiner die Kreisbahn, desto größer die erforderliche Zentripetalkraft. Kommt diese Zentripetalkraft nicht zur Wirkung, gibt es eine Entgleisung oder ein Abrutschen in den Graben.

Wenn die Gegenstände eine unterschiedliche Masse besitzen, muss dies natürlich auch noch berücksichtigt werden. Die erforderliche Kraft zum Schwenken nimmt mit der Masse eines Gegenstands zu. In Buchstaben ausgedrückt ist die Zentripetalkraft F erforderlich, um einen Gegenstand der Masse m mit der Geschwindigkeit v auf einer gekrümmten Bahn vom Radius r zu halten:

$$F = mv^2/r$$

Karussell

Peter und Daniel stehen auf einem Karussell, das sich wie in der Skizze dreht. Peter wirft einen Ball direkt auf Daniel zu.

a) Der Ball erreicht Daniel.
b) Der Ball geht rechts an Daniel vorbei.
c) Der Ball geht links an Daniel vorbei.

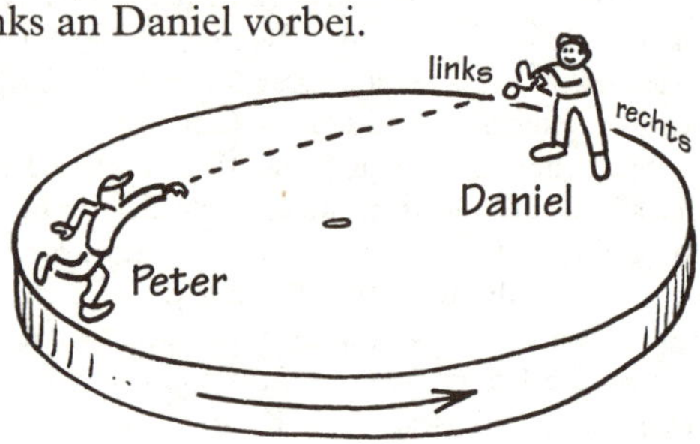

Antwort: Karussell

Die Antwort lautet b). Der Ball mag anfangs direkt auf Daniel zufliegen, aber bis er dort ankommt, hat sich Daniel mit dem Drehtisch weitergedreht, sodass der Ball ihn verfehlt. Der Film zeigt, wie sich der Tisch dreht und so das »R« an jene Stelle bewegt, wo vorher Daniel war. Also fliegt der Ball zu der »R«-Seite von Daniel.

Übrigens fliegt der Ball, wenn ihn Peter auf Daniel zielt, nicht einmal anfangs in Richtung Daniel. Warum? Weil Peter nicht stillsteht. Er bewegt sich mit dem Karussell. Dem Ball teilt sich Peters Geschwindigkeit mit, wodurch er noch mehr nach »R« abgelenkt wird.

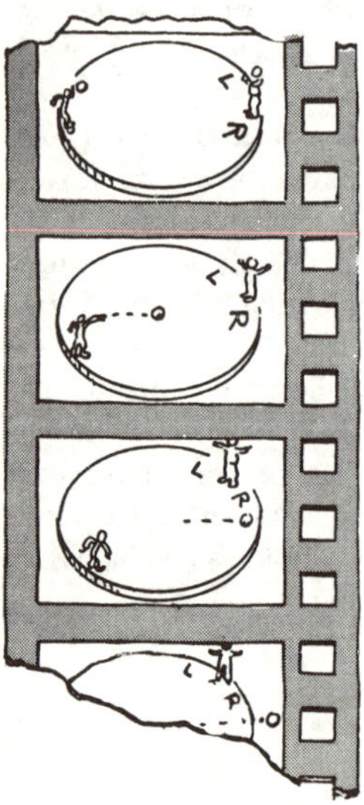

Wenn man auf einer sich drehenden Welt lebt, fliegen Dinge nicht in die Richtung, in die man sie wirft. Tatsächlich *scheinen* sie nicht mal in gerader Linie zu fliegen.

Diese Ablenkung hat einen Namen. Man bezeichnet sie nach einem der ersten Menschen, die sie untersucht haben – Gustave de Coriolis. Es gibt somit einen geringen Coriolis-Effekt bei Dingen, die sich über die Erde bewegen, denn die Erde ist ja wirklich eine sich drehende Welt.

Wie könnte man erzwingen, dass der Ball von Peter zu Daniel fliegt? Indem man ihn durch ein Rohr schickt, das bei Peter anfängt und bei Daniel endet (siehe Skizze). Das Rohr ist gerade, aber es dreht sich weiter, während der Ball unterwegs ist. Obwohl es also gerade ist, bewegt sich der Ball auf einer gekrümmten Bahn. Damit ein Ding eine Kurve beschreibt, ist eine Kraft notwendig. Die fett gezeichnete Seite des Rohrs muss diese Kraft auf den Ball ausüben. Glauben Peter und Daniel, dass der Ball kurvt? Nein. Sie bewegen sich mit dem Drehtisch. Also meinen sie, dass der Ball einfach geradeaus geht – obwohl sie sich fragen müssten, warum der Ball immer an der Innenseite des Rohrs schrammt.

Dies Rätsel klärt sich auf, sobald ihnen klar wird, dass sie sich ja drehen.

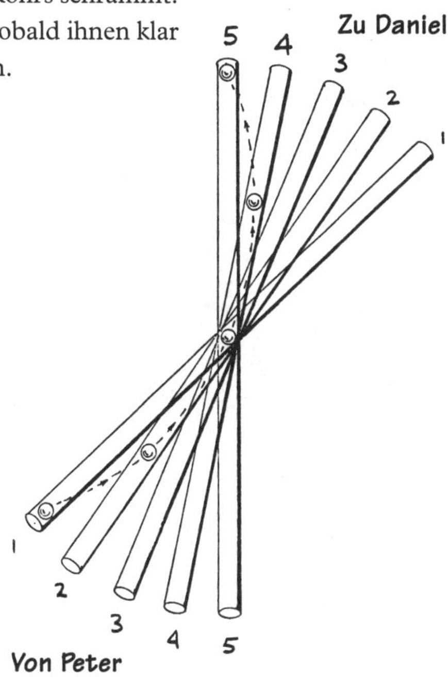

Drehmoment

Harro hat es sehr schwer, genug Drehmoment aufzubringen, um die störrische Schraube mit einem Gabelschlüssel zu lösen und wünschte, er hätte ein Stück Rohr zum Draufschieben, um den Hebelarm zu verlängern. Er hat aber kein Rohr, sondern nur ein Stück Seil. Wird das Drehmoment größer, wenn er genauso stark an dem Seil zieht, das wie in der Skizze an den Griff des Gabelschlüssels geknotet ist?

a) ja
b) nein

Antwort: Drehmoment

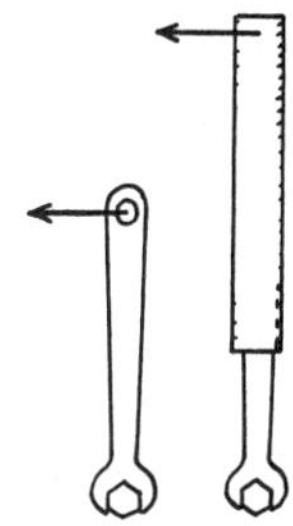

Die Antwort lautet b). Die Verdrillkraft oder das Drehmoment, das man auf die störrische Schraube anwendet, hängt nicht nur von der angewendeten Kraft ab, sondern auch von der Länge des Hebelarms, an dem die Kraft wirkt. Anhand eigener Erfahrungen mit Schraubenschlüsseln und Kinderwippen kann man sich das veranschaulichen. Je größer der Hebelarm, desto größer das Drehmoment. Durch Anknoten des Seils an seinen Gabelschlüssel verlängert Harro die Entfernung von der Schraube zum Ort der Kraftanwendung, aber er verlängert nicht den Hebelarm. Der Grund ist, dass der Hebelarm nicht die Entfernung vom Drehpunkt (Schraube) zur angewendeten Kraft bedeutet, sondern vielmehr den Abstand zur *Wirkungslinie* der angewendeten Kraft. Der Hebelarm steht immer senkrecht zur Wirkungslinie der angewendeten Kraft. Er ist auch die kürzeste Verbindung zwischen Wirkungslinie und Drehpunkt. Wenn Harro das Seil benutzt, ändert sich deshalb keineswegs die Länge des Hebelarms.

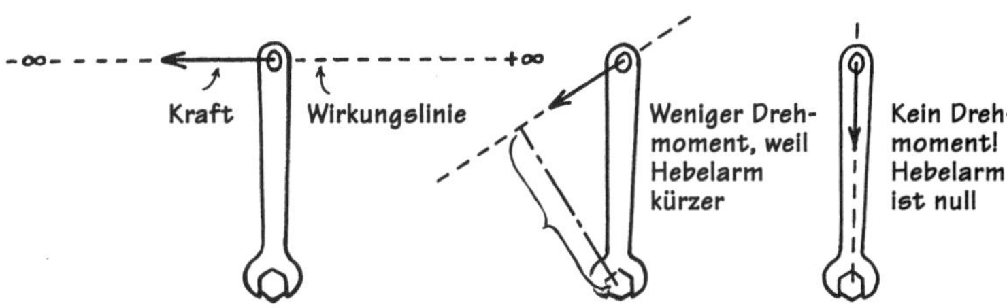

Definitionsgemäß ist Drehmoment gleich Kraft mal Hebelarm. Man kann das Drehmoment geometrisch versinnbildlichen – es ist das Doppelte der Fläche eines besonderen Dreiecks. Als Höhe des Dreiecks fungiert der Hebelarm und als Grundlinie der Kraftvektor. Die Fläche eines Dreiecks ist die Hälfte von Höhe mal Grundseite. In unserem Fall ist also Höhe = Hebelarm und Grundseite = Kraftbetrag. Die Dreiecksfläche entspricht somit dem halben Drehmoment. Der Skizze unten kann man entnehmen, dass die Fläche des Dreiecks, aufgespannt vom Drehpunkt über der angewendeten Kraft, in beiden Fällen dieselbe ist, ob nun die Kraft direkt am Gabelschlüssel-Ende angreift oder über ein dort angeknotetes Seil. Also ist auch das Drehmoment das Gleiche.

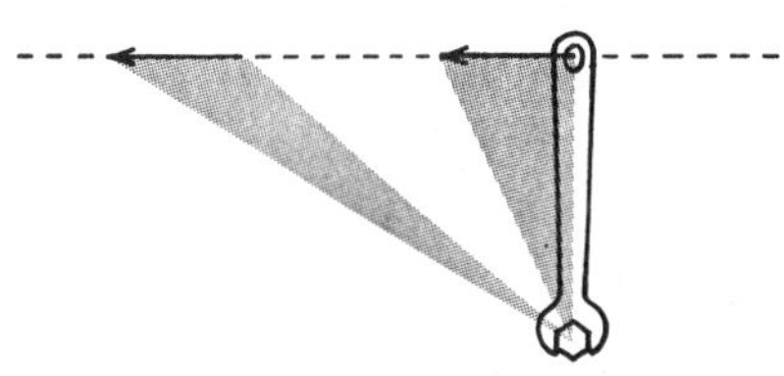

Ball an der Schnur

Der an der Schnur gehaltene Ball wird auf einer großen horizontalen Kreisbahn herumgeschleudert. Dann wird die Schnur verkürzt gehalten, sodass der Ball auf einer kleineren Kreisbahn rotiert. Wenn er auf dem kleineren Kreis rotiert, ist seine Geschwindigkeit dann

a) größer
b) kleiner
c) unverändert

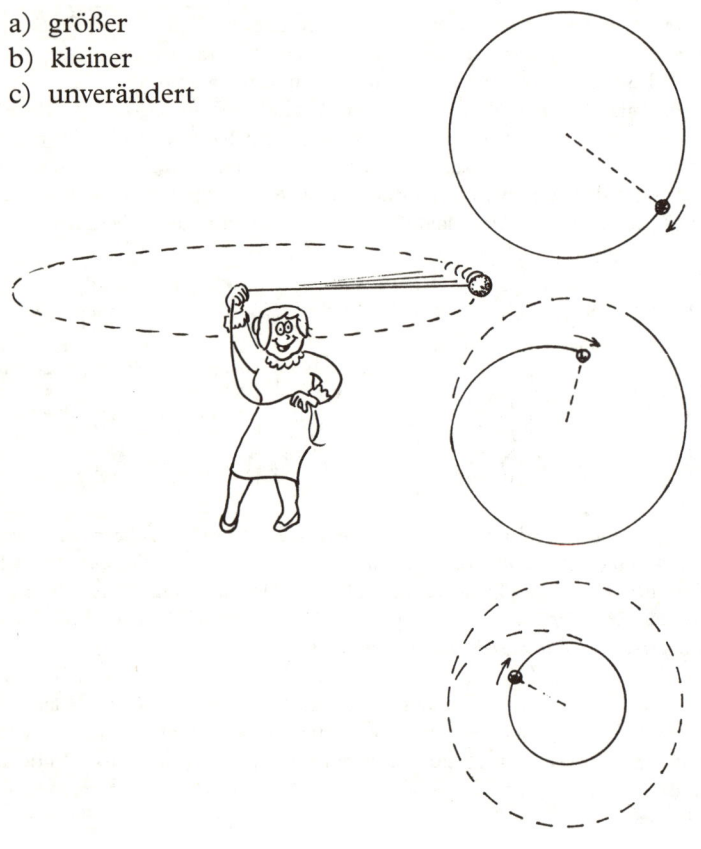

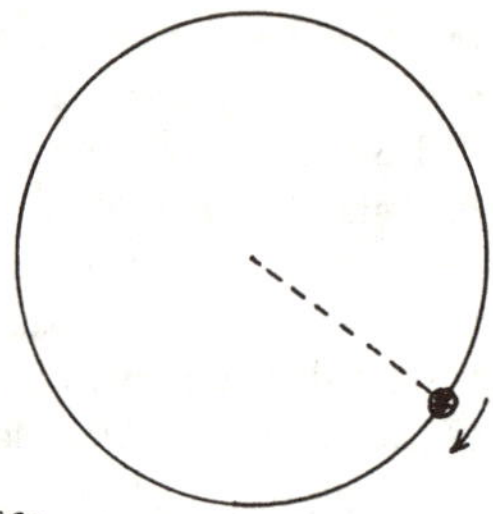

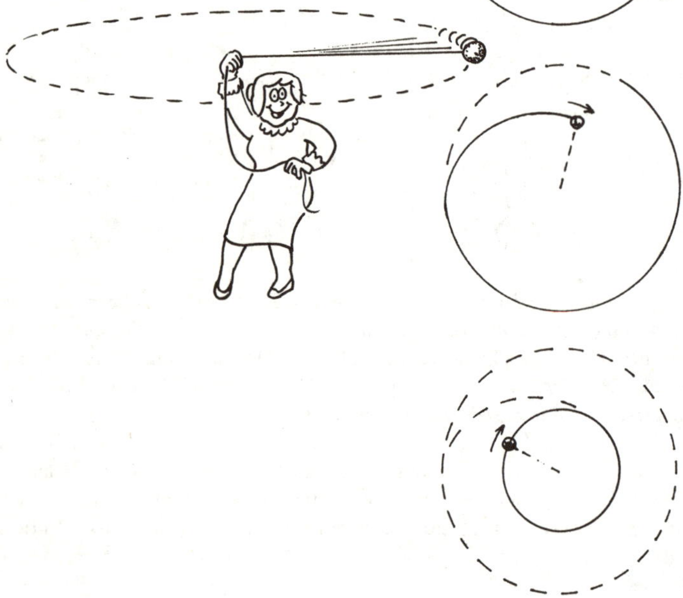

Antwort: Ball an der Schnur

Die Antwort lautet a), also größer. Wenn der Ball auf einer Kreisbahn mit unverändertem Radius rotiert, dann wird sein Geschwindigkeitsbetrag durch die Zugkraft der Schnur nicht gesteigert, sondern er rotiert gleichbleibend schnell. Doch wenn der Ball in einen kleineren Kreis gezogen wird, beschleunigt ihn die Zugkraft der Schnur. Warum? Weil im ersten Fall mit gleichbleibendem Radius die Schnur immer rechtwinklig zur Bewegung des Balls zieht – in anderen Worten, die Zugkraft ist immer seitlich und dient nur dem Richtungswechsel der Ballbewegung – und zwar auf einer kreisförmigen Bahn statt einer geradlinigen. (Letzteres wäre der Fall, wenn die Schnur reißt.)

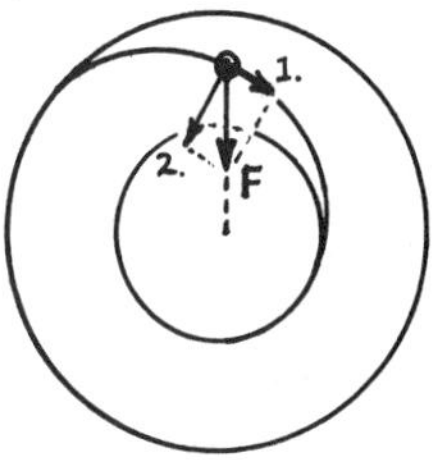

Doch wenn der Ball von einem größeren Kreis auf einen kleineren Kreis gezogen wird, ist die Zugkraft der Schnur nicht immer seitlich zur Bewegung des Balls. Wir erkennen in der Skizze, dass die Zugkraft der Schnur eine Kraftkomponente in Richtung der Ballbewegung hat. In der Skizze bewirkt also Komponente 1 die Erhöhung des Geschwindigkeitsbetrags, und Komponente 2 ändert nur die Bewegungsrichtung des Balls.

Es gibt ein geniales Mittel, diese Erhöhung des Geschwindigkeitsbetrags zu bestimmen. Es beruht auf der Idee vom Drehimpuls, welcher für ein Ding der Masse m, das mit der Geschwindigkeit v und dem Radius r rotiert, gleich dem Produkt mvr ist. Genau wie eine Kraft nötig ist, um den (linearen) Impuls eines Dings zu ändern, braucht es ein Drehmoment, um den Drehimpuls eines Dings zu ändern – wirkt kein Drehmoment auf ein rotierendes Ding, kann sich sein Drehimpuls nicht ändern. Übt die Schnur ein Drehmoment auf den Ball aus? Dies kann sie nur, wenn die Kraft an einem Hebelarm wirkt (siehe DREHMOMENT). Gibt es hier einen Hebelarm? Nein, denn die Wirkungsrichtung der Zugkraft geht direkt durch den Drehpunkt (die Hand). Es gibt kein Drehmoment und daher keine Änderung des Drehimpulses. Der Ball hat, wenn er auf dem kleinen Kreis ankommt, denselben Drehimpuls mrv, den er zuvor auf dem großen Kreis hatte. Da sich das Produkt mrv nicht ändert, wird jede Abnahme des Radius durch eine Zunahme des Geschwindigkeitsbetrags kompensiert. Wenn etwa r auf die Hälfte abnimmt, wächst v auf das Doppelte; wird r auf ein Drittel verkürzt, verdreifacht sich der Geschwindigkeitsbetrag. Dies gilt nur in Abwesenheit eines Drehmoments, da sich sonst der Drehimpuls ja ändern würde.

Wir können uns diesen Gedanken auch bildlich vorstellen wie schon beim Drehmoment: Wie bereits gesehen ist das Drehmoment gleich Kraft mal Hebelarm und kann durch die doppelte Fläche eines über dem Kraftvektor vom Drehpunkt aufgespannten Dreiecks dargestellt werden (schattiert, Skizze A.). Entsprechend kann der Drehimpuls = mvr = (Impuls mv) mal (Hebelarm r) dargestellt werden durch die doppelte Fläche eines über dem Impulsvektor vom Drehpunkt aufgespannten Dreiecks (schattiert, Skizze B). Wenn auf ein rotierendes Ding kein Drehmoment wirkt, ändert sich dessen Drehimpuls nicht. Das heißt, die Fläche des über dem (linearen) Impuls vom Drehpunkt aufgespannten Dreiecks ändert sich nicht. Ergo muss sich der (lineare) Impuls *mv* des Balls auf dem kleineren Kreis verdreifachen, wenn dessen Radius ein Drittel des Radius vom größeren Kreis beträgt. Das bedeutet, er rotiert dreimal so schnell. Man beachte, dass sich dabei die Fläche des Drehmoment-Dreiecks für beide Kreise als gleich groß erweist (schattiert, Skizze C.).

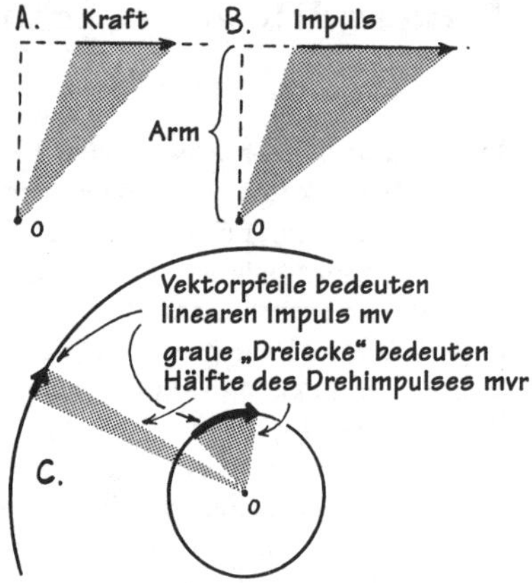

Straßenbahnweiche

Eine Straßenbahn rollt frei (ohne Reibung) auf einem großen Schienenkreis. Dann wird sie über Weichen auf einen kleinen Schienenkreis dirigiert. Beim Rollen auf dem kleinen Kreis ist ihr Geschwindigkeitsbetrag

a) größer
b) kleiner
c) unverändert

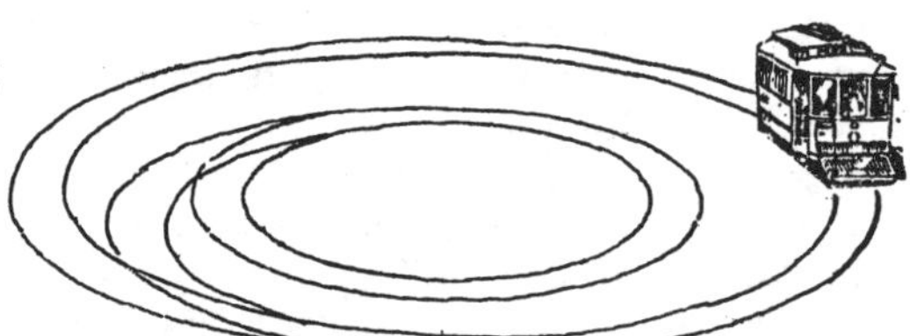

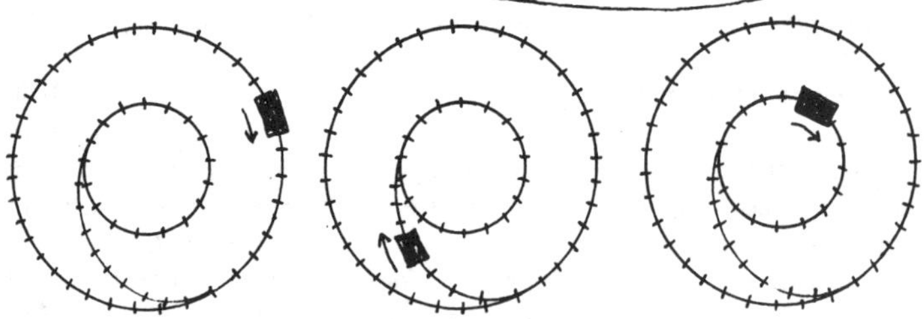

Antwort: Straßenbahnweiche

Die Antwort lautet c), also unverändert. Der BALL AN DER SCHNUR nahm Geschwindigkeit auf, als er in einen kleineren Kreis gezogen wurde, weil es eine Kraftkomponente in seiner Bewegungsrichtung gab. Doch dies gilt nicht für den Fall des Straßenbahnwagens auf Schienen. Wären die Schienen exakt geradlinig, könnten sie keine Kraft ausüben, um den Straßenbahnwagen zu beschleunigen (oder zu verlangsamen), wenn keine Reibung wirkt. Eine krumme Schiene übt jedoch eine Kraft aus, die den Bewegungszustand des Straßenbahnwagens verändert – eine seitliche Kraft, welche den Straßenbahnwagen schwenken lässt. Doch diese seitliche Kraft hat keine Komponente in der Bewegungsrichtung des rollenden Straßenbahnwagens. Also kann die Schiene den Geschwindigkeitsbetrag des frei rollenden Wagens nicht verändern.

Bleibt der Drehimpuls in diesem Beispiel erhalten? Nein. Der Drehimpuls bleibt nur bei Abwesenheit eines Drehmoments erhalten. Doch tatsächlich gibt es hier ein Drehmoment, wenn der Straßenbahnwagen die Schienenkreise wechselt. In der Skizze ist zu erkennen, dass die seitliche Schienenkraft mit einem Hebelarm um die Mitte der Schienenkreise wirkt. Dies bewirkt ein Drehmoment, welches den Drehimpuls des Wagens verringert – und damit den Geschwindigkeitsvektor, aber nicht den Geschwindigkeitsbetrag. Der Wagen rollt auf dem inneren Gleis mit demselben Geschwindigkeitsbetrag, aber mit weniger Drehimpuls. Der Drehimpuls wird hierbei verringert, weil der Radius verkleinert wird.

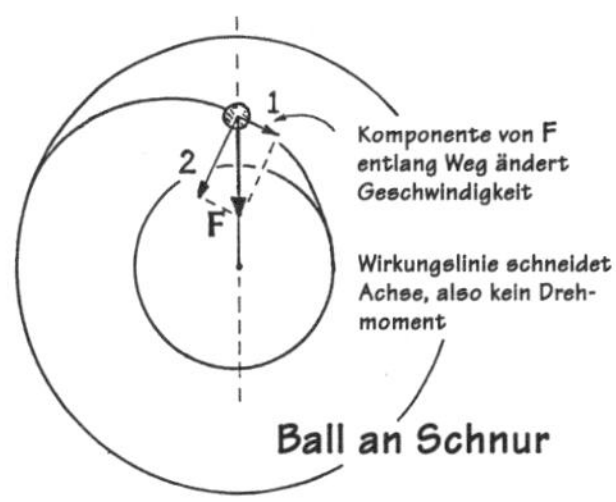

Wenn der Straßenbahnwagen umgekehrt dirigiert wird, vom inneren zum äußeren Schienenkreis, dann bewirkt das Drehmoment die Erhöhung des Drehimpulses. Der Drehimpuls erhöht sich, weil der Radius größer wird. Doch wie zuvor bleibt der Geschwindigkeitsbetrag des rollenden Wagens unverändert.

Man kann dies auch einer Arbeit-und-Energie-Betrachtung unterziehen: Im Fall von BALL AN DER SCHNUR wirkte die Kraftkomponente 1 in Bewegungsrichtung des Balls, also wurde an ihm Arbeit (Kraft mal Weg) verrichtet, wodurch sich seine kinetische Energie erhöhte. (Wichtig ist die Erkenntnis, dass keine Arbeit verrichtet wird, wenn der Ball auf einer Bahn mit unverändertem Radius rotiert, denn dort gibt es keine Kraftkomponente 1.) Im Falle des die Gleise wechselnden Straßenbahnwagens gibt es nirgends eine Kraftkomponente 1, weder auf den Kreisen noch auf der Verbindungsstrecke. Die Schienenkraft ist überall senkrecht zur Bewegung, also verrichtet sie keine Arbeit am Wagen. Ergo findet keine Erhöhung der kinetischen Energie und somit des Geschwindigkeitsbetrags statt.

Schnauze hoch

Wenn ein Auto vorwärts beschleunigt, neigt es dazu, sich um seinen Schwerpunkt zu drehen. Der Kühler des Autos geht hoch,

a) wenn die Antriebskraft auf die Hinterräder wirkt (mit Frontantrieb würde das Auto die Schnauze senken)
b) einerlei, ob die Antriebskraft auf Hinterräder oder Vorderräder wirkt

Antwort: Schnauze hoch

Die Antwort lautet b). Wird das Auto vorwärts beschleunigt, drücken die Reifen rückwärts auf die Straße, welche ihrerseits auf die Reifen vorwärts drückt. Diese Kraft der Straße auf die Reifen beschleunigt nicht nur das Auto vorwärts, sondern erzeugt auch ein Drehmoment um den Schwerpunkt des Autos. Ob diese Kraft nun auf die Hinter- oder die Vorderräder oder beide wirkt, hat die Kraft ihre Wirkungslinie doch immer entlang der Straßenoberfläche und bewirkt eine Drehung der Autofront nach oben und des Autohecks nach unten (wodurch sich bei Hinterradantrieb die Traktion verbessert).

Die Skizze zeigt, dass bei allen Antriebsarten die das Auto beschleunigende Reibungskraft (dicker Pfeil) das Auto im Gegenuhrzeigersinn um seinen Schwerpunkt zu drehen neigt (gestrichelter Pfeil). Dann ist leicht einzusehen, dass beim Bremsen die Kraft und folglich das Drehmoment umgekehrt gerichtet sind und das Auto die Schnauze senkt.

Beim Motorboot ist dieser Kippeffekt besonders auffällig. In der Skizze ist zu sehen, dass beim Beschleunigen mittels Außenbordmotor die Nettokraft vorwärts gerichtet ist und das Drehmoment das Boot im Gegenuhrzeigersinn kippt. Beim Verzögern überwiegt die Widerstandskraft des Wassers und die Nettokraft weist rückwärts. Also kippt das Drehmoment das Boot im Uhrzeigersinn.

Nun eine Frage für Lehrer! Das Auto nimmt die Schnauze nur beim Gasgeben hoch und hält sie wieder flach, wenn es unveränderte Reisegeschwindigkeit erreicht hat. Doch das Motorboot bleibt mit dem Bug oben. Woher kommt das? Wenn die Bootsgeschwindigkeit unverändert bleibt, ist die Reibungskraft an der Rumpfunterseite entgegengesetzt gleich der Kraft auf die Schiffsschraube, doch Letztere liegt tiefer im Wasser und somit weiter vom Bootsschwerpunkt entfernt als die Rumpfunterseite. Ergo bilden die Rumpfreibung und der Schraubenvortrieb zusammen ein drehendes Kräftepaar oder Drehmoment.

PS-Junkie und Stadtmobil

Der PS-Junkie besteht fast nur aus Rädern. Das Stadtmobil dagegen hat ganz kleine Räder. Besitzen beide Autos dieselbe Masse und den Schwerpunkt im selben Abstand vom Boden und es beschleunigt auch jedes von 0 auf 40 km/h in zehn Sekunden, welches bringt dann die Schnauze höher?

a) PS-Junkie
b) Stadtmobil
c) beide gleich.

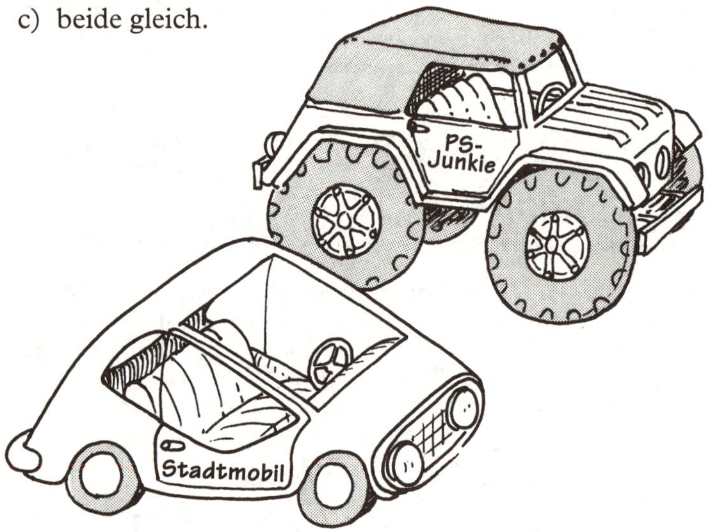

Antwort: PS-Junkie und Stadtmobil

Die Antwort lautet a). In der SCHNAUZE-HOCH-Frage kamen die Räder überhaupt nicht vor – außer dass sie eben das Auto bewegten – also möchte man meinen, dass die Räder hier keinen Einfluss haben. Selbst wenn das Auto keine Räder hätte, sondern auf einem Schlitten gezogen würde, höbe es immer noch die Schnauze hoch, wenn der Schlitten beschleunigt würde!

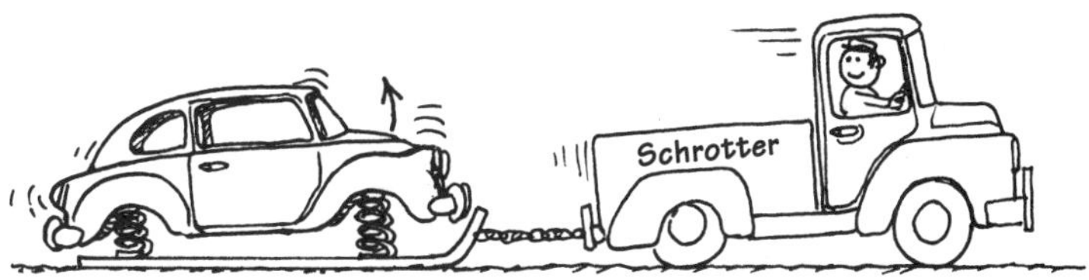

Dennoch könnte der Leser aus dem Bauch heraus meinen, dass das großrädrige Ungetüm die Schnauze am höchsten bringt – und er hat recht. Denn bisher ist erst die halbe Schnauzen-Geschichte erzählt worden. Um sich die andere Hälfte anschaulich zu machen, stelle man sich vor, das Auto schwebe im Weltraum und man gäbe Gas, um die Räder sich drehen zu lassen. Was würde das Auto tun? Nun, es würde mit Sicherheit nirgendwohin fahren. Warum? Weil es keine Straße zum Abstoßen gäbe – keine Reibung! Aber das Gasgeben würde doch nicht wirkungslos bleiben. Wenn man die Räder sich im Uhrzeigersinn drehen ließe, würde die übrige Karosserie sich im Gegenuhrzeigersinn drehen. Warum? Weil hier das drehende Gegenstück zu Aktion = Reaktion und Drehimpuls-Erhalt befolgt würde.

Zurück auf der Erde, funktioniert dieser Effekt immer noch. Es gibt also zwei Effekte, die die Schnauze des Autos heben. Der eine hängt von der Beschleunigung des Autos ab und hat nichts mit den Rädern zu tun. Der Zweite hängt nur mit den rotierenden Rädern zusammen und hat nichts mit der Beschleunigung zu tun. Ist die Masse der Räder viel kleiner als die Masse des Autos, dann kommt nur der erste Effekt zum Tragen. Doch wenn die Rädermasse der Fahrzeugmasse nahe kommt, wird der zweite Effekt bedeutsamer.

Das Pendel

Man zieht das Pendel nach links und lässt es los, worauf es von selbst hin und her schwingt. Während es so hin und her schwingt, bewahrt das Pendel

a) Drehimpuls sowie (linearen) Impuls
b) nur den Drehimpuls
c) nur den Impuls
d) weder Drehimpuls noch Impuls

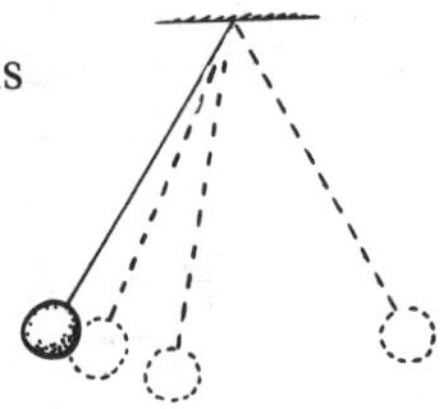

Antwort: Das Pendel

Die Antwort lautet d). Zunächst schwingt das Pendel nach rechts, dann bewegt es sich zurück nach links. Wenn der Impuls bei der Bewegung nach rechts + 5 ist, dann muss der Impuls bei der Bewegung zurück – 5 sein. Wenn das Pendel beim Umkehren momentan anhält, ist der Impuls null. Also ändert sich der Impuls von + 5 zu null zu – 5 zu … Er ändert sich ständig, bleibt also nicht erhalten. Was ist mit dem Drehimpuls? Zuerst dreht sich das Pendel im Uhrzeigersinn um den Aufhängungspunkt und bei der Umkehr der Schwingung überhaupt nicht und dann im Gegenuhrzeigersinn … und dies wiederholt sich immer wieder. Also auch der Drehimpuls bleibt nicht erhalten. Wieso das? Vielleicht dachte der Leser, der Impuls bleibt stets erhalten? Wo geht der Impuls hin? Wo geht der Impuls hin, wenn ein Ball den Schläger trifft? In den Schläger. Der (lineare) Impuls des Pendels geht in die Schnur, dann in die Decke und von da in die Erde. Der Drehimpuls des Pendels geht über die Erdanziehung direkt in die Erde. Das heißt also, dass die Erde alles bekommt, was das Pendel verliert. Während sich das Pendel nach rechts bewegt, bewegt sich die Erde ein ganz klein bisschen nach links. Während sich das Pendel im Uhrzeigersinn dreht, dreht sich die ganze Erde ein ganz klein bisschen im Gegenuhrzeigersinn. Und wenn das Pendel zurückschwingt, kehrt auch die ganze Erde ihre winzige Bewegung um. Wenn die Erdmasse eine Milliarde Mal größer ist als die Pendelmasse und das Pendel sich einen Meter nach rechts bewegt, wie weit bewegt sich dann die Erde? Ein Milliardstel eines Meters nach links.

Swing high – swing low

Wie im Gospel schwingt ein Pendel eine Bogensekunde weit innerhalb einer Sekunde. Als Nächstes lässt man das Pendel zwei Bogensekunden weit schwingen. Die Zeit, um zwei Bogensekunden weit zu schwingen, ist

a) eine halbe Sekunde
b) eine Sekunde
c) zwei Sekunden

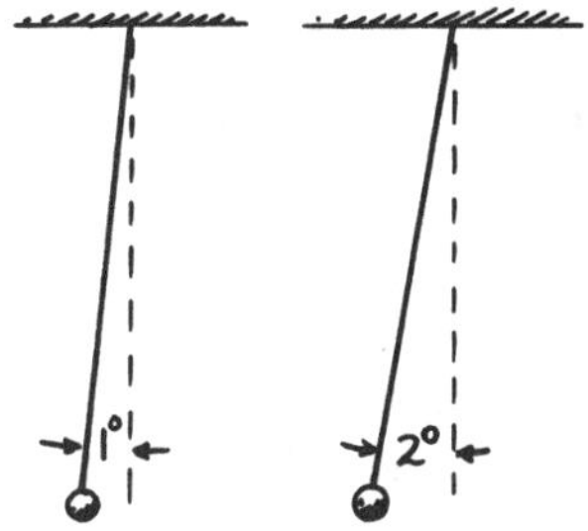

Antwort: Swing high – swing low

Die Antwort lautet wie? Warum dies nicht selber ausprobieren, wie es Galilei am Leuchter in der Kirche beobachtete? Man nehme eine lange Schnur und ein schweres Gewichtstück. Stoppen Sie nicht bloß einzelne Schwingungen, sondern gleich die Zeit für zehn Schwingungen. Die Schwingungen werden während dieser Zeit ein bisschen absterben, aber das soll uns nicht weiter bekümmern.

Nach vollzogenem Experiment bedenke man Folgendes. Man ziehe das Pendel bis B und lasse es nach C schwingen. Danach ziehe man es nach A und lasse es nach C schwingen. Der Weg ab A ist weiter, aber schneller. Was die Schwingungsperiode des Pendels bestimmt, ist die Länge der Pendelschnur, nicht die Auslenkung.

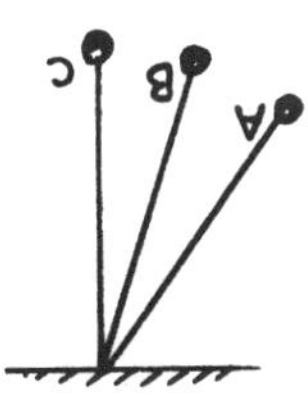

Kreisel-Scherz

Hier eine Frage für Fortgeschrittene: Eine oft erzählte Legende berichtet von einem Physiker, der ein großes Schwungrad in seinem Koffer versteckt rotieren ließ. Der Hotelportier nahm den Koffer und wollte damit wie in der Skizze um eine Ecke gehen. Was geschah mit dem Koffer?

a) Der Koffer drehte einfach um die Ecke, wie es der Portier haben wollte (Skizze A).
b) Der Koffer begann in genau die umgekehrte Richtung zu drehen (Skizze B).
c) Als der Portier um die Ecke ging, kippte der Koffer zur Seite wie in Skizze C.
d) Als der Portier um die Ecke ging, kippte der Koffer zur Seite wie in Skizze D.

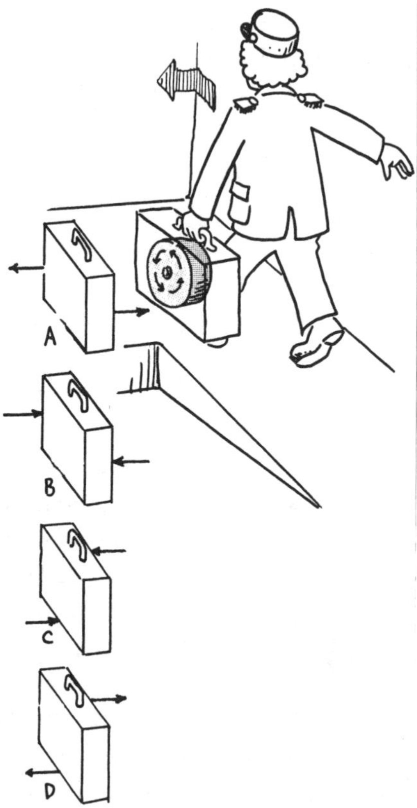

Antwort: Kreisel-Scherz

Die Antwort lautet d). Die Kreiselbewegung ist recht kompliziert, doch sie lässt sich vereinfachen, wenn man sich den rotierenden Kreisel als ringförmiges Rohr oder als Reifen vorstellt, worin eine schwere Flüssigkeit herumströmt. Noch besser stelle man sich den Ring als quadratischen Ring vor. Die Anteile der Flüssigkeit, welche in den vertikalen Armen des Rohrs auf oder ab fließen, ändern ihre Fließrichtung nicht, wenn der quadratische Ring oder das Schwungrad von I nach II schwenkt – die vertikalen Seiten bleiben vertikal. Doch die Flüssigkeit in den horizontalen Armen ändert ihre Fließrichtung. Beispielsweise beginnt die Flüssigkeit oben in Richtung 1 zu fließen, endet aber in Richtung 2.

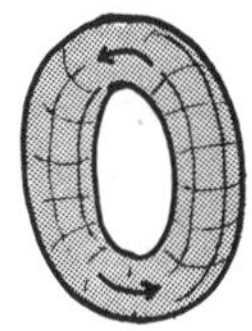

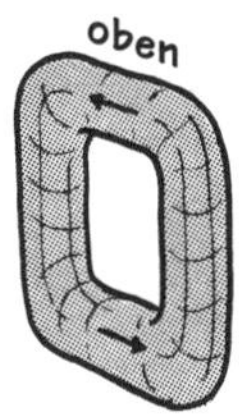

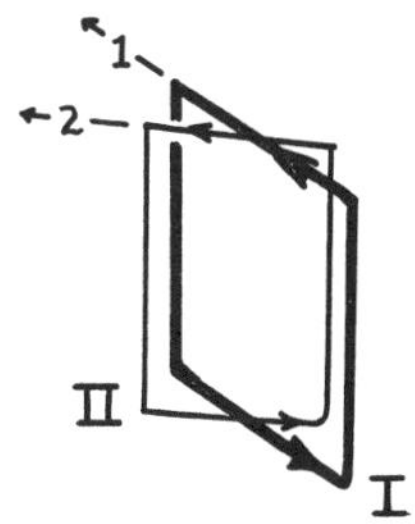

Die letzte Skizze zeigt, wie der Anteil der Flüssigkeit im oberen oder unteren Rohrstück tatsächlich auf einer Kurvenbahn zu fließen gezwungen wird, wenn der Portier den Ring schwenkt. Nun übt ein durch ein Rohr sich bewegendes Ding eine Kraft auf die Rohrinnenwand aus (wie bei KARUSSELL). Warum? Weil das Ding sich geradlinig bewegen möchte, aber zum Schwenk gezwungen wird. Die Pfeile in der letzten Skizze zeigen die Richtung der Kraft auf die Innenwand der Rohrstücke. Die gestrichelten Kurven oben und unten werden gegenläufig durchflossen, also ist auch die Richtung der Kraft oben und unten entgegengesetzt. Die Kraft auf das Rohr ist identisch mit der auf den Kreisel, und jene Kraft erfährt auch der Koffer. Sein Oberes kippt nach rechts und sein Unteres nach links wie in Skizze D.

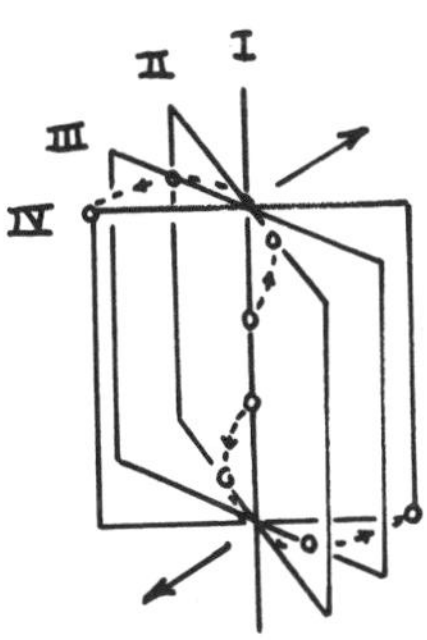

Geschoss im Sinkflug

Gleichzeitig mit dem Abfeuern eines Hochgeschwindigkeits-Geschosses wird ein anderes aus derselben Höhe einfach zu Boden fallen gelassen. Welche Kugel schlägt zuerst auf dem Boden auf?

a) die fallen gelassene Kugel
b) die abgefeuerte Kugel
c) beide gleichzeitig

Antwort: Geschoss im Sinkflug

Die Antwort lautet c). Das ist so, weil beide Geschosse dieselbe vertikale Distanz mit derselben Abwärtsbeschleunigung durchfallen. Also schlagen sie auch gleichzeitig auf dem Boden auf (die Schwerkraft nimmt bei sich bewegenden Dingen keinen Urlaub).

Diese Frage kann man besser verstehen, wenn die Bewegung des abgefeuerten Geschosses in zwei Anteile zerlegt wird: eine horizontale Komponente, die sich nicht ändert, weil keine Horizontalkraft wirkt (bis auf den Luftwiderstand), und eine vertikale Komponente, die mit g (10 m/s^2) beschleunigt und von der horizontalen Komponente ganz unabhängig ist.

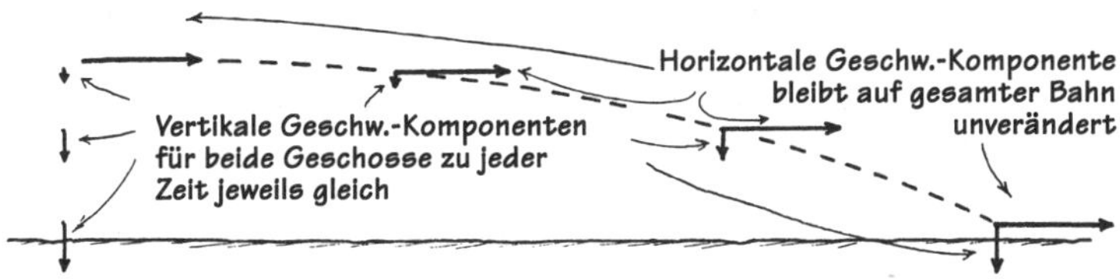

Oder betrachten wir es mal anders. Wenn das Gewehr höher als der Horizont zielt, schlägt das fallen gelassene Geschoss als Erstes auf. Wenn dagegen das Gewehr tiefer als der Horizont zielt, gewinnt hier das abgefeuerte Geschoss. Irgendwo zwischen oben und unten ist es pari – und zwar wenn das Gewehr horizontal liegt.

Noch eine ganz andere Betrachtungsweise gibt es hierfür: Man stelle sich vor, der Boden würde nach oben beschleunigen statt die Geschosse nach unten. Ist es einzusehen, dass das Ergebnis dasselbe wäre?

Flache Geschossbahn

Ein aus einem Gewehr mit hoher Mündungsgeschwindigkeit abgeschossenes Geschoss kann gut hundert Meter fliegen, ohne überhaupt tiefer zu sinken.

a) wahr
b) falsch

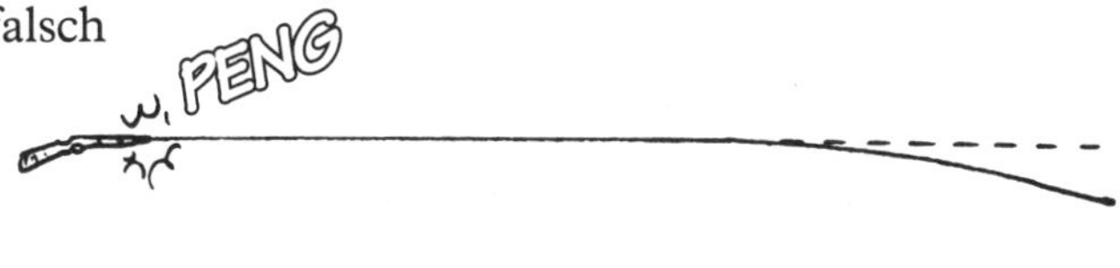

Antwort: Flache Geschossbahn

Die Antwort lautet b). Es gibt diesen Volksglauben, der selbst an Polizeischulen gelehrt wird, dass ein genügend schnelles Geschoss eine gewisse Strecke fliegt, ohne zu sinken. Doch dies ist wirklich eine falsche Vorstellung. Die Geschwindigkeit eines Dings kann nie die Schwerkraft »ausschalten«, nicht mal für einen Augenblick. Selbst das Lichtbündel aus einem Laser beginnt zu sinken, sobald es den Laser verlässt. Überdies ist die Sinkgeschwindigkeit stets dieselbe, unabhängig von der Geschwindigkeit. Wird das Geschoss horizontal auf einer sog. »flachen« Flugbahn abgefeuert, sinkt es in der ersten Flugsekunde fünf Meter. Natürlich fliegt während jener Sekunde ein hochschnelles Geschoss weiter als ein langsameres, weshalb die Flugbahn des hochschnellen Geschosses weniger gekrümmt erscheint als diejenige des langsameren, aber beide sind stets krumm. Außer vertikal nach oben oder vertikal nach unten ist die Flugbahn nie völlig gerade.

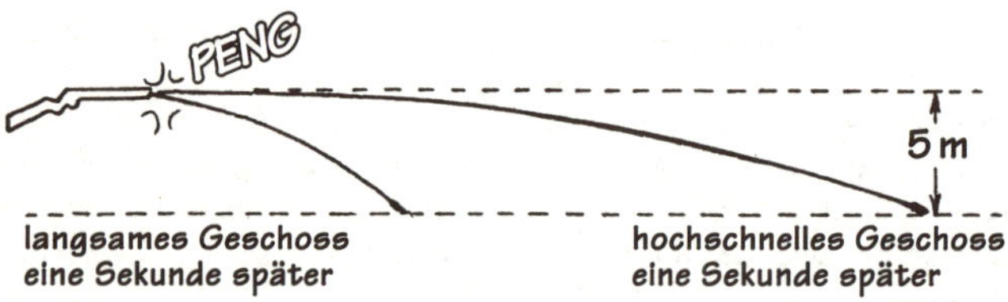

Schnell geworfen

Eine Junge wirft aus fünf Meter Höhe über dem Boden einen Stein horizontal. Der Stein schlägt 12,5 Meter weit weg auf. Wie schnell warf der Junge den Stein? (Wieder die Zeit betrachten.)

a) 5 m/s
b) 12,5 m/s
c) 13,5 m/s
d) 17,5 m/s

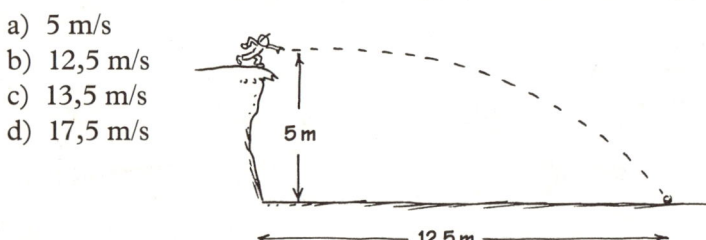

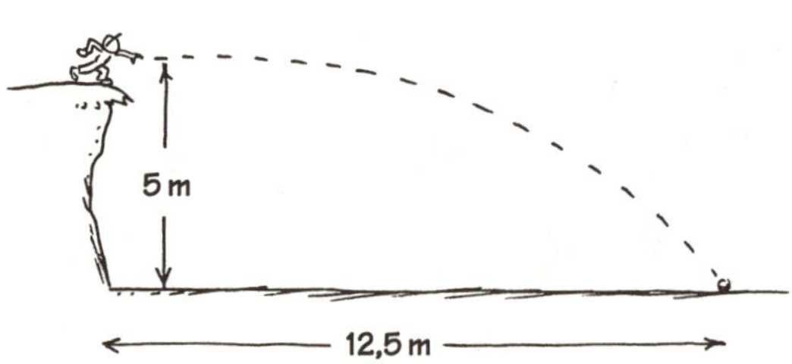

Antwort: Schnell geworfen

Die Antwort lautet b). Wir wissen, dass

$$\text{Geschwindigkeit} = \frac{\text{zurückgelegter Weg}}{\text{benötigte Zeit}}$$

und dass der Stein 12,5 Meter weit fliegt. Da der Stein genau horizontal geworfen wurde, ohne jede Komponente der Geschwindigkeit nach oben oder unten, ist die benötigte Zeit dieselbe, die der Stein benötigen würde, wenn er die fünf Meter hinab aus der Ruhe fallen würde. Die Zeit dafür beträgt eine Sekunde, also muss für die 12,5 Meter zurückgelegte Strecke die horizontale Geschwindigkeit des Steins 12,5 m/s sein.

Rache am Taubenjäger

Um den Taubenjäger zu treffen, sollte die Taube ihren Kot fallen lassen

a) bevor sie über ihm ist
b) wenn sie direkt über ihm ist
c) wenn sie über ihn weggeflogen ist.

Antwort: Rache am Taubenjäger

Die Antwort lautet a). Wenn der Kot fallen gelassen wird, fällt er nicht vertikal direkt zu Boden – für solche Bewegung müsste die horizontale Geschwindigkeit null sein. Wenn der Kot fällt, hat er anfangs dieselbe horizontale Geschwindigkeitskomponente wie die Taube. Bei vernachlässigbarem Luftwiderstand fliegt der fallende Kot weiter mit der Geschwindigkeit der Taube vorwärts. Der Film zeigt, wie der Kot direkt unter der Taube mitfliegt. Tatsächlich bleibt der Kot etwas zurück, weil der Luftwiderstand eben doch nicht vernachlässigbar ist.

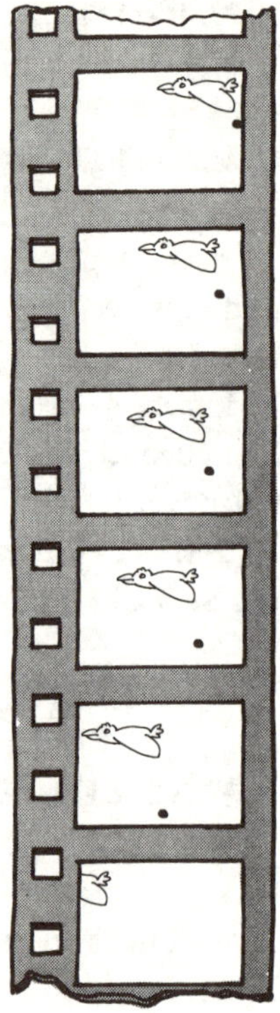

Wenn Sie in einem Flugzeug stehen und eine Münze fallen lassen, begegnet diese jedoch keinem Gegenwind, und sie fällt einem direkt vor die Füße – weil eben die Vorwärtskomponente ihrer Geschwindigkeit dieselbe ist wie diejenige der eigenen Hand oder Füße. Sie hält mit dem sich bewegenden Flugzeug mit. Aber wenn das Flugzeug beschleunigt (Beschleunigung a), während die Münze fällt, landet die Münze nicht direkt unter der loslassenden Hand. Warum?

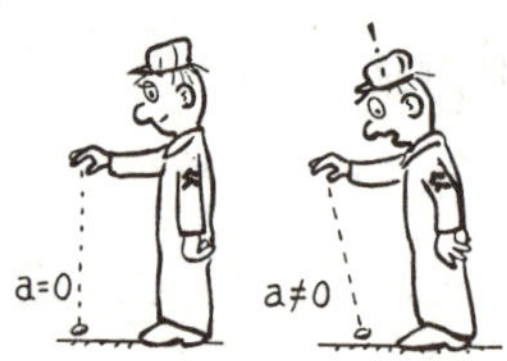

Außer Reichweite

Ist es möglich, dem Schwerefeld der Erde zu entkommen, wenn man sich genügend weit von der Erde entfernt?

a) Ja, man kann der Erdschwere entrinnen.
b) Nein, man kann der Erdschwere nicht entrinnen.

Antwort: Außer Reichweite

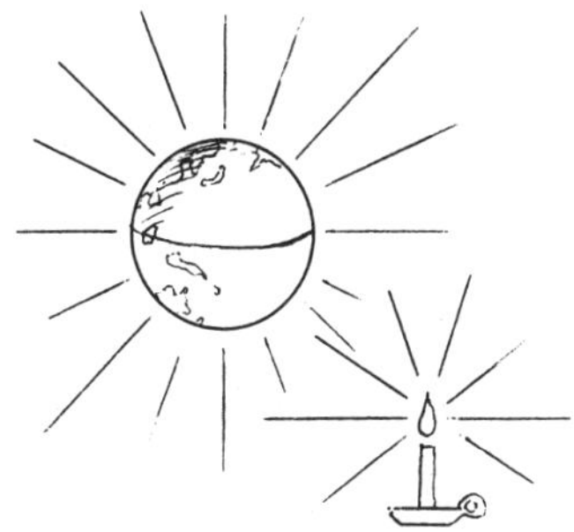

Die Antwort lautet b). Newtons Vorstellung von der Gravitation ist, dass »Flusslinien« oder »Tentakeln« aus der Erde (wie aus jeder Masse) in den Weltraum hinausreichen. Diese Flusslinien *enden nie*, sie gehen immer weiter. Doch je weiter sie in den Weltraum reichen, desto weniger dicht sind sie gepackt, weshalb die von ihnen erzeugte Schwerkraft immer schwächer wird, bis sie fast ganz verschwindet. Es ist wie mit den Lichtbündeln aus einer Kerzenflamme oder Partikelstrahlen aus einem radioaktiven Erzstückchen. Sie verteilen sich im Weltraum. Die Strahlung wird immer schwächer, doch die Strahlen laufen immer weiter.

Wie viel schwächer? Das hängt von der Entfernung ab. Am besten stellt man sich eine Sprühdose vor. Die Dose sprüht ein kleines Quadrat auf die Wand. Dann stelle man sich die Wand doppelt so weit von der Dose entfernt vor. Wie viel heller oder dünner ist dann die Sprühfarbe auf der zweiten Wand? Dies hängt davon ab, wie viel mehr an Fläche die Sprühfarbe bedecken muss. Wie viel größer ist die Fläche des zweiten Quadrats? Doppelt so groß? Nein. Das zweite Quadrat ist doppelt so hoch und doppelt so breit, also wächst die Fläche viermal. Also ist auf dem zweiten Quadrat die Sprühfarbe nur ein Viertel so dicht. Ebenso verringert sich die Intensität der Schwere oder Wärme oder des Schalls oder Lichts aus irgendeiner punktförmigen Quelle auf ein Viertel, wenn die Entfernung von der Quelle verdoppelt wird. Wird die Entfernung von der Quelle verdreifacht, ist das Quadrat dreimal höher und dreimal breiter, weshalb die Sprühfarbendichte neunmal so klein ist. Ganz allgemein gilt für alles, was sich von einer Punktquelle aus in den Raum ausbreitet: Intensität ~ 1/(Abstand)^2 (~ soll »proportional zu« bedeuten). Wenn man nahe an die Quelle herankommt, erfolgt demnach ein ganz plötzlicher Anstieg. Daher gewinnen Kinder den Eindruck, dass Wärme »in« der Flamme sei, der umgebende Raum aber kalt bleibe.

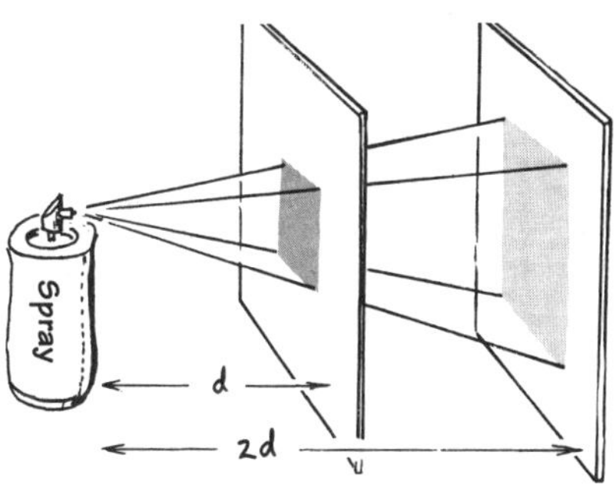

Doch zurück zur Schwerkraft. Jedes Stück Materie im Universum umgibt ein Schwerefeld. Da auch Sie Materie darstellen, sind Sie selbst von Ihrem eigenen Schwerefeld umgeben. Wie weit reicht dies? Bis zu den fernsten Stellen des Universums. Also reicht Ihr Einfluss überallhin … ungelogen!

Newtons Problem

Folgende Frage plagte Newton jahrelang. Eine kleine Masse m befindet sich in einem gewissen Abstand vom Zentrum einer kugelförmigen Ansammlung von Massen. Infolge dieses Kugelhaufens wirkt eine gewisse Schwerkraft auf die kleine Masse, welche dadurch zum Zentrum des Kugelhaufens gezogen wird. Jetzt betrachte man aber den Vorgang, dass weder die kleine Masse noch das Zentrum des Kugelhaufens sich bewegen, aber der Kugelhaufen sich gleichförmig ausdehnt. Infolge dieser Ausdehnung sind manche Teile des Kugelhaufens näher bei m und manche ferner von m. Werden nach der Ausdehnung die Schwerkräfte des Kugelhaufens auf die kleine Masse m

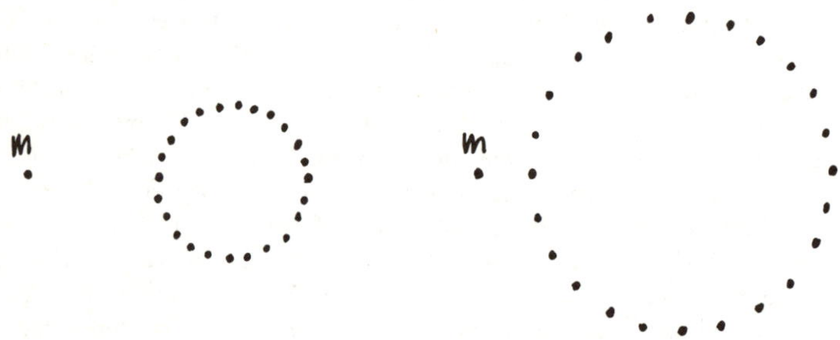

a) zunehmen
b) abnehmen
c) unverändert bleiben?

Antwort: Newtons Problem

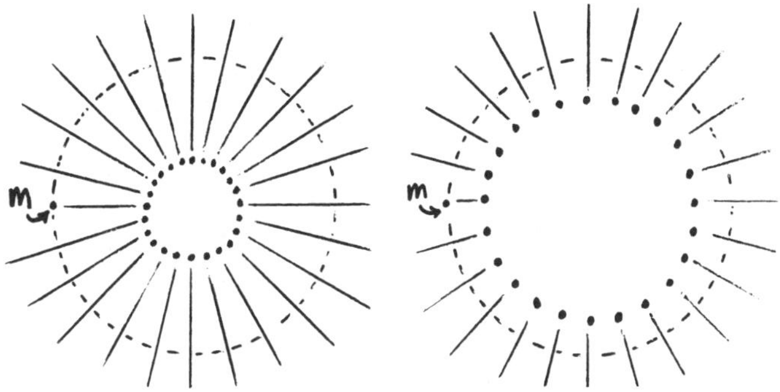

Die Antwort lautet c). Um zu erkennen warum, stellt man sich das vom Kugelhaufen ausgehende Schwerefeld wie die Tentakeln eines Tintenfischs vor – je ein Kraft-Tentakel von jeder Masse des Kugelhaufens. Die Kraft im Feld hängt davon ab, wie eng die Tentakeln beieinander liegen. Unter Physikern heißen die Tentakeln »Flusslinien«. Nahe beim Kugelhaufen liegen die Linien dicht beieinander, also ist die Kraft stark. Weiter weg liegen sie weiter auseinander, also wird die Kraft schwächer.

Jetzt stellt man sich eine kugelförmige Seifenblase um den Kugelhaufen herum vor. Solange der Kugelhaufen innerhalb der Blase bleibt, wird sich die Anzahl der Flusslinien, die durch die Blase laufen, nicht ändern. Also ändert sich auch die Schwerefeldstärke auf der Blasenoberfläche nicht. Und darum ändert sich genauso wenig die Kraft auf die kleine Masse m, die sich irgendwo auf der Blase befindet. Natürlich ist diese Blase nur eine Vorstellungshilfe.

Ist der Kugelhaufen der Massen hohl, macht die Skizze den Eindruck, als ob es innerhalb der Höhlung keine Schwere gebe, und tatsächlich gibt es hier keine Schwere, zumindest nicht infolge der Masse des Kugelhaufens.

Warum hat Newton darüber nachgedacht? Weil er sich die Erde selbst als Kugelhaufen aus kleinen Massen oder Atomen vorstellte (aber nicht als Hohlkugel). Er wollte zeigen, dass das Kraftfeld außerhalb des Globus dasselbe wäre wie das Kraftfeld für den Fall, dass alle Masse in dessen Zentrum zusammengepresst wäre. Es macht die Rechnungen so viel einfacher, wenn die Masse sich in einem Punkt befindet, statt über den ganzen Kugelhaufen verteilt ist.

Übrigens kam Newton schließlich darauf, dass c) die Antwort ist, aber ohne die Vorstellung einer Blase. Die Blasenidee stammte von einem Mathematiker namens Karl Friedrich Gauss, der vielleicht der cleverste Mensch war, der je gelebt hat. Überflüssig zu erwähnen, dass Gauss sich außer der Blase noch manch andere Sachen ausgedacht hat. Gauss lebte zur Zeit Napoleons und Beethovens, also nach Newtons Zeit.

Zwei Blasen

Hier geht es um eine ziemlich schwierige Frage. Also überspringt man sie entweder oder kniet sich richtig hinein!

Wenn der ganze Raum leer wäre bis auf zwei benachbarte Massen, sagen wir zwei Quecksilbertropfen, dann würden diese nach dem Newton'schen Gravitationsgesetz voneinander angezogen. Jetzt aber soll der ganze Raum voll Quecksilber angenommen werden bis auf zwei Blasen. Wie würden sich die Blasen bewegen?

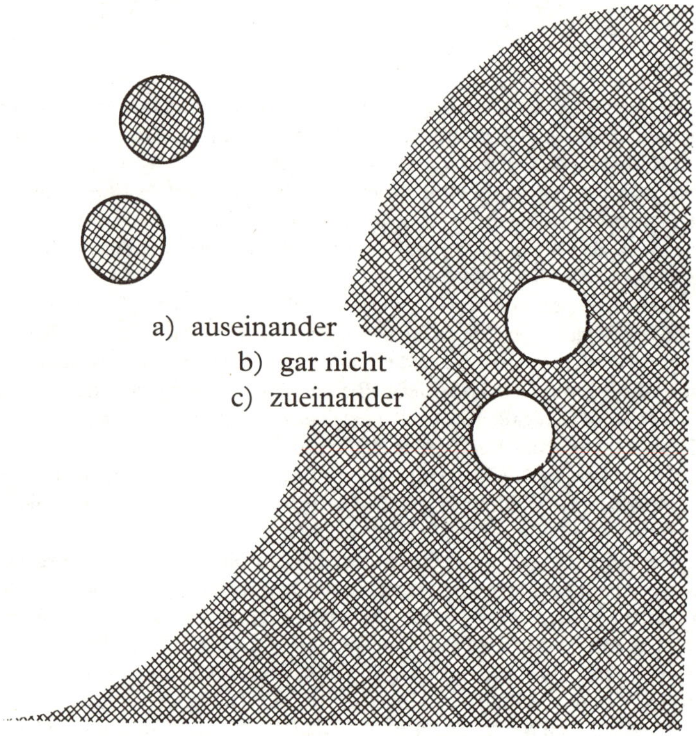

Antwort: Zwei Blasen

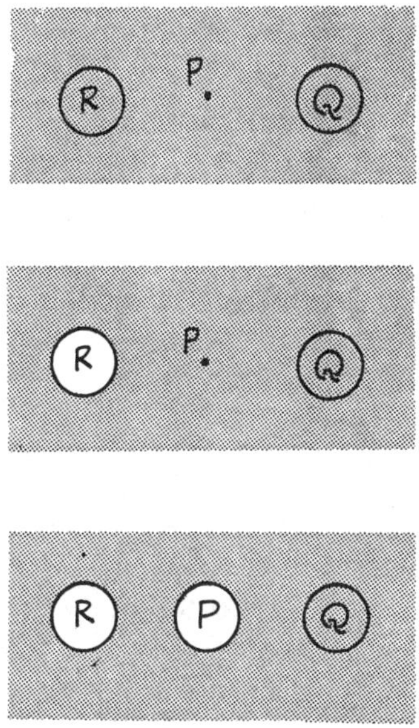

Die Antwort lautet c). Warum eigentlich diese Frage? Es geht um mindestens zwei Punkte. Einmal soll vorgeführt werden, wie leicht sich eine einfache Gegebenheit, die wir bis auf den Grund zu verstehen glauben, durch Verkehrung ins Gegenteil in ein Rätsel verwandeln lässt. Zum zweiten Punkt kommen wir weiter unten.

Warum bewegen sich die Blasen aufeinander zu? Wenn der ganze Raum voller Quecksilber wäre, gäbe es netto keine Schwerkraft am Punkt P, weil jegliche Anziehung durch das Quecksilber bei Q durch die Anziehung des Quecksilbers bei Punkt R aufgehoben würde. Doch wenn das Quecksilber bei R zur Bildung einer Blase entfernt wird, wird das Gleichgewicht bei P gestört, und es gibt eine Netto-Anziehung hin zum Quecksilber bei Q. Also gibt es jetzt eine Schwerkraft in P – die Anziehung geht Richtung Q oder weg von R. Es sieht so aus, als ob R die Dinge abstoßen würde.

Doch was ist unter »Dinge« zu verstehen? Als Dinge gelten Teilchen, Kiesel, Steine und dergleichen. Ein Stein bei P würde sich von R wegbewegen. Aber was geschieht mit Blasen? Wie werden diese durch Schwerkraft beeinflusst? Die Schwerkraft bewegt Steine und Blasen in Gegenrichtung – Steine runter, Blasen hoch. Wenn also ein Stein bei P sich von R wegbewegen würde, dann würde eine andere Blase bei P sich zu R hinbewegen. Die beiden Blasen würden einander anziehen.

Jetzt zum angekündigten zweiten Punkt bei dieser Frage. Wir fingen mit der Vorstellung an, dass Masse von Masse angezogen wird, und argumentierten infolgedessen, dass auch eine Blase von einer Blase oder leerer Raum von leerem Raum angezogen wird. Aber wir hätten genauso gut mit der Vorstellung beginnen können, dass leerer Raum leeren Raum anzieht, und daher argumentieren können, dass Masse von Masse angezogen wird. Unser Universum ist zumeist leerer Raum mit ein bisschen Masse drin, also haben wir die eine Sicht von den Dingen, doch wenn unser Universum zumeist Masse wäre mit ein bisschen leerem Raum drin, hätten wir eine andere Sicht von den Dingen. In anderen Worten, wir könnten unsere Vorstellungen, was nun Masse sei und was leerer Raum, ebenso gut vertauschen.

In der Physik geht man immer auf einem schmalen Pfad. Verlässt man ihn nur um zwei Schritte kann man schon im tiefen Wasser landen. Und das ist nicht bloß so dahingesagt.

Erdinnenraum

In einer Höhle tief unter der Erdoberfläche herrscht

a) mehr Schwerkraft
b) weniger Schwerkraft
c) dieselbe Schwerkraft

verglichen mit der Erdoberfläche.

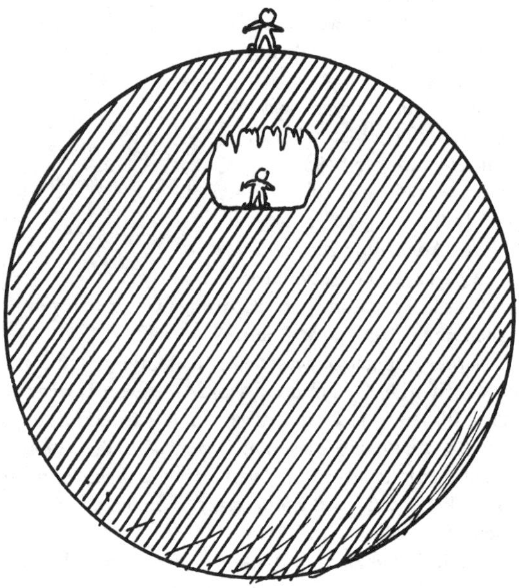

Man nimmt dafür an, dass die Erddichte überall dieselbe ist. Das stimmt natürlich nicht. Aber man muss erst die vereinfachten, idealisierten Situationen gründlich verstehen, bevor man die Einzelheiten berücksichtigen kann.

Antwort: Erdinnenraum

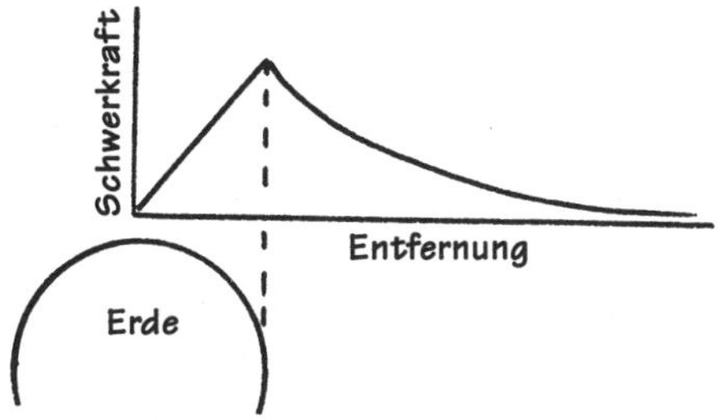

Die Antwort lautet b). Es herrscht weniger Schwerkraft in der Höhle, weil man in der Höhle stehend einen Teil der Erdmasse über dem Kopf hat und diese an einem nach oben zieht, wodurch die Wirkung der Masse unter den Füßen, welche nach unten zieht, teilweise kompensiert wird. Wie wäre es, wenn sich die Höhle genau in Erdmitte befände? Dann herrschte in der Höhle überhaupt keine Schwerkraft. Man würde wie in einem »Null-g«-Raumschiff schweben! Warum? Weil sich dort gleiche Erdmengen »über« wie »unter« einem befänden.

Auf der Erdoberfläche, wo wir leben, erfahren Dinge die größte Schwerkraft. Wenn man von der Eroberfläche nach oben in den Weltraum geht, wird die Schwerkraft schwächer, und wenn man in die Erde hinunter eindringt, wird sie ebenfalls schwächer.

Mondfahrt

Von welcher Gegend der Erde wäre am leichtesten ein Raumschiff zu starten?

a) New Mexico (südlich über Mexiko hin)
b) Kalifornien (nördlich über den Pazifischen Ozean)
c) Florida (östlich über den Atlantischen Ozean)
d) Moskau (östlich über Sibirien hin)

Der erste Mondflug wurde tatsächlich gestartet von

a) b) c) d)

Vor hundert Jahren ließ Jules Verne die Reise zum Mond von wo beginnen?

a) b) c) d)

Antwort: Mondfahrt

Die Antwort lautet c). Die Erde rotiert von West nach Ost, weshalb ja die Sonne im Osten auf- und im Westen untergeht (mal kurz innehalten und das visualisieren). Wenn man also das Raumschiff nach Osten startet, kann man etwas von der Erddrehung als »Trittbrettfahrer« ausnutzen. Da sich die Erde um ihren Pol dreht, steht der Pol still, und die polnahen Gegenden rotieren langsam. Die Gegenden weiter weg rotieren schneller. Der Äquator ist von den Polen am weitesten entfernt und bewegt sich am schnellsten. Die beste Art zu starten ist also nach Osten und vom Äquator aus – oder eben so äquatornah wie möglich.

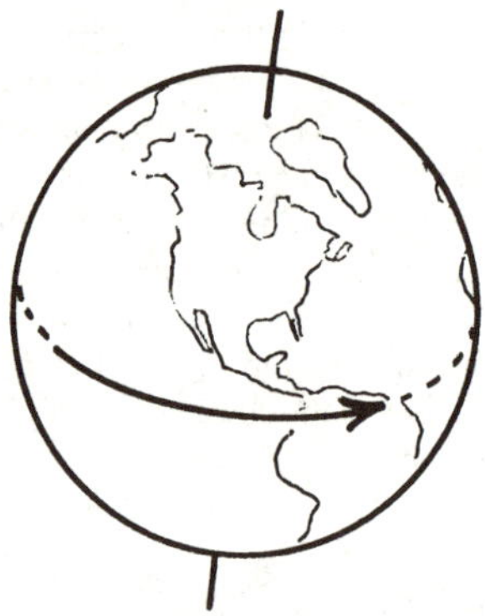

Die Antwort auf die zweite und dritte Frage ist gleichfalls c) – alles schon Geschichte.

Erduntergang

Angenommen Sie lebten auf dem Mond und die Erde befinde sich direkt über Ihrem Kopf. Wie lange würde es dauern, bis Sie einen Erdenuntergang zu sehen bekommen?

a) einen Tag (einen Erdentag = 24 Stunden)
b) ein Viertel eines Tags (6 Stunden)
c) einen Monat (Zeit für Erdumrundung durch den Mond)
d) ein Viertel eines Monats
e) Man würde die Erde nie untergehen sehen.

Antwort: Erduntergang

Die Antwort lautet e). Von der Erde aus sieht man stets dieselbe Seite des Monds. Darum glaubten die antiken Astronomen, der Mond sei irgendwie am Himmelsgewölbe befestigt und kein weiterer Globus. Die Rückseite des Mondes blieb ein Geheimnis, bis ein russisches Raumschiff sie erstmals fotografierte.

Wenn man auf der zur Erde gerichteten Mondseite wohnte, würde man nie die Erde untergehen sehen, weil diese Mondseite ständig zur Erde zeigt.

Ewige Nacht

Angenommen, die Erde kreist immer noch jedes Jahr um die Sonne, aber dabei bleibt ständig dieselbe Seite der Sonne zugewandt, sodass eine Seite stets die Sonne sieht und die andere nie. Von der Erde aus gesehen bleibt dann die Sonne am Himmel stehen. In solch einer Situation würden die Sterne

a) ebenfalls am Himmel stehen bleiben
b) scheinbar einmal am Tag die Erde umrunden
c) scheinbar einmal im Jahr die Erde umrunden

Antwort: Ewige Nacht

Die Antwort lautet c). Von jemandem auf der dunklen Erdseite aus gesehen befindet sich der skizzierte Stern über dem Kopf, wenn die Erde auf Position A steht. Ein halbes Jahr später auf Position C befindet sich der Stern unter den Füßen und ein Jahr später wieder über dem Kopf, wenn die Erde wieder auf Position A ist. Obwohl also die Sonne am Himmel festgefroren erscheint, wodurch eine Erdseite ewigen Tag und die andere ewige Nacht hat, scheinen die Sterne immer noch jedes Jahr einmal am Himmel auf- und unterzugehen.

Diese Situation herrscht derzeit Gott sei Dank nicht, obwohl es Grund zu der Annahme gibt, dass es eines Tages so weit kommen wird (wenn die Erdrotation durch die Gezeiten-Reibung gebremst ist).

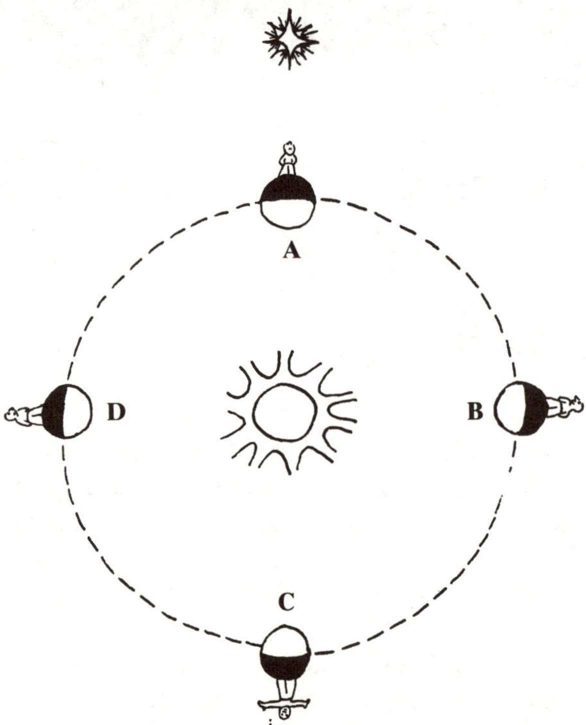

Sternenuntergang

Mit einer Digitaluhr ermittelt man die genaue Uhrzeit, wann ein heller Stern hinter einem entfernten Gebäude verschwindet. Am nächsten Tag stoppt man das Verschwinden wieder. Das Peilen über einen Nagel hilft dabei, das Auge für jede Peilung wieder an dieselbe Stelle zu bringen. Man stellt fest, dass der Stern jede Nacht

a) zur selben Zeit
b) ein bisschen früher
c) ein bisschen später
verschwindet.

Antwort: Sternenuntergang

Die Antwort lautet b). Die Bewegung der Sterne am Nachthimmel ist eine Folge der Erdrotation, also scheinen die Sterne, wie die Sonne, alle vierundzwanzig Stunden die Erde zu umrunden – aber nicht ganz. Warum? Weil man es mit zwei Kreisbewegungen zu tun hat: eine jeden Tag um die Erde und eine jedes Jahr um die Sonne.

Wenn die Erde immer die gleiche Seite der Sonne zuwenden würde, rotierten die Sterne im Jahr genau einmal um die Erde. Aber die Erde zeigt nun mal nicht ständig mit der gleichen Seite zur Sonne. Sie dreht sich so schnell um sich selbst, dass man die Sonne jedes Jahr 365-mal umlaufen sieht. Sieht man also auch einen Stern 365-mal im Jahr umlaufen? *Nein*, man sieht einen Stern 366-mal umlaufen! Woher das weitere Mal? Weil er bereits einmal umlaufen würde, wenn die Erde ständig dieselbe Seite zur Sonne hielte. Man erinnere sich, dass es zwei Kreisbewegungen gibt und die Gesamtbewegung die Summe daraus ist.

Woher weiß man, dass die beiden Kreisbewegungen addiert werden müssen? Vielleicht sollte man sie voneinander subtrahieren. Die beiden Bewegungen addieren sich, weil die tägliche Erdumdrehung sowie die jährliche beide im gleichen Sinn erfolgen. Die Sonne rotiert übrigens auch im gleichen Drehsinn. Erdumdrehung und Sonnenumlauf stammen vermutlich von der Materie, die bei der Schaffung der Erde von der Sonne weggenommen wurde. Deshalb haben alle denselben Drehsinn.

Ein Stern muss sich also von der Erde aus betrachtet etwas schneller über den Himmel bewegen als die Sonne. Die Sonne läuft einmal in etwa 24 Stunden um, der Stern also in etwas weniger als 24 Stunden. Wie viel weniger? Die Sonne läuft in etwa 1440 Minuten um (1440 Minuten = 24 Stunden x 60 Minuten je Stunde). Ein Stern muss so viel schneller am Himmel umlaufen, dass er nach einem Jahr einmal mehr herumgekommen ist als die Sonne. Wenn ein normaler Umlauf (Sonnenumlauf) 1440 Minuten braucht und man diese Zeit um 4 Minuten kürzt (4 mal 365 etwa gleich 1440), gewinnt man einen Extra-Umlauf.

Ergo gehen Sterne nicht jede Nacht zur selben Zeit unter (oder auf). Jede Nacht gehen sie vier Minuten früher auf (oder unter) als die Nacht zuvor. Das summiert sich zu fast einer halben Stunde pro Woche. Zur selben Nachtzeit sieht man also nicht stets die gleichen Sterne am Himmel, obwohl man doch zur selben Tageszeit (etwa zu Mittag) stets den gleichen Stern (die Sonne) sieht. Von daher rühren die unterschiedlichen Sternkonstellationen für Winternacht und Sommernacht.

Im Jahr 1931 stellte ein Funkphysiker namens Karl Jansky, der bei den Bell-Telefon-Laboratorien arbeitete, mittels eines besonders empfindlichen Kurzwellen-Empfängers jeden Tag zur selben Uhrzeit ein Funkrauschen fest. Niemand konnte sagen oder auch nur vermuten, woher dieses Funkrauschen kam. Dann bemerkte Jansky, dass dieses Rauschen jeden Tag vier Minuten früher erschien. Er sagte sich, dass deshalb das Funkrauschen von den Fixsternen herkommen musste. Jahrelang wollte dies kein Mensch glauben, aber er hatte tatsächlich die erste außerirdische Funkquelle entdeckt – im Zentrum der Milchstraße – und wurde so zum Urvater der Radioastronomie.

Längengrad und Breitengrad

Wenn man zum nächtlichen Himmel aufschaut, kann man sofort seine

a) geografische Breite
b) geografische Länge
c) beides
d) keins von beiden

einschätzen.

Antwort: Längengrad und Breitengrad

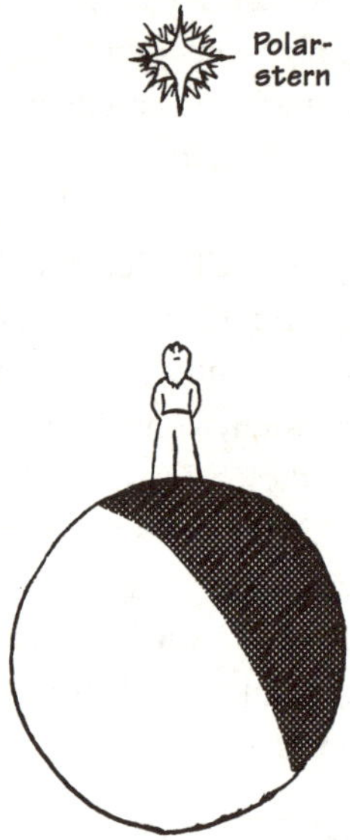

Die Antwort lautet a). Steht der Polarstern direkt über dem Kopf, muss man auf dem Nordpol sitzen (steht er direkt unter den Füßen, muss man auf dem Südpol sitzen – sieht ihn aber nicht). Steht er halbwegs dazwischen – also am Horizont, befindet man sich am Äquator. Steht der Polarstern halbwegs zwischen Horizont und direkt über dem Kopf – also 45° oberhalb des Horizonts (oder unterhalb des Zenits), dann befindet man sich auf 45° nördlicher Breite. Warum nicht auf 45° südlicher Breite? Weil man auf 45° südlich den Polarstern nicht sehen könnte.

Ist der Polarstern am Himmel der hellste Stern? Nein – dafür ist er leicht zu finden – siehe Skizze. Das Sternbild Großer Wagen weist den Weg. Ich habe zwei Große Wagen gezeichnet, weil das Sternbild jeden Tag um den Polarstern rotiert, also ist es manchmal oberhalb des Sterns und manchmal unterhalb, auch manchmal rechts oder links. Der Polarstern ist etwa so hell wie ein Stern des Großen Wagens.

Wie steht's mit der geografischen Länge? Was bedeutet der Längengrad? Der Längengrad bedeutet, um wie viel Grad man sich westlich oder östlich von Greenwich (England) befindet. Die Fidschi-Inseln und Greenwich liegen auf entgegengesetzen Seiten der Erde, also liegen die Fidschi-Inseln 180° östlich oder westlich (halb herum ist die Richtung einerlei).

New Orleans (USA) liegt ein Vierteldrehung westlich von England, also auf 90° westlich. Kalkutta in Indien liegt eine Vierteldrehung östlich von England, also auf 90° östlich.

Wie kann man sagen, auf welchem Längengrad man sich befindet? Durch einen Blick auf die Sterne? Dies funktioniert nicht, weil der Nachthimmel heute um Mitternacht (Ortszeit von New Orleans) identisch ist mit dem Nachthimmel über Kairo in Ägypten heute um Mitternacht (Ortszeit von Kairo). Man braucht mehr, als bloß zum Himmel zu schauen. Man muss die Uhrzeit kennen.

Und zwar muss man nicht allein die Ortszeit kennen, die man von einer Sonnenuhr ablesen kann, sondern auch, wie viel Uhr es in Greenwich (England) ist. Wie macht man das? Wenn es z. B. 12 Uhr mittags ist, da wo man ist, geht man ans Telefon und fragt in Greenwich nach, wie viel Uhr es dort ist. Greenwich antwortet: »Mitternacht.« Wo sitzt man also? Auf der Erdseite gegenüber Greenwich, 180° östlich oder westlich. Bevor es Telefone oder Radios gab, mussten die Seeleute Uhren mit der Greenwicher Zeit mitnehmen. Ging solch eine Uhr bloß eine Minute vor oder nach, konnte die Ortsbestimmung des Schiffs bis zu 15 Seemeilen falsch liegen (28 km = 40 075 km um die Erde rum, geteilt durch 1 440 Minuten den Tag lang).

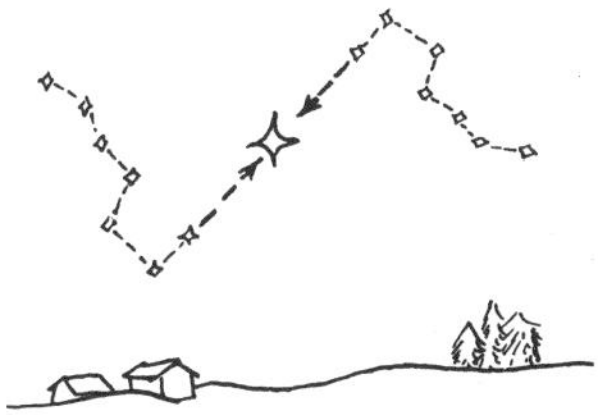

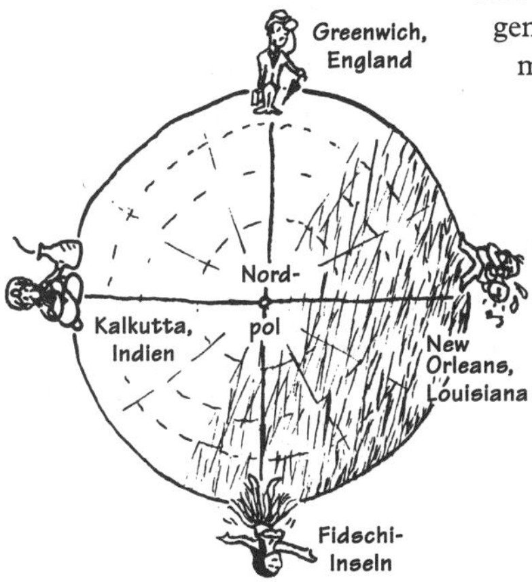

Warum ist es so viel schwieriger, den Längengrad zu bestimmen als den Breitengrad? Weil die geografische Breite gottgewollt ist, die Länge dagegen Menschenwerk. Denn die Natur bestimmte den Nordpol dank der Erdumdrehung, wogegen Greenwich von Menschen festgelegt wurde. Nach dem Willen mancher Leute sollte der Längengrad gar nicht ab Greenwich gemessen werden. Denn im metrischen System sollte der Erdumfang in eintausend metrische Grad unterteilt werden (statt 360°) und ab Paris in Frankreich gezählt werden. Auf alten amerikanischen Landbewilligungs-Urkunden ist der Längengrad ab Washington D. C. angegeben.

Eine Singularität

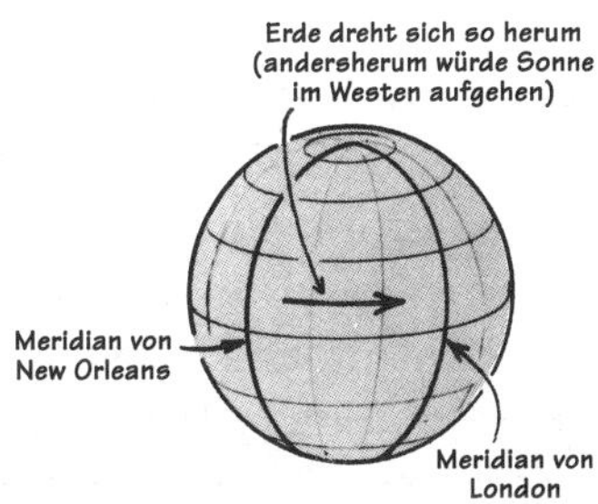

New Orleans liegt genau ein Viertel des Erdumfangs von London entfernt (New Orleans liegt auf 90° westlicher Länge). Zu Mittag in London hat man welche Uhrzeit in New Orleans?

a) Mittag b) Mitternacht c) 6:00 Uhr
d) 18:00 Uhr e) irgendeine Zeit

Wenn es in London Mittag ist, wie viel Uhr ist es am Nordpol?

a) Mittag b) Mitternacht c) 6:00 Uhr
d) 18:00 Uhr e) irgendeine Zeit

Antwort: Eine Singularität

Die Antwort auf die erste Frage lautet c). Ein Viertel von 24 Stunden ist 6 Stunden. Die Sonne steht gerade hoch über London. In sechs Stunden wird die Erde dann New Orleans unter die Sonne drehen. Also muss es in New Orleans 6:00 Uhr sein.

Die Antwort auf die zweite Frage lautet e). Mittag ist an jedem Ort auf demjenigen Meridian, über dem die Sonne hoch steht. Doch durch den Nordpol laufen sämtliche Meridiane, deshalb versagt dort diese Regel zur Feststellung der Uhrzeit.

Einen Ort, an dem eine Regel versagt, bezeichnet man als Singularität. Bei solchen versagenden Regeln handelt es sich gewöhnlich darum, etwas zu berechnen (z. B. wie groß ist 1/(x-2) für x gleich 2? Unendlich? Plus unendlich oder minus unendlich?). Es besteht die fantastische Aussicht, dass es im Weltall Singularitäten gibt, wo die Physik versagt, wie etwa im Zentrum eines Schwarzen Lochs).

Eisenhowers Frage

Wohl jeder in den USA war erstaunt und alarmiert, als die UdSSR den Wettlauf in den Weltraum dank dem Start des ersten Erdsatelliten Sputnik 1957 in erster Runde gewannen. Die brennendste Frage war, wie viel Nutzlast die UdSSR auf die Umlaufbahn bringen konnten. Der US-Präsident fragte seine Forschungsberater Folgendes: »Alles, was wir vom Sputnik kennen, ist seine Höhe und seine Bahngeschwindigkeit. Können Sie aus dieser Information die Masse vom Sputnik berechnen?« Die Forschungsberater antworteten:

a) »Ja, können wir.«
b) »Nein, können wir nicht.«

Antwort: Eisenhowers Frage

Die Antwort lautet b). Genau wie Steine verschiedener Masse ohne Luftwiderstand gleich schnell fallen (siehe STEINSCHLAG) oder wie verschieden schwere, aber gleich schnelle Geschosse derselben Flugbahn folgen, fliegen auch gleich schnelle und gleich hohe Satelliten jedweder Masse auf derselben Bahn um die Erde. Die Kraft, die einen Satelliten auf der Bahn hält, ist einfach die Gewichtskraft jedes Dings in solcher Höhe, und die ist wiederum proportional zu seiner Masse. Wenn also die Masse eines Satelliten verdoppelt wird, muss auch die Kraft, ihn auf der Bahn zu halten, verdoppelt werden – aber dann erfährt er ja auch die doppelte Gewichtskraft. Egal mit welcher Masse, der Sputnik wird immer bei gleicher Geschwindigkeit auf derselben Bahn bleiben.

Nur durch Messungen direkt am Sputnik hätte man seine Masse bestimmen können. Wäre er z. B. mit einem anderen Satelliten bekannter Masse und Geschwindigkeit zusammengestoßen und man hätte die Abprallgeschwindigkeit gemessen, dann hätte man mittels Impulserhaltungssatz seine Masse bestimmen können. Ohne irgendeine Wechselwirkung kann die Masse eines Körpers nicht allein aus der Flugbahn bestimmt werden.

Baumkronen-Satellit

Falls die Erde keine Luft (Atmosphäre) oder Gebirge als Hindernisse besäße, könnte ein Satellit mit ausreichender Anfangsgeschwindigkeit ganz nah an der Erdoberfläche kreisen – immer vorausgesetzt, dass er sie nicht berührt?

a) Ja, könnte er.
b) Nein, Bahnen sind nur in genügendem Abstand von der Erdoberfläche möglich, wo die Schwerkraft verringert ist.

Antwort: Baumkronen-Satellit

Die Antwort lautet a). Ein Satellit ist nichts anderes als ein frei fallendes Ding, das genug seitliche oder tangentiale Geschwindigkeit besitzt, dass es um die Erde herum fallen kann statt direkt drauf. Wenn ein Geschoss horizontal in Baumkronenhöhe mit alltäglicher Geschwindigkeit abgefeuert würde, streifte seine Bahn alsbald den Boden und es würde zerschellen. Aber wenn es mit 8 Kilometern pro Sekunde abgeschossen würde (28 800 km/h), würde seine gekrümmte Bahn parallel zur Erdoberfläche liegen. Wären weder Hindernisse noch Luftwiderstand zugegen, würde es andauernd fallen, ohne die Erde zu streifen, d. h. es befände sich auf einer kreisförmigen Umlaufbahn. Beim Abschuss mit höheren Geschwindigkeit würde es auf einer Ellipsenbahn umlaufen – bei Abschussgeschwindigkeiten über 11 Kilometer pro Sekunde (39 600 km/h) würde es die Erde vollends verlassen. Das Wesentliche beim Starten von Satelliten ist also, sie hoch über den Luftwiderstand zu bringen und ihre Horizontalgeschwindigkeit genügend groß zu machen, damit ihre Bahn wenigstens der Erdkrümmung folgt.

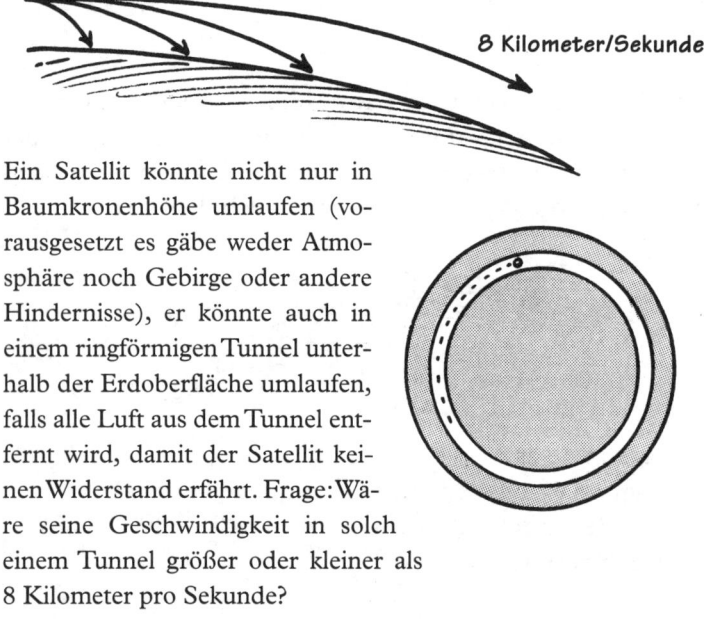

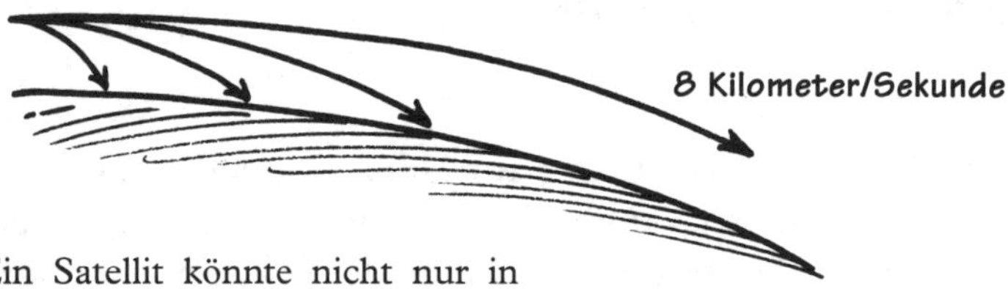

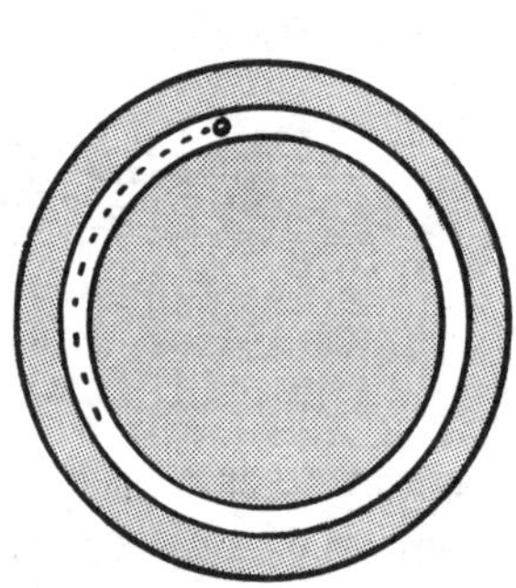

Ein Satellit könnte nicht nur in Baumkronenhöhe umlaufen (vorausgesetzt es gäbe weder Atmosphäre noch Gebirge oder andere Hindernisse), er könnte auch in einem ringförmigen Tunnel unterhalb der Erdoberfläche umlaufen, falls alle Luft aus dem Tunnel entfernt wird, damit der Satellit keinen Widerstand erfährt. Frage: Wäre seine Geschwindigkeit in solch einem Tunnel größer oder kleiner als 8 Kilometer pro Sekunde?

Schwerkraft aus

Das Zweite Keplersche Gesetz besagt, dass eine gedachte Linie zwischen jedem Planeten und der Sonne beim Umlauf um die Sonne in gleichen Zeiten gleiche Flächen überstreicht. Falls die Anziehung zwischen Sonne und Planeten irgendwie abgeschaltet würde und die Planeten nicht länger elliptischen Bahnen folgten, würde Keplers Gesetz von gleichen überstrichenen Flächen in gleichen Zeiten noch gelten?

a) Ja, sein Zweites Gesetz würde noch gelten, selbst mit abgeschalteter Schwerkraft.
b) Nein, die Keplerschen Gesetze beziehen sich auf elliptische Bahnen, welche die Schwerkraft hervorruft.

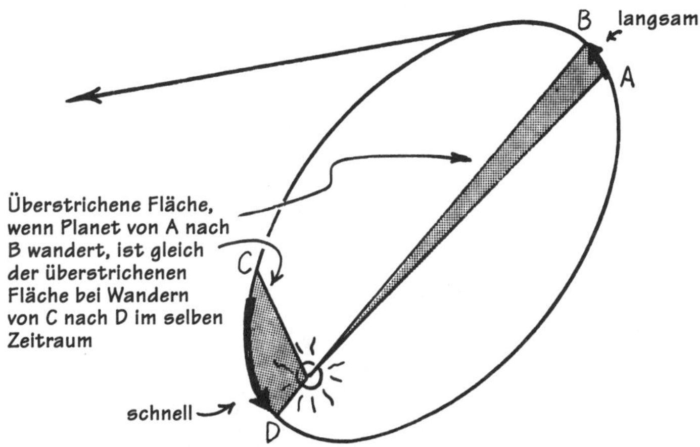

B
langsam
A
Überstrichene Fläche, wenn Planet von A nach B wandert, ist gleich der überstrichenen Fläche bei Wandern von C nach D im selben Zeitraum
C
schnell
D

Antwort: Schwerkraft aus

Die Antwort lautet a). Das Zweite Keplersche Gesetz besagt, dass eine gedachte Linie zwischen Planet und Sonne in gleichen Zeiten gleiche Flächen überstreicht. Dies bedeutet einfach, dass der Drehimpuls des Planeten um die Sonne herum erhalten bleibt (siehe BALL AN DER SCHNUR). Falls jetzt die Schwerkraft abgeschaltet wird, wenn der Planet Stelle **e** erreicht, schießt der Planet mit gleichbleibender Geschwindigkeit entlang der Linie **e f g h i j** weiter. Wenn die Entfernungen zwischen **e** und **f**, **g** und **h**, **i** und **j** alle gleich sind, wird der Planet diese somit in gleichen Zeiten durchlaufen.

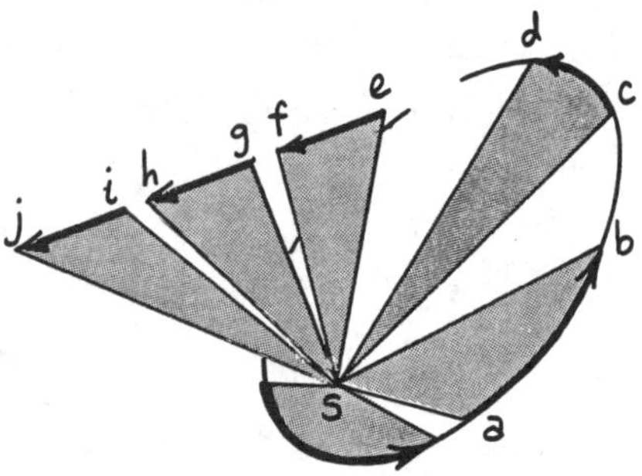

Doch die Flächen der Dreiecke Δ **efs** und Δ **ghs** und Δ **ijs** sind alle gleich. Warum? Weil all diese Dreiecke gleich lange Grundseiten und eine gemeinsame Höhe bei s haben.

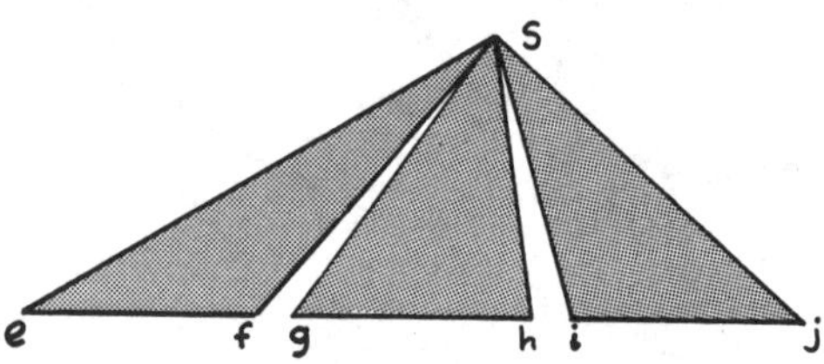

Wenn also **ef** = **gh** = **ij**, dann ist Fläche von Δ **efs** = Fläche von Δ **ghs** = Fläche von Δ **ijs**.

Science-Fiction

Wenn man sich von der Erde entfernt, wird die Schwerkraft schwächer. Aber was wäre, wenn nicht? Etwa wenn sie stärker würde? Gälte dies als Gesetz, könnten dann Dinge wie der Mond um die Erde laufen?

a) Ja, genau wie schon jetzt.
b) Ja, aber anders als jetzt.
c) Nein, es gäbe keinen Umlauf.

Antwort: Science-Fiction

Die Antwort lautet b). Erde und Mond werden durch die unsichtbare Schwerkraft zusammengehalten, doch was wäre, wenn sie durch eine Feder zusammengehalten würden? (Man muss sich eine Konstruktion ausdenken, dass sich die Feder überallhin schwenken kann, ohne sich um den Globus aufzuwickeln). Selbst wenn der Mond durch eine Feder gehalten würde, könnte er immer noch die Erde umlaufen. Doch würde nun die Kraft, also die Federkraft, stärker statt schwächer werden, wenn die Feder nun weiter in den Weltraum hinaus gestreckt würde.

Übrigens, wenn die Planeten an Federn die Sonne umlaufen würden, geschähe dies immer noch auf elliptischen Bahnen, aber die Sonne befände sich in der Mitte der Ellipse, nicht an einem der Brennpunkte, und alle Planeten bräuchten etwa dieselbe Zeit für einen Umlauf um die Sonne, unabhängig von der Länge ihrer Umlaufbahnen.

Vor Newtons Zeit hatte ein Mann namens Robert Hooke (ein großer Name in der Entwicklung des Mikroskops) die Idee, dass die Schwerkraft wie eine Feder funktionieren sollte. Hooke konnte nie verstehen, dass Newton all den Ruhm für die Theorie der Schwerkraft einheimste, aber wie man jetzt sieht, führt der Feder-Gedanke nicht zu jener Art von elliptischen Umlaufbahnen, die man tatsächlich in der Natur vorfindet.

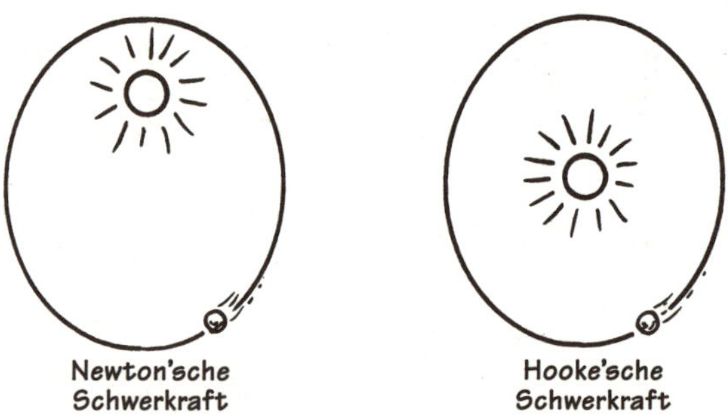

Wiedereintritt

Sputnik I, der erste künstliche Erdsatellit, fiel auf die Erde zurück, weil die Reibung mit der äußeren Erdatmosphäre ihn verlangsamte (das passiert natürlich allen niedrig umlaufenden Satelliten). Während Sputnik auf einer immer engeren Spirale um die Erde lief, beobachtete man, dass seine Geschwindigkeit

a) abnahm
b) unverändert blieb
c) zunahm?

Antwort: Wiedereintritt

Die Antwort lautet c). Dies hat damals 1958 viele Leute völlig überrascht, denn man hatte ihnen erzählt, dass die atmosphärische Reibung den Satelliten verlangsamen würde. Die Erklärung lautet folgendermaßen.

In jeder Höhe über der Erdoberfläche gibt es eine kritische Geschwindigkeit. Diese kritische Geschwindigkeit ist in Bodennähe am größten und wird mit zunehmender Höhe immer kleiner. Wenn der Raumflugkörper auf einer gewissen Höhe auf weniger als die kritische Geschwindigkeit verlangsamt, fällt er näher zur Erde und gewinnt dabei an Geschwindigkeit – aber wegen zunehmender atmosphärischer Reibung gewinnt er nicht genügend an Geschwindigkeit, um die noch höhere Geschwindigkeit für eine Umlaufbahn näher an der Erde zu erreichen. Tatsächlich gilt für den Geschwindigkeitsgewinn durch Annäherung an die Erde stets: zu wenig und zu spät.

Baryzentrum

Was stimmt?

a) Der Mond läuft um den Erdmittelpunkt.
b) Die Erde läuft um den Mondmittelpunkt.
c) Beide laufen um einen bestimmten Punkt zwischen beiden Mittelpunkten.

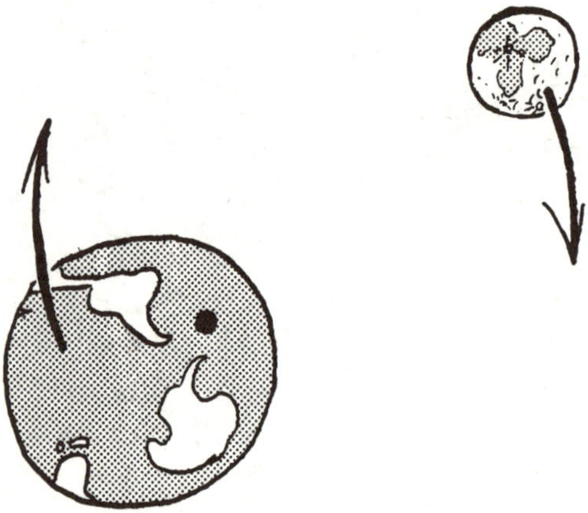

Antwort: Baryzentrum

Die Antwort lautet c). Sie müssen ihren gemeinsamen Schwerpunkt umlaufen, der viel näher beim Erdmittelpunkt ist als beim Mondmittelpunkt, da die Erde die achtzigfache Mondmasse besitzt. Tatsächlich liegt der gemeinsame Schwerpunkt, Baryzentrum genannt, derart nahe beim Erdmittelpunkt, dass er sich innerhalb der Erde befindet – aber nicht in ihrem Mittelpunkt. Das Baryzentrum liegt 1600 Kilometer unterhalb der Erdoberfläche. Der Erddurchmesser beträgt 13 000 Kilometer und die Entfernung der Erde vom Mond etwa 30 Erddurchmesser.

Wie lange braucht die Erde für einen Umlauf um das Baryzentrum? Genauso lange wie der Mond für seinen Umlauf – einen Monat.

Gezeiten

Die vom Mond verursachte Ozeanflut ist am tiefsten auf der Erdseite

a) dem Mond zugewandt
b) dem Mond abgewandt
c) auf beiden Seiten etwa gleich tief

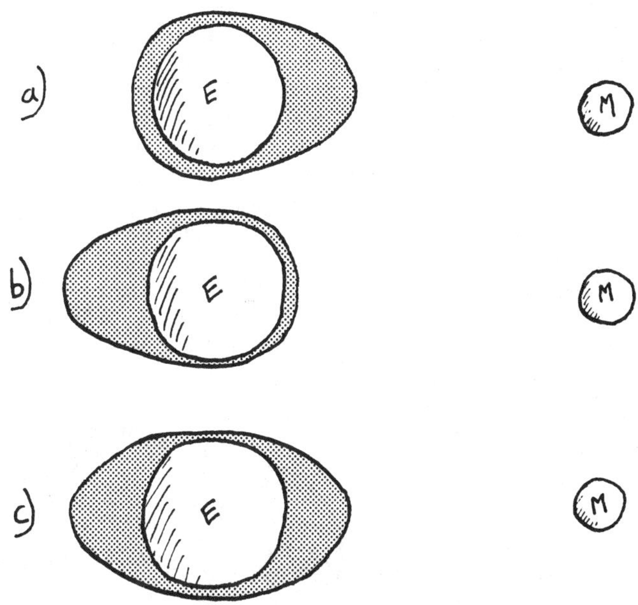

Antwort: Gezeiten

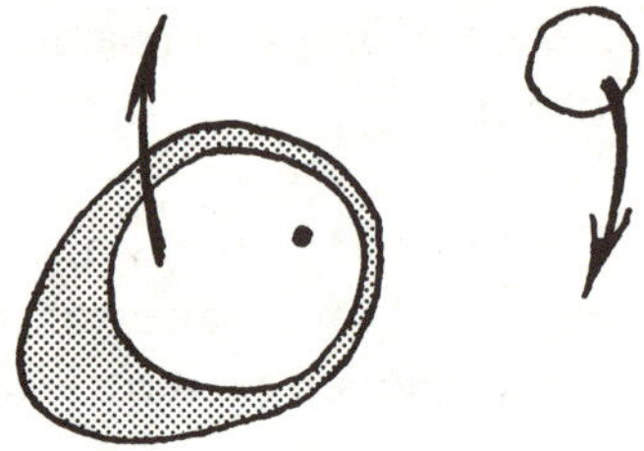

Die Antwort lautet c). Man könnte meinen, die Schwerkraft des Mondes sollte das Wasser auf die Erdseite gegenüber vom Mond ziehen. Oder man könnte auch meinen, dass die Erde jeden Monat das Baryzentrum umläuft und dadurch das Wasser auf die vom Baryzentrum entfernt liegende Erdseite schleudert, welche Seite auch abseits des Mondes liegt.

In der Tat sind beide Überlegungen richtig. Auf der mondnahen Seite ist die Schwerkraft des Mondes am stärksten, also wird hier das Wasser zum Mond hingezogen. Auf der vom Baryzentrum abgelegenen Seite ist die Zentrifugenwirkung am stärksten, also wird das Wasser auch dorthin geschleudert. Die Ozeanblase nimmt deshalb die Form eines Rugbyballs an, mit einem Ende zum Mond und dem anderen davon weg. Man darf aber nicht glauben, dass der Wasserspiegel durch die Schwerkraft oder die Zentrifugenwirkung überall angehoben wird. Das Wasser wird lediglich von denjenigen Erdregionen abgezogen, wo der Mond knapp überm Horizont steht, und bei den mondnahen und mondfernen Seiten angesammelt.

Wie steht es mit der eigenen Schwerkraft der Erde und der Zentrifugenwirkung der täglichen Erdumdrehung um die eigene Achse? Diese Kräfte müssten stärker sein als die Schwerkraft des Mondes und jene aus dessen monatlichem Umlauf um das Baryzentrum. Ja, sie sind stärker, aber sie wirken um die ganze Erde herum gleichermaßen. Was immer sie mehr bewirken, tun sie überall auf der Erde in gleicher Weise. Die Wirkung der Mond-Schwerkraft und des Umlaufs ums Baryzentrum ist dagegen nicht dieselbe um die ganze Erde herum. Deshalb ist der Wasserstand nicht überall auf der Erde gleich.

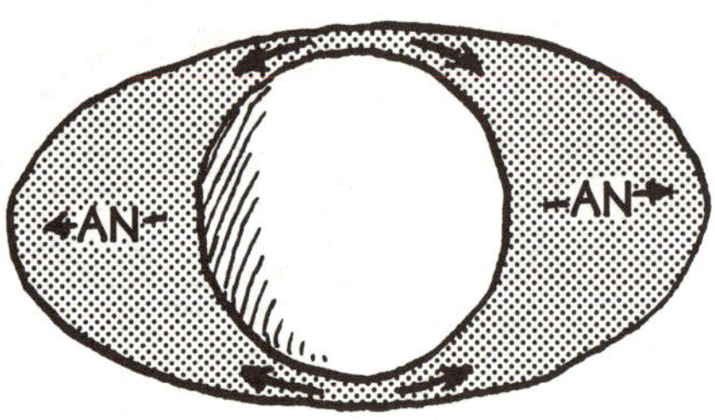

Saturnringe

Mehr als ein Jahrhundert ist es her, dass James Clark Maxwell Folgendes ausrechnete. Falls die Saturnringe aus Blech ausgeschnitten wären, wären sie nicht fest genug, um der Zugspannung der Saturn-Gezeiten oder der Schwerkraft-Abnahme vom Saturn weg standzuhalten. Also würden die Ringe auseinander gerissen. Doch wenn man die Ringe aus einer dicken Metallplatte statt aus Blech machte, würden die massiven Ringe halten? Die dicke Platte würde

a) ebenso leicht zerreißen wie das Blech
b) eher zerreißen als das Blech
c) nicht so leicht zerreißen wie das Blech

Antwort: Saturnringe

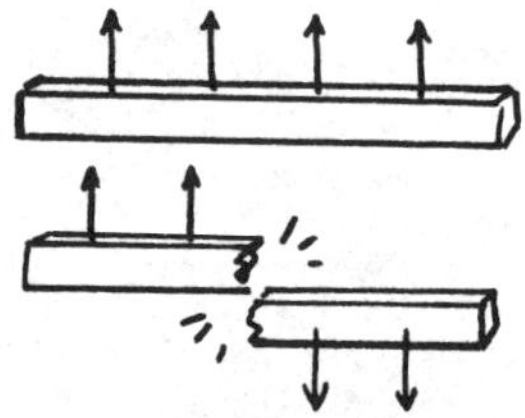

Die Antwort lautet a). Zunächst einmal muss man verstehen, warum ein Material bricht oder reißt. Kraft allein lässt ein Material nicht brechen. Die gleiche Kraft überall an einem Stab bewirkt zum Beispiel, dass dieser sich in Kraftrichtung beschleunigt. Material bricht, wenn *unterschiedliche* Kräfte an verschiedenen Stellen des Stabs angreifen. Die Kraft*unterschiede* erzeugen Zug-, Druck- oder Scherspannungen, und diese lassen das Material nachgeben.

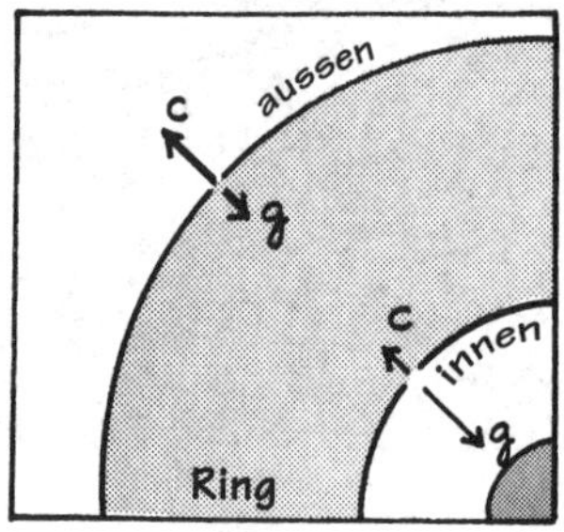

Nun sollen die Saturnringe massive Scheiben sein. Auf die Innenseite der Scheibe wird Saturn eine größere Schwerkraft ausüben als auf die Außenseite, und dies erzeugt eine Zugspannung in der Scheibe, die Letztere auseinander zu reißen trachtet. Die Spannung infolge der Schwerkraft wächst mit der Masse des Rings. Lässt man sich den massiven Ring drehen, vergrößert das die Spannung nur noch, weil an der Scheibe außen mehr Zentrifugalkraft angreift als innen. (Daher explodieren manchmal Schwungräder.) Auch die Zentripetalspannung ist wie gesagt proportional zur Masse des Rings. Die Masse des Rings durch Wechsel von Blech zu Vollmaterial zu vergrößern, wird daher nichts helfen. Die Ringe wären zwar stärker, aber die Spannung darin wäre ebenfalls größer. Also würde ein massiver Ring um den Saturn, einerlei ob dick oder dünn, auseinander gerissen.

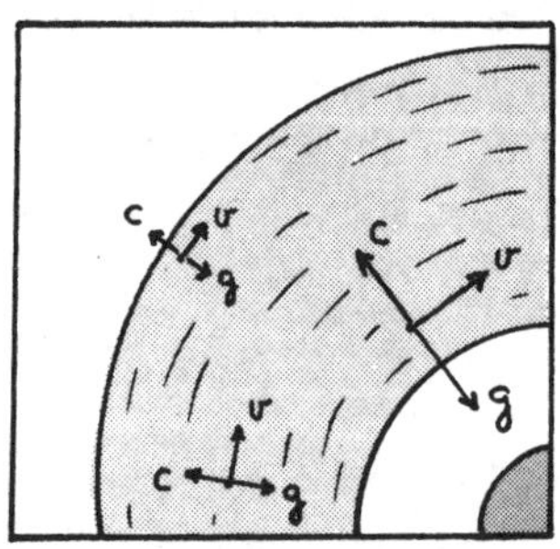

Maxwell schloss, dass diese Ringe keine massiven Scheiben sein können. Vielmehr mussten sie wohl aus vielen Einzelteilen zusammengesetzt sein. Derart konnte jedes Teil um den Saturn laufen, wobei seine jeweilige Geschwindigkeit sich der Schwerkraft für seine Entfernung vom Planeten anpassen konnte. Somit dreht sich der innere Teil des Saturnrings schneller als die äußeren Teile, wodurch jegliche Spannung vermieden wird.

Masse eines Lochs

Die Masse eines »Schwarzen Lochs« muss unendlich oder wenigstens fast unendlich sein.

a) richtig
b) falsch

Antwort: Masse eines Lochs

Die Antwort lautet b). Wenn ein Ding sich schnell genug bewegt, kann es einem Planeten oder Stern entrinnen. Wenn es sich nicht schnell genug bewegt, fällt es auf ihn zurück. Die kleinste Geschwindigkeit, um wegzufliegen, heißt *Fluchtgeschwindigkeit*. Je größer die Masse des Planeten oder Sterns, desto größer ist die Fluchtgeschwindigkeit – falls sich die Größe des Planeten nicht ändert.

Ein Schwarzes Loch ist nun etwas, wofür die Fluchtgeschwindigkeit mehr als die Lichtgeschwindigkeit beträgt. Allerdings ist die Lichtgeschwindigkeit nicht unendlich groß. Sie beläuft sich auf eine große, aber endliche Zahl. Die Masse des Schwarzen Lochs ist ebenfalls endlich und nicht unendlich. Tatsächlich können Schwarze Löcher aus sehr kleinen Massen bestehen, falls diese genügend zusammengedrückt werden. Wer herausfinden kann, wie man eine Masse zusammendrückt, um ein Schwarzes Loch zu machen, hätte ein umwerfendes Projekt für »Jugend forscht«!

Mehr Fragen (ohne Erklärungen)

Bei den folgenden Fragen parallel zu den bisherigen sind Sie auf sich selbst gestellt. Also physikalisch denken!

1. Auf einer bestimmten Tour möchte man mit durchschnittlich 40 km/h unterwegs sein, stellt aber in der Mitte der Strecke fest, dass man nur 30 km/h im Schnitt gefahren ist. Wie schnell muss man die restliche Hälfte der Tour fahren, um insgesamt 40 km/h zu erreichen?
   a) 50 km/h b) 60 km/h c) 70 km/h
   d) 80 km/h e) nichts davon

2. Ein Dragster beschleunigt von null auf 100 km/h über eine Distanz D in der Zeit T. Ein anderer Dragster beschleunigt von null auf 100 km/h über eine unbekannte Distanz in der Zeit 2T. Der zweite Dragster brauchte also doppelt so lang, um auf 100 km/h zu kommen. Welche Distanz legte der zweite Dragster zurück, um auf 100 km/h zu kommen?
   a) D/4 b) D/2 c) D d) 2D e) 4D

3. Wenn die Kugel diesen Hang hinabrollt,
   a) nimmt ihre Beschleunigung zu und ihre Geschwindigkeit ab
   b) nimmt ihre Geschwindigkeit ab und ihre Beschleunigung zu
   c) beide nehmen zu d) beide bleiben unverändert
   e) beide nehmen ab

4. Wenn ein Ding frei fällt (Luftwiderstand null), nimmt seine Geschwindigkeit zu und seine Beschleunigung
   a) zu b) ab c) bleibt unverändert

5. Wenn ein Ding durch die Luft fällt, aber diesmal Luftwiderstand erfährt, nimmt seine Geschwindigkeit zu und seine Beschleunigung
   a) zu b) ab c) bleibt unverändert

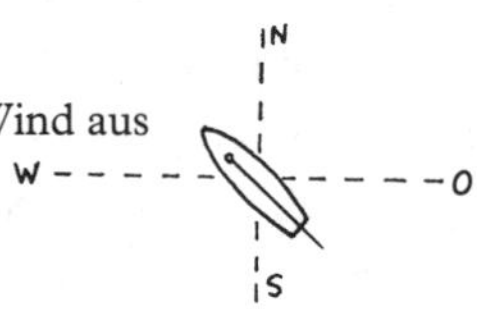

6. Das Segelboot segelt am schnellsten, wenn der Wind aus
   a) Norden b) Osten c) Süden
   d) Westen e) aus keinem davon bläst

7. Die Spannung in dem Seil, das den 100-kg-Menschen trägt, beträgt etwa
   a) 500 Newton b) 1000 Newton
   c) 2000 Newton d) 4000 Newton
   e) beträchtlich mehr als 4000 Newton

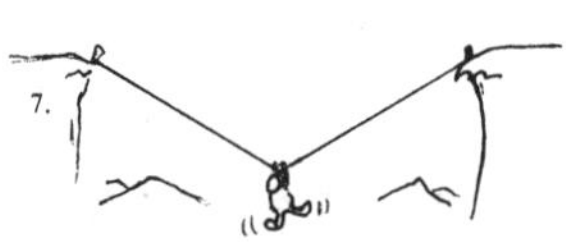

8. Die Spannung in der Schnur, die das abwärts beschleunigende 10-kg-Gewichtsstück mit dem aufwärts beschleunigenden 5-kg-Gewichtsstück verbindet, beträgt

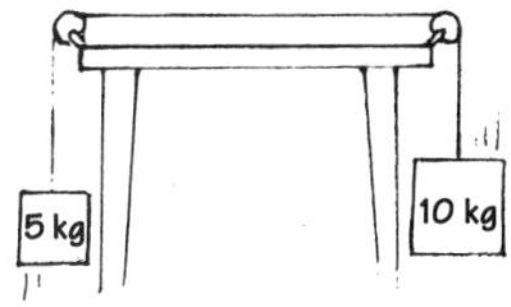

   a) weniger als 50 Newton
   b) 50 Newton
   c) mehr als 50 Newton, aber weniger als 100 Newton
   d) 100 Newton
   e) mehr als 100 Newton

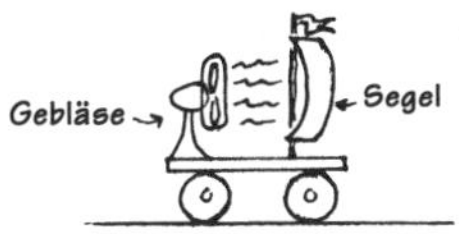

9. Der Karren wird sich
   a) nach links beschleunigen
   b) nach rechts beschleunigen
   c) gar nicht beschleunigen

10. Wenn in den Gartensprenger Luft geblasen wird, dreht er sich im Uhrzeigersinn. Wenn aus ihm Luft abgesaugt wird, dreht er sich

   a) ebenfalls mit der Uhr
   b) gegen die Uhr
   c) gar nicht

11. Beim Fahren auf der Autobahn patscht ein Insekt gegen die Windschutzscheibe. Was erfährt die größte Aufschlagskraft?
   a) Das Insekt b) Die Windschutzscheibe c) Beide gleich

12. Springt man von einem erhöhten Standort auf den Boden, beugt man beim Aufkommen die Knie und verlängert damit die Zeit zehnfach, während welcher der eigene Impuls verkleinert wird, gegenüber einer abrupten Landung auf steif gehaltenen Beinen. Damit verringern sich die durchschnittlichen Kräfte auf den eigenen Körper
   a) weniger als zehnfach
   b) zehnfach
   c) mehr als zehnfach

13. Ein Maybach und ein Volkswagen rollen mit derselben Geschwindigkeit einen Abhang hinab und müssen anhalten. Verglichen mit der Kraft zum Anhalten des Volkswagens muss die Kraft zum Anhalten des Maybachs
   a) größer sein b) dieselbe sein c) kleiner sein

14. Wenn ein 5-kg-Ding auf den 3 Meter tieferen Boden fällt, schlägt es auf mit einer Kraft auf von etwa
   a) 50 Newton b) 250 Newton
   c) 500 Newton d) kann man nicht sagen

15. Ein Eisblock rutscht eine schiefe Eis-Ebene hinab, während ein weiterer vom oberen Ende herabfällt. Den Boden erreicht mit der höchsten Geschwindigkeit

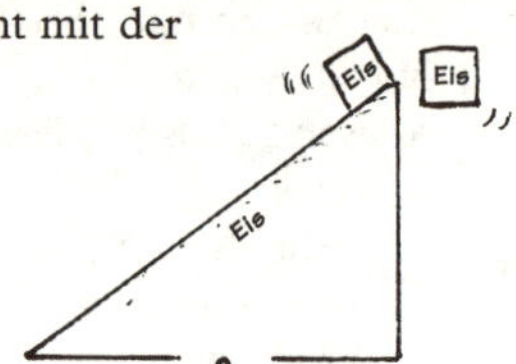

a) der rutschende Block
b) der fallen gelassene Block
c) beide gleich

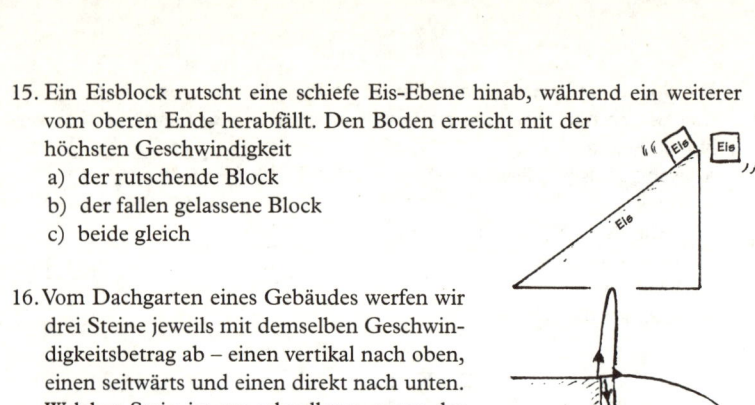

16. Vom Dachgarten eines Gebäudes werfen wir drei Steine jeweils mit demselben Geschwindigkeitsbetrag ab – einen vertikal nach oben, einen seitwärts und einen direkt nach unten. Welcher Stein ist am schnellsten, wenn der den Boden berührt?

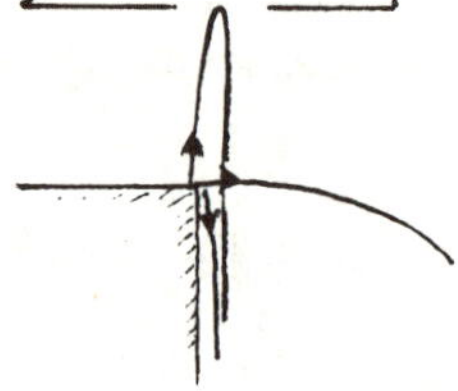

a) der hochgeworfene
b) der seitlich geworfene
c) der hinabgeworfene
d) alle mit demselben Geschwindigkeitsbetrag

17. Man lässt einen Stein von einem hohen Turm herabfallen. Eine halbe Sekunde später lässt man einen zweiten fallen. Der Abstand zwischen beiden Steinen wird beim Fallen
a) zunehmen b) abnehmen c) gleich bleiben

18. In der vorigen Situation trifft der zweite Stein den Boden
a) weniger als eine halbe Sekunde nach dem ersten
b) eine halbe Sekunde nach dem ersten
c) mehr als eine halbe Sekunde nach dem ersten

19. Zwei Steine werden gleichzeitig fallen gelassen, der eine von einem Meter höher als der andere. Beim Fallen nimmt der Abstand zwischen den Steinen
a) zu b) ab c) bleibt unverändert

20. In der vorigen Situation gibt es einen zeitlichen Abstand zwischen den Aufschlägen auf dem Boden. Der eine Stein soll wieder einen Meter höher als der andere fallen gelassen werden, aber beide aus viel größerer Höhe. Dann wird der zeitliche Abstand zwischen den beiden Aufschlägen
a) zunehmen b) abnehmen c) unverändert bleiben

21. Wird der Impuls eines fallenden Dings verdoppelt, dann ist seine kinetische Energie
a) verdoppelt b) vervierfacht c) kann man nicht sagen

22. Eine Fahrerin tritt bei 20 km/h auf die Bremse und kommt nach 8 Metern zum Stillstand. Führe sie stattdessen mit 80 km/h, würde das Auto schlittern über
a) 32 Meter b) 64 Meter c) 128 Meter d) mehr als 128 Meter

23. Ein Paar Billardkugeln bewegen sich mit je 10 m/s aufeinander zu, stoßen zusammen und rollen dann in gleicher Richtung mit je 10 m/s weiter. Dieser unwahrscheinliche Zusammenstoß verletzt den Erhalt

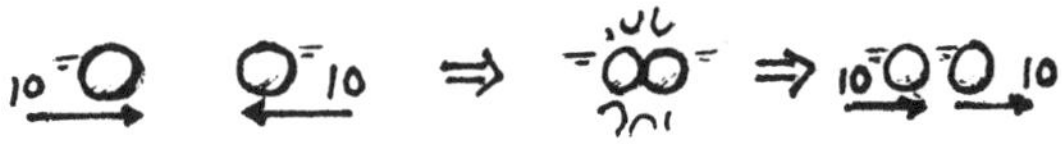

a) der kinetischen Energie   b) des Impulses
c) von beidem   d) von keinem davon

24. In der vorigen Situation sollen nach dem Zusammenstoß die beiden Kugeln mit je 15 m/s auseinander fahren. Dieser unwahrscheinliche Zusammenstoß verletzt den Erhalt

a) der kinetischen Energie   b) des Impulses
c) von beidem   d) von keinem davon

25. Ein Lehmklumpen rutscht aus einer Höhe von 8 Metern den Abhang hinunter. Ein nur halb so schwerer zweiter Lehmklumpen rutscht den gegenüberliegenden Abhang herab, und beide kommen durch einen Zusammenstoß unten zum Stillstand. Wie hoch ist der Hang, von dem der kleinere Klumpen herabrutschte?

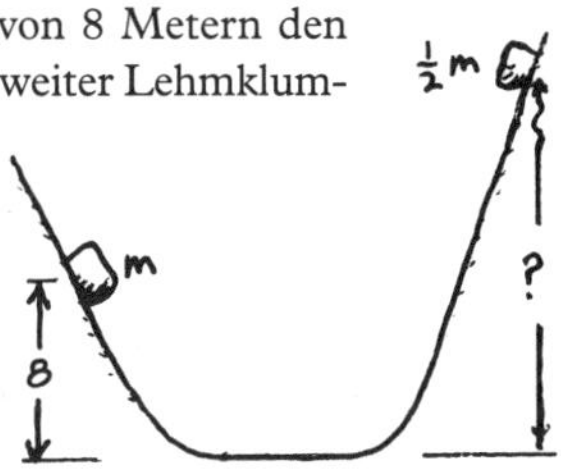

a) 12 Meter   b) 16 Meter
c) 24 Meter   d) 32 Meter
e) kann man nicht sagen

26. Ein Eintonner-Lastwagen fährt mit 20 km/h in einen gewaltigen Heuhaufen. Ein gleicher Eintonner fährt, beladen mit einer Tonne Heuballen, mit 10 km/h in denselben Heuhaufen. Welcher Lastwagen fährt bis zum Stillstand weiter in den Heuhaufen hinein?

a) der schnelle leere   b) der langsame beladene   c) beide gleich weit

27. Ein Schienenwaggon rollt reibungslos im vertikal einfallenden Regen. Im Boden des Waggons wird ein Abfluss geöffnet, damit das angesammelte Wasser ablaufen kann. Falls das Wasser ebenso schnell abfließt, wie es sich ansammelt, wird die Geschwindigkeit des Waggons

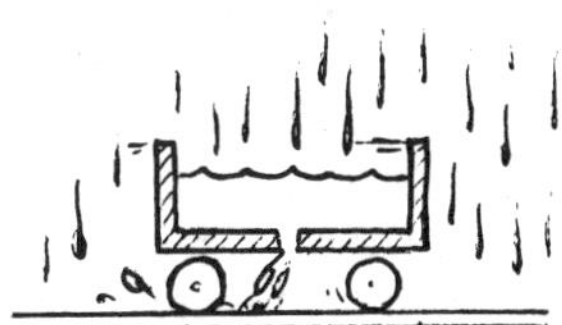

a) zunehmen   b) abnehmen
c) gleich bleiben

28. Beim Abfeuern eines Gewehrs gibt es einen Rückstoß. Ergo bekommen Gewehr und Geschoss jeweils einen Impuls und eine kinetische Energie. Beide bekommen
a) den gleichen, aber entgegengesetzten Impuls
b) die gleiche kinetische Energie
c) sowohl als auch
d) nichts davon

29. Böte der Amboss viel Schutz, wenn man einen anderen Amboss darauf fallen ließe?
a) ja b) nein

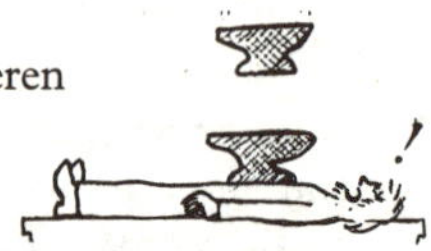

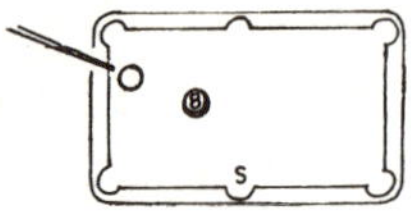

30. Ein Poolhai versucht, die 8er-Kugel in Tasche S zu versenken (ohne Drall). Besteht besondere Gefahr eines Scratch, d. h. dass auch die weiße Kugel in einer Tasche versinkt?
a) ja b) nein

31. Wenn sich der Geschwindigkeitsbetrag eines Dings ändert, ändert sich auch sein Geschwindigkeitsvektor. Und wenn sich der Geschwindigkeitsvektor eines Dings ändert, dann muss sein Betrag sich
a) ebenfalls ändern b) sich ändern oder auch nicht
c) darf sich nicht ändern

32. Die Netto-Kraft auf ein Auto, das mit gleichbleibendem Geschwindigkeitsbetrag auf einer ebenen Fläche im Kreis fährt, ist
a) in Fahrtrichtung b) in Richtung des Kreisradius
c) gleich null

33. Der Fahrer eines Autos, das bei einem bestimmten Geschwindigkeitsbetrag mit einem bestimmten Radius kurvt, erfährt eine bestimmte Zentrifugalkraft. Wie wird diese Kraft *am meisten* erhöht?
a) durch Verdopplung des Geschwindigkeitsbetrags des Autos
b) durch Verdopplung des Radius der Kurve
c) durch Halbierung des Radius der Kurve
d) (a) und (b) bewirken dasselbe
e) (a) und (c) bewirken dasselbe

34. Ein Ding, am Äquator in einen tiefen Bergwerksschacht fallen gelassen, wird leicht abgelenkt nach
a) Norden b) Osten c) Süden d) Westen
e) überhaupt nicht

35. Ein Ding, am Nordpol in einen tiefen Bergwerksschacht fallen gelassen, wird leicht abgelenkt nach
a) Norden b) Osten c) Süden d) Westen e) überhaupt nicht

36. Bekannt ist, dass die Kräfte I und II zusammenwirkend die Kraft III ergeben. Ist dann das Drehmoment an der Schraube infolge Kraft I plus II *immer* gleich dem von Kraft III erzeugten Drehmoment?

a) ja b) nein

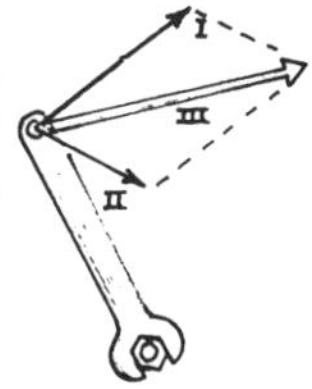

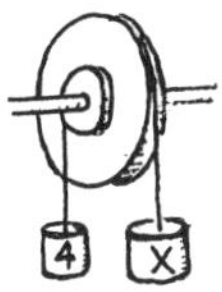

37. Die große Scheibe hat 2 Meter Durchmesser, und die damit verbundene kleine 1 Meter Durchmesser. Ein 4-kg-Gewichtsstück wird linker Hand am Faden von der kleinen Scheibe aufgehängt. Welches Gewichtsstück muss man rechter Hand von der großen Scheibe anhängen, damit sich nichts dreht?

a) 2 kg b) 3,14 kg c) 6 kg d) 8 kg

38. Zwei Gewichtsstücke werden an der Decke mittels einer Schnur und zweier Rollen wie skizziert aufgehängt. Wenn das Eintonnen-Gewichtsstück durch X im Gleichgewicht gehalten wird, dann wiegt X

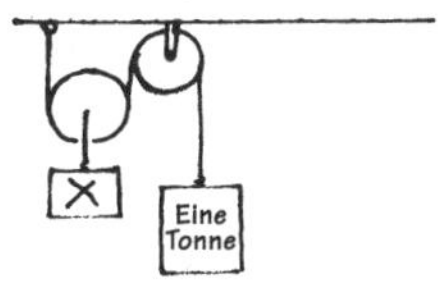

a) 1 Tonne b) 2 Tonnen c) 1/2 Tonne
d) 1/3 Tonne e) 3 Tonnen

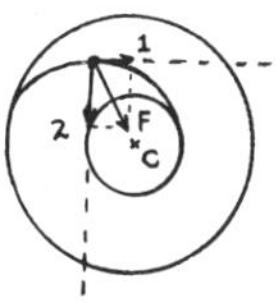

39. Die Antwort auf BALL AN DER SCHNUR besagt, dass auf den Ball kein Drehmoment wirke, weil die Kraft auf den Kreismittelpunkt C gerichtet sei und daher keinen Hebelarm hätte. Doch gibt es nicht Hebelarme für ihre Komponenten 1 und 2?

a) Nein, es gibt keine Hebelarme um C für Komponente 1 oder 2.
b) Komponente 1 und 2 stehen senkrecht aufeinander und heben sich um C auf.
c) Drehmomente infolge Komponenten 1 und 2 heben sich auf.
d) Das war ein Druckfehler: Tatsächlich existiert ein Netto-Drehmoment!

40. Ein im Weltraum isoliertes Ding ohne Wechselwirkung mit irgendeiner äußeren Größe kann durch innere Wechselwirkungen

a) seinen linearen Impuls
b) seine lineare kinetische Energie
c) beides
d) keins von beiden ändern?

41. Kann dasselbe isolierte Ding aus voriger Frage

a) seinen Drehimpuls
b) seine kinetische Rotationsenergie
c) beides
d) keins von beiden ändern?

42. Der skizzierte Zusammenstoß zwischen zwei Hanteln verletzt den Erhalt
a) des Drehimpulses
b) der kinetischen Rotationsenergie
c) von beiden
d) von keinem der beiden

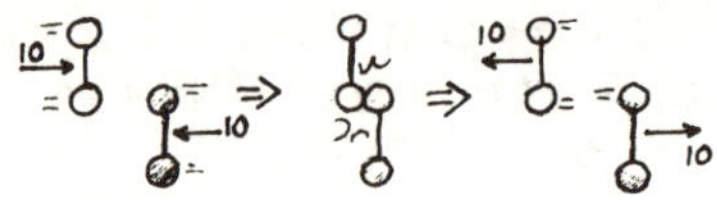

43. Wird ein Unimog mit Vierradantrieb aus dem Stand beschleunigt, bewegt er die Schnauze
a) hoch b) runter c) überhaupt nicht

44. Das Pendelgewicht hat im Tiefpunkt der Schwingung seine größte Geschwindigkeit. Seine größte Beschleunigung hat es
a) ebenfalls im Tiefpunkt
b) am höchsten Punkt, wo es einen Augenblick anhält
c) an keinem von beiden

45. Ein Scharfschütze schießt auf ein fernes Ziel. Wenn das Geschoss bis dorthin eine Sekunde benötigt, sollte er dann
a) 5 m übers Ziel halten
b) 10 m übers Ziel halten
c) kann man nicht sagen, außer bei Ziel auf Augenhöhe

46. Ein Ball wird von einem erhöhten Standpunkt horizontal geworfen und schlägt eine Sekunde später auf dem Boden auf mit einer Geschwindigkeit von etwa
a) 10 m/s b) 12 m/s c) 15 m/s

47. Ein Planet befindet sich im Umlauf um einen Riesenstern, der zu einem Schwarzen Loch einzustürzen beginnt. Nach dem Kollaps ist die Umlaufbahn des Planeten
a) kleiner b) größer c) dieselbe d) nicht mehr da

48. Im Erdgeschoss eines riesigen Wolkenkratzers wiegt man genau genommen
a) ein bisschen weniger
b) ein bisschen mehr
c) ebenso viel wie draußen

49. Der Mond stürzt nicht auf die Erde, weil
a) er sich im Schwerefeld der Erde befindet
b) die Netto-Kraft auf ihn null beträgt
c) er sich außerhalb des Hauptsogs der Erdschwere befindet
d) er von Sonne und Planeten ebenso angezogen wird wie von der Erde
e) alles obige gilt
f) nichts davon gilt

50. Abgebildet ist eine englische Ein-Pfund-Note, 2005 etwa €1.50 wert. Man prüfe die elliptische Bahn GDBPK des Planeten mit der Sonne bei C sorgfältig. Das Diagramm zeigt
   a) Newtons Schweretheorie
   b) Hookes Schweretheorie

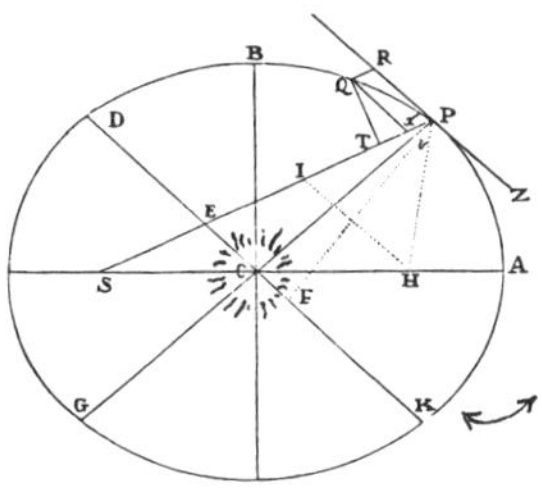

51. Die Umlaufbahn der Erde um die Sohne ist leicht elliptisch, wobei die Erde im Dezember der Sonne am nächsten und im Juni am fernsten ist. Die Bahngeschwindigkeit der Erde ist daher
   a) größer im Dezember b) größer im Juni c) immer gleich

52. Ein Planet läuft offenbar im Mittel etwas schneller um die Sonne, als nach den Newton'schen Gesetzen zu erwarten ist. Man vermutet, dass ein unentdeckter Planet dies verursacht. Die Bahn des unentdeckten Planeten liegt
   a) innerhalb der Bahn des schnelleren Planeten
   b) außerhalb der Bahn des schnelleren Planeten

53. Ein amerikanisches und ein russisches Raumschiff treiben beide frei auf Kreisbahnen in dieselbe Richtung. Wenn die Höhe des russischen 160 Kilometer und diejenige des amerikanischen 176 Kilometer beträgt, dann
   a) überholt das amerikanische allmählich das russische
   b) überholt das russische allmählich das amerikanische
   c) bleiben die beiden Raumschiffe Seite an Seite

FLUIDIK

Fluida – Flüssigkeiten und Gase – sind der Stoff unserer Träume, beliebig flexibel und ohne eigene Form. Anders als die Festkörper demonstrieren Fluida frei von fast aller Reibung lebhaft die Gesetze der Bewegung. Das Fluid ist ein natürlicher Lehrer. Fluida gewähren manchen Festkörpern das Privileg, auf ihnen zu schweben, wogegen andere Festkörper untergehen. Doch kann man solche Festkörper, die untergehen, aushöhlen und dadurch zum Schweben bringen – Eisen kann schwimmen! Wie stark muss man einen zum Schweben zu schweren Festkörper aushöhlen, damit er schwebt? Das dürfte wohl die älteste Frage der Physik sein.

Physik ist wie Sex.
Es gibt praktische Anwendungsgründe.
Aber das ist es eigentlich nicht, warum man Physik betreibt.
Richard Feynman

Wassersack

Fünfzig Liter Meerwasser wiegen 51 Kilogramm. Man gießt fünfzig Liter in einen Plastiksack, bindet ihn zu, ohne dass Luftblasen entstehen, und hängt ihn an einem Seil ins Meer. Ist er völlig eingetaucht, mit wie viel Kraft muss man dann am Seil ziehen, damit er nicht versinkt?

a) 0 Newton
b) 250 Newton
c) 500 Newton
d) 1000 Newton
e) Man muss ihn runterdrücken, weil er nach oben steigt.

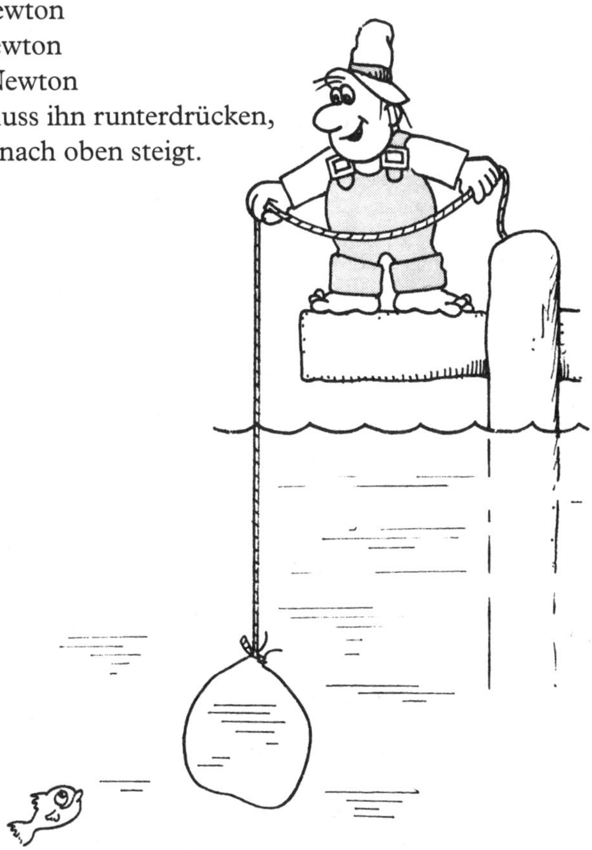

Antwort: Wassersack

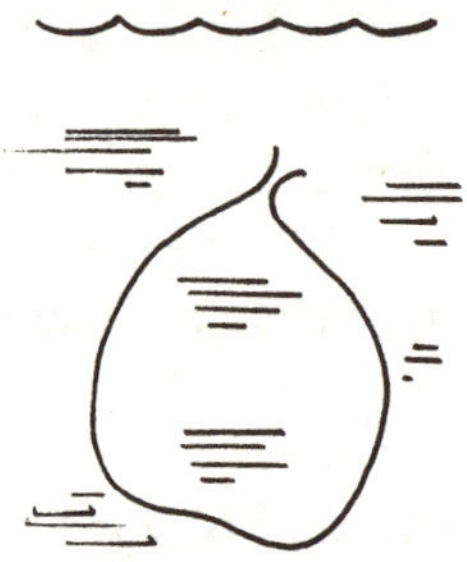

Die Antwort lautet a). Hat man einen Packen Wasser, der vollständig von anderem Wasser umgeben ist, geht der Packen weder hoch noch runter. Er bleibt schweben – stehendes Gewässer. Er kann beliebige Größe oder Form haben. Das Gewicht des Wassers im Packen ist genau gleich dem Auftrieb dank des umgebenden Wassers, der es – weil nach oben gerichtet – aufhebt. Das heißt, die Auftriebskraft auf jede 50 Liter muss 510 Newton betragen, und die 50 Liter müssen nicht etwa in Würfelform vorliegen – jede Form, die ein Volumen von 50 Litern einnimmt, erfährt den Auftrieb dank 50 Liter Meerwasser, also 510 Newton.

Wir wollen diesen Punkt noch näher erörtern. Angenommen, wir hätten etwas mit einem Volumen von einem Kubikmeter, aber einer Masse von 2040 Kilogramm, d. h. es hat die doppelte Dichte wie Meerwasser, dessen Kubikmeter 1020 Kilogramm hat. Dem Wasser um das Ding ist einerlei, was da drin ist. Wenn das Volumen ein Kubikmeter ist, beträgt der Auftrieb 10,2 Kilonewton. Also hebt das umgebende Wasser mit 10,2 Kilonewton, und somit bleiben noch weitere 10,2 Kilonewton des Dings zu heben übrig. Können wir sagen, dass jedes 2040-Kilo-Ding ein scheinbares Gewicht von 10,2 Kilonewton hat, wenn es untergetaucht wird? Nein. Unter Wasser wiegt ein 2040-Kilo-Ding nur dann 10,2 Kilonewton, wenn sein Volumen ein Kubikmeter ist. Wenn das Volumen des 2040-Kilo-Dings beispielsweise zwei Kubikmeter betragen würde, wäre sein scheinbares Gewicht null. Um das scheinbare Gewicht eines untergetauchten Dings zu bestimmen, muss man das Gewicht des von ihm verdrängten Wasservolumens abziehen. Nehmen wir jetzt ein 2040-Kilo-Ding mit drei Kubikmeter Volumen. Das scheinbare Gewicht ist dann 20,4 minus dreimal 10,2, also 20,4 minus 30,6, und dies ergibt eine negative Zahl, minus 10,2! Minus 10,2 Kilonewton bedeuten aber, dass die nach oben schiebende Auftriebskraft

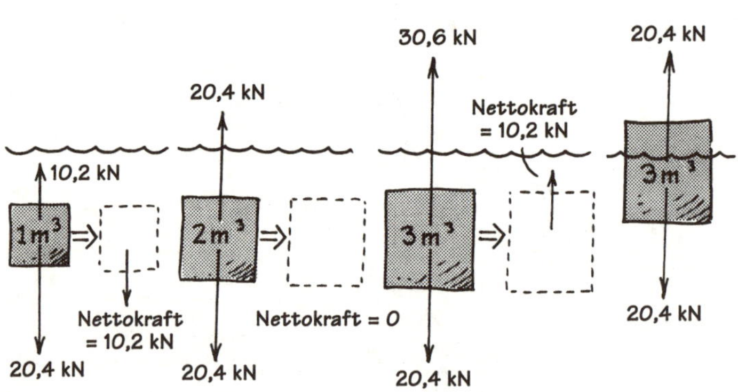

um 10,2 Kilonewton größer ist als die Gewichtskraft des Dings. Also steigt das Ding nach oben. Doch wenn es an den Wasserspiegel kommt, hört es damit nicht auf. Es geht weiter nach oben, bis ein Teil über den Wasserspiegel hinausragt. Wie weit ragt es hinaus? Es steigt so weit, bis ein Kubikmeter des Dings oberhalb des Wasserspiegels liegt. Verbleiben also zwei Kubikmeter im Wasser. Zwei Kubikmeter davon verdrängtes Wasser wiegen 20,4 Kilonewton, also beträgt der Auftrieb auf den Teil unter Wasser 20,4 Kilo-Newton, und 20,4 kN reichen gerade, um das Gewicht des Dings aufzuheben. Offensichtlich ist also die Auftriebskraft auf ein untergetauchtes Ding gleich der Gewichtskraft des vom Ding verdrängten Wassers – und im Spezialfall, wenn das Ding schwebt, ist diese Auftriebskraft gleich der Gewichtskraft des Dings.

Diese recht langatmige Antwort gibt einen Einblick in das Archimedische Prinzip. Mehr darüber in den folgenden Fragen.

Untergehen

Man lässt einen Felsbrocken von 50 Kilogramm bis unter den Wasserspiegel hinab. Wenn er voll eingetaucht ist, bemerkt man, dass man weniger als 500 Newton zu halten braucht. Wird der Brocken noch weiter hinabgelassen, ist dann die Haltekraft

a) weniger
b) dieselbe
c) mehr als knapp unterm Wasserspiegel

Antwort: Untergehen

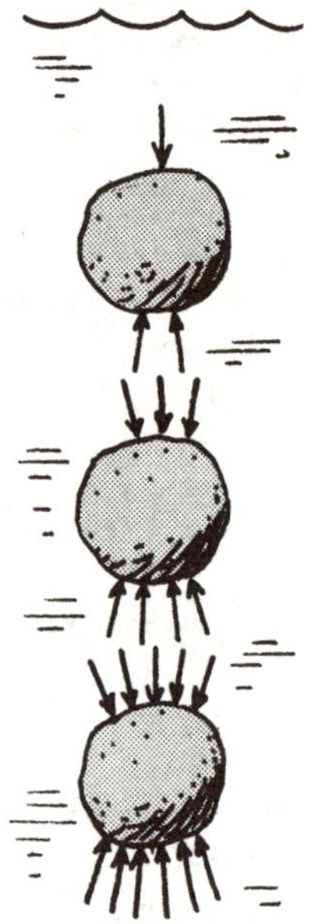

Die Antwort lautet b). Der eingetauchte Brocken erfährt eine Auftriebskraft gleich dem Gewicht des vom Brocken verdrängten Wassers, weshalb die Haltekraft kleiner als 500 Newton wird, wenn der Brocken unter den Wasserspiegel eintaucht. Wird der Brocken immer tiefer hinabgelassen, so ändern sich das Volumen und somit das Gewicht des verdrängten Wassers nicht. Da Wasser praktisch unzusammendrückbar ist, ist seine Dichte am Wasserspiegel oder in großer Tiefe dieselbe. Also ändert sich die Auftriebskraft mit der Tiefe nicht, und die Haltekraft ist stets dieselbe, egal ob sich der Brocken just unterm Wasserspiegel oder tief darunter befindet.

Andererseits nimmt der Wasserdruck tatsächlich mit der Tiefe zu, weshalb ja überhaupt untergetauchte Dinge aufgetrieben werden. Die Unterseite eines eingetauchten Dings liegt stets tiefer als die Oberseite, also gibt es immer mehr Druck nach oben gegen den Boden des Dings als nach unten gegen die Oberseite. Aber dies bedeutet nun nicht, dass die Auftriebskraft auf ein eingetauchtes Ding mit der Tiefe zunimmt, denn die *Differenz* zwischen Druck nach oben und Druck nach unten ist für alle Tiefen dieselbe, wie in der Skizze angedeutet.

Oben zu sehen: Druckunterschied 1 Einheit überall unterm Wasserspiegel
Größerer Druck gegen Unterseite

(In der ungewöhnlichen Situation, dass ein eingetauchtes Ding auf dem Grund aufsitzt – ohne einen Wasserfilm zwischen Unterseite und Grund, gibt es keine Auftriebskraft nach oben.)

Kolbendach

Kann man durch geeignete Form des Dachs eines Kolbens (wie die Kolben in den Zylindern eines Automotors) die Abwärtskraft auf den Kolben erhöhen?

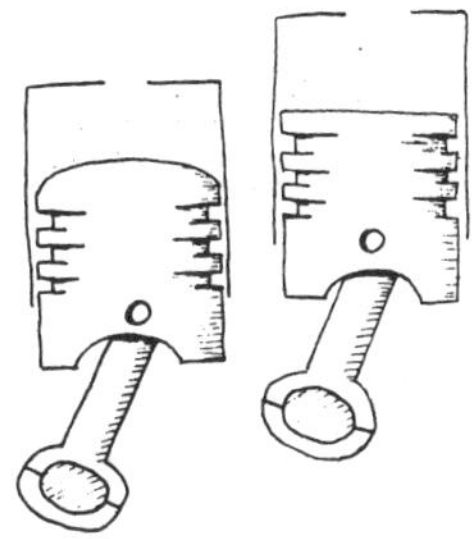

a) Es gibt mehr Abwärtskraft auf ein kuppelförmiges Dach als auf das ebene, weil die Kuppel dem Druck mehr Oberfläche bietet.
b) Es gibt mehr Abwärtskraft auf das ebene Dach als auf das kuppelförmige, weil der ganze Druck auf das flache Dach vertikal drückt.
c) Wenn Durchmesser und Druck im Zylinder identisch sind, ist die Abwärtskraft auf den Kolben gleich.

Antwort: Kolbendach

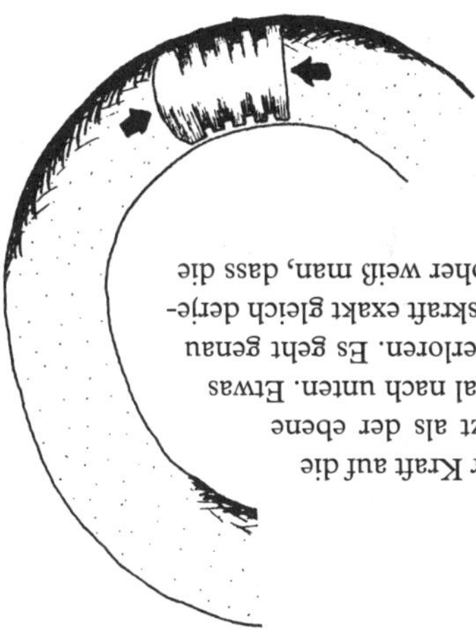

Die Antwort lautet c). Es gibt schon mehr Kraft auf die Kuppel, weil sie mehr Oberfläche besitzt als der ebene Kopf. Aber nicht alle Kraft drückt vertikal nach unten. Etwas davon drückt seitwärts und geht somit verloren. Es geht genau so viel verloren, dass die restliche Abwärtskraft exakt gleich derjenigen auf den ebenen Kolbenkopf ist. Woher weiß man, dass die Kräfte genau gleich sind?

Man könnte das mit ein bisschen Geometrie herausbekommen oder, besser noch, sich einen Kolben mit zwei Dächern in einem großen Zylinder vorstellen, der zu einem Ring zusammengeschlossen ist. Das eine Dach des Kolbens ist flach, das andere kuppelförmig. Wenn es mehr Kraft auf das eine Dach gäbe als auf das andere, würde der Kolben mit einer ewigen Kraft unaufhörlich um den Ring herumgetrieben werden – zu schön, um wahr zu sein. Wir hätten dann ein Perpetuum mobile.

Ballon

Für Wetterballons in großen Höhen werden sehr große Plastikhüllen benutzt. Auf Bodenhöhe ist die Hülle nur teilweise mit Helium gefüllt, sodass der Auftrieb gerade zum Steigen genügt. Während der Ballon steigt, gestattet die weniger dichte Luftumgebung dem Heliumgas, sich auszudehnen, wodurch der Ballon sich mehr aufbläht. Während er immer noch weiter steigt, nimmt der Auftrieb des Ballons

a) zu
b) ab
c) bleibt gleich

Antwort: Ballon

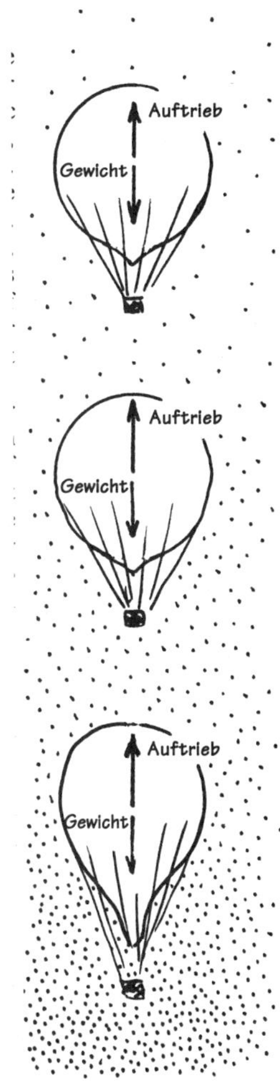

Die Antwort lautet c), der Auftrieb bleibt derselbe. Die Ursache für das Aufblähen des Ballons beim Aufsteigen ist die Abnahme des Luftdrucks mit der Höhe. Wenn der Luftdruck – sagen wir auf die Hälfte seines Bodenwerts – abgenommen hat, hat sich der Ballon auf das Doppelte seines ursprünglichen Volumens aufgebläht. Halb so viel Luftdruck bedeutet, dass die Dichte der Umgebungsluft halb so groß wie am Boden ist. Auftrieb ist aber durch das *Gewicht* der verdrängten Luft gegeben, und das Gewicht des doppelten Volumens bei halber Dichte ist dasselbe wie am Boden. Da das Ballonvolumen und die Luftdichte genau entgegengesetzt vom Luftdruck abhängen, ändert sich der Auftrieb nicht, während der Ballon sich aufbläht.

Ändert die Temperatur die Situation? Immerhin kühlt sich die Luft in größeren Höhen ab, wodurch wiederum der Ballon zu schrumpfen und damit das verdrängte Luftvolumen abzunehmen droht. Doch interessanterweise verringert dies nicht das *Gewicht* der verdrängten Luft. Warum? Weil die geringere Temperatur auch die Dichte der Luft gleichermaßen erhöht. Eine Volumenabnahme etwa von 10 % wird also von einer Dichtezunahme um 10 % begleitet, also bleibt das Gewicht der verdrängten Luft und damit der Auftrieb gleich. Somit beeinträchtigen weder Änderungen des Luftdrucks noch der Temperatur den Auftrieb des Ballons.

Aber etwas anderes wird beeinträchtigt – das Gewebe der Ballonhülle. In sehr großer Höhe lässt der Auftrieb schließlich nach, wenn der Ballon voll aufgeblasen ist und die Hülle sich nun dehnen müsste. Die Ballondehnung ist begrenzt, widersteht also weiterer Ballonaufblähung und erzwingt ein kleineres verdrängtes Luftvolumen, als nach Druck und Temperatur zu erwarten wäre. Wenn nun der nicht mehr wachsende Ballon weiter in weniger dichte Luft aufsteigt, nimmt der Auftrieb ab, bis er gerade dem Ballongewicht gleicht. Wenn Auftrieb und Gewicht gleich groß sind, hat der Ballon seine größtmögliche Höhe erreicht.

Wasser findet seinen Pegel selbst

Es heißt gewöhnlich, dass Wasser seinen eigenen Pegel findet. Dies lässt sich vorführen, wenn man Wasser in einen U-förmigen Behälter gießt und dabei feststellt, dass sich auf jeder Seite der Pegel gleich hoch einstellt. Aber warum findet Wasser seinen Pegel selbst? Die Ursache hat zu tun mit

a) dem Luftdruck auf beide Seiten
b) Wasserdruck abhängig von Wassertiefe
c) Dichte des Wassers

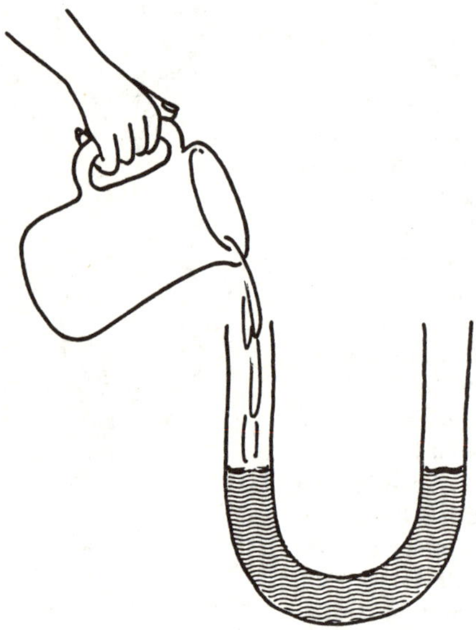

Antwort: Wasser findet seinen Pegel selbst

Die Antwort lautet b). Das Wasser findet seinen eigenen Pegel im Freien oder im evakuierten Gefäß, also hat der Luftdruck hier wenig mitzureden. Der Druck in einer Flüssigkeit hängt von ihrer Dichte und ihrer Tiefe ab (zudem von ihrer Geschwindigkeit, was hier keine Rolle spielt, da jede Bewegung alsbald aufhört). Da die Dichte der Flüssigkeit auf jeder Seite des U-Rohrs gleich ist, unabhängig von der Wassermenge auf jeder Seite, bleibt die Wassertiefe als der entscheidende Faktor.

Man betrachte die in der Skizze mit »X« markierten Orte. Ist das Wasser in Ruhe, müssen die Drücke an diesen Orten gleich sein – sonst müsste es ein Fließen vom Bereich größeren Drucks zu demjenigen kleineren Drucks geben, bis der Druck gleich ist. Doch da der Druck von der Wassertiefe abhängt, müssen gleiche Drücke das Ergebnis gleicher Wassertiefen sein – also muss das Gewicht des Wassers oberhalb von »X« (in beiden Säulen) dasselbe sein (was in der Skizze eindeutig nicht der Fall ist). Ersichtlich gibt es einen Grund, warum das Wasser seinen eigenen Pegel findet. In der nächsten Frage betrachten wir diesen Gedanken noch einmal.

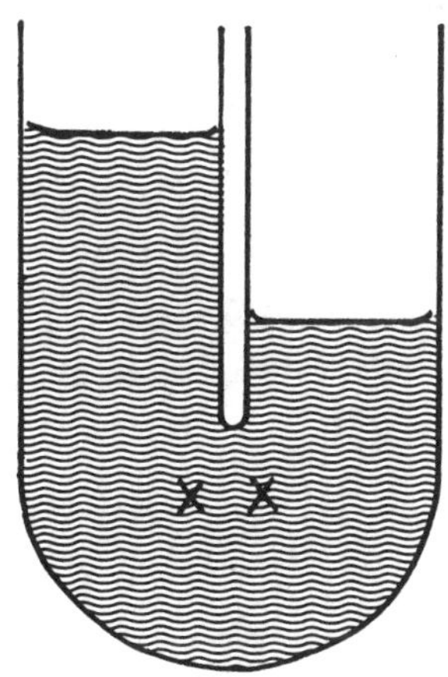

Großer Damm, kleiner Damm

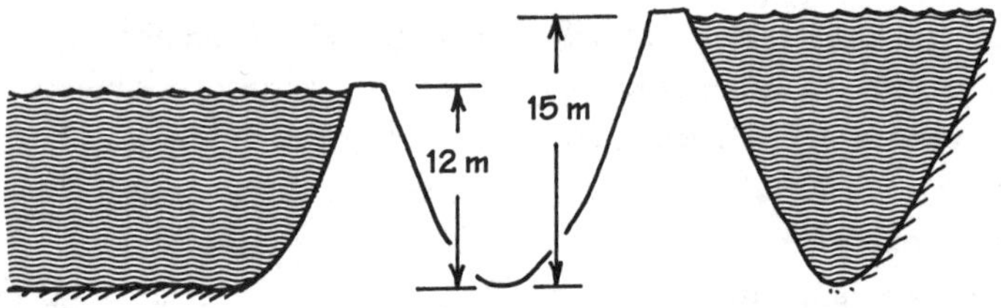

Dammwälle werden unten dicker gebaut als oben, weil der Wasserdruck gegen den Damm mit der Tiefe zunimmt. Aber wie muss man das zurückgehaltene Wasservolumen berücksichtigen?

Die Sierra Light & Power Company in Kalifornien hat einen fünfzehn Meter hohen Damm mit einem kleinen See dahinter. Nicht weit weg hat auch die Landgewinnungsbehörde einen Damm – zwar nur 12 Meter hoch, aber mit einem viel größeren See dahinter. Welcher Damm muss stärker sein?

a) Derjenige von Sierra Light & Power muss stärker sein.
b) Derjenige der Landgewinnungsbehörde muss stärker sein.
c) Beide müssen gleich stark sein.

Antwort: Großer Damm, kleiner Damm

Die Antwort lautet a). Der Damm muss dem Wasserdruck hinter dem Damm widerstehen – und der Wasserdruck hängt allein davon ab, wie tief der See ist, und überhaupt nicht davon, wie lang der See ist. Also ist der Druck auf jenen Damm am größten, der das tiefste Wasser hinter sich hat, und nicht unbedingt auf den Damm mit dem meisten Wasser hinter sich.

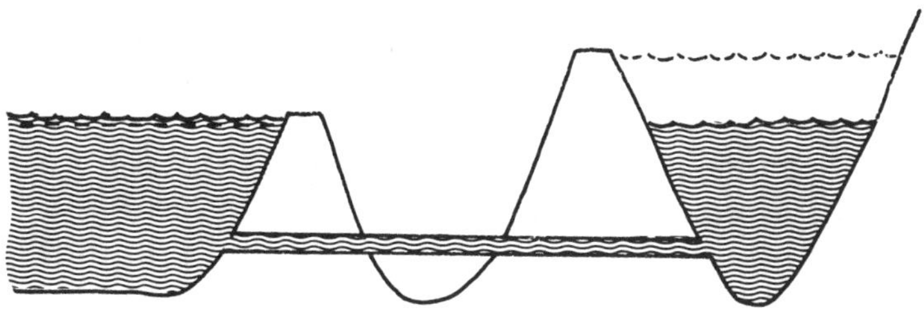

Um an WASSER SUCHT SEINEN PEGEL SELBST anzuknüpfen, stelle man sich vor, dass die beiden Wasserreservoire wie skizziert mit einem Rohr verbunden sind. Kann man erkennen, dass durch das Rohr Wasser vom höheren Druck zum niederen fließt und zwar so lange, bis der Druck beiderseits gleich ist? Der Druck an beiden Rohrenden und somit auf beide Dämme ist dann gleich, wenn die Wasserpegel gleich sind. Wasserdruck hängt also von der Wassertiefe und nicht vom Volumen ab.

Panzerkreuzer in Badewanne

Kann ein Panzerkreuzer in einer Badewanne schwimmen?* Natürlich muss man sich einen ganz kleinen Panzerkreuzer vorstellen (oder eine Badewanne groß wie ein Trockendock). Auf alle Fälle ist noch ein bisschen Wasser unterm Schiff und drumherum. Nehmen wir jetzt einen Kreuzer von 1 Tonne (ein ganz kleines Schiff) und 10 Kilo Wasser in der Badewanne. Wird er schwimmen oder den Boden berühren?

a) Er schwimmt, wenn genügend Wasser da ist, ihn rings zu umgeben.
b) Er berührt den Wannenboden, weil das Schiffsgewicht das Wassergewicht überschreitet.

* Dies war meines Vaters Lieblingsfrage. – L. Epstein

Antwort: Panzerkreuzer in Badewanne

Die Antwort lautet a). Es gibt vielerlei Wege, dies zu zeigen. Den folgenden hat einer meiner Studenten vorgeschlagen. Man stellt sich den Kreuzer im Ozean schwimmend vor (Skizze I). Als Nächstes umgibt man den Kreuzer mit einem riesigen Plastiksack, was sogar manchmal mit Öltankern gemacht wird (Skizze II). Dann lässt man den Ozean gefrieren, bis auf das Wasser im Sack rund ums Schiff (Skizze III). Zum Schluss lässt man einen Eisbildhauer aus dem vollen Eis eine Badewanne heraushauen, und man ist am Ziel (Skizze IV).

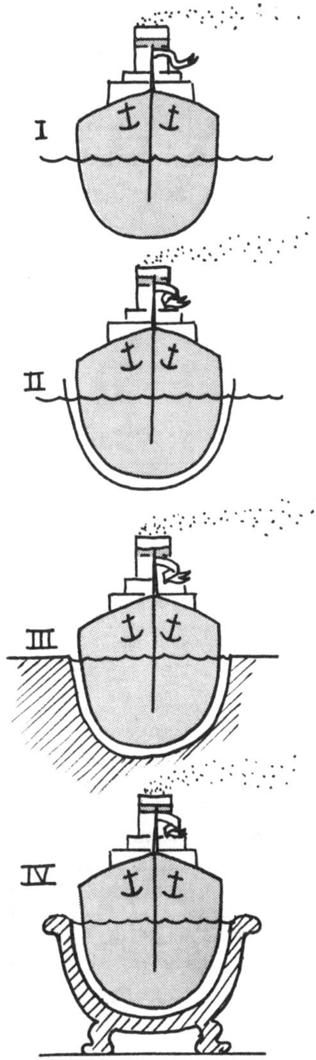

Die Frage hier verdeutlicht die Gefahren eines Denkens nur in Worten, statt in Bildern und Ideen. Wenn man nur in Worten denkt, könnte man argumentieren: »Um zu schwimmen, muss der Panzerkreuzer Wasser von seinem Gewicht verdrängen. Da er selbst eine Tonne wiegt, reichen die zehn verfügbaren Kilo Wasser nicht aus – also kann er nicht schwimmen.« Doch wenn man sich den Gedanken bildlich vorstellt, erkennt man, dass die Verdrängung sich auf so viel Wasser bezieht, wie den Schiffsrumpf füllen würde, wenn das Innere des Schiffsrumpfs bis zur Wasserlinie aufgefüllt würde. Und diese Verdrängung beläuft sich auf eine Tonne.

Also sollte man sich nie auf Worte oder Gleichungen verlassen, bevor man nicht den dadurch beschriebenen Gedanken hat visualisieren können.

Schiff in Badewanne

Was wiegt mehr?

a) eine Badewanne, randvoll mit Wasser
b) eine Badewanne, randvoll mit Wasser, und darin schwimmend ein Panzerkreuzer
c) beide wiegen gleich viel

Antwort: Schiff in Badewanne

Kaltes Bad

Diesmal schwimmt in einer Badewanne, randvoll mit eiskaltem Wasser, ein Eisberg. Wenn nun der Eisberg schmilzt, wird das Wasser in der Wanne

a) ein wenig sinken
b) über den Rand hinausschwappen
c) genau den randvollen Stand halten

Antwort: Kaltes Bad

Die Antwort lautet c). Das Gewicht des vom Eisberg verdrängten Wassers ist genau gleich dem Gewicht des Eisbergs. Wenn der Eisberg schmilzt, »schrumpft« er und wird wieder zu Wasser, welches genau in das verdrängte Wasservolumen passt. Übrigens muss das über das Wasser hinausragende Eisvolumen genau gleich dem Volumenzuwachs des Wassers sein, das gefror und sich zu Eis ausdehnte.

Dreierlei Eisberge

Diese Frage soll unsere Schlaumeier ins Schleudern bringen. Dreierlei Eisberge schwimmen in Badewannen, randvoll mit eiskaltem Wasser. Eisberg L hat eine große Luftblase drin. Eisberg W enthält noch etwas ungefrorenes Wasser. In Eisberg G ist ein Gleisnagel eingefroren. Was geschieht, wenn sie schmelzen?

a) Nur das Wasser von G wird überlaufen.
b) Der Wasserspiegel von G wird absinken, bei L und W wird er genau randvoll bleiben.
c) Der Wasserspiegel von L wird randvoll bleiben, von W und G aber überfließen.
d) Alle werden überfließen.
e) Alle werden genau randvoll bleiben.

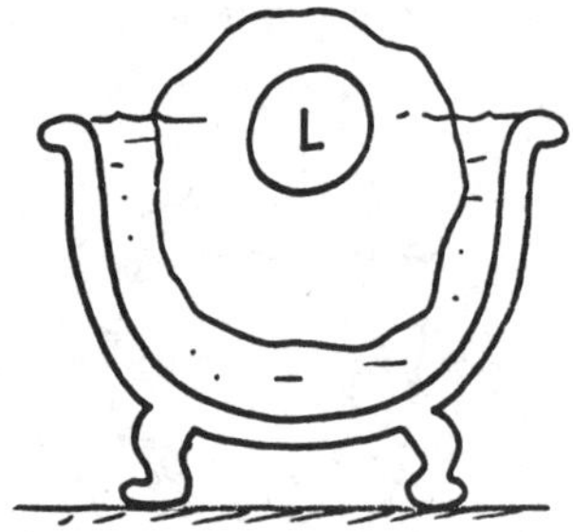

Antwort: Dreierlei Eisberge

Die Antwort lautet b). Zunächst bedenke man die Lektion von KALTES BAD: Ein in einer randvollen Badewanne schwimmender Eisberg wird beim Schmelzen die Wanne exakt randvoll belassen, ohne dass etwas überläuft. Vor dem geistigen Auge verschiebe man dann die Luftblase nach oben nahe an die Oberfläche des Eisbergs. Da dadurch sein Gewicht nicht verändert wird, kann dies auch nicht seine Verdrängung ändern. Jetzt steche man die Blase an. Statt einer Blase gibt es nur noch ein kleines Loch. Dabei ändert sich das Gewicht nicht, nur der Eisberg ist nun ein »normaler« Eisberg ohne Luftblase.

Als Nächstes nimmt man den Eisberg mit ungefrorenem Wasser darin und lässt die Wasserblase vor dem geistigen Auge nach unten nahe der Oberfläche des Eisbergs wandern. Da dadurch sein Gewicht nicht verändert wird, kann dies auch nicht seine Verdrängung ändern. Jetzt steche man die Wasserblase an. Statt einer Blase gibt es nur noch ein kleines Loch. Dabei ändert sich das Gewicht nicht, nur der Eisberg ist nun ein »normaler« Eisberg ohne Wasserblase. Somit schmelzen die Eisberge mit Luft- oder Wasserblase wie »normale« Eisberge und können das Wasser in der Wanne weder heben noch senken.

Schließlich bewege man den Gleisnagel vor dem geistigen Auge zur Unterseite des Eisbergs: keine Änderung von Gewicht oder Verdrängung. Dann schmelze oder breche man den Gleisnagel vom Eisberg frei. Der Gleisnagel sinkt auf den Boden der Wanne, kann aber seine Verdrängung weder vergrößern noch verkleinern. Jedoch wird der Eisberg von seiner schweren Last befreit und taucht wie ein entladenes Boot aus dem Wasser auf. Während der Eisberg auftaucht, geht das Wasser in der Wanne nach unten. Der Eisberg ist jetzt auch ein »normaler« Eisberg, bei dessen Schmelzen der Wasserspiegel unverändert bleibt – genau so viel unterm Rand wie schon vor dem Schmelzen.

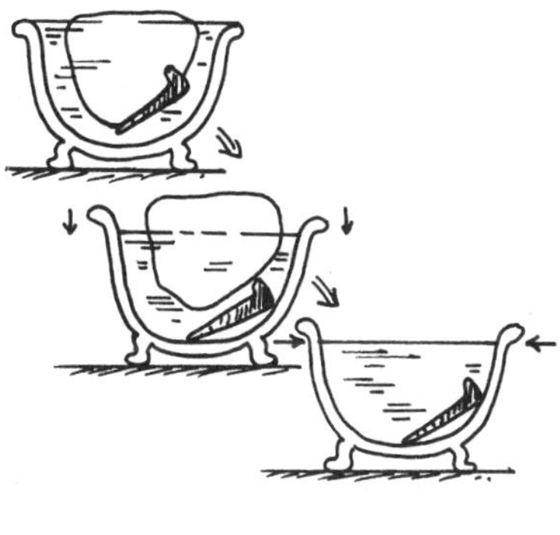

Omelette oder Bulette

Ein Tropfen Flüssigkeit von großer Oberflächenspannung und ein Tropfen Flüssigkeit von kleiner Oberflächenspannung werden auf eine saubere Glasplatte gebracht. Einer sieht wie eine kleine Omelette aus, der andere wie eine kleine Bulette. Wessen Flüssigkeit hat die größere Oberflächenspannung?

a) die Omelette (Tropfen I)
b) die Bulette (Tropfen II)
c) Falls beide Tropfen gleiches Volumen haben, ist auch ihre Oberflächenspannung gleich.

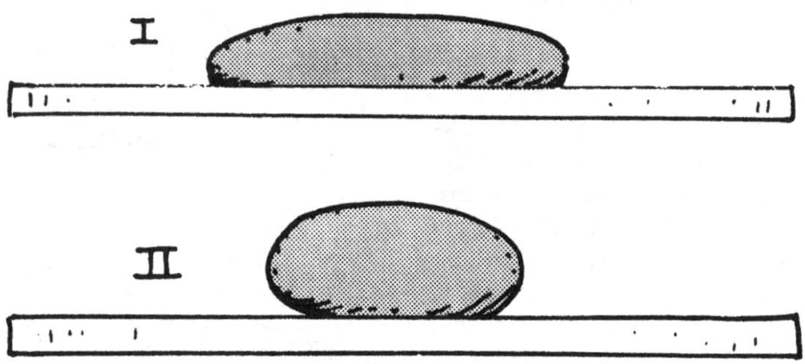

Antwort: Omelette oder Bulette

Die Antwort lautet b). Oberflächenspannung, die zusammenziehende Kraft auf die Oberfläche einer Flüssigkeit, ist die Folge von Anziehungen zwischen den Molekülen. Ein Molekül, weit unterhalb der Oberfläche einer Flüssigkeit, wird von Nachbarmolekülen aus allen Richtungen angezogen, wodurch sich keine Tendenz für einen Zug in eine besondere Richtung ergibt. Doch ein Molekül an der Oberfläche wird nur seitwärts und nach unten gezogen – aber nicht nach oben. Daher tendieren diese molekularen Anziehungskräfte dazu, das Molekül von der Oberfläche weg hinein in die Flüssigkeit zu ziehen, weshalb die Oberfläche so klein wie möglich wird. Um die Oberfläche klein zu halten, ballen sich die Flüssigkeitstropfen kugelig zusammen, genau wie sich Kätzchen in einer kalten Nacht zusammenkuscheln, um ihre der Kaltluft ausgesetzte Oberfläche klein zu halten. Die Flüssigkeit mit der stärksten Anziehung zwischen ihren Molekülen und somit der größten Oberflächenspannung erreicht am ehesten Kugelform.

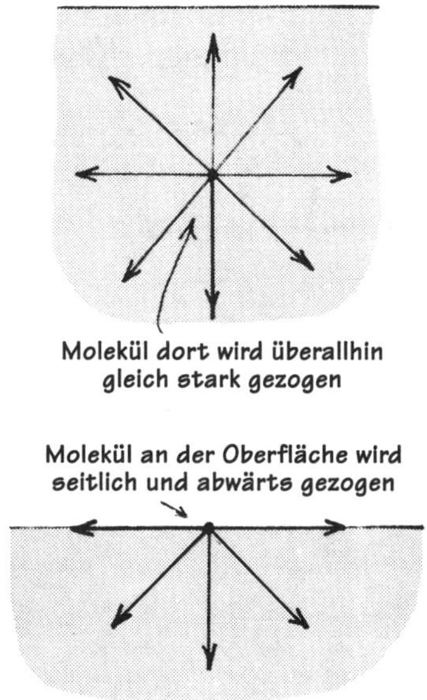
Molekül dort wird überallhin
gleich stark gezogen
Molekül an der Oberfläche wird
seitlich und abwärts gezogen

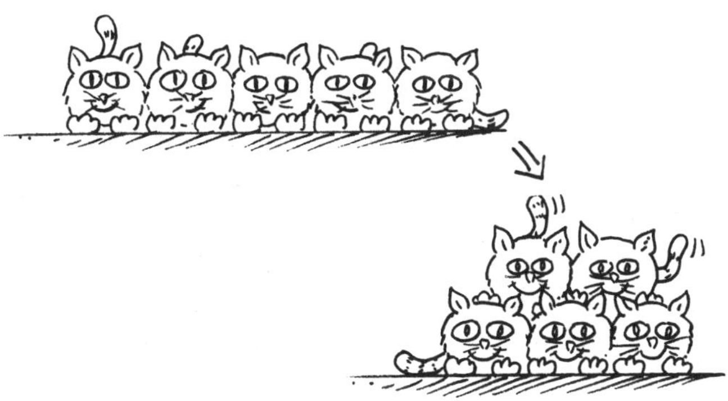

Flaschenhals

Vierzig Liter Wasser fließen pro Minute durch dies Rohr. Trifft es zu, dass das Wasser

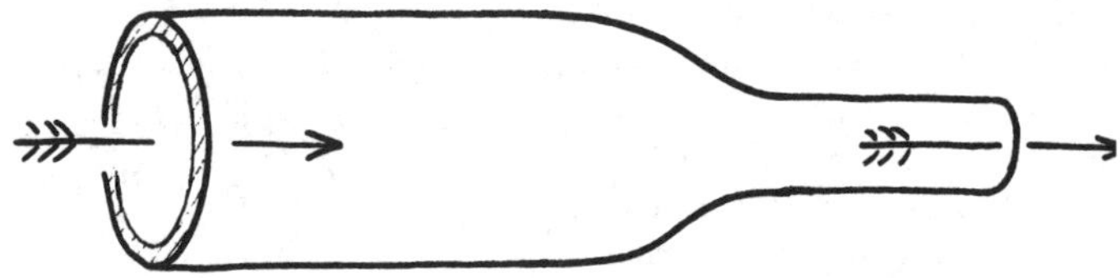

a) im weiten Rohrteil am schnellsten fließt
b) im engen Rohrteil am schnellsten fließt
c) in beiden Rohrteilen gleich schnell fließt

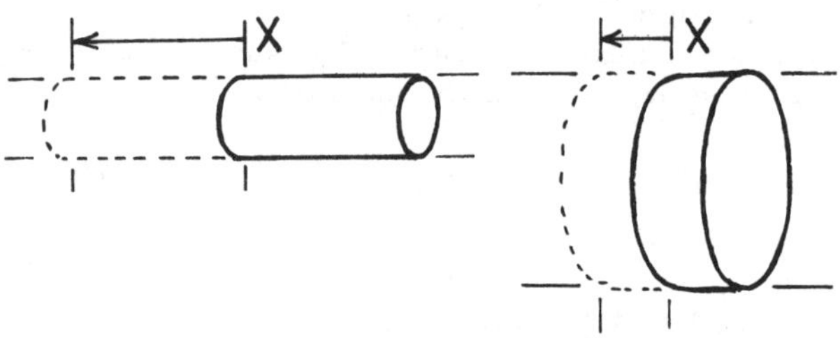

Antwort: Flaschenhals

Die Antwort lautet b). Wasser fließt wie in einem Bach schnell in engen Partien und langsam in weiten. Die Skizzen zeigen, wie weit die Vorderseite eines Liters Wasser im weiten Rohr wandern muss im Gegensatz zum engen, damit der ganze Liter am Punkt X vorbeigeströmt ist. Um den Liter in einer Minute an X vorbei zu schaffen, muss sich das Wasser im engen Rohr weiter bewegen – also schneller.

Wasserhahn

Der Wasserstrahl aus dem Wasserhahn verengt sich nach unten, wie in der Skizze gezeigt. Dies geschieht,

a) weil sich seine Geschwindigkeit im Fallen erhöht
b) infolge der Oberflächenspannung
c) aus beiden Gründen
d) wegen des Luftwiderstands
e) wegen des Luftdrucks

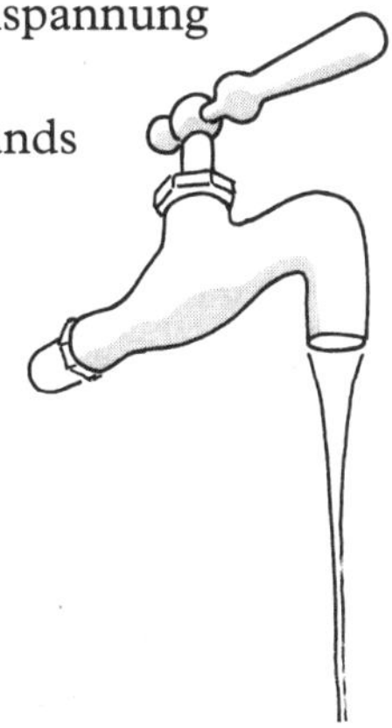

Antwort: Wasserhahn

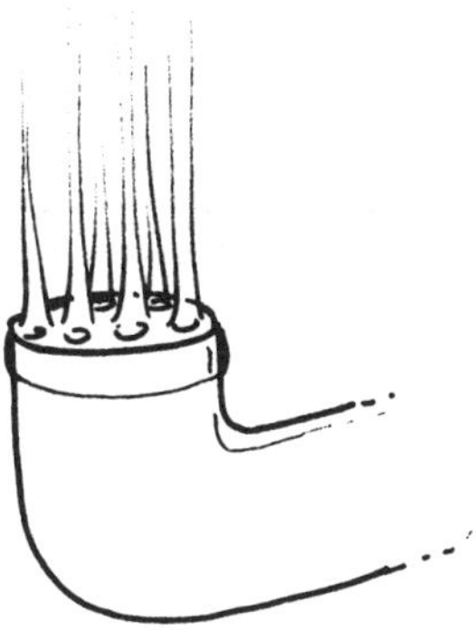

Die Antwort lautet c). Gleich viel Liter pro Minute fließen durch den oberen Querschnitt bei »O« wie durch den unteren Querschnitt bei »U«. Doch wegen der Fallbeschleunigung ist die Wassergeschwindigkeit bei »U« größer, weshalb der Wasserstrahl enger wird (siehe FLASCHENHALS). Aber damit ist der Fall noch nicht komplett gelöst. Warum zerteilt sich der fallende Wasserstrahl nicht in viele Einzelströme? Weil die Oberflächenspannung den Strahl wie die Haare eines nassen Pinsels zusammenhält. Damit sich der Wasserstrahl in Einzelströme aufteilt, kann man sie auseinander zwingen, indem man den Strahl durch eine Art Sieb laufen lässt.

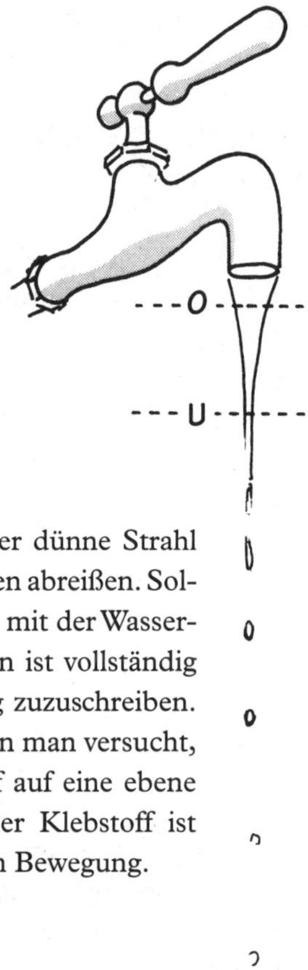

Viel weiter unten kann der dünne Strahl tatsächlich in kleine Tropfen abreißen. Solche Perlenkette hat nichts mit der Wasserbewegung zu tun, sondern ist vollständig der Oberflächenspannung zuzuschreiben. Dasselbe kommt vor, wenn man versucht, eine lange Spur Klebstoff auf eine ebene Fläche aufzubringen – der Klebstoff ist dabei gewiss nicht mehr in Bewegung.

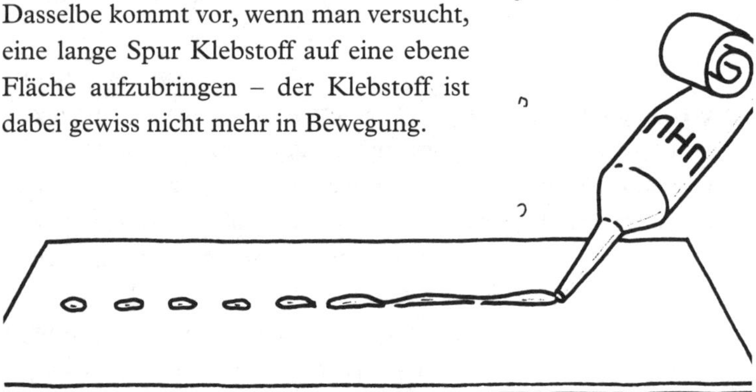

U-Boot für Bernoulli

Ein spielzeuggroßes U-Boot treibt mit dem Wasser durch ein Rohr von abwechselnder Weite. Änderungen der Geschwindigkeit bewirken die Verschiebung einer schweren Masse im Boot, die wie gezeigt an Federn aufgehängt ist. Während das U-Boot vom Bereich A nach B und dann nach C treibt, verschiebt sich die Masse

a) rückwärts während des Übergangs von A nach B, dann vorwärts bei B nach C
b) vorwärts während des Übergangs von A nach B, dann rückwärts bei B nach C
c) überhaupt nicht

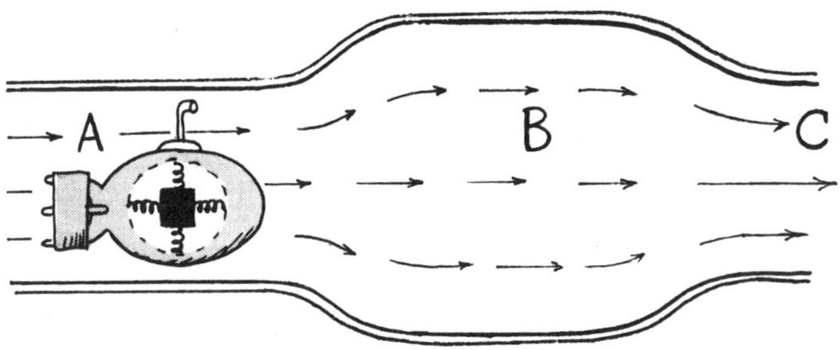

Antwort: U-Boot für Bernoulli

Die Antwort lautet b). Man stelle sich selbst im U-Boot anstelle der gefederten Masse vor. Wenn man aus dem engen Bereich A in den weiten Bereich B treibt, verlangsamt sich das Wasser und man selbst stürzt vorwärts. Man drückt gegen alles, was vor einem ist, hier also die Feder, die man zusammendrückt. Ebenso wird Druck auf das Wasser im Bereich B vor einem ausgeübt.

Wenn das U-Boot den weiten Bereich B verlässt und in den engen Bereich C beschleunigt, fällt man zurück. Man presst gegen alles hinter sich, drückt also die hintere Feder zusammen. Ebenso drückt das umgebende Wasser auf das Wasser dahinter und übt einen Druck auf das Wasser im Bereich B. Also erfährt das langsamer fließende Wasser im Bereich B Druck von beiden Seiten.

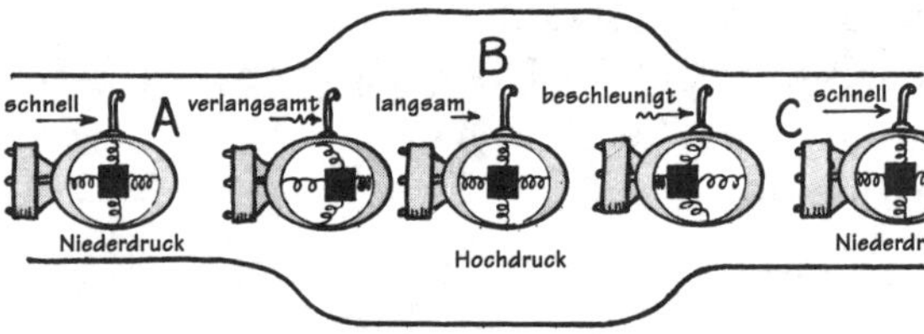

Genau das Umgekehrte gilt für ein Rohr mit einem engen Abschnitt. Die zweite Skizze zeigt, wieso der Wasserdruck im engen Teil des Rohres verringert wird. Ersichtlich hat das Wasser höheren Druck, wenn seine Geschwindigkeit verlangsamt wird, und niederen Druck, wenn seine Geschwindigkeit gesteigert wird.* Dies gilt in weiten Bereichen für Gase wie Flüssigkeiten und wird als *Bernoulli-Effekt* bezeichnet, nach seinem Entdecker vor mehr als 250 Jahren.

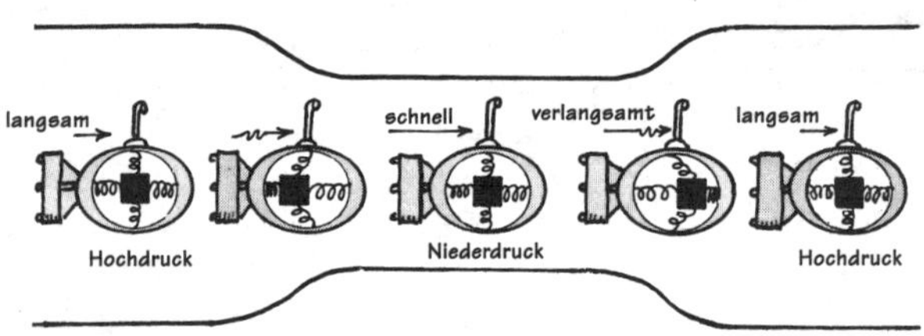

In der dritten Skizze ist das U-Boot durch ein ähnlich gebautes Bernoulli-Luftschiff ersetzt, das mit der Luft über und unter dem Flügelprofil eines Flugzeugs strömt. Kann man an der Auslenkung der gefederten Masse erkennen, dass der Druck gegen die Flügelunterseite erhöht und über der Oberseite verringert wird?

* Die Reibungswirkungen sind mit Wasser praktisch null. Pressten wir Honig durch das Rohr, verhielte sich die Sache ganz anders. Der Honigdruck wäre hoch beim Pressen in den engen Abschnitt und beim Verlassen niedrig. Denn die Reibung nimmt dem Honig den Druck.

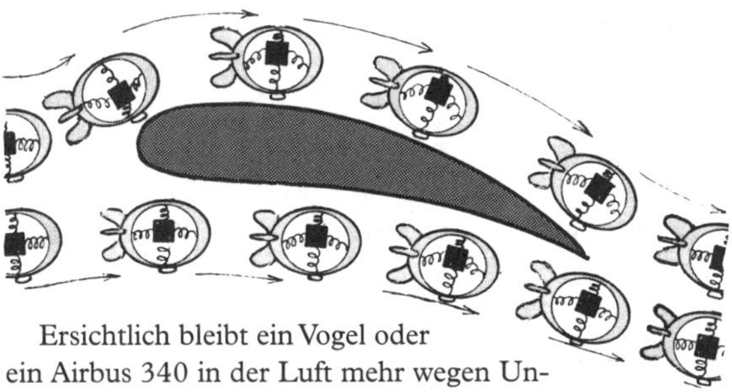

Ersichtlich bleibt ein Vogel oder ein Airbus 340 in der Luft mehr wegen Unterdrucks dank schnellerer Luftströmung überm Flügel als wegen Überdrucks dank langsamerer Luftströmung unterm Flügel. Daniel Bernoulli lebte im 18. Jahrhundert in Basel, also lange vor dem Erstflug des Airbus 340. Aber was dachten sich die Vögel vor Bernoulli?

Kaffee zapfen

Vorn an einer Kaffeemaschine im Restaurant befindet sich ein Glasrohr als Schauglas. Der Pegel M des Kaffees im Schauglas ist derselbe wie vom Kaffee im Innern der Maschine. Doch wenn der Zapfhahn geöffnet wird und daraus ein Kaffeestrom sprudelt, wird der Kaffee-Pegel im Schauglas

a) im Wesentlichen bei M bleiben
b) auf H steigen
c) plötzlich auf T fallen

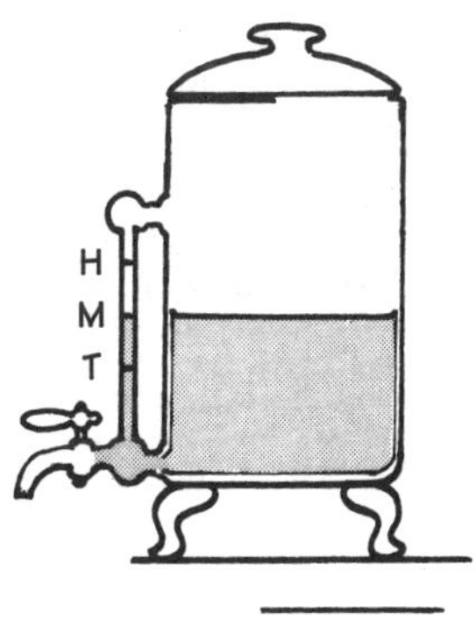

Wird der Hahn geschlossen und hört der Kaffeestrom plötzlich auf, wird der Pegel im Schauglas

a) momentan auf T bleiben, bevor er langsam nach M zurückkehrt
b) sofort zum Pegel nahe M entsprechend demjenigen im Innern zurückkehren
c) auf H springen und dann nach M sinken
d) auf H springen und dort bleiben

Antwort: Kaffee zapfen

Die Antwort auf beide Fragen lautet c). Wir erwarten, dass beim Fließen von Kaffee durch den Hahn wegen des Bernoulli-Effekts der Pegel auf T fällt. Denn der verringerte Druck im Hahn unterstützt weniger Kaffeesäule im Schauglas.

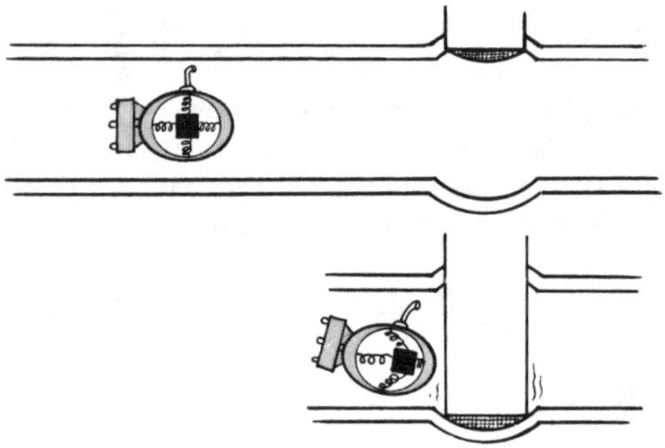

Doch warum springt der Pegel auf H hoch, wenn der Kaffeestrom plötzlich stoppt? Man stelle sich wieder das kleine U-Boot vor. Wenn es plötzlich zum Halten gebracht wird, prasselt die gefederte Masse nach vorn. Die Masse des Kaffees macht dasselbe. Darum erhöht sich der Druck momentan – und daher der Sprung des Pegels nach H im Schauglas.

Ingenieure bezeichnen diese Wirkung als »Wasserschlag«, man hört manchmal einen Schlag, wenn man plötzlich einen Wasserhahn schließt. Es muss wohl nicht extra gesagt werden, dass die Wasserleitung dadurch überbeansprucht wird. Deshalb verlangen die Installationsnormen vielerorts, dass hinter jedem Wasserhahn ein kurzes vertikales Steigrohr angeflanscht wird. Wenn nun der Wasserhahn plötzlich geschlossen wird, kann das Wasser in dies Steigrohr ausweichen, und die eingeschlossene Luft dämpft den Wasserschlag.

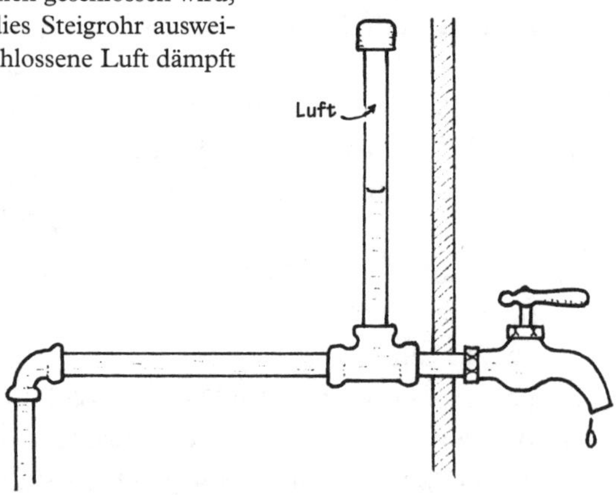

Sekundäre Zirkulation

Ein starker Fluidstrom bewegt sich in dem weiten Rohr nach rechts. Die Strömung im engen Rohr bewegt sich

a) nach rechts
b) nach links
d) weder – noch

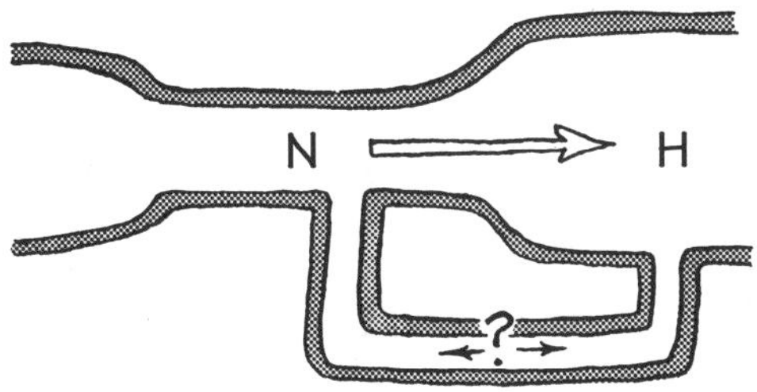

Antwort: Sekundäre Zirkulation

Die Antwort lautet b). Wie schon erklärt ist der Druck bei N niedriger als der Druck bei H, und die Strömung im engen Rohr erfolgt vom Hochdruckbereich zum Niederdruckbereich. Die Strömung im engen Rohr wird als sekundäre Zirkulation bezeichnet. Oft braucht die sekundäre Zirkulation nicht mal ein kleines Rohr, um drin zu strömen. Sie kann die Grenzschicht am Tragflügel eines Flugzeugs hinauf kriechen. Dann ist man in ernsten Schwierigkeiten! Denn die Luftströmung wird dadurch turbulent, und der Flügel trägt nicht mehr.

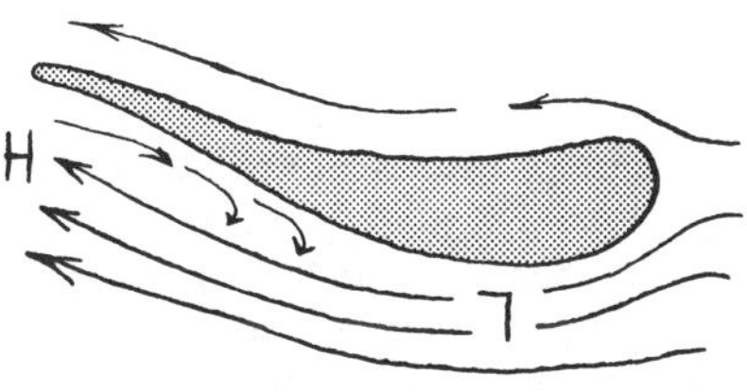

Kehrwasser

Die Hauptströmung eines Bachs erfolgt nach rechts. Die kleine Strömung hinter dem Felsbrocken geht nach

a) rechts
b) links
c) weder noch

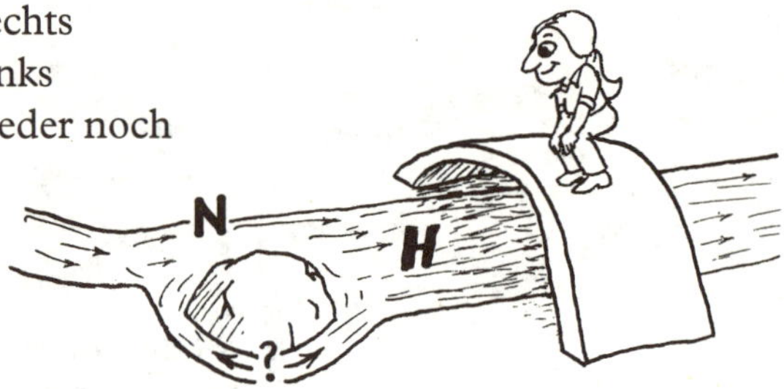

Antwort: Kehrwasser

Die Antwort lautet b). Der Bach fließt schnell, wo er eng ist bei N, und langsamer, wo er breiter ist bei H. Aber verliert das Wasser seine Geschwindigkeit? Wasser in einem Rohr verliert seine Geschwindigkeit, indem es von Niederdruck zu Hochdruck fließt, doch Wasser in einem Bach kann seinen Druck kaum ändern. In einem Bach verliert Wasser seine Geschwindigkeit, indem es bergauf fließt! Das Wasser bei H liegt ein wenig höher als das Wasser bei L. Man bringe das Auge auf Bachniveau und prüfe das selbst. Hintenrum um den Felsbrocken fließt die Strömung vom hohen Wasser bei H zum niederen Wasser bei N. Wasser fließt bergab, es sei denn es hat hohe Geschwindigkeit, und das Wasser hinter dem Felsbrocken hat nun mal nicht viel Geschwindigkeit.

Oft braucht das Kehrwasser nicht einmal einen kleinen Durchlass zum Einfließen. Es kann schon der Grenzschicht eines Felsblocks entlangkriechen. Solche Kehrwässer lösen die turbulente Wirbelströmung hinter Feldbrocken in einem reißenden Fluss aus. Wenn Leute (mit Schwimmwesten) durch Stromschnellen schwimmen, werden sie hin und wieder durch ein Paar dieser Kehrwässer hinter Felsbrocken festgehalten.

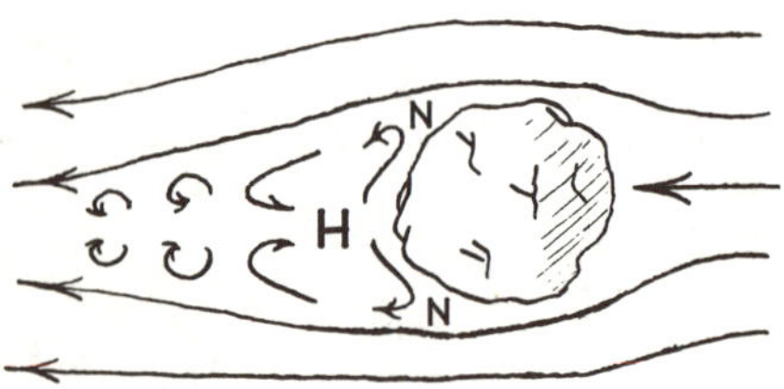

Unterströmung

Wenn ein schnell fließender Fluss eine besonders abrupte Biegung nimmt, findet man höchstwahrscheinlich eine Unterströmung im Wasser auf der

a) Innenseite bei I
b) Außenseite bei A

Antwort: Unterströmung

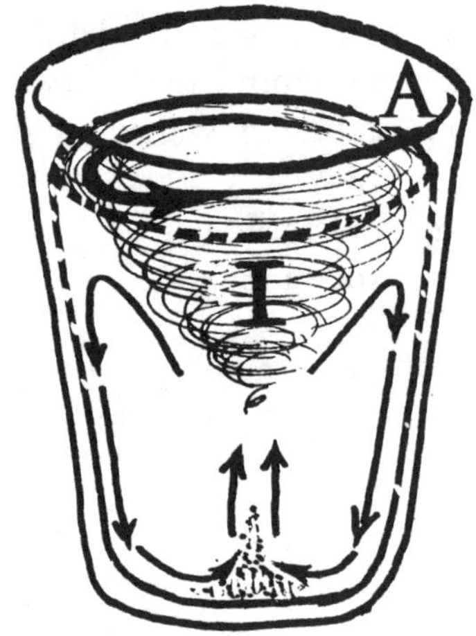

Die Antwort lautet b). Um zu erkennen warum, nehme man ein Glas Wasser und lasse das Wasser (mittels eines Löffels) kreisen. Das kreisende Wasser dient als »Modell« der Flussbiegung. Wegen der Zentrifugalkraft wird das Wasser zur Außenseite der Biegung geschleudert. Gäbe es diese Kraft nicht, könnte der Wasserspiegel bei A nicht über dem Wasserspiegel bei I verbleiben. Und würde das Wasser nicht kreisen, gäbe es keine Zentrifugalkraft. Das Wasser oben im Fluss oder im Glas bewegt sich schnell, wogegen das Wasser unten im Fluss oder im Glas am Boden schleift und sich somit kaum bewegt (man bedenke, dass es nahe dem Erdboden wenig Wind geben kann, obgleich ein paar hundert Meter höher starke Winde herrschen). Da sich das Wasser am Boden kaum bewegt, erfährt es wenig oder gar keine Zentrifugalkraft. Nun ist das Wasser bei A tief und bei I seicht, also gibt es mehr Druck auf das Wasser unter A als unter I. Dieser Druckunterschied bringt das Wasser am Boden dazu, von A nach I zu fließen. Würde das Wasser am Boden mehr kreisen, könnte eine Zentrifugalkraft diesem Druckunterschied entgegenwirken. Doch das Wasser am Boden kreist kaum. Wenn also der Fluss abbiegt oder das Wasser im Glas kreist, entsteht eine sekundäre Zirkulation. Diese sekundäre Zirkulation trägt das Wasser auf dem Boden von A nach I, dann bei I vom Boden hoch, dann an der Oberfläche von I nach A und unter A wieder von oben nach unten. Letztere Abwärtsbewegung bei A ist die Unterströmung. Im Fluss kann man manchmal nahe von A kleine Strudel sehen. Die Strudel bilden sich dort, wo Wasser nach unten gesaugt wird. Man kann, gewöhnlich etwas flussabwärts von den Strudeln, das Wasser nahe I hochsprudeln sehen.

Durch Beobachten der Teeblätter in einem Glas Tee kann man beim Umrühren diese sekundäre Zirkulation sehen (mein Vater trank heißen Tee aus dem Glas). Wenn die Teeblätter wassergetränkt zu Boden sinken, fegt die sekundäre Zirkulation sie zusammen und häuft sie unter I an. Zur Vermeidung von Durcheinander nimmt man am besten bloß ein einziges Teeblättchen, um genau zu sehen, was geschieht.

Schwarzbrenner

Professor Abklarer schlaucht etwas von seinem Schnaps in einen Eimer ab. Notwendige Bedingung für das Funktionieren des Saughebers ist.

a) dass es einen Luftdruck-Unterschied zwischen den Schlauchenden gibt
b) dass das Gewicht des Schnapses im Auslassende dasjenige im Einlassende übersteigt
c) dass das Auslassende tiefer liegt als das Einlassende
d) alles Genannte zusammen

Antwort: Schwarzbrenner

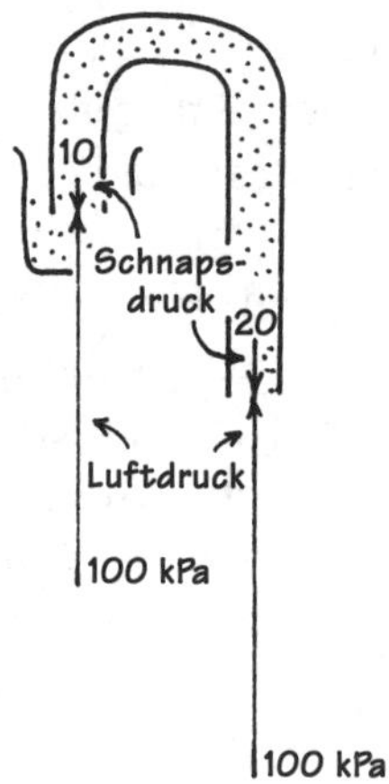

Die Antwort lautet c). Manche Leute glauben, der Saugheber funktioniere wegen des Luftdruck-Unterschieds zwischen Einlass- und Auslassende des Saugheberschlauchs. Dem ist aber nicht so. Wäre der Luftdruck-Unterschied zwischen den Schlauchenden für das Funktionieren des Saughebers verantwortlich, würde der Schnaps anders herum fließen, denn der Luftdruck ist am tieferen Ende etwas höher!

Der Saugheber läuft aufgrund eines Druckunterschieds, aber nicht etwa beim Luftdruck. An jedem Ende des Schlauchs sind zweierlei Drücke zu beachten: der Druck der Flüssigkeitssäule im Schlauch und der Gegendruck der Atmosphäre. In der Skizze ist der Fall dargestellt, dass beim anfangs mit Schnaps gefüllten Schlauch das Auslassende doppelt so lang ist wie das Einlassende. Für den atmosphärischen Gegendruck sind gleich lange Pfeile (eigentlich sind das Kräfte) gezeichnet (obwohl genau genommen der am tieferen Ende etwas größer ist) und wir setzen ihn zu 100 Kilopascal an (Pascal = Newton pro Quadratmeter). Da Flüssigkeitsdruck zur Flüssigkeitstiefe proportional ist (nicht etwa zum Flüssigkeitsgewicht), gibt es am Auslassende einen doppelt so hohen Schnapsdruck wie am Einlassende – also ist in der Skizze der Abwärtspfeil am Auslassende doppelt so lang wie am Einlassende (eigentlich sind das Kräfte). Ersichtlich ist der Schnapsdruck kleiner als der entgegenwirkende Luftdruck. Als Zahlenbeispiel soll der Schnapsdruck im Einlassende 10 kPa und im doppelt so langen Auslassende 20 kPa sein. Also ist der Nettodruck am Einlassende 90 kPa und nur 80 kPa am Auslassende, wobei das Gebräu vom höheren Druck zum tieferen Druck fließt. Bemerkenswert ist, dass der Nettodruck in beiden Schlauchenden nach oben wirkt und das Gebräu im Uhrzeigersinn bewegt, genau wie die ebenso angestoßene Wippe in der Skizze sich im Uhrzeigersinn dreht.

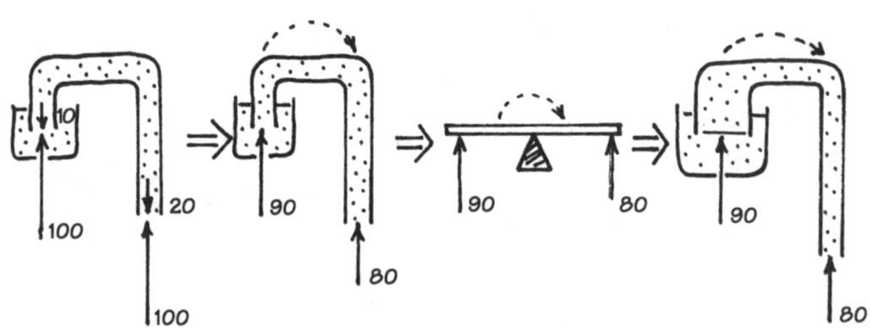

Man beachte, dass das Funktionieren des Saughebers keinen gleich weiten Schlauch erfordert (vorige Skizze rechts). Ist das Einlassende viel weiter, sodass das Schnapsgewicht in ihm viel größer ist als das Schnapsgewicht im Auslassende, ist die Fließrichtung dennoch vom höheren Nettodruck (nicht vom höheren Gewicht!) zum niedrigeren. Und für jedes Schlauchende des Saughebers wirkt der Nettodruck entgegen und ist größer am kürzeren bzw. höheren Ende.

Die Strömung im Saugheber gleicht in vielem dem Gleiten einer Kette über einen glatten Rundstab. Drapiert man die Kette so, dass ihre Mitte auf dem Stab liegt und gleich lange Enden beiderseits herabhängen, gleitet sie nicht. Doch wenn ein Ende tiefer hängt als das andere, fällt das längere Ende herab und zieht dabei das kürzere Ende hoch. Wie schnell, hängt vom Längenunterschied der herabhängenden Enden ab. Das Gleiche gilt für den Saugheber. Doch Flüssigkeit ist keine Kette. Warum teilt sich die Flüssigkeit eigentlich nicht oben im Schlauch und läuft aus beiden Enden heraus? Weil solche Trennung im dadurch gebildeten Hohlraum ein Vakuum hinterließe und der Luftdruck draußen sogleich mehr Flüssigkeit in den Schlauch hinaufdrücken würde, um das Vakuum zu füllen. Der Luftdruck kann allerdings Flüssigkeiten nicht beliebig hoch drücken.

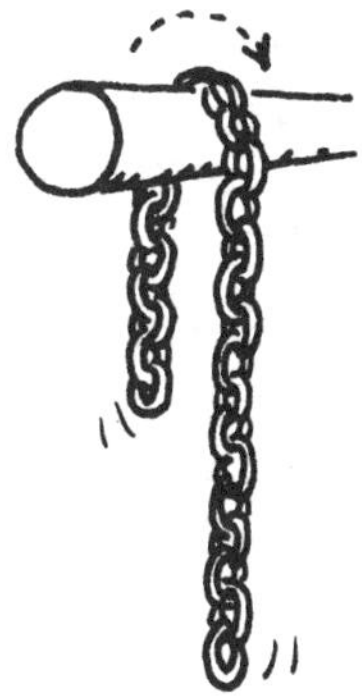

Quecksilber drückt er 760 Millimeter hoch, Wasser 10 Meter. Wenn für Wasser der Saugheber höher als 10 Meter ist, teilt sich das Wasser oben tatsächlich. Um einen noch höheren Saugheber zu betreiben, müsste man den Luftdruck erhöhen können. Die Rolle des Luftdrucks beim Saugheber ist also, den Schlauch mit Flüssigkeit gefüllt zu halten.

Wasserspülung

Die Spülung des Wasserklosetts beruht auf dem Prinzip

a) der Saugpumpe
b) des Auftriebs
c) des Saughebers
d) der Zentripetalkraft
e) des hydraulischen Widders

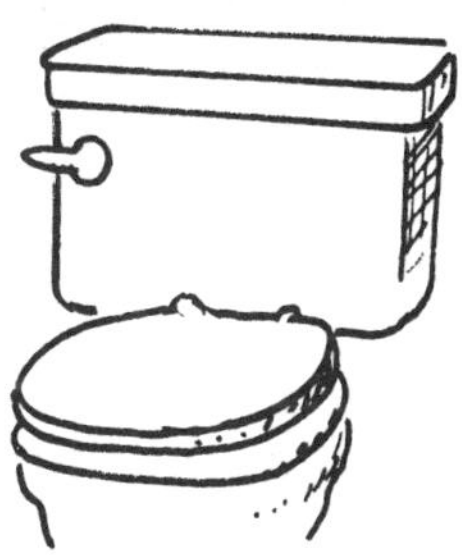

Antwort: Wasserspülung

Die Antwort lautet c). Das Wasserklosett hat ebenso wie Spüle, Badewanne oder Waschbecken im Abflussrohr einen Schwanenhals. Zweck des Schwanenhalses ist, Klärgase am Hochsteigen im Abflussrohr in die Wohnung zu verhindern. Er bewahrt auch hineingefallene Brillanten. Wird Wasser ins Klosett eingelassen, füllt es den Schwanenhals, der dann als Saugheber fungiert. Dadurch wird der Inhalt der Kloschüssel weggeschwemmt, und wenn sich der Wasserspiegel in der Kloschüssel so weit gesenkt hat, dass wieder Luft den Schwanenhals füllt, wirkt er nicht mehr als Saugheber.

Viele Leute wissen übrigens nicht, dass man die Wasserspülung auch durchführen kann, indem man einfach einen Eimer Wasser in die Kloschüssel gießt! Die Aufgabe des Wasserbehälters besteht einfach darin, genügend Wasser bereitzustellen.

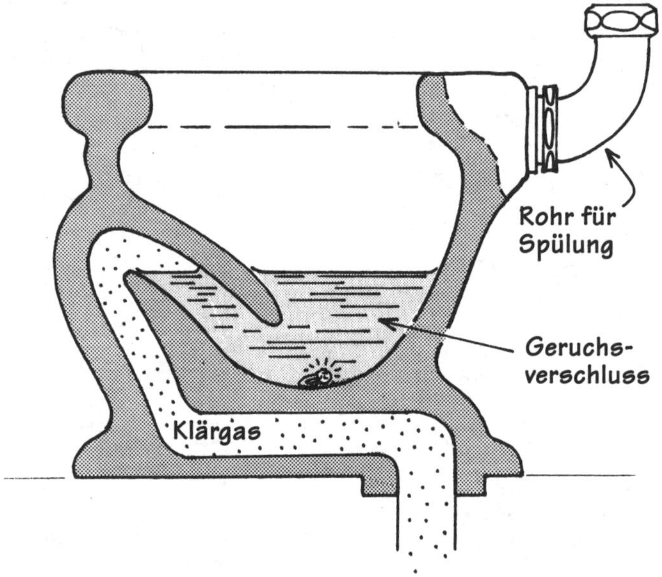

Pissings Eimer

Dies war die Lieblingsfrage des bekannten Hydrologen George J. Pissing* und sie wird immer noch Studenten in der mündlichen Prüfung gestellt: Ein Eimer voll Wasser hat zwei Öffnungen, durch die das Wasser herausläuft. Wasser kann einmal aus dem Loch B am Boden des Eimers auslaufen, das die Distanz d zum Wasserspiegel hat, oder durch ein Fallrohr, das bei O angesetzt ist und dessen Auslass dieselbe Distanz d zum Wasserspiegel hat. Wenn man alle Reibungseffekte vernachlässigt, hat das Wasser aus Öffnung B

a) mehr Geschwindigkeit
b) weniger Geschwindigkeit
c) dieselbe Geschwindigkeit

als dasjenige aus dem Fallrohr?

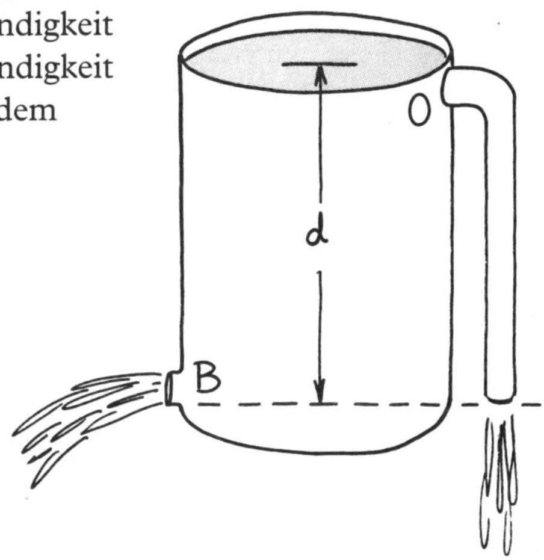

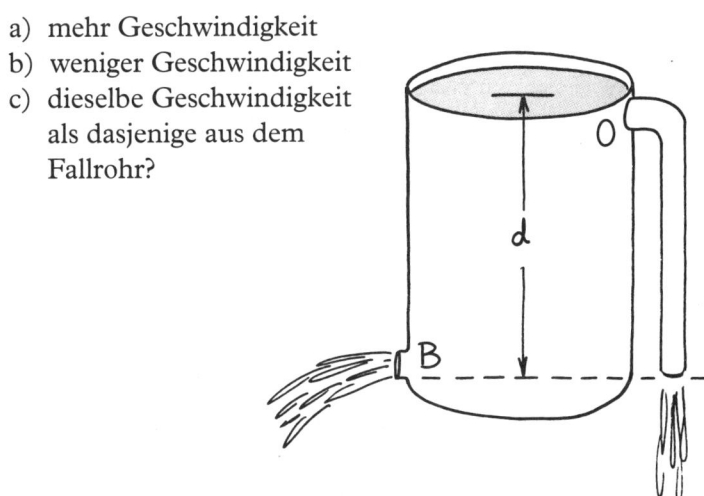

* Wenn uns Epstein da nicht einen Bären aufbindet, um seinen »pinkelnden Eimer« (pissing buck) zu lancieren. (Anm. d. Übers.)

Antwort: Pissings Eimer

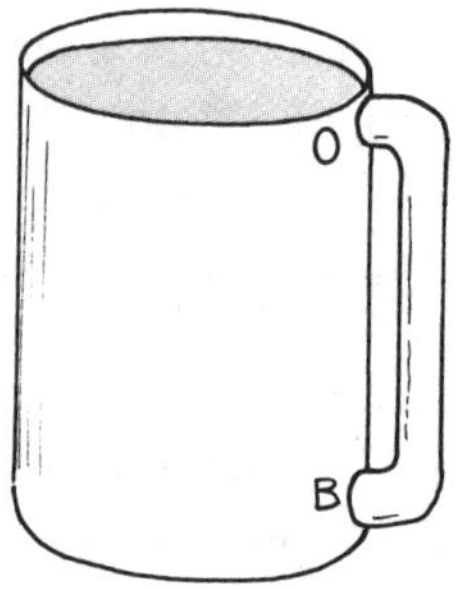

Die Antwort lautet c). Die Wassergeschwindigkeit hängt vom Druck der Wassersäule, also von der Tiefe, gerechnet vom Wasserspiegel, ab. Die Wassersäulen für beide Auslässe sind gleich, also ist auch die Ausflussgeschwindigkeit dieselbe. Oder man kann die Frage auch wie folgt angehen: Man verpflanze das Fallrohr, sodass es in Öffnung B mündet wie skizziert. Wenn das Wasser aus dem Fallrohr schneller austräte, würde es die Strömung aus dem Bodenloch überwinden können und bei B seinen Weg zurück in den Eimer erzwingen. Dann hätte man ein Perpetuum mobile, bei welchem ständig Wasser von O nach B liefe.

Wenn das Wasser aus dem Bodenloch schneller austräte, hätte man ebenfalls ein Perpetuum mobile, bei dem das Wasser in der andren Richtung flösse. Um das unmögliche Perpetuum mobile zu vermeiden (und somit Energie zu bewahren), muss das Wasser aus dem Fallrohr dieselbe Geschwindigkeit haben wie das Wasser aus dem Bodenloch.

Springbrunnen

Die Düse für einen Springbrunnen ist am Boden eines Eimers eingesetzt. Wenn Reibungseffekte vernachlässigt werden, spritzt dieser Brunnen das Wasser

a) höher als
b) gleich hoch wie
c) niedriger als

den Wasserspiegel des Eimers?

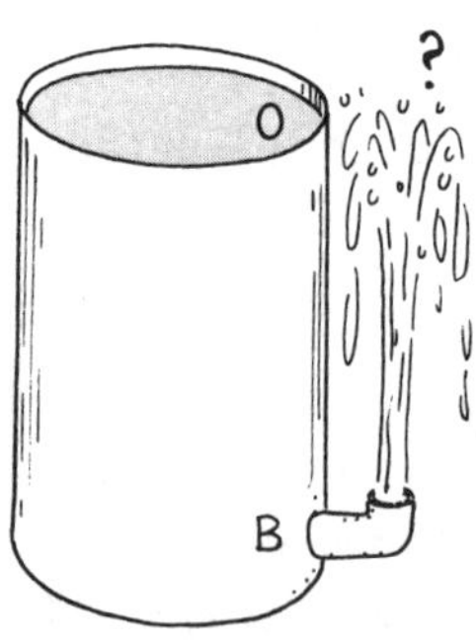

Antwort: Springbrunnen

Die Antwort lautet b). Die Wassergeschwindigkeit beim Austreten aus Loch B ist dieselbe wie beim Austreten aus dem Fallrohr (siehe PISSINGS EIMER). Sie wurde erreicht, indem das Wasser von O nach B fiel. Also schießt das Wasser aus der Düse mit derselben Geschwindigkeit hoch, wie wenn es vom Wasserspiegel herabfallen würde. Es startet nun aufwärts mit derselben Geschwindigkeit wie infolge eines Falls von O und erreicht somit die alte Höhe – wie ein perfekt abprallender Ball.

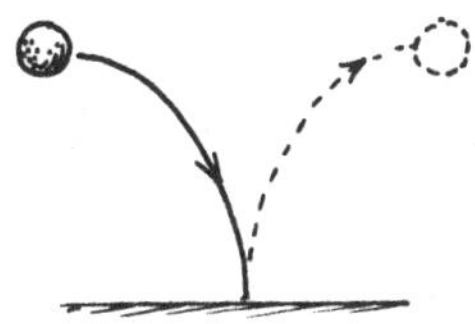

Fetter oder dünner Spritzer

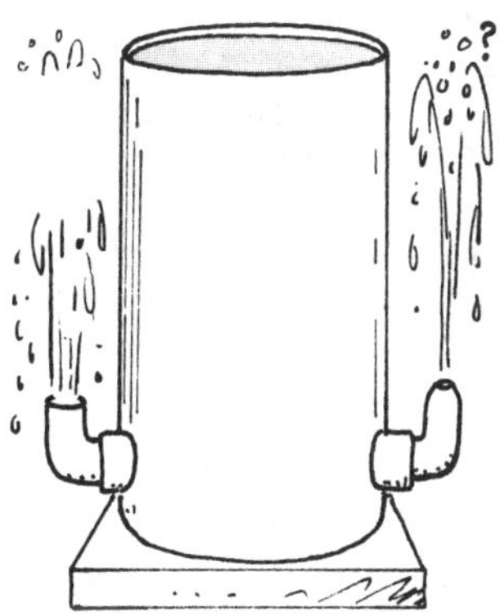

Zwei weite Rohre sind direkt am Boden eines Wassertanks angeflanscht und nach oben gebogen, um Fontänen zu machen. Doch das eine ist zu einer Düse verengt, während das andere weit offen bleibt. Wasser spritzt

a) am höchsten aus dem offenen Rohr
b) am höchsten aus dem verengten Rohr
c) gleich hoch aus beiden Rohren.

Antwort: Fetter oder dünner Spritzer

Die Antwort lautet c). Man denke zurück an SPRINGBRUNNEN: Wasser spritzt hoch bis zum Wasserspiegel im Eimer und die Weite der Spritzdüse kommt gar nicht vor. Jeder kennt jedoch das Phänomen, dass ein Gartenschlauch viel weiter spritzt, wenn man einen Finger auf sein Ende hält. Und überhaupt, warum würde jemand eine Düse kaufen, wenn sie nicht dazu verhelfen würde, weiter zu spritzen? Aber hat jemand schon mal einen Wasserschlauch *direkt* an einen Wassertank angeschlossen? Dann hat er eine Überraschung erlebt: Das Wasser spritzt da mit Düse genauso weit wie ohne.

Warum lässt aber eine Düse Wasser weiter spritzen, wenn man sie auf den Gartenschlauch zu Hause setzt? Das rührt daher, dass der Druck am Ende des heimischen Schlauchs noch mit anderem zu tun hat als der Tiefe des Wassertanks, aus dem er letztlich gespeist wird. Er hängt auch sehr stark von der Geschwindigkeit des Wassers ab, das durch kilometerlange Leitungen zu ihm fließt. Je schneller das Wasser durch die Leitung fließt, desto größer ist die Reibung, welche den Druck am Wasserhahn herabsetzt (in rostigen Leitungen ist die Reibung noch größer). Wird die Geschwindigkeit des Wassers verringert, verringert dies auch die Reibung, und der Druck am Wasserhahn erhöht sich. Wird der Wasserhahn zugedreht, fließt natürlich kein Wasser mehr und gibt es natürlich auch keine Reibung. Also erhält man den vollen Druck – aber null Wasserabgabe. Wenn Wasser fließt, verringert der Finger auf dem Schlauchende die Anzahl der Liter, die pro Minute durch den Schlauch fließen, also wird das Wasser im Schlauch langsamer. Dies lässt weniger Reibung im Schlauch entstehen und folglich im Wasser mehr Druck übrig, wenn es am Schlauchende ankommt – also kann man das Enkelkind besser nass spritzen. Was sagt man jetzt!

Wasserreibung ist nicht so wie trockene Reibung. Wasserreibung hängt stark von der Geschwindigkeit ab. Wenn man die Hand auf dem Tisch hin und her schiebt, ändert sich die Reibung kaum mit der Geschwindigkeit. Als Nächstes bewege man die Hand in einer Badewanne voll Wasser hin und her. Wenn man sie langsam bewegt, ist die Wasserreibung fast null, aber wird bei schneller Bewegung derart groß, dass sie die Geschwindigkeit der Hand beschränkt. Diese ganze Sache mit der Wasserreibung wiederholt sich fast genauso bei der Geschichte vom toten Akku. Wenn ein Akku stirbt, geht sein Innenwiderstand in die Höhe. Seine Elektroden oder Platten korrodieren wie ein rostiges Wasserrohr – was das Fließen von elektrischem Strom behindert. Wird wenig oder gar kein Strom aus einem toten Akku gezogen, gibt er volle Spannung (bzw. Druck), denn der Widerstand beeinträchtigt die Spannung nur dann, wenn Strom fließt (viele Leute sind erstaunt, dass ein toter Akku die volle Spannung aufweist). Aber wenn man versucht, aus dem Akku einen starken Strom zu ziehen, was man eine Last an den Akku zu legen nennt, dann fällt die Spannung (bzw. Druck) ab, weil alles von ihr nun gebraucht wird, um den elektrischen Strom durch seine eigenen Innereien voller Widerstand zu treiben. Mehr über Elektrizität später.

Mehr Fragen (ohne Erklärungen)

Bei den folgenden Fragen, die zu den vorhergehenden passen, sind Sie auf sich selbst gestellt. Also physikalisch denken!

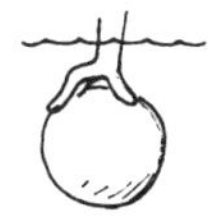

1. Wie viel Kraft muss man ausüben, um einen Strandball von 30 Liter Volumen unter Wasser zu drücken?
   a) 100 Newton b) 300 Newton c) 600 Newton

2. Ein 1000-cm^3-Würfel aus massivem Balsaholz schwimmt im Wasser, wogegen ein 1000-cm^3-Würfel aus massivem Eisen untergegangen ist. Die Auftriebskraft ist stärker aufs
   a) Balsaholz b) Eisen c) auf beide gleich

3. Ein mit Eisenschrott beladenes Boot treibt in einem Schwimmbad. Wird das Eisen über Bord ins Becken geworfen, wird dann der Wasserspiegel am Beckenrand
   a) steigen b) fallen c) gleich bleiben

4. Wird ein Schiff in geschlossener Schleuse leck und sinkt dann, wird der Wasserspiegel an der Schleusenwand
   a) steigen b) fallen c) gleich bleiben

5. Ein leerer Becher wird umgekehrt unter Wasser gedrückt. Beim Tieferdrücken wird die erforderliche Kraft
   a) zunehmen b) abnehmen c) gleich bleiben

6. Ein heliumgefüllter Wetterballon steigt in die Atmosphäre, bis
   a) der Luftdruck gegen seine Unterseite gleich dem Luftdruck gegen seine Oberseite ist
   b) der Heliumdruck im Ballon dem Außendruck gleicht
   c) der Ballon sich nicht weiter ausdehnen kann
   d) … alle genannten Bedingungen sind richtig
   e) … alle genannten Bedingungen sind falsch

7. Zwei identische Behälter sind bis zum Rand mit Wasser gefüllt. In einem schwimmt ein Stück Holz, also ist dessen Gesamtgewicht verglichen mit dem anderen
   a) größer b) kleiner c) gleich groß

8. Zum Partyende serviert der Gastgeber noch »Einen für unterwegs«. In dem Mixgetränk dümpeln die Eiswürfel am Boden. Dies zeigt, dass die Mischung
   a) keinen Auftrieb für die Eiswürfel erzeugt
   b) von dem untergetauchten Eis nicht verdrängt wird
   c) weniger dicht ist als Eis
   d) verkehrt geschichtet ist

9. Würde die herausragende Spitze eines Eisbergs über dem Wasserspiegel irgendwie entfernt, wäre die Folge
   a) eine geringere Dichte des Eisbergs
   b) eine geringere Auftriebskraft am Eisberg
   c) ein erhöhter Druck gegen die Unterseite des Eisbergs, welcher ihn in eine neue Gleichgewichtslage höbe
   d) alle Genannten
   e) keine davon

10. Auf einen trockenen Tisch werden kleine Mengen von Quecksilber oder Wasser geschüttet. Was kugelt stärker zusammen?
   a) Quecksilber   b) Wasser   c) beide gleich

11. Kleine Luftblasen werden von Wasser mitgerissen, das durch ein Rohr mit unterschiedlichen Weiten fließt. Wenn die Blasen durch einen engen Abschnitt des Rohrs fließen, wird ihre Größe
   a) zunehmen   b) abnehmen   c) gleich bleiben

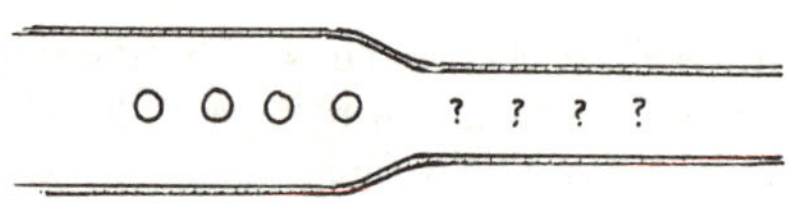

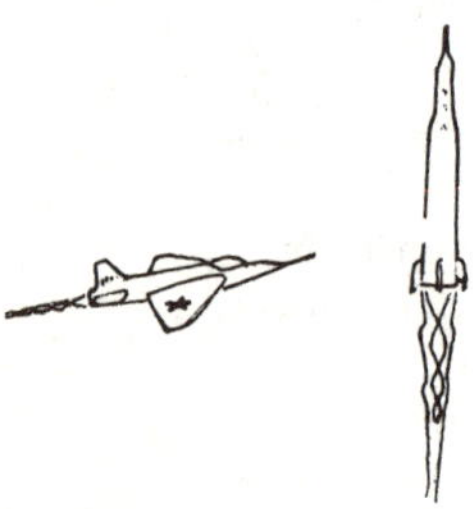

12. Der Druck in der Rückstoßflamme eines Jetflugzeugs oder einer Rakete ist verglichen mit dem umgebenden Luftdruck
   a) höher   b) gleich   c) kleiner

13. Welcher Saugheber arbeitet mit der größten Fließgeschwindigkeit?
   a) A   b) B
   c) C   d) alle gleich

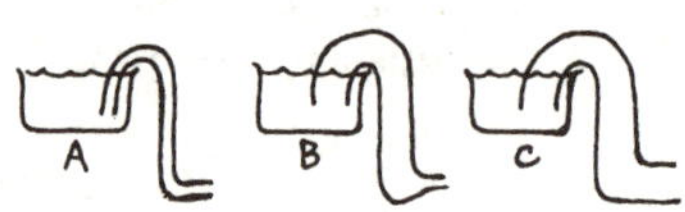

14. Auf dem Mond wäre ein Saugheber
   a) weniger wirksam wegen des fehlenden Luftdrucks
   b) wirksamer wegen der kleineren Schwerkraft

15. Die Wasserspülung eines Klosetts hängt vom Luftdruck ab – kein Luftdruck, keine Spülung.
   a) richtig   b) falsch

16. Wasser fließt wie skizziert durch das weite und dann enge Rohr. Aus kleinen Lecks bei Punkt A und Punkt B spritzt Wasser nach oben, höher bei

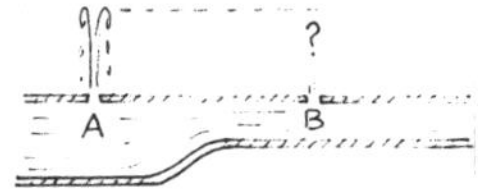

a) Punkt A b) Punkt B
c) an beiden gleich

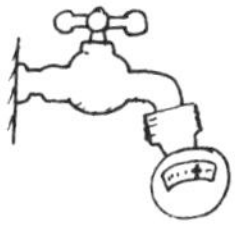

17. Ein einfacher Test auf rostige Leitungen ist, am Wasserhahn ein Manometer anzuschließen und damit auf niedrigen Druck zu prüfen.
a) richtig b) falsch

18. Identische Behälter mit gleich weiten Bodenlöchern werden mit Wasser oder Quecksilber gefüllt. Zuerst leer ist der Behälter voll

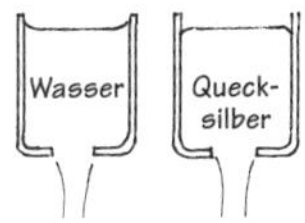

a) Wasser b) Quecksilber c) beide gleichzeitig

19. Die praktischste Ausführung einer Spüle ist folgende (Wenn man meint, dass die Antwort für jeden auf der Hand liegt, sollte man sich ein paar »moderne« Spülen anschauen):

a) (Skizze A) b) (Skizze B) c) (Skizze C)

20. Würde ein Barometer aus ganz dünnem Glas gemacht, würden die auf ihm lastenden Drücke es am ehesten wo brechen lassen

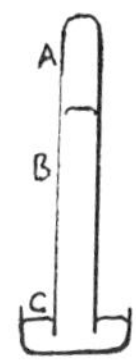

a) bei A b) bei B c) bei C d) nirgendwo besonders

WÄRME

Mechanische Dinge sind sichtbar, selbst Flüssigkeiten kann man sehen, Wärme aber nicht. Wärme(menge) ist ein unsichtbarer Akteur. Unsichtbar bedeutet natürlich nicht unmessbar. Wärme kann man mit den Fingerspitzen* »sehen«. Physiker haben viele Sachen zu verstehen gelernt, die man nicht sehen kann, aber Wärme war das erste Ungreifbare, das als »reale« Sache behandelt wurde – das erste unsichtbare Etwas, das man sich vor dem geistigen Auge vorstellte. Und was war die Vorstellung? Die Vorstellung war: ein Friedhof für Energie.

* Aber Achtung! Wärme(menge) in kcal oder Joule und Temperatur in °C sind zwei Paar Stiefel! Leider hat irgendein Normenausschuss den früher gebräuchlichen, eindeutigeren Begriff Wärmemenge oder Wärmeenergie durch das eher unscharfe Wort »Wärme« ersetzt! (Anm. d. Übers.)

Das Problem ist nicht, dass man die Antwort nicht kennt.
Das Problem ist, dass man die Frage nicht versteht.

Zum Sieden kommen

Man bringt einen großen Topf kalten Wassers zum Sieden, um Kartoffeln weich zu kochen. Um dazu die geringste Menge Energie zu verbrauchen, sollte man

a) die Hitze voll aufdrehen
b) die Hitze sehr klein drehen
c) die Hitze auf einen mittleren Wert stellen

Antwort: Zum Sieden kommen

Die Antwort lautet a). Wenn man die Hitze sehr klein einstellt, kann man den Herd ewig anlassen, ohne das Wasser zum Sieden zu bringen. Aus dem Herd fließt Wärme in den Topf. Etwas davon bleibt im Topf und etwas entweicht als Wärmestrahlung, heißer Dampf und heiße Luft. Die im Topf verbleibende Wärmemenge lässt das Wasser schließlich sieden. Die entwichene Wärmemenge zählt als Verlust. Je länger es dauert, das Wasser sieden zu lassen, desto mehr Zeit hat die Wärme zu entweichen. Je mehr Zeit die Wärme zum Entweichen hat, desto mehr Energie wird verloren und verschwendet.

Eine ähnliche Situation gibt es beim Start einer Rakete. Der Raketenmotor sollte mit ganzer Kraft brennen, um in der kürzest möglichen Zeit der Rakete so viel Impuls wie möglich zu erteilen. Warum? Weil die Rakete wegen der Schwerkraft ständig an Impuls verliert, genau wie der Topf ständig Wärme verliert. Wenn der Raketenmotor gedrosselt wird, kann die Rakete ihre ganze Energie dafür verbrauchen, einfach zu schweben und nie aufzusteigen.

Sieden

Das Wasser siedet jetzt. Was macht man, um die Kartoffeln mit möglichst wenig Energie weich zu bekommen?

a) die Hitze voll aufdrehen
b) die Hitze so einstellen, dass das Wasser leicht siedet

Antwort: Sieden

Die Antwort ist b). Kochendes Wasser hat immer eine Temperatur von 100 °C, und das ist das Einzige, was für die Kartoffeln wichtig ist. Aber es kostet mehr Energie, die Hitze voll aufzudrehen, also schalten Sie runter. Macht die zusätzliche Energiezufuhr das Wasser nicht noch etwas heißer? Kein bisschen! Stecken Sie ein Thermometer in sprudelnd kochendes Wasser und nur leicht siedendes. Dann sehen Sie es selbst. Wenn Sie kein Thermometer haben, können Sie es auch gleich mit zwei Kartoffeln versuchen. Aber wenn diese zusätzliche Energie nicht dazu dient, die Kartoffeln weich zu kriegen, was passiert dann mit ihr? Sie verschwindet in Form von Dampf aus dem Topf. Wenn man aber einen Deckel auf den Topf tut, reduziert man dann die Energie, die zum Kochen gebraucht wird, oder die Zeit? Beides. Sie reduzieren die Zeit und die Energie, die man braucht, um Wasser zum Kochen zu bringen, und wenn es erst mal kocht, dann sparen Sie zwar keine Zeit mehr, aber immer noch Energie.

Kühl halten

Der Kühlschrank zu Hause verbraucht wahrscheinlich mehr Energie als alle übrigen elektrischen Haushaltsgeräte zusammen (abgesehen von Wasserkochern und Klimaanlagen). Man hat aus dem Kühlschrank eine Packung Milch genommen und etwas davon ausgeschenkt. Man spart am meisten Energie, wenn

a) die Milch sofort in den Kühlschrank zurück gestellt wird
b) die Milch so lang als möglich draußen gelassen wird

Antwort: Kühl halten

Die Antwort lautet a). Je länger die Milch draußen steht, desto wärmer wird sie. Je wärmer sie wird, umso länger muss der Kühlschrank brummen, um sie wieder kalt zu bekommen. Je länger der Kühlschrank brummt, desto mehr Energie verbraucht er.

Abschalten oder nicht

An einem kalten Tag verlässt man das Haus für eine Viertelstunde zum Einkaufen. Zum Energiesparen wäre es am besten,

a) die Heizung eingeschaltet zu lassen, damit nicht mehr Energie verbraucht wird, wenn bei der Rückkehr das Haus wieder hochgeheizt werden muss
b) den Thermostat auf 10° runterzudrehen statt abzuschalten
c) die Heizung beim Gehen abzuschalten
d) es ist für den Energieverbrauch einerlei, ob man die Heizung abschaltet oder eingeschaltet lässt

Antwort: Abschalten oder nicht

Die Antwort lautet c), Heizung abschalten. Wenn es draußen kalt ist, verliert ein Haus immer Wärme. Wenn es keine Wärme verlöre, bräuchte man ein Haus nicht einmal zu heizen und es bliebe unendlich lange warm. Die Heizung muss all die Wärme ersetzen, die verloren geht. Wie viel Wärme geht verloren? Das hängt davon ab, wie gut ein Haus isoliert ist und wie kalt es draußen ist. Je größer der Temperaturunterschied zwischen drinnen und draußen ist, desto größer ist die Abkühlgeschwindigkeit (dies ist das Newton'sche Abkühlungsgesetz: Kühlgeschwindigkeit $\sim \Delta T$). Ein Haus warm zu halten, während man fort ist, bedeutet größeren Wärmeverlust, als wenn das Haus kälter ist. Je wärmer ein Haus verglichen zur Umgebung ist, desto schneller geht Wärme(menge) verloren. Wenn es gar keinen Temperaturunterschied gäbe, gäbe es natürlich keine Verluste und keine Notwendigkeit zu heizen.

Wir können uns das vor Augen führen, indem wir uns das Haus als einen löchrigen Eimer vorstellen. Der Wasserspiegel im Eimer steht für die Temperatur im Haus. Je höher der Wasserspiegel im Eimer, desto höher ist die Temperatur im Haus. Doch je höher der Wasserspiegel im Eimer ist, desto größer ist der Druck auf die Löcher und umso schneller verliert er Wasser. Also wird mehr Wasser pro Minute gebraucht, um einen hohen Wasserspiegel zu erhalten als einen niedrigen. Damit ist es einleuchtend, dass man Wasser spart, wenn man den Pegel niedrig hält. Spart man mehr Wasser, wenn man die Zufuhr ganz abschaltet, selbst für nur kurze Zeit? Wenn man ein bisschen nachdenkt, kommt man darauf, dass insgesamt weniger Wasser benötigt wird, den Eimer nach einem vollständigen Auslaufen wieder zu füllen, als ihn die ganze Zeit mit entsprechenden Verlusten auf demselben Pegel zu halten. Wenn er leer oder fast leer ist, füllt er sich rasch, weil der Zufluss größer ist als der Abfluss. Das Auffüllen endet bei einem Wasserstand, bei dem der Abfluss gleich dem Zufluss wird.

Wie man also weniger Wasser braucht, um den löchrigen Eimer erneut zu füllen als für das Halten des unveränderten Wasserspiegels, wird auch weniger Hitze benötigt, wenn ein ausgekühltes Haus wieder geheizt wird, als wenn man es auf einer höheren Temperatur als draußen hält.

Zum Energiesparen soll man das Licht ausschalten, wenn man's nicht braucht, und die Heizung abstellen, wenn man aus dem Haus geht!

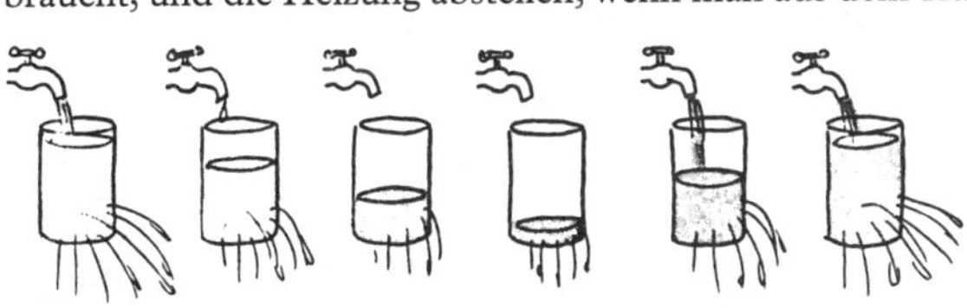

Pfeifender Teekessel

Ein Teekessel wird direkt auf der Gasflamme erhitzt, ein anderer wird auf eine schwere Metallplatte direkt über einer Gasflamme gesetzt. Wenn sie pfeifen, dreht man die Flamme aus.

a) Der Kessel direkt auf der Flamme pfeift weiter, aber der Kessel auf der Metallplatte hört alsbald auf zu pfeifen.
b) Der Kessel auf dem Metall pfeift einige Zeit weiter, doch der direkt beheizte hört alsbald auf.
c) Beide hören etwa nach derselben Zeit auf zu pfeifen.

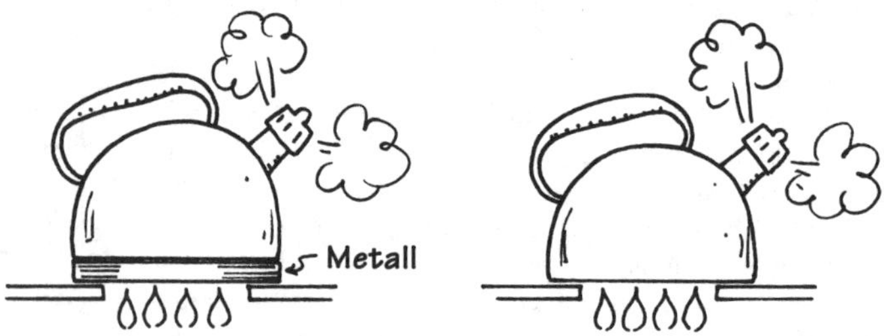

Antwort: Pfeifender Teekessel

Die Antwort lautet b). Die Frage könnte einen »guten« Physikstudenten in Verlegenheit bringen, weil Metall weniger Wärmekapazität hat als Wasser und deshalb weniger Energie transportiert. Entscheidend ist aber hier, dass das Metall heißer ist als das Wasser im Kessel. Es muss heißer sein, damit Wärme vom Metall in den Kessel fließen kann, und das Metall bleibt auch eine Zeit lang heißer, nachdem der Herd ausgedreht wurde. Also wird während dieser Zeit noch Wärme in den Kessel transportiert, und der Kessel pfeift weiter. Wenn kein Metall da ist, endet die Wärmelieferung, sobald der Herd ausgeht, und der Kessel pfeift nicht mehr.

Ausdehnung des Nichts

Eine Metallscheibe mit einem Loch drin wird aufgeheizt, bis das Eisen sich um ein Prozent ausgedehnt hat. Der Durchmesser des Lochs wird

a) zunehmen
b) abnehmen
c) sich nicht ändern

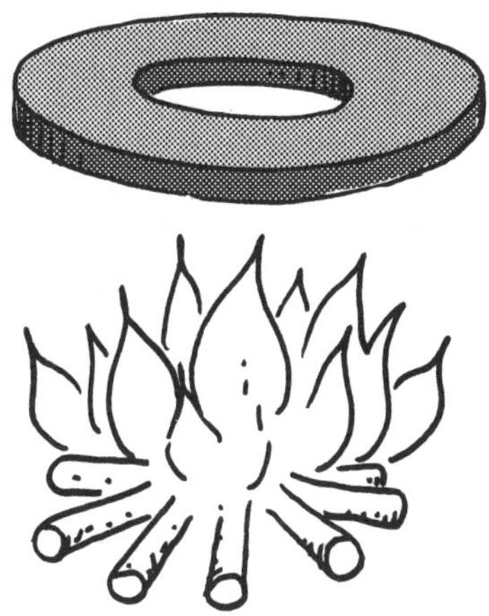

Antwort: Ausdehnung des Nichts

Die Antwort lautet a). Das Loch besteht aus Nichts, aber Nichts dehnt sich ebenso aus. Jede Dimension des Rings dehnt sich im Verhältnis aus. Um sich solche Ausdehnung vorzustellen, denke man sich ein Foto des Rings, das um 1 % vergrößert würde. Alles auf dem Foto würde größer, sogar das Loch.

Oder anders betrachtet: Der Ring wird aufgebogen und zum Stab gestreckt. Beim Erwärmen wird der Stab dicker, aber auch länger. Wenn man ihn dann wieder zum Ring zurechtbiegt, ist ersichtlich der innere Umfang größer geworden und auch die Dicke des Rings.

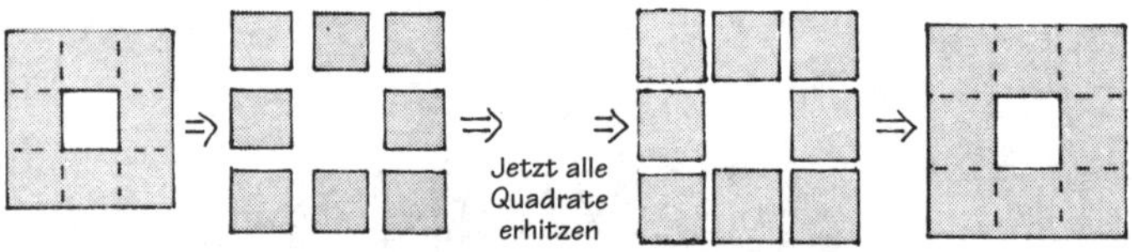

Noch besser sieht man es bei einem quadratischen Loch in einem quadratischen Metallstück. Man teilt das Metall wie skizziert in Quadrate auf, erwärmt diese und lässt sie sich ausdehnen, dann fügt man sie wieder zusammen. Die leere Öffnung dehnt sich genauso aus wie das massive Metall.

Die Schmiede brachten früher Eisenfelgen auf hölzernen Wagenrädern an, indem sie einfach die für das Rad etwas zu kleine Felge erhitzten. Erhitzt und ausgedehnt wurde die Felge dann auf das Holzrad geschoben. Nach dem Abkühlen saß sie ohne irgendwelche Befestigungsmittel fest.

Festsitzende Mutter

Eine Mutter sitzt auf einer Schraube fest. Wodurch kann man sie am ehesten lockern?

a) durch Abkühlen
b) durch Erhitzen
c) durch beides
d) durch keins von beidem

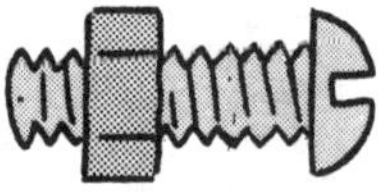

Antwort: Festsitzende Mutter

Die Antwort lautet b). Siehe AUSDEHNUNG DES NICHTS. Schraube und Mutter sind nicht vollkommen in Kontakt miteinander. Dazwischen gibt es vielmehr einen kleinen Abstand. Bei einer festsitzenden Mutter ist die Ursache wahrscheinlich, dass dieser Spalt zu schmal ist. Wie kann man ihn vergrößern? Durch Erwärmen. Erwärmen macht alles größer. Die Mutter dehnt sich aus, die Schraube und am wichtigsten: der Abstand dazwischen. Um die Mutter zu lockern, erwärmt man sie also – obwohl die Schraube sich gleichfalls ausdehnt.

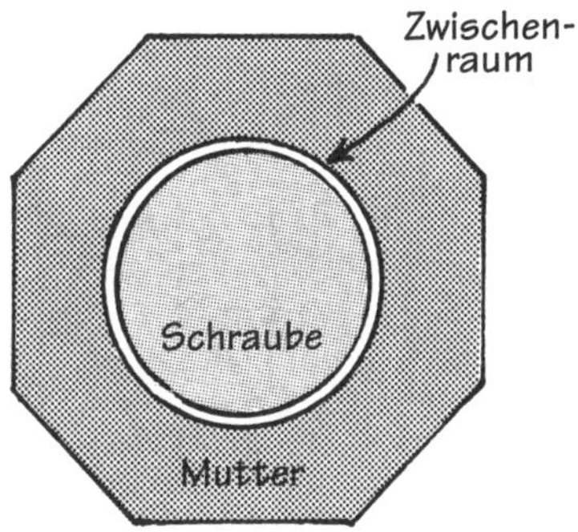

Das nächste Mal, wenn ein Metalldeckel auf einem Glas sich nicht aufdrehen lässt, halten Sie den Deckel kurz unter heißes Wasser oder bringen ihn in Kontakt mit einer heißen Herdplatte. Der Deckel, sein innerer Umfang und sonst was wird sich ausdehnen, worauf man ihn leicht aufdrehen kann.

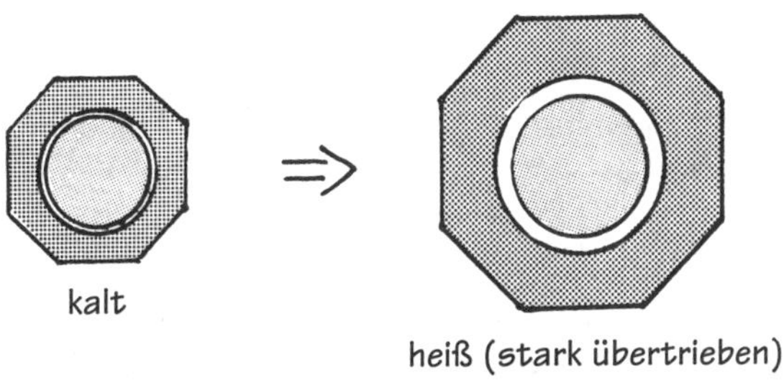

Schrumpfvorgang

Wenn das Volumen, das eine bestimmte Menge Luft einnimmt, abnimmt, dann muss die Lufttemperatur

a) steigen
b) sinken
c) kann man nicht sagen

Antwort: Schrumpfvorgang

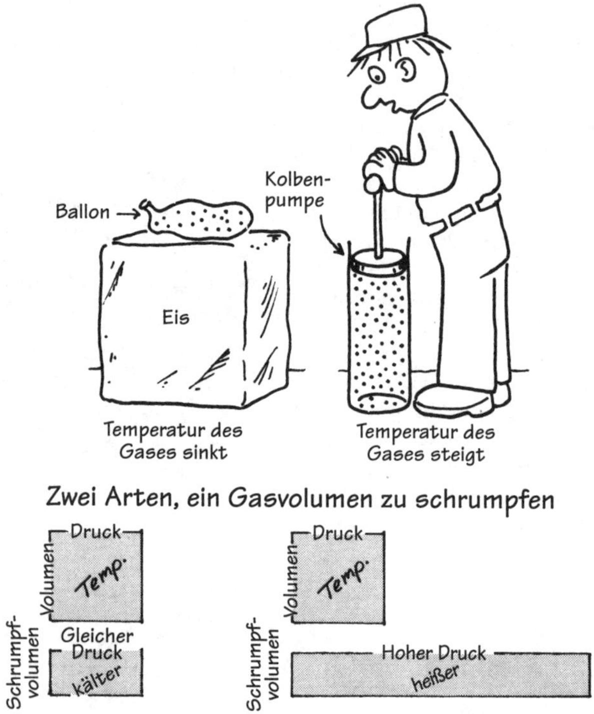

Die Antwort lautet c).

Man kann sich einen Luftballon vorstellen, der in den Kühlschrank gelegt wird. In diesem Fall geht das Schrumpfen des Ballons mit der Senkung der Temperatur einher. Oder man stellt sich vor, dass Luft in einer Pumpe oder Kolbenmaschine zusammengepresst wird. Das Volumen schrumpft, die Temperatur steigt. Die Änderung der Lufttemperatur hängt von mehr als bloß ihrer Volumenänderung ab. Man muss auch noch wissen, wie sich ihr *Druck* verändert. Die Lufttemperatur ist abhängig von Volumen *und* Druck – man muss beides kennen. Wenn das Volumen runtergeht und der Druck runtergeht, dann geht die Temperatur runter. Selbst wenn das Volumen runtergeht und der Druck sich nicht ändert, geht die Temperatur runter. Aber wenn das Volumen ein bisschen runtergeht und der Druck stark hochgeht, dann geht die Temperatur hoch. Wie viel ist ein bisschen oder stark? Wenn das Volumen von Gas auf die Hälfte runtergeht und der Druck auf das Doppelte hoch, dann ändert sich die Temperatur nicht. Aber wenn der Druck auf mehr als das Doppelte hochgeht, dann steigt die Temperatur – wenn der Druck auf weniger als das Doppelte geht, sinkt sie. In anderen Worten: Temperatur ist proportional zu Druck mal Volumen:

$$T \sim p \cdot V$$

Mutwillige Verschwendung

Die größte Verschwendung von elektrischer Energie kann man in vielen Supermärkten beobachten. Kühlnahrung wird in folgenden vier Kühlbehältern gelagert. Welche ist am verlustreichsten und welche am sparsamsten?

a) Kühltruhe mit Deckeln
b) Kühltruhe ohne Abdeckung
c) Kühlregal mit Türen
d) Kühlregal ohne Türen

Antwort: Mutwillige Verschwendung

Die verschwenderischste Einrichtung ist d), die sparsamste a). Kalte Luft ist dichter als warme und fällt daher zu Boden. Wenn man einen vertikalen Kühlschrank öffnet, fällt die kalte Luft buchstäblich heraus und warme Luft kommt herein, um ihren Platz einzunehmen. Wenn ein Kühlregal keine Tür hat, fällt ständig kalte Luft heraus. Schon mal bemerkt, wie kalte Füße man bekommt, wenn man im Supermarkt an einem türlosen Kühlregal entlanggeht? Das auf dem Boden ist verschwendete Kühlenergie, und man zahlt auch noch dafür. Der beste Kühlbehälter lässt sich nur oben öffnen. Darum kann dort keine Luft herausfallen. Und er hat einen Deckel, damit die kalte Luft auch nicht in Kontakt mit der warmen darüber kommt.

Kalte Luft ist nur dann dichter als warme, wenn beide denselben Druck haben, hier also den Luftdruck der Atmosphäre. Aber wenn die warme Luft unter höherem Druck steht als die kalte, kann sie dichter sein als die kalte. Kalte Luft ist also keineswegs grundsätzlich dichter als warme Luft.

Inversion

Man kampiert neben einem Bergsee. Der Rauch vom Frühstücksfeuerchen steigt weit hoch und verbreitet sich dann flach über den See. Nach dem Frühstück wandert man in die höheren Gefilde. Dort ist die Temperatur wahrscheinlich

a) kälter
b) wärmer

Antwort: Inversion

Die Antwort lautet b). Was die Rauchschicht verursacht hat, bezeichnet man als Inversion. Die Luft nah überm See ist abgekühlt. Vielleicht kühlte kaltes Wasser im See die Luft ab, oder vielleicht rollte auch bloß während der Nacht kalte Luft auf den Grund des Tals. Normalerweise ist kalte Luft dichter als warme und sinkt deshalb ab. Über der kalten Luft befindet sich wärmere Luft, und dies zeigt der Rauch an. Die heiße rauchige Luft steigt in der kalten Luft hoch, weil heiße Luft nach oben steigt. Sie steigt so lange, bis sie die warme Luft oben erreicht. Wenn die warme Luft wärmer ist als die rauchige Luft, steigt der Rauch nicht mehr weiter hoch. Er breitet sich einfach in der warmen Luft aus. Wenn man also vom See aus hoch wandert, wird man sich in warmer Luft befinden.

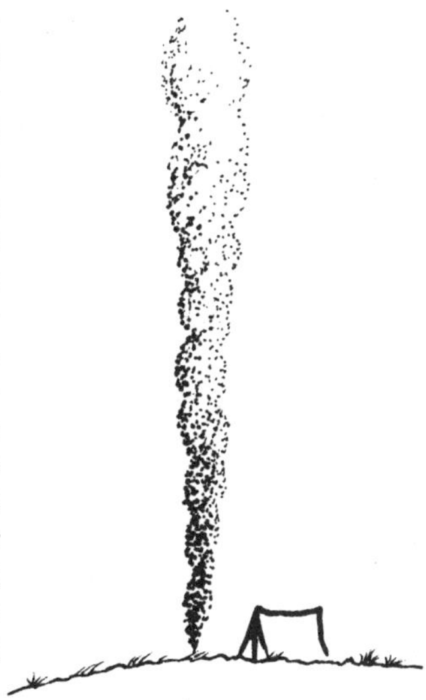

Normalerweise steigt beim Feuermachen der Rauch höher und höher. Dies bedeutet, dass die Luft je höher, desto kälter wird und dass sie stets kälter als der Rauch ist. Wenn die höhere Luftschicht wärmer ist – nicht kälter, wie sie sein sollte – bezeichnet man solche Wetterlage als Inversion.

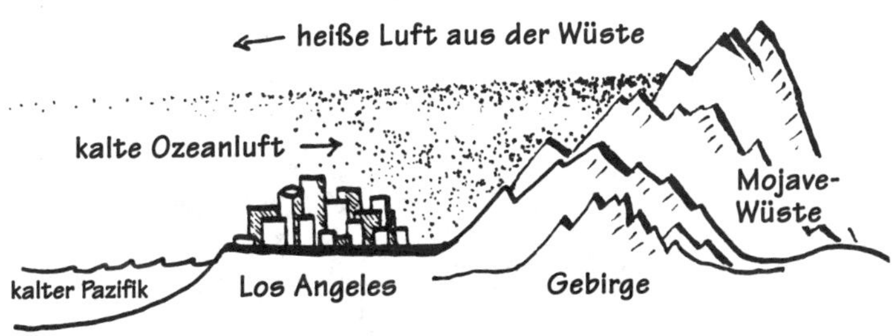

Inversionen trifft man manchmal in Küstenniederungen von kalten Ozeanen an. Zum Beispiel gerät in Los Angeles kühle Luft vom kalten Pazifik unter heiße Luft aus der Mojave-Wüste. Smog und Rauch aus Los Angeles bleiben unter dieser Inversion gefangen. Oft sieht man eine gelbe Schicht über der Stadt – genau wie die Rauchschicht über dem See. Aus demselben Grund kann man auch eine gelbe Schicht über dem Südende der San-Francisco-Bucht beobachten.

Mikrodruck

Rauch besteht aus zahllosen winzigen Ascheteilchen. Wenn man den Luftdruck in einem Raum so klein wie ein Ascheteilchen messen könnte, würde man wahrscheinlich feststellen,

a) dass er sich in jedem Augenblick von Ort zu Ort ändert – verschiedene Bereiche des Zimmers haben unterschiedliche Drücke
b) dass er sich an jedem Ort im Zimmer von Augenblick zu Augenblick ändert – der Druck schwankt mit der Zeit
c) sowohl a) wie b)
d) dass bis auf veränderliche Wetterbedingungen und Luftzug der Luftdruck in einem Zimmer unveränderlich bleibt und nicht von Augenblick zu Augenblick und von Ort zu Ort schwankt – selbst in einem sehr kleinen Teilvolumen des Raums

Antwort: Mikrodruck

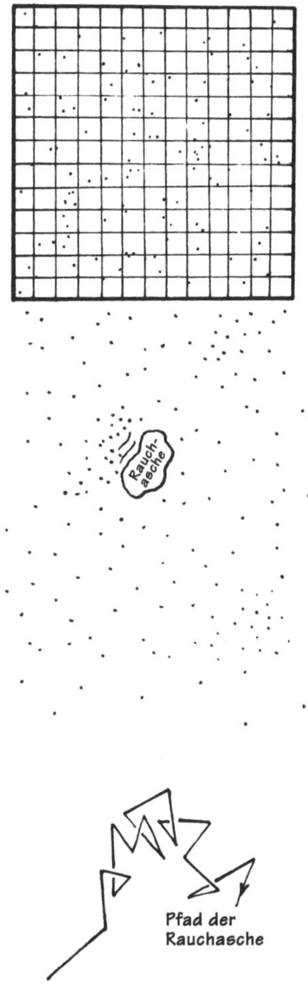

Die Antwort lautet c). Die Luftmoleküle sind nach dem Zufallsprinzip im Raum verteilt, sodass man in jedem kleinen Raumvolumen nicht genau die gleiche Anzahl erwarten kann. Während die Moleküle im Raum herumflitzen, gibt es von Zeit zu Zeit und Ort zu Ort kleine »Zusammenrottungen«. In einem großen Raumvolumen zählt die Wirkung der kleinen Zusammenrottungen kaum, doch in kleinen Volumina bedeutet dies eine echte Druckschwankung – wenn sich die Moleküle zusammenrotten, nimmt der Druck in dem kleinen Raum zu. Angenommen, der Druck links von einem kleinen Ascheteilchen nimmt plötzlich zu – dann erhält die kleine Asche einen Stoß nach rechts. Später erfährt sie Stöße aus anderen Richtungen, wenn sich die Moleküle zufällig an verschiedenen Seiten der Asche zusammenballen.

Bläst man Zigarettenrauch in einen kleinen Kasten mit einem Glasfenster und schaut mit einem Mikroskop in diesen Kasten, dann sieht man Rauchteilchen im Zickzack wie betrunken hin und her irren, während sie in der Luft schweben. Die Luftmoleküle sind zu klein, um sie zu erkennen – selbst durch das beste Mikroskop nicht. Aber sie flitzen herum und treffen die »große« Rauchasche und bringen diese so zum »Tanzen«. Dieser Tanz wird als Brown'sche Bewegung bezeichnet (nach dem ersten Naturforscher, der sie sah: Robert Brown). Eigentlich beeinträchtigen einzelne »Treffer« das Rauchteilchen kaum, aber wenn es viel mehr Treffer auf einer Seite als auf der anderen erhält, dann ist die Wirkung sichtbar.

Autsch

Der Physiklehrer streckt seine Hand in den heißen Dampf aus einem Dampfkochtopf und ruft: »Autsch!« Doch wenn er seine Hand etliche Zentimeter höher hebt, empfindet er den Dampf als kühl. Das kommt daher, dass der Dampf sich beim Ausdehnen abkühlt.

a) richtig
b) falsch

Antwort: Autsch

Die Antwort lautet b). Wie schon bei SCHRUMPFVORGANG erklärt, kühlt sich ein Gas nicht notwendig ab, bloß weil es sich ausdehnt. Hat sich der Dampf in den paar Zentimetern zwischen Dampfkochtopf und Lehrerhand ausgedehnt? Nein. Sobald der Dampf aus dem Dampfkochtopf austritt, befindet er sich auf Luftdruck, also hat der Dampf alle erforderliche Ausdehnung schon hinter sich, bevor er aus dem Topf kam. Warum wird dann der Dampf* etliche Zentimeter über dem Dampfkochtopf kühl? Weil er sich mit kalter Luft vermengt.

Heißt das, dass der Dampf ohne Abkühlung aus dem Dampfkochtopf steigt, wenn es keine Luft gäbe? Ja. Wenn man alle Luft aus einem abgedichteten Zimmer entfernt und dann den Dampf aus einem Dampfkochtopf rauslässt, würde der Dampf nicht abkühlen. Das wird als freie Ausdehnung bezeichnet. Wenn das Zimmer abgedichtet (und wärmeisoliert) ist, kann keine Energie entkommen und die Dampfmoleküle verlieren nichts von ihrer kinetischen Energie.

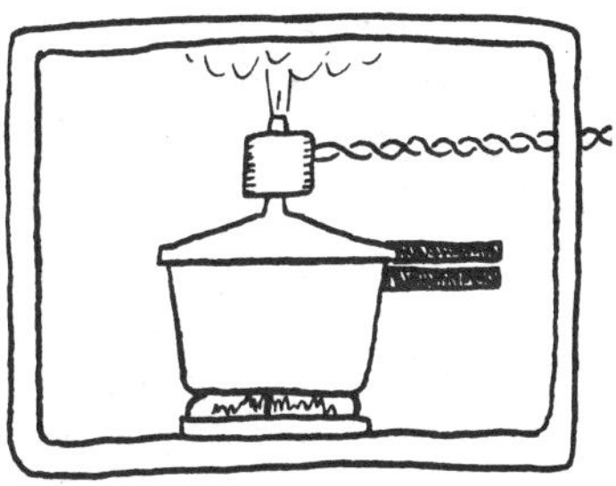

Angenommen, man hätte eine Spielzeug-Dampfturbine oder – Dampfmaschine und ließe den Dampf durch die Turbine laufen, wenn er aus dem Dampfkochtopf austritt. Würde das den Dampf kühlen? Aber ja, wenn die von der Turbine erzeugte elektrische Energie das abgedichtete Zimmer verlassen könnte. Was wäre, wenn die elektrische Energie bloß dazu benutzt würde, um eine Heizung in dem abgedichteten Zimmer zu betreiben? Die Heizung würde den Dampf auf seine ursprüngliche Temperatur aufheizen. Genau auf seine ursprüngliche Temperatur? Ja, genau so hoch.

* Achtung, UK- und USA-Studenten! Bei Wasserdampf wird dort unterschieden zwischen steam (mindestens 100 °C bei Normaldruck) und vapor (unter 100 °C bei Normaldruck)

Dünne Luft

Zwei Lufttanks sind durch ein sehr kleines Loch miteinander verbunden. In den Tanks befindet sich etwas dünne Luft – das heißt Luft, die so wenig Moleküle enthält, dass diese eher mit der Tankwand als mit ihresgleichen zusammenstoßen. Der eine Tank wird mit einer Kältemischung aus gestoßenem Eis und Wasser auf 0 °C gehalten. Der andere wird mit Dampf auf 100 °C gehalten.

a) Der Luftdruck in den Tanks muss schließlich gleich groß werden, unabhängig vom Temperaturunterschied.
b) Der Luftdruck im kalten Tank wird höher als derjenige im heißen Tank sein.
c) Der Luftdruck im kalten Tank wird niedriger als derjenige im heißen Tank sein.

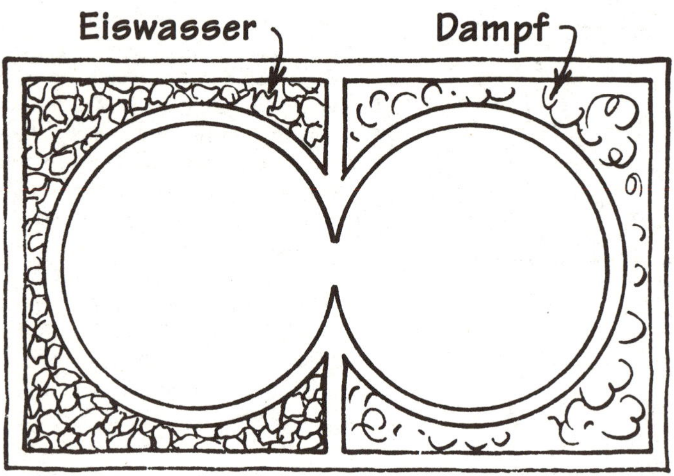

Antwort: Dünne Luft

Die Antwort lautet c). Der gesunde Menschenverstand suggeriert, dass kein Druckunterschied bleiben kann, wenn die Tanks verbunden sind. Aber gesunder Menschenverstand beruht auf unserer Erfahrung, und unsere Erfahrung beschränkt sich auf »dicke« Luft, wo die Moleküle derart dicht gepackt sind, dass sie viel öfter miteinander als mit den Wänden zusammenstoßen. Also ab in die Welt der Moleküle!

Die Moleküle im heißen Tank flitzen schneller als diejenigen im kalten Tank. Einige gelangen vom heißen Tank durch das Loch in den kalten und einige vom kalten durch das Loch in den heißen. Die durchtretende Anzahl vom heißen zum kalten Tank während einer bestimmten Zeit muss gleich der durchtretenden Anzahl vom kalten zum heißen in derselben Zeit sein. Sonst würden alle Moleküle im heißen oder im kalten Tank enden. Also muss auch die Häufigkeit, mit der Moleküle die Wände (ebenso wie das Loch) treffen, in beiden Tanks gleich sein. Doch die Moleküle im heißen Tank flitzen schneller. Da Luftdruck gleich der Häufigkeit, womit Moleküle eine Flächeneinheit treffen, mal Impuls der Moleküle ist, ergibt sich zwingend, dass trotz des Lochs der Luftdruck im heißen Tank höher ist als der Druck im kalten Tank.

Was bedeutet das für die übliche Erfahrung, dass sich der Luftdruck in solchen Tanks ungeachtet der Temperaturunterschiede ausgleichen müsse? Der Druckausgleich kommt zustande, wenn die Luft genügend dicht ist, um die Luftmoleküle in großer Menge aufeinander wirken zu lassen. Das gilt aber dann nicht, wenn die Moleküle selten aufeinander stoßen.

Wenn wir jetzt den Einfluss aufeinander stoßender Moleküle mit einbeziehen, zusätzlich zu dem Stoßen an die Wand, müssen wir die Wärmeleitung zwischen Luftmolekülen berücksichtigen. Alle Moleküle in der Nähe des Lochs kommen in etwa auf dieselbe Temperatur oder Geschwindigkeit. Also sind die Moleküle in Lochnähe im heißen Tank etwas kühler als die übrigen, und im kalten Tank sind die Moleküle in Lochnähe etwas heißer als die übrigen. Wenn die kalten, langsamen Moleküle in Lochnähe im heißen Tank mit den schnelleren weiter innen zusammenstoßen, werden die langsamen zurückgeschlagen. Manche werden aus dem heißen Tank hinaus in den kalten Tank gedrängt. Dadurch verringert sich der Druck im heißen Tank und erhöht sich der Druck im kalten Tank. Ist das Gas dicht genug, geht dies so weiter, bis die Drucke in beiden Tanks gleich sind.

Heiße Luft

Warme Luft steigt auf, weil

a) die einzelnen Heißluft-Moleküle schneller flitzen als die kühlen und dadurch höher hinaufschießen können
b) die einzelnen heißen Moleküle es schwieriger finden, die dichte Luft unter sich als die weniger dichte Luft über sich zu durchdringen
c) einzelne heiße Moleküle nicht zum Steigen neigen; nur große Gruppen heißer Moleküle neigen als Gruppe zum Steigen

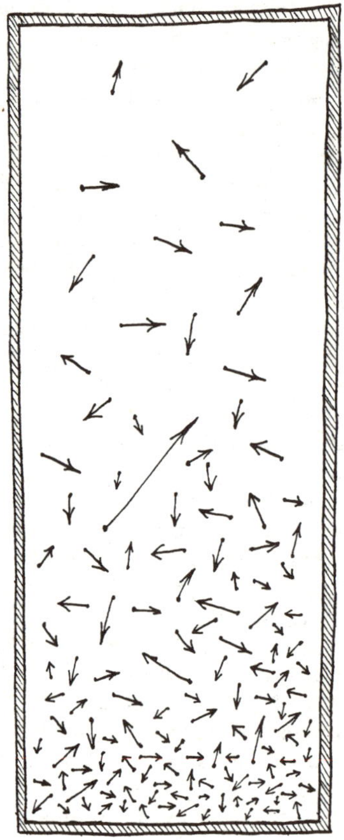

Antwort: Heiße Luft

Die Antwort lautet c). Die mittlere freie Weglänge eines einzelnen Luftmoleküls beträgt nur etwa den 100 000. Teil eines Zentimeters, bevor es ein anderes Molekül trifft – also kann es nicht weit flitzen. Selbst wenn es nach oben fliegen würde, würde es beim Aufsteigen seine Geschwindigkeit verlieren. Das heißt, beim Aufsteigen würde es kühlen.

Einzelne heiße (schnelle) Moleküle mögen es schwieriger finden, die dichte Luft unter sich als die weniger dichte Luft über sich zu durchdringen. Aber ebenso würden es auch die kühlen (langsamen) Moleküle schwieriger finden, die dichte statt der weniger dichten Luft zu durchdringen.

Warme Luft steigt auf, weil ein bestimmtes Volumen heißer Luft bei gegebenem Druck weniger Moleküle enthält und daher weniger wiegt als das gleiche Volumen kühler Luft beim selben Druck. Also ist es der Dichteunterschied zwischen heißer und kalter Luft, der heiße Luft wie eine Blase nach oben schwimmen lässt. Von Dichte zu reden, ist nur sinnvoll, wenn man es mit großen Gruppen von Molekülen zu tun hat.

Angenommen, man hätte ein Zimmer, in dem die Lufttemperatur oben und unten dieselbe ist. Dies heißt, dass die Durchschnittsgeschwindigkeit der Moleküle oben und unten im Raum dieselbe sein muss, auch wenn einzelne Moleküle immer schneller oder langsamer flitzen. Und mal angenommen, einzelne heiße Moleküle würden tatsächlich zum Steigen neigen – die heißen sind natürlich die schnellen. Dann würde nach einer Weile die Luft oben heiß und die Luft am Boden kalt werden. Das hieße, die warme Luft würde sich von selbst in heiße und kalte Luft trennen.

Dies widerspricht jeder Erfahrung im wirklichen Leben. Im wirklichen Leben kühlen sich heiße Dinge ab und wärmen sich kalte Dinge auf. Wenn man tatsächlich etwas Warmes fände, das sich von selbst in etwas Heißes und etwas Kaltes trennt, könnte man Wunder geschehen lassen.

Es gibt eine wichtige Moral von der Geschichte: Phänomene damit zu erklären, was Einzelmoleküle tun, ist ein ganz schwieriges Geschäft. In der kinetischen Gastheorie – der molekularen Gastheorie – ist Halbwissen gefährlich. Seit den alten Griechen gibt es die atomare oder molekulare Theorie der Materie, und sie ist auch konzeptionell einleuchtend. Aber sie ist derart mit Schwierigkeiten verbunden, dass sie einen Mann namens Ludwig Boltzmann, der schließlich um 1900 ihre Gültigkeit sicherte, in den Selbstmord trieb.

Hast du sie gesehen?

Die Leuchtspur von Sternschnuppen oder Meteoren bleibt manchmal für Sekunden hell, doch die helle Spur von Blitzen verschwindet in Bruchteilen einer Sekunde. Der Grund dafür hat damit zu tun, dass

a) ein Meteor mehr Leistung erbringt als ein Blitz
b) der Meteor heißer ist als der Blitz
c) der Blitz elektrisch ist, der Meteor dagegen nicht
d) der Meteor hoch in der Atmosphäre erscheint, wo der Luftdruck niedrig ist, wogegen der Blitz unten in der Atmosphäre auftritt, wo der Luftdruck hoch ist
e) die Feststellung stimmt gar nicht. Ein Blitz dauert mehrere Sekunden, wogegen die Leuchtspur des Meteors im Bruchteil einer Sekunde verschwindet

Antwort: Hast du sie gesehen?

Die Antwort lautet d). Eine Sternschnuppe ist meist ein kleines kosmisches Sandkorn aus dem Weltraum, das in die Erdatmosphäre dringt. Es fliegt derart schnell durch die Luft, dass es aus den Luftatomen Elektronen herausschlägt, die ein Plasma bilden. Plasma ist der Name für Gas- oder Luftatome, denen Elektronen herausgeschlagen wurden. Es ist ein Gemisch aus teils nackten Atomen und freien Elektronen. Der alte Name für Plasma war ionisiertes Gas. Innerhalb etwa einer Sekunde vereinigen sich die freien Elektronen mit den Ionen und geben die Energie ab, die erforderlich war, um sie überhaupt freizuschlagen. Die bei der Wiedervereinigung abgegebene Energie ist die Quelle des Lichts in der Leuchtspur des Meteors. Ein Blitz erzeugt ebenfalls ein Plasma, indem Elektronen aus den Atomen herausgeschlagen werden, und zwar von den Elektronen, die den elektrischen Strom des Blitzes ausmachen.

Nun fliegt der Meteor hoch oben in der Atmosphäre, etwa dreißig Kilometer hoch. Dort oben ist der Luftdruck niedrig, was bedeutet, dass die Luftatome weit auseinander sind, sodass es eine oder zwei Sekunden dauern kann, bis ein freies Elektron ein ionisiertes Atom (Ion) zum Wiedervereinigen finden und seine Energie abgeben kann. Der Blitz findet dagegen tief unten in der Atmosphäre statt, in etwa zwei bis drei Kilometern Höhe. Nahe der Erdoberfläche ist der Luftdruck hoch, was bedeutet, dass die Luftatome näher beieinander sind, weshalb ein freies Elektron nur einen Sekundenbruchteil braucht, um ein Ion zum Wiedervereinigen zu finden. Also wandelt sich das Plasma in Sekundenbruchteilen in normale Luft zurück. Die Verwandlung der Luft in ein Plasma entzieht dem Blitz Energie. Die Rückverwandlung des Plasmas zu Luft setzt Energie als Licht, Wärme und Schall frei.

In den meisten Blitzschlägen ist mehr Energie enthalten als in den meisten Meteoren, und die Energie des Blitzschlags wird schneller freigesetzt, also steckt mehr Leistung in der Blitzentladung als im Meteor. Auch hat der Blitz einen Stich ins Bläuliche, der Meteorschweif dagegen einen gelblichen – was bedeutet, dass das Blitzplasma am heißesten ist. Das Blitzplasma wird von elektrischer Energie erzeugt. Das Plasma im Meteorschweif wird dagegen durch die kinetische Energie des Meteoriten geschaffen. Aber unabhängig, wie das Plasma erzeugt wird, hängt die Zeitdauer bis zur Wiedervereinigung zu normaler Luft nur davon ab, wie lang die freien Elektronen brauchen, um Ionen zu treffen, mit denen sie sich wieder vereinigen können.

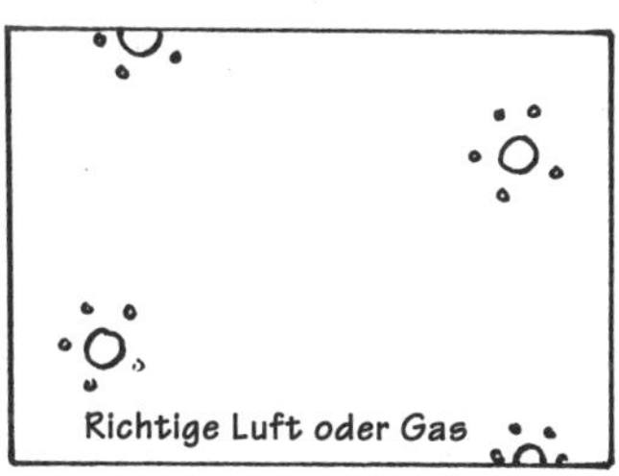

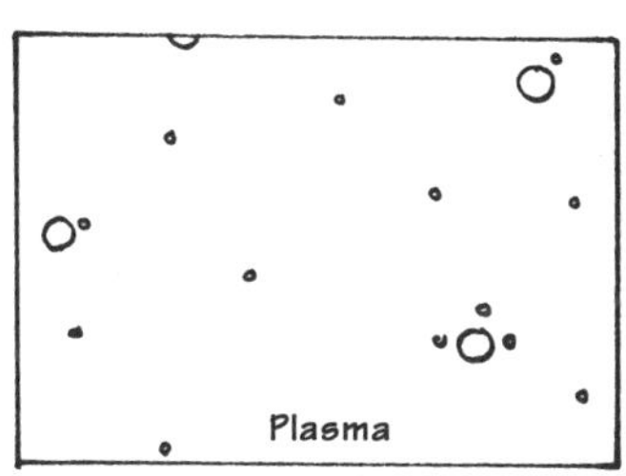

Heiß und schwül

Das Wetter in New Orleans und entlang der ganzen Golfküste ist im Sommer recht heiß und feucht. Bei solchem Klima ist die angenehmste Tageszeit

a) gleich nach Sonnenuntergang, wobei die Temperatur leicht sinkt
b) gleich nach Sonnenaufgang, wenn die Temperatur ansteigt
c) im Mittel zu keiner besonderen Zeit

Antwort: Heiß und schwül

Die Antwort lautet b). Tropisches Klima ist anstrengend wegen der Luftfeuchtigkeit. Wenn Schweiß von der Haut verdampft, zieht er Wärme ab und kühlt somit. Aber wenn die Luft sehr feucht ist, ist sie bereits ganz voll von Wasserdampf und unfähig, mehr aufzunehmen. Also bleibt der Schweiß einfach auf einem liegen. Die Anzahl der Gramm Wasser, die ein Kubikmeter Luft aufnehmen kann, hängt von der Temperatur ab. Heiße Luft enthält mehr Wasser. Bei Sonnenuntergang kühlt die Luft ab und hat weniger Aufnahmefähigkeit für Wasser. Das gilt auch für den Körperschweiß. Wenn die Luft noch weiter abkühlt, kondensiert das Wasser zu Nachttau.

Bei Sonnenaufgang dagegen erwärmt sich die Luft und kann wieder mehr Wasser aufnehmen. Wasser kann wieder verdampfen. Die Luft saugt den Morgentau und auch den Schweiß auf, man fühlt sich trocken und kühl – aber nicht lange. Bald ist es wieder heiß und drückend.

Wieso kühlt eigentlich das Verdunsten? Weil die Moleküle in einer Flüssigkeit unterschiedliche Geschwindigkeiten haben. Nicht alle Moleküle in 20 °C warmem Wasser befinden sich ebenfalls auf 20 °C. Manche sind auf 30 °C, manche auf 10 °C. Zwanzig ist bloß der Durchschnitt. Welche Moleküle verdampfen zuerst? Es sind die schnell flitzenden oder heißen, etwa die auf 30 °C, wodurch der »Klassendurchschnitt« herabgesetzt wird. Es verbleiben diejenigen auf 20 °C oder 10 °C, also sinkt der Durchschnitt etwa auf 15 °C (je nach Anzahl der beteiligten Moleküle auf verschiedenen Temperaturen). Wenn also die schneller flitzenden oder heißeren Moleküle davonfliegen, sinkt die mittlere Temperatur der übrig gebliebenen.

Übrigens haben wir deswegen Haare auf dem Kopf, damit der Schweiß auf dem Kopf bleiben kann. Wenn der Schweiß vom Kopf runterlaufen würde, könnte er ihn nicht kühlen – er muss auf dem Kopf verdampfen, wenn er kühlen soll. Im Kopf befindet sich der körpereigene Computer, und den muss man vor Überhitzung bewahren. Schon mal bemerkt, wie die eigene Denk- und Konzentrationsfähigkeit durch Fieber beeinträchtigt wird? Auch andere haarbedeckte Körperteile sind dies wegen besonderer Kühlbedürftigkeit. Die Behaarung wirkt wie ein Docht oder Kühllappen. Sie hält den Schweiß am Ort, bis er verdampft.

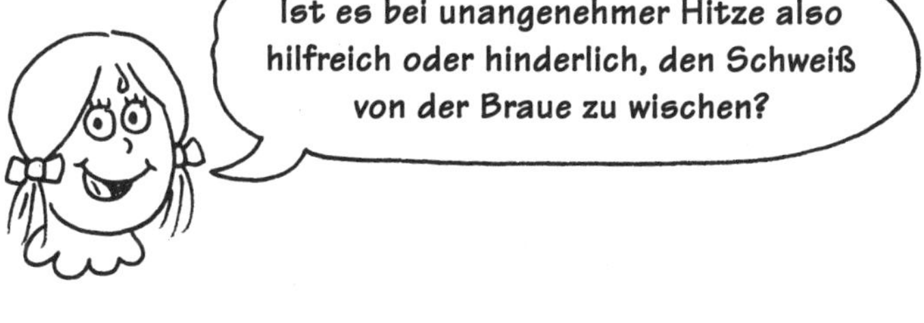

Ist es bei unangenehmer Hitze also hilfreich oder hinderlich, den Schweiß von der Braue zu wischen?

Celsius-Skala

Wasser auf Meereshöhe siedet bei 100 °C und gefriert bei 0 °C. Bei höherem Luftdruck siedet Wasser bei

a) geringerer Temperatur, und Eis schmilzt bei geringerer
b) geringerer Temperatur, und Eis schmilzt bei höherer
c) höherer Temperatur, und Eis schmilzt bei höherer
d) höherer Temperatur, und Eis schmilzt bei geringerer

Antwort: Celsius-Skala

Die Antwort lautet d). In den Bergen siedet das Wasser bei geringerer Temperatur (etwa bei 90 °C auf 3000 Metern) und alles verdampft, ohne je 100 °C zu erreichen: Das macht es so schwierig, im Gebirge ein Ei zu kochen – das Wasser wird einfach nicht heiß genug. Das lässt sich leicht vorführen, wenn man ein Gefäß voll Wasser unter eine Vakuum-Glocke stellt und die Luft herauspumpt. Wenn andererseits der Druck hoch genug ist, siedet das Wasser nicht, selbst wenn die Temperatur weit über 100 °C liegt. Dies geschieht z. B. im Dampfkochtopf wo das überhitzte Wasser wegen des hohen Drucks nicht siedet. Wasser im Dampfkochtopf oder am Grund eines Geysirs kann also über 100 °C haben und doch nicht sieden. Unter Druck kann man Eis schmelzen lassen, selbst wenn seine Temperatur unter 0 °C liegt. Wie macht man das? Indem man ein schweres Ding wie einen Stein auf das Eis legt. Warum schmilzt Eis leichter unter hohem Druck und warum siedet Wasser leichter unter niederem Druck? Eine Erklärung lautet einfach so: das Volumen von Eis nimmt beim Schmelzen ab, und hoher Druck drückt es zusammen, wogegen das Volumen von Wasser beim Sieden zu Wasserdampf zunimmt, und hoher Druck diese Ausdehnung behindert.

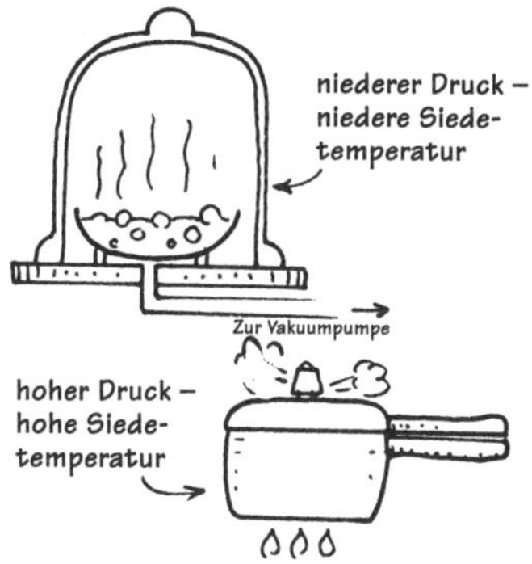

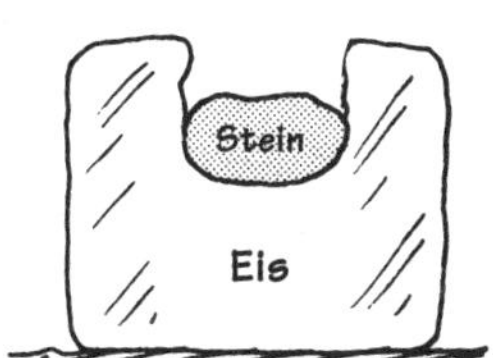

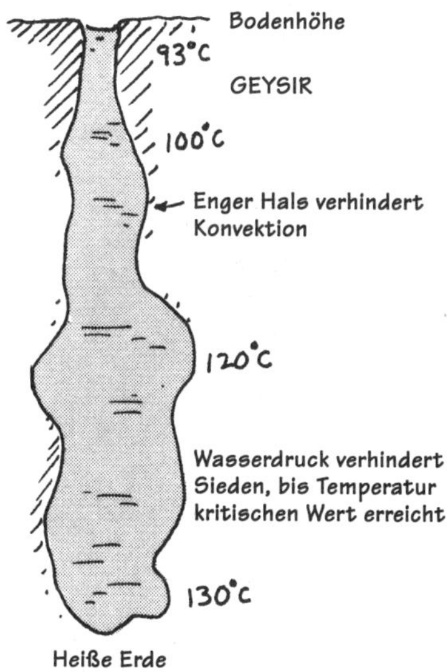

Andere Welt, anderer Nullpunkt

Man wacht in einer »anderen Welt« auf. In der anderen Welt macht man in einem Gastank einige Druckmessungen bei verschiedenen Temperaturen. Das Schaubild der Daten sieht so aus:

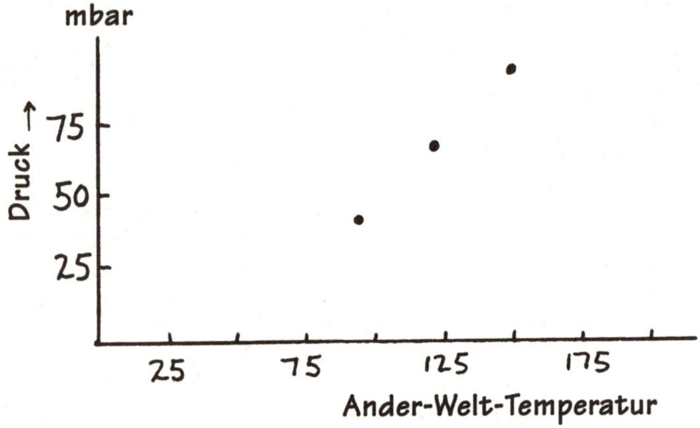

Bei welcher Temperatur ungefähr liegt der absolute Nullpunkt der anderen Welt?

a) 0 Ander-Welt-Grad
b) 25 AWG
c) 50 AWG
d) 75 AWG
e) 100 AWG

Antwort: Andere Welt, anderer Nullpunkt

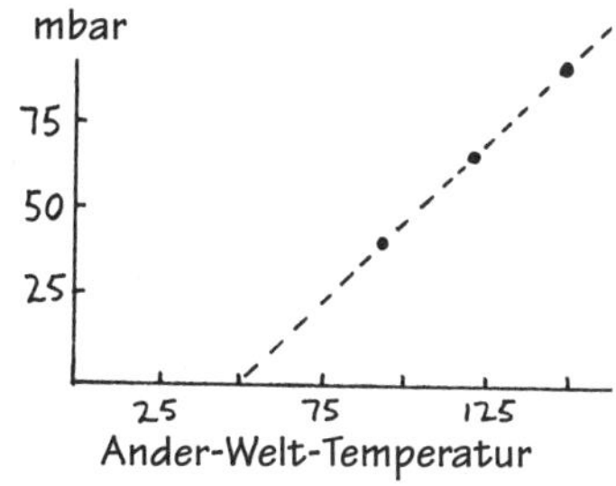

Die Antwort lautet c). Wenn eine übergewichtige Person 150 Kilo wiegt und jede Woche ein Kilo abnimmt, wie viel wird die Person nach 150 Wochen wiegen? So ähnlich ist es beim Gasdruck, wenn die Temperatur geändert wird, und so kamen die Leute auf die Idee vom absoluten Nullpunkt. Für jeden Grad Temperaturverlust verliert ein im Tank eingeschlossenes Gas einen bestimmten Druckbetrag. Wenn das immer so weitergeht, muss das Gas seinen gesamten Druck verlieren. Die Temperatur, bei der das Gas allen Druck verliert, wird absoluter Nullpunkt genannt. Um die Null-Druck-Temperatur zu finden, zeichnet man eine Gerade durch die Messpunkte und schaut, wo sie die Null-Druck-Achse trifft. Sie trifft diese in der Mitte zwischen 25 und 75 Ander-Welt-Grad, und dies ergibt für den absoluten Nullpunkt 50 AWG. In unserer Welt liegt der absolute Nullpunkt bei minus 273 °C. Bei der Person, die jede Woche ein Kilo verliert, wird wahrscheinlich vor Ablauf der 150 Wochen irgendwas passieren, und so ist es auch beim Gas, bevor es beim absoluten Nullpunkt anlangt. Es verflüssigt sich oder gefriert sogar. Der zentrale Gedanke dabei ist, dass sich bei Zimmertemperatur alle Gase – Sauerstoff, Wasserstoff, Stickstoff usw. – so verhalten, als ob ihr Druck bei minus 273 °C verschwinden würde.

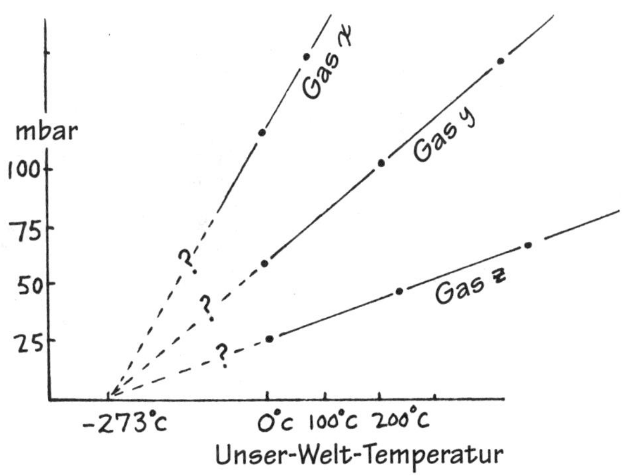

Gleiche Hohlräume

Ein Metallblock mit weißer Oberfläche und ein gleich großer Metallblock mit schwarzer Oberfläche werden beide auf 500 °C erhitzt. Welcher strahlt die meiste Energie ab?

a) der weiße Block
b) der schwarze Block
c) beide strahlen gleich ab

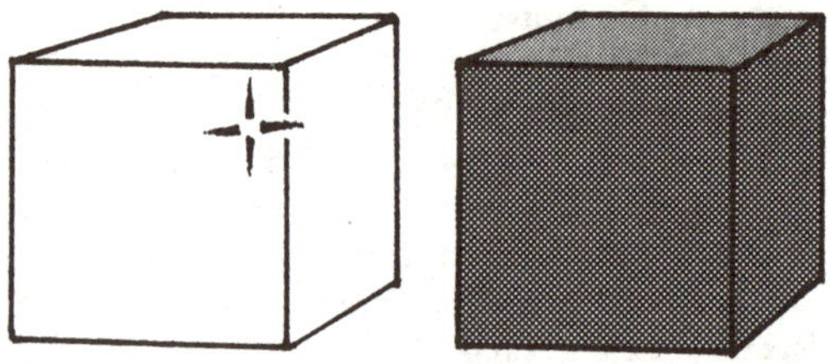

Jetzt betrachte man einen aus jedem Metallblock ausgehöhlten Hohlraum wie skizziert. Wieder werden beide auf 500 °C erhitzt. Bei welchem Block wird die meiste Energie *aus dem Hohlraum* ausgestrahlt? Die meiste Energie wird aus dem Hohlraum ausgestrahlt im Block aus

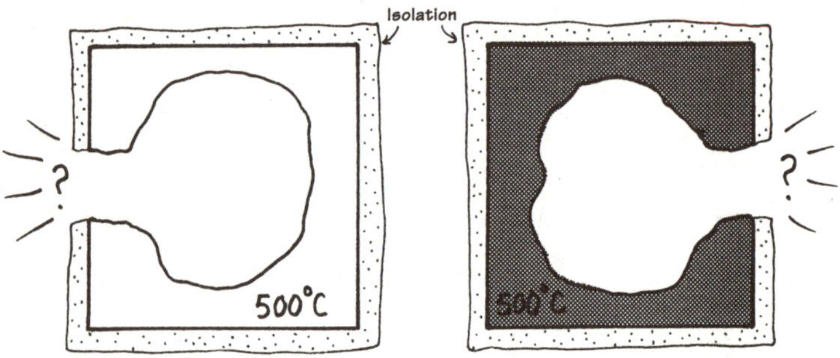

a) weißem Metall
b) schwarzem Metall
c) aus beiden gleich

Antwort: Gleiche Hohlräume

Die Antwort auf die erste Frage lautet b). Man stelle sich einen abgedichteten auf 500 °C erhitzten Kasten vor. Eine Hälfte des Kastens ist mit Metall von schwarzer Oberfläche ausgekleidet, die andere mit Metall von weißer Oberfläche. Die beiden Metalle haben keinen Kontakt. Sie können Wärme nur durch Strahlung austauschen. Etwas Wärmestrahlung fließt von Schwarz nach Weiß und etwas von Weiß nach Schwarz. Die Austauschmenge muss gleich sein, denn wenn nicht, würde eine Seite bald kühler sein als die andere. Und ein Netto-Energiefluss würde von einer kühlen zu einer heißen Stelle fließen – was unmöglich sein kann. Wenn eine Oberfläche vollkommen schwarz ist, wird alle auftreffende Strahlung absorbiert, also muss für konstant bleibende Temperatur eine gleiche Wärmemenge abgestrahlt werden – also verschluckt die Oberfläche Wärme mit derselben Geschwindigkeit, wie sie Wärme abstrahlt. Ersichtlich muss ein guter Absorber auch ein guter Strahler sein. Nun reflektiert die weiße Oberfläche eine Großteil der auftreffenden Strahlung und verschluckt sehr wenig – damit strahlt sie wiederum auch sehr wenig ab. Ein guter Reflektor ist ein schlechter Absorber. Die Flüsse zwischen weißer und schwarzer Oberfläche sind gleich, weil die Reflexion durch die weiße Oberfläche ihre geringere Abstrahlung ausgleicht.

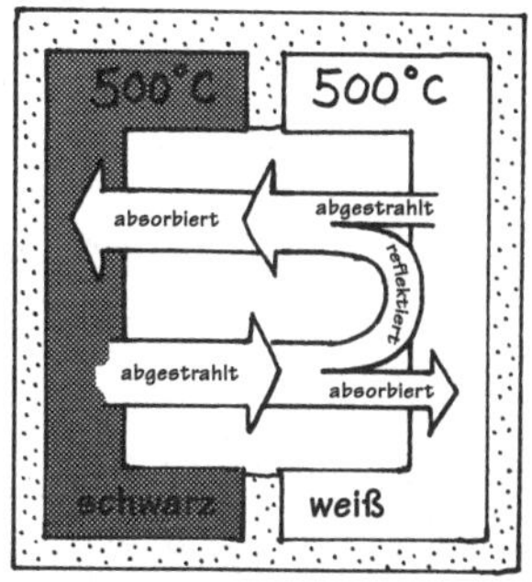

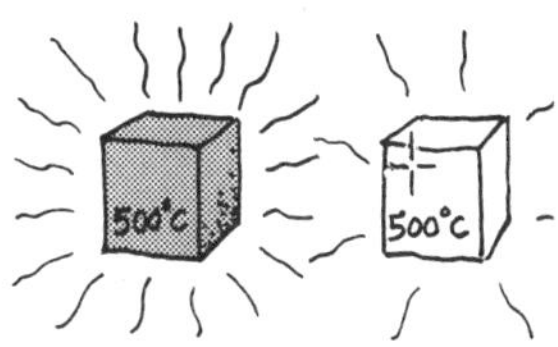

Also schließen wir, dass schwarzes Metall auf 500 °C mehr Wärme abstrahlt als weißes auf derselben Temperatur. Deshalb sind gute Strahler schwarz gefärbt.

Wenn wir jetzt die weiße Oberfläche verkratzen, wäre sie kein so guter Reflektor mehr. Sie müsste dann mehr Strahlung verschlucken. Wenn wir sie richtig ruinieren, ist sie ein so schlechter Reflektor wie die schwarze Oberfläche, und das bedeutet, dass sie dann so viel Strahlung verschlucken muss wie die schwarze Oberfläche. Also wirkt sie wie die schwarze Oberfläche – was bedeutet, dass sie so viel abstrahlen muss wie die schwarze Oberfläche. Wenn die Kratzer und Kerben auf der weißen Oberfläche tiefer werden, wirken sie wie kleine Hohlräume, welche die in sie gelangende Strahlung einfangen. Viel von der Strahlung, die in die Hohlräume gelangt, kann nicht reflektiert werden, wird also verschluckt. Hohlräume wirken wie Strahlungsfallen. Hohlräume in Silber, Gold, Kupfer, Eisen oder Kohlenstoff sind also praktisch alle schwarz. Man stelle sich ein Haus mit offenem Fenster an einem sonnigen Tag vor. Das offene Fenster ist ein Hohlraum darin. Es ist ganz einerlei, in welcher Farbe (Silber, Gold usw.) das Innere des Zimmers gestrichen ist. Von außen sieht das Zimmer schwarz aus.

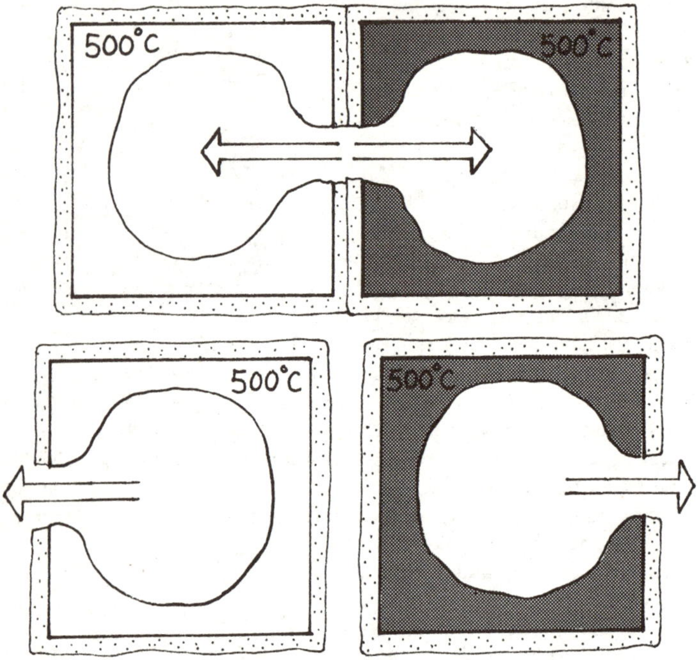

Also lautet die Antwort auf die zweite Frage c). Wenn Hohlräume in Silber, Gold usw. alle gleich gute Absorber sind, dann müssen sie auch gleich gute Strahler sein. Wenn man sie »Loch-an-Loch« nebeneinander legt, müssen zwei Hohlräume von gleicher Temperatur auf gleicher Temperatur bleiben. Dies bedeutet, dass alle beim Eintritt absorbierte Strahlungsenergie wieder abgestrahlt werden muss (bitte nicht Strahlung mit Reflexion verwechseln!). Wenn der Strahlungsfluss aus dem Hohlraum im weißen Metall gleich demjenigen aus dem Hohlraum im schwarzen Metall ist, dann muss jeder Hohlraum dieselbe Menge an Wärmestrahlung aussenden.

Fassadenfarbe

Zum Anstreichen der Hausfassade nimmt man am besten

a) dunkle Farbe, etwa Braun
b) helle Farbe, etwa Weiß
c) Farbe ist reine Geschmacksache

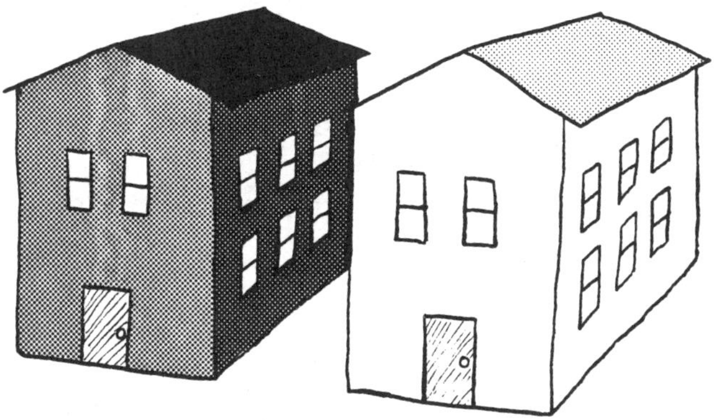

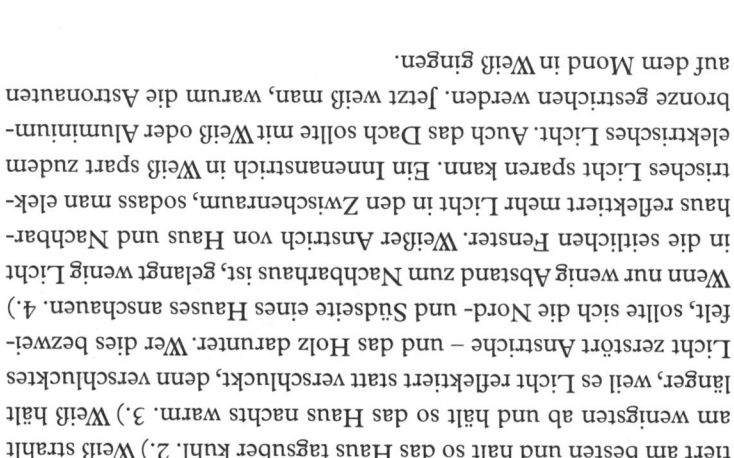

Antwort: Fassadenfarbe

Die Antwort lautet b). Dafür gibt es mehrere Gründe: 1.) Weiß reflektiert am besten und hält so das Haus tagsüber kühl. 2.) Weiß strahlt am wenigsten ab und hält so das Haus nachts warm. 3.) Weiß hält länger, weil es Licht reflektiert statt verschluckt, denn verschlucktes Licht zerstört Anstriche – und das Holz darunter. Wer dies bezweifelt, sollte sich die Nord- und Südseite eines Hauses anschauen. 4.) Wenn nur wenig Abstand zum Nachbarhaus ist, gelangt wenig Licht in die seitlichen Fenster. Weißer Anstrich von Haus und Nachbarhaus reflektiert mehr Licht in den Zwischenraum, sodass man elektrisches Licht sparen kann. Ein Innenanstrich in Weiß spart zudem elektrisches Licht. Auch das Dach sollte mit Weiß oder Aluminiumbronze gestrichen werden. Jetzt weiß man, warum die Astronauten auf dem Mond in Weiß gingen.

Temperatur-Fernrohr

Indem man das Reservoir eines Thermometers durch den Boden in einen mit Aluminiumfolie ausgekleideten Pappbecher steckt, kann man ein Temperatur-Fernrohr bauen. In einer kühlen, trockenen und klaren Nacht richte man das Fernrohr zum Himmel und lese nach ein paar Minuten das Thermometer ab. Dann richte man es auf den Erdboden und lese wieder das Thermometer ab. Die Messungen ergeben, dass

a) der Himmel heißer ist als die Erde
b) die Erde heißer ist als der Himmel
c) Himmel und Erde die gleiche Temperatur haben

Antwort: Temperatur-Fernrohr

Die Antwort lautet b). Nachts strahlt die Erde jene Wärme in den Weltraum ab, die sie tagsüber eingesammelt hat (täte sie das nicht, würde jeder Tag heißer als der vorhergehende!). Wird das Temperatur-Fernrohr nach unten gerichtet, fängt es etwas von jener (infraroten) Strahlung auf dem Weg von der Erde zurück zum Weltraum ein. Aber nach oben gerichtet fängt das Temperatur-Fernrohr diese Strahlung nicht ein.

Übrigens wurde die Temperatur des Weltalls als 4 Grad über dem absoluten Nullpunkt gemessen. Zur Messung dieser Tieftemperatur-Strahlung braucht man mehr als Thermometer und Kaffeebecher. Deswegen erhielten die ersten Experimentierer, die das schafften, den Nobelpreis dafür (Arno Penzias und Robert W. Wilson 1978).

Wachsende Sonne I

Man stelle sich vor, dass irgendwie die glühende Scheibe namens Sonne immer größer wird. Während sie größer wird, soll die Intensität jedes kleinen Teilbereichs kleiner werden, sodass die Gesamtenergie aus der ganzen Scheibe dieselbe bleibt, während ihr Durchmesser zunimmt. Jetzt nehme man an, dass die Sonnenscheibe gar über den ganzen Himmel wächst, sodass es zwischen Tag und Nacht keinen Unterschied mehr gäbe. Wir würden immer noch dieselbe Energiemenge auffangen wie vorher, wenn auch alle 24 Stunden einheitlich an jedem Ort statt bloß tagsüber. Wenn dies geschähe, würde dann die durchschnittliche Temperatur der Erde

a) zunehmen
b) abnehmen
c) dieselbe bleiben?

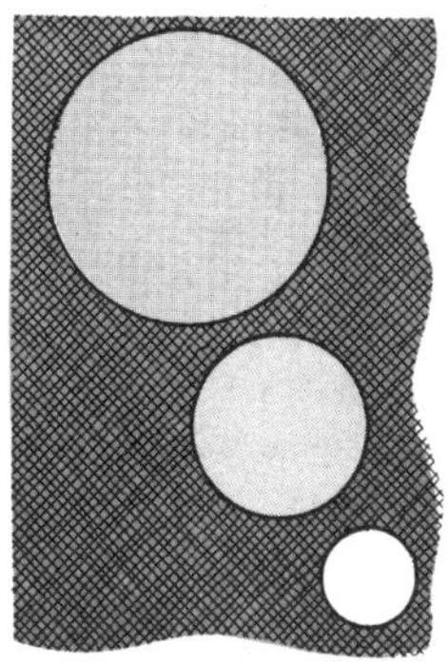

Antwort: Wachsende Sonne I

Die Antwort lautet c). Die Erde würde nach dem Wachsen der Sonne dieselbe Gesamtenergiemenge erhalten, und die Temperatur der Erde muss hoch genug sein, dass genauso viel Energie in den Weltraum abgestrahlt wie von der Sonne her aufgesammelt wird. Also würde sich die Erdtemperatur nicht ändern, selbst wenn die Sonne wächst. Übrigens würde sich, auch wenn die Erdtemperatur gleich bliebe, die Sonnentemperatur ändern. Dieselbe Energie, über eine größere Fläche verteilt oder verdünnt, führt zu einer tieferen Temperatur, also würde die Temperatur der Sonnenscheibe sinken, während sie größer würde. Wenn ihre Temperatur sänke, würde die Sonne sich von gelbglühend zu orangeglühend zu rotglühend verfärben.

Wachsende Sonne II

Wenn die Sonnenscheibe den ganzen Himmel bedeckte, würde die Erdatmosphäre

a) schneller als jetzt zirkulieren, sodass es mehr Wind, Regen und Donner gäbe
b) langsamer als jetzt zirkulieren
c) überhaupt nicht zirkulieren

Antwort: Wachsende Sonne II

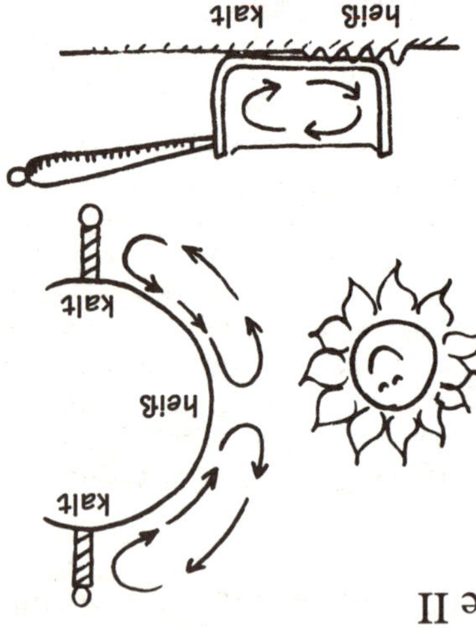

Die Antwort lautet c). Die Erdatmosphäre zirkuliert, weil die Erde ungleich erwärmt wird. Beispielsweise ist es am Äquator heiß und an jedem Pol kalt. Aus demselben Grund zirkuliert die Suppe im Topf, wenn eine Seite des Topfs heiß und die andere kalt ist. Aber wenn die Sonne den ganzen Himmel bedeckt, ist es am Äquator nicht heißer als an den Polen. Wenn es keine Temperaturunterschiede mehr gäbe, gäbe es auch keine Zirkulation, keinen Wind, keinen Regen, keinen Donner. Tatsächlich gäbe es überhaupt keine wärmebetriebene organisierte Bewegung mehr auf Erden: kein Leben! Kein Leben, obwohl doch die Erde weiterhin so viel Energie erhielte wie zuvor! Also genügt Sonnenenergie allein noch nicht – es braucht mehr als Sonnenenergie, um die Dinge auf der Welt anzutreiben. Der kühle Nachthimmel ist dafür genauso wichtig wie die Sonne selbst. Nicht weil er die Erde vor Überhitzung schützt, sondern weil er die lebenswichtige Voraussetzung für die Umwandlung von Wärme in organisierte Bewegung erfüllt – den *Temperatur-Unterschied*. Es muss einen Temperaturunterschied geben, wenn Wärmeenergie Arbeit verrichten soll. Wärme kann nur Dinge bewegen, wenn sie auf dem Weg von einer heißen Stelle zu einer kalten Stelle ist. Manche Leute sagen, Energie sei die Fähigkeit, Arbeit zu tun. Das stimmt nicht immer. Wenn die ganze Welt und der umgebende Himmel auf gleicher Temperatur wäre, egal wie hoch oder niedrig, könnte keine Energie der Welt, egal wie viel es davon gäbe, in Arbeit verwandelt werden.

Kostenloser Antrieb

Denken Sie mal darüber nach: Ein Schiff heizt seine Kessel ohne Kohle oder Öl und treibt sich folgendermaßen an. Es pumpt warmes Meerwasser hinein – entzieht dem Meerwasser die Wärme –, konzentriert die gewonnene Wärme auf die Heizkessel – und lässt das abgekühlte Meerwasser wieder in den Ozean ab. Das abgelassene Wasser kann aus Eis bestehen, wenn genug Wärme entzogen wurde. Jetzt stellen sich zwei Fragen. Erste Frage: Verletzt diese Idee den Energieerhaltungssatz?

a) ja b) nein

Zweite Frage: Könnte diese Idee funktionieren?

a) ja b) nein

Antwort: Kostenloser Antrieb

Die Antwort auf die erste Frage lautet b). Der Energieerhaltungssatz wird nicht verletzt, weil die Wärme im Kessel diejenige ist, welche aus dem warmen Meerwasser kommen soll. Es wird keine Energie geschaffen, sondern einfach von einem Ort (Wasser) zum anderen (Kessel) bewegt.

Die Antwort auf die zweite Frage lautet ebenfalls b). Wenn man es tun könnte, hätte man es schon getan – man weiß eben, dass so etwas in unserer Welt nicht vorkommen kann. Schließlich führte unsere gesammelte Lebenserfahrung zu den Gesetzen der Physik. Wir nennen das Nichtvorkommen eines solchen Vorgangs den Zweiten Hauptsatz der Thermodynamik. Wärme neigt immer dazu, von einer heißen Stelle zu einer kalten zu fließen. Von alleine fließt keine Wärme aus warmem Seewasser in den viel heißeren Kessel. Das wäre wie ein Ball, der von allein bergauf rollt. Man könnte Wärme zwingen, von einem kälteren Ort zu einem heißeren Ort zu fließen – ebendies geschieht im Kühlschrank – doch es bedarf einer Energie, sie vom kühlen zum heißen Ort zu zwingen, und die benötigte Energie hierzu wäre höher als die aus dem Kessel gewonnene Energie.

Golf von Mexiko

Eine weitere Idee des kostenlosen Antriebs besteht darin, wie folgt Leistung zu erzeugen. Oben ist das Wasser im Golf von Mexiko recht warm, aber tief unten ist es kalt. Der Plan ist nun, oben etwas Gas mit warmem Wasser zu heizen, sodass es sich ausdehnt, und dann das Gas mit kaltem Wasser unten zu kühlen, sodass es sich zusammenzieht. Das Gas dehnt sich und zieht sich abwechselnd zusammen, also kann es einen Kolben hin und her bewegen. Der bewegte Kolben ist ganz herkömmlich mit einem elektrischen Generator gekoppelt, um Elektrizität zu erzeugen.

a) Diese Idee könnte funktionieren.
b) Diese Idee würde nie funktionieren.

Antwort: Golf von Mexiko

Die Antwort lautet a). Oberflächlich betrachtet klingt dies wie beim KOSTENLOSEN ANTRIEB, doch da ist ein wichtiger Unterschied. Man entzieht nicht bloß Wärme aus der warmen Meeresoberfläche. Man hat auch einen kalten Platz, um die Wärme zu entsorgen. Die Idee bedeutet nicht, Wärme von einem warmen Ort zu einem heißen zu treiben, sondern lässt die Wärme von einem warmen Ort zu einem kalten fließen. Der Temperaturunterschied zwischen oben und unten im Meer ist es, der die Umwandlung von Wärme in Energie möglich macht.

Derzeit besteht großes Interesse an diesem Konzept. Die erste kommerzielle Demonstration des OTEC-Konzepts (Ocean Thermal Energy Conversion) erfolgte 1984. Die Skizze zeigt eine mögliche Ausführungsform solch eines Stromerzeugers.

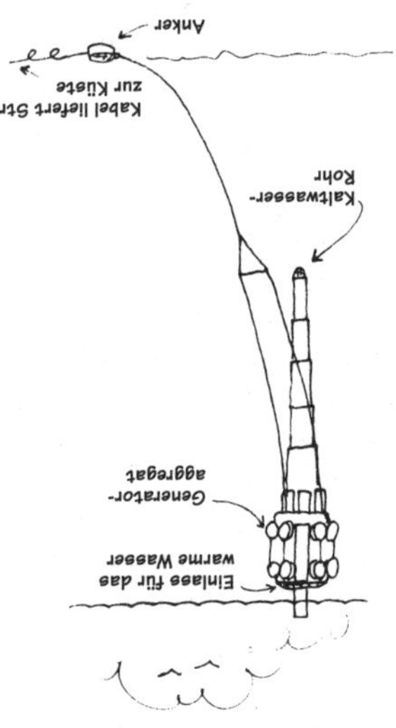

Vollelektrisches Heim

Wenn eine bestimmte Menge von Heizstoff (Öl, Gas oder Kohle) im heimischen Ofen verbrannt wird, erzeugt dieser die Wärmemenge X. Wenn dieselbe Menge in einem Kraftwerk verbrannt wird und alle so erzeugte Elektrizität dem heimischen Ofen zugute käme, würde dann der Elektroofen

a) mehr Wärmemenge als X liefern, weil Elektrizität wirksamer als Gas ist
b) genau die Wärmemenge X liefern, wegen des Energie-Erhaltungssatzes
c) viel weniger als die Wärmemenge X liefern, weil sich Wärme nie vollständig zu Elektrizität verwandelt

Die Antwort lautet c). Bei den meisten elektrischen Kraftwerken sieht man Kühltürme oder es wird warmes Wasser in einen Fluss, einen See oder eine Bucht eingeleitet. Der Grund dafür ist, dass Wärme nicht vollständig in elektrische Energie verwandelt werden kann. Etwas von der Energie geht als Abwärme verloren (bei Wasserkraftwerken gibt es vernachlässigbare Verluste, weil bis auf kleine Reibungsverluste die mechanische Energie des fallenden Wassers vollständig in elektrische Energie umgewandelt wird). Warum kann die in die Flüsse oder Kühltürme geleitete Energie nicht wiedergewonnen und in den Kessel des Kraftwerks geleitet werden? Weil Wärme von sich aus nicht von einem kalten zu einem heißen Ort fließt – und der Kessel ist stets viel heißer als die Abwärme. Warum dann nicht eine Wärmepumpe benutzen, um die Abwärme zurück in den Kessel zu zwingen? Weil für den Betrieb der Pumpe Energie benötigt wird. Wie viel Energie? Mindestens so viel Energie, wie das Kraftwerk lieferte, als es die Abwärme produzierte! Dann wäre also überhaupt keine elektrische Leistung übrig, die man verkaufen könnte.

Antwort: Vollelektrisches Heim

Aber warum muss es denn überhaupt Abwärme geben? Weil in einer Dampfmaschine oder -turbine das Gas sich ausdehnen muss, um den Kolben oder die Turbinenschaufeln der Maschine zu bewegen. Beim Ausdehnen kühlt es sich ab. Wenn es so weit ausgedehnt werden könnte, dass die Temperatur auf den absoluten Nullpunkt fiele, dann könnte alle Wärme in Arbeit umgewandelt werden. Aber in Wirklichkeit kann es nicht kühler als die übrige Außenwelt werden, die auf etwa 300 Grad überm absoluten Nullpunkt liegt. Also kann man nicht die ganze Energie aus der Wärme ziehen.

Wie wär's mit folgender Idee? Man dehnt den Dampf aus, bis er zu Wasser wird und gibt dann das heiße Wasser in den Kessel zurück. Gibt es dabei Verluste? Wenn man denkt, dass es dabei keine Verluste gibt, weil man einen geschlossenen Kreislauf hat, täuscht man sich. Zunächst kommt etwas Energie heraus, wenn der Dampf beim Drücken des Kolbens Arbeit verrichtet, aber das spielt keine Rolle. Jetzt kommt der Verlust. Der Dampf dehnt sich aus, bis seine Temperatur auf 100 °C fällt – dann ist der Druck in der Maschine gleich dem Luftdruck draußen. Der Dampf kann sich nicht weiter ausdehnen, doch ist er noch nicht Wasser. Er ist immer noch 100 °C-Dampf, und man kann nicht einfach ein großes Volumen von Niederdruckdampf in einen Hochdruck-Kessel schieben. Man muss das Volumen des Dampfes erst verringern, indem man ihn zu Wasser verwandelt. Um aber 100 °C-Dampf in 100 °C-Wasser zu verwandeln, muss man ihm die latente Kondensationswärme entziehen. Wenn Dampf sich zu Wasser wandelt, ändert sich seine Temperatur nicht, aber er muss Wärme verlieren – eine Menge Wärme. Jene Wärme kann nicht dem Kessel zugeführt werden, weil die Temperatur jener Wärme sich auf 100 °C beläuft und der Kessel sehr viel heißer ist. Die latente Kondensationswärme wird zu Abwärme – ganz schlecht. Warum muss eigentlich die Temperatur des Kessels höher als 100 °C sein? Weil der Druck von 100 °C-Dampf den Außendruck noch gar nicht übersteigt.

Wer also die Rechnung für elektrische Heizung bezahlt, zahlt für die Heizung seiner Wohnung aber auch der Flüsse, des Meeres und des Himmels mit.

Etwas umsonst

Steckt man zehn Joule elektrischer Energie in ein Heizgerät, kommen zehn Joule Wärme heraus. Gibt es irgendeinen Weg in der Praxis, um *mehr* als zehn Joule Wärme aus einem Gerät zu bekommen, wenn die elektrische Energieaufnahme nur zehn Joule beträgt?

a) Ja, wenn man clever genug ist, kann man mehr als zehn Joule Wärme aus nur zehn Joule Elektroenergie bekommen.
b) Niemals! Man kann nie mehr als zehn Joule Wärme aus zehn Joule Elektroenergie bekommen.

Antwort: Etwas umsonst

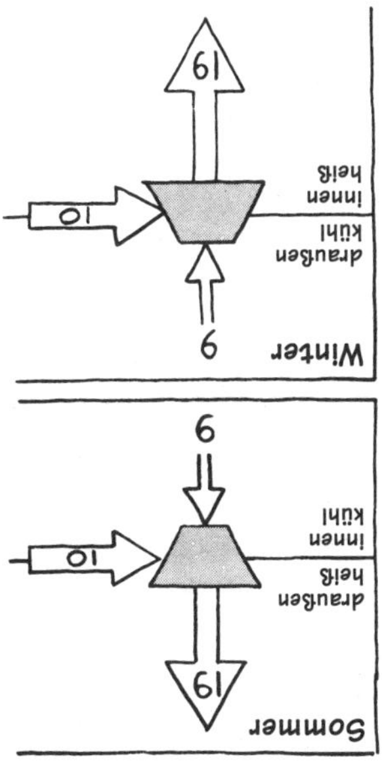

Ob man's glaubt oder nicht, die Antwort lautet a). Man denke an eine Klimaanlage in einem Fenster. Draußen ist es heiß, drinnen kühl. Elektrizität fließt in die Klimaanlage, und sie zieht Wärme aus der Wohnung und entsorgt sie draußen. Wie viel Wärme wird draußen entsorgt? Wenn die Maschine 9 Joule Wärme hereinzieht und 10 Joule Elektrizität für ihre Arbeit verbraucht (eine ganz schlechte Anlage), muss sie 19 Joule Wärme draußen entsorgen. Kommt der Winter, draußen ist es kalt, und man möchte es drinnen warm haben. Also dreht man das Klimagerät im Fenster um, sodass das frühere Außen nun innen ist. Wieder fließen 10 Joule Elektrizität zum Betrieb der Maschine. Sie zieht 9 Joule Wärme auf der kalten Seite herein, die im Winter draußen ist, und muss dafür 19 Joule Wärme auf der warmen Seite ausstoßen, die nun drinnen ist. Ein rückwärts laufendes Klimagerät wird als Wärmepumpe bezeichnet.

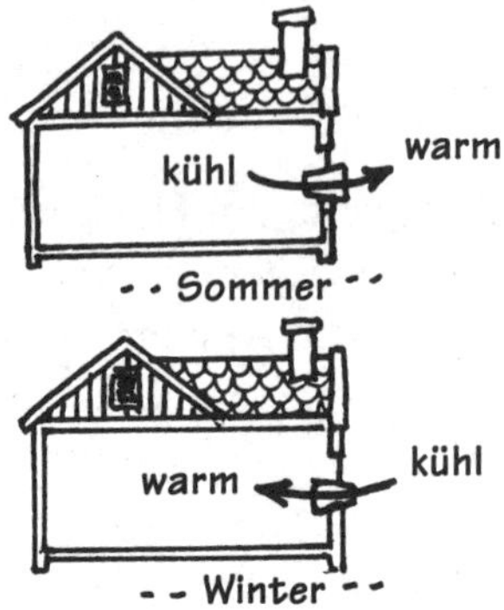

Hat die Wärmepumpe wirklich etwas für umsonst erhalten? In gewisser Hinsicht ja. In anderer Hinsicht nein. Ersichtlich kann man Wärme wie in einem Toaster erzeugen oder Wärme wie in einem Klimagerät bewegen. Die Wärmepumpe bewegt Wärme. Wärme bewegt sich von selbst von heißen zu kalten Stellen. Aber mit einer Pumpe (und Energie für ihren Betrieb) kann man Wärme von kalten zu heißen Stellen bewegen.

Irgendwo ein kaltes Plätzchen?

Einige Leute denken, dass die Temperatur des gesamten Weltalls bei etwa 4 K liegt*, infolge der Wärme, die im kosmischen Feuerball (dem Urknall) bei der Entstehung des Weltalls frei wurde. Wenn dem so ist, ist es dann unter irgendwelchen Umständen möglich, dass ein kleiner Teil des Weltalls kälter als 4 K ist?

a) Ja, einen Teil könnte man kühler machen.
b) Es gibt keinen Weg, irgendeinen Teil kühler zu machen.

* 4 K sind 4 Grad Kelvin oder –269 °C

Die Antwort lautet a). Im Juli kann ganz Sizilien unter 35 °C ächzen, aber mit einer guten Klimaanlage kann man die Temperatur eines Zimmers auf etwa 20 °C herunterkühlen. Ebenso kann ein Labor seine Temperatur unter 4 K bringen. Dazu braucht es Energie, die letztlich von Sternen wie unserer Sonne kommen muss. Dass wir irgendwelche Teile des Weltalls kälter als 4 K machen können, hat ironischerweise seinen Grund darin, dass einige Teile wie die Sterne viel heißer als 4 K sind.

Antwort: Irgendwo ein kaltes Plätzchen?

Wärmetod

Der Wärmetod des Weltalls bezieht sich auf eine ferne Zukunft, wo das ganze Weltall

a) alle Energie verloren hat
b) überhitzt wird
c) gefriert
d) nichts davon

Antwort: Wärmetod

Die Antwort lautet d). Der Wärmetod bezieht sich auf eine Zeit, wenn das gesamte Weltall dieselbe Temperatur erreicht. Das könnte heiß oder kalt oder ganz angenehm sein. Es spielt keine Rolle, wie hoch sie ist, nur dass sie überall dieselbe ist. Das Weltall ist gegenwärtig in heiße und kalte Orte unterteilt. Die Sterne sind heiß – der Raum zwischen den Sternen ist kalt. Doch jeden Tag werden die Sterne ein klein bisschen kälter, wenn sie ihre Energie abstrahlen – und jeden Tag wird der Ort, wohin die Energie geht, ein klein bisschen wärmer. Früher oder später muss der Temperaturunterschied vollends verschwinden. Was die Energie betrifft, wird die in WACHSENDE SONNE I beschriebene Situation zur Wirklichkeit.

Energie wird gewöhnlich als »Fähigkeit, Arbeit zu tun« beschrieben, doch dies ist keine gute Definition. Denn nach dem »Wärmetod« hat das Weltall immer noch seine ganze Energie. Aber diese Energie, die überall auf derselben Temperatur ist, hat keine Fähigkeit mehr, Arbeit zu tun. Sie hat nur die Möglichkeit, Arbeit zu tun, *falls* es irgendwo einen kälteren Ort gibt.

Übrigens könnte man gar nichts *sehen*, wenn man irgendwie Zeitzeuge des Weltalls nach dem Wärmetod werden könnte. Es gäbe keine Kontraste mehr zwischen den Dingen, genauso wenig wie man in einem Hochofen nicht mehr zwischen glühenden Kohlen und Innenwänden auf gleicher Temperatur unterscheiden kann.

Mehr Fragen (ohne Erklärungen)

Bei den folgenden Fragen sind Sie wie bei den bisherigen sich selbst überlassen. Also wieder physikalisch denken!

1. Man hat einen Liter eiskalten Wassers und möchte, dass er 15 Minuten später noch so kalt wie möglich ist, und man hätte rund hundert Milliliter siedendes Wasser, die man entweder jetzt oder 14 Minuten später dazugeben muss. Wäre das Mischen am besten
   a) sofort b) später c) so oder so kein Unterschied

2. Wenn Glas sich beim Erhitzen mehr ausdehnte als Quecksilber, würde dann das Quecksilber in einem üblichen Thermometer steigen, wenn die Temperatur
   a) zunimmt b) abnimmt c) kann man nicht sagen

3. Wenn die Temperatur eines Volumens von Luft gesenkt wird, dann muss ihr Volumen
   a) zunehmen b) abnehmen c) weder noch

4. Wenn eine Metallplatte mit einem Loch darin abgekühlt wird, dann wird der Lochdurchmessser
   a) zunehmen b) abnehmen c) unverändert bleiben

5. Bei gleicher Wärmezufuhr wird Wasser schneller zum Sieden kommen
   a) im Gebirge b) auf Meereshöhe

   Und das Essenkochen in siedendem Wasser geht am schnellsten
   a) im Gebirge b) auf Meereshöhe

6. Eine Dose voll Luft wird bei Normaldruck und 20 °C Zimmertemperatur verschlossen. Um den Druck in der Dose zu verdoppeln, muss sie erhitzt werden auf
   a) 40 °C b) 273 °C c) 313 °C d) 546 °C e) 586 °C

7. Soll die 20°C-Luft in der Dose, jetzt mit einem beweglichen Kolben abgeschlossen, doppelt so warm werden, muss der Druck erhöht werden auf das
   a) 1,07fache b) 1,2fache c) 1,6fache d) 2fache e) 2,2fache

8. Eine Schüssel voll sauberem Schnee und eine Schüssel voll verschmutztem Schnee werden in die Sonne gestellt. Als Erster schmilzt welcher Schnee?
   a) der saubere b) der verschmutzte c) beide zugleich

9. Eine Schüssel voll sauberem Schnee und eine Schüssel voll verschmutztem Schnee werden auf einen heißen Herd gestellt. Als Erster schmilzt welcher Schnee?
   a) der saubere b) der verschmutzte c) beide zugleich

10. Wenn einem Stoff Wärme zugeführt wird, wird seine Temperatur
   a) zunehmen b) abnehmen c) dieselbe bleiben

11. Das Fluidum in den Kühlschlangen um das Gefrierfach des Heimkühlschranks ist nahe seinem
   a) Siedepunkt b) Gefrierpunkt

12. Innerhalb einer vollständig von der Außenwelt isolierten, warmen, feuchten Höhle könnten
   a) gewisse Lebensformen ewig gedeihen
   b) keine Lebensformen ewig gedeihen

13. Mit 100 % Wirkungsgrad kann Sonnenergie umgewandelt werden zu
   a) chemischer Energie in Pflanzen
   b) Wärmeenergie in vom Menschen geschaffenen Geräten
   c) zu beidem
   d) zu keinem von beiden

14. Eine bestimmte Menge Brennstoff erzeugt, im heimischen Herd verbrannt, die Wärmemenge X. Wird dieselbe Menge Brennstoff in einem elektrischen Kraftwerk verbrannt und alle damit erzeugte Elektrizität zum Heizen der Wohnung mit einer elektrischen Wärmepumpe verwendet, würde die Wärmepumpe
   a) weniger als die Wärmemenge X
   b) die Wärmemenge X
   c) mehr als die Wärmemenge X erzeugen

15. In jedem Gas gibt es immer Stellen, wo sich spontan und momentan Moleküle der einen oder anderen Sorte zusammenscharen, wodurch warme oder kalte oder Hochdruck- oder Niederdruck-Stellen entstehen. Also kann der Wärmetod des Weltalls nie vollständig sein.
   a) falsch b) richtig

SCHWINGUNGEN

Ein Schlängeln im Raum ist eine Welle – ein Schlängeln in der Zeit ist eine Schwingung. Solche Schlängeleien lassen sich schwer fassen. Schlängeleien sind scheu, weil sie sich – um zu existieren – über den Raum oder über die Zeit erstrecken müssen. Eine Welle kann nicht an einer einzigen Stelle existieren – sie muss vielmehr von einem Ort zum anderen wandern. Und eine Schwingung kann nicht zu einem einzigen Augenblick existieren – sie braucht Zeit fürs Hin und Her.

Außer ihrem Wandern durch Raum und/oder Zeit haben Wellen und Schwingungen noch eine andere Besonderheit. Anders als ein Stein, der seinen Platz mit keinem anderen Stein teilt, können mehr als eine Welle oder Schwingung zur selben Zeit am selben Ort existieren wie die Stimmen von Leuten, die im selben Zimmer gleichzeitig singen. Die Schwingungen davon oder die eines ganzen Sinfonieorchesters kann man in einer einzigen, sich schlängelnden Rille einer Schallplatte fassen, und erstaunlicherweise unterscheiden unsere Ohren die enthaltenen Schwingungen, während wir das komplizierte Zusammenspiel aus den verschiedenen Quellen genießen. Es sind Schwingungen, was wir genießen.

Was unterscheidet Menschengesetze von Naturgesetzen?
Ausnahmen!
Debra Lynn Bridges, Anwältin, San Francisco

Mickri-Maus

Mickri-Maus möchte die Kugel aus der Schüssel hoch- und hinausschaffen, doch die Kugel ist zu schwer und die Schüsselwand zu steil für Mickri-Maus, um das Gewicht der Kugel zu stemmen. Mit ihrer mickrigen Kondition und ohne Hilfe von Hebeln und dergleichen kann Mickri-Maus

a) die Kugel nicht hoch- und hinausschaffen
b) die Kugel doch hoch- und hinausschaffen (aber wie?)

Antwort: Mickri-Maus

Die Antwort lautet b). Wie? Indem sie die Kugel hin und her rollt. Jedes Mal, wenn die Kugel hin und her läuft, kann Mickri-Maus ihr einen kleinen Schub verpassen und somit etwas Energie dazutun. Schließlich ist genügend Energie vorhanden, um den Ball oben über den Rand zu schaffen.

Der Trick dabei ist, zur rechten Zeit und in die richtige Richtung zu schubsen. Die Maus muss den Takt ihrer Schubse dem natürlichen Rhythmus anpassen, in dem die Kugel hin und her rollt. Im Physik-Jargon wird dieser natürliche Rhythmus als Resonanzfrequenz der Schwingung bezeichnet.*

Außer der Kugel in der Schüssel haben noch viele andere Dinge Resonanzfrequenzen. Schaukeln, elektrische Summer, Hupen und Glocken, und selbst Wasser in der Badewanne oder im Ozean rauscht mit einer Resonanzfrequenz hin und her.

Gewöhnlich gibt es mehr als eine Art und Weise, wie ein Ding schwingen oder resonieren kann. So kann die Kugel in der Schüssel hin und her schwingen oder im Kreis herum schwingen. Diese verschiedenen Arten werden als »Eigenschwingungen« bezeichnet. Meist haben die verschiedenen Eigenschwingungen unterschiedliche Eigenfrequenzen. Zum Beispiel gibt es verschiedene Arten, wie eine Autoantenne hin und her peitschen kann. Ebenso gibt es viele Arten, wie die Saite eines Musikinstruments resonieren kann, eine jede Art mit ihrer unterschiedlichen Eigenfrequenz.

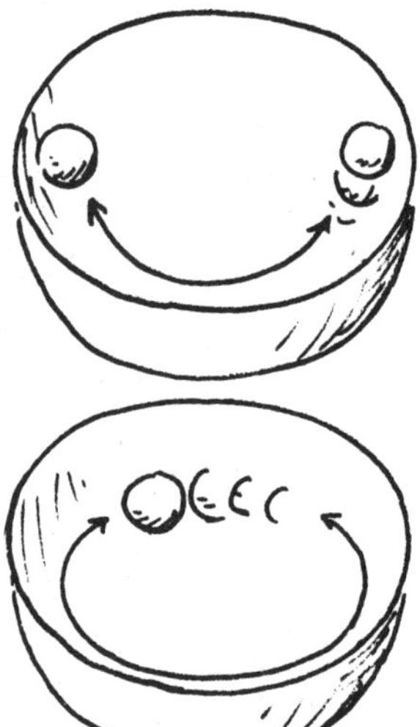

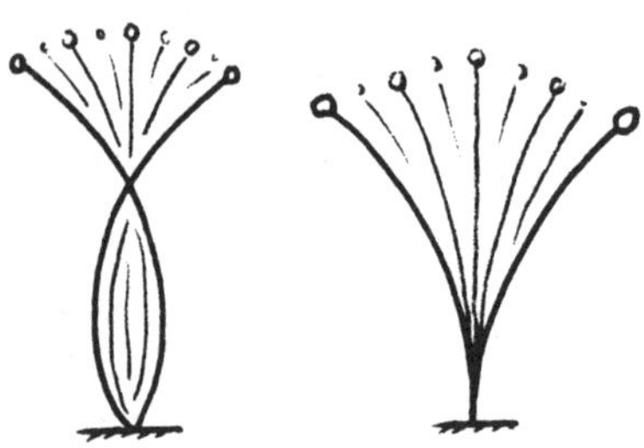

* Schon mal beobachtet, dass, wenn man überhaupt nichts versteht, aber die »richtigen Wörter« kennt, dann andere Leute, die ebenfalls nichts verstehen, einen für einen Fachmann halten?

Multiplex

Vor der Einführung von Funk und Telefon wurden Fernmeldungen per Telegraf von einem Ort zum anderen gesandt. Ein schwerer Nachteil des Telegrafen war, dass man über einen einzigen Telegrafendraht nur eine Meldung auf einmal senden konnte.

a) Ja, das ist richtig.
b) Nein, falsch!

Antwort: Multiplex

Die Antwort lautet b). Folgendermaßen wurden Mehrfach-Meldungen vor einem Jahrhundert gesendet. Man kann elektrische Klingeln oder Summer durch Justierung der Feder darin so abstimmen, dass sie entweder mit hoher oder tiefer Frequenz ertönen: je gespannter die Feder, desto höher die Frequenz. An der Sendestation sind zwei Klingeln A_1 und B_1 auf unterschiedliche Frequenzen abgestimmt. An der Empfangsstation gibt es auch zwei Klingeln. Eine davon, A_2, ist auf dieselbe Frequenz wie A_1 abgestimmt und die andere, B_2, auf dieselbe Frequenz wie B_1.

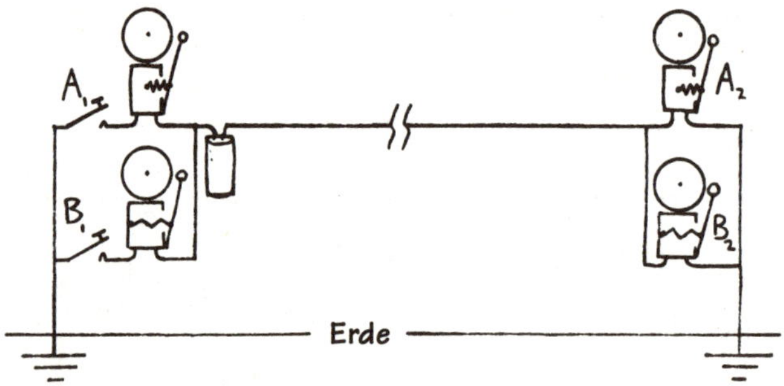

Wenn man jetzt auf der Sendestation die zur Glocke A_1 leitende Telegrafentaste drückt, wird auf der Empfangsstation nur Glocke A_2 läuten, weil die andere Glocke dort, B_2, bei der Frequenz der A-Glocken nicht resoniert.

Der Grundgedanke hierbei ist also, nicht bloß ein Telegrafensignal in der Art kurz-kurz-lang (··-) auszusenden, sondern »Kurz« und »Lang« mit bestimmten Frequenzen zu modulieren. Der Empfänger kann dann die Signale anhand der unterschiedlichen Modulation auseinander halten. Dasselbe Mittel dient auch dazu, Radiosender zu unterscheiden. Jeder Radiosender sendet auf einer anderen Frequenz. Der Radioempfänger stellt einen variablen Resonator dar, den man auf die Frequenz des gewünschten Senders einstellt, damit er bei den vielen empfangenen Signalen auf das Gewünschte anspricht.

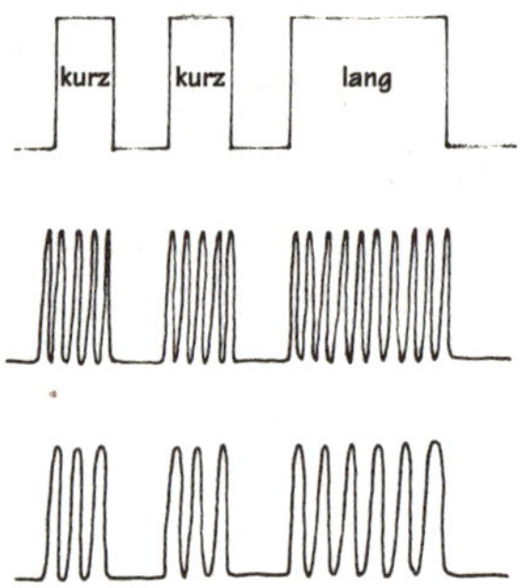

Verstärkung oder Auslöschung

Spritze A ist über ein Y-Rohr und Gummitüllen mit Spritzen B und C verbunden. Werden die Kolben von B und C bewegt, muss sich der Kolben von A

a) ebenfalls bewegen
b) nicht unbedingt bewegen

Antwort: Verstärkung oder Auslöschung

Die Antwort lautet b). Wenn sich die Kolben von B und C beide rein- oder rausbewegen, dann muss sich derjenige von A auch bewegen. Aber wenn sich Kolben B rausbewegt, während sich Kolben C reinbewegt, dann braucht sich Kolben A überhaupt nicht zu bewegen. Die Verschiebung von A ist die Summe von B + C, und diese Summe kann null sein, wenn sich B und C entgegengesetzt bewegen. Jetzt betrachte man den Fall, dass die Kolben in B und C hin und her schwingen wie die Kolben eines Motors. Wenn sie einträchtig schwingen, dann ergibt sich eine große Schwingung von A. Wenn sie entgegengesetzt schwingen, dann heben sie sich gegenseitig auf, und A schwingt gar nicht.

Dieser Gedanke gilt auch für Wellen, seien es Wasser-, Schall- oder Lichtwellen, welche alle dadurch erzeugt werden, dass etwas vibriert. Wenn die Wirkung mehrerer vibrierender Dinge oder eben Wellen zusammenkommt, lässt sich der Netto-Effekt nicht vorhersagen, bevor man nicht weiß, ob die Dinge einträchtig oder entgegengesetzt vibrieren.

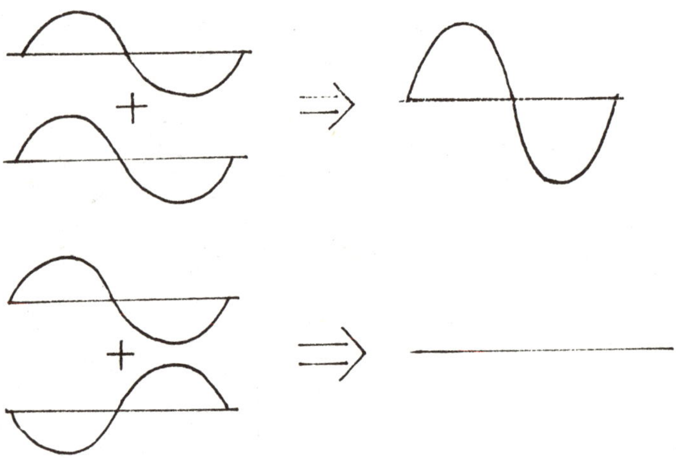

Für diese Ideen gibt es einen Fachjargon. Wenn Dinge einträchtig schwingen, sagt man, sie seien »in Phase« oder »synchron«. Schwingen sie entgegengesetzt, sind sie »in Gegenphase« oder »180° außer Phase«. Wenn Schwingungen außer Phase einander überlagern, dann interferieren sie auslöschend, heben sich also gegenseitig auf. In Phase interferieren sie verstärkend und summieren einander. Wenn sich Wasserwellen derart überlagern, finden wir Zonen der Ruhe. Wenn Schallwellen sich derart überlagern, hören wir ein Dröhnen oder Schwebungen. Überlagerungen von zweifach reflektierten Lichtwellen erzeugen die wunderschönen Farben, die wir bei Seifenblasen oder bei Benzinflecken auf nasser Straße beobachten.

Gluck-gluck-gluck

Man entleert eine Glasflache oder Blechdose. Während die Flüssigkeit herausläuft, gibt es das Geräusch »gluck-gluck-gluck«. Wenn die Flasche oder Dose immer leerer wird, wird die Frequenz des Geräuschs

a) niedriger, also gluck-gluuck-gluuuck
b) unverändert bleiben, also gluck-gluck-gluck
c) höher, also gluuuck-gluuck-gluck

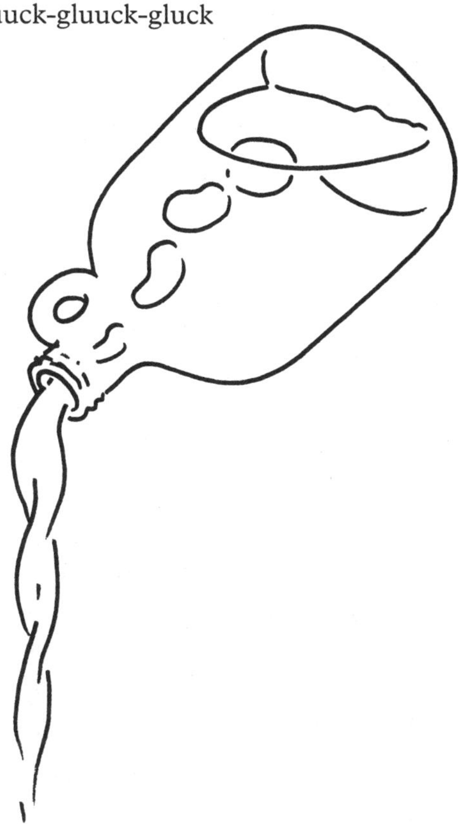

Antwort: Gluck-gluck-gluck

Die Antwort lautet a). Während die Flüssigkeit ausläuft, wird der Luftraum in der Flasche größer, und der größere Luftraum oder Hohlraum hat eine niedrigere Resonanzfrequenz. Man denke an große Orgelpfeifen – die machen die tiefen Töne. Der Flüssigkeitsstrom pulsiert mit der Resonanzfrequenz des Lufthohlraums, und diese Frequenz nimmt ab, wenn die Flüssigkeit ausläuft.

Das Gegenteil erfolgt, wenn man Wasser in einen Behälter füllt. Während der Luftraum kleiner wird, steigt die Frequenz der Töne aus dem Behälter. Durch Zuhören kann man also unbesehen fast sagen, wann der Behälter voll ist.

Aber warum ist die Frequenz des Glucks beim Ausleeren immer so viel tiefer als der charakteristische Ton beim Füllen? Weil beim Leeren des Behälters die Luft einträchtig mit dem Wasser vibrieren muss, wogegen beim Füllen die Luft allein vibriert.

Man vergleiche hierzu eine kleine Masse, die an einer Feder hängend auf und ab hüpft. Dann stelle man sich eine größere Masse an derselben Feder vor. Die größere Masse hüpft langsamer. Denn es geht schwerer, die größere Masse zu beschleunigen. So ähnlich verlangsamt beim Auslaufen die Masse des Wassers die Vibrationen der Luft (ähnlich der Feder).

Dr. Glock

Dr. Glock schlägt eine Glocke an und hört diese dann mit ihrem neuen Stethoskop ab. Sie bewegt das Stethoskop ganz um den Glockenrand herum und beobachtet, dass

a) alle Stellen auf dem Rand gleich laut sind
b) einige Stellen lauter und andere fast still sind

Antwort: Dr. Glock

Die Antwort lautet b). Wenn die Glocke vom Klöppel angeschlagen wird, wird der kreisförmige Rand zum Oval verformt, das elastisch in ein anderes Oval zurückschnellt. Solange die Glocke klingt, vibriert der Rand ständig vom einen Oval in das andere. Doch es gibt vier Punkte a, b, c, und d auf dem Rand, die nicht vibrieren. Von diesen Stellen her kommt kein Schall! (Könnte man sich eine Situation vorstellen, bei der es acht stille Punkte gibt?) Obendrein erstreckt sich die Stille auch weg von der Glocke, da Schallwellen von anderen Teilen der Glocke außer Phase in die Nähe der stillen Punkte kommen und daher auslöschend interferieren. Falls die stillen Punkte allmählich um den Rand wandern, klingt die Glocke scheppernd.

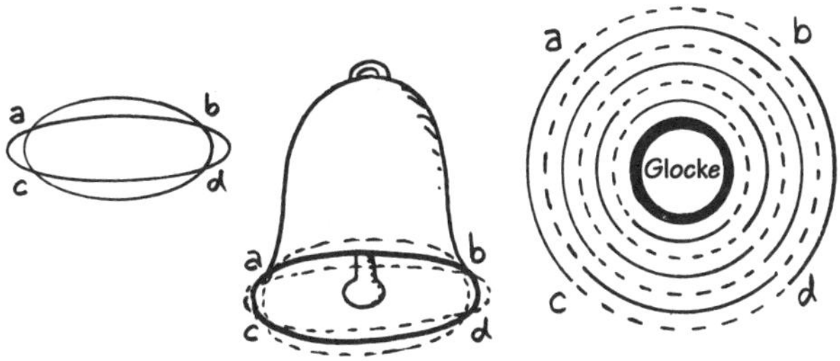

Ping

Eine Gitarrensaite ist von Punkt A zum Punkt G gespannt. An den Punkten B, C, D, E und F ist die Saite in gleichen Abständen markiert, und bei D, E und F sind kleine Papierreiter draufgehängt. Die Saite wird bei C festgehalten und bei B gezupft. Was passiert?

a) Alle Reiter fallen herab.
b) Kein Reiter fällt herab.
c) Der Reiter bei E fällt herab.
d) Die Reiter D und F fallen herab.
e) Die Reiter E und F fallen herab.

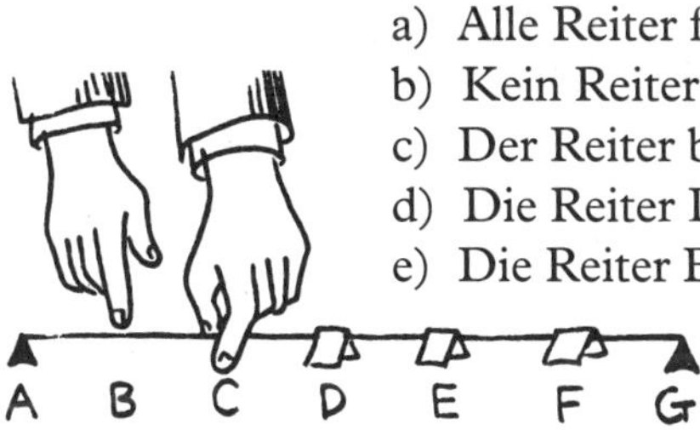

Antwort: Ping

Die Antwort lautet d). In unserem Fall sagt ein Bild mehr als tausend Worte. Die Skizze zeigt, wie die Saite vibriert und welche Reiter weghüpfen.

Können Sie dieses Bild hören?

Ein Oszillograf zeigt auf dem Schirm jeweils einen von zwei Tönen A und B. Der Ton mit der höheren Frequenz ist

a) A
b) B
c) beide gleich hoch

und von beiden lauter ist

a) A
b) B
c) beide gleich laut

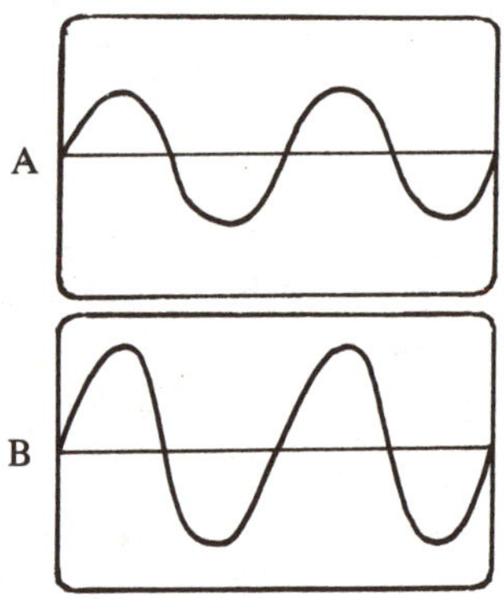

Antwort: Können Sie dieses Bild hören?

Die erste Antwort lautet c) und die zweite b). Auf dem Oszillografenschirm sind auf beiden Bildern zwei ganze Geschlängel (zweimal Hin und Her oder 2 Zyklen) zu sehen, also unterscheidet sich die *Frequenz* nicht. Aber die Höhe *(Amplitude)* der Wellen ist in B größer, was mehr Schwingungsenergie anzeigt. Also ist der Ton B lauter.

Eckige Wellen überlagern

Solche Wellen nennt man auch Rechteckimpulse. Wenn Wellenform I mit Wellenform II überlagert wird, addieren sie sich zur Wellenform, wie zu sehen in

a) a
b) b
c) c
d) d

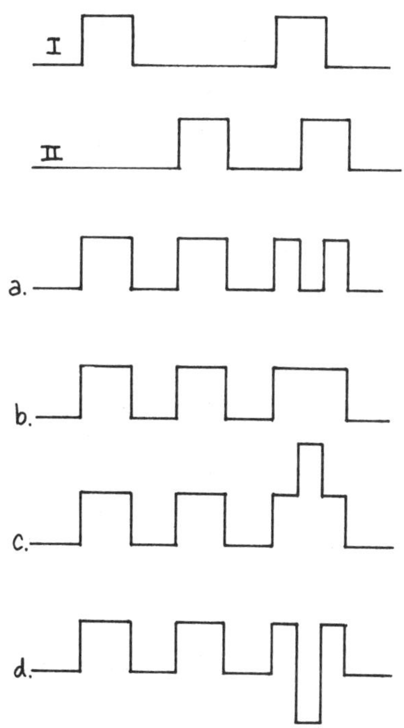

Antwort: Eckige Wellen überlagern

Die Antwort lautet c). Die vertikalen Auslenkungen der Wellenformen I und II werden aufaddiert und bilden die in der Skizze gezeigte Überlagerung. Hier haben wir einen einfachen Fall, weil die Auslenkungen von I und II überall entweder null sind oder einen einzigen positiven Wert haben.

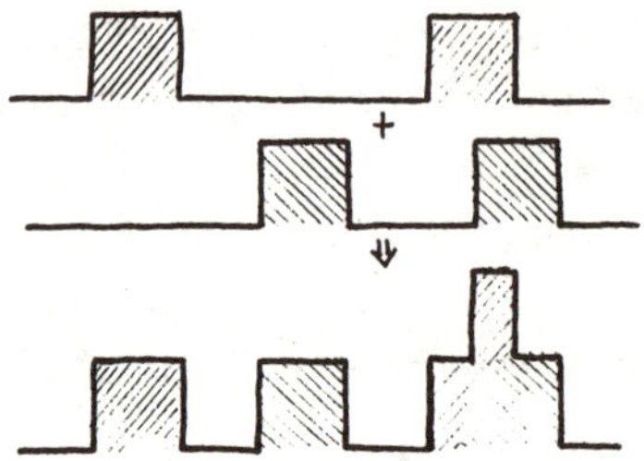

Sinuswellen überlagern

Die Wellen I und II werden Sinuswellen (sin) oder Cosinuswellen (cos) genannt (manchmal auch reine oder harmonische Wellen). Welle I mit Welle II überlagert ergibt die Welle skizziert in

a) a
b) b
c) c
d) d

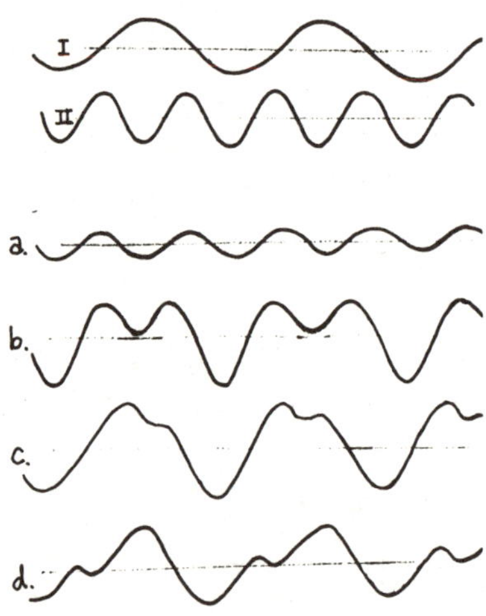

Antwort: Sinuswellen überlagern

Die Antwort lautet b). Die vertikalen Auslenkungen dieser zusammengesetzten Welle sind überall einfach die Summe der Auslenkungen von Welle I und Welle II.

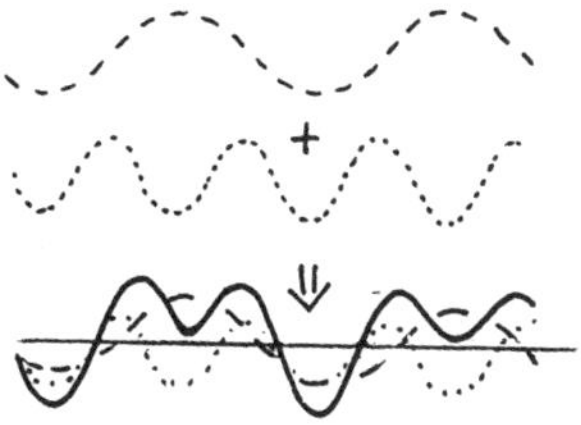

Profile

Welle I ist eine Aneinanderreihung von identischen Profilen eines menschlichen Gesichts. Solch eine oder *jede* andere Form lässt sich durch Addition verschiedener harmonischer oder Sinuswellen zusammenbauen, wie etwa II, III usw.

a) Ja, das ist richtig.
b) Nein, nicht wirklich.

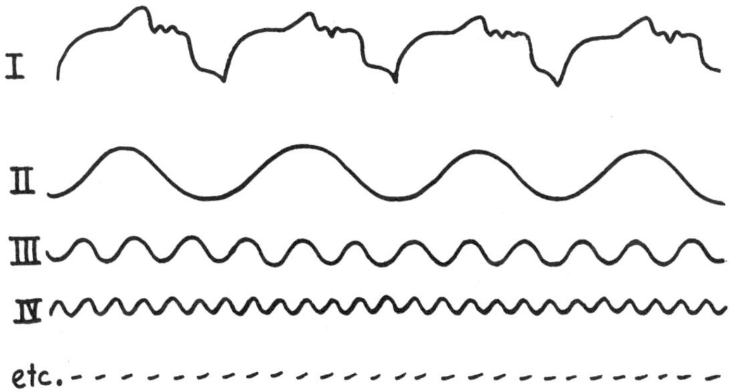

Antwort: Profile

Die Antwort lautet a). Das Addieren diverser harmonischer Wellen führt zu seltsamen Formen, doch Jean Fourier (der mit Napoleon nach Ägypten ging, um Hieroglyphen zu studieren) hat gezeigt, dass *jede* Wellenform, also *jedes* Profil, durch eine Summe vieler harmonischer Wellen dargestellt werden kann. Wenn das gewünschte Profil kleine Höcker oder scharfe Ecken hat, dann braucht man viele kleine (also kurzwellige oder hochfrequente) Wellen, um diese darzustellen. Welche Art Profile aus harmonischen Wellen zusammengebaut werden können, unterliegt nur einer einzigen Einschränkung: das Profil darf überall nur einen Wert haben. Dies bedeutet, dass jede vertikale Linie, die durch das Profil gezogen wird, es nur in einem Punkt, etwa bei 1, schneiden darf. Ein Profil mit einer Hakennase lässt sich nicht nach Fourier darstellen, weil die vertikale Linie das Profil dreimal schneidet.

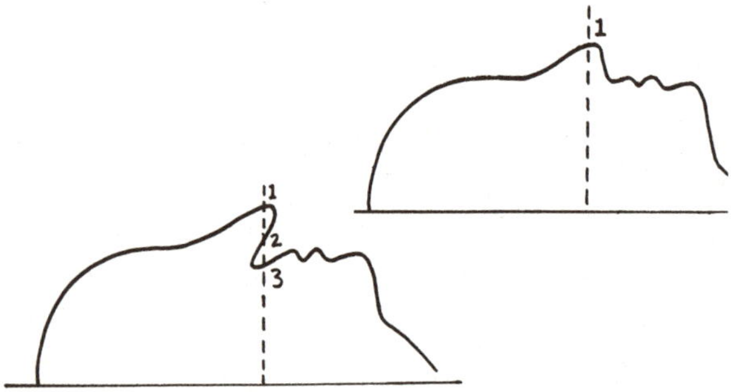

Wellen aus Wellen

Die unten skizzierte Rechteckwelle und die Sinuswelle haben dieselbe Frequenz und Wellenlänge. Welche dieser Wellen enthält die höherfrequenten oder kurzwelligeren Wellenanteile?

a) die Rechteckwelle
b) die Sinuswelle
c) beide dieselben

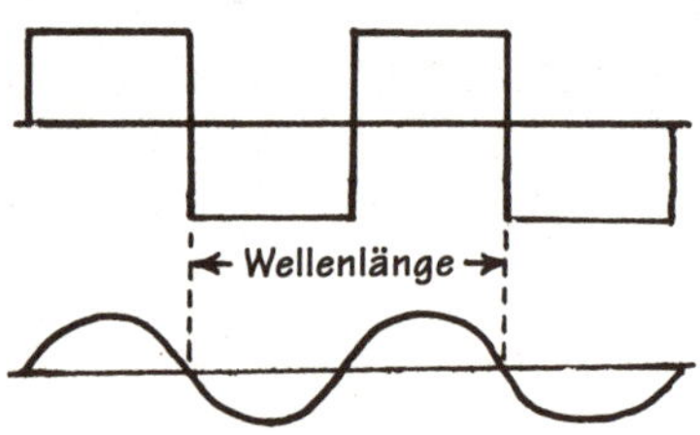

Antwort: Wellen aus Wellen

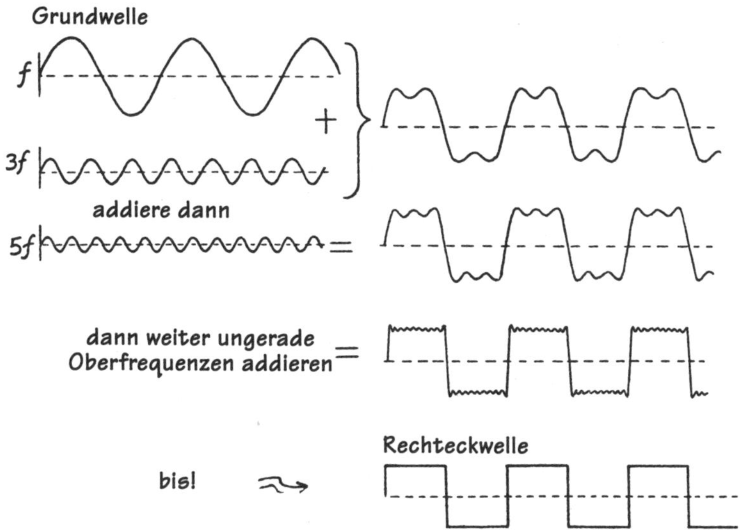

Die Antwort lautet a). Die Welle mit den schärfsten Ecken besteht aus den Wellen mit den höchsten Frequenzen. Das skizzierte Diagramm zeigt, wie eine Rechteckwelle allmählich aus ganz vielen hochfrequenten Sinuswellen aufgebaut wird. Wenn man eine Rechteckwelle durch einen Verstärker schickt oder durch eine für hohe Frequenzen ungeeignete Übertragungsleitung, wird die Rechteckwelle ihrer hochfrequenten Bestandteile beraubt und kommt mit runden Schultern heraus.

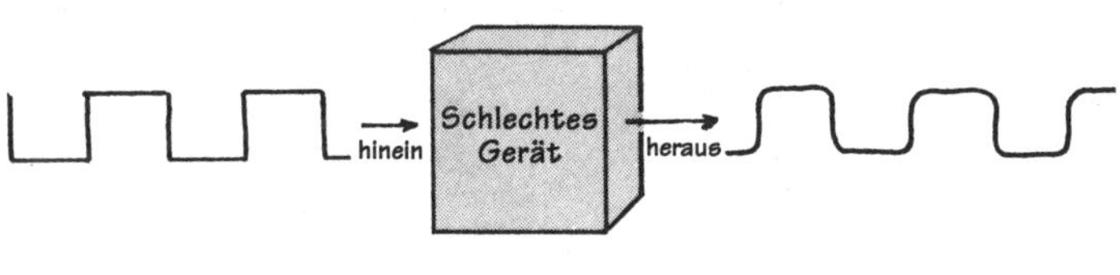

Muss eine Welle wandern?

Muss eine Welle wandern?

a) ja b) nein

Hat eine Welle immer eine Wellenlänge?

a) ja b) nein

Hat eine Welle immer eine Frequenz?

a) ja b) nein

Antwort: Muss eine Welle wandern?

Alle Antworten lauten b). Wellen bewegen sich nicht immer, man betrachte nur die Wellen vor einem Stein in einem Bach.

Wellen haben nicht immer eine Wellenlänge. Man bedenke, dass man zwei Wellen zu einer dritten zusammensetzen kann. Wenn jede der beiden addierten Wellen eine andere Wellenlänge hat, welche hat dann die kombinierte Welle?

Ein ähnliches Argument zeigt, warum eine Welle nicht immer eine definierte Frequenz hat. Diese Ungewissheit über Wellenlänge und Frequenz spielt in der Quantenmechanik eine Schlüsselrolle, wo Wellenlänge und Frequenz zu Impuls bzw. Energie werden – unscharfem Impuls und unscharfer Energie!

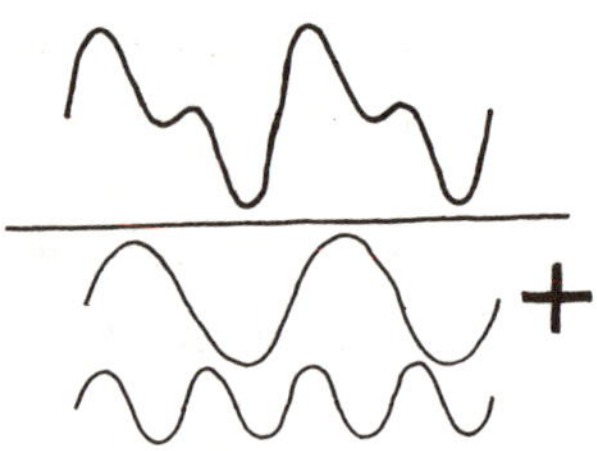

Schwebungen

Zwei verschiedene Töne werden zur selben Zeit zum Klingen gebracht. Ihre Klänge werden addiert und die Summe auf einem Oszillografen dargestellt, Schirm A. Dann wird ein anderes Paar von Tönen zum Klingen gebracht und deren Summe auf dem Oszillografen dargestellt, Schirm B. Man erkennt an den beiden Oszillogrammen, dass die Töne auf Schirm A

A

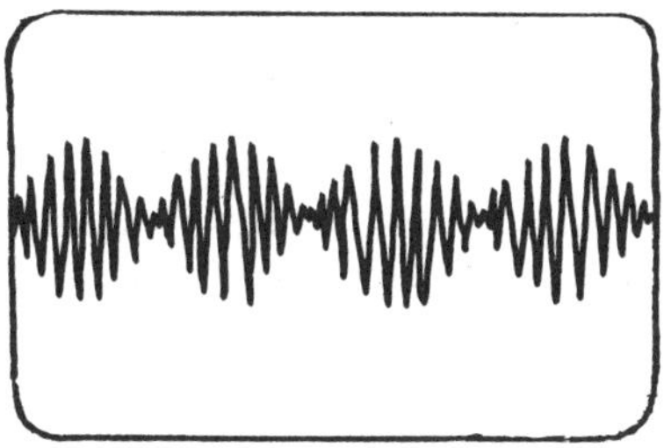

B

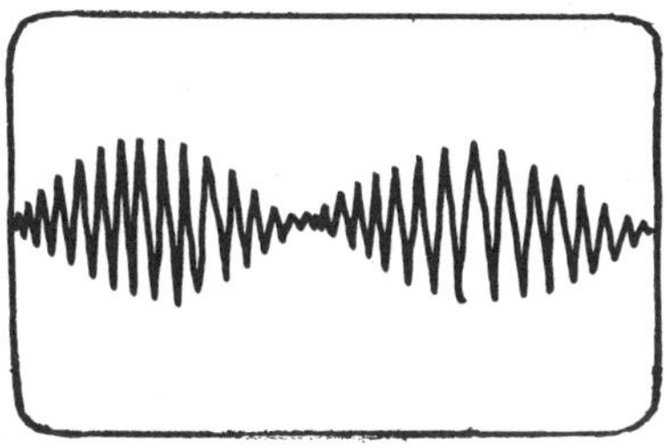

a) frequenzmäßig enger sind
b) frequenzmäßig weiter auseinander sind
c) frequenzmäßig gleich eng wie auf Schirm B sind
d) dieselben Frequenzen wie auf Schirm B haben
e) Es gibt keine Möglichkeit, aus den Oszillogrammen zu beurteilen, welches Paar Töne frequenzmäßig ähnlicher ist.

Antwort: Schwebungen

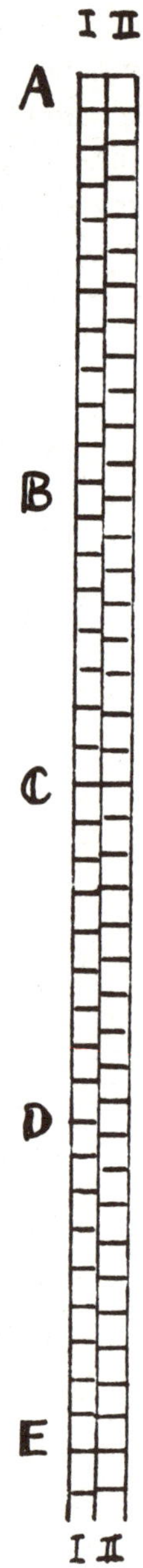

Die Antwort lautet b). Um das zu verstehen, betrachte man die beiden Maßstäbe rechts. Die Markierungen auf Stab I sind ein bisschen weiter auseinander als diejenigen auf Stab II. Man beachte, dass die Markierungen bei A übereinstimmen, aber weiter unten bei B dann nicht mehr. Doch bei C stimmen sie wieder überein, weil II um eine ganze Markierung zurückgeblieben ist. Wo die Markierungen bei A, C und E übereinstimmen, sagt man, sie sind in Phase oder synchron. Bei B und D sind sie außer Phase oder asynchron.

Kurzes Überlegen ergibt, dass je größer die Unterschiede bei den Abständen sind, desto kürzer das Intervall zwischen den Stellen ist, wo Übereinstimmung stattfindet. Unterscheiden sich die Abstände nur ganz wenig, dann gibt es weniger und zudem weiter auseinander liegende Übereinstimmungsstellen. Wenn die Markierungen auf beiden Stäben im gleichen Abstand angebracht sind, laufen sie natürlich nie außer Phase – sie stimmen dann überall auf den Stäben entweder überein oder nicht überein.

Wir können nun die Markierungen auf den Stäben als Darstellung einer Schallwelle ansehen. Die Markierungen selbst bilden dann die Hochdruckbereiche der Welle (Verdichtungen) und die Mitten zwischen den Markierungen die Tiefdruckbereiche (Verdünnungen) der Welle. Ersichtlich ist die Frequenz von Welle II höher als diejenige von Welle I, weil die Markierungen oder Wellen auf II häufiger vorkommen als auf I.

Also stellen I und II zwei Töne dar. Würden sie zusammen zum Klingen gebracht werden, gäbe es *verstärkende Interferenz* bei A, C und E, sowie *auslöschende Interferenz* bei B und D, wo Hochdruck und Tiefdruck zusammenkommen und einander aufheben. Somit wäre der Schall an Stellen wie A, C und E laut, und bei B und D wäre es ruhig. Der Schall wäre nicht gleichmäßig laut, sondern würde abwechselnd lauter und leiser werden. Solches Vibrieren wird *Schwebung* genannt, und man hört es oft bei einem zweimotorigen Flugzeug oder Motorboot. Wenn die Motoren genau synchron laufen, gibt es keine Schwebung. Wenn aber der eine ein bisschen schneller läuft als der andere, hat er eine etwas höhere Frequenz als der andere, und Schwebungen treten auf. Nimmt der Frequenzunterschied der Motoren zu, nimmt die Schwebungsfrequenz zu. Im Oszillogramm A erfolgen die Schwebungen zweimal so oft wie im Oszillogramm B. Somit ist der Frequenzunterschied der Töne auf A doppelt so groß wie der Frequenzunterschied der beiden Töne auf B. Also sind die Töne, welche die Wellenform B erzeugen, frequenzmäßig näher beieinander.

Professor Dureaus Frage*

Gesetzt den Fall, man hat soeben einen exzellenten Konzertflügel gekauft und möchte ihn *perfekt* stimmen lassen. Also ruft man den besten Klavierstimmer herbei, der den Flügel zur Übereinstimmung mit besonderen Stimmgabeln stimmt. Er lässt einen Klavierton und eine Stimmgabel zugleich erklingen und lauscht nach Schwebungen. Wie lange braucht der Klavierstimmer, um die perfekte Stimmung zu erzielen?

a) etwa eine Stunde
b) etwa einen Tag
c) etwa eine Woche
d) etwa einen Monat
e) ewig lang

* Professor Lionel Dureau war Dekan des Physik-Departments der Louisiana State University in New Orleans und dies seine Lieblingsfrage. Dank ihm habe ich mich für den Lehrerberuf entschieden und folglich dieses Buch geschrieben.

Antwort: Professor Dureaus Frage

Die Antwort lautet e). Der Klavierstimmer bringt Klavierton und Stimmgabel zusammen zum Klingen und lauscht nach Schwebungen. Wenn die Klaviersaite immer enger zur Übereinstimmung mit der Stimmgabel gebracht wird, liegen die Schwebungen immer weiter auseinander. Schließlich liegen sie mehr als eine Minute auseinander, was gut genug ist. Aber solange es noch Schwebungen gibt, einerlei wie weit auseinander, bedeutet dies, dass das Klavier nicht *perfekt* gestimmt ist. Um die perfekte Stimmung zu erlangen, müsste der Klavierstimmer unendlich Geduld haben und ewig lauschen. Doch natürlich verklingt der Ton schon früher, weshalb man sich mit einem weniger als vollkommenen Stimmen zufrieden geben muss.

Tonbandschnipsel

Aus der vollständigen Bandaufzeichnung einer Sinfonie schneidet man wie in der Skizze einen kleinen Schnipsel heraus. Kann man aus diesem sehr kurzen Schnipsel des Tonbands genau sagen, welche Töne in jenem Augenblick gespielt wurden, als auf dem Schnipsel aufgezeichnet wurde?

a) Ja, man kann den kurzen Schnipsel analysieren und die Töne genau bestimmen.
b) Nein, man muss auf einem langen Bandstück die Töne analysieren. Ein kurzer Schnipsel reicht nicht.

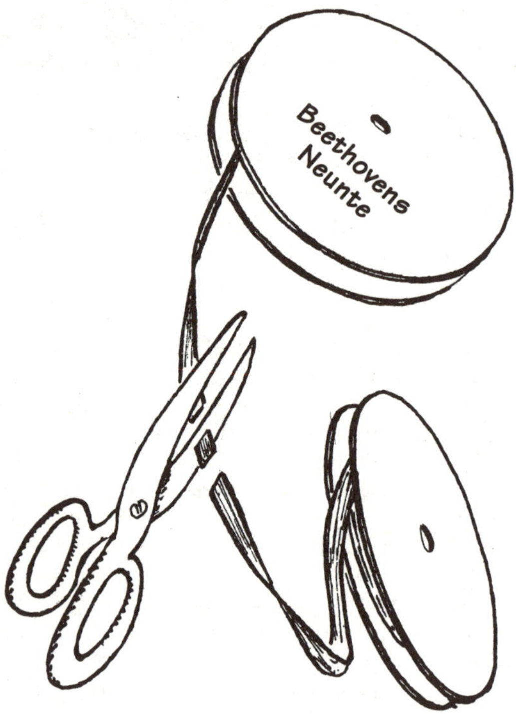

Antwort: Tonbandschnipsel

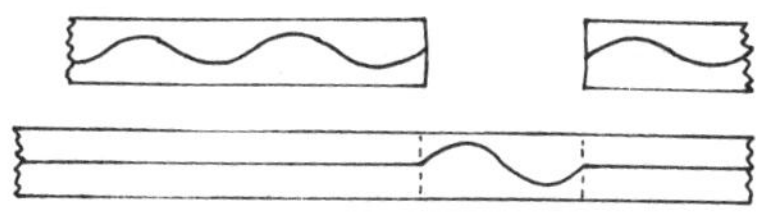

Die Antwort lautet b). Wäre der Schnipsel nicht allzu kurz, könnte man fast den genauen Ton, der gespielt wurde, bestimmen, doch für einen sehr kurzen Schnipsel lässt es sich praktisch überhaupt nicht sagen. Gesetzt den Fall, man hat ein langes Stück Magnetband, auf dem ein Schall wie oben skizziert aufgezeichnet ist, und man schneidet einen kurzen Schnipsel heraus, den man dann in ein langes leeres Band einsetzt. Wenn man dies zusammengesetzte Band dann abspielt, hört man ein kurzes Knacken, wenn der eingesetzte Schnipsel am Magnetkopf vorbeiläuft, aber aus diesem Knacken kann man den Ton nicht identifizieren. Man möchte annehmen, dass man das Knacken untersuchen und seine Wellenlänge oder wenigstens die Hälfte oder ein Viertel davon messen und dann daraus die Frequenz bestimmen könnte. Doch dies stimmt nur, wenn der Schall aus einem *reinen* Ton besteht. Die meiste Musik enthält viele Töne und davon noch Untertöne und Obertöne. In der Skizze unten sieht man zum Beispiel schattiert ein Viertelwellen- oder Halbwellen-Segment und möchte meinen, dass die beiden zugehörigen Töne identisch seien. Doch das sind sie nicht. Die obere Aufzeichnung zeigt einen reinen Ton und die untere eine Sägezahnwelle, die ganz anders klingt.

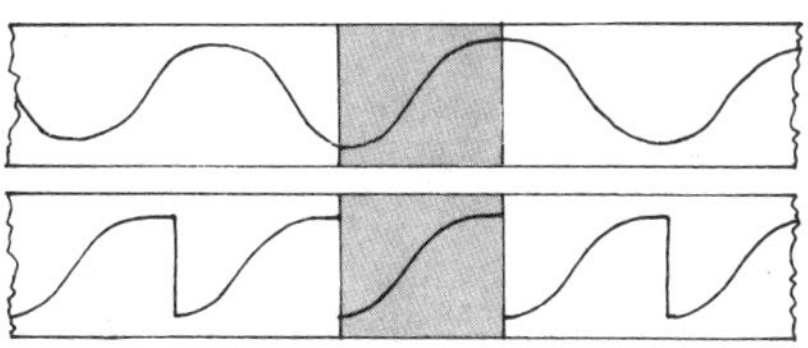

Von dem theoretischen Problem der Identifizierung von Schall aus einem kurzen Schnipsel ganz abgesehen, gibt es noch ein anderes Problem – das technische Problem. Denn es ist schwierig, eine einzelne Zeitperiode oder Wellenlänge zu messen, wie es ja schwierig ist, die Dicke von Papier zu messen. Was tut man? Man legt zehn Stück Papier aufeinander, misst die gesamte Dicke und teilt sie durch zehn – oder man legt zehn Schwingungen aneinander, misst die gesamte Zeit und teilt sie durch zehn. Die Frequenz lässt sich also über lange Zeit leichter messen.

Dies ist der Schlüssel zu einem neuen Gedanken: In unserer Welt existieren verschiedene Wertepaare, die nicht gleichzeitig gemessen werden können – wie das genaue *Frequenzengemisch* eines Schalls und der genaue *Zeit*punkt, zu dem er ertönt. Das soll nicht heißen, dass man keine genauen Zeitpunkte ausschneiden kann, und auch nicht, dass man keine genauen Messungen der Frequenzgemische anstellen kann. Es heißt nur, dass man entweder das eine oder das andere tun kann – aber nicht beides zugleich. Dieser neue Gedanke heißt *Unschärfebeziehung* und die jeweiligen Paare *konjugierte Paare*. Man kann die eine Größe eines Paars messen, so genau man will, aber darunter leidet die Möglichkeit, die andere genau zu messen. Oder man kann beide Größen eines Paars mit mäßiger Genauigkeit messen; doch wenn man dann versucht, die eine Größe genauer zu messen, zwingt dies die Messung der anderen zu mehr Ungenauigkeit. Frequenzgemisch und Zeit sind solch ein konjugiertes Paar.

Modulation

In der Physik steht das Wort »Information« für die Übermittlung einer Nachricht. In der Skizze sieht man vier Signale, von denen alle Schall- oder Radiowellen darstellen. Welle I hat eine feste Frequenz. Welle II zeigt Änderungen in der Frequenz. Welle III zeigt Änderungen der Amplitude. Welle IV wird an- und ausgetaktet. Welches dieser Signale trägt *keine* »Information«?

a) Welle I
b) Welle II
c) Welle III
d) Welle IV
e) alle tragen »Information«

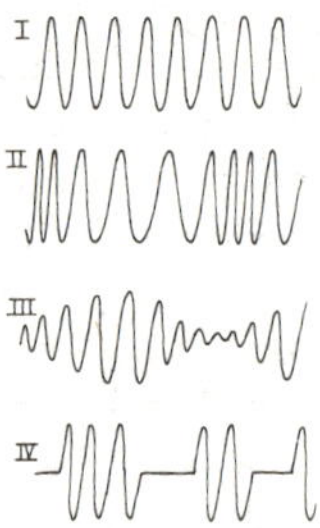

Antwort: Modulation

Die Antwort lautet a). Um eine Information zu übertragen, muss das Signal unterschiedliche Ausdrücke annehmen können. Eine Welle kann dies nur durch eine deutliche Formänderung bewerkstelligen – keine Änderung, keine Information. Das Wort »Modulation« bedeutet in der Physik eine deutliche Formänderung. Es gibt viele Arten, wie eine Welle ihre Form ändern kann. Welle II ändert zum Beispiel ihre Form, indem sie ihre Frequenz, die Tonhöhe, ändert. Viele Vögel tun dasselbe, ebenso die UKW-Sender (englisch FM wie frequenzmoduliert). Eine weitere Möglichkeit der Formänderung zeigt Welle III, bei der sich die Amplitude ändert, was schwankende Lautstärke oder Leistung ergibt – wie das Nageln zweier Dieselmotoren, die mal in und mal außer Phase kommen. Dies ist die Methode, mit der Lang-/Mittel-/Kurzwellen-Sender (englisch AM wie amplitudenmoduliert) Musik und Sprache verschlüsseln. Sie verändern die Leistung der Radiowelle. Welle IV schaltet sich einfach ein und aus – etwa wie ein bellender Hund. PM-Sender tun das ebenso (PM wie pulsmoduliert). PM-Sender übertragen gewöhnlich Daten.

Doch Welle I enthält keine Nachricht. Sie ist einfach ein nie endendes summmmmmmm… Dieses Summen hat keine erkennbare Formänderung, es ist bloße Wiederholung. Man kann also genau vorhersagen, was noch kommen wird. Also enthält es nichts Neues. Würde das Summen zu einer bestimmten Zeit ein- oder ausgeschaltet, wäre das etwas anderes. Dies würde eine deutliche Änderung oder Modulation bedeuten. Aber keine Modulation = keine Nachricht = keine Information.

Exakte Frequenz

Ein Dudelmusiksender liegt bei 100 kHz* auf der Radioskala. Gesetzt den Fall, das Radio könnte exakt auf diese 100 kHz eingestellt werden, unter Ausschluss *aller* anderen Frequenzen, auch solcher eng bei 100 kHz wie 100,01 kHz und 99,99 kHz. Aus solch einem Radio würde man die Musik sehr deutlich hören, wenn sie nur auf

a) Langwelle gesendet würde
b) Ultrakurzwelle gesendet würde
c) einerlei ob auf Mittelwelle oder Ultrakurzwelle
d) *keine* Musik wäre hörbar bei welcher Wellenart auch immer

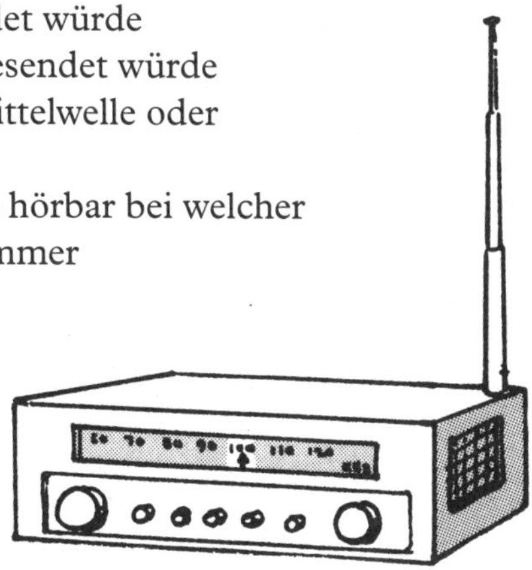

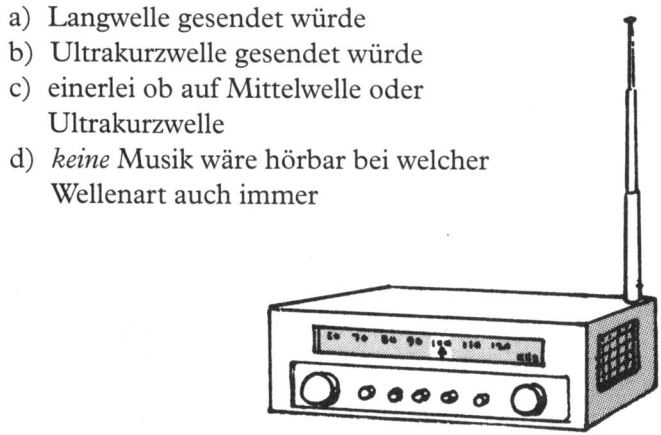

* Die Leute ändern ständig Bezeichnungen und Einheiten – also auch SCHWINGUNGEN PRO SEKUNDE zu HERTZ, zu Ehren von Heinrich Hertz, der 1886 in Karlsruhe die elektromagnetischen Wellen entdeckte. Also sagen wir zur Schwingungsfrequenz statt 1 Schwingung pro Sekunde nun 1 Hertz (Hz). Ob Heinrich Hertz dies als Verbesserung empfände, wenn er heute noch lebte?

Antwort: Exakte Frequenz

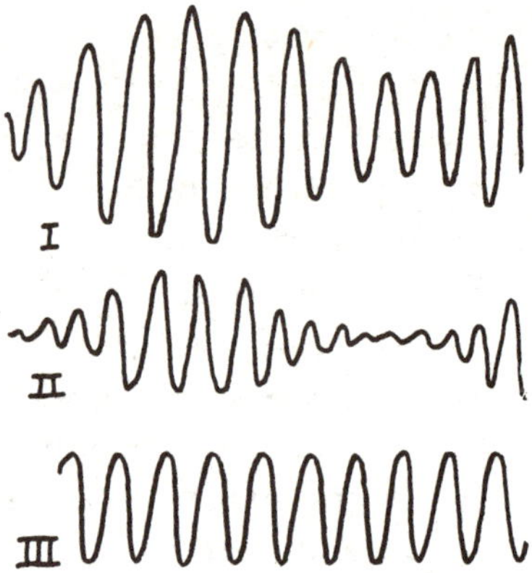

Vielleicht überraschend lautet die Antwort d). Wenn der Rundfunk auf genau eine Frequenz eingeengt wird, kann er nicht moduliert werden. Keine Modulation bedeutet keine Information, also keine Musik. Der Sender könnte nur einen unveränderlichen Ton summen. Dies gilt nicht nur für frequenzmodulierte Signale, sondern ebenso für amplitudenmodulierte.

Manche Leute mögen meinen, dass bei der Amplitudenmodulation nur eine einzige Frequenz vonnöten wäre. Dem ist aber nicht so! Um eine amplitudenmodulierte Welle wie I zu erzeugen, wird eine pulsierende Welle wie II zu einer reinen Welle wie III addiert.

Jetzt erinnere man sich an SCHWEBUNGEN. Die pulsierende Welle wird durch Addieren zweier Wellen von leicht unterschiedlicher Frequenz erzeugt. Also laufen diese in und außer Phase wie der Schall von zwei Dieselmotoren. Gäbe es nicht diese leichte Frequenzverschiebung weg von 100 kHz, hätte man keine Amplitudenmodulation und daher keine Musik.

Bemerkenswerterweise sagen die Funkingenieure, dass *alle* Information in einem Funksignal in solchen Seitenbändern enthalten ist, d. h. den Frequenzen direkt über und unter 100 kHz. Manchmal wird, wenn Leistung gespart werden muss, wie zur Übertragung von fernen Raumfahrzeugen her, die Trägerfrequenz von 100 kHz in der Mitte sowie ein Seitenband zur Energieersparnis unterdrückt. Es wird dann nur ein Seitenband zur Erde gesendet. Unten auf der Erde wird die 100-kHz-Trägerwelle und das duplizierte Seitenband hinzugefügt, um das ursprüngliche Signal wiederherzustellen. Das ist wie bei Lebensmitteln für Rucksackwanderer, denen das Wasser entzogen wurde – man kann es jederzeit zum Verzehr wieder hinzufügen.

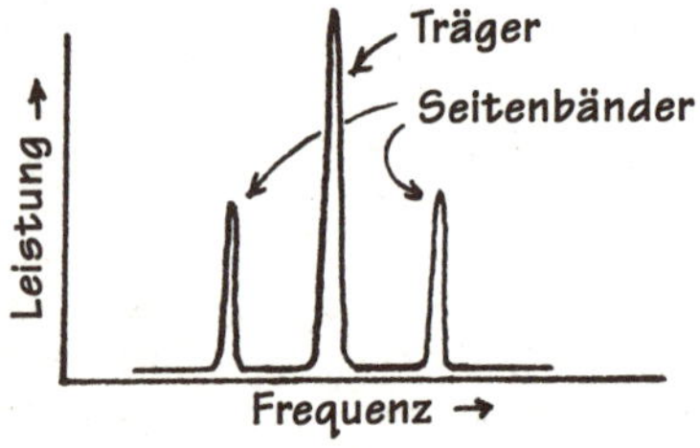

Achtung: Das Radio muss die Seitenband-Frequenzen nahe 100 kHz empfangen, aber es muss sorgfältig darauf ausgelegt sein, nicht zu viel davon zu empfangen. Wenn die vom Radio empfangbaren Seitenbänder zu weit auseinander liegen, wird das Radio gleichzeitig mehr als eine Station empfangen – ein wahres Durcheinander.

Meer aus Quecksilber

Gesetzt den Fall, das Wasser im Meer verwandelt sich in Quecksilber (das etwa 13-mal dichter ist als Meerwasser). Dann würden sich im Vergleich zur Geschwindigkeit der Meerwasserwellen die Quecksilberwellen

a) schneller bewegen
b) langsamer bewegen
c) gleich schnell bewegen

Nähme die Schwerkraft auf der Erde zu, würden sich Ozeanwellen

a) schneller bewegen
b) langsamer bewegen
c) weder schneller noch langsamer bewegen

Antwort: Meer aus Quecksilber

Konzentrieren Sie sich auf einen Kubikzentimeter Wasser in diesem Ozean. Die Kräfte auf diesem Kubikzentimeter sind für die ganze wogende Bewegung verantwortlich. Welche Kräfte sind das? Die Kraft des Wasserdrucks infolge des umgebenden Wassers und die Schwerkraft. Jetzt soll sich die Masse jedes Kubikzentimeters des Meeres auf das 13fache erhöhen – wie es bei der Verwandlung in Quecksilber geschähe. Die Druckkräfte wären 13-mal größer und die Schwerkraft (das Gewicht) ebenfalls 13fach. Hieße das, der Kubikzentimeter würde 13-mal schneller wogen oder beschleunigen? Nein. Warum? Weil der Kubikzentimeter nun selbst die 13fache Masse hätte, also 13-mal schwerer zu beschleunigen wäre. Obwohl also das Meer sich zu Quecksilber verwandelte, bliebe die Beschleunigung oder das Wogen von jedem Teil davon genau gleich. Wenn die Bewegung jedes Teils gleich bleibt, dann bleibt auch die Gesamtbewegung des Ganzen, also die Welle, gleich.

Die Antwort auf die zweite Frage lautet a). Nimmt die Schwerkraft zu, dann nimmt auch das Gewicht jedes Kubikzentimeters sowie die Druckkraft zu. *Alle* Kräfte nehmen zu. Aber nimmt die Masse des Kubikzentimeters zu? Nein. Erhöhung der Schwerkraft bedeutet nicht Erhöhung der Masse. Es wirkt bloß mehr Kraft auf die unveränderte Masse und das bedeutet, dass der Kubikzentimeter schneller beschleunigt wird. Wenn die Bewegung jedes Teils schneller ist, dann ist auch die Gesamtbewegung des Ganzen, also die Welle, schneller.

Wasserläufer

Skizziert sind kleine Wellen, die ein Wasserläufer auf der Oberfläche eines Teichs hervorruft. Aus dem Wellenmuster kann man die Bewegung des Wasserläufers ablesen. Sie geht

a) dauernd nach rechts
b) dauernd nach links
c) hin und her
d) im Kreis

Antwort: Wasserläufer

Die Antwort lautet c). Auf Schnee hinterlässt ein Tier Fußspuren und markiert so seinen Pfad. Aber auf dem Wasser werden Fußabdrücke zu kleinen Ringwellen, die nicht stehen bleiben. Sie breiten sich aus. Nur eines bleibt stehen – die Mittelpunkte der Ringwellen. Diese Mittelpunkte markieren deren Entstehungsort. Wenn der Wasserläufer auf der Stelle trippelt, haben alle von ihm erzeugten Ringwellen einen gemeinsamen Mittelpunkt. Wandert er nach rechts, wandern auch die Mittelpunkte der Kreiswellen nach rechts. Dadurch entsteht rechter Hand ein Stau an Ringwellen und linker Hand eine Auslichtung. Man kann immer sagen, in welche Richtung der Wasserläufer läuft, indem man schaut, wo sich die Ringwellen stauen. In der Skizze zur Frage erkennt man, dass die Ringwellen sich manchmal linker Hand, manchmal rechter Hand stauen, woraus zu schließen ist, dass der Wasserläufer mal nach links, mal nach rechts lief.

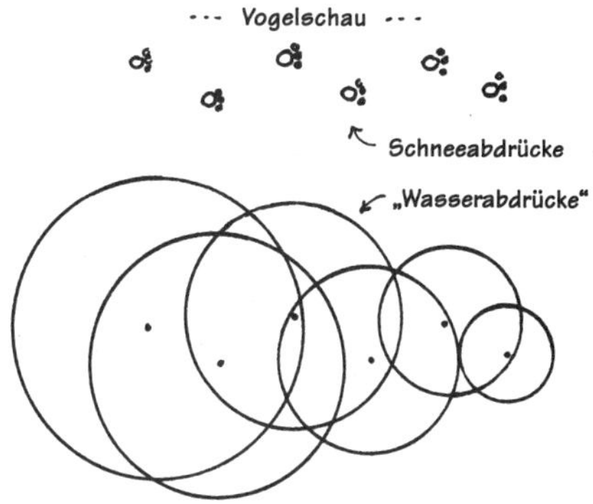

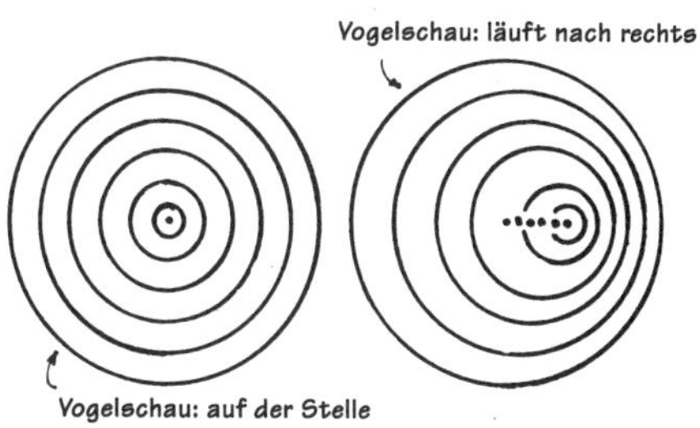

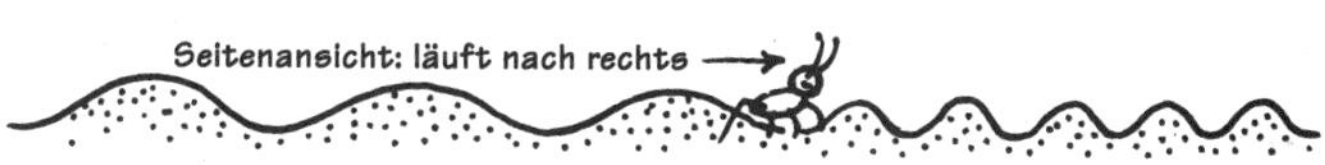

Wie die Ringwellen auf dem Wasser bestehen auch Schall und Licht aus Wellen. Von einem bewegten Ding herkommend, neigen sie ebenfalls zum Stau in Richtung von dessen Bewegung. Der Abstand der Schallwellenringe bestimmt die Schallfrequenz; dichter Stau bedingt hohe Frequenz. Die Augen empfinden die Lichtfrequenz als Farbe; hohe Frequenz bedeutet blau, niedere rot. Wenn sich also Licht von einem weg bewegt, sieht es röter aus als sonst. Beim Licht von Sternen und Milchstraßen, die sich von unserem Sonnensystem wegbewegen, spricht man von Rotverschiebung oder Doppler-Verschiebung nach dem Physiker Christian Doppler.

Schallmauer

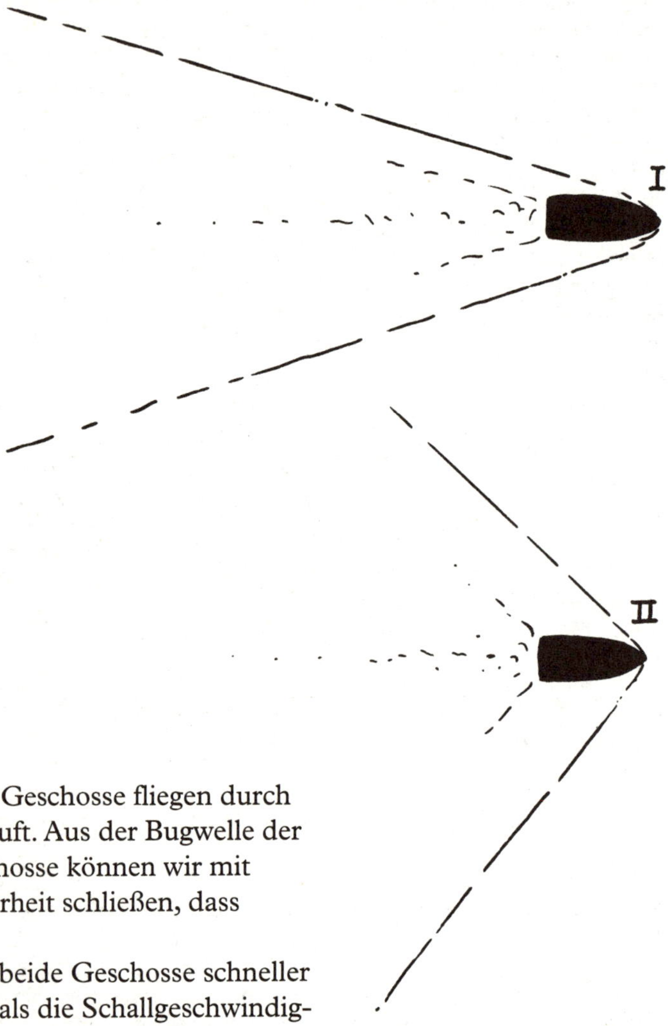

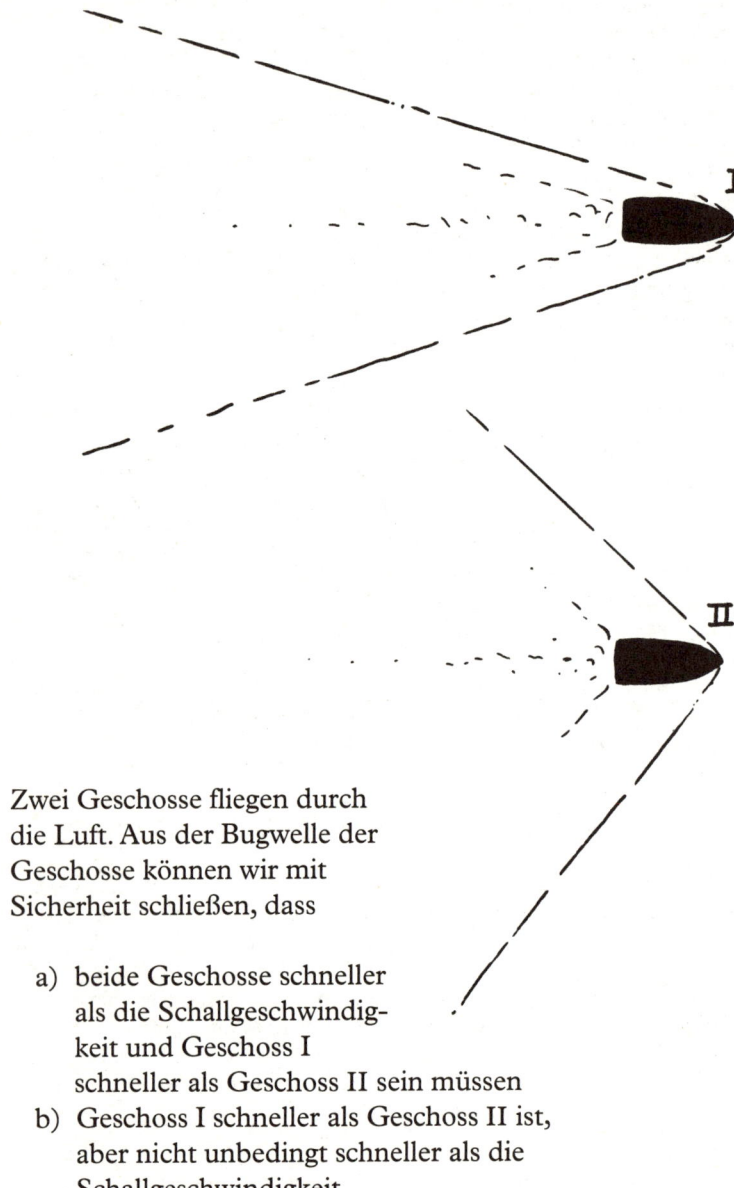

Zwei Geschosse fliegen durch die Luft. Aus der Bugwelle der Geschosse können wir mit Sicherheit schließen, dass

a) beide Geschosse schneller als die Schallgeschwindigkeit und Geschoss I schneller als Geschoss II sein müssen
b) Geschoss I schneller als Geschoss II ist, aber nicht unbedingt schneller als die Schallgeschwindigkeit
c) weder – noch

Antwort: Schallmauer

Die Antwort lautet a). Wäre der Wasserläufer aus der letzten Frage schneller gelaufen als die von ihm erzeugten Wellen, hätte sich als Muster nicht ein Stau von Wellen, sondern eine Überlappung der Wellen zu einer V-förmigen Bugwelle ergeben. Dasselbe gilt für ein Geschoss. Bewegt sich das Geschoss langsamer als die von ihm gemachten Wellen, erfolgt keine Überlappung, Skizze a. Wenn es sich genauso schnell bewegt wie die Wellen, gibt es nur an der Vorderseite des Geschosses Überlappung, Skizze b. Erst wenn das Geschoss schneller als die Schallwellen fliegt, gibt es die Überlappung zur vertrauten V-förmigen Bugwelle, Skizzen c und d. Die Überlappungsbereiche sind mit X markiert. In der Skizze sind nur drei Paare X gezeigt, während in der Praxis weit mehr vorkommen. Also ist die Bugwelle eines Geschosses tatsächlich die Überlagerung vieler Ringwellen. Beachtenswert ist auch, dass das V umso enger wird, je schneller das Geschoss ist.

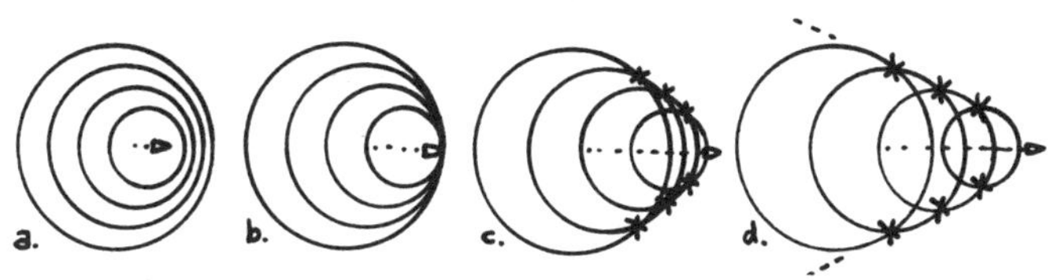

Beim Deutsch-Französischen Krieg flogen Geschosse erstmals schneller als der Schall, und just nach dem Zweiten Weltkrieg flogen auch Flugzeuge schneller als der Schall. Ihre Piloten hatten große Probleme, als sie so schnell wie der Schall fliegen wollten (Skizze b), weil sie in ihrem eigenen Krach flogen. Der Krach baute sich zu einer Mauer komprimierter Luft auf, einer Stoßwelle, welche das Flugzeug schüttelte und es sehr schwierig oder manchmal unmöglich machte, das Flugzeug zu beherrschen. Daher rühren die Geschichten von der »Schallmauer«. Fliegt das Flugzeug schneller als der Schall, entkommt es seinem Krach und den damit verbundenen Schwierigkeiten. Die Stoßwelle hinkt nach. Wenn ein Überschallflugzeug über einem fliegt, erreicht die nachgeschleppte Stoßwelle die Ohren als scharfer Knall – der Überschallknall.

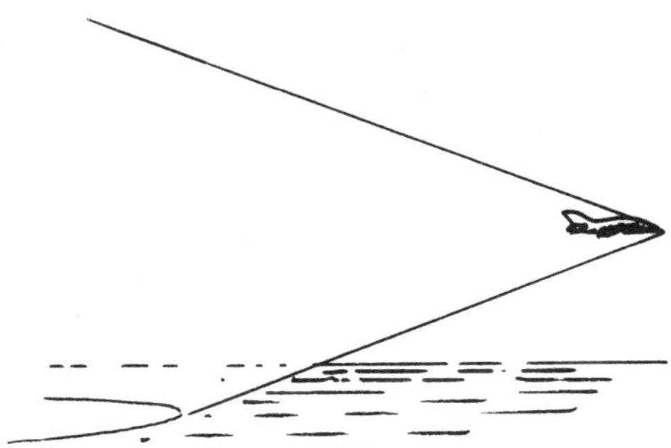

Erdbeben

Viele Häuser in Amerika bestehen aus einer Holzrahmen-Struktur, die einfach auf einem Betonfundament, einer Platte, sitzt. Im Falle eines mäßig schweren Erdbebens ist der häufigste Schaden, der an solchen Häusern auftritt, folgender:

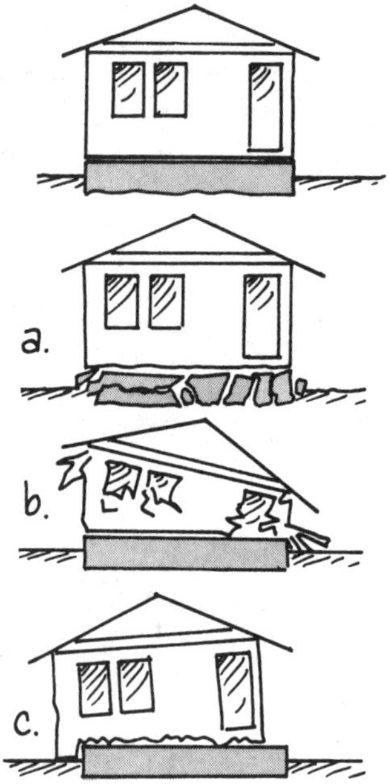

a) Das Betonfundament bricht, aber der Holzrahmen bleibt ganz.
b) Das Betonfundament bleibt ganz, aber der Holzrahmen stürzt ein.
c) Fundament und Holzrahmen bleiben beide ganz, doch der Rahmen rutscht vom Fundament.

Antwort: Erdbeben

Die Antwort lautet c). Es geht schlicht und einfach um die Trägheit. Das Betonfundament ist mit der Erde verbunden und schwankt mit ihr hin und her (sowie manchmal hoch und nieder). Aber das Haus ist mit dem Fundament nicht fest verbunden, also bewegt sich das Fundament mit der Erde, aber das Haus steht still. Bald hat das Haus teils kein Fundament mehr unter sich. Es kommt zum Bruch! Ein 75 000-Dollar-Bruch – der sich durch 75 Dollar für Ankerschrauben hätte vermeiden lassen, welche das Haus mit dem Betonfundament verbinden. Beim Hauskauf in Kalifornien sollte man sich der Ankerschrauben vergewissern. Alte kalifornische Häuser mit solchen Bolzen nachzurüsten, würde mehr Leben retten als der Neubau aller kalifornischen Schulen – und dies zu einem Bruchteil der Kosten.

Noch mal Erdbeben

Viele Talgründe sind mit weicher Erde angefüllt, dem Alluvium. Im Fall eines mäßig schweren Erdbebens würde welches Haus wahrscheinlich am meisten Schaden nehmen?

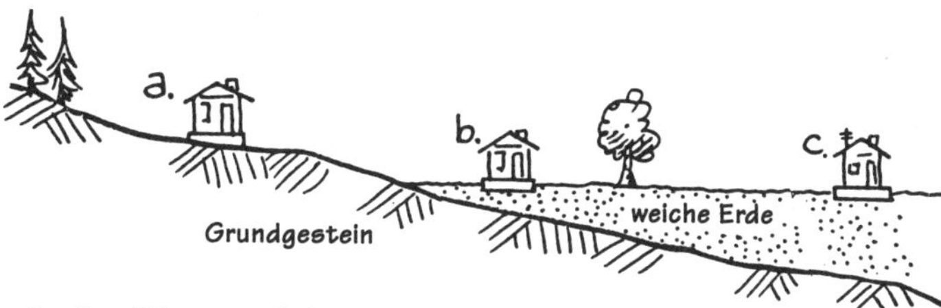

a) das Haus auf Grundgestein am Hang
b) das Haus auf weicher Erde nahe dem Grundgestein-Hang
c) das Haus auf weicher Erde weit vom Grundgestein-Hang

Die Antwort lautet b). Die Erdbeben-Welle läuft durch die weiche Erde ganz ähnlich wie eine Wasserwelle. Die Wellenenergie sammelt sich in dem engen Keil weicher Erde unmittelbar am Grundgestein-Hang. Dasselbe kann man an einer Wasserwelle über den See beobachten, oder wenn eine Ozeanwelle auf den Strand trifft. Die Wellenenergie sammelt sich just im seichten Wasser, worauf sich ein Brecher ausbildet, wenn sie auf den Sand trifft. Diese Energie ermöglicht es dem Wasser, den Strand »hinauf« zu laufen und die Schuhe nass zu machen. Im Fall der Erdbebenwellen reicht manchmal die am Talrand aufgestaute Energie, die weiche Erde aufzureißen. Nach dem Beben sieht es so aus, als ob die weiche Erde durchgepflügt worden wäre.

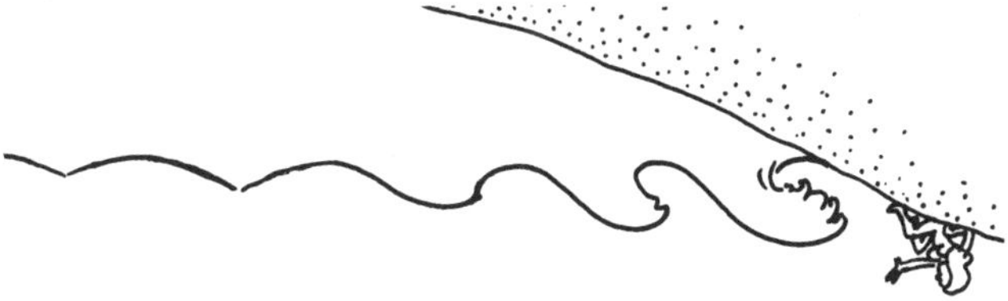

Antwort: Noch mal Erdbeben

Nahe am Grabenbruch

Die Energie in einem großen Erdbeben stammt aus der plötzlichen Verschiebung einer Verwerfung entlang einem Riss in der Erdkruste, der hunderte Kilometer lang sein kann. Haus I steht einen Kilometer neben dem Riss, Haus II zwei Kilometer. Welchem Haus geschieht eher etwas durch das Beben?

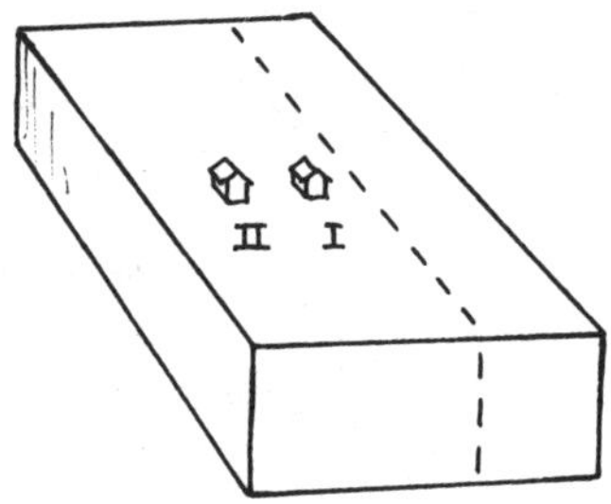

a) Haus I
b) Haus II
c) beiden etwa gleich viel

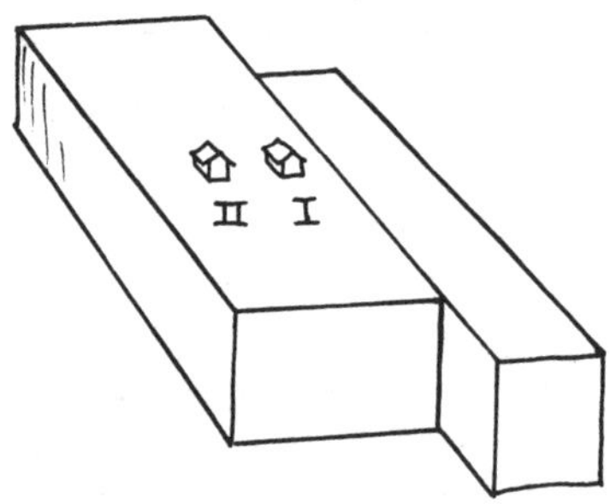

Die am Haus I ankommende Bebenenergie ist ungefähr wie viel größer als am Haus II?

a) dieselbe – mehr nicht
b) doppelt so viel
c) dreimal so viel
d) viermal so viel
e) mehr als viermal so viel

Antwort: Nahe am Grabenbruch

Die Antwort auf die erste Frage lautet c), weil die Antwort auf die zweite a) ist. Die Bebenenergie ist an beiden Stellen im Wesentlichen gleich! Erdbebenwellen zu Gesicht zu bekommen, ist nicht einfach (obwohl man bei sehr heftigen Erdbeben welche sehen kann), daher stellt man sich Wasserwellen vor. Wirft man einen Kiesel in einen Teich, breiten sich Wellen und Wellenenergie von dem Kiesel in Ringen wachsenden Umfangs aus. Die in der Welle enthaltene Energie verteilt sich auf den ganzen Umfang; wenn der Umfang wächst, muss somit die Energie immer mehr verteilt und weniger konzentriert, weniger intensiv sein. Ein im Wasser treibender Korken wird bei I mehr hüpfen als bei II.

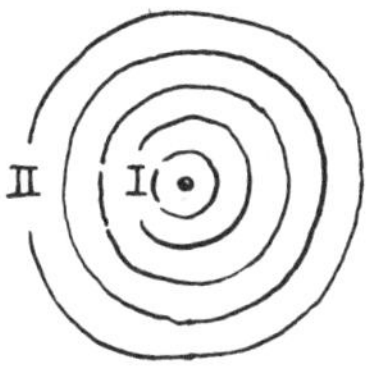

Doch ein Erdbeben kommt nicht von einem Punkt wie einem Kiesel. Es kommt von einem langgestreckten Riss oder einer Verwerfung. Um im Wasser etwas Ähnliches wie eine Erdbebenwelle zu machen, muss man etwas Längliches wie einen Stock hineinwerfen. An seinen Enden ist die Welle dann stark gekrümmt und macht immer größere Halbkreise. Doch an den Seiten des Stocks ist die Welle fast gerade und bleibt das auch – bis in einige Entfernung vom Stock. Eine gerade Welle kann sich nicht weiter dehnen, also kann die Wellenenergie nicht weniger konzentrier oder weniger intensiv werden, während sie sich vom Stock wegbewegt. Ein Korken im Wasser wird bei I fast so heftig wie ein Korken bei II hüpfen. (Dasselbe Argument gilt für Licht. Ist es zu verstehen, warum eine lange Leuchtstoffröhre ein Zimmer gleichmäßiger ausleuchtet als eine einzelne helle Glühbirne?)

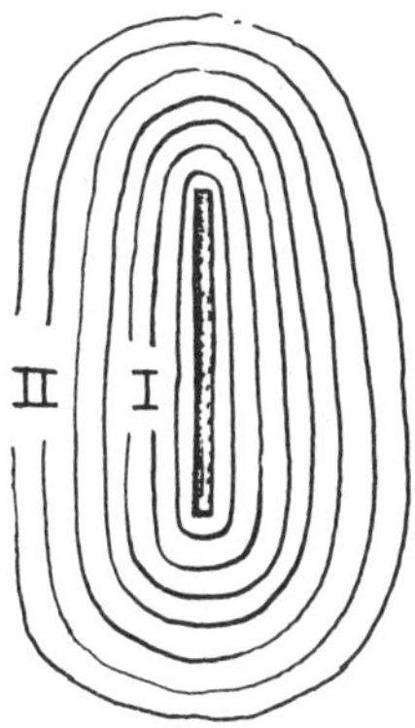

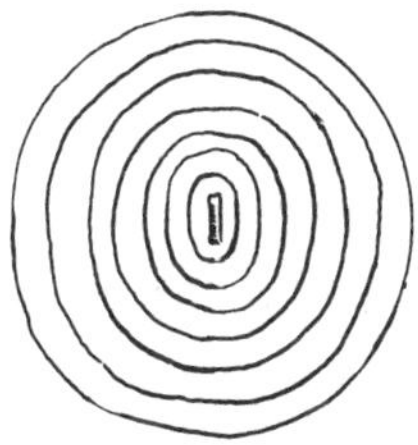

Somit befindet sich das Haus nahe am Graben in nicht viel größerer Gefahr als das Haus weiter weg. Natürlich ist nahe dem Graben etwas anderes als auf dem Graben. Auf dem Graben würde ein Haus entzwei geschert werden. Weit weg vom Graben ist am allerbesten, weil weit weg die Wellen anfangen, krumm zu werden und sich zu Ringwellen auszudehnen. Doch nahe am Graben scheint der Schaden mehr davon abzuhängen, wie und auf was für Boden ein Haus gebaut ist, als davon, wie weit es vom Graben entfernt ist.

San-Andreas-Spalte

Kleinen oder großen Abstand von einer Spalte zu haben, ist eine Frage, aber jetzt geht es um Entfernungen entlang der Spalte, also nahe oder fern des Epizentrums. Ein Erdbeben nimmt die Gestalt eines Risses im Boden an (ein Scher-Riss, kein Auseinanderklaffen), der im Epizentrum beginnt und einige Kilometer (bei einem großen Beben einige hundert Kilometer) die Spalte entlangläuft. Stadt I und Stadt II haben gleichen Abstand von der Spalte. Das Beben wird sein

a) am intensivsten in Stadt I
b) am intensivsten in Stadt II
c) in beiden Städten gleich intensiv

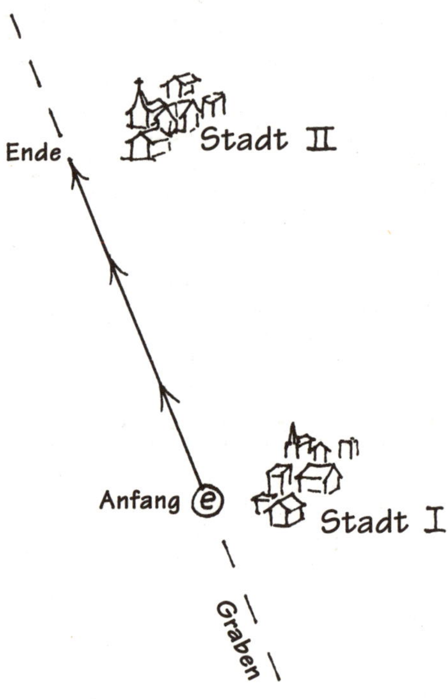

Antwort: San-Andreas-Spalte

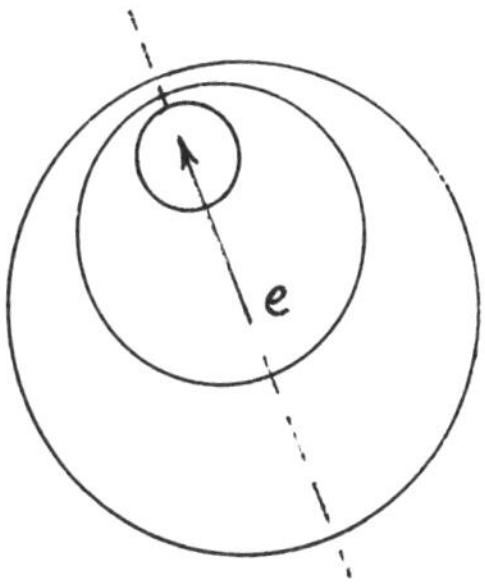

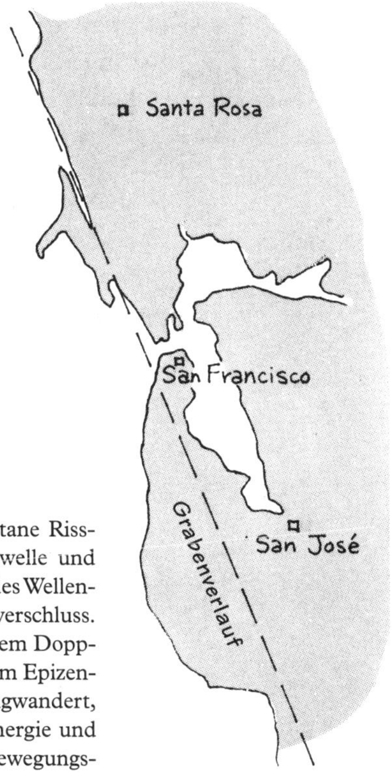

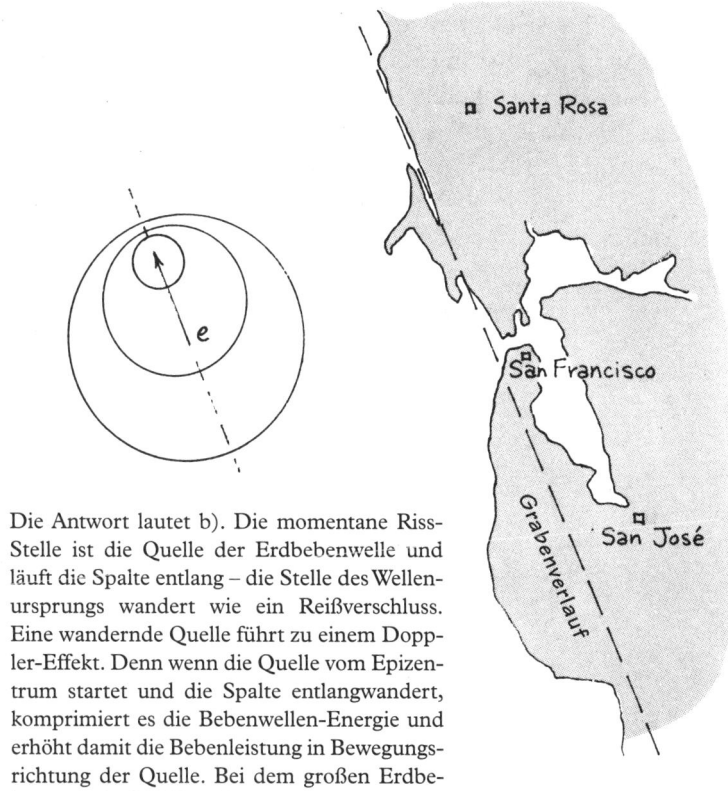

Die Antwort lautet b). Die momentane Riss-Stelle ist die Quelle der Erdbebenwelle und läuft die Spalte entlang – die Stelle des Wellenursprungs wandert wie ein Reißverschluss. Eine wandernde Quelle führt zu einem Doppler-Effekt. Denn wenn die Quelle vom Epizentrum startet und die Spalte entlangwandert, komprimiert es die Bebenwellen-Energie und erhöht damit die Bebenleistung in Bewegungsrichtung der Quelle. Bei dem großen Erdbeben 1906 in San Francisco wurde die Stadt Santa Rosa viel stärker zerstört als die Stadt San José, obwohl San José näher beim Epizentrum lag, weil eben der Riss von San José die Spalte entlang nach Santa Rosa lief.

Zum Glück ist die Rissgeschwindigkeit kleiner als die Geschwindigkeit der langsamsten Bebenwelle (zirka 2/3 davon), denn sonst könnte sich eine Stoßwelle entwickeln, welche die zerstörerische Kraft der Erdbeben noch enorm vervielfachen würde.

Übrigens sollte man nochmals zur Antwort auf NAH AM GRABENBRUCH zurückblättern. In der mittleren Skizze beachte man, dass das Wellenmuster um den ins Wasser geworfenen Stock am oberen Ende ein wenig dichter ist. Es sollte eigentlich noch dichter sein, denn für eine perfekte Analogie zum Erdbebenriss sollte der Stock unter einem Winkel reingeworfen werden, sodass das untere Stockende zuerst das Wasser trifft. Dann wird der Stock tatsächlich die Wasseroberfläche »einreißen« und an seinem oberen Ende noch dichtere Oberflächenwellen erzeugen.

Unterirdische Tests

Eine der Schwierigkeiten beim Überwachen, ob das SALT-Abkommen zur Rüstungskontrolle (Strategic Arms Limitation Treaty) eingehalten wird, besteht darin, dass es keine einfache Methode gibt, zwischen unterirdischen Atombomben-Tests und natürlichen Erdbeben zu unterscheiden.

a) richtig
b) falsch

Antwort: Unterirdische Tests

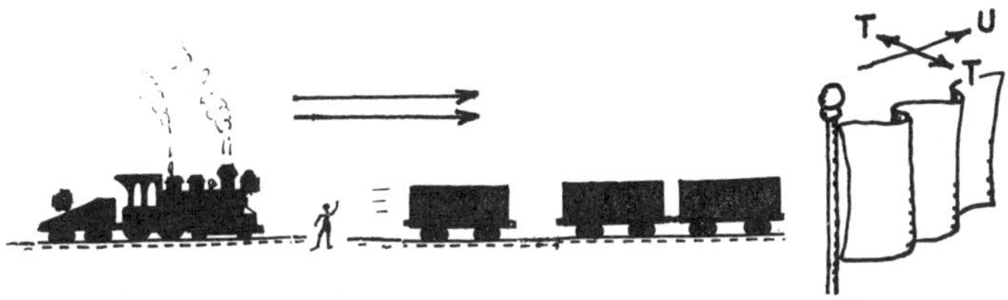

Die Antwort lautet b). Auf unserer Welt gibt es zwei Sorten von Wellen. Es gibt Kompressionswellen (oder longitudinale) wie die durch eine Waggonreihe laufende Erschütterung, wenn ein rollender Eisenbahnwaggon dranstößt. Und es gibt transversale Wellen wie das Flattern einer Fahne. Bei transversalen Wellen erfolgt die Auslenkung der Fahne in Richtung T, also quer oder transversal zur Richtung U, wohin die Welle wandert. Bei Kompressionswellen erfolgen dagegen Auslenkung und Wandern entlang derselben Linie.

Erdbeben ereignen sich, wenn die Scherspannung, die sich im Felsgestein aufgebaut hat, plötzlich durch Nachgeben zusammenbricht. Dieser Bruch löst die Spannung, und das Felsgestein zittert momentan und sendet beim Zittern Wellen aus. Anfangs sendet es transversale Wellen (in der Skizze von den Flächen A und D) und Kompressionswellen aus Verdichtung (von B und E) Verdünnung (von F und C). Ein Erdbeben sendet also zwei Sorten von Wellen aus.

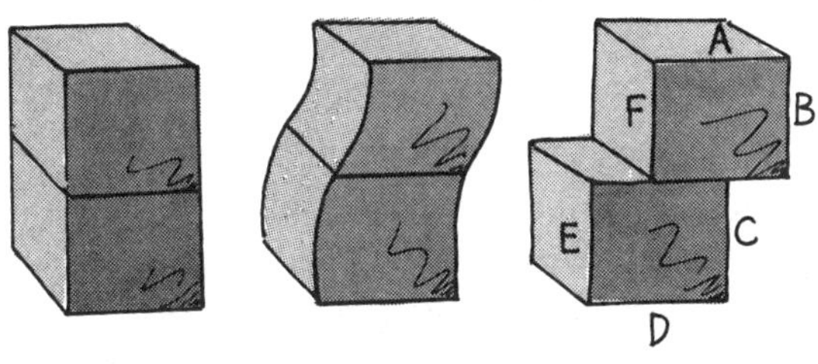

Dagegen sendet eine Explosion (in Luft oder unterirdisch) nur eine Sorte von Wellen aus – Kompressionswellen. Ein »Erdbeben« mit Kompressionswellen allein ist stets ein menschengemachtes Erdbeben – eine tödliche Gabe!

Es gibt weitere Unterschiede zwischen Wellensorten. Zum Beispiel sind Fahnenwellen und Wasserwellen Oberflächenwellen. Schallwellen und Erdbebenwellen sind dagegen Körperwellen, weil sie durch dreidimensionale Volumina wandern. Schallwellen sind reine Kompressionswellen, aber Erdbebenwellen bestehen aus Kompressions- wie transversalen Wellen. Gibt es in der Natur irgendwelche rein transversalen Wellen? Ja. Lichtwellen (und alle elektromagnetische Strahlung) sind rein transversal. Weil Erdbebenwellen die Eigenschaften von Schall- wie Lichtwellen besitzen, sind sie die kompliziertesten Körperwellen in der Natur.

Biorhythmus

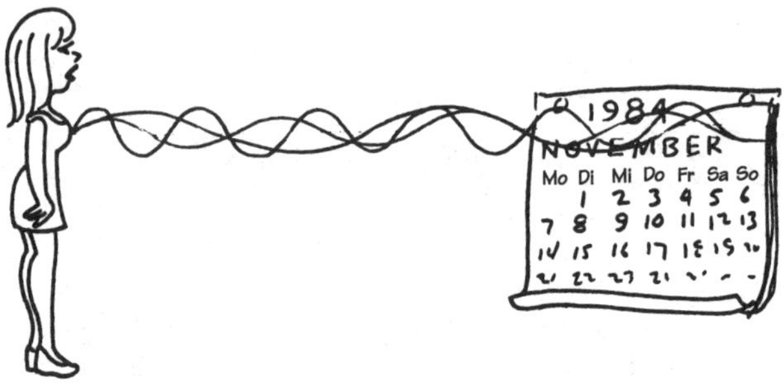

Die Vorstellung ist weit verbreitet, dass eine Person bestimmte »natürliche« Rhythmen besitze, die mit der Geburt beginnen und das ganze Leben durchlaufen und dabei gute und schlechte Tage bewirken. Man könnte somit bei Kenntnis des Geburtstags und der Periode (oder der Frequenz) dieser natürlichen Rhythmen (oder Wellen) ermitteln, wann die guten und schlechten Tage einer Person eintreten. Tatsächlich zahlen einige Hollywood-Stars für solche Berechnungen hunderte von Dollars. Doch keine Uhr geht perfekt.

Wie falsch kann die menschliche Biorhythmus-Uhr gehen? Nehmen wir einen wohlbekannten Biorhythmus, den Menstruationszyklus von etwa einem Monat. Wie gesagt, weil eine Frau normalerweise den Beginn ihrer nächsten Periode, wenn diese einen Monat fern ist, lediglich mit einem Fehler von, sagen wir, plus oder minus einem Tag (± 1) vorhersagen kann. Wenn nun eine Frau den Beginn ihrer Periode in zwei Monaten vorherzusagen versucht, wird es schwieriger. Die Vorhersage könnte um zwei Tage danebenliegen. Andererseits könnten sich die Fehler auch aufheben, wenn eine Periode einen Tag früher und die nächste einen Tag später kommt.

Gesetzt den Fall, sie versucht den Beginn ihrer Periode in ferner Zukunft vorherzusagen, etwa 16 Monate später. Man könnte hoffen, dass es gleich viel zu späte wie zu frühe Perioden gibt, sodass sich die Fehler aufheben, und einige tun das auch, aber nicht alle.

Von Mal zu Mal wird der Fehler größer. Zum Vergleich sollen 16 Centmünzen geworfen werden, Kopf bedeutet eine frühe, Zahl eine späte Periode. Man würde nicht genau die gleiche Anzahl von Kopf oder Zahl erwarten. Im Durchschnitt wären vier mehr von der einen Seite als von der anderen Seite herausgekommen. Wenn man 100 Centstücke wirft, verteilen sie sich selten 50/50 – es gibt gewöhnlich mehr von der einen Seite als von der anderen – im Durchschnitt sind es 10 mehr von der einen Seite als von der anderen. Diese Anzahl mehr ist der Irrtum, und der Mittlere Fehler ist statistisch gleich der Quadratwurzel aus der Anzahl der geworfenen Centstücke: $\sqrt{16} = 4$ und $\sqrt{100} = 10$. Also wird die Frau einen mittleren Fehler von 4 Tagen haben, wenn sie den Tag ihrer Periode 16 Monate im Voraus bestimmen will.

Jetzt die Frage: Wenn ein typischer Biorhythmus einen Monat lang ist, mit einem Fehler von plus oder minus einem Tag, und der Biorhythmus 20 Jahre lang gelaufen ist (für eine 20-jährige Person). Wie groß wird der mittlere angehäufte Fehler sein bei der Vorhersage des Datums eines guten oder schlechten Tags?

a) etwa null Tage b) etwa 3 Tage c) etwa 1 Woche
d) etwa zwei Wochen e) mehr als ein Monat

Die Antwort lautet d). Zwanzig Jahre zu zwölf Monaten ergeben 240 Monate. Die Quadratwurzel aus 240 ist rund 15 ($\sqrt{240} = 15{,}49133\ldots$). Der durchschnittliche Unterschied zwischen der Anzahl früher und später Monate wird 15 sein. Also wird bei einem Tag daneben pro Monat der aufgetürmte Fehler 15 Tage ausmachen. Kann man also langfristige Biorhythmus-Vorhersagen ernst nehmen?

Antwort: Biorhythmus

Mehr Fragen (ohne Erklärungen)

Bei den folgenden Fragen sind Sie wieder auf sich selbst gestellt. Also physikalisch denken!

1. Ein Ton erklingt, wenn man ein teils mit Wasser gefülltes Glas anstößt. Wenn das Glas mit mehr Wasser gefüllt wird, wird der Ton beim Anstoßen
   a) höher b) tiefer

2. Resonanz tritt auf, wenn ein Ding durch äußere Schwingungen
   a) von höherer Frequenz
   b) von niedrigerer Frequenz
   c) von großer Amplitude
   d) von gleicher Frequenz wie die Eigenfrequenz des Dings
   zum Schwingen gezwungen wird.

3. Das Läuten einer Glocke enthält einen ganzen Bereich von Frequenzen statt nur eine genaue Frequenz. Die Frequenzen in diesem Bereich liegen alle eng beieinander, geraten allmählich außer Phase und interferieren auslöschend miteinander, wie das allmähliche Verstummen der Glocke beweist. Demnach wird die Glocke mit dem reinsten Ton eine
   a) lange Zeit läuten b) kurze Zeit läuten

4. Je größer die Amplitude einer Welle, desto größer ihre
   a) Frequenz d) alles zusammen
   b) Wellenlänge e) nichts davon c) Lautstärke

5. Die beiden skizzierten Wellen werden an den Enden eines langen Seils erzeugt und wandern aufeinander zu. Gibt es Augenblicke, an denen die Amplitude des Seils überall null ist?
   a) ja b) nein

6. Die skizzierten Wellen I und II überlagern sich zu

   a) 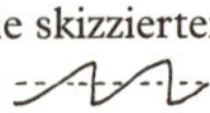 b) 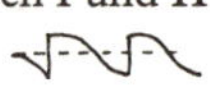 c) 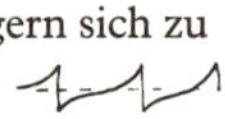 d) nichts davon

7. Welche der skizzierten Wellen können nicht durch Überlagerung zahlreicher Sinuswellen erzeugt werden?
   a) 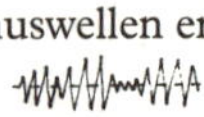 b) 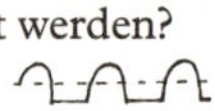 c)  d) doch alle

8. Zwei Stimmgabeln werden angeschlagen, die eine von 254 Hz und die andere von 256 Hz. Als Schwebungsfrequenz ergibt sich
   a) 2 Hz b) 4 Hz c) 255 Hz

9. Die skizzierten Wellen des Wasserläufers zeigen, dass er sich wie bewegt

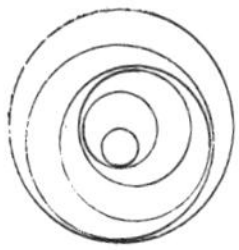

a) hin und her
b) auf und nieder
c) in Kreisen
d) nichts davon

10. Wenn sich einem eine Schallquelle nähert, gibt es dann eine Erhöhung von des Schalls

a) Geschwindigkeit
c) Frequenz
c) Wellenlänge
d) allen drei
e) nichts davon

LICHT

Was kennt man besser als Licht? Was kennt man schlechter als Licht? Was ist überhaupt Licht? Woraus besteht es? Hat es ein Gewicht? Ist einem klar, dass man Licht an sich nicht sehen kann? Man kann die Sonne sehen, einen Vogel, man kann seine Umgebung sehen – aber das bedeutet nicht, das Licht selbst zu sehen! Licht ist ein besonderer »Stoff«, der sich bewegen muss, um zu existieren. Sollte es je zum Stillstand kommen, auch nur einen Augenblick, würde es aufhören zu existieren. Erstaunlich, dass über eine so phantomhafte Sache so viel herausgefunden wurde.

Ein Geheimtipp zur Beschäftigung mit der Physik: Man behalte im Kopf, was man nicht weiß. Der Trick ist dann, von dem, was man weiß, direkt zu dem, was man wissen möchte, zu kommen unter geschickter Umgehung dessen, was man nicht weiß.

Perspektive

Eine Wolke wirft wie unten skizziert einen Schatten auf den Boden. Wenn man tatsächlich die Größe der Wolke vermessen könnte wie auch ihren Schatten, würde man feststellen, dass die Wolke

a) beträchtlich größer als ihr Schatten ist
b) beträchtlich kleiner als ihr Schatten ist
c) praktisch gleich groß wie ihr Schatten ist

Antwort: Perspektive

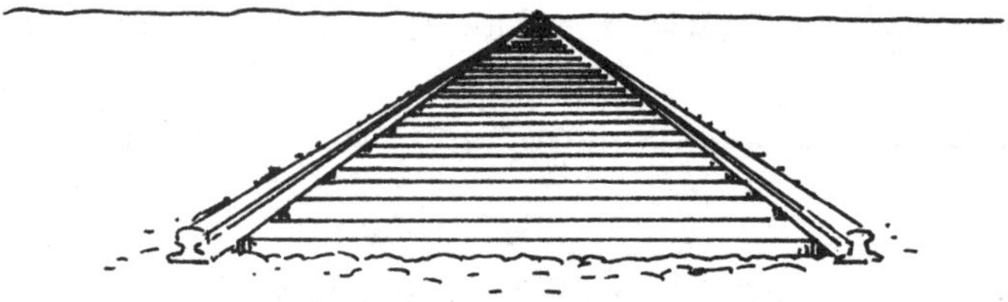

Die Antwort lautet c). Die Sonne ist so weit weg, dass die Lichtbündel von ihr bei Erreichen der Erde praktisch parallel zueinander sind. Warum sieht es dann so aus, dass sie sich auffächern, wenn einmal ein Sonnenlichtbündel zwischen den Wolken durchkommt? Aus demselben Grund, warum ferne Eisenbahnschienen sich scheinbar auffächern, wenn sie näher bei einem sind, obwohl sie doch tatsächlich perfekt parallel laufen. Die Skizze bei der Frage zeigt die Wolke und ihren Schatten zwischen uns und der Sonne. Wenn die Sonne hinter uns und die Wolke vor uns wäre, dann läge der Schatten der Wolke weiter weg und erschiene kleiner als die Wolke selbst.

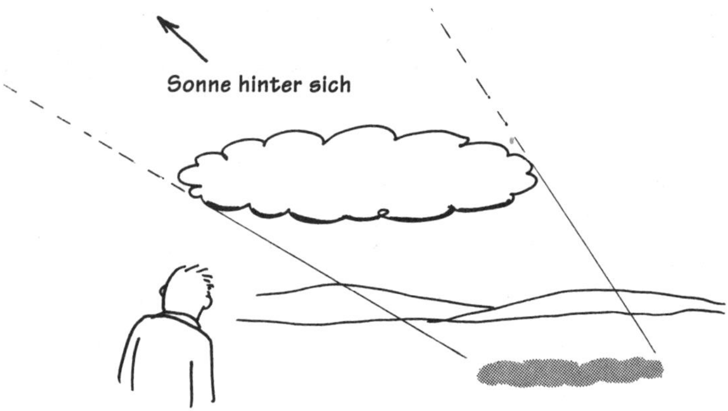

Welche Farbe hat mein Schatten?

An einem klaren Sonnentag steht man im Schnee und betrachtet den eigenen Schatten. Man erkennt dessen Farbe als

a) rot
b) gelb
c) grün
d) blau
e) farblos

Antwort: Welche Farbe hat mein Schatten?

Die Antwortet lautet d). Der direkt im Sonnenlicht liegende Teil des Schnees hat die Farbe der Sonne: gelb-weiß. Der Schnee im eigenen Schatten erhält kein direktes Sonnenlicht, sondern wird mit Licht vom blauen Himmel beleuchtet. Vielleicht ist es die blaue Farbe des Schattens, welche die Leute blau mit kalt verknüpfen lässt.

Landschaft

Man schaut auf zwei dunkle Berge, der eine weiter weg als der andere. Der etwas dunkler erscheinende Berg ist der

a) nähere Berg

b) fernere Berg

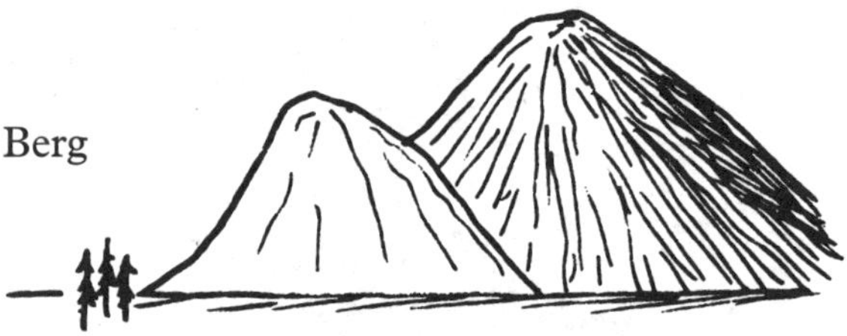

c) beide erscheinen gleich dunkel

Antwort: Landschaft

Die Antwort lautet a). Der nähere Berg ist der dunklere. Wenn man zu den Bergen schaut, kommt das meiste Licht aus der Luft zwischen sich und den Bergen ins Auge. Die Luft streut Licht vom Himmel darüber und etwas davon in die Augen. Nun hat man mehr Luft zwischen sich und dem ferneren Berg als zwischen sich und dem näheren Berg, was bedeutet, dass mehr Licht zu einem hin gestreut wird. Also erscheinen ferne Berge bläulich, weil die Atmosphäre dazwischen blaues Licht streut. Ganz ähnlich erscheint der Himmel heller, wenn man zum Horizont blickt, und dunkler, wenn man vertikal nach oben blickt (es sei denn, dass dort gerade die Sonne steht).

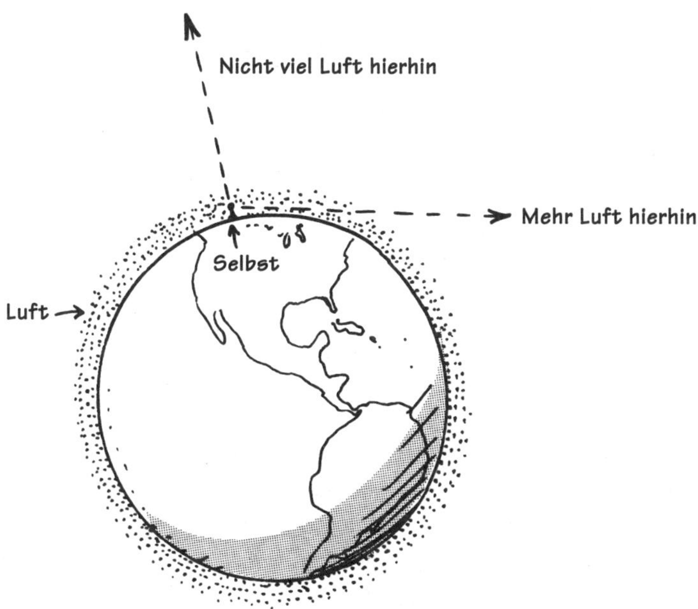

Malerei

Die Sonne ist soeben hinter dem Berg untergegangen. Rauch vom Lagerfeuer steigt zum Himmel hoch. Der Teil des Rauchs vor dem Berg (Teil I) ist sichtbar, weil er etwas heller ist als der Berg. Der Teil des Rauchs oberhalb des Bergs (Teil II) ist zu sehen, weil er etwas dunkler als der Himmel ist. Was sind die richtigen Farbtöne, die man für Teil I und Teil II nehmen muss?

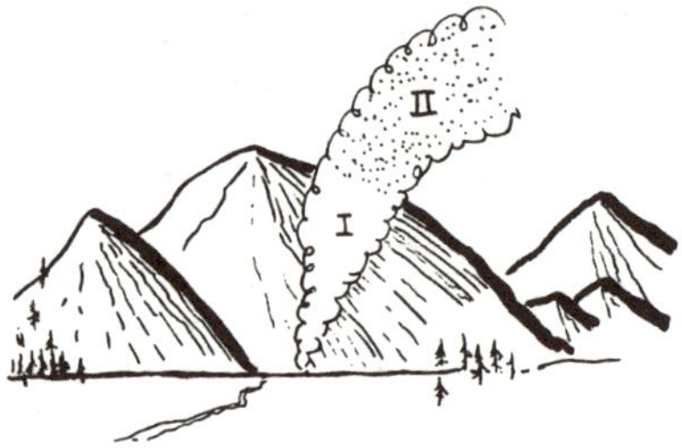

a) für Teil II Blau und für Teil I Rot
b) für beide Teile Rot
c) für beide Teile Blau
d) für Teil II Rot und für Teil I Blau
e) kein Grund, für irgendeinen Teil einen bestimmten Farbton zu verwenden – dies bleibt dem Maler überlassen

Antwort: Malerei

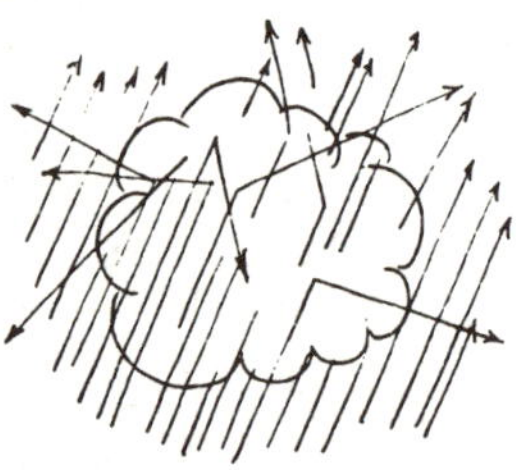

Die Antwort lautet d). Wenn Licht auf den Rauch trifft, geht etwas davon durch den Rauch hindurch und etwas wird gestreut. Wahrscheinlich ist der gestreute Anteil bläulich und der durchgehende rötlich (darum ist der Himmel blau und der Sonnenuntergang rot). Im Teil II des Rauchs sehen wir den vom Himmel dahinter durchgelassenen Lichtanteil, also ist er rötlich. Bei Teil I kommt kein Licht von hinten durch den Schatten, weil der dunkle Berg dahintersteht. Das Licht aus Teil I kommt wegen der Streuung (und Reflexion) des Lichts vom Himmel darüber und davor. Also sieht Teil I bläulich aus.

Rote Wolken

Manchmal sehen Wolken bei Sonnenuntergang sehr rot aus und manchmal bloß ein bisschen. Die sehr roten Wolken sind gewöhnlich

a) tiefe Wolken
b) hohe Wolken

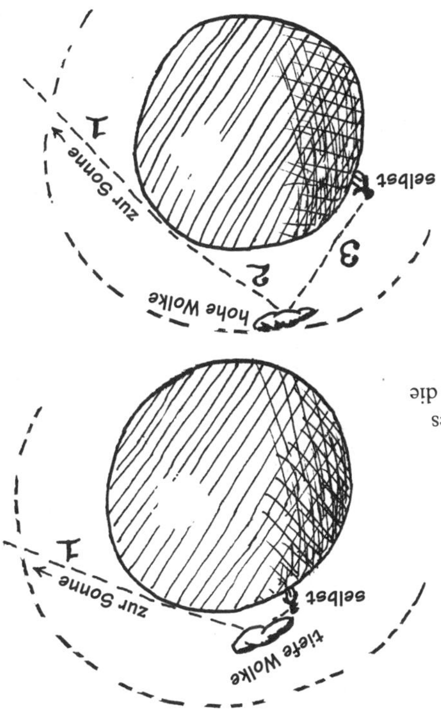

Antwort: Rote Wolken

Die Antwort lautet b). Ein Blick auf die Skizze zeigt, dass von der hohen Wolke gestreutes Sonnenlicht durch dreimal so viel Luft wandern kann wie von der tiefen Wolke gestreutes Licht. Je weiter der Weg durch die Luft, desto rötlicher das Licht.

Übrigens gibt es oft Wolken in allen Höhen. Wie kann man sagen, welche hoch und welche tief liegen? Die tiefen werden zuerst dunkel. Die Skizze zeigt auch warum. Zuletzt werden die hohen und daher rötlichsten Wolken dunkel. Nächstes Mal selbst nachprüfen!

Tag-und-Nacht-Grenze

Zwielicht herrscht zwischen Sonnenuntergang und völlig dunkel werdendem Himmel. Diese Dämmerung dauert am längsten in

a) New Orleans (USA)
b) London (England)
c) weder – noch; es dauert beiderorts gleich lang

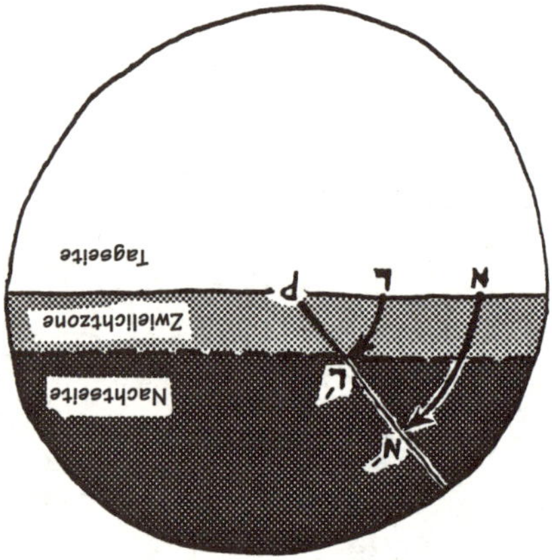

Die Antwort lautet b). Die Skizze zeigt eine Ansicht der Erde aus großer Höhe über dem Nordpol, markiert mit P. Auf der Hälfte der Erde ist es Tag, auf der anderen Hälfte Nacht. Die Zwielichtzone dazwischen zieht sich wie ein Band um die Erde.

Nun liegt London näher zum Nordpol als New Orleans. In drei Stunden dreht die Erde London von L nach L' und New Orleans von N nach N' (in drei Stunden dreht sich die Erde um 45°). Die Sonne geht bei L unter und die Dämmerung endet bei L', sodass London die vollen drei Stunden im Zwielicht verbrachte. Doch für New Orleans waren drei Stunden genug, um es vom Sonnenuntergang durch die Zwielichtzone weit in die Nacht zu drehen. Eines Sommerabends ging ich in New Orleans spazieren. Den nächsten Abend (nach einem Transatlantikflug) machte ich einen Spaziergang in London. Die längere Dämmerung war ganz erstaunlich.

Antwort: Tag-und-Nacht-Grenze

Dämmerung

An jeder Stelle der Erde ist die Dämmerung am kürzesten

a) im Winter
b) im Sommer
c) zwischen Winter und Sommer – bei Tag-und-Nacht-Gleiche

Antwort: Dämmerung

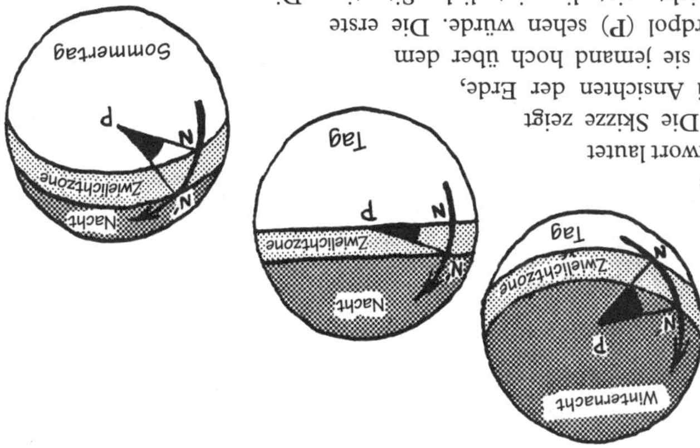

Die Antwort lautet c). Die Skizze zeigt drei Ansichten der Erde, wie sie jemand hoch über dem Nordpol (P) sehen würde. Die erste Ansicht zeigt die winterliche Situation. Die Sonne steht unter dem Äquator, also ist das Meiste der nördlichen Halbkugel einschließlich des Nordpols selbst in Dunkelheit. Die dritte Ansicht zeigt die umgekehrte Situation im Sommer. Die zweite Ansicht zeigt die nördliche Halbkugel im Frühling oder Herbst, gleich aufgeteilt zwischen Tag und Nacht – darum wird sie als Tag-und-Nacht-Gleiche bezeichnet.

Da die Erde sich um den Pol dreht, wird eine auf ihr stehende Person auf einem Bogen, wie dem von N nach N', um den Pol herumgeführt. Wie auf den Skizzen zu erkennen, sind Bogenlänge und Dauer des Passierens durch die Zwielichtzone bei Tag-und-Nacht-Gleiche am kürzesten.

Ich will noch auf etwas anderes hinweisen. Dauert die Dämmerung am längsten im Gebirge oder auf Meereshöhe? Ursache dafür, dass es so etwas wie Dämmerung gibt, während man selbst bei Y im Erdschatten auf der dunklen Seite steht, ist der Umstand, dass die Luft bei A hoch über einem selbst nicht im Schatten liegt. Wenn man sich hoch im Gebirge befindet, gibt es weniger Luft über einem, um die Streuung zu besorgen, also gibt es auch weniger Dämmerung. Auf den Anden in Ecuador endet zur Tag-und-Nacht-Gleiche der Tag, »wie wenn jemand das Licht ausgeknipst hätte«. Auf dem Mond, wo es null Luft gibt, gibt es daher null Dämmerung.

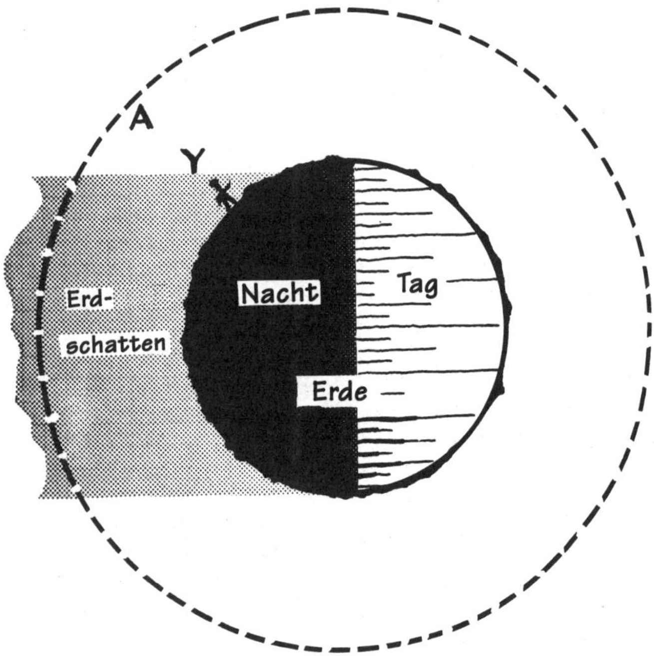

Doppler-Verschiebung

Jupiter braucht etwa 12 Jahre zum Umlauf um die Sonne, ist also verglichen mit der Erde praktisch bewegungslos. Jupiter hat einen Mond namens Io, der etwa 1 3/4 Tage braucht, um einmal um Jupiter herum zu laufen. Während der 6 Monate, welche die Erde benötigt, um sich weg von Jupiter von A nach B zu bewegen, läuft Mond Io von der Erde aus gesehen

a) häufiger um Jupiter herum als
b) seltener um Jupiter herum als
c) mit derselben Häufigkeit um Jupiter herum wie

es während der folgenden 6 Monate scheint, wenn sich die Erde von B nach A bewegt?

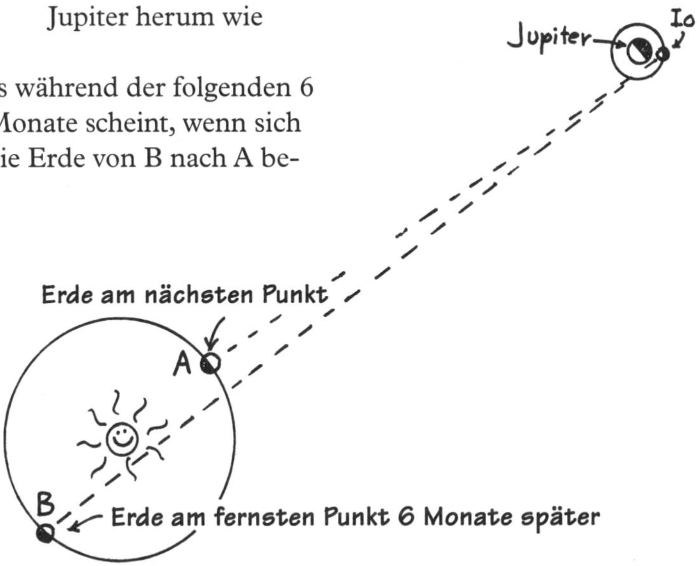

Antwort: Doppler-Verschiebung

Die Antwort lautet b). Wenn man sich von einem periodisch wiederkehrenden Signal wegbewegt, erscheint dessen Frequenz geringer als wenn man sich drauf zubewegt. Wenn sich die Erde von Jupiter wegbewegt, scheint jeder Umlauf von Io länger zu dauern, als er sollte. Wenn die Erde nach B kommt, erweisen sich solche angehäuften Diskrepanzen als 1000 Sekunden, eine Verzögerung von historischer Bedeutung, wie wir in der nächsten Frage erkennen werden.

Sternzeichen Stier

Hoch am winterlichen Himmel residiert Taurus, der Stier. Das Horn von Taurus bildet ein kleiner Sternhaufen, die Hyaden. Seit vielen Jahrzehnten wird beobachtet, dass die Sterne im Hyaden-Haufen langsam auf einen gemeinsamen Punkt am Himmel zulaufen. Werden diese Sterne alle zusammenstoßen?

a) ja b) nein

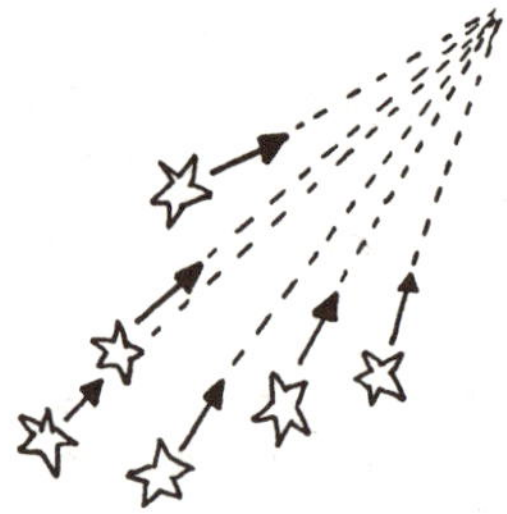

Zeigt das Licht dieser Sterne

a) eine Doppler-Verschiebung nach Blau
b) keine Doppler-Verschiebung
c) eine Doppler-Verschiebung nach Rot?

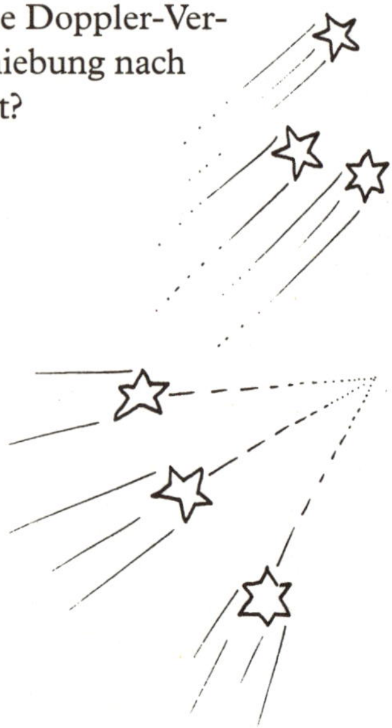

Antwort: Sternzeichen Stier

Die Antwort auf die erste Frage lautet b). Es wäre ein rechter Zufall, wenn die Sterne ein himmlisches Selbstmordbündnis geschlossen hätten.

Die Antwort auf die zweite Frage lautet c). Tatsächlich bewegen sich die Sterne im Haufen parallel zueinander durch den Weltraum, wie ein Schiffskonvoi. Aber weil sich der Konvoi von der Erde wegbewegt, erscheinen die parallelen Sternenbahnen zusammenzulaufen, wie die Eisenbahnschienen. Von Sternen, die sich von uns fortbewegen, erhalten wir natürlich eine Doppler-Verschiebung nach Rot (siehe WASSERLÄUFER).

Geschwindigkeit von was?

Über Jahrhunderte haben Astronomen die große Regelmäßigkeit der Verfinsterung des Jupitermondes Io beobachtet. Um 1675 stellte der dänische Astronom Ole Römer eine 1000-Sekunden-Verzögerung der Io-Verfinsterung fest, wenn sie von der Erde aus auf dem von Jupiter entferntesten Punkt ihrer Bahn beobachtet wird im Vergleich zu der dem Jupiter am nächsten befindlichen Position sechs Monate zuvor (siehe Skizze). Mithilfe dieser Information konnte Römer etwas berechnen, und zwar die Geschwindigkeit

a) des Lichts
b) der Bahnbewegung der Erde
c) der Bahnbewegung von Io um den Jupiter

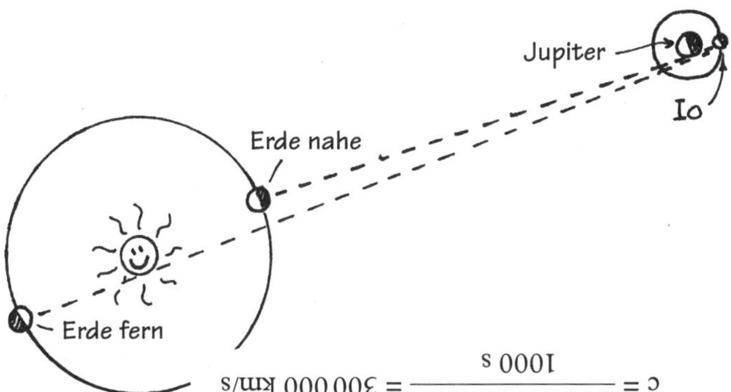

Antwort: Geschwindigkeit von was?

Die Antwort lautet a), die Lichtgeschwindigkeit. Die Geschwindigkeit von etwas berechnet man einfach durch Teilen der zurückgelegten Entfernung durch die benötigte Zeit. Die in den 1000 Sekunden zurückgelegte Entfernung ist der Durchmesser der Erdbahn um die Sonne, welcher 300 000 000 Kilometer beträgt. Also beträgt die Lichtgeschwindigkeit

$$c = \frac{300\,000\,000 \text{ km}}{1000 \text{ s}} = 300\,000 \text{ km/s}$$

Radarastronomie

Radar entdeckt Dinge, indem Funksignale ausgesendet und die von den Dingen reflektierten Funkwellen empfangen werden. In der Skizze wird ein Funksignal von der Erde zu einem Planeten gesendet. Von welcher Stelle auf dem Planeten kehrt das Signal als Erstes zur Erde zurück?

a) A b) B c) C d) von keiner besonderen Stelle

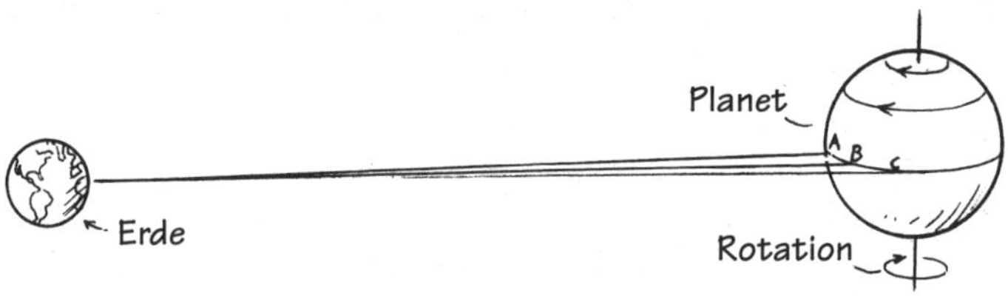

Von welcher Stelle auf dem Planeten kehrt das Signal mit der höchsten Frequenz zurück?

a) A b) B c) C d) von keiner besonderen Stelle

Antwort: Radarastronomie

Die Antwort auf die erste Frage lautet a). Stelle A ist der Erde am nächsten, also kehrt das bei A reflektierte Signal zuerst zurück.

Die Antwort auf die zweite Frage lautet c). Der Planet rotiert, deshalb bewegt sich Punkt C schneller auf die Erde zu als die anderen. Also zeigt die Reflexion von C die größte Doppler-Verschiebung.

Anhand der Verzögerungszeit zusammen mit der Doppler-Verschiebung können Radioastronomen bestimmen, von welcher Stelle auf einem Planeten das Radarsignal reflektiert wird. Daraus können sie »Radar-Fotos« der Oberfläche des Planeten erstellen.

Sternenfunkeln

Wenn die Sterne am Nachthimmel funkeln, tun dies auch Planeten?

a) Ja, beide funkeln.
b) Nein, nur die Sterne funkeln.

Aus der Sicht eines Astronauten, der die Erde umrundet,

a) funkeln nur die Sterne
b) funkeln nur die Planeten
c) funkeln Sterne und Planeten
d) funkeln weder Sterne noch Planeten

Antwort: Sternenfunkeln

Die Antwort auf die erste Frage lautet b). Das Funkeln ist die Folge von Schwankungen der Luftdichte in der Erdatmosphäre. Tagsüber sind solche Schwankungen deutlich zu beobachten, wenn wir Dinge durch erhitzte Luftschichten über einer heißen Fläche zittern sehen. Jede ferne Lichtquelle zittert, wenn genug Luft mit unaufhörlich wirbelnden Strömungen zwischen ihr und dem Beobachter liegt. Dieses Schimmern durch die turbulenten Schichten der Atmosphäre lenkt die Blickrichtung ab. Wenn wie in der Skizze die Blickrichtung von A zu B abgelenkt wird, wird sie den Stern verfehlen. Doch den Planeten wird sie nicht verfehlen, weil dieser ein größeres Ziel darstellt – er bedeutet einen größeren Blickwinkel am Himmel. Folglich kann man Jupiter als Scheibe schon mit einem sechsfach vergrößernden Fernglas sehen. Einen Stern kann man nicht mal mit einem sechshundertfach vergrößernden Teleskop als Scheibe erkennen.

Beim Blick aus dem Weltraum und durch sein Vakuum hindurch gibt es kein Funkeln, darum lautet die Antwort auf die zweite Frage d).

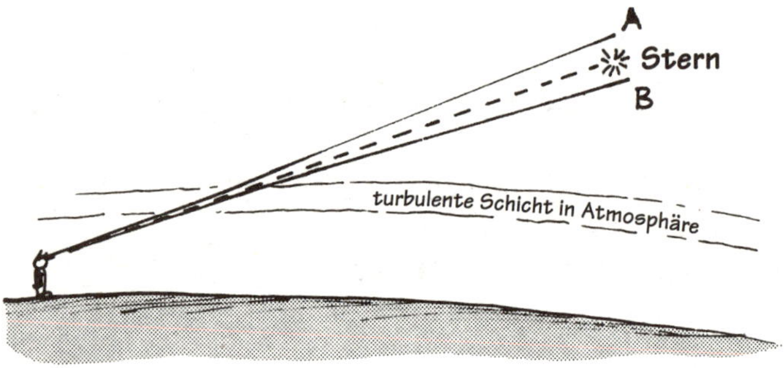

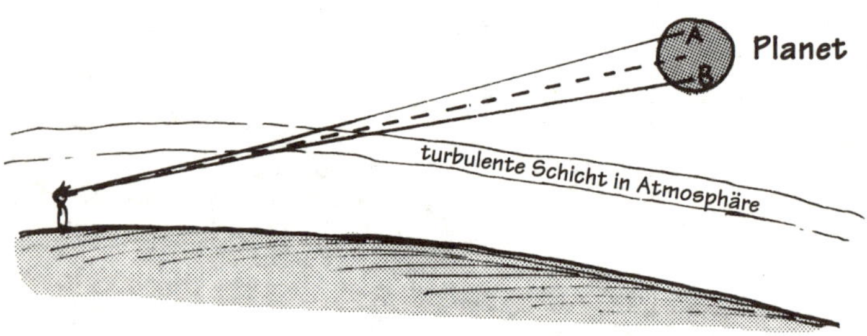

Heißer Stern

Kann man bloß am Aussehen erkennen, welche Sterne am Himmel die heißesten sind?

a) Ja, kann man erkennen.
b) Nein, kann man nicht erkennen.

Am heißesten sind die hellsten Sterne am Himmel.

a) richtig
b) falsch

Antwort: Heißer Stern

Die Antwort auf die erste Frage lautet a). Die heißen Sterne sehen blau aus, die kühleren rot. Denn wenn man ein Stück Eisen erhitzt, glüht es erst rot, dann orange, gelb und schließlich weiß. Könnte man es noch weiter erhitzen, würde es am Ende blau glühen.

Die Antwort auf die zweite Frage lautet b). Denn die scheinbare Helligkeit eines Sterns hängt von drei Sachen ab: 1. wie heiß er ist, 2. wie weit weg er ist und 3. wie groß er ist. Also kann ein großer kühler Stern in der Nähe einen fernen oder kleinen heißen Stern überstrahlen.

Gequetschtes Licht

Im vorletzten Jahrhundert hielten einige Physiker das Licht für ein Gas. Sie glaubten das, weil sie die Eigenschaften eines Gases verstanden und nun sehen wollten, ob dies Verständnis dazu verhelfen könnte, auch das Licht zu verstehen – und so war es! Vor allem gestattete es ihnen, sich die »Temperatur« des Lichts vorzustellen.

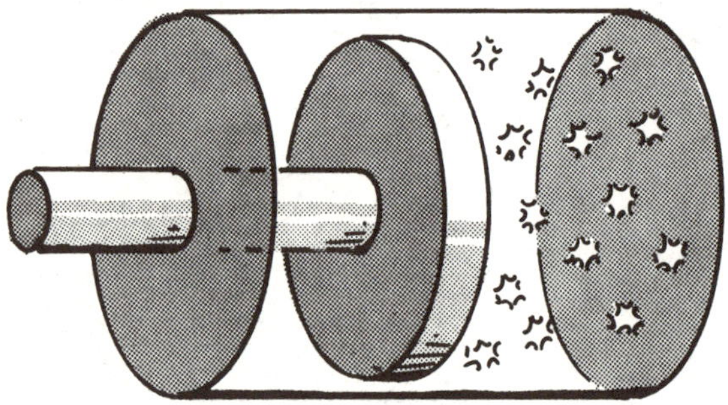

Wie Gas in einem Hohlraum dessen Temperatur annimmt, so erhält auch Licht in einem glühenden Hohlraum die Temperatur des Hohlraums. Die werten Herrn stellten sich auch vor, dass Licht wie ein Gas in einen Zylinder gesteckt und dann mit einem Kolben zusammengedrückt werden könne. Der gedachte Zylinder und der Kolben müssten hierzu innen vollständig reflektierend sein. Genau wie die Kompression eines Gases dessen Dichte und Temperatur erhöht, würde also die Kompression des Lichts seine Dichte und Temperatur erhöhen. Wenn nun sich die Temperatur des Lichts erhöht, verschiebt sich seine Farbe

a) von Blau nach Rot
b) von Rot nach Blau

Antwort: Gequetschtes Licht

Die Antwort lautet b). Wenn das Licht zusammengedrückt und dabei seine Temperatur und Dichte erhöht würde, dann würde die Farbe sich von Rot nach Blau verschieben. Warum das so ist, kann man auf zweierlei Wegen erkennen. Zuerst mithilfe der Doppler-Verschiebung: Wenn sich einem eine Lichtquelle nähert, werden die Lichtwellen komprimiert, und das Licht erfährt eine Blauverschiebung (wenn das Licht von einem weg läuft, geht die Verschiebung nach Blau). Wenn nun Licht an einem Spiegel zurückgeworfen wird, der sich auf einen zu bewegt, erzeugt auch dies eine Doppler-Verschiebung nach Blau. Das Licht im Zylinder wird von dem einfahrenden Zylinder zurückgeworfen und erfährt somit eine Verschiebung nach Blau. Zweite Erklärung: Die Lichtwellen im Zylinder werden vom Kolben buchstäblich zusammengedrückt. Dadurch wird rotes, langwelliges Licht zu kurzwelligem, blauem Licht.

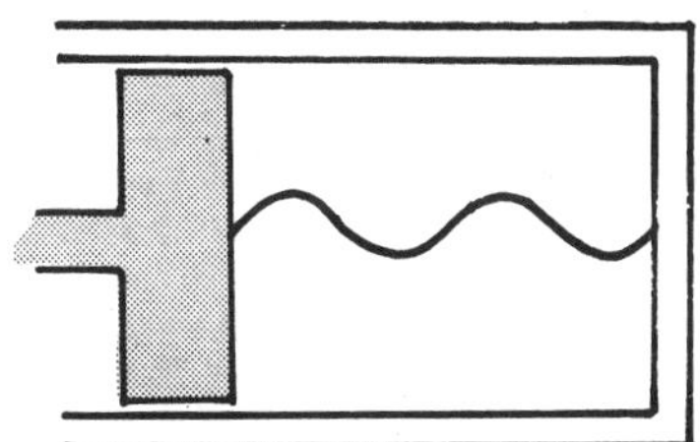

Natürlich quetscht niemand Licht in einem Zylinder zusammen – doch interessant genug bleibt, dass dieses Gasmodell für Licht eine Erklärung liefert, warum blaues Licht heißer ist (sprich: von einem heißeren Ort kommt) als rotes Licht. Zum Beispiel sind blaue Sterne heißer als rote.

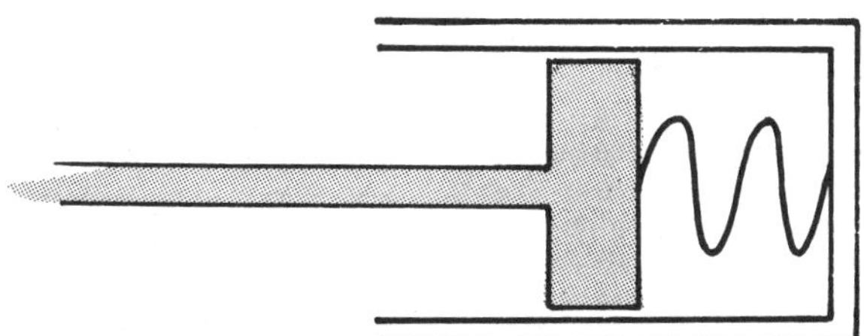

Das Gasmodell für Licht stimmt hier, weil Licht aus Teilchen namens Photonen besteht, so wie Gas aus Teilchen namens Molekülen. Und Teilchen (gleich welchen Namens) werden von dem Zylinder derart zurückgeworfen, dass Impulsbetrag und Energie erhalten bleiben. Es überrascht, dass das Gasmodell für Licht schon vor der Theorie der Photonen entwickelt wurde. Dass Licht sich nicht noch mehr wie ein Gas verhält, hat zum Grund, dass Gasmoleküle stark miteinander wechselwirken, Photonen dagegen nicht.

Eins plus eins = null?

Können zwei Lichtbündel sich einander jemals zu Dunkelheit auslöschen?

a) Nein, Licht kann nie Dunkelheit schaffen – dies würde den Energieerhaltungssatz verletzen.
b) Ja, es gibt verschiedene Möglichkeiten, Licht zu mehr Licht zu addieren mit dem Ergebnis: kein Licht.

Antwort: Eins plus eins = null?

Die Antwort lautet b). Licht ist eine Welle, und Wellen können derart überlagert werden, dass sie sich verstärken oder auslöschen. Letzteres kann man auch mit Wasserwellen machen, wobei der Berg der einen Welle mit dem Tal der anderen Welle zusammentrifft (oder mit Schallwellen und allen Arten von Wellen). Man spricht von auslöschender Interferenz. Na gut, aber das klingt ein bisschen nach Verletzung des Energieerhalts. Wenn Licht Licht auslöscht, wo geht dann seine Energie hin? Jedes Mal wenn man eine Vorrichtung trifft, wo Licht an einem Ort Licht auslöscht, gibt es – so erweist es sich – einen anderen Ort – gewöhnlich ganz nahebei –, wo Licht Licht verstärkt. Und alle Energie, die am Auslöschungsort fehlt, taucht am Verstärkungsort wieder auf. Dies gilt auch für die Schall-, Wasser- und jede andere Art von Welle.

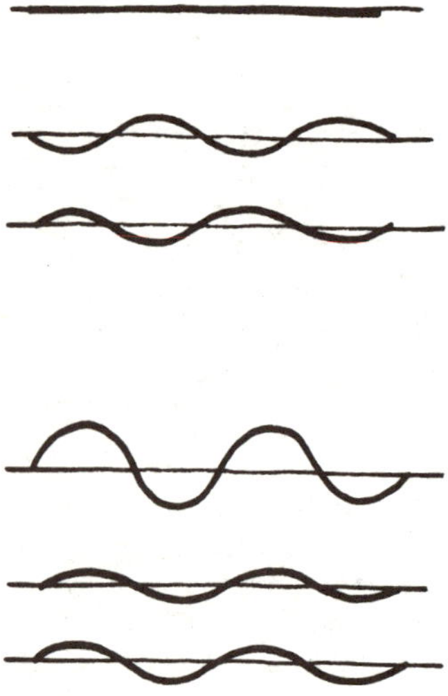

Knappste Zeit

Ein Rettungsschwimmer bei R am Strand muss eine Person aus dem Wasser bei P erretten. Die Zeit ist lebenswichtig! Welcher Weg von R nach P braucht am wenigsten Zeit? (Hinweis: unterschiedliche Geschwindigkeit des Rettungsschwimmers an Land und im Wasser beachten)

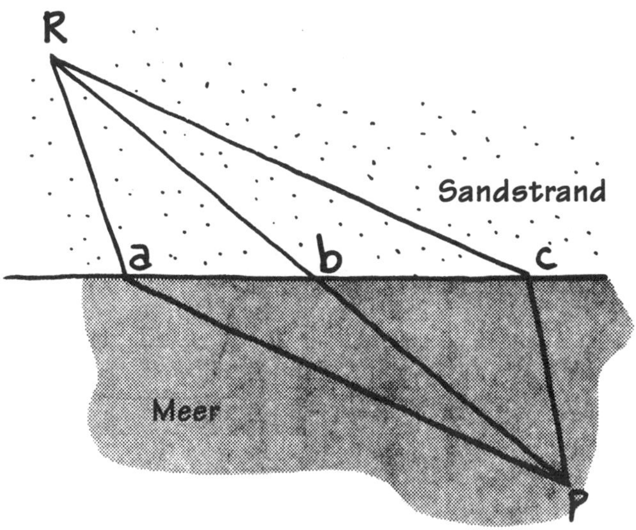

a) von R über a nach P
b) von R über b nach P
c) von R über c nach P
d) alle Wege brauchen dieselbe Zeit

Antwort: Knappste Zeit

Die Antwort lautet c). Warum beeilt sich der Rettungsschwimmer nicht direkt von R über b nach P auf gerader Linie? Weil er schneller über Sand laufen als im Wasser schwimmen kann. Seine Geschwindigkeit beim Rennen von R nach c und beim langsamen Schwimmen über die kürzere Distanz von c nach P gleichen den längeren Gesamtweg allemal aus. Beim Rennen nach c und dem anschließenden Schwimmen nach P wird also nicht der Gesamtweg, sondern die zur Rettung benötigte *Zeit* minimiert.

Gesetzt den Fall, ein Delphin würde als Rettungsschwimmer eingesetzt. Welchen Weg von R nach P würde der Delphin für die kürzeste Zeit einschlagen? Der Delphin macht im Wasser gute Zeiten, kann sich aber auf dem Strand schlecht bewegen, also geht der Delphin von R über a nach P.

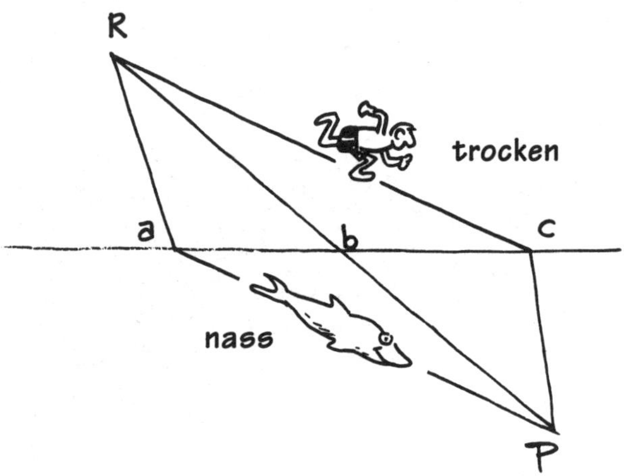

Dieses Prinzip der kürzesten Zeit herrscht in der Optik: Wann immer Licht von einem Punkt zum andern wandert, macht es dies immer auf dem Weg mit der kürzesten Zeit.

Geschwindigkeit in Wasser

Wenn Licht den Weg der geringsten Zeit zwischen zwei Stellen nimmt, dann lässt der Weg, zu dem es beim Übergang von Luft (oder Vakuum) in ein durchsichtiges Material knickt oder »bricht«, schließen, dass seine Geschwindigkeit im Material

a) größer als die Geschwindigkeit in Luft
b) dieselbe wie die Geschwindigkeit in Luft
c) kleiner als die Geschwindigkeit in Luft ist

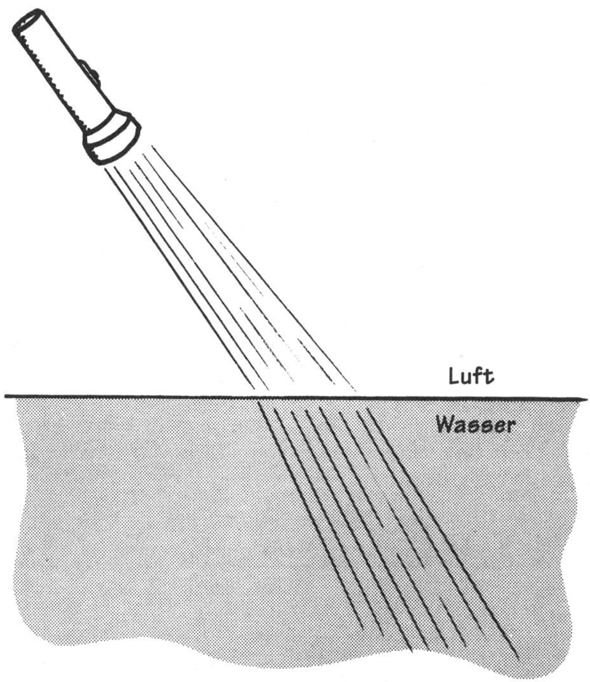

Antwort: Geschwindigkeit in Wasser

Die Antwort lautet c). Man denke an Mensch und Delphin als Rettungsschwimmer. Der Weg des Lichtstrahls beim Eintritt etwa in Glas gleicht dem Weg des Rettungsschwimmers und nicht demjenigen des Delphins. Wenn also das Licht genau wie der Rettungsschwimmer den Weg der kürzesten Zeit einschlägt, ist zu schließen, dass das Licht in der Luft schneller und im Wasser langsamer ist. Und dies gilt für jedes durchsichtige Material.

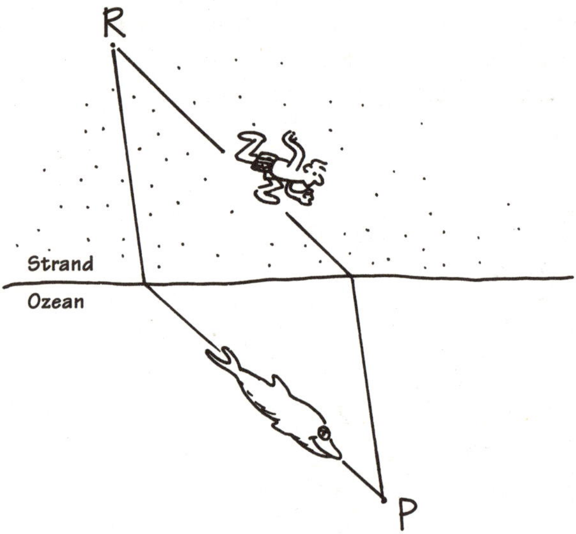

Übrigens bezeichnet man, wenn die Lichtgeschwindigkeit im Vakuum mit derjenigen in einem bestimmten Material verglichen wird, ihr Verhältnis n als *Brechzahl* oder *Brechungsindex*

$$n = \frac{\text{Lichtgeschwindigkeit im Vakuum}}{\text{Lichtgeschwindigkeit im Material}} = \frac{c}{v}$$

Zum Beispiel beträgt die Lichtgeschwindigkeit in Wasser (1/1.33)c und damit n = 1,33. In gewöhnlichem Glas ist die Brechzahl n = 1,5 und für Vakuum n = 1.

Brechung

Die mit einer Achse verbundenen Vorderräder eines Leiterwägelchens werden – Deichsel zurückgeklappt – auf einem glatten Gehweg und dann auf den Rasen geschoben. Infolge des Widerstands durch das Gras rollen sie dort langsamer als auf dem glatten Gehweg. Wenn man die Räder schräg über die Rasengrenze schiebt, wird ihre geradlinige Bahn abknicken. Welche der Skizzen unten zeigt das Abknicken richtig?

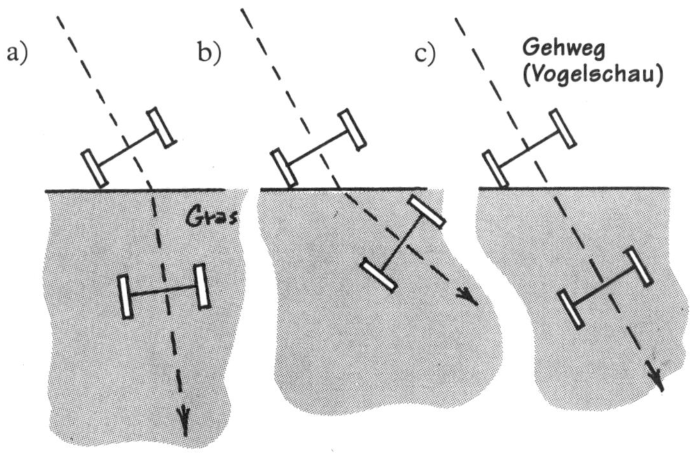

Antwort: Brechung

Die Antwort lautet a), und zwar weil das linke Rad den Rasen zuerst erreicht, wo ja der größere Widerstand zu einer Verlangsamung führt. Dies wirkt wie eine Art Drehbewegung, denn das rechte Rad bleibt auf seiner höheren Geschwindigkeit, bis es den Rasen erreicht. Wenn beide Räder auf dem Rasen rollen, bewegen sie sich wieder geradlinig. Dasselbe geschieht, wenn Licht unter einem Winkel auf ein durchsichtiges Medium trifft.

Wettlauf der Lichtbündel

Drei Lichtbündel gehen zugleich von einer Kerzenflamme aus. Bündel A durchquert die Linse am Rand. Bündel B geht durch die Linsenmitte und Bündel C durch eine Stelle dazwischen. Welches Bündel erreicht das Bild auf dem Schirm zuerst?

a) A
b) B
c) C
d) Alle kommen gleichzeitig an.

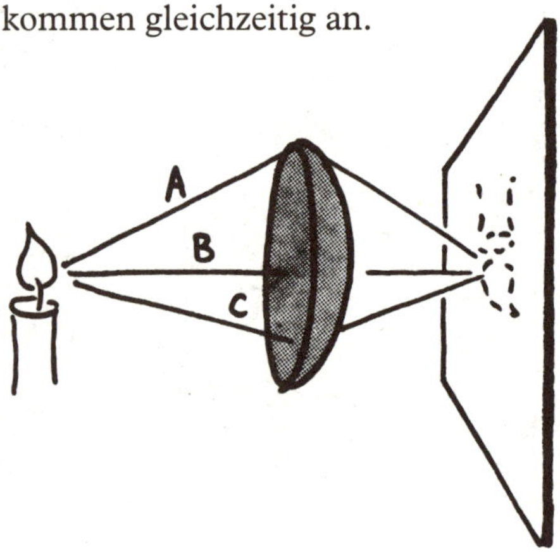

Antwort: Wettlauf der Lichtbündel

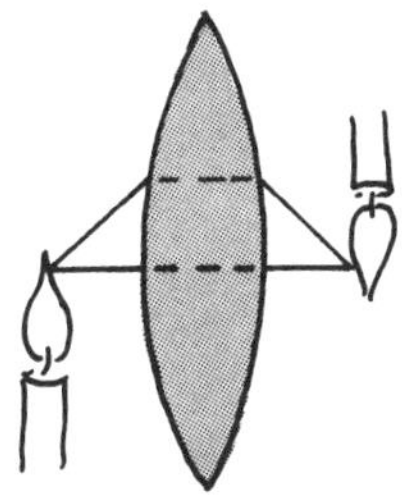

Die Antwort lautet d), es ist ein totes Rennen. Dafür gibt es vielerlei Gründe, wovon hier zwei betrachtet werden.

Grund I: Es gilt das Prinzip, dass ein Lichtbündel zwischen zwei Stellen immer den Weg mit der geringsten *Zeit* nimmt. Im Fall hier verlaufen die Lichtbündel zwischen der Kerze und ihrem Bild. Würde einer der Wege weniger Zeit benötigen, würden ihn alle durchlaufen. Aber da wir wissen, dass all die Bündel auf verschiedenen Wegen eintreffen, darf kein Weg weniger Zeit benötigen als die anderen. Aber einige Wege sind länger, etwa durch den Rand, und andere kürzer wie der durch die Mitte – wie können diese alle dieselbe Zeit benötigen? Die Antwort lautet, dass die längsten Gesamtwege die kürzesten Pfade durch Glas haben und der kürzeste Gesamtweg durch die Mitte den längsten Pfad durch Glas aufweist. Obgleich also die Wege unterschiedliche Gesamtlänge haben, unterscheiden sie sich nicht in der dafür benötigten Gesamtzeit.

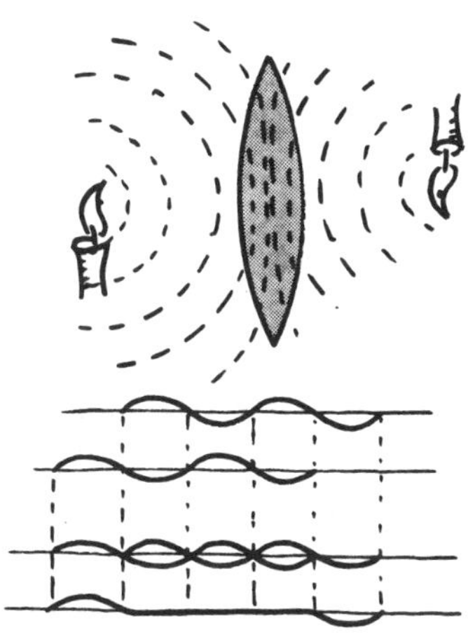

Grund II: Man stelle sich das Licht nicht als Lichtbündel, sondern als Wellen vor und lasse im Kopf den dazugehörigen Trickfilm ablaufen. Der sollte etwa so aussehen: Alle Wellenberge, die zusammen aus der Kerzenflamme loslaufen, müssen im Bild wieder zusammenlaufen. Würde ein Wellenberg zu einem bestimmten Zeitpunkt von der Flamme ausgehen und nicht mit den anderen zugleich im Bild zusammenlaufen, käme es zu auslöschender Überlagerung. Falls ein Weg zum Bild etwas kürzer dauerte als ein anderer, dann würde der Wellenberg der Welle auf dem schnelleren Weg früher ankommen. Wenn dann alle Wellen sich beim Bild überlagern, würden sie einander teilweise oder komplett auslöschen. Um ein Bild zu bekommen, ist aber Verstärkung notwendig, nicht Auslöschung, und hierfür müssen alle Wege dieselbe Wanderzeit benötigen.

Zum Greifen nah

Eine Münze liegt im Wasser. Sie erscheint

a) der Oberfläche näher als wirklich
b) der Oberfläche ferner als wirklich
c) so tief wie wirklich

Antwort: Zum Greifen nah

Die Antwort lautet a). Man schätzt die Entfernung eines Dings mithilfe beider Augen. Das Gehirn erfährt, wie stark die Augen schielen müssen, um sich auf das Ding zu richten. Je näher es ist, umso stärker müssen die Augen schielen. Wenn jetzt das Wasser ins Spiel kommt, knickt es die Lichtbündel wie skizziert, also müssen die Augen schielen, als ob die Münze an der Stelle II läge, obwohl sie tatsächlich an Stelle I liegt. Also lässt das Wasser sie näher erscheinen!

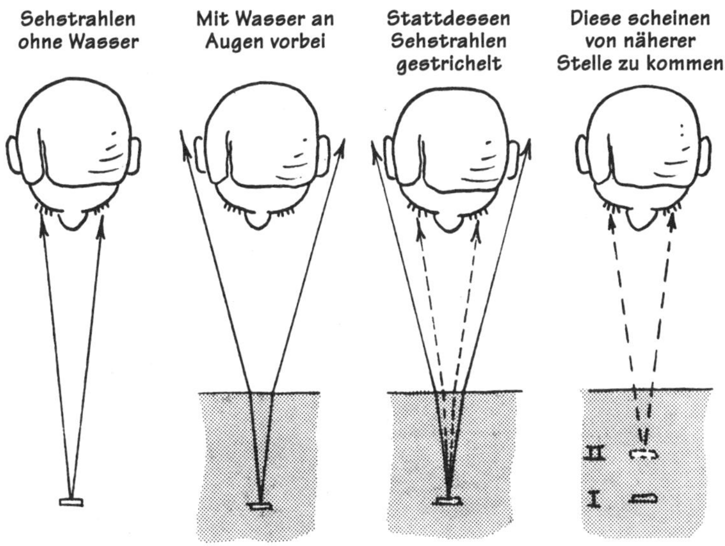

Wie groß isser?

Wenn man ins Goldfischglas hinabschaut, erscheint der Fisch darin

a) täuschend groß
b) täuschend klein
c) genauso groß wie ohne Wasser

Antwort: Wie groß isser?

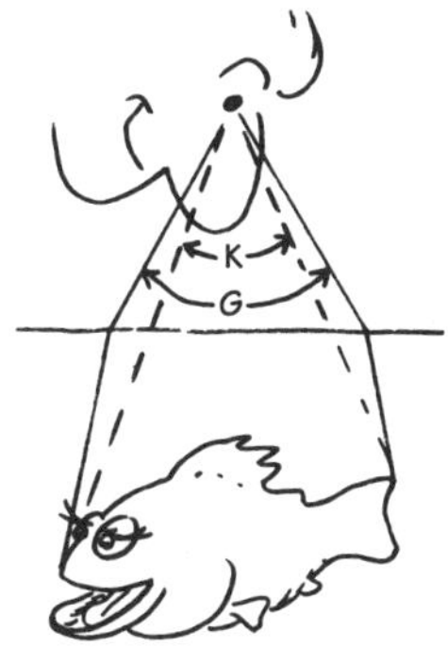

Die Antwort lautet a). Man schätzt die Größe von Dingen anhand ihres Sehwinkels. Ohne Wasser würde der Fisch den kleinen Sehwinkel K aufspannen, aber mit Wasser wird das Licht geknickt (gebrochen), und der Fisch erscheint unter dem größeren Sehwinkel G.

Einige Spiegelobjektive für Kameras benutzen diese scheinbare Vergrößerung des Sehwinkels von Dingen, indem sie den Raum zwischen Spiegel und Film mit einem massiven Stück Glas ausfüllen. Dadurch wird das Bild auf dem Film kleiner. Verkleinerung des Bildes macht es heller und verringert so die Belichtungszeit. Zugleich wird das Blickfeld der Kamera größer (in der Skizze daran erkennbar, dass das verkleinerte Bild der Kerze weiteren Platz für abbildende Lichtstrahlen über und unter ihr lässt).

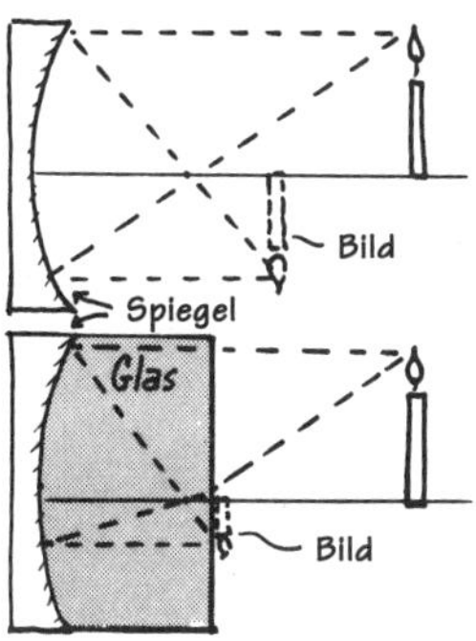

Manche Leute glauben an eine Krümmung selbst des Weltraums derart, dass von einer fernen Galaxie kommendes Licht unterwegs wie in der Skizze gekrümmt würde. Wenn dem so ist, erscheinen ferne Galaxien möglicherweise täuschend groß, genau wie der Goldfisch.

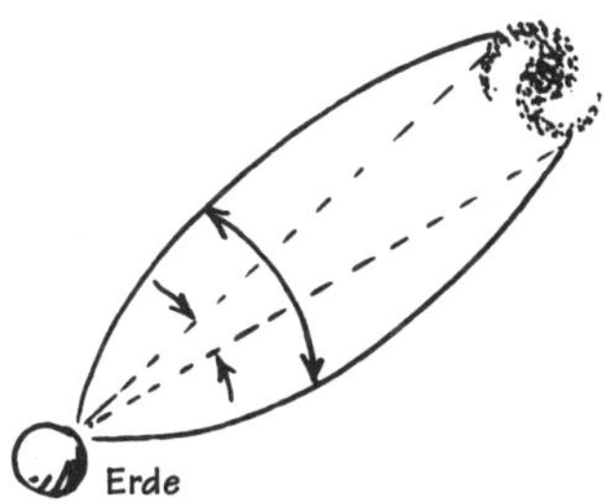

Lupe unter Wasser

Wird eine Lupe unter Wasser gehalten, ist ihre Vergrößerung

a) größer
b) dieselbe wie ohne Wasser
c) kleiner

Antwort: Lupe unter Wasser

Die Antwort lautet c), denn die Vergrößerung ist futsch. Man hätte die Antwort durch Ausprobieren finden können, indem man selbst eine Lupe ins Wasser hält und feststellt, was sich ändert. Mal probieren!

Bekanntlich verbiegt ein Vergrößerungsglas Lichtbündel derart, das es scheinbar vergrößert, verursacht durch die Krümmung der Linse und die geringere Lichtgeschwindigkeit in Glas verglichen mit Luft. Es ist die Geschwindigkeitsänderung, welche die Krümmung bewirkt. Doch in Wasser ist das Licht bereits verlangsamt. Beim Eintritt ins Glas wird es noch langsamer, aber die Geschwindigkeitsänderung ist nicht so groß. Unter Wasser ist also die Verbiegung geringer und ebenso die Wirkung der Linse. Wäre das Licht in Wasser genauso langsam wie in Glas, würde die Linse Lichtbündel überhaupt nicht biegen, sondern sie geradlinig durchlassen – wie durch ein Fenster. Flaches Glas fokussiert Licht nicht, also bewirken Fenster keine Vergrößerung.

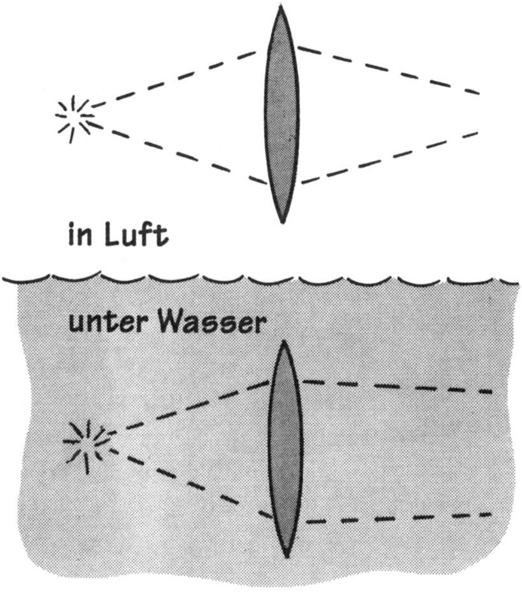

Zwei Sammellinsen

Eine konvexe Linse ist nach außen gewölbt und heißt Sammellinse, weil sie parallele Lichtbündel in einem Punkt versammelt, dem Brennpunkt. Werden zwei Sammellinsen hintereinander gestellt, laufen die Lichtbündel

a) stärker zusammen als mit einer Linse
b) weniger zusammen als mit einer Linse
c) ebenso zusammen wie mit einer Linse

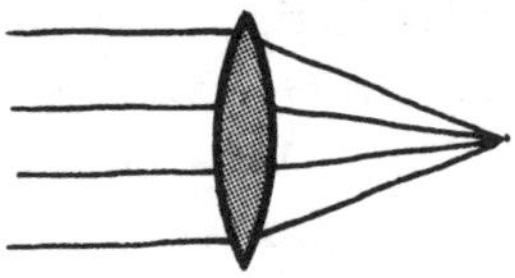

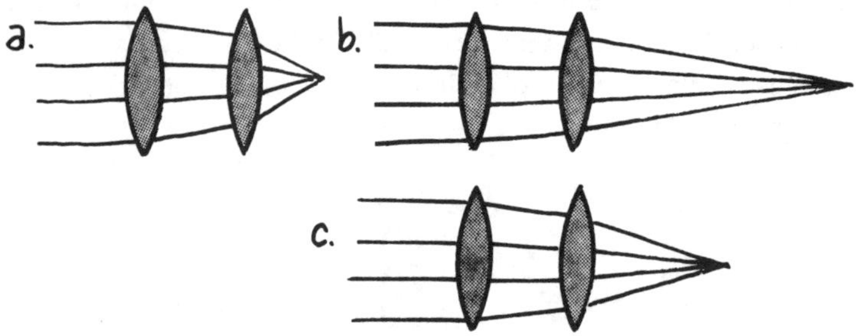

Antwort: Zwei Sammellinsen

Die Antwort lautet a). Die Lichtbündel werden von der Sammellinse zusammengebogen. Die zweite Linse biegt das Licht einfach noch mehr, wodurch die gesamte Biegung und damit der Sammeleffekt noch größer wird.

Manche Taschenlupen haben zwei Linsen, die einzeln oder eben zusammen benutzt werden können, falls eine stärkere Vergrößerung benötigt wird.

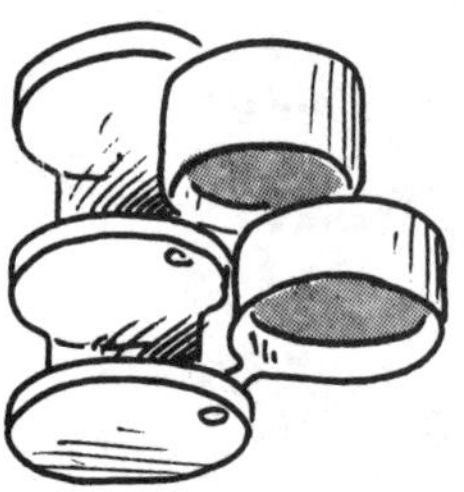

Bestes Brennglas

Sonnenlicht soll auf ein Blatt Papier konzentriert werden. Welche der unten skizzierten Linsen wird das Papier am ehesten in Brand setzen?

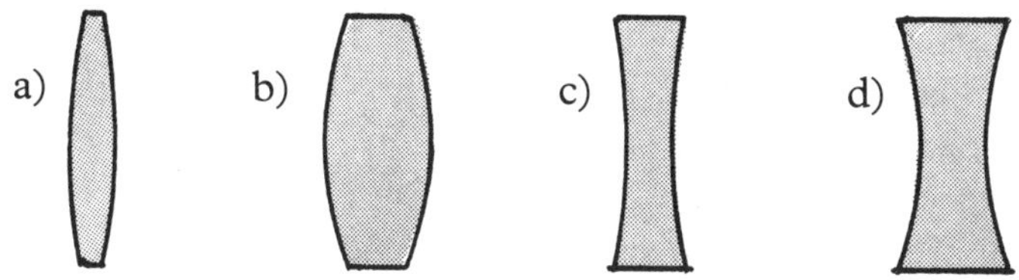

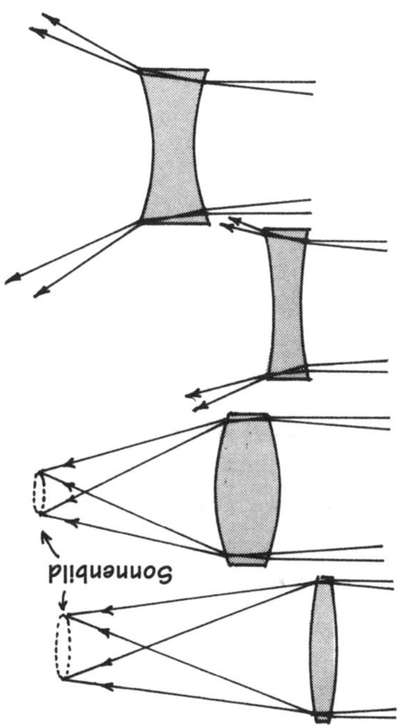

Antwort: Bestes Brennglas

Die Antwort lautet b). Die konkaven Linsen C und D können Sonnenlicht, überhaupt nicht sammeln, also können sie auch nichts in Brand setzen. Linsen A und B sammeln das Licht, doch B biegt das Licht stärker, weil sie dicker ist, etwa wie zwei dünne Linsen hintereinander. Also sammelt B stärker und erzeugt ein kleineres Bild der Sonne, als es A tut (Eselsbrücke: eine kurze Lochkamera macht ein kleineres Bild als eine lange).

Nun ist die Energie im kleineren Bild konzentrierter als im größeren Bild, also wird es heißer und entzündet das Papier früher. Es belichtet auch Film schneller, weshalb im Englischen ein lichtstarkes Objektiv »a fast lens« genannt wird.

Dicke Linse

Zwei dünne Sammellinsen können zu einer dickeren Linse »verschmolzen« werden, die dieselbe Wirkung wie die beiden dünnen Linsen hat. Je dicker also eine Linse ist, desto mehr Sammelkraft besitzt sie. Gesetzt den Fall, es werden nun zwei Zerstreuungslinsen »verschmolzen«. Die entstandene Linse würde

a) stärker zerstreuen
b) weniger zerstreuen
c) ebenso zerstreuen

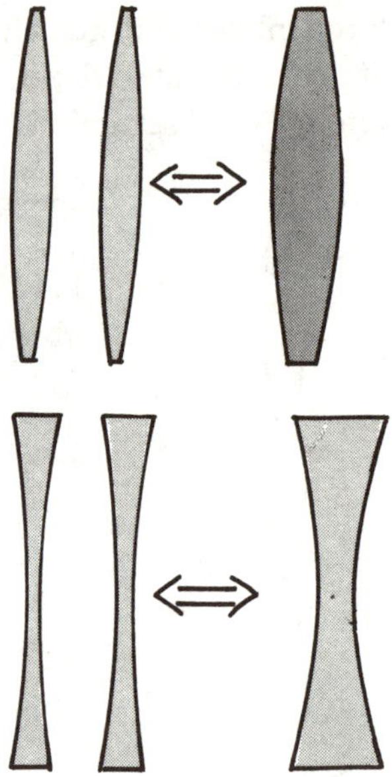

Antwort: Dicke Linse

Die Antwort lautet a). Linsen sammeln, wenn sie in der Mitte dicker sind, und zerstreuen, wenn sie in der Mitte dünner sind. Wäre die Dicke in der Mitte und am Rand dieselbe, hätte man ein flaches Fenster statt einer Linse. Das Verschmelzen zweier Linsen verdoppelt den Dickenunterschied zwischen Mitte und Rand. Und das macht sie doppelt so wirksam im Sammeln, wenn man Sammellinsen verschmilzt, oder doppelt so wirksam im Zerstreuen, wenn man Zerstreuungslinsen verschmilzt. Frage: Was geschieht, wenn man eine Sammellinse mit einer Zerstreuungslinse verschmilzt?

Luftblase als Linse

Im Wasser befindet sich eine Luftblase, durch die ein Lichtbündel scheint. Nach Durchgang durch die Blase wird das Lichtbündel

a) konvergieren

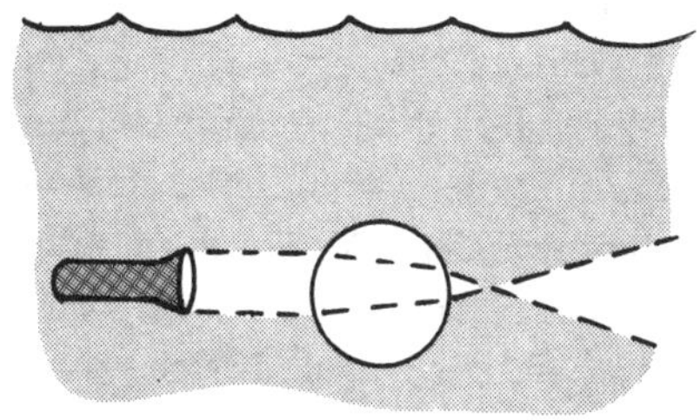

b) divergieren

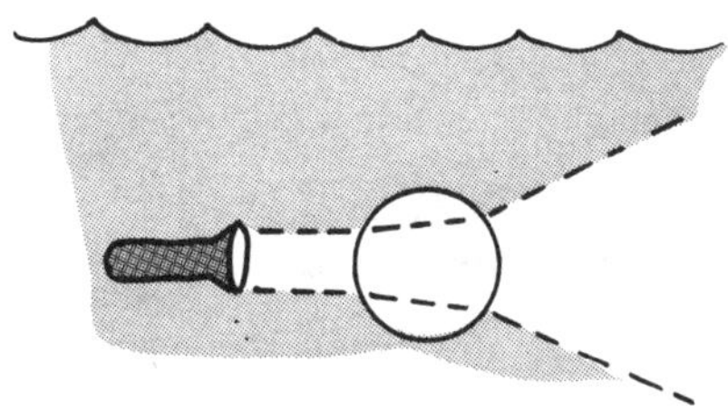

c) unbeinträchtig bleiben

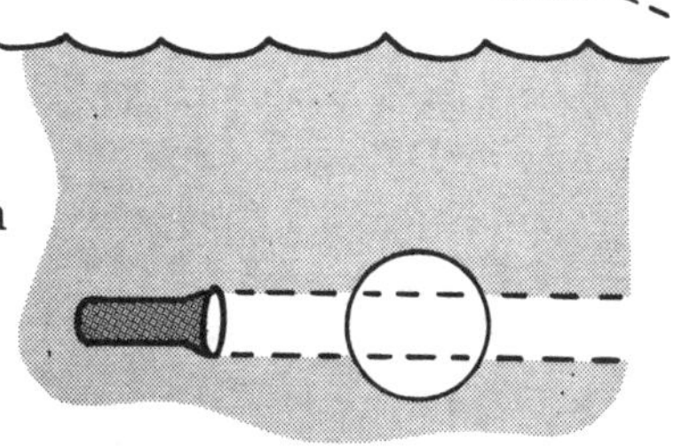

Antwort: Luftblase als Linse

Die Antwort lautet b). Es gibt vielerlei Erklärungsmöglichkeiten hierfür, aber auch eine allgemeine Denkweise über ein solches Problem. Letztere lautet folgendermaßen. Würde eine Wasserkugel von selbst in der Luft schweben, dann würde diese als Sammellinse das Lichtbündel konvergieren lassen. Als Nächstes stellt man sich vor, dass Licht durch bloßes Wasser, ohne Blase drin, wandert – und dabei ersetzt man »ohne Blase« gedanklich durch sehr wohl eine Blase, aber vollständig ausgefüllt mit einer Wasserkugel! Dabei würde das Lichtbündel weder konvergieren noch divergieren, sondern gerade durchwandern. Also ist die kombinierte Wirkung von Blase und Kugel ein gerades Lichtbündel, was wir als *keine* Wirkung bezeichnen würden. Die Kugel für sich würde jedoch das Lichtbündel konvergieren lassen.

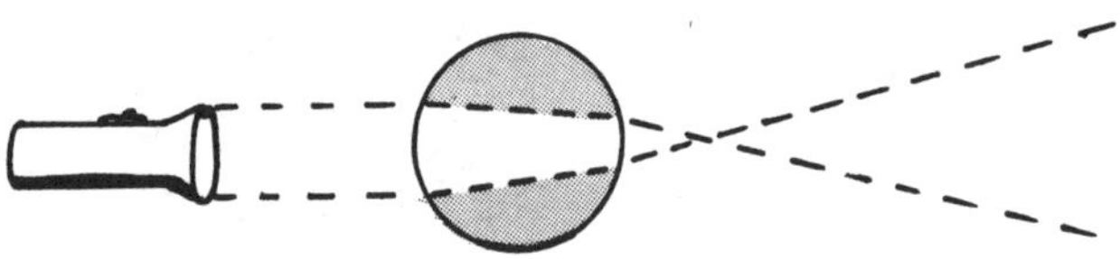

Fragt sich, welche Wirkung mit Konvergenz kombiniert keine Wirkung macht? Divergenz. Folglich muss die Wirkung der Blase eine divergierende sein. Und tatsächlich lässt die Luftblase in Wasser das Lichtbündel divergieren.

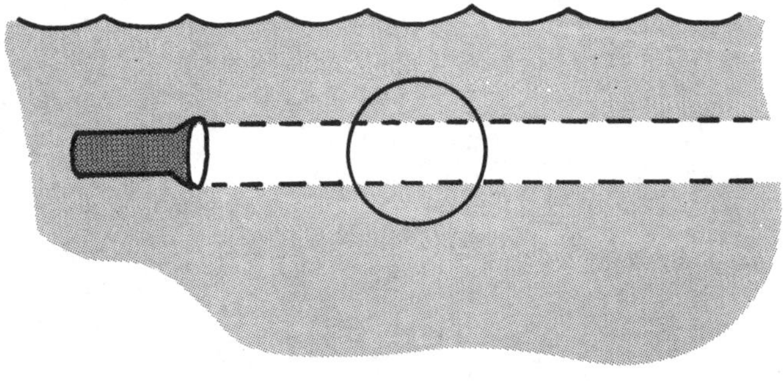

Super-Brennglas

Eine Lupe, die das Sonnenlicht in einen extraheißen Fleck fokussiert, heißt auch Brennglas oder Solarkollektor. Wird eine größere Linse genommen und/oder der Brennpunkt noch mehr verengt, wird der heiße Fleck noch heißer. Könnte man eine Linse immer noch größer oder ihren Brennpunkt so klein machen, dass der Fleck heißer als die Sonne selbst würde?

a) Es gibt keine Grenze, wie heiß der Fleck werden kann.
b) Der Fleck würde nie heißer als die Sonnenoberfläche.
c) Der Fleck würde nicht annähernd so heiß wie die Sonne.
d) Mit mehreren Linsen könnte ein Fleck heißer als die Sonne gemacht werden.

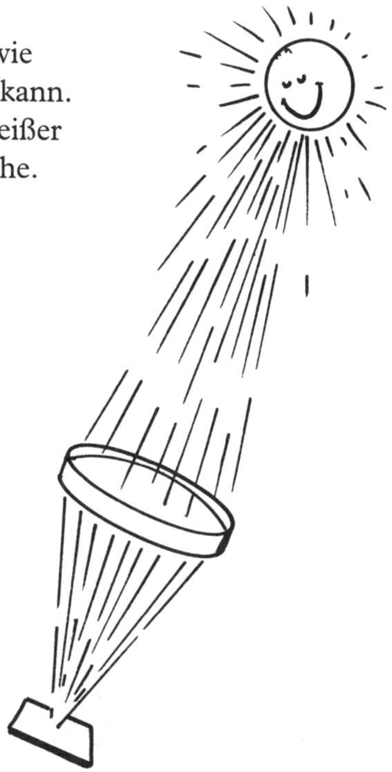

Antwort: Super-Brennglas

Die Antwort lautet b). Die Antwort ist auf zwei Wegen zu finden. Erstens, man stelle sich wie in der Skizze das Auge genau im Brennpunkt einer Linse vor. Einerlei wohin man schaut, die Blickrichtung wird dann immer auf die Sonnenoberfläche umgelenkt. Gesetzt den Fall, die Linse wäre so groß (oder mehrere Linsen würden wie unten skizziert benutzt), dass man immer die Sonnenoberfläche sehen würde, egal wie herum man sich dreht. Dann wäre man scheinbar rundum von der Sonnenoberfläche umgeben. Also wäre die eigene Temperatur dieselbe wie diejenige der Sonnenoberfläche.

Zweitens, man stelle sich vor, der Brennfleck könnte heißer gemacht werden als die Sonnenoberfläche. Dies würde bedeuten, dass Wärme von der Sonnenoberfläche durch die Linse zu einer Stelle, dem Brennfleck, fließen würde, der heißer ist als die Stelle, woher die Wärme kam. Doch Wärmeenergie verhält sich nicht so. Wärmeenergie fließt von selbst stets von einer heißen Stelle zu einer kalten und nie umgekehrt von einer kalten Stelle zu einer heißen.

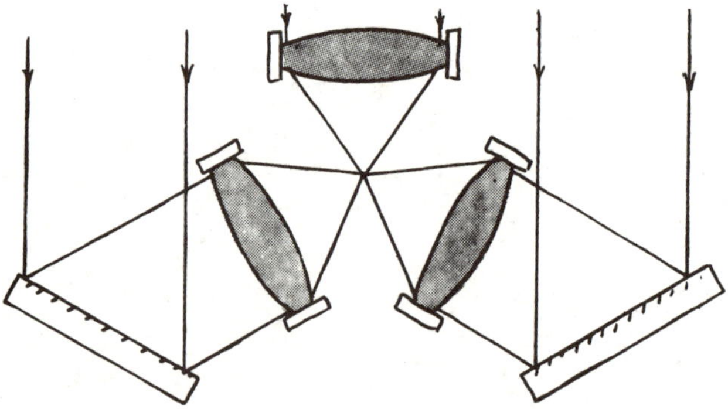

Kondensorlinse

1. Jemand sagt, er könne eine Optik bauen, die *alles* Licht von der großen Glühwendel einer Lampe in ein Bild der Wendel fokussiert, das kleiner als die originale Wendel ist. Würde diese Behauptung gegen irgendein Grundprinzip der Physik verstoßen?

   a) Ja, diese Behauptung widerspricht einem Grundprinzip der Physik.
   b) Nein, diese Behauptung widerspricht keinem Grundprinzip der Physik.

2. Jemand sagt, er könne eine Optik bauen, die *etwas* Licht von der großen Glühwendel einer Lampe in ein Bild der Wendel fokussiert, das kleiner als die originale Wendel ist. Würde diese Behauptung gegen irgendein Grundprinzip der Physik verstoßen?

   a) Ja, dies ist grundsätzlich unmöglich.
   b) Nein, dies ist grundsätzlich möglich.

3. Jemand sagt, er könne eine Optik bauen, die *alles* Licht von der *kleinen* Glühwendel einer Lampe in ein Bild der Wendel fokussiert, das *größer* als die originale Wendel ist. Würde diese Behauptung gegen irgendein Grundprinzip der Physik verstoßen?

   a) Ja, dies ist grundsätzlich unmöglich.
   b) Nein, dies ist grundsätzlich möglich.

Antwort: Kondensorlinse

Die Antwort auf die erste Frage lautet a). Fast alle, die mit Lampen und Linsen arbeiten, versuchen früher oder später die Intensität der Lichtquelle zu erhöhen, indem sie alles Licht von der Glühwendel in ein kleineres Bild der Wendel zu verdichten (kondensieren) suchen. Aber dies ist nicht zu schaffen. Warum?

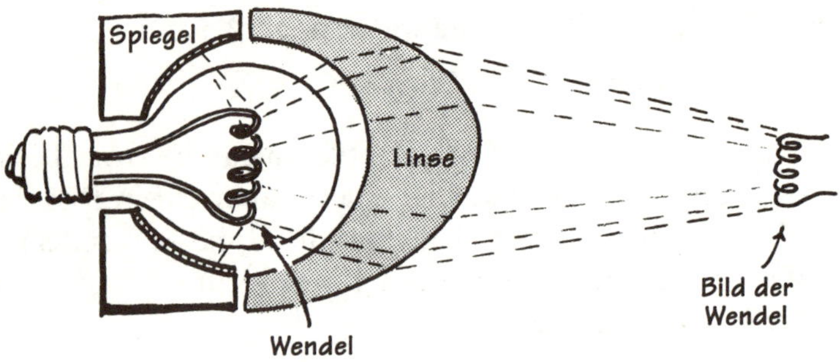

Aus dem einen Grund, dass das Bild heißer wäre als die Glühwendel selbst und man nach dem Zweiten Hauptsatz der Thermodynamik nie Wärme von einer heißen Stelle zu einer kalten fließen lassen kann. Es sein denn, man hat eine Wärmepumpe, die aber nur mit Energiezufuhr betrieben werden kann. Eine Linse hat keine Energiezufuhr, also ist sie keine Wärmepumpe. Das Bild einer Lichtquelle kann nie intensiver sein als die Lichtquelle selbst.

Die Antwort auf die zweite und dritte Frage lautet b). Der Zweite Hauptsatz der Thermodynamik wäre nicht verletzt, da in beiden Fällen das Bild nicht intensiver als die Lichtquelle zu sein braucht.

Nahaufnahme

Die obere Skizze zeigt eine Kamera, scharf eingestellt auf die *entfernten Berge*. Wird die Kamera auf eine sehr *nahe* stehende Person gerichtet, muss sie eingestellt werden wie

a) in der zweiten Skizze
b) in der dritten Skizze
c) in der vierten Skizze

a) 

b) 

c) 

Antwort: Nahaufnahme

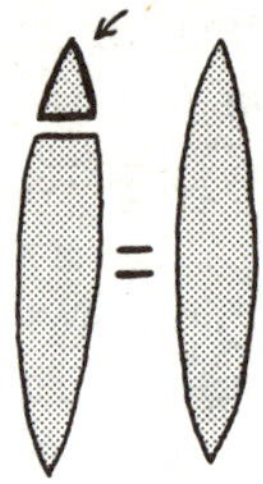

Die Antwort lautet c). Wenn sich die Person zur Linse hin bewegt, muss sich die Linse vom Film weg bewegen, der hinten in der Kamera steckt. Um zu verstehen warum, betrachtet man einen Teil der Linse, etwa die obere Spitze, die ja praktisch ein kleines Prisma darstellt. Das Prisma vermag Licht um einen bestimmten Winkel θ abzulenken. Wenn also Licht von A nach B laufen will, wird es geschwenkt und läuft nach C.

Als Nächstes betrachte man die Skizzen unten mit der Person oder einer Lichtquelle bei A, mit der Linse und mit dem Film bei C. Wenn A näher zur Linse kommt, der Schwenkwinkel θ sich nicht ändern kann und das Licht auf C fokussiert bleiben muss, bleibt als einzige Möglichkeit, die Linse vom Film weg zu bewegen, wie in der untersten Skizze gezeigt. Wenn A der Linse näher kommt und die Linse *nicht* von C weg bewegt wird, dann müsste der Schwenkwinkel θ größer werden, und man bräuchte eine kurzbrennweitigere Linse. Mit einem Zoom-Objektiv ist das möglich.

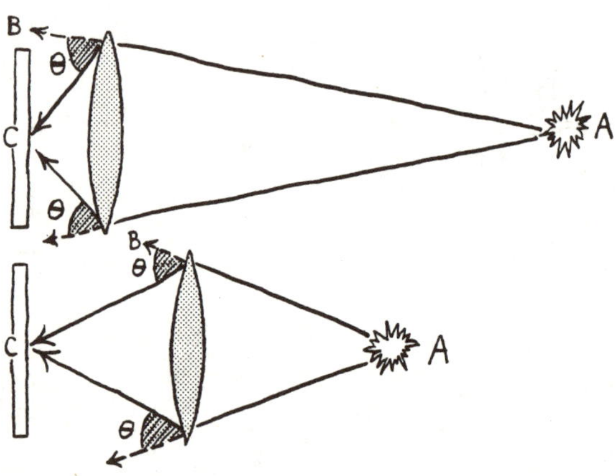

Kurz- oder weitsichtig

Leute, die ihren Lesestoff zum Lesen nah an die Augen halten, haben wahrscheinlich einen längeren Augapfel, worin die Netzhaut weiter von der Augenlinse entfernt ist als normal. So ist das kurzsichtige Auge. Das weitsichtige Auge ist das Gegenteil: Die Netzhaut liegt der Augenlinse zu nahe. Wird das Buch zu dicht vors Auge gehalten, kann das Bild in der verfügbaren Distanz zwischen Auge und Netzhaut nicht scharf abgebildet werden.

Wenn nun von der kurzsichtigen Person das Buch weiter weg gehalten wird, wandert das Bild des Buches zur Augenlinse hin und ist nicht mehr auf der Netzhaut scharf abgebildet.

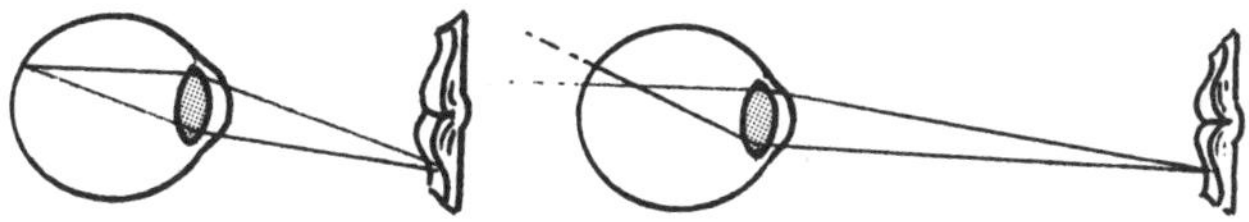

Kurzsichtiges Auge

Um solche Mängel zu korrigieren, besteht die Brille für eine kurzsichtige Person aus

a) Sammellinsen
b) Zerstreuungslinsen

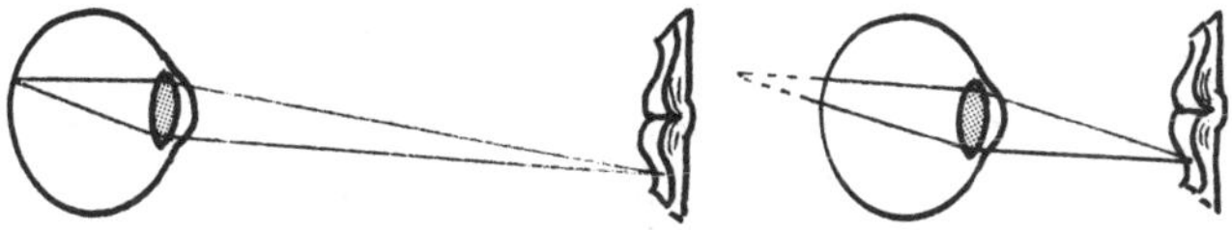

Weitsichtiges Auge

Die Brille für eine weitsichtige Person besteht aus

a) Sammellinsen
b) Zerstreuungslinsen

Antwort: Kurz- oder weitsichtig

Die Antwort auf die erste Frage lautet b). Die Augenlinse ist eine Sammellinse, und bei Kurzsichtigkeit fokussiert sie das Licht zu stark. Wird eine Zerstreuungslinse davorgesetzt, vermindert diese die Fokussierwirkung der Sammellinse des Auges. Die Lichtbündel konvergieren dann weiter hinten. Also bewirkt die Zerstreuungslinse vor dem kurzsichtigen Auge, dass dessen Brennpunkt zurück auf die Retina wandert.

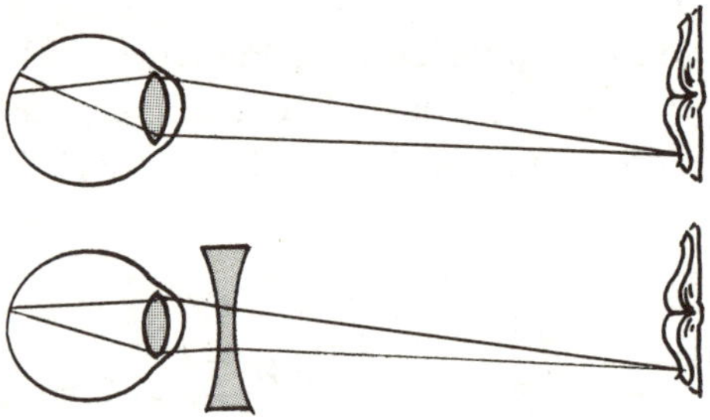

Die Antwort auf die zweite Frage lautet a). Im weitsichtigen Auge konvergiert das Licht zu wenig und kommt erst hinter der Netzhaut zum Brennpunkt zusammen. Also lässt eine Sammellinse vor dem weitsichtigen Auge die Lichtbündel eher konvergieren, noch innerhalb des Abstands zwischen Augenlinse und Netzhaut. Also besteht die Brille für Weitsichtige aus Sammellinsen.

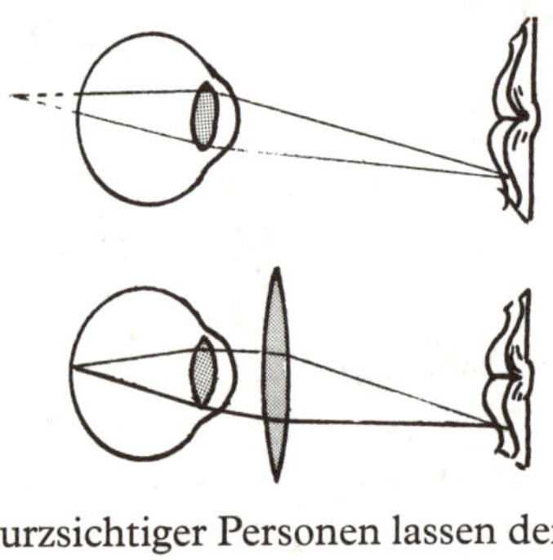

Die Brillen kurzsichtiger Personen lassen deren Augen kleiner erscheinen, wogegen die Brille weitsichtiger Leute deren Augen größer aussehen lassen.

Weites Objektiv

Die beiden Kameras in der Skizze sind in jeder Hinsicht gleich bis auf den Durchmesser der Linse. Welche Kamera erzeugt beim Fotografieren eines fernen Dings das größere Bild?

a) Kamera A
b) Kamera B
c) beide gleich groß

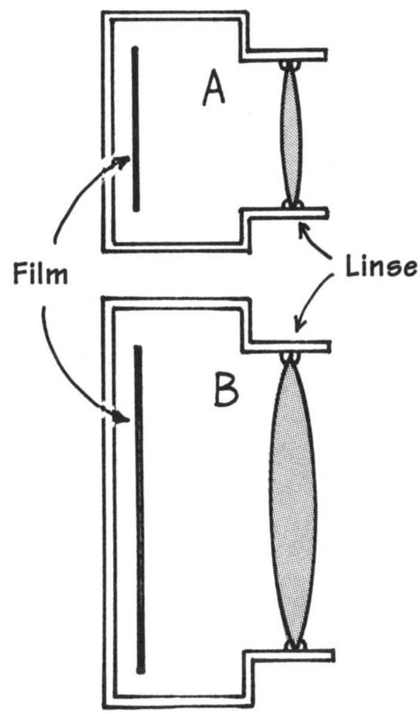

Antwort: Weites Objektiv

Die Antwort lautet c). Die Größe des Bildes hängt vom Abstand zwischen Linse und Film ab. Mit dem Durchmesser der Linse hat die Bildgröße nichts zu tun. Die weitere Linse fängt mehr Licht ein, aber das bewirkt ein helleres Bild, nicht ein größeres. Man kann nachprüfen, dass der Durchmesser des Kameraobjektivs die Bildgröße nicht beeinflusst, indem man die Blende des Objektivs (z. B. von f/2 auf f/8) zudreht. Dadurch verringert sich der wirksame Durchmesser des Kameraobjektivs, aber nicht die Bildgröße auf dem Film.

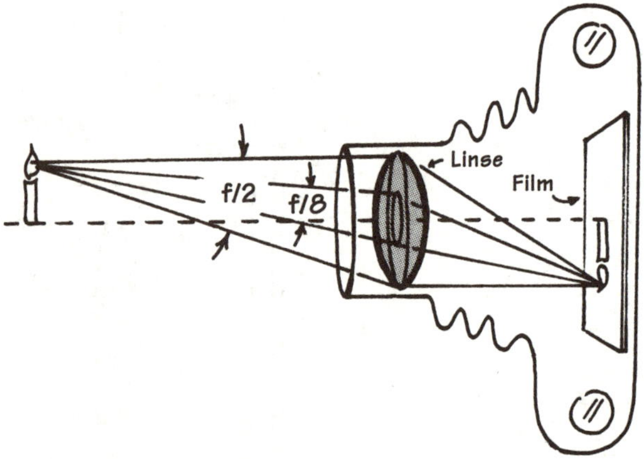

Man braucht übrigens noch nicht mal eine Kamera, um zu erkennen, dass dies zutrifft. Die eigenen Augen ändern ihren wirksamen Durchmesser, ohne die Bildgröße zu verändern.

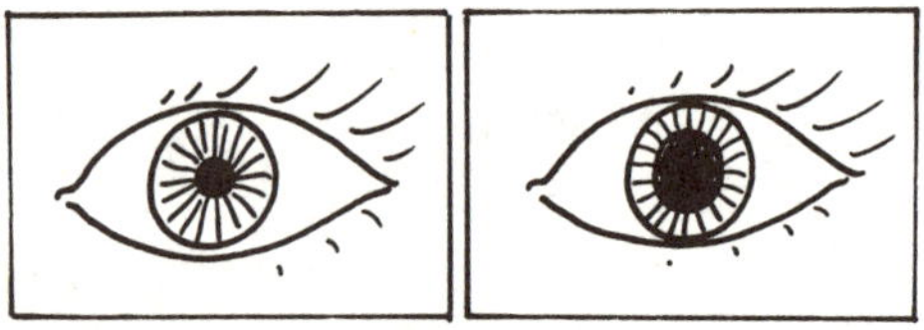

Großes Auge

1609 suchte Galileo als Erster mit einem selbst gebauten Teleskop den Himmel ab. Seither bezeichnen Popularisierer der Wissenschaft das Teleskop als »großes Auge«. Tatsächlich ist

a) eine solche Vereinfachung des Teleskops missverständlich
b) diese Bezeichnung recht zutreffend

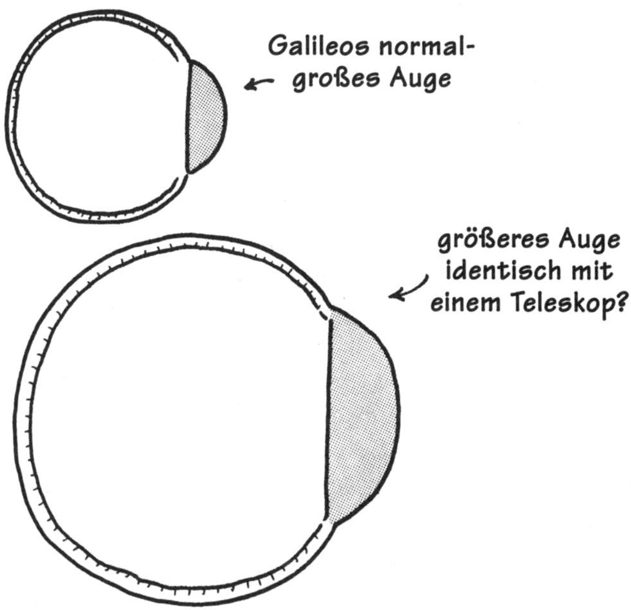

Antwort: Großes Auge

Die Antwort lautet b). Weder Galileo noch einer seiner Zeitgenossen wusste interessanterweise etwas über Linsen und Vergrößerungsgleichungen, wie sie heute im Physikbuch stehen. Er wollte einfach ein »größeres Auge« verwirklichen, das eben alles vergrößern würde, worauf er schaute.

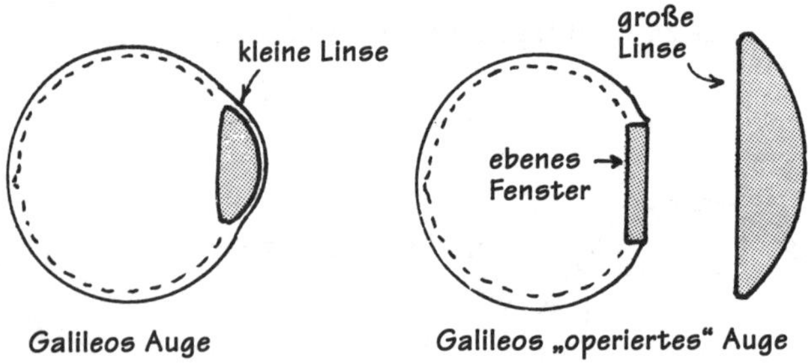

Ein chirurgischer Weg bestünde darin, die kleine Linse im eigenen Auge durch eine größere zu ersetzen. Doch die größere Linse würde nicht hineinpassen. Also würde man die Augenlinse durch ein ebenes Fenster ersetzen und dann eine größere Linse vors Auge setzen. Wie könnte man dies nun unblutig verwirklichen? Um die Augenlinse wie ein ebenes Fenster wirken zu lassen, kompensierte Galileo sie mit einer kleinen Glaslinse von entgegengesetzter Wirkung, das zerstreuende Okular. Dann wurde davor eine langbrennweitige Linse quasi als große Augenlinse davorgesetzt. Das so entstandene Teleskop wirkte tatsächlich wie ein größeres Auge!

Die unblutige Lösung

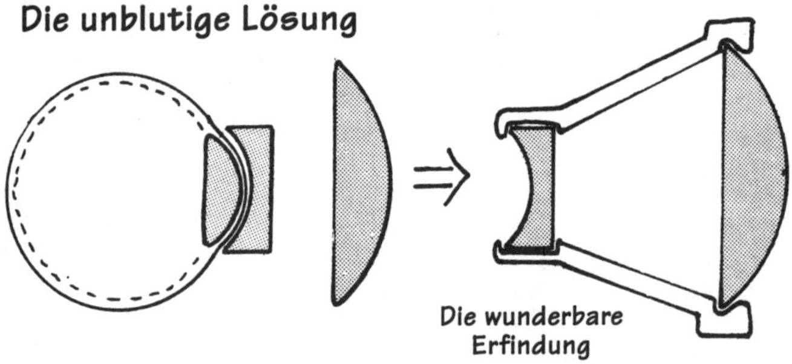

Galileos Teleskop

Galileos Idee eines Teleskops zeigt Skizze I, Keplers Idee Skizze II. Beide funktionieren tatsächlich, doch Galileos Version wird kaum verwendet (bloß für Operngläser). Grund dafür ist der Umstand, dass

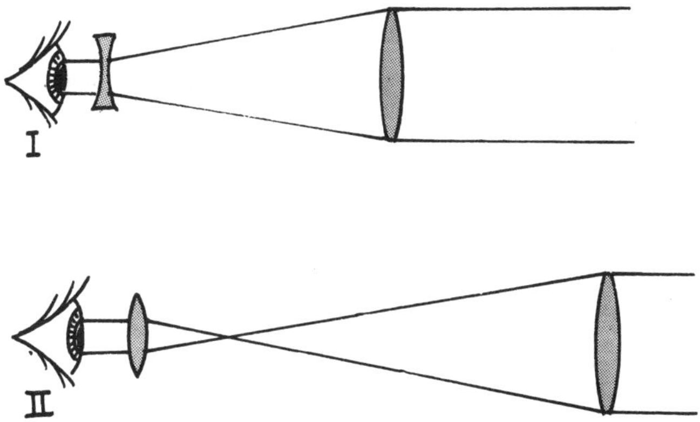

a) Galileo im Gefängnis war
b) Galileos Version länger ist als Keplers
c) bei Galileos Version Licht an der Pupille verloren geht
d) bei Galileos Version das Bild auf dem Kopf steht

Antwort: Galileos Teleskop

Die Antwort lautet c). Galileos Teleskop hat gegenüber dem kepler'schen viele Vorzüge. In Keplers Version steht das Bild kopf, nicht dagegen bei Galileos. Auch muss Keplers Fernrohr länger sein (einige Historiker hegen den Verdacht, dass Kepler nie durch ein Teleskop geblickt hat!). Aber Galileos Teleskop hat einen verheerenden Nachteil. Licht aus verschiedenen Stellen des Gesichtsfelds kann nicht durch denselben Punkt ins Auge gelangen. Sein Teleskop vergeudet Licht. Man muss sein Auge in verschiedene Positionen bringen, um verschiedene Stellen des Gesichtsfelds zu sehen. Keplers Version bringt das Licht aus dem ganzen Gesichtsfeld an eine Stelle, wo man sein Auge positionieren kann. Es hat quasi einen Lichttrichter eingebaut. Teleskopnutzer nennen die Stelle, wo das Auge platziert ist, die »Austrittspupille«.

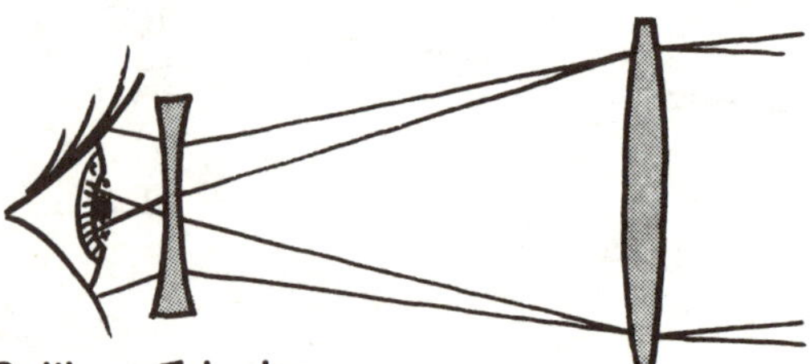

Galileos Teleskop

Und die Moral von der Geschicht'? Beim Nachdenken über Linsensysteme wie Kameras, Mikroskope, Projektoren usw. darf man nicht bloß auf das axial ins System einfallende Licht achten. Man muss auch an das Licht denken, das unter einem Winkel einfällt.

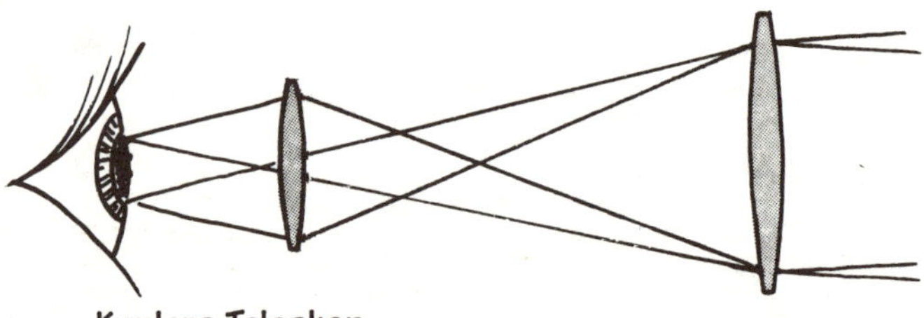

Keplers Teleskop

Tropfen-Aussteiger

Fällt ein rotes Lichtbündel auf einen runden Wassertropfen,

a) kommt das Licht in alle Richtungen gleichmäßig verteilt aus dem Tropfen
b) kommt das gesamte rote Licht in eine Richtung heraus
c) kommt in alle Richtungen etwas Rotlicht heraus, in manche aber mehr, in andere weniger
d) läuft das meiste Licht *gerade durch* den Tropfen und wird überhaupt *nicht* abgelenkt

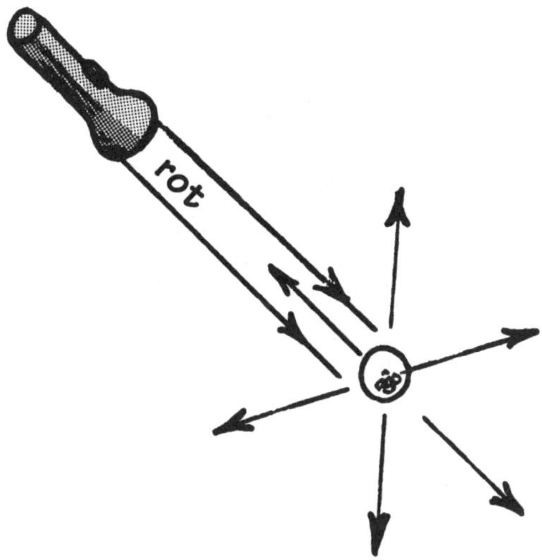

Antwort: Tropfen-Aussteiger

Die Antwort lautet c). Die Skizze zeigt das rote Lichtbündel aus der Richtung 1 kommend und in den Tropfen eintretend. Dabei wird es gebrochen. Der eingezeichnete Strahl 1 wird an der Rückseite des Tropfens teils reflektiert, teils als Strahl 2 durchgelassen. Der reflektierte Teil tritt aus der Vorderseite des Tropfens als Strahl 3 aus. Aus der Skizze ersichtlich tritt etwas rotes Licht in fast jeder Richtung aus, doch generell kommt mehr in Richtung 3 heraus als in anderen Richtungen. Was soll das Ganze? Es erklärt den Regenbogen! Es ist jene Konzentration des austretenden Lichts in einer bestimmten Richtung, wodurch Regenbögen möglich werden. Übrigens, wie viel Licht läuft durch den Tropfen, ohne abgelenkt zu werden? Sehr wenig: ein einziger eingezeichneter Strahl, nur Strahl null.

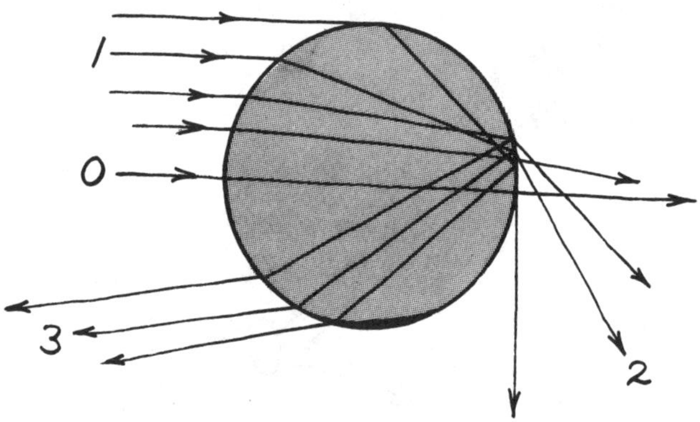

Schwarzweißer Regenbogen

Wo man einen Regenbogen sieht, erkennt ein Farbenblinder nichts Besonderes.

a) richtig
b) falsch

Antwort: Schwarzweißer Regenbogen

Die Antwort lautet b). Wie so oft sagt eine Skizze mehr als tausend Worte. Man kann doch einen Regenbogen auf einem Schwarz-Weiß-Film fotografieren. Drauf sind keine Farben, aber sicherlich der Regenbogen! Zur Erklärung des Regenbogens verlässt man sich gewöhnlich auf die Farben, die aber für die Hauptfrage nebensächlich sind: Warum gibt es am Himmel einen hellen Bogen?

Von der Sonne her gezeichnete Strahlen treten aus dem getroffenen Regentropfen in vielen Richtungen aus. Doch aufgrund eines Fokussiereffekts infolge Reflexion und Brechung kommen in bestimmten Winkelrichtungen etwas mehr Strahlen heraus als in anderen. Diese leichte Bevorzugung ist der Schlüssel zum Regenbogen. Aus der Skizze ist ersichtlich, dass praktisch alles vom Regentropfen verarbeitete Sonnenlicht in einem Kegel zurückgeworfen wird. Die Spitze dieses Kegels liegt der Sonne genau gegenüber. Der Kegel bildet eine helle Lichtscheibe genau gegenüber der Sonne. Vom Erdboden aus ist nur ein Teil dieser Scheibe sichtbar. Aus einem hoch fliegenden Flugzeug kann man manchmal die volle Scheibe betrachten. Der helle Rand dieser Scheibe bildet den Regenbogen.

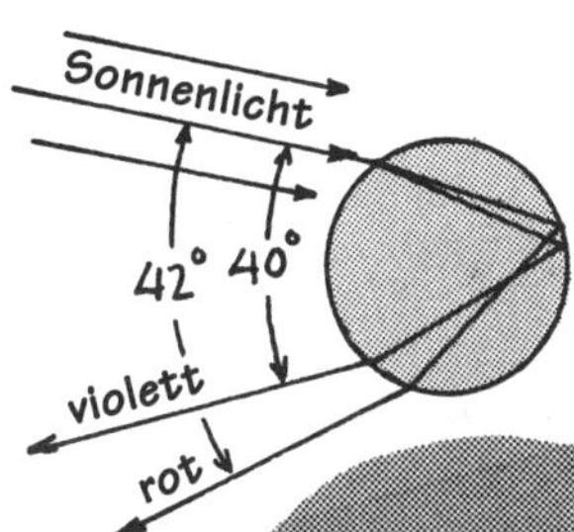

Durch Brechung werden die Farben des Regenbogens aufgefächert. Denn die Brechung hängt ein wenig von der Farbe ab; verschiedenfarbiges Licht wandert unterschiedlich schnell im Tropfen und wird unterschiedlich gebrochen. Dadurch wird eine Farbtrennung bewirkt, wie der Skizze mit dem Strahlengang zu entnehmen ist.

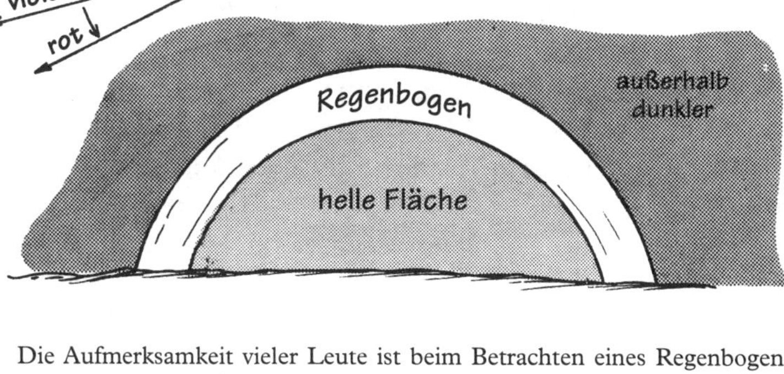

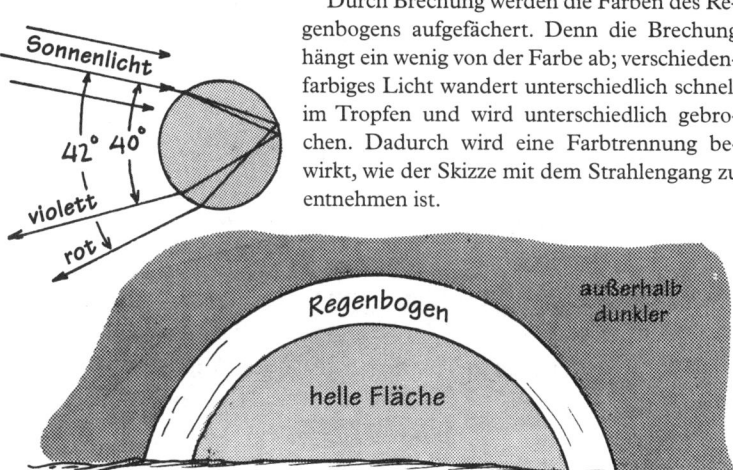

Die Aufmerksamkeit vieler Leute ist beim Betrachten eines Regenbogens von den Farben so gefesselt, dass sie das helle Scheibensegment nicht bemerken, dessen Rand der Regenbogen darstellt.

Luftspiegelung

Eine bekannte Luftspiegelung an heißen Tagen ist eine *scheinbare* Wasserlache auf der heißen Straße, die sich beim Näherkommen als nicht vorhanden erweist. Mithilfe einer Polfilter-Sonnenbrille kann solch eine Luftspiegelung von einer echten Wasserlache unterschieden werden, weil

a) Reflexion an Wasser polarisiert ist, anders als die Luftspiegelung
b) die Luftspiegelung polarisiert ist, anders als die Wasserreflexion
c) beide polarisiert sind, aber in verschiedener Richtung
d) keine polarisiert ist; eine Unterscheidung ist nicht möglich

Antwort: Luftspiegelung

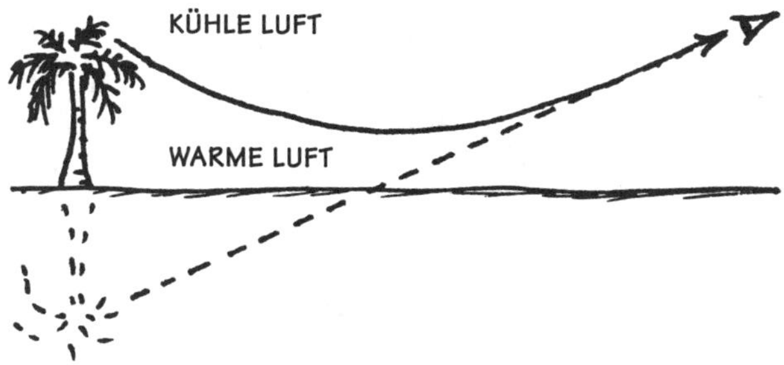

Die Antwort lautet a). Licht wird von einer Luftspiegelung durch Brechung zurückgeworfen, nicht durch Reflexion. Eine Schicht sehr heißer Luft, keinen halben Meter dick direkt über der Straße, hat eine geringere Dichte, weshalb Licht mit etwas größerer Geschwindigkeit durchläuft im Vergleich zur kühleren, dichteren Luft höher über der Straße. Diese Geschwindigkeitsabstufung bewirkt, dass die Lichtwellen krumm laufen.

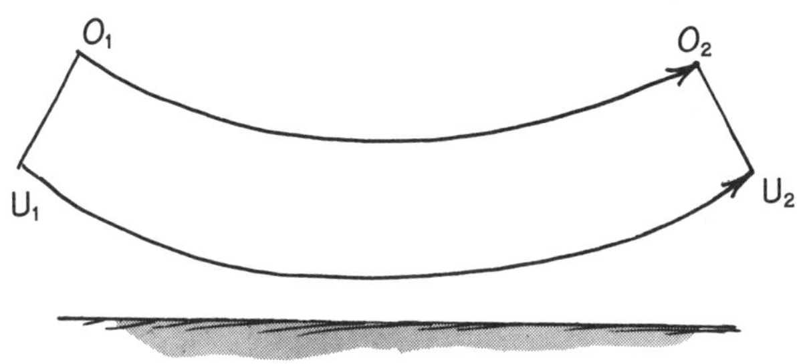

In der unteren Skizze ist zu erkennen, wie diese Krümmung zustande kommt. Man betrachte die Lichtwellenfront O_1U_1, die sich der Straße von links nähert. Das untere Ende U_1 der Front wird in derselben Zeit einen weiteren Weg bis U_2 zurücklegen als das obere Ende im Kühlen von O_1 nach O_2. Ist die Krümmung jetzt zu verstehen?

Die Lichtgeschwindigkeit hängt allein von der Luftdichte ab, von der Polarisation der Lichtwellen dagegen überhaupt nicht. Also ist eine Luftspiegelung keinesfalls stärker polarisiert als das sie erzeugende Licht. Also sieht eine Luftspiegelung durch Polfilter betrachtet immer gleich aus, egal wie man den Filter dreht. Bei von Wasser reflektiertem Licht ist das anders. Eine Luftspiegelung entsteht nicht – wie der Name vermuten lässt – durch Reflexion, sondern durch Brechung von Licht.

Spiegelbild

Diese Dame hält einen Handspiegel 30 Zentimeter hinter ihren Kopf und steht 1,2 Meter entfernt vor ihrem großen Spiegel. Wie weit hinter dem großen Spiegel erscheint das Bild der Blume in ihrem Haar?

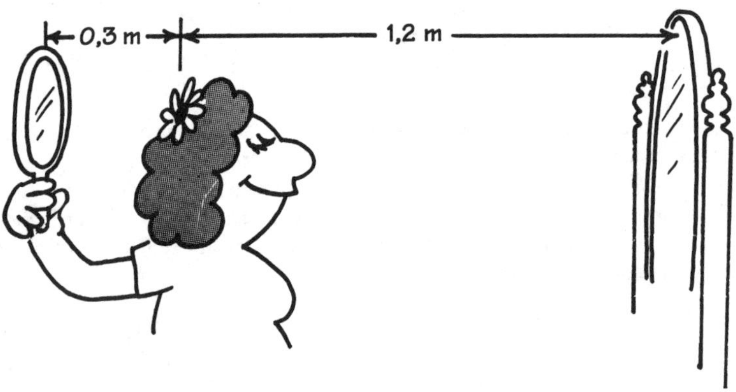

a) 1,20 m b) 1,50 m c) 1,80 m
d) 2,10 m e) 2,40 m

Antwort: Spiegelbild

Die Antwort lautet c), also 1,80 m. Warum? Weil das Bild der Blume im Handspiegel ebenso weit hinter diesem steht wie die Blume davor – eben 30 cm. Dadurch liegt das erste Bild 1,80 m (1,20 + 0,3 + 0,3) vor dem großen Spiegel. Das zweite Bild liegt dann genauso weit hinter dem großen Spiegel – 1,80 m.

Garderobenspiegel

Welche Größe muss ein ebener Spiegel mindestens haben, damit man sich ganz in ihm betrachten kann?

a) ein Viertel der Körpergröße
b) die Hälfte der Körpergröße
c) drei Viertel der Körpergröße
d) die volle Körpergröße
e) hängt davon ab, wie nah man steht

Antwort: Garderobenspiegel

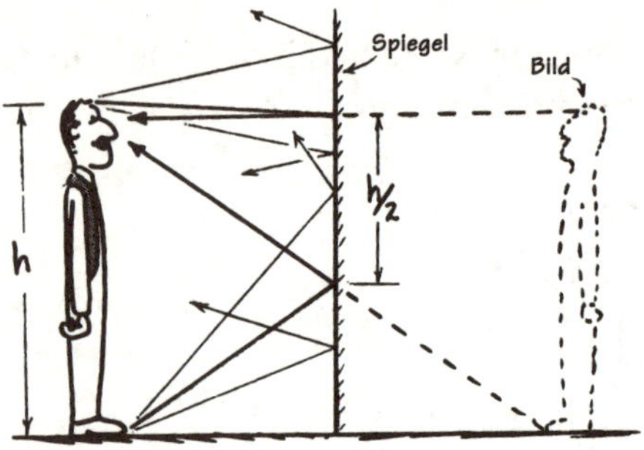

Die Antwort lautet b), also halb so groß wie man selbst. Warum? Weil für Reflexion der Einfallswinkel gleich dem Ausfallswinkel ist. Man betrachte einen Mann vor einem sehr hohen Spiegel wie in der Skizze gezeigt. Von seinen Schuhen gezeichnete Strahlen erreichen seine Augen nur, wenn sie den Spiegel auf halber Höhe (Hälfte Abstand Schuh von Auge) treffen. Von den Schuhen her höher auftreffend gezeichnete Strahlen spiegeln höher als die Augen, tiefer auftreffende tiefer als die Augen. Also wird die Spiegelhälfte unter der Mitte nicht gebraucht – er zeigt nur die Reflexion des Fußbodens vor den Schuhen. Ähnliches gilt für die obere Hälfte des Spiegels. Die eingezeichneten Strahlen von der Glatze erreichen einzig die Augen, wenn sie in der Mitte zwischen Scheitel- und Augenhöhe auf den Spiegel treffen. Die Spiegelfläche darüber wird nicht benötigt. Die nutzbare Spiegelfläche, um sich selbst ganz zu sehen, geht also von Mitte Augen- bis Scheitelhöhe zu Mitte Augenhöhe bis Zehenhöhe – ergibt etwa die halbe Körpergröße. Spiegel wirken wie Fenster in die Welt hinter ihnen. Alles im Spiegelland ist ein Spiegelbild unseres Lands. Die untere Skizze zeigt, dass um sein volles Spiegelbild zu sehen, das Fenster nur die halbe Körperhöhe haben muss – egal wie nah oder fern man zum Fenster steht.

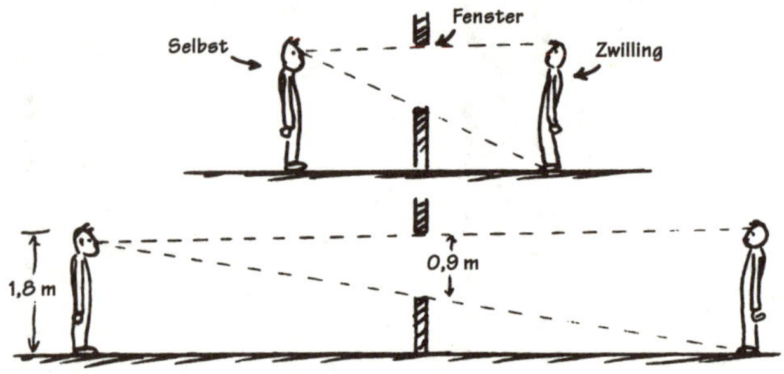

Markieren Sie beim nächsten Blick in den Spiegel Ihre Scheitel- und Ihre Kinnhöhe. Der Abstand der beiden Markierungen ist gleich der halben Gesichtslänge, und wenn man sich vor- oder zurückbewegt, bleibt das Gesicht immer zwischen den beiden Marken. Warum? Siehe oben.

Hohlspiegel

Fällt ein weißes Lichtbündel auf einen gekrümmten Spiegel und wird es wie in der obigen Skizze fokussiert, dann wird der Rotanteil des Lichts fokussiert

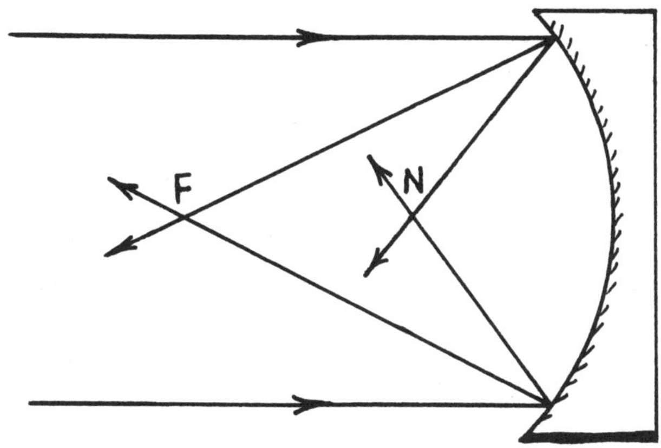

a) am Nahpunkt N und der blaue Lichtanteil am Fernpunkt F
b) an F und der blaue an N
c) Zeichnung ist falsch – alle Farben am selben Punkt

Antwort: Hohlspiegel

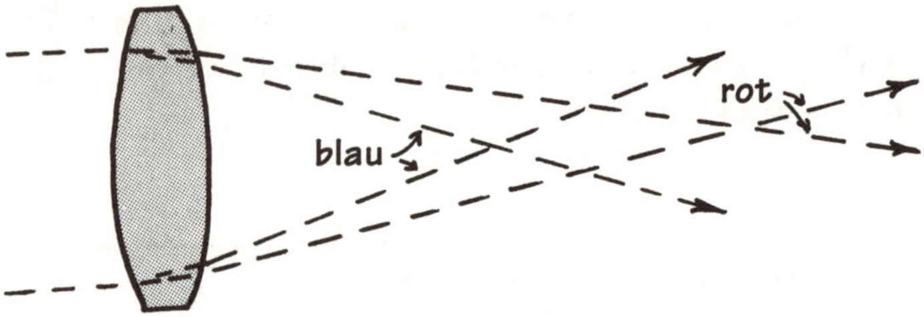

Die Antwort lautet c).

Das Reflexionsgesetz besagt, dass Einfallswinkel des Lichts gleich dem Ausfallswinkel ist, gemessen zum Lot auf der spiegelnden Fläche, und zwar unabhängig von der Lichtfrequenz. Wenn also ein Spiegel Licht fokussiert, werden alle Farben gleich behandelt und kommen in demselben Brennpunkt zusammen. Für eine einfache Linse trifft das nicht zu. Eine einfache Linse biegt blaues Licht stärker als rotes und bringt so jede Farbe an einem anderen Punkt zusammen. Um diese unerwünschte Farbtrennung (sogenannte chromatische Aberration) zu vermeiden, erfand Newton das Spiegelteleskop, das statt einer Linse einen Spiegel zum Fokussieren des Lichts verwendet. Galileos erstes Teleskop (ein Refraktionsteleskop) benutzte noch eine Linse, doch heute benutzen die meisten großen Teleskope Spiegel.

1733 überraschte ein britischer Anwalt und Hobbyforscher namens Chester Mohr Hall die Fachwelt, indem er eine Linse baute, welche die meisten Farben in einem Punkt fokussiert. Es war eine aus verschiedenen Glassorten zusammengesetzte Linse, *Achromat* genannt, die heute überall verwendet wird.

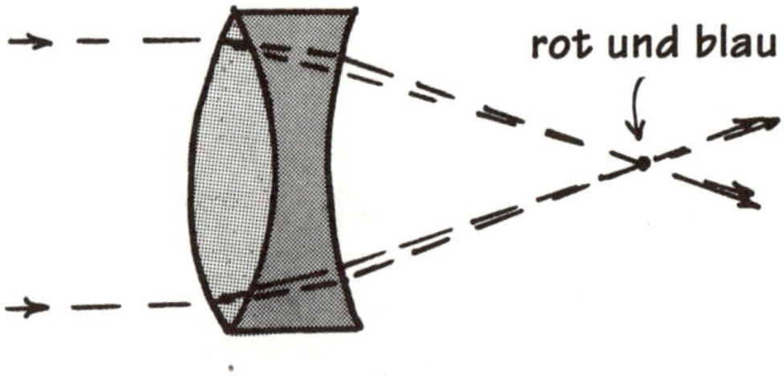

Polfilter

Licht kann durch zwei Polarisationsfolien hindurchgehen, wenn deren Polarisationsachsen gleich gerichtet sind, doch wenn diese senkrecht zueinander stehen, geht kein Licht durch. Durch gekreuzte Polfilter geht Licht also nicht durch. Wenn nun eine dritte Polarisationsfolie wie skizziert zwischen die gekreuzten Polfilter geschoben wird, wird Licht

a) durchgehen
b) nicht durchgehen

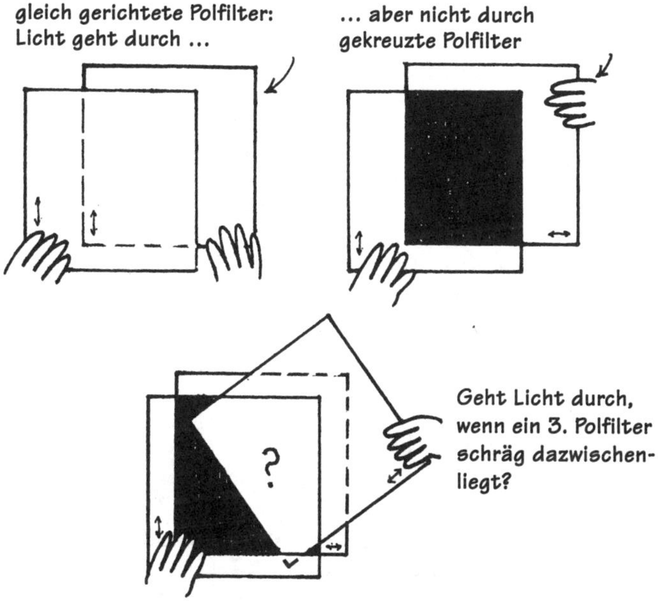
gleich gerichtete Polfilter: Licht geht durch ...
... aber nicht durch gekreuzte Polfilter
?
Geht Licht durch, wenn ein 3. Polfilter schräg dazwischenliegt?

Antwort: Polfilter

Die Antwort lautet a). Denn ein einfaches Paar gekreuzter Polfilter lässt zwar kein Licht durch, weil die Achse des zweiten Polfilters genau senkrecht zu den Wellen steht, die den ersten Polfilter passiert haben. Wenn aber ein dritter Polfilter unter einem schrägen Winkel (also nicht parallel oder senkrecht) dazwischengeschoben wird, wird Licht tatsächlich – wenn auch mit verminderter Intensität – durchgelassen. Dies versteht man am besten mit der Vektor-Eigenschaft des Lichts. Licht ist eine Querwelle, die schwingend durch den Raum wandert. Erfolgen die Schwingungen bevorzugt in einer bestimmten Querrichtung, nennt man das Licht polarisiert. Licht, das durch einen Polfilter hindurchgeht, ist polarisiert, denn Komponenten unter rechtem Winkel zur Polarisationsachse werden verschluckt statt durchgelassen. Die Skizze zeigt, wie anfangs unpolarisiertes Licht auf den Polfilter fällt und so gefiltert wird, dass nur Komponenten parallel zur Polarisationsachse durchgelassen werden. Wenn diese auf einen Polfilter mit Achse unter 90° fielen, würde nichts durchgelassen. Doch der zwischengeschobene Polfilter ist *nicht* unter 90° ausgerichtet. Komponenten entlang der Achse dieses Polfilters werden durchgelassen und fallen auf den dritten Polfilter, der wiederum Komponenten parallel zu seiner Achse durchlässt.

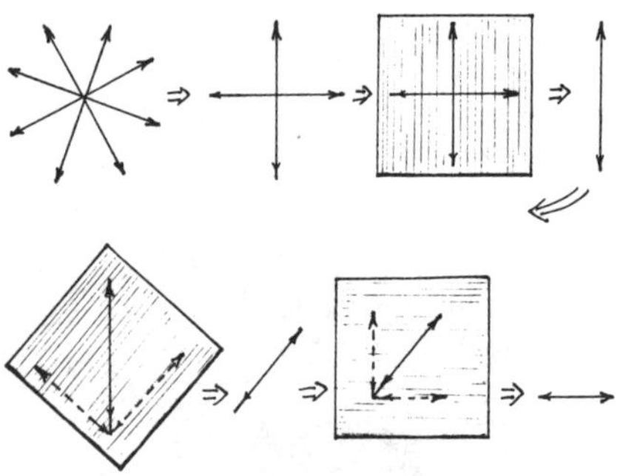

Mehr Fragen (ohne Erklärungen)

Bei den folgenden Fragen parallel zu den bisherigen sind Sie auf sich selbst gestellt. Also wie immer physikalisch denken!

1. Würde die Atmosphäre eines Planeten vor allem niedere Frequenzen des Lichts streuen und höhere Frequenzen eher durchlassen, dann würden Sonnenuntergänge wie aussehen?
   a) rot b) weiß c) blau

2. Auf dem vorhin beschriebenen Planeten würden ferne Gebirge zur Tagesmitte wie getönt sein?
   a) rot b) weiß c) blau

3. Hier auf der Erde werden rote Wolken bei Sonnenuntergang beleuchtet
   a) von oben b) von unten

4. Zur selben Zeit, wie ein Astronaut auf dem Mond eine Sonnenfinsternis beobachtet, vollzieht sich auf der Erde
   a) auch eine Sonnenfinsternis b) eine Mondfinsternis
   c) beides d) weder – noch

5. Gesetzt den Fall, die Achse eines rotierenden Sterns läge parallel zur Erdachse, sodass sich die Vorderseite des Sterns zu uns her und die Rückseite von uns weg dreht. Das Licht von der zu uns herdrehenden Seite zeigt messbar
   a) höhere Geschwindigkeit b) höhere Frequenz
   c) beides d) weder – noch

6. Die Farbe eines Sterns zeigt seine Temperatur an. Der heißeste Stern erscheint
   a) rot b) weiß c) blau

7. Das berühmte Zwiebelmuster ist ein blaues Ornament auf einem weißen Porzellanteller. Wird der Porzellanteller erhitzt, bis er glüht, wird das Muster
   a) ein dunkles Muster auf hellem Grund bleiben
   b) umgekehrt ein helles Muster auf dunklem Grund werden

8. Die am Nachthimmel am stärksten funkelnden Sterne sind solche
   a) nächst dem Horizont b) direkt über einem selbst c) beide gleich

9. Die durchschnittliche Lichtgeschwindigkeit ist am kleinsten in
   a) Luft b) Wasser c) in beiden dieselbe

10. Die Brechung des Lichts beim Übergang von einem Medium ins andere wird hauptsächlich verursacht durch den Unterschied der Licht-
   a) geschwindigkeit b) frequenz c) beide d) weder – noch

11. Der wichtigste Unterschied zwischen der Fokussierstärke zweier Linsen ist ihre
   a) Dicke b) Krümmung c) Öffnung

12. Verschiedene Farben des Lichts entsprechen unterschiedlichen
   a) Intensitäten b) Frequenzen c) Geschwindigkeiten

13. Jemand, der unter Wasser ohne Schwimmbrille oder Tauchermaske besonders scharf sieht, ist draußen
   a) kurzsichtig   b) weitsichtig   c) weder – noch

14. Die Größe eines von einer Sammellinse entworfenen Bildes hängt ab
   a) vom Linsendurchmesser   b) vom Abstand zwischen Linse und Bild
   c) von beidem   d) von keinem davon

15. Zur Bildung eines Regenbogens wird Licht
   a) gebrochen   b) reflektiert   c) beides   d) weder – noch

16. Eine Linse dient dazu, von einer Stelle ausgehendes Licht zu einer anderen Stelle zu bringen – nämlich zu dem Bild der ersteren. Bei einer einfachen Sammellinse wird welche Farbe der Linse am nächsten gesammelt?
   a) Rot   b) Blau   c) beide gleich nah

17. Interferenz ist ein Phänomen, das vorgeführt werden kann mit
   a) Lichtwellen   b) Schallwellen   c) Wasserwellen
   d) mit allen   e) mit keinen davon

18. Der kürzeste Weg von Punkt I nach Punkt II ist derjenige über
   a) Punkt A   b) Punkt B
   c) Punkt C   d) Punkt D
   e) alle sind gleich lang

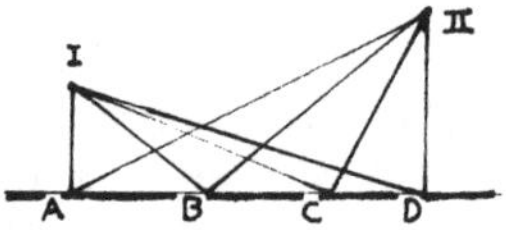

19. Die Dame nähert sich dem großen ebenen Spiegel mit 2 km/h. Ihr Bild nähert sich ihr mit
   a) 1 km/h   b) 2 km/h   c) 3 km/h   d) 4 km/h   e) nichts davon

20. Die Dame ist 1,80 Meter groß. Die minimale Länge eines Spiegels, um ihr Bild ganz zu sehen, ist
   a) 1,80 m   b) 1,20 m   c) 0,90 m   c) je nach Abstand vom Spiegel

21. Bei Sonnenaufgang in hügeligen Orten wie Stuttgart wird das Licht von Osten von den Fenstern der Häuser an westlichen Hängen gespiegelt. Bei steigender Sonne scheint sich die Reihe der funkelnden Fenster
   a) weiter hangaufwärts zu bewegen
   b) weiter hangabwärts zu bewegen
   c) überhaupt nicht zu bewegen – das funkelnde Gebiet bleibt stehen

ELEKTRIZITÄT & MAGNETISMUS

Fluida, Mechanik, Wärme, Schwingungen und Licht waren schon den Ingenieuren bekannt und vertraut, die die Pyramiden bauten. Doch jetzt werden wir etwas »Neues« behandeln – Elektrizität und Magnetismus. Zur Zeit der Französischen Revolution waren Elektrizität und Magnetismus noch ganz exotisch, schwer zu erzeugen und von geringem praktischem Nutzen. Damals wurden die Geheimnisse von Elektrizität und Magnetismus entdeckt ... und danach war die Welt eine andere.

Rotierende Turbinen erzeugten Elektrizität, um Walöl oder Gas für die Beleuchtung der Städte zu ersetzen und um Motoren zu betreiben, die die Anstrengungen menschlicher und tierischer Arbeit erleichtern sollten. Wärme kam nun über Drähte aus den Wänden. Elektrische Schwingungen trugen Nachrichten übers Land und dann zum Mond. Und endlich verstanden die Physiker die Natur des Lichts, jener Strahlung aus elektrischen und magnetischen Feldern.

Bürsten

Wenn etwas eine positive Ladung erhält, dann ist zu folgern, dass etwas anderes

a) gleich viel positiv geladen wird
b) gleich viel negativ geladen wird
c) negativ geladen wird, aber nicht notwendigerweise *gleich viel*
d) magnetisiert wird

Antwort: Bürsten

Die Antwort lautet b). Bürstet man eine Katze, wird sie positiv geladen, wobei die Bürste negativ geladen wird. Damit erzeugt man noch keine Elektrizität, denn sie war schon vorher vorhanden. Das Katzenfell enthielt nämlich schon vor dem Bürsten die gleiche Menge an positiver wie negativer Elektrizität, und zwar in *jedem* seiner Atome, die positive im Kern und die negative in den drum herum schwirrenden Elektronen. Das Bürsten trennte bloß negativ von positiv. Das kommt daher, dass die Borsten der Bürste eine größere Attraktion für

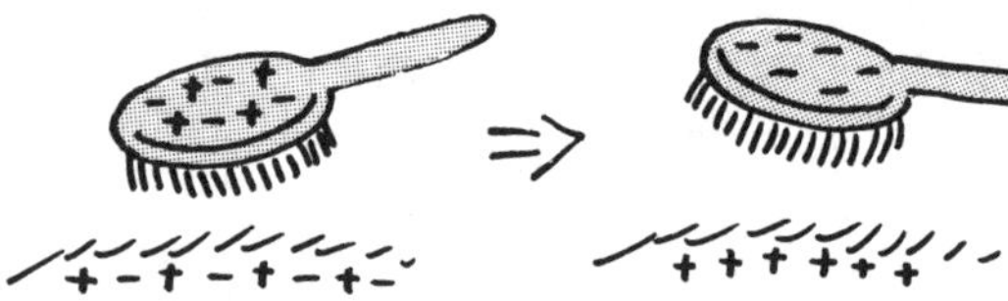

Elektronen bedeuten als das Katzenfell. Also werden durch die Reibung negativ geladene Elektronen vom Katzenfell an die Bürste übertragen, wodurch ein Ungleichgewicht der elektrischen Ladung auf Fell und Bürste entsteht. Dem Fell mangelt es an negativer Ladung, daher sagen wir, das Fell sei positiv geladen. Die überzählige negative Ladung auf der Bürste macht diese negativ geladen. Also sind Fell und Bürste gleich viel, aber entgegengesetzt geladen. Die beim Bürsten investierte Energie ist in den getrennten Ladungen gespeichert, was sich zeigt, wenn man die Bürste dem Pelz nähert und ein Funken überspringt.

Aufteilung von nichts

Die Aufladung ist ein Vorgang, zu dem Arbeit benötigt wird. Kann man mit genügend Energie auch elektrische Ladung aus dem Nichts schaffen, etwa im Vakuum des leeren Weltalls?

a) Ja, dabei ist nichts Ungewöhnliches.
b) Nein, solch ein Fall würde nach derzeitigem Verständnis physikalische Gesetze verletzen.

Antwort: Aufteilung von nichts

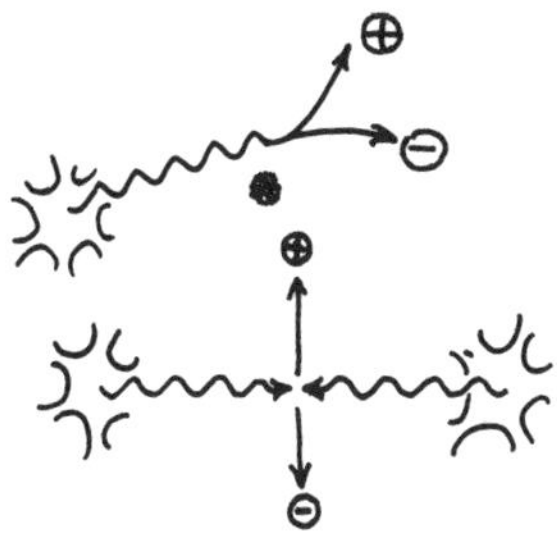

Die Antwort lautet a). Läuft ein genügend energiereicher Röntgenstrahl nahe an einem Stück Materie vorbei oder stoßen zwei Röntgenstrahlen zusammen, schafft deren Energie *direkt im leeren Raum* ein positives und ein negatives Elektron. Der Vorgang wurde schon fotografiert und ist ein Routineereignis, wann immer hohe Energien beteiligt sind. Das positive Elektron ist unter dem Namen *Positron* oder Antielektron bekannt.

Wie kommt so etwas zustande? Bestimmt ist zu erkennen, woher die Energie kommt – aus den Röntgenstrahlen. Aber woher kommen die Ladungen? Eine einseitige *Netto*-Ladung lässt sich ohnehin nie erzeugen. Das heißt, wenn es zu Beginn null Ladung gab, muss die Ladung immer null bleiben. Ladung kann nur in dem eingeschränkten Sinne geschaffen werden, dass gleiche Mengen von + und – gemeinsam erzeugt werden, sodass die Gesamtladung null ist, indem sich + und – genau aufheben. Genau betrachtet könnte man sagen, dass Ladung aus dem Nichts geschaffen wird. Vorstellen können wir uns das folgendermaßen:

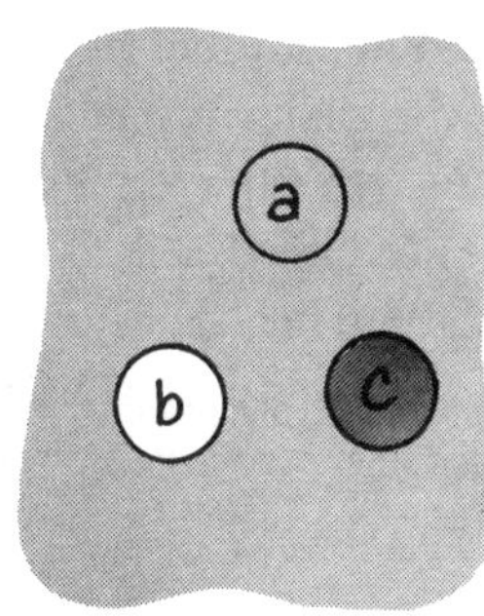

Angenommen, das Vakuum des leeren Weltraums sei eine graue Leere. Aus einem Bereich a der grauen Leere (oben in der Skizze bedeutet: vorher) entfernen wir etwas Grau, indem wir einen weißen Bereich b übriglassen und den Grauteil in einen anderen c übertragen, der dadurch noch grauer oder gar schwarz wird (unten in der Skizze bedeutet: nachher). Also haben wir nicht wirklich Schwarz und Weiß neu geschaffen, sondern nur aus Grau heraus Schwarz und Weiß getrennt. Ebenso kann man die elektrischen Ladungen + und – aus dem Vakuum heraustrennen. Für diese Aufteilung braucht man natürlich Energie.

Und noch etwas: Indem wir ein Stück leeren grauen Raums nehmen und das Grau an eine andere Stelle zwingen, wobei Weiß zurückbleibt, erzeugen wir eine *Zugspannung* oder *Verschiebung*, die in dem Raum zwischen schwarzem und weißem Bereich bleibt. Jene Zugspannung ist das *elektrisches Feld*, manchmal auch als *Verschiebungsfeld* bezeichnet. Wenn Plus und Minus nicht festgehalten werden, lässt sie die Zugspannung wieder zusammenfahren.

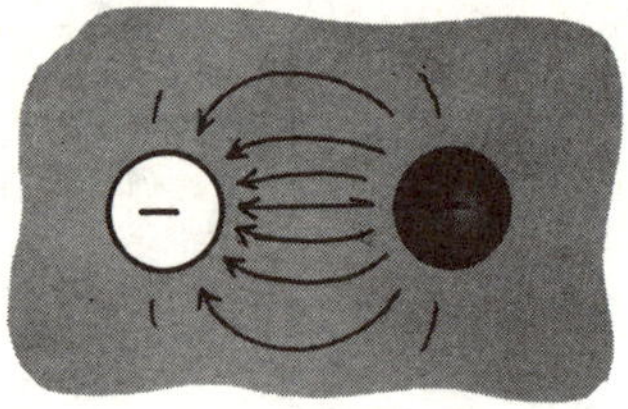

Erlaubt man Plus und Minus zusammenzufahren, könnte man erwarten, dass sich die Zugspannung löst und alles in den früheren Zustand zurückkehrt – ein pures graues Nichts. Aber wenn die Spannung in der Erde durch den Bruch einer Erdbebenspalte gelöst wird, kehrt dann alles ruhig in seinen vorherigen Zustand zurück? Alles kehrt zurück, aber bestimmt nicht ruhig. Die Energie der Zugspannung entweicht und lässt die umgebende Erde erzittern. Ebenso verhält es sich, wenn sich die Zugspannung zwischen Plus und Minus plötzlich löst, wodurch das umgebende Grau erzittert. Solch Erzittern ist der Strahlungs-Wellenzug, welcher bei der Elektron-Positron-Annihilierung oder Paarvernichtung stets ausgestrahlt wird.

Übrigens findet man diese Vorstellung der Erschaffung von Sachen (zweier entgegengesetzter Sachen) aus dem Nichts nicht allein in der Physik. Im Wirtschaftsleben wird eine neue Firma durch Verkauf von Aktien geschaffen. Einerseits hat dann die Firma Geld für den Betrieb, andererseits hat sie ihre Schuldverschreibungen an die Aktionäre, die das Geld lieferten. Diese Schuldverschreibungen der Firma sind die Aktien und haben genau die gleiche Summe wie das von der neuen Firma zu Beginn gesammelte Geld. Das eingesammelte Geld wird als Kapital bezeichnet, also Kapital + Schulden = 0.

Freiraum

Moleküle in einem Gas widerstehen einer Zusammenballung und versuchen, so weit wie möglich auseinander zu fliegen. Freie Elektronen widerstehen ebenfalls einer Zusammenballung und versuchen, so weit wie möglich auseinander zu fliegen. Wird ein Tank mit Gas gefüllt, dann verteilen sich die Moleküle mehr oder weniger einheitlich im Volumen des Tanks, wobei jedes Molekül den größtmöglichen Abstand zu seinem nächsten Nachbarn hält. Wird eine Kupferkugel mit Elektrizität aufgeladen, verteilen sich die freien Elektronen mehr oder weniger einheitlich im Volumen der Kugel aus wohl demselben Grund.

a) richtig
b) falsch

Antwort: Freiraum

Die Antwort lautet b). Spontan würde man erwarten, dass sich die Elektronen wie Gasmoleküle gleichmäßig auf das Volumen der Kupferkugel verteilen, wobei jedem Elektron so viel Freiraum als möglich zwischen sich und seinen Nachbarn gegeben würde. Aber so geschieht es nicht. Die Elektronen versammeln sich alle an oder nahe an der Oberfläche der Kupferkugel. Warum kommt es zu diesem dramatischen Unterschied zwischen Elektronen- und Gasverteilung? Weil die Gasmoleküle nur mit ihren nächsten Nachbarn wechselwirken – durch Zusammenstoßen. Moleküle üben aufeinander Kräfte mit nur kurzer Reichweite aus. Ein Molekül hat keine Wechselwirkung mit einem fernen Molekül am anderen Ende des Gastanks. Die Moleküle verteilen sich derart, dass der Abstand zu ihren unmittelbaren Nachbarn am größten ist.

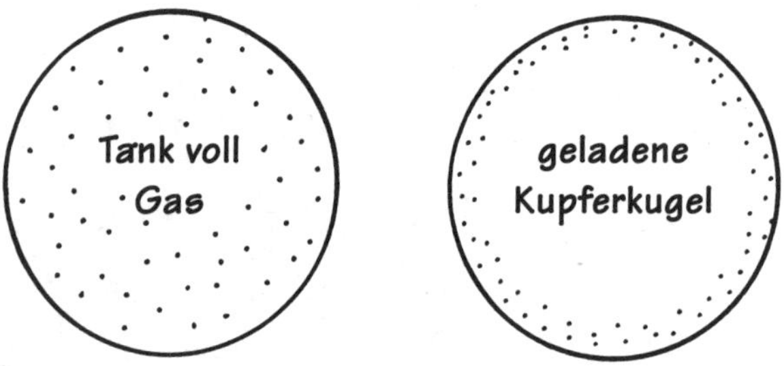

Das Elektron ist andererseits in der Lage, über sein Feld mit fernen Elektronen wechselzuwirken. Es kann auf ein anderes Elektron eine Kraft ausüben, ohne in dessen Nähe zu sein. Ein Elektron maximiert seinen Abstand, und zwar nicht zu seinen nächsten Nachbarn, sondern zu *allen* Elektronen in der Kupferkugel. So kommt es, dass das Elektron ein paar nächste Nachbarn akzeptiert im Ausgleich dafür, alle übrigen Elektronen so fern wie möglich zu halten. »So fern wie möglich« bedeutet auf der anderen Seite der Kugel. Elektronen üben weitreichende Kräfte aufeinander aus.

Elektronen, die einen metallischen Gegenstand aufladen, befinden sich stets auf dessen Oberfläche.

Mondstaub

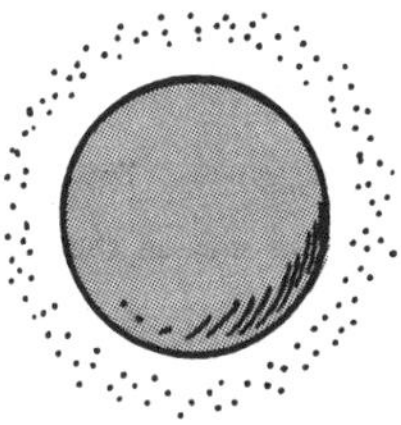

Vor der ersten Mondlandung machten sich einige NASA-Forscher Sorgen wegen der Möglichkeit, dass die Mondlandefähre von einer Staubschicht verschluckt werden könnte, welche direkt über der Mondoberfläche schwebt. Könnte es einen bestimmten Abstand vom Mond geben, in welchem elektrisch geladener Staub oder selbst Elektronen schweben könnten?

Gesetzt den Fall, der Mond habe eine negative Ladung. Dann würde er auf Elektronen in seiner Nähe eine abstoßende Kraft ausüben. Doch die Schwerkraft des Mondes übt eine anziehende Kraft auf das Elektron aus. Angenommen, das Elektron befände sich einen Kilometer über der Mondoberfläche, und die Anziehung würde genau die Abstoßung ausgleichen, sodass das Elektron schweben würde. Als Nächstes nehme man an, das Elektron befinde sich zwei Kilometer über dem Mond. Bei solch größerer Entfernung

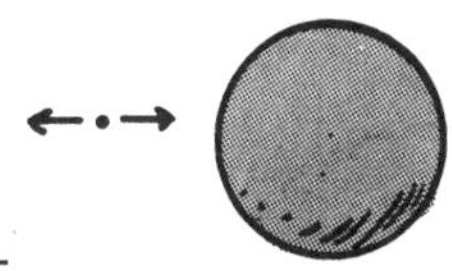

a) wäre die Schwerkraft stärker als die elektrostatische Kraft, also würde das Elektron fallen
b) wäre die Schwerkraft schwächer als die elektrostatische Kraft, also würde das Elektron in den Weltraum gejagt
c) würde die Schwerkraft noch die elektrostatische Kraft ausgleichen, sodass das Elektron schweben würde

Antwort: Mondstaub

Die Antwort lautet c). Es kann keinen bestimmten Abstand vom Mond geben, an dem allein sich elektrostatische und Schwerkraft aufheben. Warum? Wenn sie sich bei einem bestimmten Abstand vom Mond aufheben und man dann diesen Abstand verdoppelt, werden beide um *denselben* Faktor verringert und heben sich also immer noch auf. Wenn Staub infolge elektrischer Aufladung einen Zentimeter über der Mondoberfläche schweben könnten, so könnte er in jeder Höhe schweben und würde schließlich vom Mond ganz wegschweben! Es ist wirklich unmöglich, ein Ding durch Kombination von *statischer* elektrischer oder magnetischer sowie Schwerkraft am Schweben zu halten, da jede umgekehrt proportional zum Abstand ist.

Influenz heißt Einfluss

Zwei ungeladene Metallkugeln X und Y stehen auf Glasstäben. Eine dritte Kugel Z ist positiv geladen und wird wie skizziert in die Nähe der beiden ersten gebracht. Mit einem leitenden Draht werden dann X und Y verbunden. Dann wird der Draht und danach auch Kugel Z entfernt. Nachdem dies alles vorbei ist, findet man

a) Kugel X und Y immer noch ungeladen
b) Kugel X und Y beide positiv geladen
c) Kugel X und Y beide negativ geladen
d) Kugel X als + und Kugel Y als –
e) Kugel X als – und Kugel Y als +

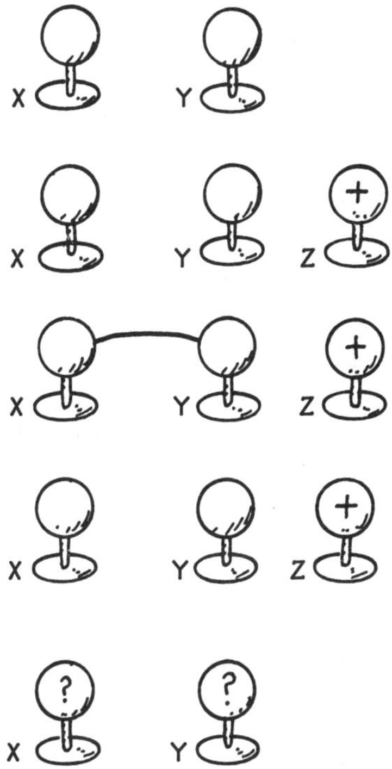

Antwort: Influenz heißt Einfluss

Die Antwort lautet d). Der Trick bei dieser Sache ist, die Welt auf etwas andere Art zu sehen. Es ist richtig, dass X und Y ungeladen sind, aber das heißt nicht, dass sich auf ihnen keine Ladungen befinden. Jede von ihnen hat gleich viel Plus und Minus gemischt, sodass der Nettoeffekt gleich null Ladung ist. Doch dann kommt Z ins Spiel mit ihrer Plus-Ladung. Obwohl Z niemals X oder Y berührt, stehen sie doch unter dem Einfluss der positiven Kugel Z. Die Minus-Ladungen auf X und Y werden Richtung Z gezogen. Die Plus-Ladungen auf X oder Y werden von Z abgestoßen. Also wird eine Seite von X Minus, ihre andere Plus. Dasselbe gilt für Y. Diese Aufspaltung wird elektrostatische Polarisierung genannt. Wenn nun ein Draht von der Minus-Seite von X zur Plus-Seite von Y gelegt wird, können Minus-Ladungen auf X noch näher an Z und Plus-Ladungen auf Y noch weiter weg von Z gelangen. Also bewegt sich das Minus auf X nach Y und das Plus auf Y nach X. Dies hinterlässt jedoch ein Netto-Plus auf X und ein Netto-Minus auf Y. Diesen Vorgang bezeichnet man als Aufladen durch elektrostatische Influenz. Man beachte, dass keine elektrische Ladung geschaffen wurde. Zwar wurde Kugel X zu Plus, aber Kugel Y wurde um genau denselben Betrag zu Minus, also ist die Netto-Wirkung null. Was geschah, war die Auftrennung von Ladung.

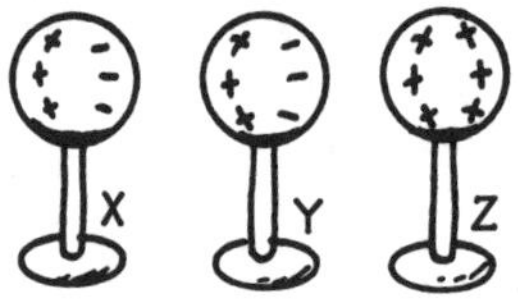

Eine Flasche Elektrizität

Die Leidener Flasche ist ein antiker Kondensator. Ein Kondensator besteht aus Metallflächen, die voneinander getrennt sind. Sie sind Lagerhäuser für elektrische Energie, wenn eine Fläche auf + und die andere auf – geladen wird. Vor zweihundert Jahren stellte man einen Kondensator her, indem man ein Stück Metallfolie an die Innenwand einer Flasche legte und eins außen drauf. Solch eine Flasche nannte man Leidener Flasche, weil die zweite an der Universität von Leiden in Holland zusammengebaut wurde – der damaligen Spitzenuni. Die Energie in der geladenen Leidener Flasche steckt tatsächlich

a) auf der Metallfolie außerhalb
b) auf der Metallfolie innerhalb
c) im Glas zwischen innerer und äußerer Folie
d) im Innern der Flasche

Antwort: Eine Flasche Elektrizität

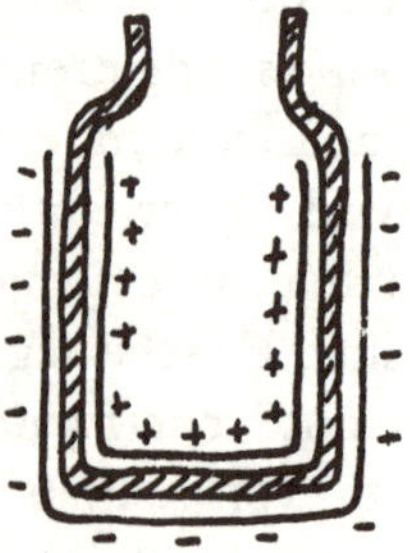

Die Antwort lautet c). Ein einfacher Kondensator besteht aus zwei leitenden Stücken, üblicherweise Metall, *dicht beieinander, aber nicht in Kontakt.* Dadurch kann die Plus- und Minus-Elektrizität dicht zueinander, aber eben nicht in Kontakt kommen. Somit haben wir hier das elektrische Äquivalent zum Brauch des Umwerbens im Kolonialamerika des 18. Jahrhunderts durch »bundling«, wo die beiden Geschlechter völlig angezogen im selben Bett beieinander lagen, sich aber infolge eines aufrechten Bretts dazwischen nicht berühren konnten. In der Leidener Flasche werden entgegengesetzte Ladungen dank der Glaswand am Kontakt gehindert. Angenommen, die Innenseite sei + geladen und die Außenseite –. Dann laufen die elektrischen Kraftfeldlinien von den Ladungen + auf der Innenfolie zu den Ladungen – auf der Außenfolie. Die Ladungen markieren Anfang und Ende der Kraftlinien. Also befindet sich das Kraftfeld im Glas, und die Energie steckt ja im Kraftfeld. Mit anderen Worten: die Energie steckt im Glas!

Die Leidener Flasche ist also eine Elektrizität enthaltende Flasche, deren Energie aber nicht in der Flasche, sondern vielmehr in deren Glaswand steckt. Wie leert man diese Flasche? Indem man einfach Außenfolie und Innenfolie mit einem Draht verbindet.

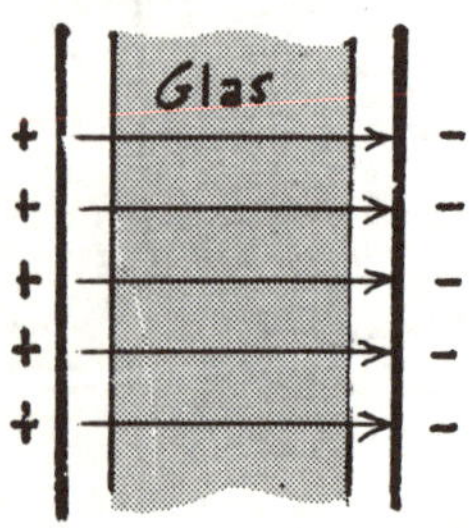

Die Energie in einem Kondensator steckt stets in dem Raum zwischen den entgegengesetzten Ladungen. Von daher möchte man vermuten, dass die Energiemenge in einem Kondensator nicht nur davon abhängt, wie viel elektrische Ladung drin ist, sondern auch davon, wie viel Raum zwischen den Ladungen ist und womit der Raum gefüllt ist – etwa Glas, Luft oder Öl. Darum wird es in den nächsten beiden Fragen gehen.

Energie im Kondensator

Man nehme sich einen einfachen Kondensator aus zwei leitenden Platten in enger Nachbarschaft vor. Die Platten sollen auf sachgerechte Weise auf + und – aufgeladen und dann durch einen Funken entladen worden sein. Daraufhin werden die Platten wieder genau wie zuvor aufgeladen, nur dass sie diesmal danach weiter auseinander gezogen werden. Werden sie dann zum zweiten Mal kurzgeschlossen, wird der erzeugte Funke

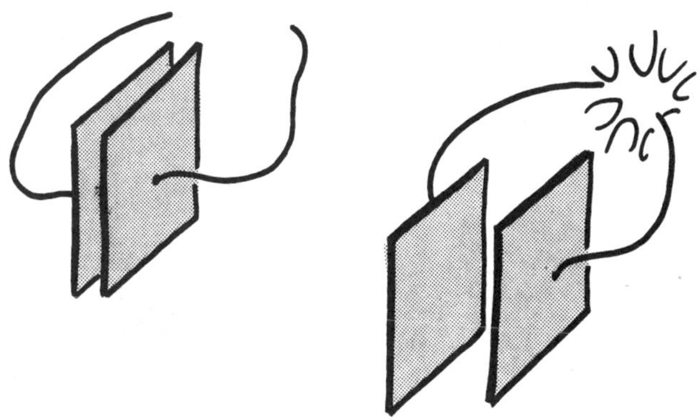

a) größer (mehr Energie freisetzend) als der erste Funke
b) kleiner als der erste Funke
c) gleich groß wie der erste Funke

Antwort: Energie im Kondensator

Die Antwort lautet a). Wo kam die Energie für den größeren Funken her? Die Energie kam aus der Arbeit, die jemand beim Wegziehen der Plus-Platte von der Minus-Platte verrichtete. Beim Auseinanderziehen der Platten hat aber niemand dem Kondensator Elektrizität hinzugefügt. Vielmehr ging die Arbeit zur Überwindung der gegenseitigen Anziehung zwischen den entgegengesetzt geladenen Platten beim Auseinanerziehen in das elektrische Feld zwischen den Platten. Wir sagen, die elektrische *Spannung* zwischen den Platten ist gestiegen. Diese Spannung ist ein elektrischer Lageenergieunterschied, wie der Lageenergieunterschied bei fallenden Dingen. In unserem Fall »fallen« die Elektronen von der Minus- zur Plus-Platte. Wenn also der Plattenabstand größer ist, muss weiter gefallen werden, und daher muss der Lageenergie- oder Potenzialunterschied größer sein.

Man kann es auch so ausdrücken: Die Kapazität des Kondensators wurde verringert, aber die Ladung unverändert gehalten, also stieg die Spannung – dies beschreibt das eben Gesagte bloß mit anderen Worten.

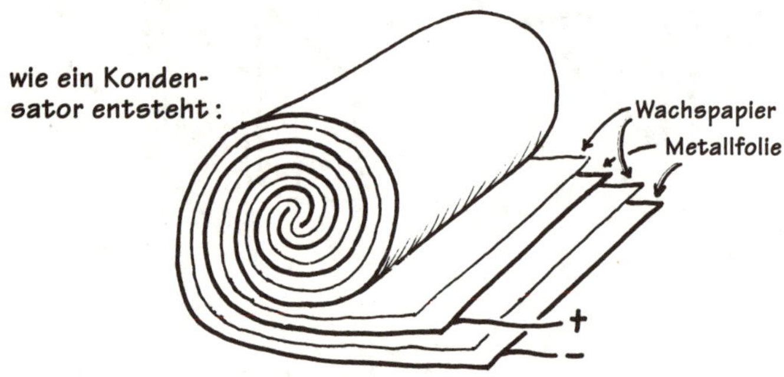

Ein Kondensator ist anders als ein Widerstand oder eine Batterie. Ein Kondensator lässt keinen Strom durch sich laufen, weil die Leiter getrennt sind, und unterscheidet sich hierdurch von einem Widerstand, der Strom durchlässt. Ein Kondensator erzeugt keinen elektrischen Strom. Er muss geladen werden, also verhält er sich nicht wie ein Generator, der Strom erzeugt, ohne geladen zu werden. Ein Kondensator verhält sich auch nicht wie eine Batterie, die eine einzige Spannung abgibt, denn ein Kondensator kann auf viele verschiedene Spannungen geladen werden. Er ist ein Lagerhaus für elektrische Energie.

Glaskondensatoren

Kondensatoren können einen Luftspalt oder auch Glas, Kunststoff, Wachspapier sowie Öl zwischen den Platten haben. In den Tagen seit Ewald von Kleist dienten die schon erwähnten Leidener Flaschen als Kondensatoren – hier lernt man also 200 Jahre alte Physik. Wird ein Glaskondensator geladen, vor dem Entladen jedoch das Glas entfernt, wird der Funke

a) größer sein, als wenn das Glas bei der Entladung drin wäre
b) kleiner sein, als wenn das Glas bei der Entladung drin wäre
c) gleich groß sein, wie wenn das Glas bei der Entladung drin wäre

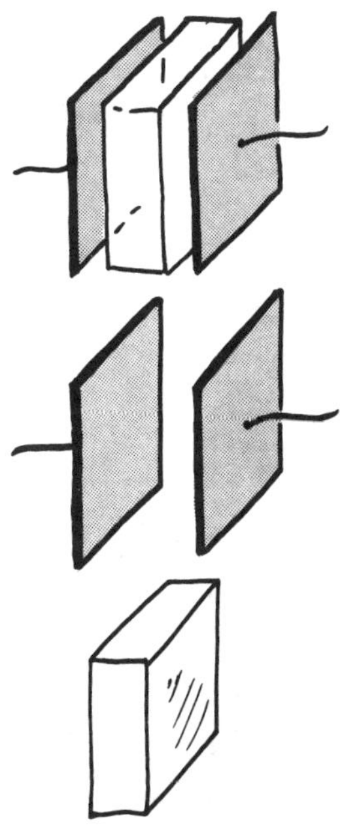

Antwort: Glaskondensatoren

Die Antwort lautet a). Denn das Glas im Kondensator ist polarisiert, also wird wie skizziert nahe der Plus-Platte die Glasseite Minus und nahe der Minus-Platte die Glasseite Plus. Wird das Glas entfernt, wird die Minus-Ladung im Glas aus der Nähe der Plus-Ladung auf der Platte bewegt sowie die Plus-Ladung im Glas aus der Nähe der Minus-Ladung auf der Platte, und dies erfordert Arbeit zur Überwindung der Anziehung ungleicher Ladungen. Also ist Arbeit erforderlich, um das Glas zu entfernen, und diese Arbeit manifestiert sich in einem größeren Funken.

Eine andere Sichtweise besagt, dass das Glas das elektrische Feld zwischen den Platten schwächt. Durch Entfernen des Glases wird das Feld wiederhergestellt und somit der Potenzialunterschied oder die Spannung zwischen den Platten erhöht, deshalb der größere Funke.

Natürlich könnte man auch sagen, dass das Entfernen des Glases die Kapazität des Kondensators verringert und daher die Spannung erhöht, was das bereits Gesagte mit nochmals anderen Worten ausdrückt.

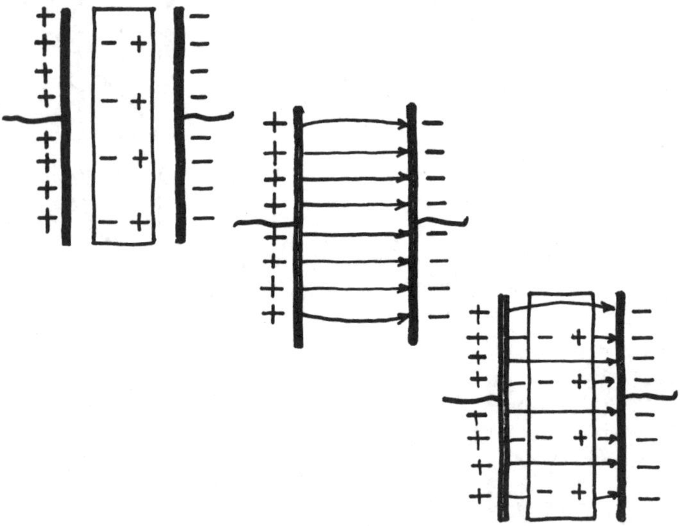

Hohe Spannung

Sind Situationen wahrscheinlich, in denen es eine Menge Spannung gibt, ohne dass es zugleich eine Menge Strom gibt?

a) Ja, solche Situationen kommen oft vor.
b) Nein, solche Situationen kommen nicht oft vor.

Antwort: Hohe Spannung

Die Antwort lautet a). Plus-Ladung und Minus-Ladung ziehen einander an, wogegen sich Plus und Plus sowie Minus und Minus abstoßen – kurz: Gleiche Ladungen stoßen sich ab und ungleiche ziehen sich an. Zur Trennung von Plus und Minus ist Energie vonnöten. Diese Energie kann man speichern, solange die Ladungen getrennt bleiben, ebenso wie man Energie im Bär einer Dampframme speichern kann, solange er oben bleibt. Gespeicherte Energie nennt man *potenzielle Energie* – im Fall der Dampframme sagen wir, der Bär hat potenzielle Gravitationsenergie relativ zum Boden darunter. Im Fall der getrennten Ladungen sagen wir, dass diese eine elektrische potenzielle Energie zueinander haben. Wenn wir von der Menge elektrischer potenzieller Energie *pro Ladung* sprechen, handelt es sich um die elektrische *Spannung*. Bei einem vollgeladenen 12-Volt-Autoakku zum Beispiel haben die Ladungen an den Klemmen einen Energieabstand von 12 Energieeinheiten pro Ladungseinheit oder genauer 12 Volt = 12 Joule/Coulomb. Wird die Kuppel eines Van-de-Graaff-Generators aus 100 000 Volt aufgeladen, dann hat jedes Coulomb Ladung auf der Kuppel eine potenzielle Energie von 100 000 Joule.

Wie steht's mit dem Strom? Es gibt noch keinen. Doch wird ein leitender Pfad zwischen den Stellen entgegengesetzter Ladung hergestellt, dann fließt Ladung, und wir haben einen Strom.

Hoher Strom

Die Einheit der elektrischen Stromstärke* ist das *Ampere*. Sind Situationen wahrscheinlich, in denen es eine Menge Strom gibt, ohne dass es zugleich eine Menge Spannung gibt?

a) ja
b) nein

* Achtung UK- und US-Studenten! Für Stromstärke wird oft auch »amperage« verwendet.

Antwort: Hoher Strom

Die Antwort lautet a). Die Stromstärke in einem einfachen Stromkreis hängt nicht nur von der Spannung, sondern auch vom Widerstand ab. Ist der Widerstand eines Leiters sehr klein, kann schon eine kleine an ihm angelegte Spannung einen starken Strom fließen lassen. Auf sehr tiefe Temperaturen abgekühlte Materialien können null Widerstand haben – solche nennt man dann *Supraleiter*. In diesen Supraleitern erzeugen winzige Spannungen enorme Ströme. Tatsächlich fließt in einem supraleitenden Stromkreis der Strom unendlich weiter, auch nachdem man die Spannungsquelle weggenommen hat!

Hoher Widerstand

Der meiste Widerstand in der skizzierten Schaltung steckt

a) in der Zuleitung
b) in der Glühbirne

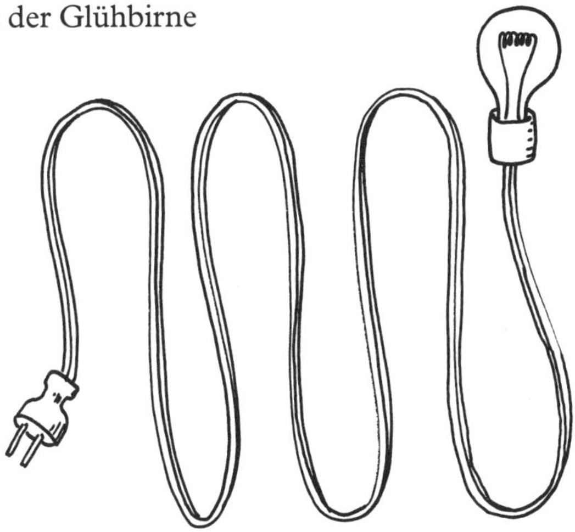

Antwort: Hoher Widerstand

Die Antwort lautet b). Der Draht in der Zuleitung ist viel dicker als der Draht, aus dem die Glühwendel besteht. Hätte die Zuleitung mehr Widerstand als die Glühbirne, dann würde die Zuleitung glühend heiß werden und die Glühbirne eher kalt bleiben.

Stromkreis schließen

Mit Trockenbatterie, Glühbirnchen und etwas Draht kann man einen einfachen Stromkreis zusammensetzen. In welcher der skizzierten Anordnungen leuchtet das Glühbirnchen?

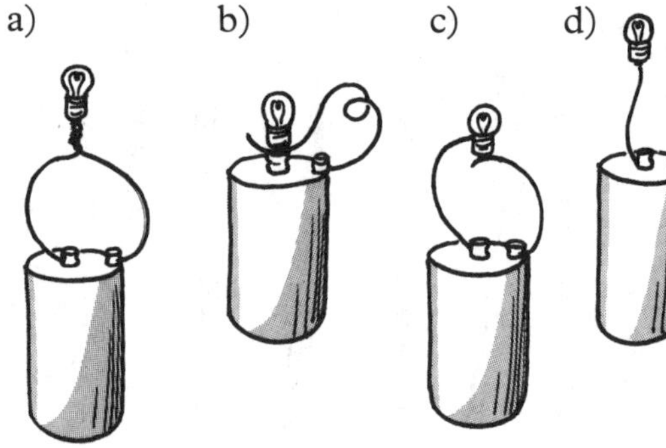

Antwort: Stromkreis schließen

Die Antwort lautet c). Eine Batterie ist keine Energiequelle, die eine Lampe wie ein Waschbecken füllt. In einem Schaltkreis muss es einen passierbaren »Durchgang« geben. Strom fließt weder in eine Lampe noch aus einer Lampe. Strom fließt *durch* eine Lampe, so wie er auch sonst überall lediglich durchfließt, genau wie durch die Batterie selbst. Beim Betrachten der Anordnung ergibt sich, dass nur c) den Pfad für die richtige Hinein-und-hinaus-Verbindung mit der Lampe bietet. (Vorsicht bei a) und b): Die Batterie wird durch den Kurzschluss heiß und könnte platzen!)

Elektrisches Rohr

Hier kommt eine wichtige Frage, also bitte Konzentration. Ding A hat eine kleine negative Ladung und Ding B eine kleine positive Ladung. Ding C hat eine sehr große negative Ladung. Zudem sind A und B mit einem Kupferdraht verbunden, der sehr nah bei C vorbeikommt, es aber nicht berührt. Was geschieht ist, dass die negative Ladung von A

a) durch den Draht zum positiven B fließen wird
b) nicht nach B fließen wird wegen des abstoßenden Einflusses von C

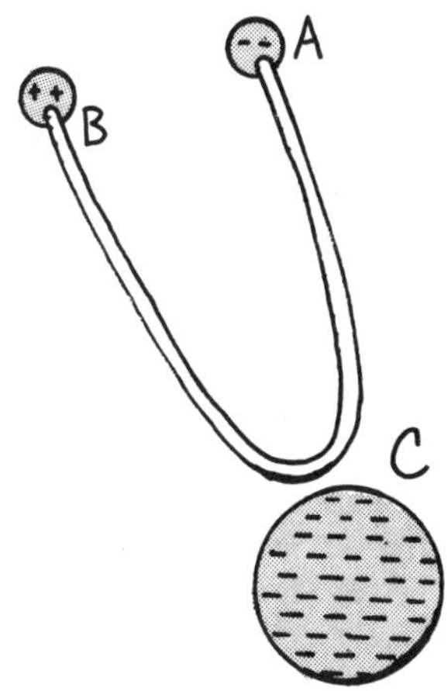

Antwort: Elektrisches Rohr

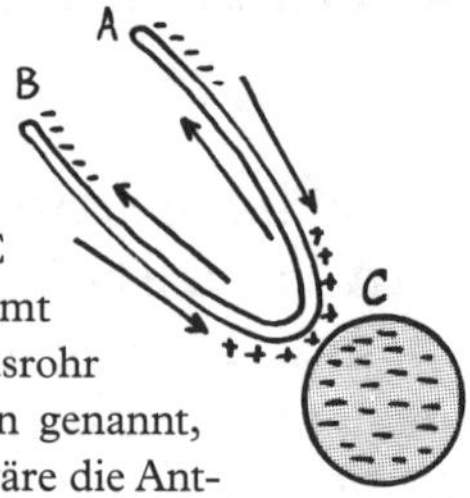

Die Antwort lautet a), obgleich es so aussieht, als ob die Elektronen von der negativen Ladung von C zurückgestoßen würden. Die Schwierigkeit kommt daher, dass man sich den Draht als ein leeres Glasrohr vorstellt, durch das kleine Kügelchen, Elektronen genannt, fließen. Dieses Bild führt in die Irre. Träfe es zu, wäre die Antwort b) auf die Frage richtig. In Wirklichkeit verhält sich der Strom im Draht so, als ob C nicht vorhanden wäre.

Tatsächlich schirmen die Elektronen im Draht dessen Inneres vor dem Einfluss von C ab. Man betrachte Draht und Ding C ohne Anwesenheit von A und B. Im Drahtteil nahe C wird positive Ladung induziert, dagegen negative Ladung in den Drahtenden fern von C. Diese induzierte Ladung unterhält ein elektrisches Feld im Draht, welches das durch C bedingte Feld genau aufhebt. Hierzu kommt es durch einen momentanen Elektronenfluss im Draht, bis das elektrische Netto-Feld im Draht null ist. Dann gibt es kein weiteres Fließen, es sei denn, ein zusätzlicher Potenzialunterschied wird angelegt, wie es durch Dazutun von A und B geschieht.

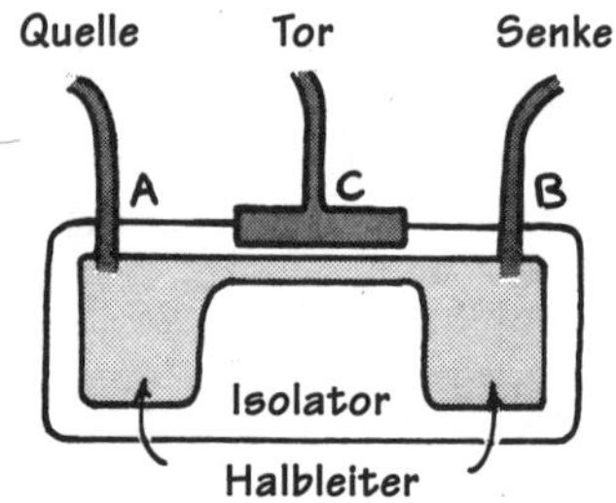

Natürlich müssen genug freie Elektronen im Draht vorhanden sein, um die Umverteilung der Ladung zur Aufhebung der Wirkung von C zu ermöglichen. Gesetzt den Fall, es gebe nicht genug freie Elektronen im Draht, so könnte der Draht nicht vollständig vor dem Einfluss von C abgeschirmt werden. In der Praxis gibt es immer genug freie Elektronen in einem Draht, doch es gibt halbleitende Materialien wie Germanium, die relativ wenig freie Elektronen aufweisen. Diese Gegebenheit wird zur Herstellung eines elektrischen Ventils namens *Feldeffekt-Transistor* genutzt. Dieses Bauteil macht es möglich, den Fluss weniger Elektronen durch Anwesenheit anderer Elektronen zu stoppen. Eine halbleitende Brücke verbindet zwei Metalldrähte. Normalerweise fließen Elektronen vom Quellendraht über die Halbleiterbrücke zum Senkendraht. Wenn jedoch ein anderer Metallkontakt namens *Tor*, welcher der Brücke sehr nahe ist, sie aber nicht berührt, negativ gemacht wird, stößt er die Elektronen in der Brücke zurück. Dies stoppt den Strom und schließt das Ventil.

Bestünde die Brücke aus Kupfer, würde das elektrische Ventil nicht funktionieren, weil die Brücke oben positiv genug würde, um das Material darunter vor der negativen Ladung des Tors abzuschirmen. In einem Halbleiter jedoch gibt es nicht genügend freie Elektronen, um die Brücke oben positiv genug zu machen und sie dadurch abzuschirmen. Die Idee des Feldeffekt-Transistors wurde in den 1920ern von Julius Lilienfeld entwickelt, aber nicht vor den 1960ern in die Praxis umgesetzt. Es gibt noch eine andere Art Transistor, den *bipolaren Transistor*, der in den meisten Physikbüchern beschrieben wird.

Lampe in Reihe

Ein defekter Toaster dürfte die Sicherung rausfliegen lassen, wenn er einen Kurzschluss aufweist. Man bringt eine Glühbirne in den Stromkreis. Wird das Ganze mit der Steckdose verbunden, bringt der Toaster die Sicherung

a) manchmal zum Rausfliegen
b) nie zum Rausfliegen
c) immer zum Rausfliegen

Antwort: Lampe in Reihe

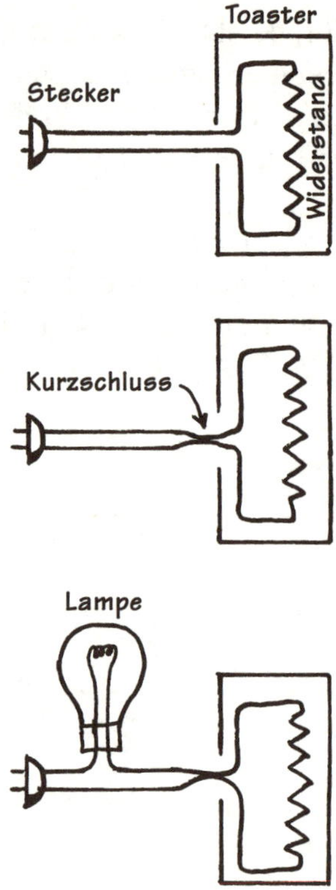

Die Antwort lautet b). Die erste Skizze zeigt einen nicht defekten Toaster. Der elektrische Strom fließt am Stecker in einen Draht, dann durch das Heizelement im Toaster und schließlich in dem anderen Draht durch den Stecker hinaus. Aller Strom, der hineingeht, muss auch wieder herauskommen. Das Heizelement hat einen Widerstand, so etwas wie elektrische Reibung. Es widersteht dem Stromfluss, sodass sich nur ein kleiner elektrischer Strom durchzwängen kann. Der Widerstand wird zum Hindernis im Stromkreis und hält den Strom klein, doch wenn der Toaster beschädigt wird, sodass sich die zwei Drähte aus dem Stecker irgendwo berühren, gibt es einen Kurzschluss, eine Abkürzung für den Strom. Er muss dann nicht mehr durch den Widerstand fließen. Bei überbrücktem Widerstand kann aber der Strom wie verrückt fließen – und das ist es, was die Sicherung rausfliegen lässt. Wenn die Sicherung nicht rausflöge, würde er wahrscheinlich einen Brand verursachen! Wenn nun die Glühlampe dazwischengeschaltet wird, muss der Strom durch sie fließen – und die Glühlampe hat einen Widerstand. Auch wenn der Strom nicht mehr durch den Widerstand des Toasters fließen muss, muss er immer noch durch den Widerstand der Lampe. Und der Widerstand der Lampe hält den Strom davon ab, verrückt zu spielen. Natürlich behindert die Lampe auch den Stromfluss durch den Toaster und lässt ihn nicht ganz so heiß wie sonst werden, aber dafür läuft der Strom nicht Amok und wird die Sicherung nicht rausfliegen lassen.

Wattzahl

Die Leistung oder Anzahl der Watt eines Elektrogeräts (z. B. einer Kreissäge) lässt sich erhöhen durch Erhöhen

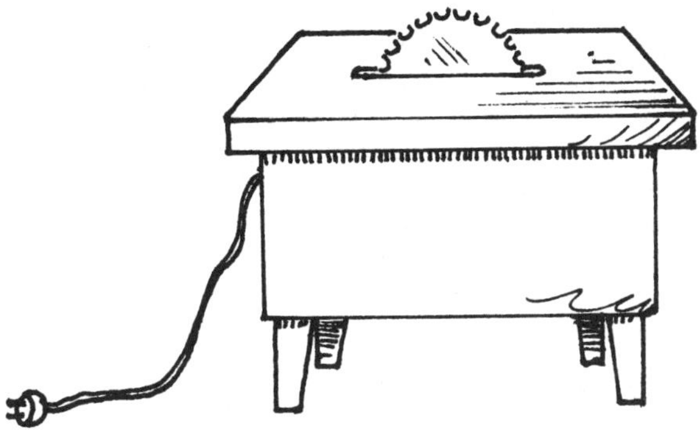

a) der Stromstärke, die es aus der Steckdose zieht, aber nicht der Spannung
b) der angelegten Spannung, aber nicht der Stromstärke
c) von Strom oder Spannung
d) nichts davon trifft zu

Antwort: Wattzahl

Die Antwort lautet c). Wenn eine Kreissäge in die Netzsteckdose eingesteckt wird, beläuft sich die angelegte Spannung auf 220 Volt. Das ist die höchste verfügbare Spannung. Wie kann sie dann mehr Leistung liefern, sobald ein Holzstück durchgeschoben wird? Indem sie mehr Strom zieht. Wenn man die Säge überlastet und immer langsamer werden lässt, wird dies am Dunkelwerden der Lampen anderswo am Netz erkennbar. Das ist ganz ähnlich wie der Druckabfall in der Wasserleitung, wenn jemand einen großen Wasserhahn aufdreht.

Kann man sich eine Situation denken, wo die Spannung ohne Änderung der Stromstärke erhöht wird? Man denke an eine Batterie in Reihe mit einem Glühbirnchen, dann an zwei Batterien in Reihe mit zwei Glühbirnchen. Spannung und Leistung werden verdoppelt, aber da der Lastwiderstand ebenfalls verdoppelt wird, bleibt die Stromstärke im Stromkreis unverändert.

Die gelieferte Leistung kann man verdoppeln, indem man beim Elektrogerät entweder die Stromstärke oder die angelegte Spannung verdoppelt, denn es gilt allgemein

$$\text{Leistung} = \text{Spannung} \times \text{Stromstärke}$$

Dieser Gedanke gilt nicht bloß für Elektrizität. Er gilt zum Beispiel auch für Wasserräder. Die Leistungsabgabe eines Wasserrads hängt vom Produkt zweier Sachen ab. Einmal vom Durchmesser des Rads, der ein Maß für den vom Wasser durchfallenen Potenzialunterschied ist – ähnlich der elektrischen Spannung. Zum anderen hängt sie von der Anzahl der Liter Wasser pro Stunde ab, die über das Rad laufen – ähnlich der Stromstärke.

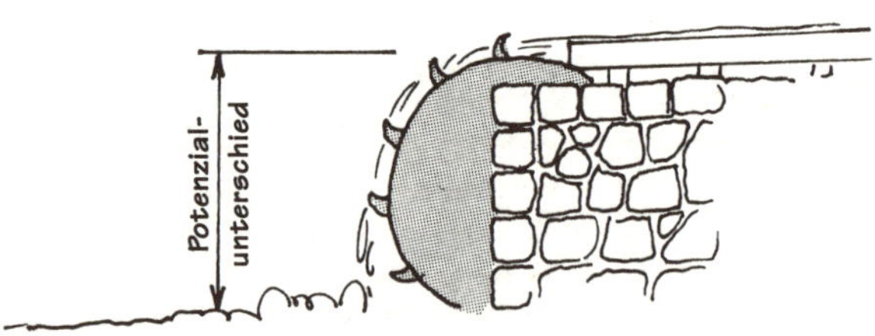

Ausbeute

An eine Batterie wird erst eine Lampe angeschlossen, dann zwei in Reihe. Sind beide angeschlossen, liefert die Batterie

a) weniger Strom
b) mehr Strom
c) weniger Spannung
d) denselben Strom

Bei welcher Anordnung gibt es mehr Licht?

a) A
b) B
c) in beiden gleich viel

A

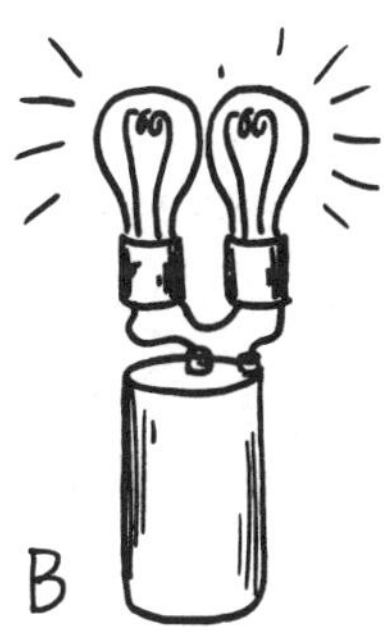

B

Antwort: Ausbeute

Die Antwort lautet a). Die Batterie liefert eine Spannung (meist 1,2 Volt oder 1,5 Volt), vergleichbar einem bestimmten Druck. Die Spannung erzwingt einen Fluss von Ladung (Strom) durch die Glühlampen, welche dem Fluss einen Widerstand bereiten. Auch die Drähte bieten Widerstand, doch der Widerstand in den Glühlampen ist viel, viel größer. Zwei identische Glühlampen in Reihe verdrahtet, haben doppelt so hohen Widerstand wie eine. Wird der Widerstand verdoppelt, fließt nur halb so viel Ladung, also wird die Stromstärke halbiert.

Die Situation hier ist ganz ähnlich wie im menschlichen Körper. Wenn die Arterien sich verstopfen, steigt ihr Widerstand gegen den Blutstrom, und es zirkuliert weniger Blut. Wird der Widerstand verdoppelt, zirkuliert nur noch halb so viel Blut. Doch der Körper kommt mit halb so viel Blut nicht aus und fordert höheren Blutstrom. Also pumpt das Herz mit mehr Druck (hohem Blutdruck), um mehr Blut durch den Widerstand der Arterien zu zwingen. Das Herz ist wie eine Batterie: es liefert den Druck bzw. die elektrische Spannung. Anders als die Batterie kann das Herz mehr Druck erzeugen, wenn es nötig wird. Doch die Folge ist ein überlastetes Herz.

Die Antwort auf die zweite Frage lautet a). Wir haben schon festgestellt, dass bei A mehr Strom abgegeben wird. Und da gelieferte Leistung gleich Stromstärke mal Spannung sowie die Spannung in beiden Fällen A und B dieselbe ist, liefert A offensichtlich die meiste Leistung – also das meiste Licht. Durch Übertreibung können wir den Gedanken noch deutlicher machen, indem wir 50 Glühbirnen in Reihe anschließen. Dann könnten wir aus den Glühwendeln bestenfalls ein dunkelrotes Glimmen erhalten. Ergo: Eine einzelne Glühlampe liefert mehr Licht als mehrere in Reihe.

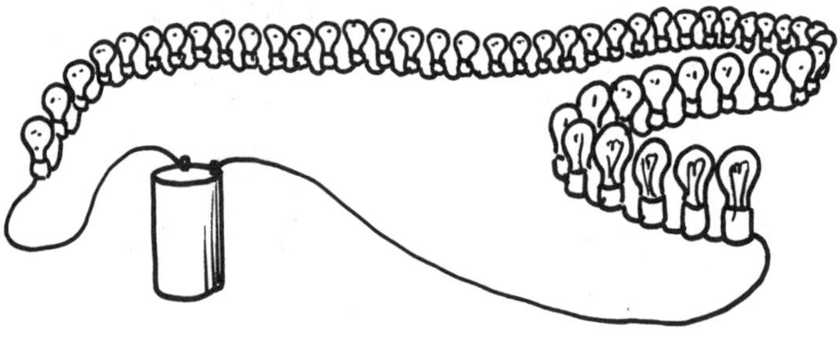

Oberleitung

Die Straßenbahn hat einen Stromabnehmer.

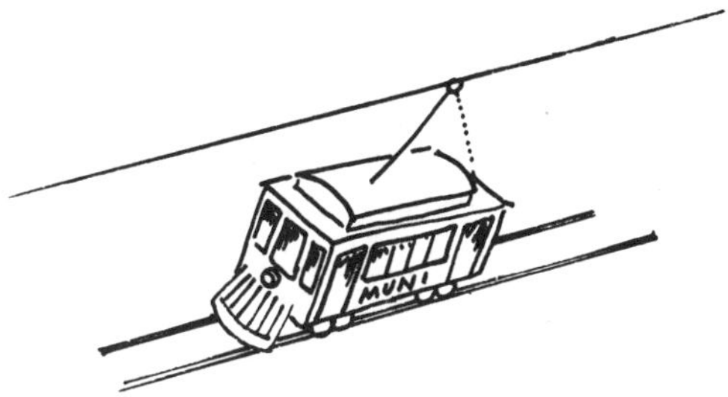

Der Obus hat zwei Stromabnehmer.

Der Grund ist folgender:

a) Der zweite Stromabnehmer des Obusses dient als Reserve für mehr Zuverlässigkeit.
b) Der Obus fährt mit Wechselstrom, die Straßenbahn mit Gleichstrom.
c) Der Obus fährt mit Gleichstrom, die Straßenbahn mit Wechselstrom.
d) Der Obus zieht mehr Strom als die Straßenbahn.
e) Die Straßenbahn benutzt ihre Räder als 2. Stromabnehmer.

Antwort: Oberleitung

Die Antwort lautet e). Der Generator im Kraftwerk zum Betrieb der Straßenbahn hat eine Seite »geerdet«. Strom vom Generator fließt zur Straßenbahn über den einen Oberleitungsdraht und durch die Erde zum Generator zurück. Der Obus fährt auf Gummireifen, über sie kann die Elektrizität nicht zum Generator zurückfließen. Daher braucht er zwei Drähte und zwei Stromabnehmer.

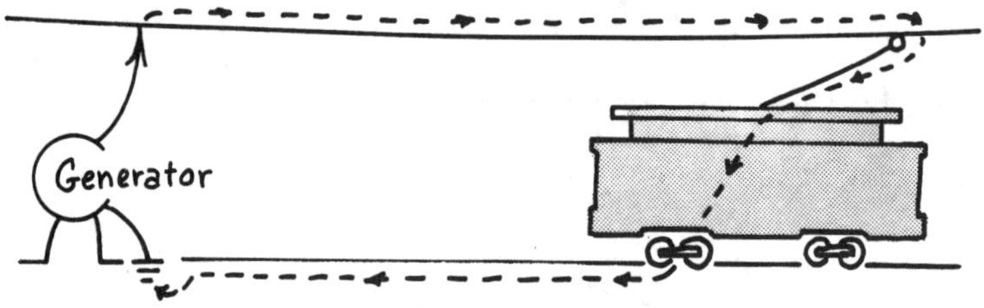

Geerdeter Stromkreis

Leuchtet die Lampe, wenn der Stromkreis wie skizziert geerdet wird?

a) ja
b) nein

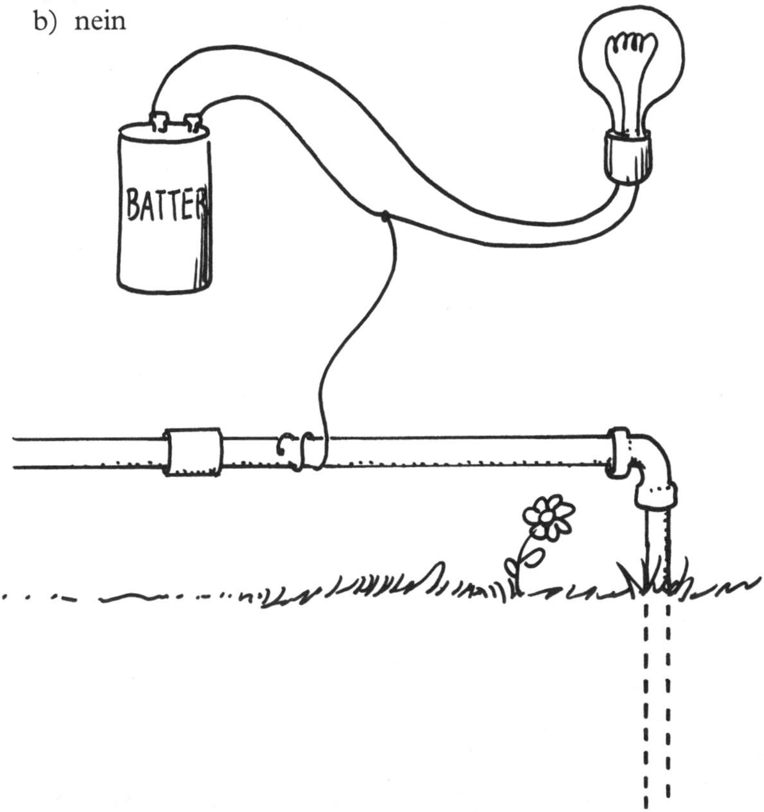

Antwort: Geerdeter Stromkreis

Die Antwort lautet a). Den Stromkreis an einer Stelle zu erden, zeigt keine Wirkung. Die Elektronen bewegen sich von der Minus-Seite zur Plus-Seite der Batterie. In die Erde zu fließen, wäre wie auf ein totes Gleis zu fahren, also tun sie es nicht.

Parallel geschaltet

In dem rechts skizzierten Schaltkreis wird der Spannungsabfall an jedem Widerstand

a) auf die drei Widerstände aufgeteilt
b) nur vom Gesamtwiderstand abhängig sein
c) derselbe sein

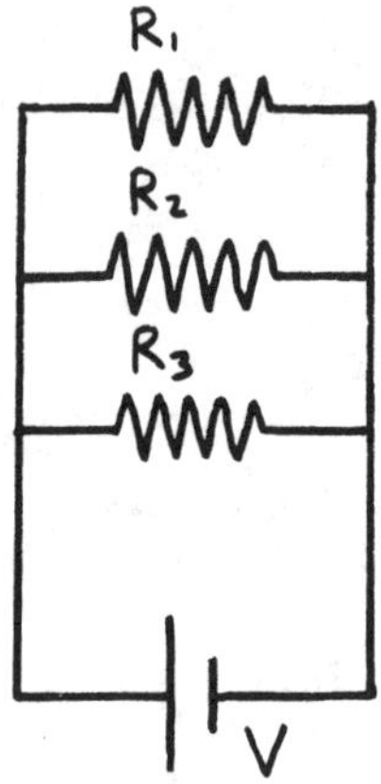

Antwort: Parallel geschaltet

Die Antwort lautet c), wie anhand der Skizzen zu erkennen. Das Schaltungsdiagramm bei der Frage dürfte die Situation links beschreiben. Alle drei Glühbirnchen sind an dieselbe Spannungsquelle angeschlossen. Hat die Batterie 1,5 Volt, so liegen an jedem Glühbirnchen 1,5 Volt. Ist die Lage anders, wenn die Glühbirnchen wie rechts verdrahtet sind? Nein. Wenn der Widerstand der Drähte vernachlässigbar ist, sind die beiden Fälle identisch. In jeder Schaltung, in der Zweige parallel angeschlossen sind, ist die Spannung an den Zweigen die Gleiche.

Dünne oder dicke Wendel

Glühlampen A und B sind identisch, außer dass die Glühwendel von B dicker ist als diejenige von A. Werden beide in 220-Volt-Fassungen geschraubt,

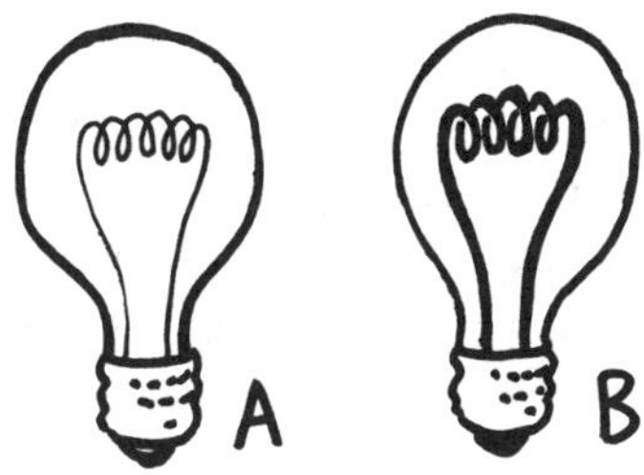

a) ist A heller, weil sie mehr Widerstand hat
b) ist B heller, weil sie mehr Widerstand hat
c) ist A heller, weil sie weniger Widerstand hat
d) ist B heller, weil sie weniger Widerstand hat
e) beide sind gleich hell

Antwort: Dünne oder dicke Wendel

Die Antwort lautet d). Die hellste Lampe ist jene, die am meisten Energie je Sekunde verbraucht. Wie viel Energie verbraucht wird, hängt davon ab, wie viel Ladung durch welche Potenzialdifferenz oder Spannung fällt. Der Spannungsabfall über jede Lampe beträgt 220 Volt, weil jede in eine 220-Volt-Fassung geschraubt wird. Also ist der einzige Unterschied zwischen den Lampen, wie viel Ladung pro Sekunde, also Strom, durch sie fließt. Die dicke Wendel bietet weniger Widerstand als die dünne, ergo fließt mehr Strom durch die dicke. Ohnehin kann man sich die dicke Wendel als viele dünne nebeneinander vorstellen. Daher braucht die Lampe mit der dicken Wendel mehr Energie pro Sekunde (Energie pro Sekunde = Leistung) und ist somit heller.

Bettdecken

Man verfügt über eine schöne neue Decke, die Wärme gut isoliert, und eine dünne alte, die schlecht isoliert. In einer kalten Nacht braucht man beide Decken. Man liegt am wärmsten, wenn man wie schichtet?

a) die gute Decke oben gegen die Kälte und die schlechte unten am Körper
b) die gute Decke am Körper, um die Wärme zu behalten, und die schlechte oben
c) egal wie herum

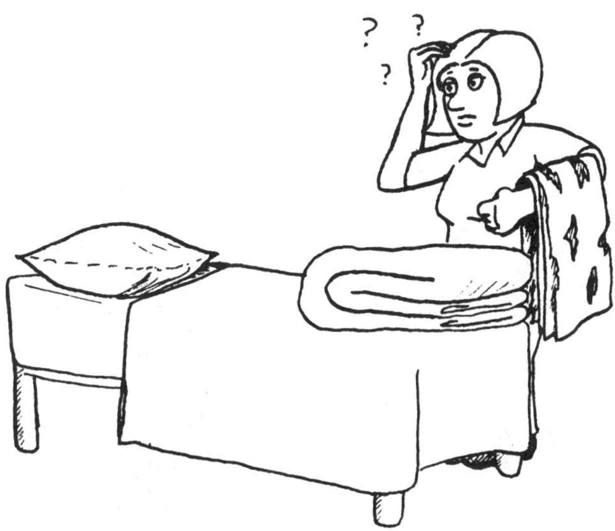

Antwort: Bettdecken

Die Antwort lautet c). Die Decken sind gewissermaßen in Reihe geschaltet, das heißt, die Wärme muss durch beide fließen, bevor sie entweicht (oder die Kälte muss durch beide kommen, bevor sie ins Bett gelangt). Wärme fließt von heißen zu kalten Stellen, wie Elektrizität von hoher zu niedriger Spannung. Die Decken sind Wärmeisolatoren in Reihe, wirken also wie elektrische Widerstände in Reihe. Man stellt sich also einen großen Widerstand in Reihe mit einem kleinen vor (Glühbirnen können als Widerstände dienen). Fließt nun mehr oder weniger Elektrizität durch sie, wenn man ihre Reihenfolge vertauscht? Natürlich nicht! So hilft es auch beim Wärmefluss, etwas von Elektrizität zu verstehen. Tatsächlich war es umgekehrt. Der Wärmefluss wurde früher verstanden und half dann, die Elektrizität zu verstehen.

Vogel auf Hochspannung

Wird der skizzierte Vogel einen Schlag erhalten, wenn er auf der blanken Hochspannungsleitung sitzt?

a) Jawohl!
b) Nein.

Antwort: Vogel auf Hochspannung

Die Antwort lautet b). Man sollte meinen, dass eine genügend hohe Spannung zur Überwindung des hohen Widerstands des Vogels, sagen wir 20 000 Volt, einen schädigenden Strom durch den Vogel schicken würde. Doch die 20 000 Volt beziehen sich auf die ganze Länge des Drahts gegenüber der Erde. Obgleich sich der Vogel auf dem Draht ebenfalls auf 20 000 Volt befände, gibt es kein Körperteil von ihm, der nicht auf 20 000 Volt läge; es gibt also keinen Potenzialunterschied (keine Spannung) am Vogelkörper. In einem leitenden Medium fließt dann ein Strom, wenn eine Spannung an ihm liegt – ohne Spannung kein Strom. Doch wenn der Vogel seine Flügel spreizte und einen benachbarten Draht auf anderem Potenzial berührte, dann Batsch! Stromleitungen werden in genügendem Abstand verlegt, damit Vögel sie nicht mit ihren Flügeln kurzschließen können.

Elektrischer Schlag

Was bewirkt einen elektrischen Schlag – Strom oder Spannung?

a) Strom
b) Spannung
c) beides
d) weder – noch

Antwort: elektrischer Schlag

Die Antwort lautet c). Ein elektrischer Schlag ereignet sich, wenn Strom im Körper fließt – ohne Strom kein Schlag. Man könnte also Antwort a) für richtig halten. Was aber verursacht den Strom, der einen Schlag bewirkt? Für Strom ist immer eine Spannung ursächlich. Also sind eine anliegende Spannung und der sich einstellende Strom die Ursachen des elektrischen Schlags. Man könnte zu Recht bekritteln, dass doch Antwort a) die richtige ist, weil der Schlag direkt mit dem Strom allein verknüpft ist, unabhängig von dessen Ursache. Oder man könnte genauso gut argumentieren, dass Antwort b) richtig ist, weil die anliegende Spannung die Ursache des Schlags ist, was immer der Strom dazwischen für eine Rolle spielt. Gibt es doch keine Schilder »STARKSTROM LEBENSGEFAHR!«, sondern nur »HOCHSPANNUNG LEBENSGEFAHR!«. Daher kann man sich einen Punkt gutschreiben, ob die eigene Antwort nun a), b) oder c) war. Aber mit der Antwort d) liegt man wirklich daneben.

Vogel auf Niederspannung

Diesmal steht der Vogel mit je einem Bein auf beiden Seiten der Glühlampe in dem skizzierten Schaltkreis. Hier wird dem Vogel wahrscheinlich was geschehen?

a) ein Schlag, falls der Schalter offen ist
b) ein Schlag, wenn der Schalter geschlossen wird
c) ein Schlag, egal ob der Schalter offen oder geschlossen ist
d) überhaupt kein Schlag in beiden Fällen

Antwort: Vogel auf Niederspannung

Die Antwort lautet b). Wenn der Schalter offen ist, liegt der ganze Draht auf der einen Seite des Schalters z. B. auf 12 Volt und der ganze Draht auf der anderen Seite auf null Volt. Der Vogel sitzt ganz auf einer Seite, also gibt es keinen Potenzialunterschied am Vogel, Spannung null. Jetzt den Schalter schließen, und es fließt Strom, der durch den Widerstand der Glühlampe gezwängt wird. Ein Teil des Stromes nimmt den Umweg durch den Vogel. Also erhält der Vogel einen Schlag.

Oder anders gesagt: Der Spannungsabfall in einem Stromkreis erfolgt immer an dem größten Hindernis gegen den Strom. Solange der Schalter offen steht, ist er das Hindernis. Wird er geschlossen, ist das verbleibende Hindernis der Widerstand – hier der Glühlampe. Der Spannungsabfall geht vom einen Anschlussdraht des Widerstands zum anderen, und der unglückliche Vogel hat seine Beine genau über diesen Spannungsabfall gespreizt.

Kann man auf der Skizze erkennen, dass nur der Vogel mit den Beinen beidseits der Lampe einen Schlag erhält, wenn der Schalter geschlossen wird?

Wie schnelle Elektronen?

Wenn man im Auto den Zündschlüssel dreht, schließt man einen Stromkreis von der negativen Akku-Klemme durch den Anlasser und zurück zur positiven Akku-Klemme. Es ist eine Gleichstrom-Schaltung, und die Elektronen wandern in der Richtung von der negativen zur positiven Akku-Klemme hindurch. Wie lange etwa muss der Schlüssel auf EIN bleiben, damit Elektronen nach dem Start an der negativen Klemme die positive erreichen?

a) kürzere Zeit, als der Mensch zum Drehen des Schlüssels braucht
b) 1/4 Sekunde
c) 4 Sekunden
d) 4 Minuten
e) 4 Stunden

Antwort: Wie schnelle Elektronen?

Die Antwort lautet e). Obwohl das EIN-Signal durch den geschlossenen Stromkreis mit etwa Lichtgeschwindigkeit fliegt, ist die tatsächliche Wandergeschwindigkeit (oder Driftgeschwindigkeit) der Elektronen viel kleiner. Allerdings haben Elektronen im offenen Stromkreis (Schalter auf AUS) bei normalen Temperaturen eine Durchschnittsgeschwindigkeit von einigen Millionen Kilometer pro Stunde, doch sie bilden keinen Strom, weil sie sich in allen möglichen Richtungen bewegen. Es gibt keinen Strom in irgendeiner bevorzugten Richtung. Aber wenn der Schalter auf EIN gestellt wird, wird der Stromkreis geschlossen und das elektrische Feld an den Akku-Klemmen durch den verbindenden Stromkreis gelenkt. Dieses elektrische Feld ist es, das mit Lichtgeschwindigkeit im Stromkreis etabliert wird. Die Elektronen setzen den ganzen Stromkreis entlang ihre Zufallsbewegungen fort, doch werden sie auch durch das anliegende elektrische Feld zum Stromkreisende an der positiven Akku-Klemme hin beschleunigt.

Die beschleunigten Elektronen können wegen Zusammenstößen mit den fest verankerten Atomen auf ihrem Weg keine großen Geschwindigkeiten erlangen. Diese Zusammenstöße unterbrechen ständig die Vorwärtsbewegung der Elektronen, sodass ihre mittlere Netto-Geschwindigkeit extrem klein ist – weniger als ein winziger Bruchteil von einem Zentimeter pro Sekunde. Also werden einige Stunden benötigt, bis die Elektronen von der einen Akku-Klemme durch den Stromkreis zur anderen gewandert sind.

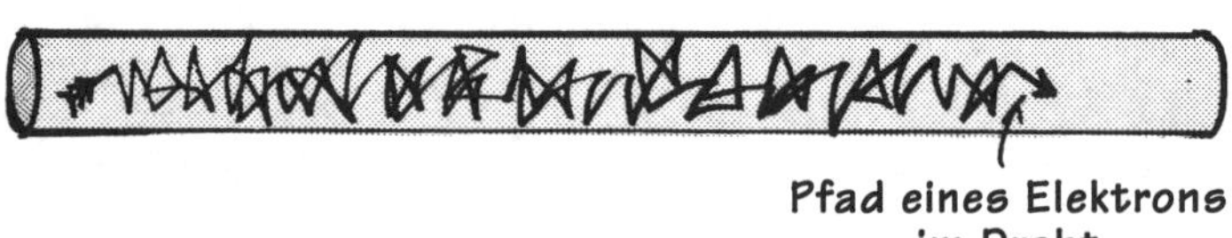

Coulomb-Schlucker

Wenn ein Elektromotor arbeitet oder ein Toaster toastet, müssen mehr Coulomb an Elektrizität hineinfließen, als herauskommen.

a) richtig
b) falsch

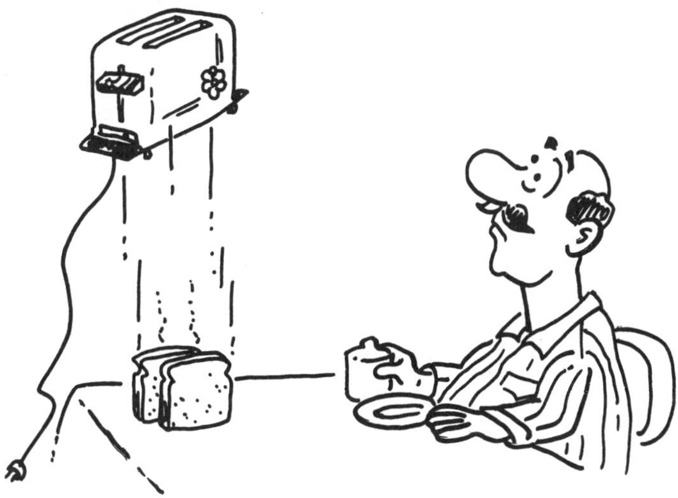

Ein elektrischer Generator

a) erzeugt viele Coulomb an Elektrizität
b) nimmt genau so viel Coulomb auf, wie er abgibt

Antwort: Coulomb-Schlucker

Die Antwort auf beide Fragen lautet b). Ein Elektromotor oder Toaster verbraucht keine Elektrizität. Sie verbrauchen Energie. Ein elektrischer Generator erzeugt keine Elektrizität (Ladungen), sondern elektrische Energie. Dieselbe Anzahl Coulomb von Elektrizität, die in den Motor oder Toaster geht, muss aus dem Motor oder Toaster auch wieder herauskommen – allerdings »schlapp«. Was heißt hier »schlapp«? Hier heißt es: bei geringerer Spannung. Man denke zum Vergleich an den Dampf, der eine Dampfmaschine durchläuft. Aller Dampf kommt wieder heraus aus der Maschine, aber er kommt auf niedrigerem Druck heraus, als er hineinging. Ganz ähnlich verlieren die Coulomb im Motor oder Toaster an Spannung und gewinnen diese wieder im Generator. Die Energie in einem Coulomb hängt von der Spannung ab:

$$\text{Energie} = \text{Spannung} \times \text{Ladung (in Coulomb)}$$

Folglich bedeutet null Spannung auch null Energie. Ladung – jede Menge Coulomb – auf Spannung null hat dennoch null Energie.

Elektronen zu verkaufen

Man schätze mal, wie viel Elektronen jährlich durch Haushalte und Firmen einer typischen europäischen Kleinstadt von 50 000 Einwohnern fließen.

a) überhaupt keine
b) etwa so viel Elektronen, wie in einer Erbse vorhanden
c) etwa so viel Elektronen, wie in der Ostsee vorhanden
d) etwa so viel Elektronen, wie in der Erde vorhanden
e) etwa so viel Elektronen, wie in der Sonne vorhanden

Antwort: Elektronen zu verkaufen

Die Antwort lautet a). Es ist ein weit verbreitetes Missverständnis, dass von den Kraftwerken durch die Überlandleitungen zu den Steckdosen der Verbraucher Elektronen fließen. Die Elektrizitätswerke typischer europäischer Kleinstädte liefern Wechselstrom! Das bedeutet, dass die Elektronen keineswegs durch die Überlandleitungen wandern, sondern 50-mal in der Sekunde hin und her vibrieren. Überlandleitungen stellen keine Kanäle für Elektronen dar, sondern für *Energie*. Wenn man ein Gerät an die Wechselstrom-Steckdose anschließt, fließt Energie von der Steckdose ins Gerät, und sie peitscht die Elektronen hin und her, welche bereits in den leitenden Teilen des Geräts vorhanden sind. Das Elektrizitätswerk liefert die Energie, man selbst die Elektronen.

Das gilt auch, wenn man einen elektrischen Schlag erfährt: Die Elektronen, die den Strom im Körper bilden, waren schon die ganze Zeit da. Es ist die elektrische Energie, die aus dem Draht in den Körper und von dort in die Erde gelangt – nicht die Elektronen.

Anziehungskraft

Einen Kamm kann man manchmal elektrisch aufladen, indem man ihn durch die Haare zieht. Der aufgeladene Kamm zieht dann kleine Papierfetzen an. Ziehen Magnete ebenso den aufgeladenen Kamm an?

a) Ja, er wird von Magneten angezogen.
b) Nein, er wird von Magneten nicht angezogen.

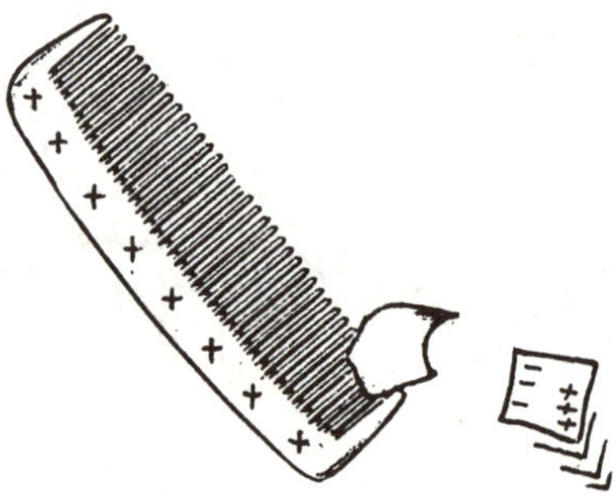

Antwort: Anziehungskraft

Die Antwort lautet b). Magnetische Anziehung und elektrische Anziehung sind zwei Paar Stiefel. Es gibt zwar einen Zusammenhang zwischen beiden, aber sie sind dennoch grundverschieden – wie wir noch sehen werden.

Strom nahe Kompass

Verläuft ein stromführender Draht direkt über einen Kompass, wird die Kompassnadel

a) vom Strom nicht beeinflusst
b) sich in senkrechte Richtung zum Draht drehen
c) sich in parallele Richtung zum Draht drehen
d) direkt zum Draht weisen wollen

Antwort: Strom nahe Kompass

Die Antwort lautet b). Die magnetischen Feldlinien umkreisen wie skizziert den Strom im Draht. Die Kompassnadel orientiert sich dann parallel oder entlang der Feldlinien. Also steht die Nadel senkrecht zum Strom.

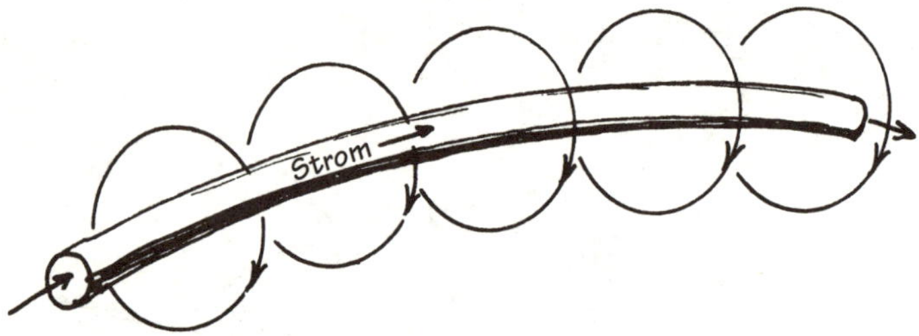

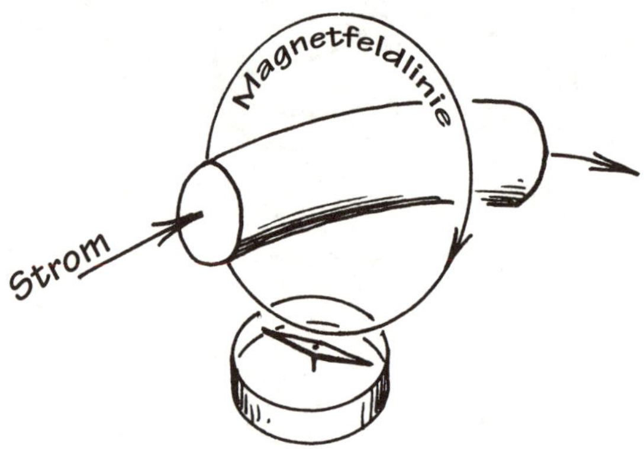

Elektronenfalle

Ein geladenes Teilchen erfährt eine Kraft, wenn es sich durch ein Magnetfeld bewegt. Die Kraft ist am größten, wenn es sich senkrecht zu den magnetischen Feldlinien bewegt. Unter anderen Winkeln ist die Kraft schwächer und wird zu null, wenn sich das geladene Teilchen entlang der Feldlinien bewegt. Auf jeden Fall steht dann die Richtung der Kraft stets senkrecht zu den magnetischen Feldlinien und zur Geschwindigkeit des geladenen Teilchens.* In der Skizze sehen wir die Elektronen eine Kurve fliegen, während sie das Feld des kleinen Magneten passieren. Der gekrümmte Anteil ihres Wegs ist kurz, weil ihre Dauer im Feld kurz ist – sie fliegen rasch ins Feld hinein und wieder heraus. Wenn aber ihre Bewegung die ganze Zeit in einem einheitlichen Magnetfeld verliefe und sie sich senkrecht zu dessen Feldlinien bewegten, würden ihre Bahnen wie sein?

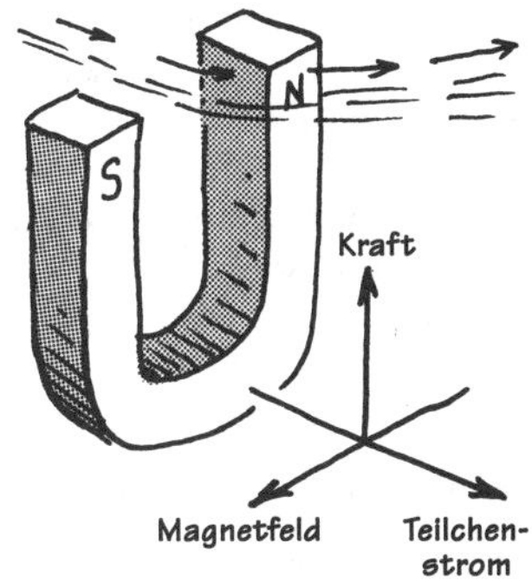

a) Parabeln  b) Spiralen 
c) Vollkreise  d) gerade Linien 

* Schon bemerkt, dass wir soeben in den dreidimensionalen Raum übergegangen sind? Klar, wir befanden uns schon immer in 3-D, aber bei der bisher diskutierten Physik hätte der Raum auch bloß zwei Dimensionen haben können. Bis hierher war der Leser nie gezwungen, sich irgendwas in drei Dimensionen vorzustellen. Das Billardspiel repräsentiert zum Beispiel alle Gesetze der Mechanik, aber man braucht kein dreidimensionales Vorstellungsvermögen, um Billard zu verstehen. Mit dem Elektromagnetismus ist es anders. Anders als beim Billard passen die Ideen des Elektromagnetismus nicht in den zweidimensionalen Raum – es sind alle drei Dimensionen vonnöten. Vielleicht passen künftige Erkenntnisse nicht mal in vier Dimensionen!

Antwort: Elektronenfalle

Die Antwort lautet c). Die Kraft auf ein Elektron (oder jedes geladene Teilchen) im Magnetfeld steht immer senkrecht zur Bewegungsrichtung des Teilchens, wie der Radius eines Kreises stets senkrecht auf dessen Umfang steht. Also wirkt die Kraft auf das geladene Teilchen radial und treibt es auf eine Kreisbahn. Daher wird das Teilchen in dem Magnetfeld gefangen. Wenn es sich unter einem Winkel größer oder kleiner als 90° bezüglich der Feldlinien bewegt, wird die »Kreisbahn« zu einer Wendel ausgezogen. Dies kommt von der Bewegungskomponente entlang der Feldlinien, welche ja weiter besteht, ohne mit dem Feld wechselzuwirken.

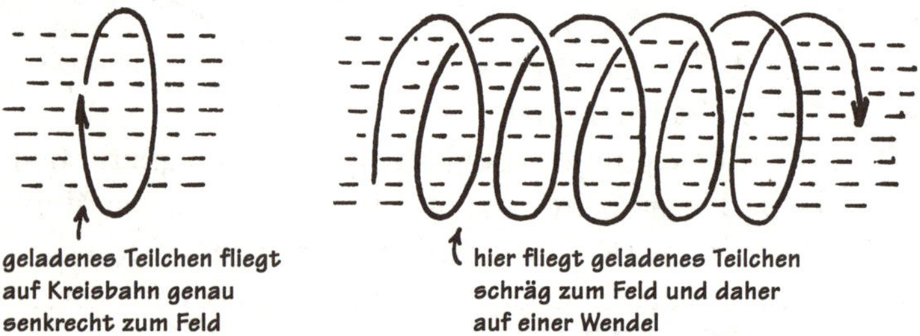
geladenes Teilchen fliegt
auf Kreisbahn genau
senkrecht zum Feld
hier fliegt geladenes Teilchen
schräg zum Feld und daher
auf einer Wendel

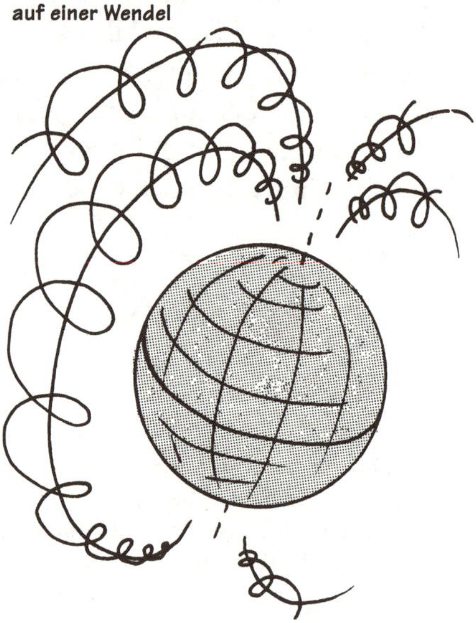

Im Weltraum werden Elektronen (und Protonen) im Magnetfeld der Erde gefangen und folgen wendelförmigen Pfaden entlang der Feldlinien. Die Wolke magnetisch eingefangener Teilchen, welche die Erde umgibt, wird als Van-Allen-Strahlungsgürtel bezeichnet. Die an den Polen besonders zusammengedrängten Feldlinien wirken wie magnetische Spiegel, sodass die geladenen Teilchen wie Pingpongbälle von Pol zu Pol hüpfen. Dabei tauchen sie manchmal in die Atmosphäre ab, wobei wir eine Aurora borealis sehen, das Polarlicht.

Künstliches Polarlicht

Bei Wasserstoffbombentests außerhalb der Erdatmosphäre wurde eine *künstliche* Aurora borealis (oder Polarlicht) beobachtet, als geladene Teilchen von der Explosion in die Erdatmosphäre eintraten. Würde solch eine Explosion hoch über dem magnetischen Nordpol der Erde getestet, wo auf der Erde wäre die künstliche Aurora zu sehen?

a) am magnetischen Nordpol
b) am Äquator
c) am magnetischen Südpol (südlich von Australien)
d) sowohl am magnetischen Nord- als auch Südpol
e) an beiden Polen und auch am Äquator

Antwort: Künstliches Polarlicht

Die Antwort lautet d). Die bei der Explosion freigesetzten Elektronen und Protonen würden sich wendelförmig den Magnetfeldlinien der Erde entlangwinden. Direkt vom magnetischen Nordpol aus laufen diese Linien fast senkrecht nach oben. Dann biegen sie um und laufen um den Planeten herum bis in den magnetischen Südpol. So winden sich manche Elektronen nahe beim Nordpol in die Atmosphäre hoch und andere um die Erde herum bis nahe zum Südpol.

Über den Polen wurde keine Bombe getestet. In den frühen 1960ern explodierte jedoch als Projekt »Starfish« hoch über dem Johnston-Atoll im Pazifik eine solche Bombe. Da die magnetischen Feldlinien über dem Johnston-Atoll auch nahe an Hawaii vorbeilaufen, war für die Hawaiianer ein Polarlicht zu sehen, als geladene Teilchen von der Explosion wieder in die Erdatmosphäre eintraten. Die meisten Hawaiianer hatten noch nie ein Polarlicht gesehen.

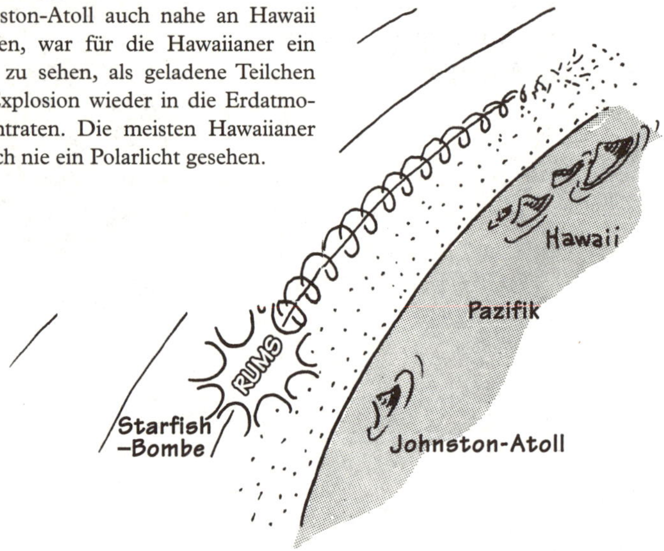

Ohne Eisen

Ist es möglich, ein Magnetfeld ohne Verwendung von Eisen zu erzeugen?

a) ja
b) nein

Antwort: Ohne Eisen

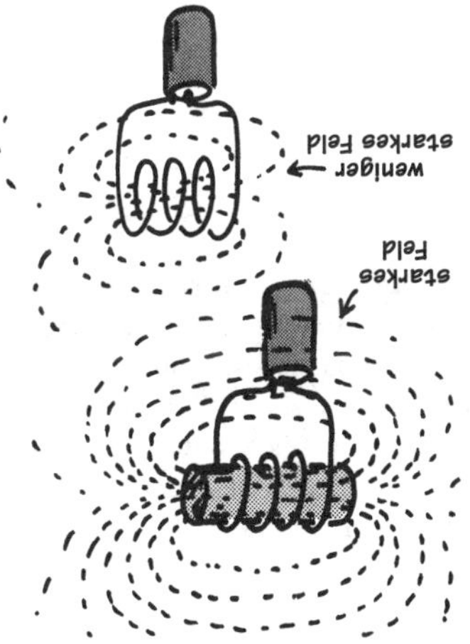

Die Antwort lautet a). Sich bewegende Ladungen sind von einem Magnetfeld umgeben. So ist ein stromdurchflossener Draht von einem Magnetfeld umgeben. Dies zeigt sich, wenn der stromdurchflossene Draht auf einen Kompass gelegt wird. Die magnetischen Feldlinien umkreisen unsichtbar den Draht, wie der Ausschlag der Kompassnadel beweist, die sich stets senkrecht zum Draht und parallel zu den Feldlinien orientiert. Wird der Draht zu einer Spule gewickelt, wird das Magnetfeld zusammengeknüllt und innerhalb der Spule konzentriert. Steckt man ein Stück Eisen in diesen Elektromagneten, wird das Feld viel stärker, aber das Eisen ist keine Voraussetzung – es hilft bloß beträchtlich. Das Magnetfeld kann sogar im leeren Raum existieren, wenn nur ein elektrischer Strom zu dessen Erzeugung vorhanden ist. Der Strom ist Voraussetzung.

Wie hilft das Eisen? Eisenatome sind selbst winzige Elektromagnete, denn um die Eisenkerne herum fließen elektrische Ströme. Einige fließen im Uhrzeigersinn und einige andersherum, sodass sich insgesamt normalerweise keine Wirkung ergibt. Fließt der Strom in der umgebenden Spule im Uhrzeigersinn, so richten sich viele der atomaren Ströme ebenso danach aus. Dadurch wird der Strom im Draht nun durch die atomaren Ströme im Eisen unterstützt. Zusammen erzeugen sie ein stärkeres Feld als die Spule allein.

Auf Erden wie im Himmel

Die Kraft, welche die Höhenstrahlung beim Eintritt ins Magnetfeld der Erde ablenkt, ist im Grunde dieselbe, die einen Elektromotor dreht, wenn Strom durch seine Spulen fließt.

a) stimmt
b) keineswegs

Antwort: Auf Erden wie im Himmel

Die Antwort lautet a). Das durch den Weltraum wandernde freie Elektron erfährt eine Kraft, die senkrecht zu seiner Flugbahn wie zum Magnetfeld steht. Also kurvt es herum (und herum und herum und kann eine lange Zeit im Feld verbringen).

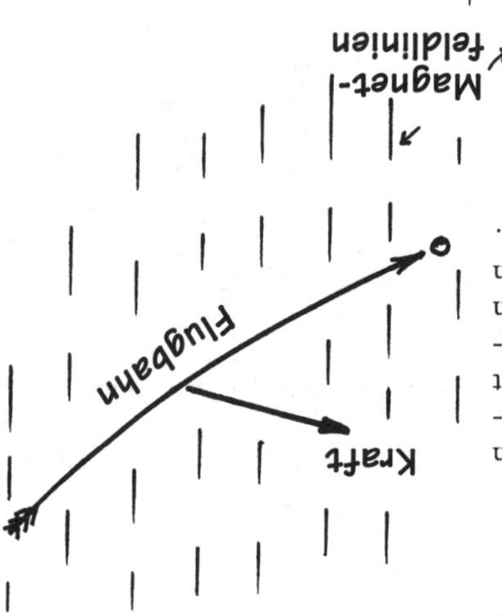

Das gefangene Elektron, das durch einen Draht (in der Motorspule) wandert, erfährt ebenso eine Kraft, welche senkrecht zu seiner befohlenen Bahn und zum Magnetfeld steht. Doch das Elektron kann nicht aus dem Draht ausbrechen. Also zieht es den ganzen Draht mit sich. Es ist dieses Zerren am Draht, das den Elektromotor antreibt.

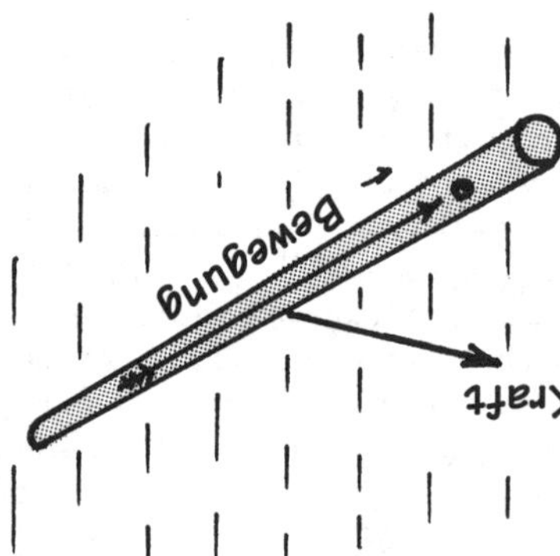

Zusammenrücken

Fließt der elektrische Strom in zwei parallelen Drähten in dieselbe Richtung, dann

a) stoßen sie sich ab
b) ziehen sie einander an
c) üben sie keine Kraft aufeinander aus
d) wollen sie sich rechtwinklig zueinander drehen
e) wollen sie sich aufwickeln

Antwort: Zusammenrücken

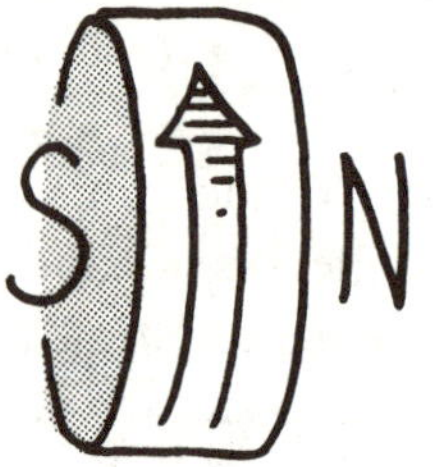

Die Antwort lautet b). Die Drähte rücken zusammen. Was ist, wenn die Ströme entgegengesetzt fließen? Dann streben die Drähte auseinander. Die Grundregel des Magnetismus besagt eigentlich, dass Nord- und Südpol einander anziehen, wogegen Süd und Süd sowie Nord und Nord sich gegenseitig abstoßen. Doch der Ursprung des Magnetismus sind elektrische Ströme, wäre es da nicht einfacher, die Regeln für Magnetkraft anhand der elektrischen Ströme zu formulieren, die Magnete schaffen? Durchaus. Also lautet die »neue« Regel für Magnetismus: Ströme in gleicher Richtung rücken zusammen, Ströme in Gegenrichtung streben auseinander. Diese Regel verwandelt sich sofort in die alte, denn wenn etwa, wie ganz oben skizziert, die Elektronen um einen Eisenzylinder fließen, wird dessen eines Ende zu Nord und dessen anderes Ende zu Süd.

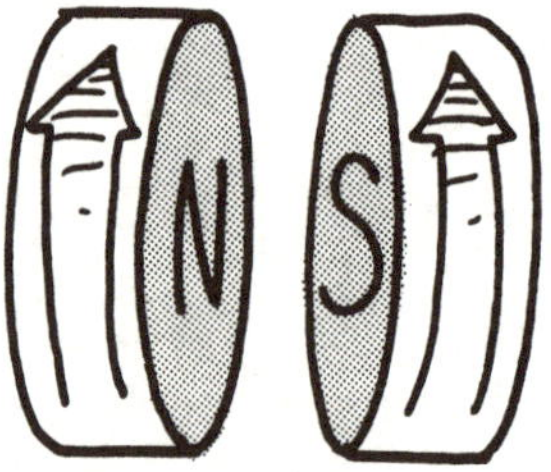

Wenn jetzt zwei Zylinder einander so gegenübergestellt werden, dass die Elektronen in gleicher Richtung fließen wie in der mittleren Skizze, dann liegt das Nordpolende des einen Zylinders dem Südpolende des anderen gegenüber und sie rücken zusammen. Also können wir sagen, Nord- und Südpol ziehen einander an, oder wir können sagen, Ströme in gleicher Richtung rücken zusammen.

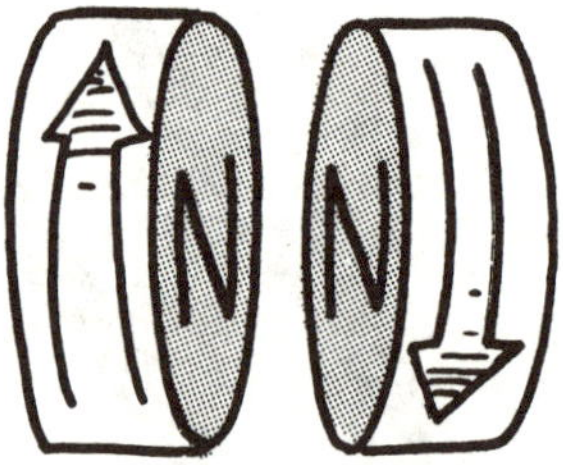

Werden die Zylinder einander so gegenübergestellt, dass die Elektronen entgegengesetzt fließen, wie in der unteren Skizze, dann liegt das Nordpolende des einen dem Nordpolende des anderen gegenüber und sie streben auseinander. Wir können die Abstoßung erklären, indem wir sagen, dass gleiche Pole sich abstoßen, oder indem wir sagen, dass entgegengesetzte Ströme auseinander streben.

Magnetisches Rattennest

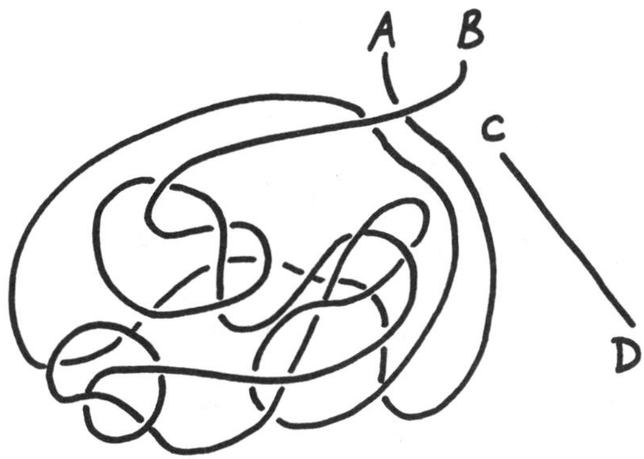

Obige Skizze zeigt einen langen Draht von A nach B, der zu einem »Rattennest« verwirrt ist. Daneben wird auch ein kurzes gerades Drahtstück CD gezeigt. Jetzt stelle man sich vor, dass ein Gleichstrom von A nach B fließt und ein weiterer von C nach D (dazu muss man sich Batterien oder sonst was vorstellen). Infolge des Stroms wirkt eine Kraft auf den Draht CD. Jetzt kehre man in seiner Vorstellung alle Ströme um, sodass jetzt der umgekehrte Strom von B nach A und D nach C fließt. Die Kraft auf das kurze, gerade Drahtstück

a) wirkt ebenfalls umgekehrt
b) wirkt wie zuvor, als der Strom noch nicht umgekehrt war
c) verschwindet
d) wirkt senkrecht zur vorigen Richtung
e) wirkt in anderer Richtung als hier vorgeschlagen

Antwort: Magnetisches Rattennest

Die Antwort lautet b). Zweifellos erzeugt der Draht AB ein äußerst kompliziertes Magnetfeld, doch was immer für ein Feld das ist, es wird durch Stromumkehrung exakt umgekehrt.* Aber sollte das nicht die Kraft auf CD umkehren? Ja, das sollte es, wenn der Strom noch von C nach D flösse. Doch das Umkehren des Stroms im Draht CD dreht die Kraft wieder um. Also bringt uns zweimaliges Umkehren wieder dahin zurück, von wo wir ausgegangen sind. Die Kraft auf CD bleibt dieselbe wie vor Umkehrung des Stroms.

* Folgende Überlegung zeigt, dass der Strom von B nach A ein exakt umgekehrtes Magnetfeld wie beim Strom von A nach B erzeugen muss: Wenn wir gleichzeitig den Strom von A nach B und von B nach A laufen lassen, ist das wie überhaupt kein Strom, Und Netto-Strom null bedeutet überhaupt kein Magnetfeld. Also müssen die durch beide Stromrichtungen erzeugten Magnetfelder sich genau aufheben – und dazu müssen sie einander exakt entgegengesetzt gleich sein.

Gleichstrommotor umgepolt

Ein Gleichstrommotor dreht sich im Uhrzeigersinn, wenn Draht A mit der Plus-Klemme und B mit der Minus-Klemme einer Batterie verbunden wird (der Motor enthält keinen Permanentmagneten). Wenn wir jetzt A und B vertauschen, sodass B zu Plus und A zu Minus wird, dann dreht sich der Motor

a) im Gegenuhrzeigersinn
b) weiterhin im Uhrzeigersinn

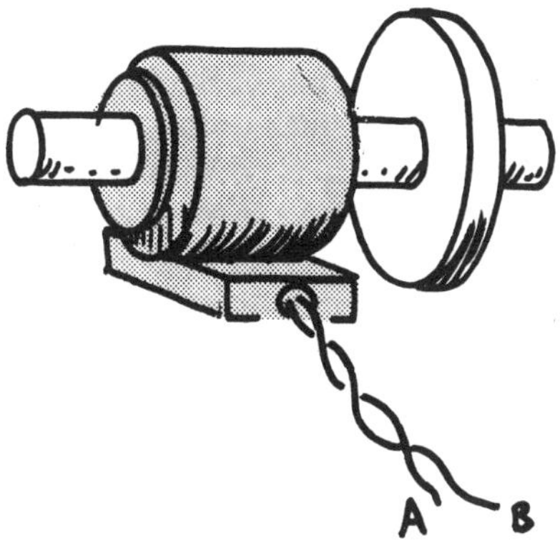

Antwort: Gleichstrommotor umgepolt

Die Antwort lautet b). Im Motor gibt es eine rotierende Magnetspule (Rotor) und eine feststehende Magnetspule (Stator). Umkehrung des Stroms durch den Motor kehrt den Strom durch jede der beiden Magnetspulen um, und die Netto-Wirkung dieser *zwei* Umkehrungen ist eben keine Änderung der Kraft, wie im MAGNETISCHEN RATTENNEST erklärt.

Somit ist dies auch ein Beispiel für das sogenannte Relativitätsprinzip. Die Kraftrichtung zwischen zwei Drähten hängt überhaupt nicht davon ab, in welcher Richtung der Strom durch die Drähte fließt. Sie hängt allein davon ab, ob die Ströme in der gleichen Richtung oder entgegengesetzt fließen.

Wie kann man die Drehrichtung des Motors dann ändern? Indem man den Strom entweder nur im Rotor oder nur im Stator umkehrt. Am einfachsten geht das durch Vertauschung der »Bürsten«. Die Bürsten dienen als Schalter und »bürsten« gewissermaßen die Elektrizität auf den Rotor drauf oder von ihm runter.

Faraday'sches Paradoxon

Dies ist eine Drahtspule, die um einem Brocken Eisen gewickelt ist.

a) Fließt ein Strom im Draht, wird das Eisen ein Magnet.
b) Ist das Eisen ein Magnet, fließt ein Strom im Draht.
c) Beide Feststellungen sind richtig.
d) Beide Feststellungen sind falsch.

Antwort: Faraday'sches Paradoxon

Die Antwort lautet a). Wenn Strom durch einen um ein Eisen (etwa einen Nagel) gewickelten Draht fließt, wird es zum Elektromagneten. Solch einen Magneten zu basteln ist eine Wölfling-Standardaufgabe bei den Pfadfindern. Aber ein in einer Spule sitzender Magnet lässt keinen Strom in der Spule fließen und auch nicht mal den Draht sich aufladen. Zu Queen Victorias Zeiten rätselten darüber Michael Faraday* und viele seiner Zeitgenossen. Sie dachten, wenn Strom Magnetismus erzeugt, müsste von Rechts wegen Magnetismus auch Strom erzeugen, bloß wie? Während er darüber grübelte, machte Faraday seine große Entdeckung. Ein Magnet in einer Spule erzeugt schon einen Strom, aber nur wenn er innerhalb der Spule bewegt und nicht an Ort und Stelle festgehalten wird. Schließlich braucht man zur Erzeugung von Strom Energie, und diese Energie kommt aus der Kraft, die den Magneten oder die Spule bewegt.

Faradays Entdeckung war der Schlüssel zu elektrischen Generatoren. Ein Generator bewegt bloß einen Magneten nahe einer Spule hin und her (oder die Spule in der Nähe eines Magneten) und lässt dadurch einen Strom in deren Draht fließen. Der Premierminister von England kam einmal in Faradays Labor, um die derartige Erzeugung von Elektrizität selbst zu sehen. Nach der Vorführung fragte er Faraday: »Zu was taugt Elektrizität?« Faraday antwortete, dass er nicht wisse, wozu sie tauge, aber eines wisse er gewiss, nämlich dass sie der Premierminister eines Tages mit einer Steuer belegen werde!

* Etwa zur selben Zeit entdeckte Michael Faraday die sogenannte elektromagnetische Induktion. Der amerikanische Physiker Joseph Henry machte unabhängig die gleiche Entdeckung.

Amperemeter wird Motor

Fließen Elektronen wie skizziert in einem Draht durch ein Magnetfeld, wird der Draht nach oben gezogen. Wird der Strom umgekehrt, wird der Draht nach unten gezogen. Wenn stattdessen eine Drahtschleife ins Magnetfeld gehalten wird und die Elektronen in der unten angegebenen Richtung fließen, will die Schleife (von links betrachtet)

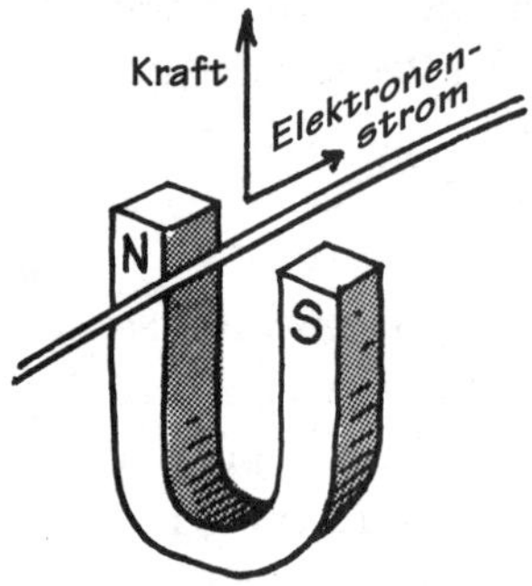

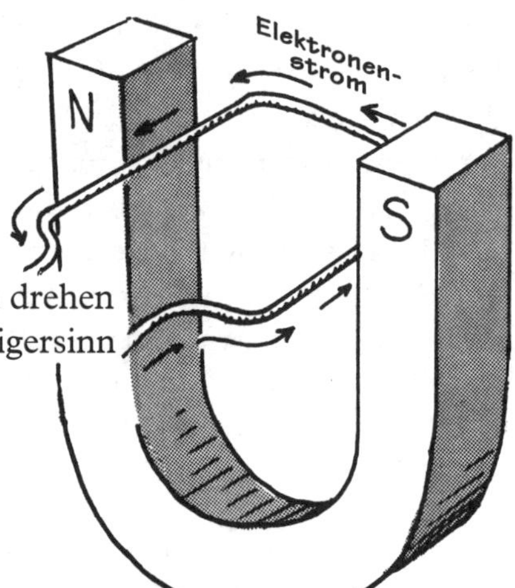

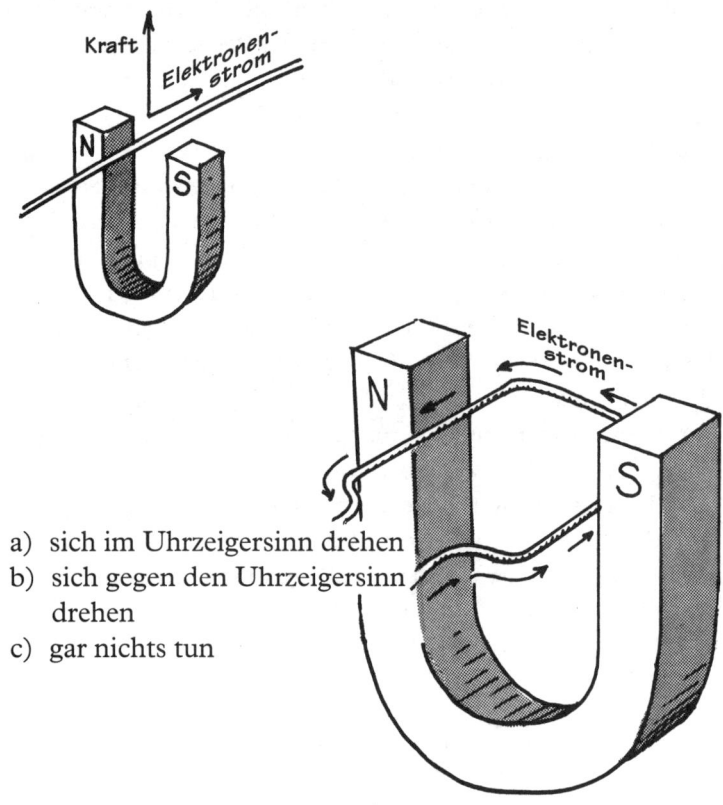

a) sich im Uhrzeigersinn drehen
b) sich gegen den Uhrzeigersinn drehen
c) gar nichts tun

Antwort: Amperemeter wird Motor

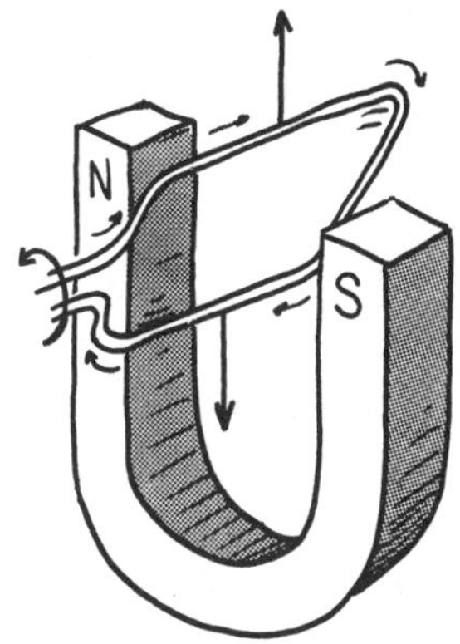

Die Antwort lautet b), denn ihre rechte Seite wird hochgezogen, die linke dagegen runtergezogen. Wenn diese Frage auch leicht zu beantworten ist, so beleuchtet sie doch ein wichtiges Prinzip, nämlich wie die Strommessung funktioniert. Anstatt einer werden viele Schleifen einer Spule benutzt, die mit einer Feder am Anschlag gehalten wird. Wird Strom durch die Spule geschickt, drehen die entstandenen Kräfte die Spule entgegen der Feder – je größer der Strom, desto mehr Drehung, die ein Zeiger anzeigt und auf einer Skala abgelesen werden kann. Nur einen Schritt weiter hat man einen Elektromotor (ohne jene Feder), worin der Strom nach jeder Halbdrehung umgekehrt wird, damit sich die Spule ganz herum dreht, also rotiert.

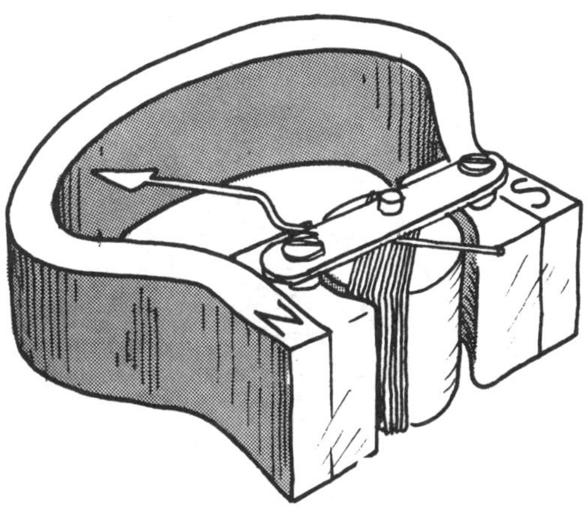

Amperemeter und Elektromotoren beruhen auf der einfachen Tatsache, dass elektrischer Strom in einem Magnetfeld abgelenkt wird. Die ablenkende Kraft steht dabei stets senkrecht zum Strom sowie zum Magnetfeld, wie die Skizze zeigt.

Motor zugleich Generator?

Elektromotor wie Generator bestehen aus Drahtspulen auf einem Rotor, der sich in einem Magnetfeld drehen kann. Die beiden unterscheiden sich hauptsächlich darin, ob elektrische Energie die Eingabe und mechanische Energie die Ausgabe ist (Motor) oder eben mechanische Energie die Eingabe und elektrische Energie die Ausgabe (Generator). Nun entsteht ein Strom, wenn der Rotor in Drehung versetzt wird, ob durch mechanische oder durch elektrische Energie – es kann dem Motor einerlei sein, was ihn drehen lässt. Ist demnach ein Elektromotor zugleich auch Generator, sobald er läuft?

a) Ja, er sendet elektrische Energie durch die Zuleitungen in die Spannungsquelle zurück.
b) Er täte es, wenn er nicht mit einer internen Überbrückungsschaltung versehen wäre, die das verhindert.
c) Nein, das Gerät ist entweder Motor oder Generator – beides zugleich würde den Energieerhalt verletzen.

Antwort: Motor zugleich Generator?

Die Antwort lautet a). Jeder Elektromotor ist zugleich auch Generator, und tatsächlich erstattet einem das stromliefernde Elektrizitätswerk die Energie, die vom Motor zurückgeleitet wird. Denn man zahlt für den *Netto*-Strom und somit für die netto verbrauchte Energie. Wenn der Motor ohne äußere Belastung frei dreht, erzeugt er auch fast so viel Strom, wie er aus der Zuleitung zieht, sodass der Netto-Strom in dem Motor sehr klein ist. Dafür ist dann die Stromrechnung niedriger. Es ist der Rückstrom, nicht etwa die Reibung, wodurch die Drehzahl eines frei drehenden Motors begrenzt wird. Wenn schließlich der Rückstrom den Vorwärtsstrom ganz aufhebt, kann der Motor nicht mehr schneller drehen. Aber wenn der Motor mit einer Belastung beaufschlagt und echt Arbeit getan wird, zieht er aus der Zuleitung mehr Strom und mehr Energie, als er in sie zurückleitet. Wird die Belastung sehr groß, kann sich der Motor überhitzen. Wenn man bis aufs Äußerste geht und den Motor mit einer zu großen Belastung beaufschlagt – etwa eine Kreissäge mit einem hartnäckigen Stamm zum Stillstand zwingt, wird kein Rückstrom erzeugt, und der ungeminderte Zustrom in den Motor kann ausreichen, um die Isolierung der Spulenwindungen zu schmelzen, also den Motor durchschmoren zu lassen!

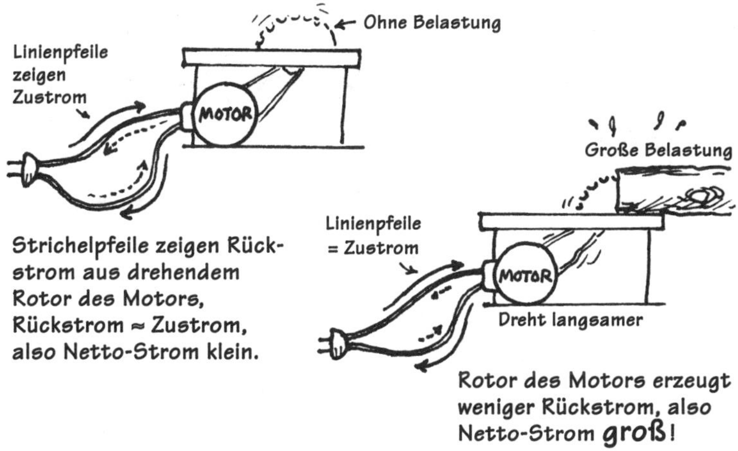
Ohne Belastung
Linienpfeile zeigen Zustrom
MOTOR
Strichelpfeile zeigen Rückstrom aus drehendem Rotor des Motors, Rückstrom ≈ Zustrom, also Netto-Strom klein.
Große Belastung
Linienpfeile = Zustrom
MOTOR
Dreht langsamer
Rotor des Motors erzeugt weniger Rückstrom, also Netto-Strom groß!

Dynamisch bremsen

Als um 1900 erstmals Eisenbahnen über die Alpen gebaut wurden, gab es den Vorschlag, die Elektrolokomotiven auf den langen Abwärtsstrecken folgendermaßen bremsen zu lassen: Der Elektromotor wird von der Oberleitung getrennt und stattdessen mit einem großen Widerstand überbrückt, damit der Motor als Generator wirkend die mechanische Energie der drehenden Räder in elektrische und dann in Wärme verwandelt. Wirkt dadurch der Motor wirklich als Bremse?

a) ja
b) nein

Antwort: Dynamisch bremsen

Die Antwort lautet a). Bei MOTOR zugleich GENERATOR ergab sich, dass ein Motor auch als Generator wirkt. Die Energie des bergab rollenden Zugs treibt den Generator, der mit der Energie elektrischen Strom erzeugt, worauf der Widerstand die elektrische Energie in Wärme verwandelt. Jede erzeugte Einheit Wärmeenergie bedeutet den Entzug einer Einheit kinetischer Energie, und dadurch wird der Zug gebremst. In einer energiebewussten Zeit würde der elektrische Bremsstrom besser dazu genutzt, andere bergauf fahrende Züge anzutreiben.

Hebel auf elektrisch

Elektrische Induktion ist die Grundlage für das Funktionieren des Transformators, der einfach ein Klotz Eisen mit ein paar aufgewickelten Drähten ist. Wechselstrom in der Eingangs- oder Primärspule macht das Eisen zu einem wechseln-

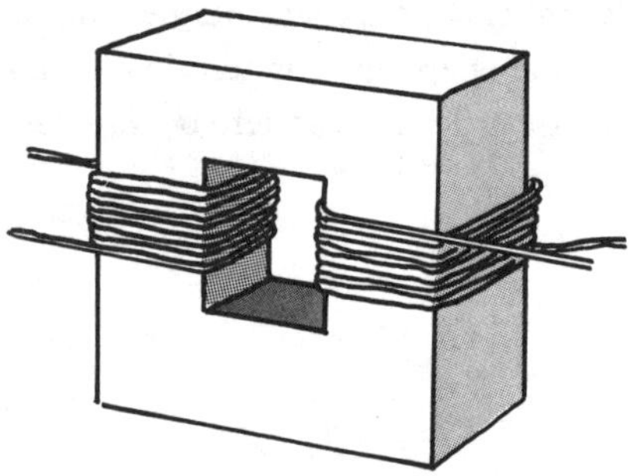

den Magneten, der in der Ausgangs- oder Sekundärspule Strom »erzeugt«. In den perfekten Transformator gibt man eine bestimmte Spannung und einen bestimmten Strom ein, also eine bestimmte Leistung oder Wattzahl. Aus dem Transformator muss dann dieselbe

a) Stromstärke
b) Spannung
c) Leistung
d) Stromstärke, Spannung und Leistung
e) nichts von obigem

kommen.

Antwort: Hebel auf elektrisch

Die Antwort lautet c). Ein Transformator ist kein Lieferant von Leistung, sondern ein passives Bauelement. Es kann aus ihm nicht mehr Leistung herauskommen als hineingeht. Ist es ein perfekter Transformator, kommt alle hineingesteckte Leistung auch wieder heraus – ist er nicht perfekt, wird ein Teil der Leistung in Wärmeleistung umgewandelt. Die Einheit, in der Leistung gemessen wird, ist das Watt. Aus dem perfekten Transformator geht also dieselbe Wattzahl hinaus wie hinein.

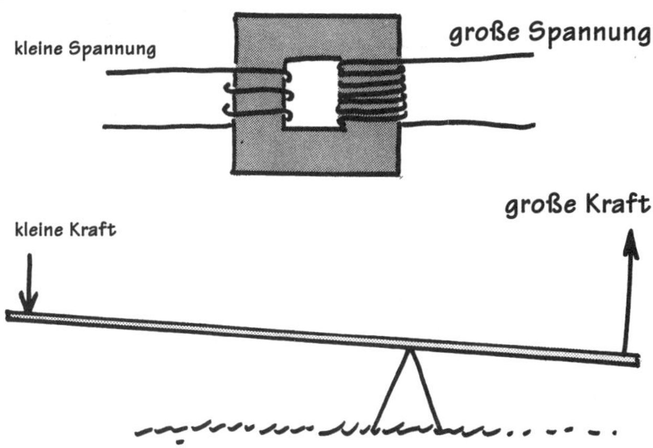

Der Transformator ähnelt stark dem Hebel. Die am einen Ende des Hebels abgegebene Leistung ist gleich der am anderen Ende zugeführten Leistung. Der Hebel kann eine kleine Kraft bei schneller Bewegung in eine große, langsam bewegliche Kraft umwandeln oder umgekehrt. Ähnlich kann ein Transformator eine kleine Spannung, die einen großen elektrischen Strom bewirkt, in eine große Spannung mit nur kleinem Strom umwandeln und umgekehrt.

Transformatoren-Missbrauch

Eine Lampe ist über einen Transformator an eine Batterie angeschlossen – doch es kann keine Elektrizität die Batterie verlassen, bevor nicht der Schalter gedrückt und damit geschlossen wird. Nur eine der folgenden Behauptungen ist richtig. Welche?

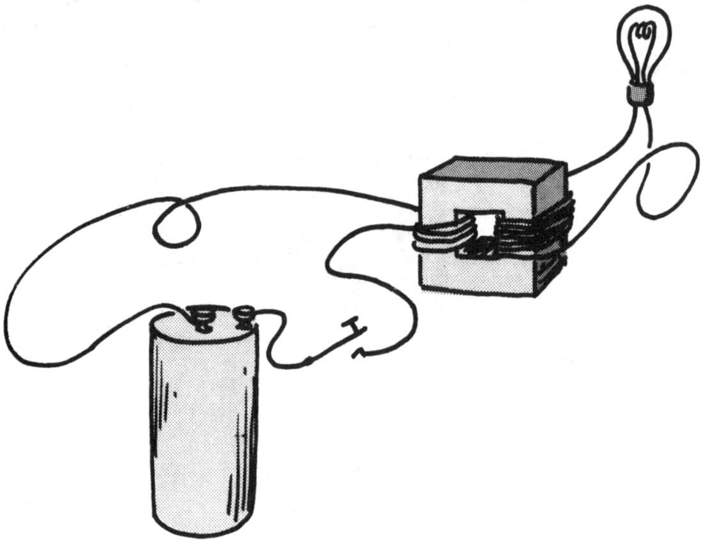

a) Solange der Schalter gedrückt ist, leuchtet die Lampe.
b) In dieser Anordnung leuchtet die Lampe nie.
c) Die Lampe leuchtet nur momentan auf, wenn der Schalter schließt.
d) Die Lampe leuchtet nur momentan auf, wenn der Schalter öffnet.
e) Die Lampe leuchtet nur momentan auf, wenn der Schalter schließt, und wieder momentan, wenn er öffnet.

Antwort: Transformatoren-Missbrauch

Die Antwort lautet e). Offensichtlich wird der Transformator hier missbräuchlich verwendet, denn er ist für Wechselstrom vorgesehen, wogegen die Batterie bloß Gleichstrom liefert. Wie soll da etwas geschehen? Beständiger Strom erzeugt im Transformator-Eisen ein beständiges Magnetfeld. Dieses Feld schraubt sich durch die mit der Lampe verbundene Spule. Aber wenn das Feld nicht schwankt oder sich irgendwie ändert, wird in der Sekundärspule kein Strom induziert. Wird der Schalter erstmals geschlossen, wälzt sich Strom in die Primärspule und im Eisen baut sich das Magnetfeld auf. Das anwachsende Feld induziert einen Strom in der Sekundärspule, der durch die Lampe fließt. Hat das primäre Magnetfeld seine volle Größe erreicht, fließt allerdings kein Strom mehr. Also gibt es auch sekundär keinen Induktionsstrom mehr durch die Lampe. Wird später der Schalter geöffnet (und damit die Batterie abgetrennt), erstirbt der Strom in der Primärspule und damit auch ihr Magnetfeld. Ein ersterbendes Feld ist aber ein sich änderndes Feld. Also fließt sekundär wieder Strom durch die Lampe, diesmal in umgekehrter Richtung. Doch der Lampe ist es einerlei, wohin der Strom fließt. Ist der Strom stark genug, leuchtet die Lampe kurz auf.

Telefon-Wanze

Manche Leute glauben, man könne ein Telefon abhören, indem man die Telefonlitzen voneinander trennt und wie skizziert entlang *einer* davon einen Draht legt, an den ein Kopfhörer angeschlossen ist. Natürlich bleiben alle Drähte voneinander isoliert. Wird eine solches »Anzapfen« funktionieren?

a) ja b) nein

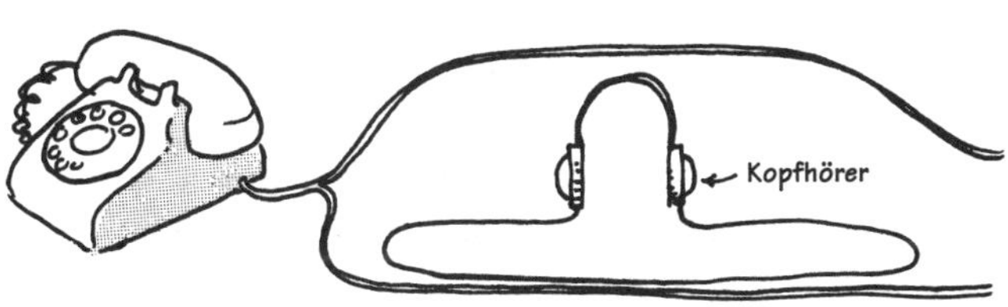

Antwort: Telefon-Wanze

Die Antwort lautet a). Dies ist ein uralter Trick, um eine Telefonleitung abzuhören. Fließt Strom in einer Telefonleitung oder sonst einem Draht, ringelt sich ein Magnetfeld um den Strom, wie wir wissen. Wenn wir die Abhörleitung danebenlegen, ringelt sich dies Magnetfeld auch um die Abhörleitung. Da sich der Strom in der Telefonleitung im Takt der Sprache ändert, ändert sich das Magnetfeld mit, das sich auch auf die Abhörleitung erstreckt und darin einen ebenso getakteten Strom induziert.

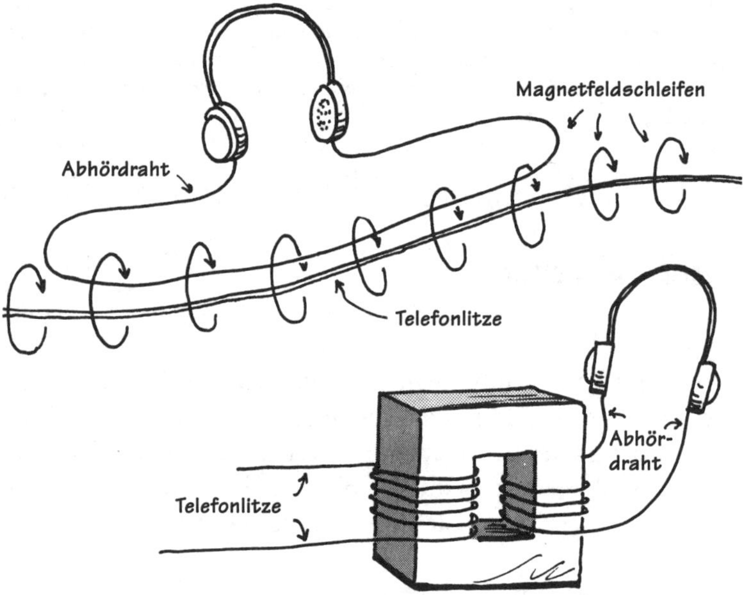

Man kann sich die Telefonleitung als Primärspule und die Abhörleitung als Sekundärspule eines Transformators vorstellen. Diese Wanze funktioniert sogar besser, wenn die Litzen in der Art eines Transformators um einen Eisenklotz gewickelt werden.

Geistersignale

Das Faradaysche Induktionsgesetz besagt: Hat man eine Drahtschleife und ein Magnetfeld, das durch sie hindurchgeht, und ändert sich dies Feld (wird entweder stärker oder schwächer), dann bewirkt dies, dass ein Strom im Draht fließt. Die Telegrafenleitung bildet solch eine Schleife. Denn die Elektrizität fließt durch einen einzigen Draht vom Sender zum Empfänger und dann zurück durch die Erde vom Empfänger zum Sender, was der Mannheimer William Fardely zuerst auf der Eisenbahnstrecke Wiesbaden–Kastel ausprobierte. Dann war 1858 das Transatlantikkabel über Neufundland komplett verlegt, das die größte Schleife der Welt bildete. Oft hörte man seltsame »Geistersignale« über das Kabel, ob nun Nachrichten gesendet wurden oder nicht. Viele Nachforschungen ergaben schließlich, dass solche Signale entstehen durch

a) thermische Schwankungen im Kabel
b) Schwankungen im elektrischen Feld der Erde
c) Schwankungen im magnetischen Feld der Erde
d) eiserne Schiffe
e) Gespenster

Antwort: Geistersignale

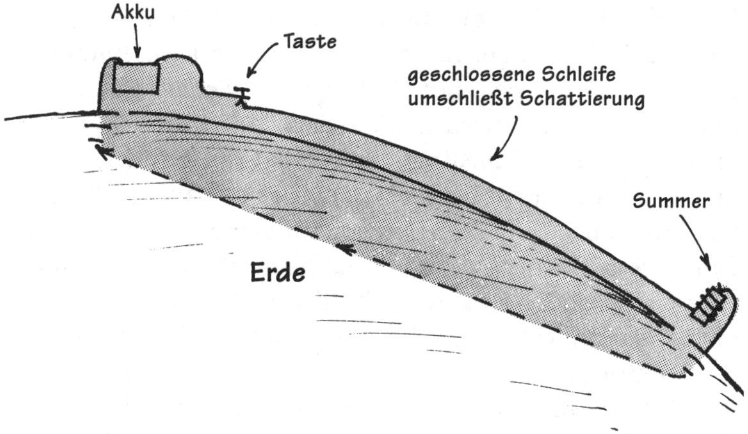

Die Antwort lautet c). Das Magnetfeld der Erde ist nicht vollkommen stabil, sondern es schwankt oft. Manchmal sind die Schwankungen so stark, dass man sie *Magnetstürme* nennt (gibt es auch auf der Sonne). Diese Änderungen der Magnetfeldstärke innerhalb der geschlossenen Schleife aus Telegrafenkabel und Erde induzieren Ströme, die als Geistersignale wahrgenommen werden. Eigentlich dürften ja Geistersignalströme in der Schleife gar nicht fließen, solange die Telegrafentaste nicht gedrückt wird, weil die Schleife erst geschlossen wird, wenn man die Taste niederdrückt. Doch das Transatlantikkabel war so lang, dass selbst bei offener Taste kleine Ströme in ihm hin und her fließen konnten! Elektrizität zappelte in der offenen Schleife einfach hin und her und häufte sich an den Enden an. Die Länge das Kabels bildete einen Elektrizitätsspeicher, einen Kondensator, der die Anhäufung ermöglichte. Dies war damals eine faszinierende Entdeckung, denn die Verlegung des Transatlantikkabels war seinerzeit so etwas wie die Mondlandung unserer Tage.

Eisen rein!

Eine Glühbirne wird wie gezeigt mit dicken Drähten an eine Wechselstromquelle angeschlossen. Nachdem ein Stück Eisen in die Drahtspule gelegt wurde, wird das Licht

a) heller
b) dunkler
c) leuchtet unverändert

Antwort: Eisen rein!

Die Antwort lautet b). Spule und Glühbirne sind in Reihe verdrahtet. Daher muss der gesamte Spannungsabfall über diese Reihenschaltung gleich dem Spannungsabfall über die Spule plus dem Spannungsabfall über die Glühbirne sein, und zwar gleich den 220 Volt Spannung aus der Steckdose. Also geschieht ein Teil des Abfallens der 220 Volt über die Spule und der restliche Teil des Abfallens der 220 Volt über die Glühbirne. Erfolgt ein großer Spannungsabfall über die Spule, bleibt nur ein kleiner Spannungsabfall für die Glühbirne übrig, und ein solcher macht eben nur ein schwaches Licht. Was bewirkt den Spannungsabfall über die Spule? Nun, ein Teil ihres Spannungsabfalls, aber bloß ein kleiner, kommt vom Widerstand, denn sie ist ja aus dickem Draht gewunden. Die Hauptursache für ihren Spannungsabfall ist das veränderliche Magnetfeld in ihr. Je größer die Änderung des Magnetfelds pro Sekunde, desto größer der Spannungsabfall über die Spule. Was bestimmt die Änderung des Magnetfelds pro Sekunde? Zwei Sachen: *Wie stark* und *wie schnell* das Magnetfeld sich ändert. Wie schnell das Feld sich ändert, können wir nicht beeinflussen – das legt das Elektrizitätswerk fest. Denn die vom Elektrizitätswerk bereitgestellte Spannung schwankt 50-mal in der Sekunde, also schwankt auch der Strom 50-mal pro Sekunde, und weil der das Magnetfeld macht, schwankt auch das Feld 50-mal pro Sekunde.

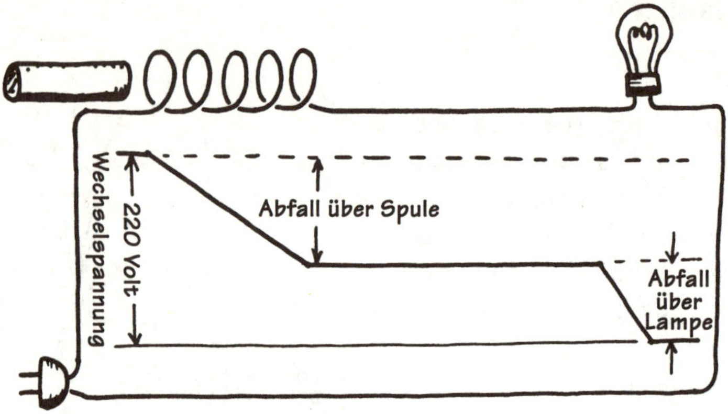

Ändern können wir aber die *Stärke** des Magnetfelds. Wie? Indem wir etwas Eisen in die Spule legen. Wegen der magnetischen »Bezirke« im Eisen, welche sich nach dem Magnetfeld in der Spule ausrichten, bewirkt Eisen ein stärkeres Magnetfeld. Das heißt, dass ein stärkeres Feld jede fünfzigstel Sekunde zu ändern ist. Dies bedeutet mehr Spannung in der Spule, und für die Glühbirne bleibt weniger übrig – *dies* bedeutet weniger Licht. Genauso funktionierten früher einige Bühnenhelligkeitsregler.

Die vom wechselnden Magnetfeld in der Spule induzierte Spannung ist stets so gepolt, dass sie einer Änderung des Stroms entgegenwirkt. Ein sich ändernder Strom bekämpft also die eigene Änderung (sogenannte »Selbstinduktionsreaktanz«). Manche Leute meinen, dass es dieser Widerstand gegen Änderungen ist – eine »elektrische Trägheit« –, der Magnetfeld und Spule das Licht dunkler machen lässt. Stimmt nicht. Wir haben hier Wechselstrom, das heißt er wächst periodisch an und stirbt periodisch ab. Während die »elektrische Trägheit« den Strom im Aufbaustadium behindert und so das Licht schwächt (passt intuitiv), treibt dieselbe »elektrische Trägheit« während seines Abbaustadiums den Strom durch die Lampe (passt intuitiv nicht), wodurch das Licht zwangsläufig heller wird. Diese beiden Wirkungen heben sich also exakt auf.

* Beim hier vorliegenden Wechselfeld spricht man auch von seiner Amplitude, der Maximalstärke der Schwingung.

Eisen raus?

Studieren Sie die Skizze genau, denn die folgende Frage ist trickreich. Nachdem das Eisen in die Drahtspule geschoben ist, ist das Licht

a) heller
b) dunkler
c) gleich hell wie zuvor

Antwort: Eisen raus?

Die Antwort lautet c). Gerade haben wir die ähnliche Frage EISEN REIN! betrachtet, und die Antwort lautete, dass das Licht schwächer wird. Jetzt bei EISEN RAUS? behaupten wir, das Licht bleibe gleich hell. Was ist hier los?

Los ist, dass die Spannungsquelle bei EISEN REIN! Wechselstrom von 50 Hertz war. Die Spannungsquelle hier ist aber eine Batterie, und Batterien liefern nun mal Gleichstrom. Gleichstrom macht *kein wechselndes* Magnetfeld, aber das magnetische Wechselfeld war für den Spannungsabfall über die Spule verantwortlich.

Hat also das Einschieben des Eisens in die Spule absolut keine Wirkung auf das Licht? Nun, das auch nicht. Wenn das Eisen zuerst reingeht, wird es magnetisiert und dies benötigt etwas Energie, weshalb das Licht momentan schwächer wird. Wenn man das Eisen dann rauszieht, wird das Licht momentan heller, aber diese Helligkeitsänderungen geschehen *nur*, solang sich das Eisen bewegt. *Wenn das Eisen erst mal in der Spule ist*, ändert sich das Licht nicht mehr. Ein unbewegter Eisenkern hat keine Wirkung auf die Helligkeit der Lampe (im Gleichstromkreis).

Man muss das Eisen übrigens nicht reinschieben, es wird vielmehr »eingesaugt«. Warum? Die Spule ist ein Elektromagnet, und – salopp ausgedrückt – »lieben« Magnete nun mal Eisen.

Nichts ist unmöglich?

Ist es glaubhaft, dass ein *unbekanntes Universum* existieren kann, wo es geladene Dinge gibt, aber keine elektrischen Felder?

a) Ja, solch ein Universum ist glaubhaft.
b) Nein, solch ein Universum kann es nie geben.

Antwort: Nichts ist unmöglich?

Die Antwort lautet b). Nicht alles ist möglich. Besonders kann es keine geladenen Dinge ohne elektrische Felder geben. Die einzige Möglichkeit, ein geladenes Ding aufzuspüren, ist mithilfe dessen elektrischen Felds. Zum Beispiel können wir nicht ungeladene Dinge durch Betrachten »weiß« und geladene »schwarz« *sehen*. Wir können sie nur spüren, und zwar anhand des elektrischen Felds, das geladene Dinge umgibt. Ohne deren Feld könnte man die Existenz geladener Dinge keineswegs entdecken, denn alles, was diese mit der Ladung bewirken, bewirken sie mittels der elektrischen Felder.

Manche Physiker sehen die elektrische Ladung lediglich als eine Stelle, von der Feldlinien ausgehen oder divergieren. Diese Sehweise findet sich in der ersten der vier berühmten Maxwellschen Gleichungen* formuliert. Diese Gleichung besagt eben, dass die Divergenz eines elektrischen Felds gleich der elektrischen Ladung ist. In Buchstaben: Div von E = q (worin Div = Divergenz, E = elektrische Feldstärke, q = Ladung). Aber was ist, wenn q eine negative Ladung bedeutete? Wäre dann die Divergenz des Felds negativ? Ja. Aber was bedeutet eine negative Divergenz? Konvergenz. Dies ergibt schöne Bilder fürs geistige Auge, worauf das Feld um eine negative Ladung die Umkehrung des Felds um eine positive Ladung ist.

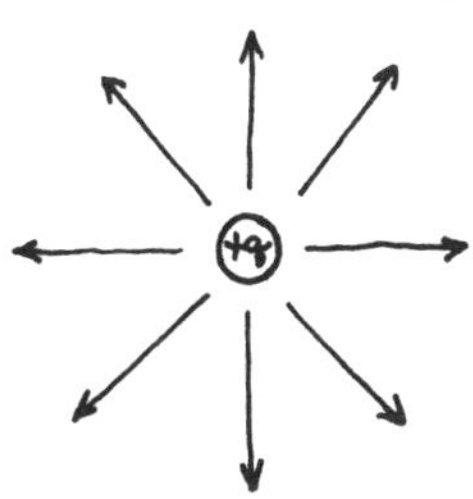

Divergenz:

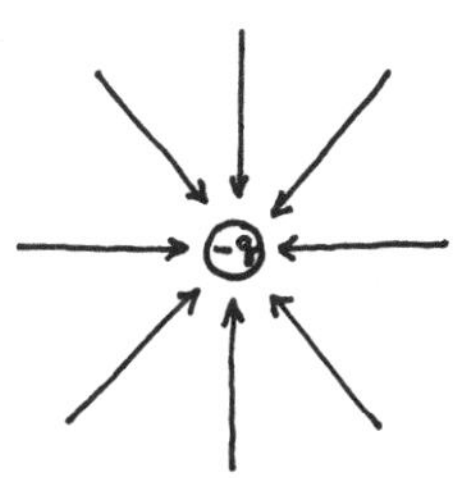

Konvergenz:

* Die vier grundlegenden Gleichungen für elektromagnetische Felder sind allen an Elektrizität und Magnetismus Interessierten bekannt. Benannt nach James Clerk Maxwell, der im 19. Jahrhundert alle Gesetze und Gleichungen für elektrische und magnetische Felder und ihre Wechselwirkungen mit Strömen und Ladungen zu einem System aus vier Gleichungen zusammenfassen konnte.

Im Herzen des Elektromagnetismus

Das Faradaysche Induktionsgesetz sagt aus, dass in einer leitenden Schleife, durch die hindurch sich ein Magnetfeld zeitlich ändert, eine Spannung und folglich ein Strom induziert wird. Maxwell formulierte dies um, indem er von Feldern sprach und behauptete, dass ein sich zeitlich änderndes Magnetfeld ein elektrisches Feld induziere. Gilt die Umkehrung ebenso, das heißt, kann ein sich zeitlich änderndes elektrisches Feld ein Magnetfeld induzieren?

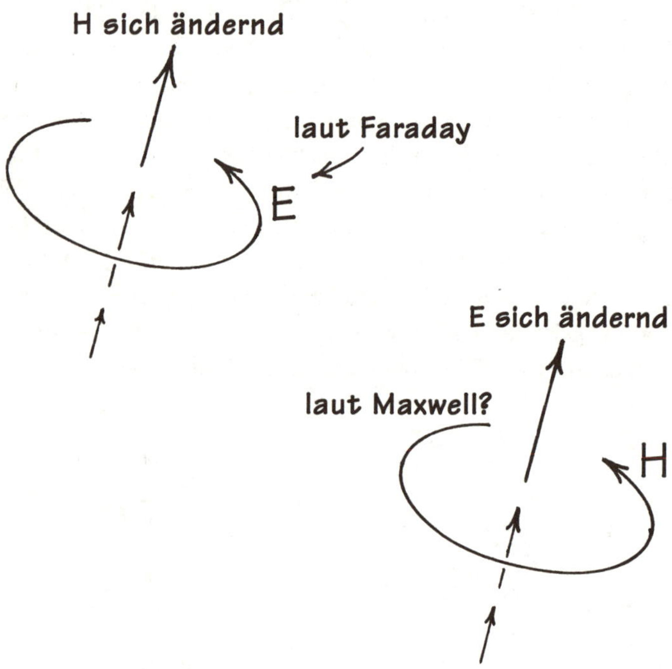

a) Ja, das geht immer!
b) Ja, das ist möglich, aber nicht immer.
c) Nein, geht nicht.

Antwort: Im Herzen des Elektromagnetismus

Die Antwort lautet a). Solche Dualität ist das eigentliche Herz der elektromagnetischen Theorie. Das bedeutet nichts anderes, als dass ein elektrisches Feld oder Magnetfeld einmal ins Universum gepflanzt unsterblich wird – irgendwo existiert es immer weiter. Denn wenn man ein elektrisch geladenes Ding entlädt und so das damit verbundene elektrische Feld zu vernichten versucht oder einen Magneten zerstört und dadurch das damit verbundene Magnetfeld zu vernichten versucht, verursacht gerade die Vernichtung jedes der beiden Felder ein neues Feld der jeweils anderen Art.

Und so geht das ewig weiter. Das zerfallende elektrische Feld erzeugt ein Magnetfeld, das zerfallende Magnetfeld schafft ein elektrisches Feld – ein »wiedergeborenes«. Dieser ewige Wechsel ist der Mechanismus, der Radiowellen, Lichtwellen und selbst Röntgenstrahlen durch den Weltraum verbreitet.

Immer wandernd. Auch wenn der Radiosender längst verstummt, die Kerze längst erloschen oder die Röntgenpraxis längst geschlossen ist – die Welle macht auf immer weiter, getreu ihrem letzten Befehl: *Halt niemals an.*

Ring um was?

Eine Magnetfeldlinie ringelt sich zu einem Kreis. Was würde man erwarten, das an einer beliebigen Stelle innerhalb des Rings diesen durchläuft?

a) eine elektrische Feldlinie
b) ein elektrischer Strom
c) eine sich zeitlich ändernde elektrische Feldlinie
d) ein elektrischer Strom und/oder eine sich zeitlich ändernde elektrische Feldlinie

Antwort: Ring um was?

Die Antwort lautet d). Zu Zeiten Napoleons war bekannt, dass ein magnetisches Feld einen stromführenden Draht umringt.

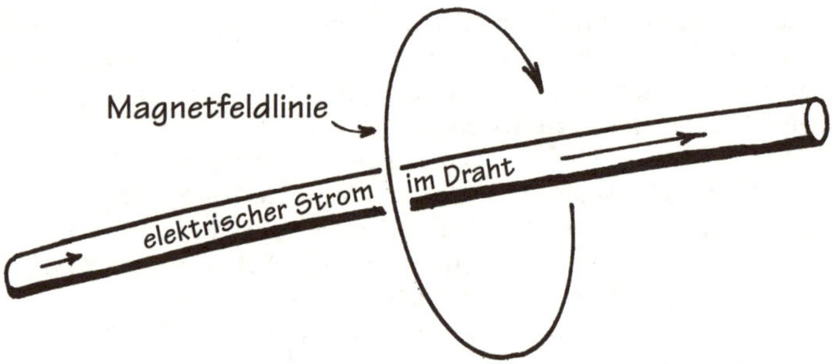

Aber etwa seit dem Deutsch-Französischen Krieg wurde (in England) erkannt, dass ein Magnetfeld auch noch anders erzeugt werden kann. Das war die Quintessenz der letzten Frage IM HERZEN DES ELEKTROMAGNETISMUS: Auch ein sich *änderndes* elektrisches Feld macht ein Magnetfeld. Wächst das elektrische Feld an, ringelt sich das Magnetfeld in der einen Richtung. Wird das elektrische Feld schwächer, ringelt sich das Magnetfeld in der umgekehrten Richtung. Ändert sich das elektrische Feld nicht (bleibt statisch), dann erzeugt es überhaupt kein Magnetfeld.

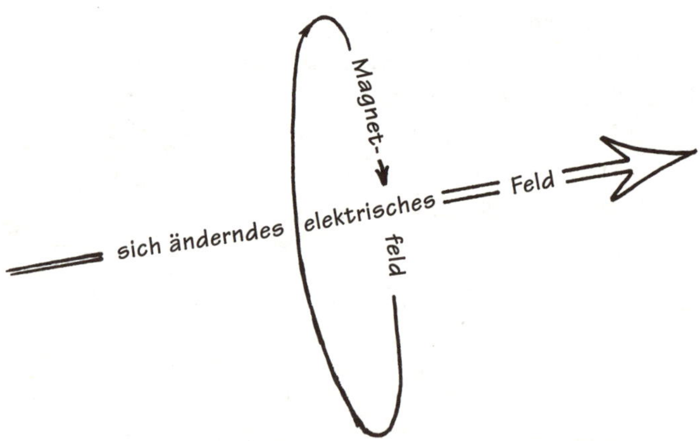

Dies erinnert stark an den Transformator. Im Transformator induziert ein wechselndes Magnetfeld ein elektrisches Feld, welches es umringt. Jetzt erfahren wir, dass ebenso ein elektrisches Wechselfeld ein es umringendes Magnetfeld induziert. Der plötzliche Zerfall des einen Felds führt zu einer Kaskade neuer Felder, die eine Kette elektrischer und magnetischer Felder bildet, die einander umringen. Der einzige Haken dabei ist, dass es sich *ändernde* Felder sein müssen. Darum könnte die Kette nie stehen bleiben.

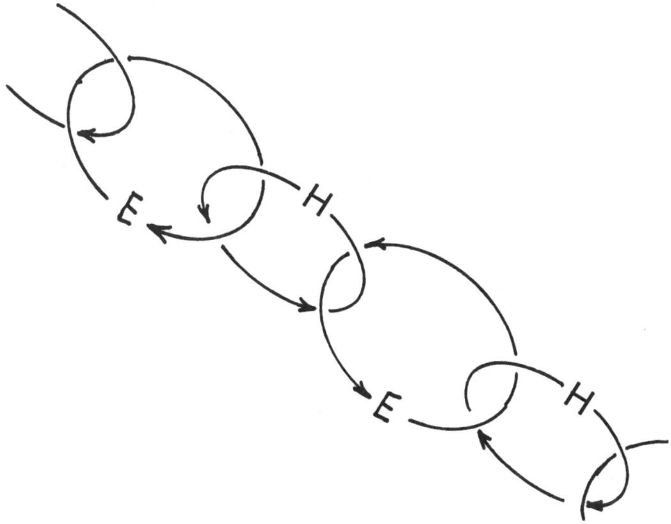

Geistiges Auge

Ist ein Universum glaubhaft, worin es elektrische Felder, aber keine geladenen Dinge gäbe?

a) Ja, solch ein Universum ist glaubhaft.
b) Nein, solch ein Universum könnte es nie geben.

Antwort: Geistiges Auge

Die Antwort lautet a). Natürlich kennt niemand ein solches Universum aus erster Hand, dennoch kann man in seinem Kopf überlegen, was geschähe – es vor seinem geistigen Auge sehen.

Es gibt mehrere Wege dies zu sehen. Wir haben soeben bei IM HERZEN DES ELEKTROMAGNETISMUS erfahren: Wächst oder zerfällt ein Magnetfeld, entsteht ein elektrisches Feld, welches das wechselnde Magnetfeld umringt; wächst oder zerfällt ein elektrisches Feld, entsteht ein Magnetfeld, welches das wechselnde elektrische Feld umringt. Mit anderen Worten: Zerfallende oder ersterbende Felder der einen Art induzieren wachsende Felder der jeweils anderen Art. So geht es immer weiter – eine Art übergibt der anderen. Die wiederholte Übergabe wird elektromagnetische Welle genannt. Einmal gestartet, ist sie selbsterhaltend und hängt überhaupt nicht mehr von der ursprünglichen Ladung ab, die alles auslöste. Ein Radiosender oder ein Stern mögen der Zerstörung anheim fallen, doch wenn erst einmal die elektromagnetischen Felder im Funksignal oder Sternenlicht unterwegs sind, laufen sie Millionen von Jahren weiter, ungeachtet des Schicksals ihrer Heimatquelle.

Nun zu einem ganz anderen Weg, darüber nachzudenken; man stelle sich das elektrische Feld eines geladenen Dings vor, wie es sich in den Weltraum erstreckt. Wird jetzt das Ding neutral (ungeladen) gemacht, muss das Feld verschwinden. Doch die »Nachricht«, dass die Ladung neutralisiert wurde, kann nicht sofort überall im Weltraum sein. Sie wandert mit Lichtgeschwindigkeit von dem Ding aus. Also auch wenn die Ladung weg ist, bleibt ihr Feld in fernen Teilen des Weltraums bestehen, wo die Nachricht erst noch ankommen muss (die Schlacht von New Orleans wurde noch geschlagen, als der Krieg von 1812 schon *vorbei* war, weil die Nachricht davon erst noch die Sümpfe von Louisiana erreichen musste).

Bei der Frage NICHTS IST UNMÖGLICH? war die Antwort, dass nicht alles möglich ist, man insbesondere keine geladenen Dinge haben kann, ohne auch elektrische Felder zu haben. Doch jetzt besagt die Antwort, dass man Felder haben kann ohne geladene Dinge. Offenbar sind Felder wesentlicher als Ladungen! Wie seltsam. Lange wurden die Ladungen für etwas Reelles und die Felder für etwas Abstraktes gehalten – und jetzt ist es umgekehrt.

Verschiebungsstrom

Ein Draht verbindet wie skizziert zwei entgegengesetzt geladene Platten (die Anordnung ist ein Kondensator). Ein Magnetnadel-Kompass befindet sich wie gezeigt außerhalb der Platten. Wird der Schalter geschlossen, wodurch die Platten sich über den Draht entladen können, gibt es momentan einen Strom im Draht. Man würde daher erwarten, dass der Kompass irgendwie beeinflusst wird. Wird er das?

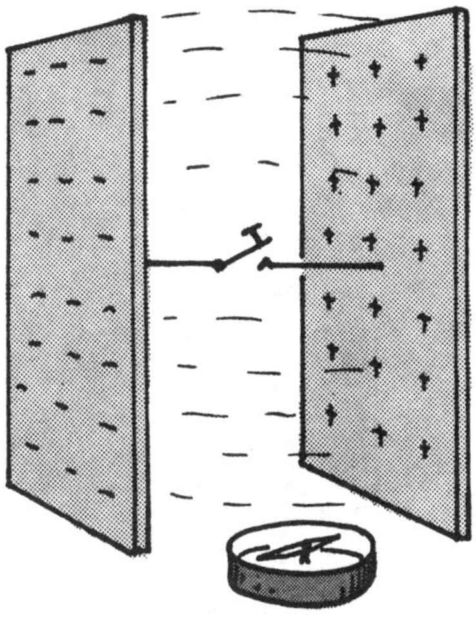

a) Ja, er wird beeinflusst.
b) Nein, er wird nicht beeinflusst.

Antwort: Verschiebungsstrom

Die Antwort lautet b). Weil es einen elektrischen Strom im Draht gibt, während sich die Platten entladen, möchte man zuerst glauben, dass jener Strom ein Magnetfeld um den Draht schaffen und das Magnetfeld den Kompass beeinflussen müsste. Aber es gibt auch ein ersterbendes elektrisches Feld zwischen den Platten. Und ein ersterbendes Feld ist ein sich änderndes Feld, das ein Magnetfeld um sich herum schafft, ganz wie ein elektrischer Strom. Die Magnetwirkung des ersterbenden elektrischen Felds ist der Magnetwirkung des elektrischen Stroms genau entgegengesetzt. Also heben sich die beiden auf.

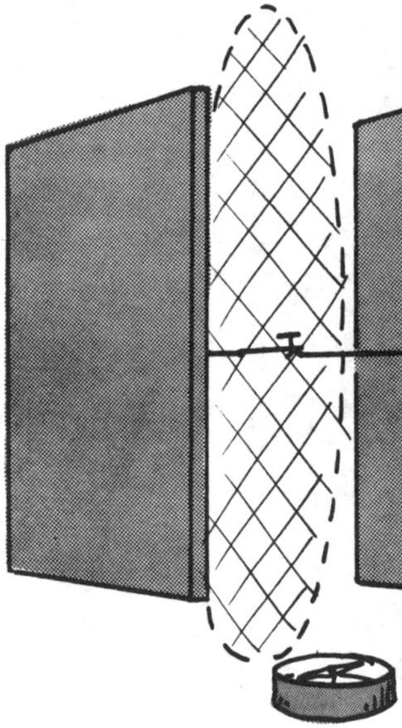

Ein sich änderndes elektrisches Feld wird Verschiebungsstrom genannt. Der Name rührt von einer alten Vorstellung her, nämlich dass das elektrische Feld tatsächlich eine Spannung oder Verschiebung des »Äthers« sei, der nach damaliger Meinung den Weltraum erfüllte.

Röntgenstrahlen

Trifft ein Elektronenstrahl in der Fernsehröhre von innen auf ihre Front und wird dadurch gestoppt, dann wird etwas Röntgenstrahlung erzeugt. Die meisten dieser Röntgenstrahlen wandern

a) vorwärts, in gleicher Richtung wie die Elektronen
b) seitwärts, rechtwinklig zur Richtung der Elektronen
c) rückwärts, entgegen der Richtung der Elektronen
d) gleichmäßig in alle Richtungen

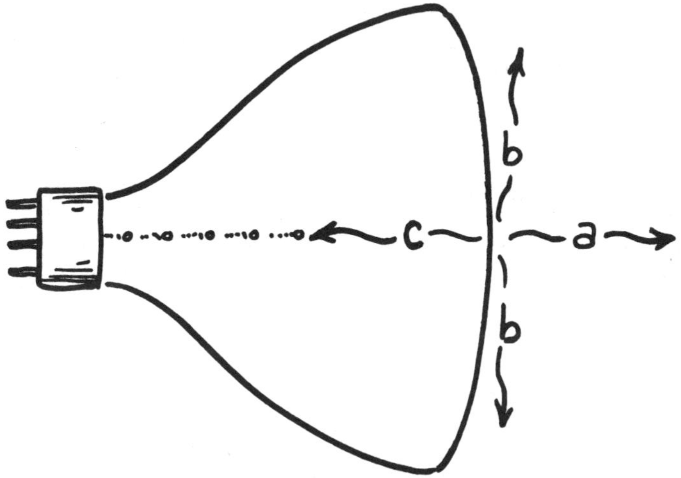

Antwort: Röntgenstrahlen

Die Antwort lautet b).

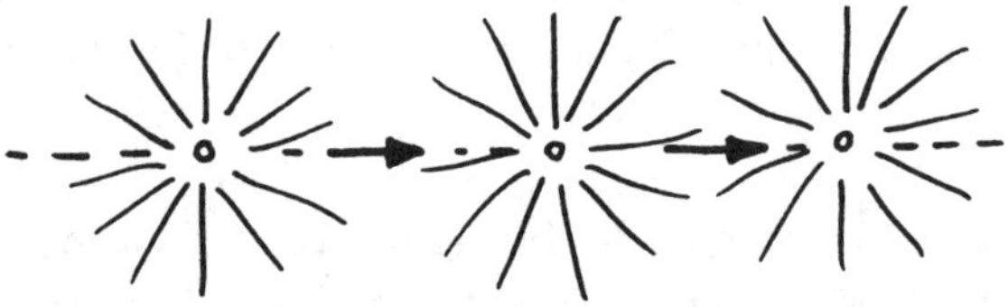

Elektronen sind von ihrem elektrischen Feld umgeben. Bewegen sich die Elektronen, tragen sie ihr elektrisches Feld mit sich, wie oben skizziert. Die elektrischen Feldlinien erstrecken sich bis ins Unendliche.

Wenn ein Elektron plötzlich gestoppt wird, kann nicht das ganze *Feld* plötzlich anhalten. Der Teil des Felds nahe dem Elektron stoppt zuerst, doch der Teil weiter weg erhält die Nachricht vom Halt nicht, bewegt sich also weiter, wie wenn das Elektron noch nicht gestoppt wäre. Dergestalt entwickelt sich ein »Knick« im elektrischen Feld. Dieser »Knick« läuft auf den Feldlinien nach draußen, er stellt die Röntgenwelle dar.

Die Skizze unten zeigt das Geschehen, wenn ein Elektron die Front der Fernsehröhre im Punkt A trifft und stoppt. Entfernte Teile des Felds, die offenbar von B ausgehen, sind von der Stopp-Nachricht noch nicht erreicht worden. Wenn die Nachricht vom Stopp nur bis zum gestrichelten Kreis reicht, finden wir einen Knick im Feld bei diesem Kreis. Geometrisch ergeben sich die größten Knicke seitwärts zur Richtung des Elektronenstrahls, vor- oder rückwärts gibt es keinen »Knick«.

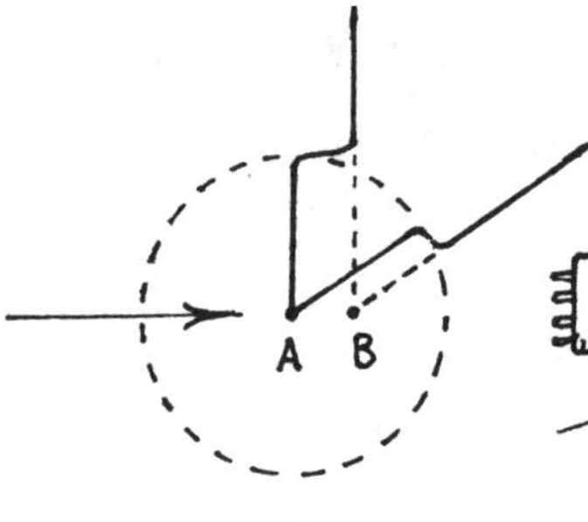

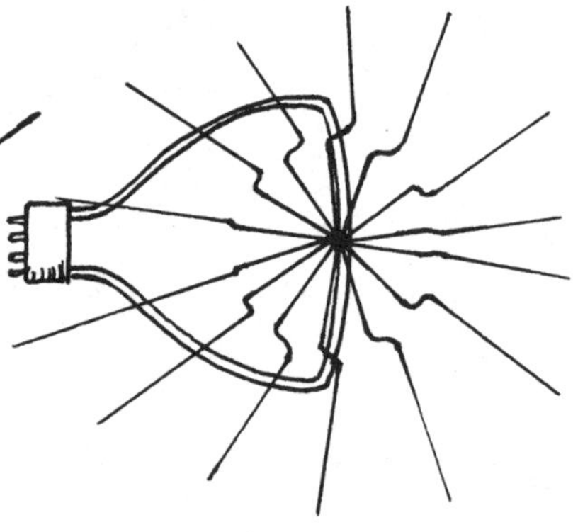

Weil die Röntgenstrahlen zur Seite wandern, sind die Röntgenröhren so gebaut, dass die Röntgenstrahlen seitlich herauskommen können. Das Ding, das die Elektronen stoppt, wird als Antikathode bezeichnet. Die Antikathode ist abgeschrägt, um die Entsendung von Elektronen zur Seite zu fördern (Die Elektronen fliegen deshalb vorzugsweise zur Antikathode, weil diese positiv ist, während die Stelle, woher sie kommen, negativ ist).

Wer sich vorstellen kann, wie Röntgenstrahlen erzeugt werden, kann sich auch denken, wie Funkwellen entstehen. Funkwellen werden von Elektronen gemacht, die sich in einem Draht namens Antenne hin und her bewegen. Die Hin-und-Her-Bewegung der Elektronen erfolgt bruchlos und stetig, ohne plötzliche Stopps wie bei den Röntgenstrahlen.

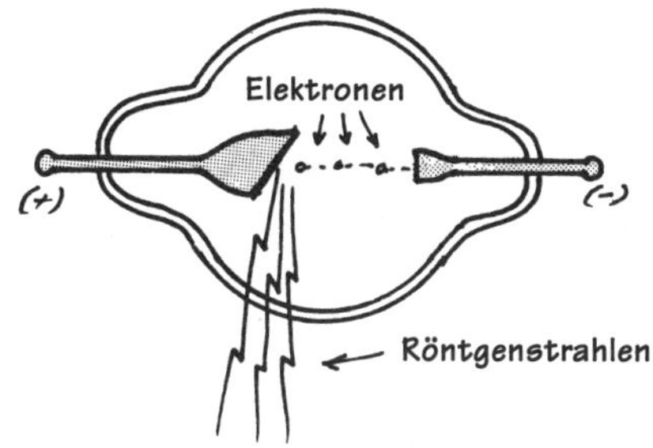

Während sich die Elektronen im Draht so hin und her bewegen, ziehen sie das umgebende elektrische Feld mit sich, und dessen fernere Teile folgen später.

Es ist, wie wenn man ein Seil hin und her bewegt. Die Hand steht für das Elektron und das Seil für das elektrische Feld. Wellen laufen das Seil entlang. Elektrische Wellen laufen entlang dem elektrischen Feld. Die Geschwindigkeit der Wellen hängt davon ab, wie viel Spannung im Seil ist. Wie oft die Hand sich bewegt, ergibt die Frequenz der Welle. Im elektrischen Fall ist die Geschwindigkeit der Welle die Lichtgeschwindigkeit, und zwar unabhängig davon, ob es sich um Lichtwellen, Röntgenstrahlen oder Funkwellen handelt. Der Unterschied zwischen diesen Wellen besteht einzig darin, dass sich die Elektronen als ihre Quelle unterschiedlich bewegen.

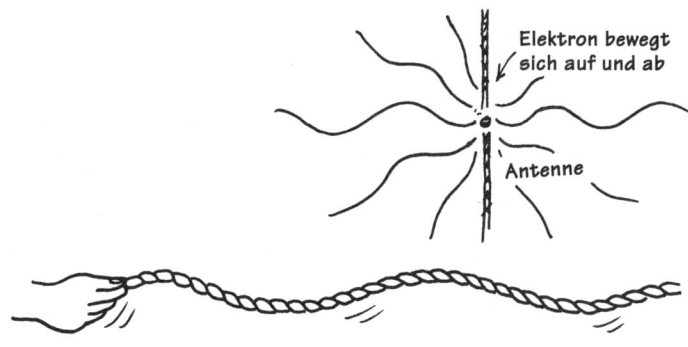

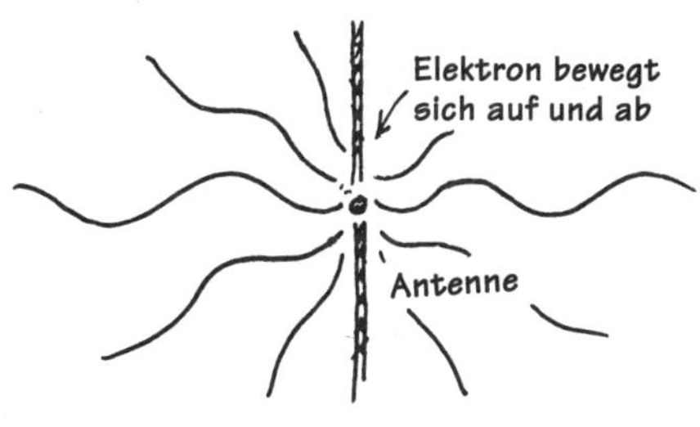

Synchrotron-Strahlung

Wird ein schnell bewegtes Elektron gezwungen, sich immer im Kreis herum zu bewegen, wird es

a) polarisiertes Licht
b) Schwarzkörperstrahlung
c) überhaupt keine Strahlung

emittieren.

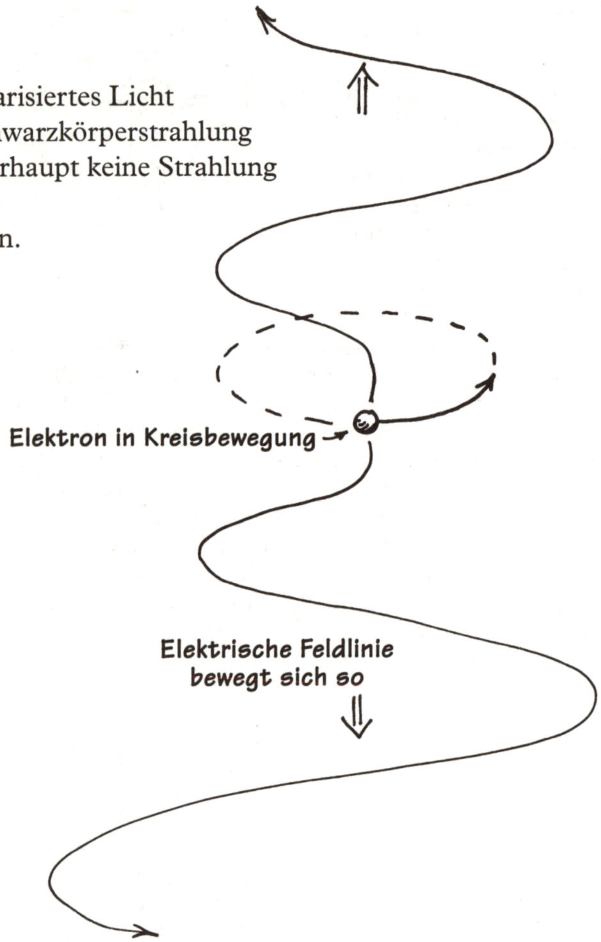

Antwort: Synchrotron-Strahlung

Die Antwort lautet a). Eine besonders starke Quelle für Röntgenstrahlung, aber auch sichtbares Licht, ist eine Maschine namens *Synchrotron*, welche Elektronen auf Kreisbahnen laufen lässt (sie sind in einem Magnetfeld gefangen). Während die Elektronen umlaufen, peitschen ihre elektrischen Feldlinien vor und zurück. Diese peitschenden Feldlinien sind eigentlich die Wellen der Strahlung. Diese Wellen peitschen in der Kreisbahn-Ebene des Elektrons hin und zurück, wie in I skizziert. Hoch und nieder wie in Skizze II können sie nicht peitschen.

Eine Welle, die in einer bestimmten Richtung hin und zurück peitscht, nennt man in dieser Richtung polarisiert. Die Welle peitscht mit derselben Frequenz, wie die Elektronen auf dem Kreis herumfahren (obwohl ein relativistischer Effekt dies ein bisschen durcheinander bringt), also kann man Synchrotronstrahlung nicht mit Schwarzkörperstrahlung verwechseln, die eine Mischung vieler Frequenzen beinhaltet.

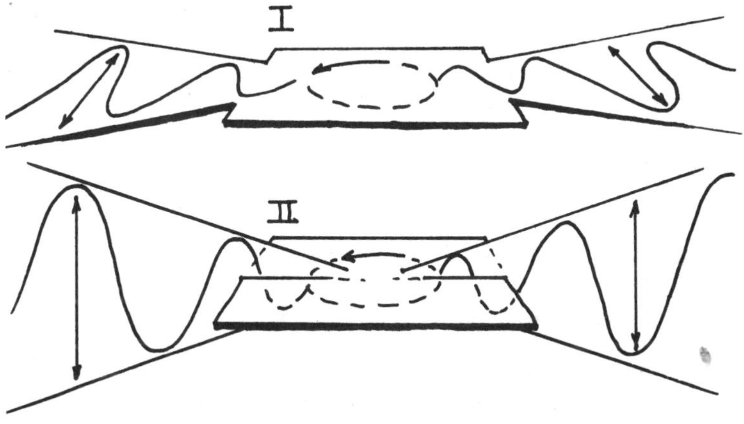

Übrigens senden überall Elektronen, gefangen im Magnetfeld einer Galaxie, im Magnetfeld von Pulsaren oder im Magnetfeld der Erde (Van-Allen-Gürtel), Synchrotronstrahlung von sehr niedrigen Frequenzen im Rundfunkbereich aus.

Mehr Fragen (ohne Erklärungen)

Bei den folgenden Fragen parallel zu den bisherigen sind die Leserinnen und Leser auf sich selbst gestellt. Also physikalisch denken!

1. Erhält ein Ding eine positive Ladung, wird seine Masse genau genommen
   a) größer b) kleiner c) unverändert bleiben

2. Wenn zwei anfangs ruhende Elektronen eng nebeneinander gesetzt werden, wird die Kraft auf jedes
   a) zunehmen, wenn sie sich bewegen
   b) abnehmen, wenn sie sich bewegen
   c) gleich bleiben, wenn sie sich bewegen

3. Das elektrische Feld innerhalb einer Kupferkugel ist anfangs null. Wird eine negative Ladung auf die Kugel gebracht, wird das Feld innerhalb
   a) kleiner als null b) null c) größer als null

4. Zwei identische Kondensatoren werden wie skizziert verbunden, um einen größeren Kondensator zu bekommen, welcher dann die doppelte
   a) Spannung hat b) Ladung hat
   c) beides d) weder – noch

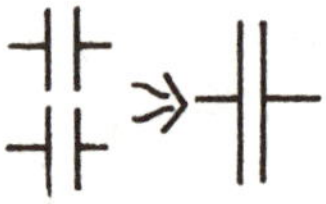

5. Eine Glühbirne und eine Batterie bilden einen Stromkreis. Strom fließt
   a) aus der Batterie und in die Glühlampe
   b) durch die Batterie wie die Glühlampe

6. Zwei Glühbirnen, in Reihe mit einer Batterie verbunden, werden
   a) weniger Strom ziehen, als eine einzelne Glühbirne zöge
   b) gleich viel Strom ziehen, wie eine einzelne Glühbirne zöge
   c) mehr Strom ziehen, als eine einzelne Glühbirne zöge

7. Zwei Glühbirnen, parallel zu einer Batterie verdrahtet, werden
   a) weniger Strom ziehen, als eine einzelne Glühbirne zöge
   b) gleich viel Strom ziehen, wie eine einzelne Glühbirne zöge
   c) mehr Strom ziehen, als eine einzelne Glühbirne zöge

8. Wer hat die dickere Glühwendel?
   a) eine 40-Watt-Glühbirne b) eine 100-Watt-Glühbirne

9. Die Anzahl Ampere, die durch eine 60-Watt-Glühbirne an einem 240-Volt-Netz fließt, ist
   a) 1/4 b) 1/2 c) 2 d) 4

10. Die Anzahl Elektronen, die von Elektrizitätswerken 2005 an einen typischen europäischen Haushalt geliefert wurden, war
   a) null
   b) 220
   c) zahllose Milliarden

11. Ein Elektron, das in jeder Sekunde 1000-mal hin und her schwingt, erzeugt eine elektromagnetische Welle von
   a) 0 Hertz b) 1000 Hertz c) 2000 Hertz

12. Welche der folgenden Behauptungen stimmt immer?
   a) Wann immer ein elektrisches Feld existiert, existiert dort auch ein elektrischer Strom
   b) Wann immer ein elektrischer Strom existiert, existiert dort auch ein elektrisches Feld
   c) beide stimmen
   d) keine davon stimmt

13. Sich bewegende Elektronen wechselwirken mit
   a) einem Magnetfeld b) einem elektrischen Feld
   c) beiden d) keinem

14. Wird ein Magnet in eine Spule von 10 Windungen getaucht, wird eine Spannung zwischen den Drahtenden induziert. Wird der Magnet entsprechend in eine Spule mit 20 Windungen getaucht, dann ist die induzierte Spannung
   a) halb so groß b) die Gleiche
   c) doppelt so groß d) viermal so groß

15. Transformatoren dienen zur Erhöhung der
   a) Spannung b) Energie c) Leistung
   d) aller zusammen e) keiner davon

16. Ein Laubenpieper in Berlin-Siemensstadt zog einst wie skizziert einen Draht von seiner Hütte unter einer Überlandleitung durch. Kann er so seine Hütte mit Strom versorgen?
   a) ja b) nein

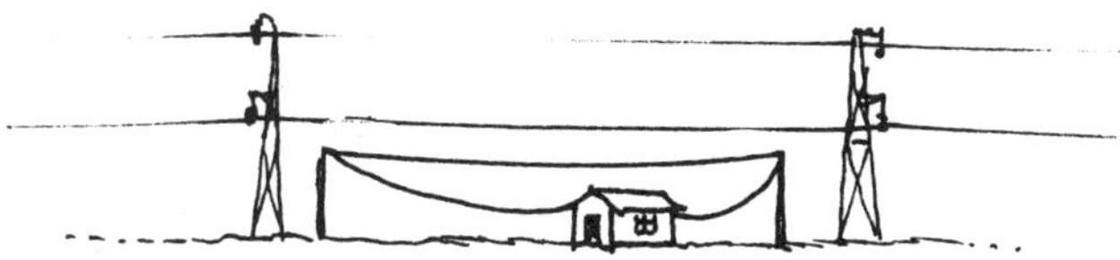

17. Ein Radiosender sendet Funkwellen aus, indem er Elektronen in seiner Sendeantenne hin und her eilen lässt. Die meisten Funkwellen nehmen die Richtung
a) I
b) II und III
c) IV und V
d) II, III, IV und V
e) I, II, III, IV und V

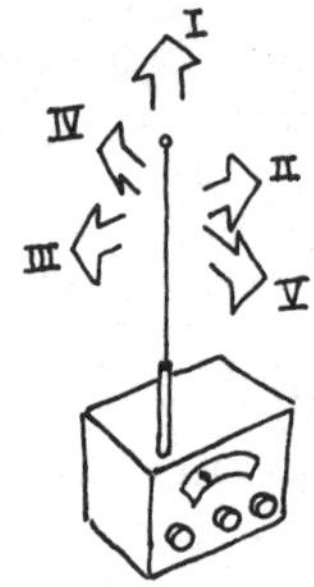

18. Werden immer mehr Glühbirnen zu der skizzierten Kette hinzugefügt, wird die gezogene Leistung

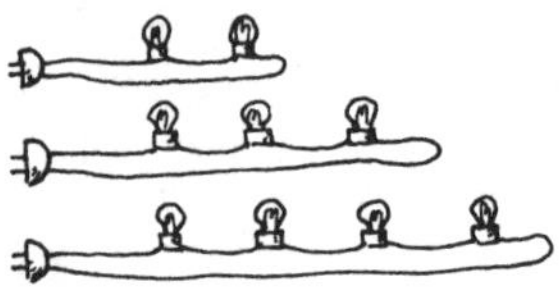

a) zunehmen
b) abnehmen
c) gleich bleiben

19. Werden immer mehr Glühbirnen zu dieser skizzierten Kette dazugetan, wird die gezogene Leistung

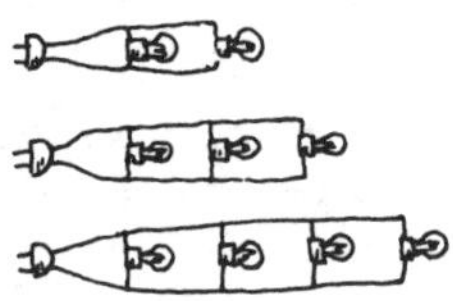

a) zunehmen
b) abnehmen
c) gleich bleiben

20. Werden immer mehr Glühbirnen zu folgender skizzierten Kette dazugetan, wird die gezogene Leistung

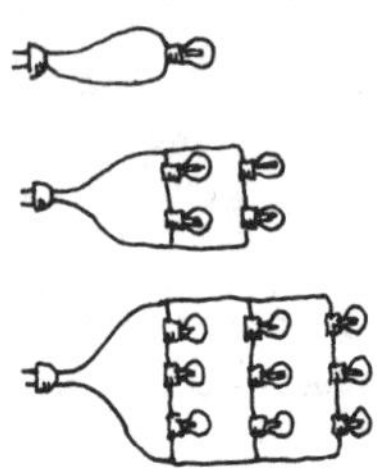

a) zunehmen
b) abnehmen
c) gleich bleiben

RELATIVITÄT

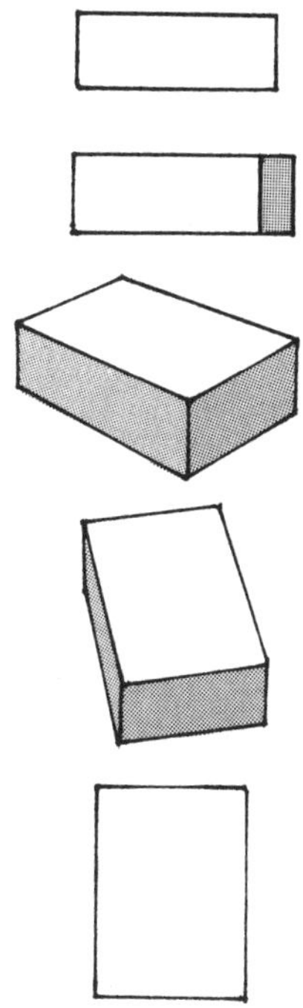

Grafiker wissen, dass sich scheinbare Form oder Größe eines Dings unter verschiedenen Blickwinkeln verändern. Das hat mit der dreidimensionalen Perspektive zu tun, wie sie es nennen. Wie es aussieht, hat die Welt mindestens vier Dimensionen, mit der Zeit als der vierten Dimension. Wichtig hierbei ist, dass man in vier Dimensionen dieselbe Sache auch aus verschiedenen Blickwinkeln betrachten kann, indem man seine Geschwindigkeit ändert. Dieselbe Sache, sei es nun Kraft, Zeit oder Geometrie einer Schachtel, erscheint ganz anders, wenn man sie aus einer anderen Geschwindigkeit betrachtet – vierdimensionale Perspektive! Das ist es, worum es in Einsteins Relativitätstheorie* geht.

* Das Folgende wird vom gleichen Autor viel ausführlicher erklärt in seinem Buch *Relativitätstheorie anschaulich dargestellt*, Basel [2]1988.

Physik laviert gern möglichst nah am Rand zum Selbstwiderspruch, ohne ihn allerdings zu überschreiten.*

* Oder lässt dies unser eingeschränkter Blickwinkel bloß so erscheinen?

Individueller Tacho

Wenn man fast mit Lichtgeschwindigkeit* bezüglich der Sterne reiste, könnte man das feststellen, weil

a) die eigene Masse zunähme
b) der Herzschlag langsamer würde
c) man schrumpfen würde
d) alles davon
e) Man könnte die Geschwindigkeit nie anhand von Veränderungen an einem selbst feststellen.

* Lichtgeschwindigkeit beträgt rund 300 000 Kilometer pro Sekunde.

Antwort: Individueller Tacho

Die Antwort lautet e). Grundgedanke der Relativität ist, dass man in einem geschlossenen Zimmer absolut keine Möglichkeit hat zu wissen, ob das Zimmer sich bewegt oder nicht. Kurz: Man hat keinen individuellen Tacho. Wenn jetzt das Zimmer plötzlich stoppt, kann die Person darin das wahrnehmen. Auch wenn das Zimmer plötzlich startet, merkt das die Person darin. Und wenn das Zimmer rotiert, kann die Person darin sagen, dass es rotiert. Aber wenn sich das Zimmer gleichförmig in gerader Linie bewegt und nicht irgendwie beschleunigt, gibt es keinerlei Möglichkeit für einen selbst (darin) festzustellen, ob es sich bewegt oder nicht. Selbst wenn das Zimmer ein Fenster hat und man beim Hinausschauen sieht, dass etwas sich auf einen zu bewegt, kann man nicht unterscheiden, ob sich nun das eigene Zimmer auf dieses Ding zu bewegt oder das Ding zum eigenen Zimmer.

Auch wenn die Zimmerbewegung die eigene Masse, den eigenen Herzschlag oder die eigene Größe beeinflussen würde, würde sie dies auch bei allen anderen Massen oder Uhren oder Größen im Zimmer genauso tun. Also gäbe es nichts im Zimmer, das sich nicht ebenso veränderte. Es gäbe keinen festen Bezugsrahmen, mit dem man vergleichen könnte. Also gäbe es keinerlei Möglichkeit, irgendeine Änderung festzustellen. Ein individueller Tacho existiert also nicht.

Ortsabstand, Zeitablauf, Raum-Zeit-Intervall

Die individuelle Zeitwahrnehmung ist für alle Personen, die von einem Ereignis (etwa Mittagessen heute) zum nächsten (Mittagessen morgen) steuern, dieselbe, unabhängig davon, welchen Weg sie zwischen beiden Ereignissen zurücklegen.

a) richtig
b) falsch

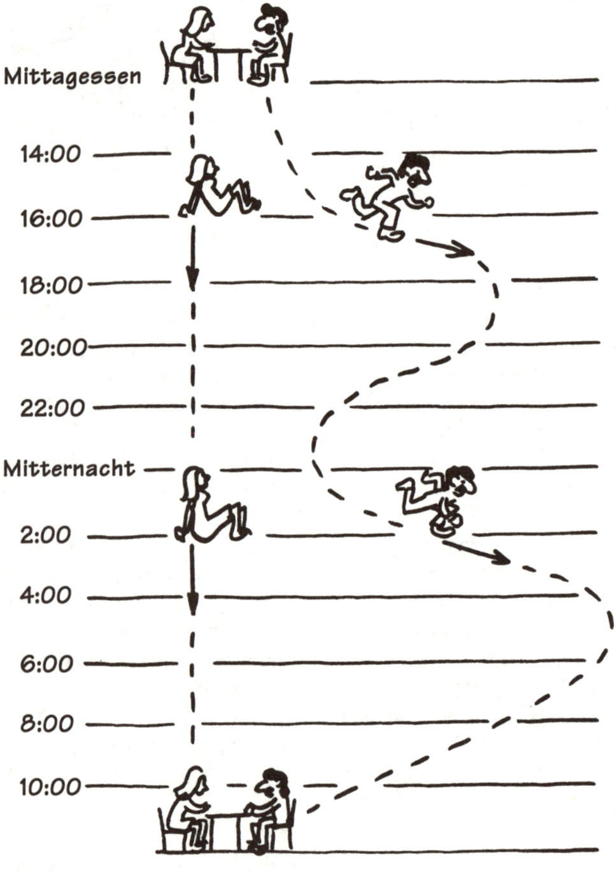

Antwort: Ortsabstand, Zeitablauf, Raum-Zeit-Intervall

Die Antwort lautet b). Zwischen den beiden Ereignissen (Mittagessen) – möchte man meinen – liegen 24 Stunden Zeit. Und so ist es auch, wenn man bloß dasitzt. Doch wenn man zwischen den beiden Mittagen auf eine ganz schnelle Reise geht und zum Reisen eine Uhr mitnimmt, wird man anhand der Uhr feststellen, dass weniger als 24 Stunden zwischen den beiden Mittagessenszeiten liegen. Grundgedanke ist hierbei, dass die beiden Mittagessen nicht durch einen bestimmten Betrag an Zeit, sondern durch einen bestimmten Betrag an Raumzeit getrennt sind. Wenn man dasitzt und nicht reist, kann es keinen Abstand zwischen den Mittagessen geben – nur die Zeit trennt sie. Aber wenn man reist, legt man einen Abstand zwischen die beiden Essen. Wenn nun die Raumzeit zwischen den Mittagessen dieselbe bleibt, der Abstandswert zwischen ihnen aber zunimmt, dann muss der Zeitbetrag zwischen ihnen abnehmen. Und das tut er tatsächlich. Wenn man nach dem Mittagessen sein Raumschiff besteigt, dann mit fast Lichtgeschwindigkeit die Gegend unsicher macht und zum nächsten Mittagsbrot zurückkehrt, wird man selbst und die eigene Uhr das Verstreichen von null Zeit feststellen – aber das nächste Mittagessen steht schon auf dem Tisch.

Der Kniff dabei ist folgender: Man reist eigentlich immer, und das immer mit gleicher Geschwindigkeit. Sogar wenn man stillsteht. Wenn man stillsteht, wandert man eben durch die Zeit. Wenn die Geschwindigkeit so angelegt ist, dass sie einen durch den Raum trägt, dann verringert sich die übrige Komponente, die einen durch die Zeit trägt. Wird die Geschwindigkeit ganz dazu benutzt, einen durch den Raum zu tragen (mit Lichtgeschwindigkeit), bleibt nichts mehr übrig, um einen durch die Zeit zu tragen.

Alle Uhren der Welt

Alle Uhren erfüllen ein wesentliches Erfordernis, nämlich:

a) Anzeige in Ziffern
b) geglättete konstante Energieversorgung
c) beides
d) nichts davon

Antwort: Alle Uhren der Welt

Die Antwort lautet d). Der Hahn kräht vor Sonnenaufgang – in Unkenntnis irgendwelcher Zahlen. Und einmal losgelassen markiert ein freies Pendel gute Zeiten ohne Zutun von Energie, sondern mit einer ständig abnehmenden inneren Energiereserve. Eine Uhr muss nicht mal etwas enthalten, das genau reproduzierbar oder gar zyklisch arbeitet. Zum Beispiel ist der radioaktive Zerfall ein einseitig gerichteter, zufälliger Vorgang, der dennoch die Zeit anzeigt.

Dennoch – alle Uhren haben ein wesentliches Detail. Alle Uhren besitzen innen etwas, das sich bewegt, zum Beispiel elektrische Ladung. Dieses Etwas könnte sogar ein Lichtblitz sein, der sich durch ein Rohr bewegt.

Die Relativitätstheorie setzt eherne Grenzen und Anforderungen daran, wie sich Licht bewegt. Dies dürfte folglich auch Grenzen und Anforderungen daran bedeuten, wie eine solche »Lichtuhr« funktionieren kann. Dürfte demnach also eine »Lichtuhr« anders laufen als eine Aufziehuhr? Ja? Nein? Die Antwort lautet Nein. Warum?

Denn wenn irgendeine Konsequenz der Bewegung *nur* die Lichtuhr allein beeinflussen würde, könnte man durch Vergleich mit der Aufziehuhr den Unterschied erkennen. Und dieser Unterschied wäre ein Hinweis, der einem etwas über die eigene Bewegung sagt. Also hätte man einen INDIVIDUELLEN TACHO, den es nicht geben darf (siehe dort).

Wenn also etwas Seltsames, »Neues« oder bislang Unvorhergesehenes die Lichtuhr beeinflusst, dann muss es alle Uhren beeinflussen, selbst biologische oder Sanduhren! Aber wenn es *alle* Uhren beeinflusst, dann muss es die Zeit selbst beeinflussen.

Übrigens liefert dies eine Definition der Zeit: Zeit ist, was eine funktionierende Uhr* anzeigt. Man könnte meinen, das sei selbstverständlich, ist es aber nicht. Temperatur ist zum Beispiel *nicht* das, was ein funktionierendes Thermometer anzeigt. Warum? Weil ein Quecksilberthermometer und eins mit rotem Alkohol, beide bei 100 °C (Siedepunkt) und 0 °C (Eispunkt) markiert, *nicht* beide bei genau derselben Temperatur an der geometrischen Mitte zwischen 100 °C und 0 °C anzeigen. Welchem Thermometer soll man also trauen, wenn man 50 °C haben will?

* Eine ideale Uhr wäre ein Rad mit Marke am Umfang, das sich im leeren Raum dreht.

Kosmischer Tacho

Wenn man jemanden mit halber Lichtgeschwindigkeit durch den Raum reisen sieht, beobachtet man auch, dass dessen Uhr

a) halb so schnell geht wie normal
b) langsamer als halb so schnell wie normal geht
c) langsamer geht, aber nicht auf die Hälfte verlangsamt
d) normal schnell geht
e) rückwärts geht

Antwort: Kosmischer Tacho

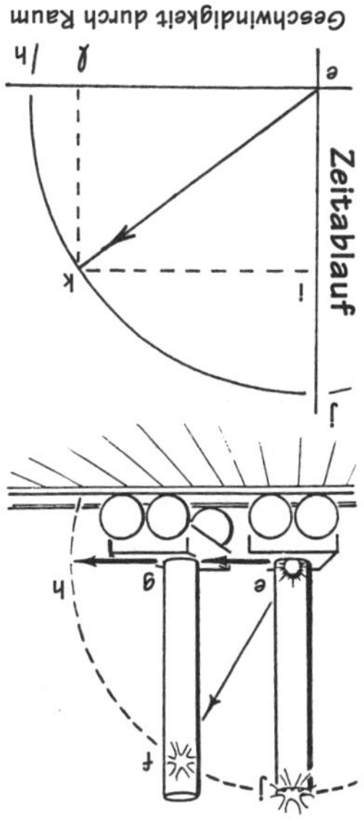

Die Antwort lautet c). Man stelle sich eine Lichtuhr wie skizziert vor (etwas unhandlich mit einem 300 000 km hohen Rohr mit Spiegeln an den Enden). Wenn die Uhr feststeht, braucht ein Lichtblitz vom Boden der Uhr bei e zum Deckel bei j – sagen wir mal – eine Sekunde. Doch wenn sich die Uhr mit halber Lichtgeschwindigkeit bewegt, reist sie in einer Sekunde von e nach g (wenn sie sich mit voller Lichtgeschwindigkeit bewegte, würde sie in einer Sekunde von e nach h reisen). Wenn jetzt die Uhr nach g reist, kann der Blitz in einer Sekunde nur auf Höhe f kommen, weil Licht nicht noch schneller sein kann, als eben auf dem schrägen Weg von e nach f eine Sekunde zu brauchen, wie zu allen Punkten auf dem Kreisbogen mit Radius ej. Aber f ist eben nicht so hoch wie der Deckel ganz oben. Der Abstand zwischen f und dem Deckel beträgt etwa ein Siebtel der Gesamthöhe der Uhr. Das bedeutet, dass eine sich mit halber Lichtgeschwindigkeit durch den Raum bewegende Uhr mit etwa 6/7 ihrer normalen Geschwindigkeit durch die Zeit reist, d. h. um 6/7 langsamer läuft.

Wie schnell müsste die Uhr reisen, damit sie halb so schnell wie normal läuft? Hierzu zeichne man einen kosmischen Tacho (einen Viertelkreis, zweite Skizze). Damit man eine halbanzeigende Uhr hat, zeichne man die Linie von i nach k, die auf halber Höhe zwischen e und j liegt. Dann ziehe man die vertikale Linie von k nach l, wodurch der Ort des Rohrs markiert wird. Die halbanzeigende Uhr muss also in einer Sekunde von e nach l reisen. Die Entfernung von e nach l beträgt etwa 6/7 der Entfernung von e nach h. Also reist die Uhr, die halb so schnell (mit halber Anzeige) durch die Zeit reist, mit etwa 6/7 Lichtgeschwindigkeit durch den Raum.

Der kosmische Tacho liefert eine Erklärungsmöglichkeit, warum man eine Uhr langsamer gehen sieht, wenn man sie durch den Raum rasen sieht. Sie verdeutlicht auch, warum man die Uhr nicht schneller als mit Lichtgeschwindigkeit rasen sieht. Die Erklärung besagt, dass sie immer mit ebendieser Geschwindigkeit reist. Lediglich die Richtung ihrer Geschwindigkeit kann sich ändern. Wenn sie in Richtung e⇨j geht, geht sie komplett durch die Zeit und überhaupt nicht durch den Raum. Wenn sie dagegen in Richtung e⇨h geht, geht sie komplett durch den Raum und überhaupt nicht durch die Zeit. In Richtung e⇨f geht sie größtenteils durch Zeit und ein wenig durch Raum. In Richtung e⇨k geht sie vor allem durch Raum und ein wenig durch Zeit.

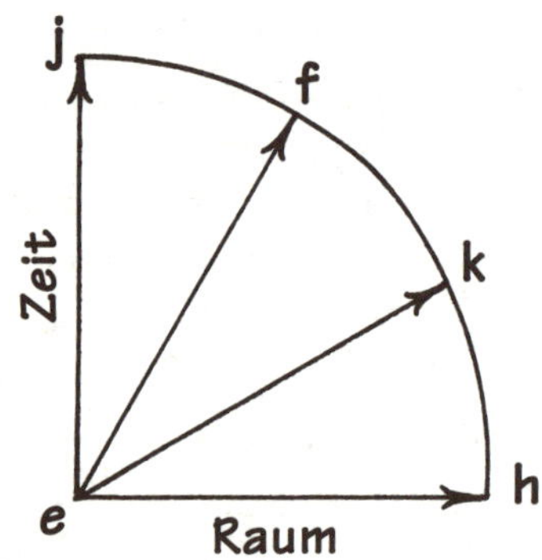

Nun kann man sich selbst niemals durch den Raum bewegen sehen (es sei denn, man glaubt an Seelenwanderung); daher muss man sich immer vorstellen, dass man sich selbst stets entlang e⇨j komplett durch Zeit bewegt. Mit ein bisschen poetischer Freiheit könnte man also sagen, dass man sich selbst mit Lichtgeschwindigkeit in der Zeit bewegt – und das ist so schnell, wie überhaupt möglich. Jetzt weiß man somit, wie es sich anfühlt, wenn man mit Lichtgeschwindigkeit unterwegs ist!

Haben Sie sich jemals gefragt, warum Zeit nicht schneller vorbeigehen kann? Gut, wer die Antwort darauf findet, wird auch wissen, warum man nicht erwarten kann, Dinge schneller als mit Lichtgeschwindigkeit wandern zu sehen.

Von hier nach dort geht nicht

Welche der folgenden Tatsachen, falls endgültig gesichert, würden die »Relativitätstheorie« so, wie wir sie heute kennen, verletzen?

a) Dinge können schneller als Lichtgeschwindigkeit sein.
b) Nichts kann schneller sein als Lichtgeschwindigkeit.
c) Wenn ein Ding schneller als Licht reist, verlangsamt es rasch auf eine kleinere Geschwindigkeit als jene von Licht.

Antwort: Von hier nach dort geht nicht

Die Antwort lautet c). Die »Relativitätstheorie« (eigentlich sollte man sie heute »Relativitätsgesetz« nennen) besagt: Reist etwas langsamer als mit Lichtgeschwindigkeit, dann wird es nie schneller als mit Lichtgeschwindigkeit reisen, um wie viel man auch immer die Geschwindigkeit erhöht. Nichts hält einen (oder es) davon ab, Geschwindigkeit zuzulegen. Es ist nur so, dass die resultierende Geschwindigkeit dann *nicht* die Summe der addierten Geschwindigkeiten ist. Mathematisch ist es dasselbe, wie auf einem Eisenbahngleis zu gehen. Man startet auf Linie AA, man geht nach BB, man kann sogar nach CC gehen. Es gibt nichts, was einen je stoppen könnte. Man kann, so man will, auf ewig gehen. Doch wie weit man auch geht, man wird nie DD erreichen. Das soll nicht heißen, dass es bei DD nichts geben kann. Es heißt bloß, dass man beim Gehen auf den Schienen nicht von AA dorthin gelangen kann. Ganz ähnlich kann man durch Zulegen von Geschwindigkeit nicht über die Lichtgeschwindigkeit kommen. Die Lichtgeschwindigkeit ist wie hier der Horizont – man kann ihn nicht überqueren. Das soll nicht heißen, dass gar nichts mehr als Lichtgeschwindigkeit haben kann. Es bedeutet bloß, das, wenn irgendetwas »dort oben« ist, es nicht durch Zulegen von Geschwindigkeit von hier nach dorthin kam. Dinge könnten darüber sein oder nicht, niemand weiß es; aber bis Redaktionsschluss ist nichts je darüber gesehen worden.

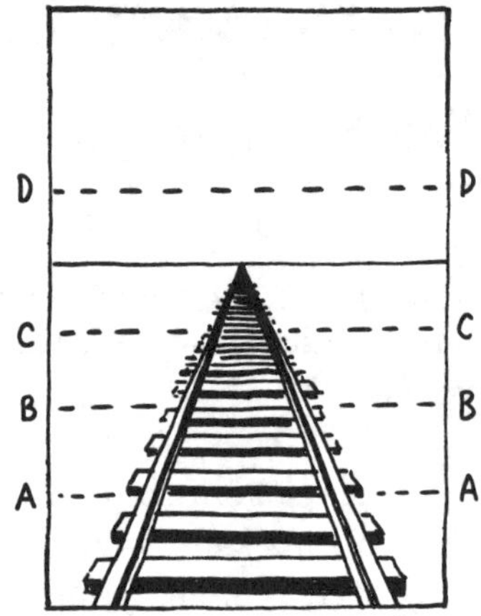

Entdeckte man, dass ein Ding schneller als mit Lichtgeschwindigkeit reist, wäre das, wie wenn man ein zweites Bahngleis über den Köpfen am Himmel fände. Aber, und das ist der kritische Punkt daran, egal wie weit man auf dem Bahngleis am Himmel von FF nach EE nach DD ginge, man könnte nie nach CC unter dem Horizont gelangen, das heißt unterhalb der Lichtgeschwindigkeit.

Verletzt wäre die Relativitätstheorie nur, wenn etwas den Horizont *überquerte.*

Eine Warnung zum Schluss: Diese Horizontbilder sind keine Verbildlichungen der Lichtgeschwindigkeit oder der Relativitätstheorie. Das Horizontbild ist bloß ein mathematisches Gleichnis für das Zulegen an Geschwindigkeit. In der Physik sind solche mathematischen Analogien nicht unüblich. Zum Beispiel wird die Kraft durch einen Pfeil versinnbildlicht, weil dieser ähnliche mathematische Eigenschaften hat. Eine Kraft besteht aber nicht aus einem Pfeil – was viele Physiker beinahe vergessen haben.

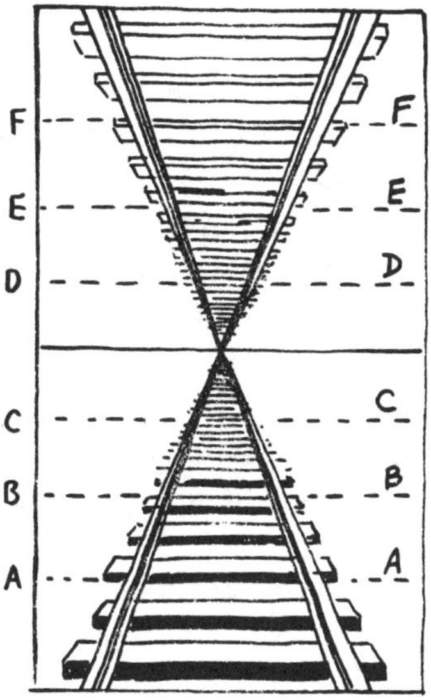

Frau Käpsele

Frau Käpsele ist eine Figur aus dem Sagenreich der Physik, denn sie kann schneller rennen als Licht. Das kann es natürlich nie geben. Aber warum kann sie eigentlich nie schneller als Licht rennen? Folgende Begründung wird manchmal gegeben: Während Frau Käpsele immer schneller rennt, nimmt ihre Masse zu, sodass Frau Käpsele erkennen muss, dass sie zu einer sehr massigen Dame geworden ist, wenn sie an die Lichtgeschwindigkeit herankommt. Sie merkt auch, dass ihre Muskeln nicht länger mit dieser gesteigerten Masse ihres Körpers mithalten können. Und das war's dann. Sie kann versuchen, was sie will, sie kann nicht mehr schneller werden.

a) Obige Erklärung, warum Frau Käpsele nicht schneller als Licht rennen kann, ist schlüssig.
b) Frau Käpsele kann wirklich nicht schneller als Licht rennen, aber obige Erklärung dafür ist nicht schlüssig.

Antwort: Frau Käpsele

Die Antwort lautet b). Nichts hält Frau Käpsele je davon ab, schneller zu rennen. Wir, die wir nicht rennen, sehen ihre Masse zunehmen, weil sie sich relativ zu uns bewegt, aber relativ zu sich selbst bewegt sie sich nicht, und ihre Masse hat den normalen Wert. Man bedenke, dass es keine »individuellen Tachos« gibt, d. h. Leute können ihre Geschwindigkeit nicht an Veränderungen bei sich selbst ablesen.

Wenn wir versuchen, Frau Käpsele schneller zu machen, indem wir sie mit einem langen Stab anschieben, würde ihre gesteigerte Masse unserem Schub widerstehen. Aber wenn sie sich mit den eigenen Beinen mehr Schub gibt, bemerkt sie nichts Ungewöhnliches. Warum kann sie dann nicht ihre Geschwindigkeit über die Lichtgeschwindigkeit steigern? Antwort: Wenn sie 10 km/h zu ihrer Geschwindigkeit zulegt, dann sieht das für uns nicht nach 10 km/h aus. Warum nicht? Weil die Stunde nach ihrer Zeit gerechnet ist, doch sie ist in Bewegung, also kann ihre Stunde für uns einen Monat bedeuten, und sie rechnet ihren Kilometer nach ihrem Raum. Sie ist aber in Bewegung, also könnte ihr Kilometer für uns einen Zentimeter bedeuten. Was dann für sie 10 km/h sind, könnten für uns 10 cm/Monat sein. Sie kann ihre Geschwindigkeit steigern, so viel sie will, doch die Zuwächse addieren sich nicht auf (siehe VON HIER NACH DORT GEHT NICHT).

Schier unglaublich

Man hält ein langes Brett in der Mitte und lässt es so fallen, dass nach eigener Wahrnehmung die beiden Enden gleichzeitig auf den Boden auftreffen. Man denkt deshalb, das Brett fällt *flach* auf den Boden. Doch Frau Käpsele (die fast mit Lichtgeschwindigkeit an einem vorbeiflitzt) nimmt wahr, dass Brettende B vor Brettende A auf dem Boden aufkommt, und glaubt deshalb, das Brett sei nach rechts gekippt, als es fiel.

a) richtig
b) falsch

Antwort: Schier unglaublich

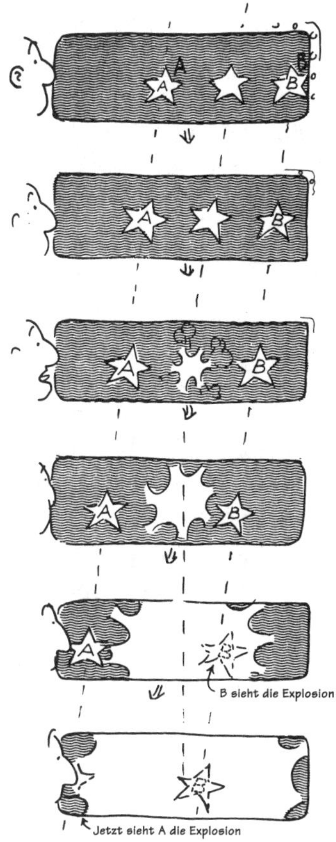

Die Antwort lautet a). Wenn zwei Sachen an verschiedenen Stellen, aber nach eigener Wahrnehmung gleichzeitig geschehen (etwa dass Ende A und Ende B an verschiedenen Stellen zur gleichen Zeit auf den Boden treffen), dann können für Frau Käpsele, die in Bewegung relativ zu einem selbst ist, diese beiden Sachen nie zur selben Zeit geschehen. Warum?

Gesetzt den Fall, man reist an drei Sternen vorbei, die man durch das Fenster seines Raumschiffs sieht und die den gleichen Abstand voneinander haben. Urplötzlich explodiert der mittlere Stern. Sollte der Lichtblitz vom mittleren Stern die beiden gleich fernen Endsterne gleichzeitig erreichen? Man könnte das meinen, und es wäre auch so, wenn man mit dem Sternhaufen mitreiste. Doch man überholt den Sternhaufen, und vom eigenen Fenster aus gesehen erreicht der Lichtblitz die beiden Endsterne nicht gleichzeitig. Er erreicht B zuerst.

Während Frau Käpsele am Brett vorbeiflitzt, erscheint es ihr, dass das Brett nicht bloß fällt, sondern dass das Brett fällt *und* an ihr vorbeifliegt, wie die Sterne am eigenen Raumschiff vorbeifliegen. Und was einem selbst als gleichzeitig geschehend erscheint, scheint Frau Käpsele zuerst bei B zu geschehen.

Geschah es wirklich bei A und B gleichzeitig oder geschah es bei B zuerst? Niemand kann das beantworten, weil niemand sagen kann, wer sich wirklich bewegt. Es hängt ganz vom Bezugssystem ab. Für einen selbst fiel das Brett flach auf den Boden. Für Frau Käpsele fiel es nach rechts gekippt. Es ist in der Tat schier unglaublich!

Relativistischer Speer

Ein 10 Meter langer Speer wird mit relativistischer Geschwindigkeit durch ein 10 Meter langes Rohr geworfen. Beide Dimensionen werden gemessen, wenn die Dinge in Ruhe sind. Während der Speer durch das Rohr fliegt, beschreibt welche der folgenden Feststellungen am besten, was beobachtet wird?

a) Der Speer schrumpft, sodass das Rohr ihn zu einem bestimmten Zeitpunkt vollständig bedeckt.
b) Das Rohr schrumpft, sodass der Speer zu einem bestimmten Zeitpunkt an beiden Enden herausragt.
c) Beide schrumpfen gleichermaßen, sodass das Rohr zu einem bestimmten Zeitpunkt den Speer bedeckt.
d) Eins davon, je nach Bewegung des Beobachters.

Antwort: Relativistischer Speer

Die Antwort lautet d). Wenn man den fliegenden Speer von einer Stelle beobachtet, die relativ zum Rohr in Ruhe ist, dann wird der Speer kürzer erscheinen als das Rohr und zu irgendeinem Zeitpunkt komplett im Rohr verschwunden sein. Wenn man jedoch mit dem Speer reist, erscheint das Rohr verkürzt, und zu einem Zeitpunkt wird man beide Enden des Speers aus dem Rohr herausragen sehen. Oder wenn man mit dem Speer und dem Rohr reist, bei halber Geschwindigkeit des Speers und in dessen Richtung, dann haben Speer wie Rohr dieselbe Geschwindigkeit relativ zu einem selbst, und man sieht sie beide um denselben Betrag verkürzt. Was geschieht, ist also relativ – es hängt vom eigenen Standort oder Bezugssystem ab.

Magnetisch bedingt?

Wenn Strom durch zwei parallele Drähte fließt, ziehen sie sich magnetisch an, falls der Strom in beiden Drähten in gleicher Richtung fließt, und stoßen sich ab, wenn die Ströme entgegengerichtet sind. Diese Magnetkraft ist

a) das relativistische Ergebnis unausgeglichener elektrostatischer Kräfte
b) eine Folge der Masse-Energie-Äquivalenz
c) eine der elementaren Kräfte der Natur
d) alles davon
e) nichts davon

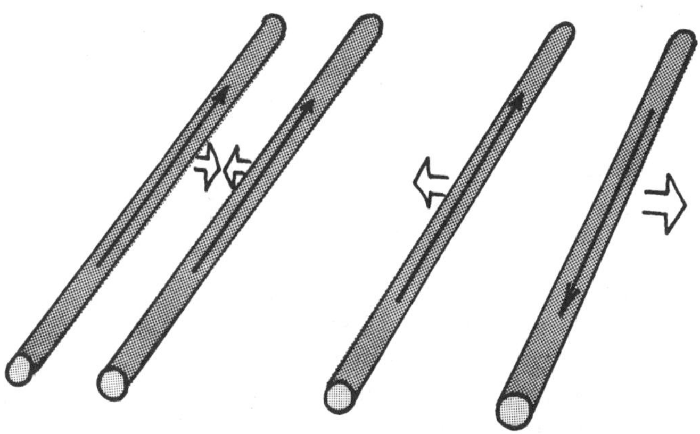

Antwort: Magnetisch bedingt?

Die Antwort lautet a). Magnetkräfte sind das Resultat einer wahrgenommenen Erhöhung der elektrischen Ladungsdichte dank relativistischer Längenkontraktion. Ein Meter Draht hat so viel positive Protonen wie negative Elektronen drin und daher netto die Ladung null. Das gilt auch, wenn ein Elektronenstrom darin fließt, denn ebenso viele Elektronen verlassen das eine Ende das Drahts, wie am andern Ende eintreten.

Ruhender Draht

mit oder ohne Strom sieht Elektron im Draht gleiche Dichte positiver und negativer Ladungen im parallelen Nachbardraht – fühlt netto keine Wirkung

Aber wie sieht der Draht für ein Elektron aus, das sich im benachbarten Draht parallel dazu bewegt? Ein Elektron in jedem der Drähte sieht die Elektronen im jeweils andern in relativer Ruhe, da sie beide in derselben Richtung mit derselben mittleren Geschwindigkeit wandern. Ganz anders ist es bei den Protonen, die man sich dem Elektronenstrom entgegengerichtet bewegen sieht. Infolge der wahrgenommenen relativistischen Längenkontraktion des Drahts wird der Abstand zwischen benachbarten Protonen verringert. Also sieht das wandernde Elektron eine größere Dichte von Protonen im Vergleich zu Elektronen im Nachbardraht. Gegenseitige Ladungen ziehen sich elektrostatisch an, und die Drähte möchten sich aufeinander zubewegen. Wir nennen dies eine magnetische Anziehung, zugrunde liegt aber simple Elektrostatik.

Können Sie die Abstoßung zwischen den Drähten begründen, wenn die Ströme entgegengerichtet fließen?

Bewegter Draht

doch wenn in beiden Drähten Strom fließt, sieht und fühlt wanderndes Elektron netto eine positive Ladungsdichte im anderen Draht – es fühlt Anziehungskraft

Vom Kometen verfolgt

Ein Komet verfolgt ein Raumschiff. Möge V die Geschwindigkeit, P der Impuls und E die Energie des Kometen sein, wenn er das Raumschiff trifft. Inwieweit würde eine Erhöhung der Geschwindigkeit des Raumschiffs die vom Astronauten wahrgenommenen Werte von V, P und E verändern?

a) V, P und E bleiben alle konstant und ändern sich gar nicht.
b) V, P und E nehmen alle ab.
c) V und P werden kleiner, E ändert sich nicht.
d) V und E werden kleiner, P ändert sich nicht.
e) E und P werden kleiner, V ändert sich nicht.

Antwort: Vom Kometen verfolgt

Die Antwort lautet b). Der Komet bewegt sich schnell, aber seine Geschwindigkeit ist sehr viel kleiner als die Lichtgeschwindigkeit. Der Astronaut könnte schneller sein als der Komet oder auch nicht. Je schneller er düst, desto langsamer fliegt der Komet – relativ zum Astronauten. Wenn er schneller düst, nimmt er den Kometen als langsamer wahr (und wenn er schnell genug düsen kann, könnte er sogar den Kometen als rückwärts fliegend beobachten). Wenn die beobachtete Geschwindigkeit des Kometen abnimmt, nimmt auch sein beobachteter Impuls und seine beobachtete kinetische Energie ab. Impuls und Energie eines Hiebs nehmen ab, wenn man vor dem Stoß zurückweicht – so wie unser Astronaut versucht, sich vom Kometen wegzumanövrieren.

Vom Photon verfolgt

Situationen wie die folgende irritieren viele Physiker, wenn sie über Relativität nachzudenken beginnen: Ein Raumschiff versucht, einem Photon zu entkommen (natürlich wird es das nie). V sei die Geschwindigkeit, P der Impuls und E die kinetische Energie des Photons, wie vom Astronauten wahrgenommen, wenn es das Raumschiff trifft. In welcher Weise verändert eine Zunahme der Raumschiff-Geschwindigkeit die vom Astronauten wahrgenommenen Werte von V, P und E?

a) V, P und E sind konstant und ändern sich überhaupt nicht.
b) V, P und E nehmen alle ab.
c) V und P werden kleiner, E ändert sich nicht.
d) V und E werden kleiner, P ändert sich nicht.
e) P und E werden kleiner, V ändert sich nicht.

Antwort: Vom Photon verfolgt

Die Antwort lautet e). Die wahrgenommene Lichtgeschwindigkeit nimmt nicht ab, selbst wenn der Beobachter vom Licht wegrennt. Diese seltsame, jedoch experimentell bestätigte Tatsache ist einer der Grundpfeiler der Physik. V ändert sich nicht. Wenn sich der Beobachter jedoch immer schneller vom näher kommenden Licht entfernt, macht der Doppler-Effekt die beobachtete Frequenz des Lichts niedriger, also seine beobachtete Wellenlänge länger, d. h. das Licht wird rotverschoben. Je röter das Photon wird, desto weniger Energie und Impuls hat es. Darum sind Entwicklerlampen rot. Also werden P und E kleiner.

Die gute alte Intuition hatte ja zumindest zu zwei Dritteln recht. Intuitiv würden V, E und P alle abnehmen, was in der Tat geschah, als das Raumschiff dem Kometen davonlief. Es ist schon ein bisschen seltsam, dass die weniger vertrauten Konzepte von Impuls oder Energie der Intuition enger folgen als das vertrautere Konzept der Geschwindigkeit.

Was bewegt sich denn?

Die von mir selbst erzeugte Doppler-Frequenzverschiebung, wenn ich mich von einer Schallquelle entferne, ist dieselbe wie die Verschiebung, wenn die Schallquelle sich von mir entfernt.

a) richtig
b) falsch

Die von mir selbst erzeugte Doppler-Frequenzverschiebung, wenn ich mich von einer Lichtquelle entferne, ist dieselbe wie die Verschiebung, wenn die Lichtquelle sich von mir entfernt.

a) richtig
b) falsch

Antwort: Was bewegt sich denn?

Die Antwort auf die erste Frage lautet b), auf die zweite lautet sie a). Es gibt nicht den einen Doppler-Effekt, sondern mehrere Abwandlungen.

Wenn man von einer Schallquelle mit Schallgeschwindigkeit davonrast, geht die von einem selbst empfangene Frequenz auf null herab. Das kommt daher, dass man keinen Schall mehr empfängt – man ist ihm entkommen. Wenn dagegen die Schallquelle mit Schallgeschwindigkeit von einem wegrast, wird die empfangene Frequenz halbiert, weil die Schallwellen über den doppelten Abstand gespreizt werden im Vergleich zum Abstand bei nicht bewegter Quelle. Wenn man auf eine Schallquelle mit Schallgeschwindigkeit zurast, wird die empfangene Frequenz verdoppelt, weil die Schallgeschwindigkeit relativ zu einem selbst verdoppelt erscheint. Wenn die Schallquelle mit Schallgeschwindigkeit auf einen zurast, wird ihre Frequenz unendlich, weil all die Wellen in einen einzigen Überschallknall zusammengepfercht werden.

Was sich denn nun bewegt, die Quelle oder der Empfänger, macht im Fall des Schalls einen Riesenunterschied. Wie man sieht, gestattet der Doppler-Effekt des Schalls zu unterscheiden, was sich eigentlich bewegt, die Quelle oder der Empfänger. Auf Licht übertragen würde dies zu unterscheiden gestatten, ob die Erde sich einem Stern oder der Stern sich der Erde nähert. Das wäre ein Test um zu überprüfen, wer oder was sich wirklich durch den leeren Raum bewegt. Doch der Zentralgedanke der Relativität ist ja, dass man absolute Bewegung nie feststellen kann – nur Relativbewegung. Wenn man zum Beispiel näher an einen Stern kommt, kann man nicht unterscheiden, ob der Stern oder man selbst sich bewegt.

Also muss der Doppler-Effekt für Licht ein anderer sein als der Doppler-Effekt für Schall. Für Licht kann der Doppler-Effekt nicht verraten, ob die Erde oder man selbst sich bewegt. Er muss in beiden Fällen dieselbe Frequenzverschiebung erzeugen.

Nun mag man sich fragen, wie kommt der Schall damit durch, das Relativitätsprinzip zu verletzen? Muss nicht alle Physik denselben Grundgesetzen gehorchen? Die Antwort ist, dass es in dem Schall-Libretto noch eine dritte Partei gibt, die den Königsmacher spielt: die Luft. Es hätte sein können, dass es im Weltraum etwas gäbe (den Äther), das für Lichtwellen besorgte, was die Luft für den Schall bewirkt. Aber die Welt wurde nun mal nicht so erschaffen. Der leere Raum enthält eben nichts, das als Königsmacher dienen könnte, d. h. als Bezugspunkt, um zu bestimmen, was sich wirklich bewegt.

Lichtuhr

Eine Weltraumrakete sendet von ihrer Signallampe kurze Lichtblitze in gleichmäßiger Folge aus: ein Blitz alle sechs Minuten (Raketenzeit). Diese Lichtblitze werden auf einem fernen Planeten beobachtet. Nähert sich die Rakete dem Planeten mit hoher Geschwindigkeit, werden Beobachter auf dem Planeten die Blitze in Abständen von

a) weniger als 6 Minuten sehen
b) 6 Minuten sehen
c) mehr als 6 Minuten sehen

Antwort: Lichtuhr

Die Antwort lautet a) in Übereinstimmung mit dem Doppler-Effekt. Je größer die Relativgeschwindigkeit zwischen Sender und Beobachter, desto kürzer das wahrgenommene Zeitintervall. Falls die Rakete z. B. mit einer Geschwindigkeit von 0,6 c auf den Planeten zurast, sieht man dort die Lichtblitze in 3-Minuten-Intervallen.

Nochmals Lichtuhr

Das Raumschiff, das alle 6 Minuten einen Lichtblitz abstrahlt, reist zwischen zwei Planeten A und B, und zwar von A weg und zu B hin. Wenn auf B die Lichtblitze in 3-Minuten-Intervallen beobachtet werden, dann beobachtet man sie auf A in

a) 3-Minuten-Intervallen
b) 6-Minuten-Intervallen
c) 9-Minuten-Intervallen
d) 12-Minuten-Intervallen

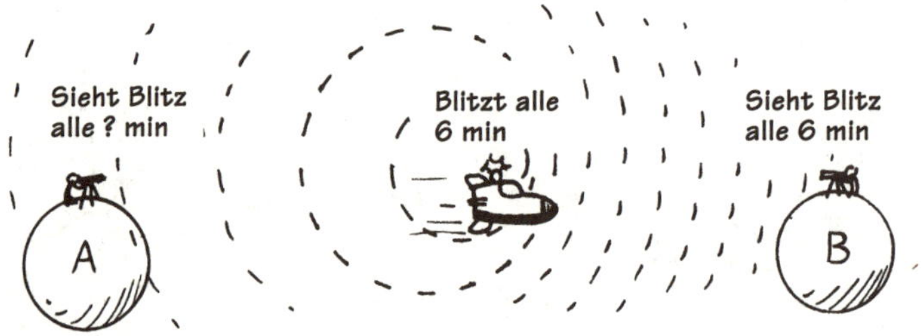

Antwort: Nochmals Lichtuhr

Die Antwort lautet d). Mit der Skizzenabfolge lässt sich das zeigen: Auf Skizze 1 strahlt ein Sender auf der Erde Blitze in 3-Minuten-Intervallen zu einem fernen Planeten, der relativ zu ihr in Ruhe ist. Ein Beobachter auf dem fernen Planeten empfängt die Blitze in 3-Minuten-Intervallen. Doch eine Rakete, die zwischen Erde und Planet reist, empfängt sie mit längeren Intervallen; sagen wir, die Rakete soll so schnell sein, dass die Blitze in ihr im 6-Minuten-Abstand gesehen werden. Weiter sei angenommen, dass die Rakete jedes Mal, wenn sie einen Lichtblitz empfängt, einen eigenen aussendet. Einsteins erstes Postulat besagt, dass Licht in allen Bezugssystemen dieselbe Geschwindigkeit hat, also wandern diese Blitze mit jenen von der Erde und werden auf dem fernen Planeten in 3-Minuten-Intervallen gesehen.

Dieses entspricht der vorigen Frage LICHTUHR. Aber wie oft würden die Raketen-Blitze auf der Erde gesehen? Hier berufen wir uns auf Einsteins zweites Postulat: Man kann nämlich durch keinerlei Beobachtung unterscheiden, ob die Erde in Ruhe ist und die Rakete sich bewegt oder die Rakete ruht und die Erde in Bewegung ist – Bewegung ist relativ. Da die Rakete die Erden-Blitze doppelt so lang auseinander sieht (6 Minuten statt 3 Minuten), wird also auch die Erde die Raketen-Blitze doppelt so lang auseinander sehen – 12 Minuten statt 6 Minuten.

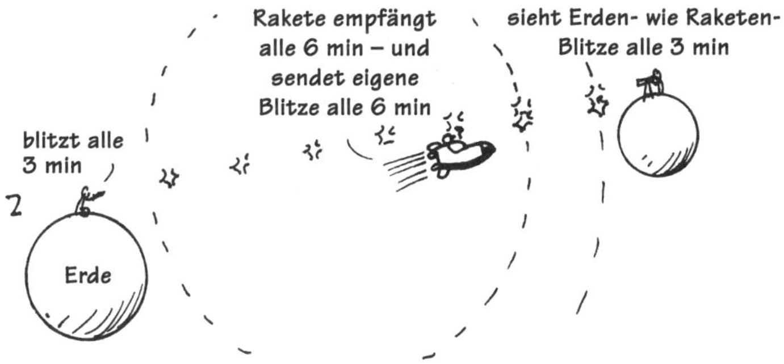

Somit werden die von der Rakete ausgesandten 6-Minuten-Blitze auf dem Planeten, dem sie sich nähert, 3 Minuten auseinander gesehen, aber 12 Minuten auseinander auf dem Planeten, von dem sie sich entfernt. Diese reziproke Beziehung für Licht gilt bei allen Geschwindigkeiten. Reiste das Schiff schneller, sodass die Zeitintervalle zwischen den Blitzen auf B als 1/3 oder 1/4 des Abstands beim Senden beobachtet würden, dann würden sie, von A aus betrachtet, entsprechend auf das 3- bzw. 4fache gedehnt. Dieser einfache Zusammenhang gilt nicht für Schallwellen (siehe WAS BEWEGT SICH DENN?)

Flug hinaus

Unser Raketenschiff startet mittags 12 Uhr von der Erde und reist mit derselben hohen Geschwindigkeit eine Stunde lang – Raketenzeit. Während dieser Stunde sendet es alle 6 Minuten einen Lichtblitz aus – zehn insgesamt. Ein Beobachter auf der Erde sieht diese Blitze in 12-Minuten-Abständen. Wenn der zehnte Blitz ausgesandt wird, zeigen die Uhren auf dem Raketenschiff 13:00 Uhr an. Wird der zehnte Blitz auf der Erde empfangen, zeigen die Uhren auf der Erde

a) 13:00 Uhr
b) 13:30 Uhr
c) 14:00 Uhr
d) 14:30 Uhr

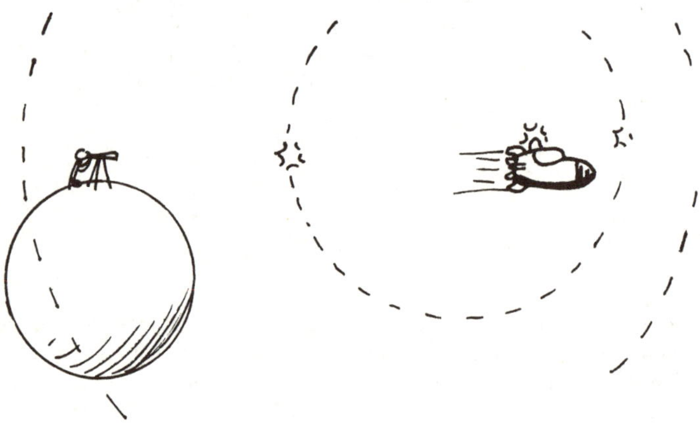

Die Antwort lautet c), also 14:00 Uhr. Das sollte nicht überraschen, denn man weiß ja, dass es seine Zeit braucht, bis die Blitze die Erde erreichen. Und auf der Erde werden die Blitze in 12-Minuten-Abständen beobachtet, daher 10 × 12 = 120 Minuten = 2 Stunden.

Antwort: Flug hinaus

Rundflug

Unser Raketenschiff kann abrupt wenden, wenn es seinen zehnten Lichtblitz aussendet, und dann mit derselben Geschwindigkeit zur Erde zurückkehren. Es sendet weiterhin alle 6 Minuten Blitze aus, und zwar 10 während der Stunde Rückflug. Doch diese Blitze werden auf der Erde in 2-Minuten-Abständen beobachtet. Obwohl eine Uhr an Bord der Rakete bei der Ankunft 14:00 Uhr anzeigt (1 Stunde hinaus und 1 Stunde zurück), werden die Uhren auf der Erde

a) ebenso 14:00 Uhr anzeigen
b) 14:30 Uhr anzeigen
c) weder – noch

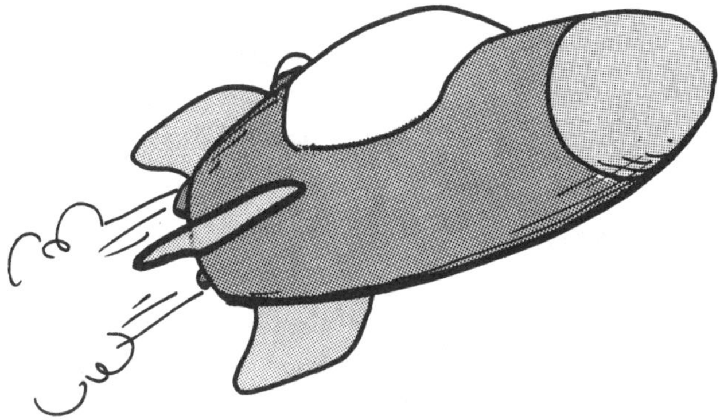

Antwort: Rundflug

Die Antwort lautet b). Ein Mensch im Hochgeschwindigkeits-Raketenschiff altert nur 2 Stunden, während diejenigen auf der Erde 2 1/2 Stunden altern! Wenn die Rakete noch schneller raste, wäre der Unterschied noch größer. Bei 0,87 c zum Beispiel würden die 2 Stunden auf der Rakete im Bezugssystem Erde scheinbar 4 Stunden dauern, bei 0,995 c gar 20 Stunden. Für alltägliche Geschwindigkeiten ist der Unterschied winzig – aber vorhanden. Dies ist die Zeitdilatation. Man kann nicht durch den Raum rasen, ohne dass sich die Zeit ändert. Ein Raumreisender ist auch ein Zeitreisender. Zwei Leute können am selben Platz in der Raumzeit sein, aber wenn einer wegrast und dann zum selben Raum zurückkehrt, kostet dies Zeit.

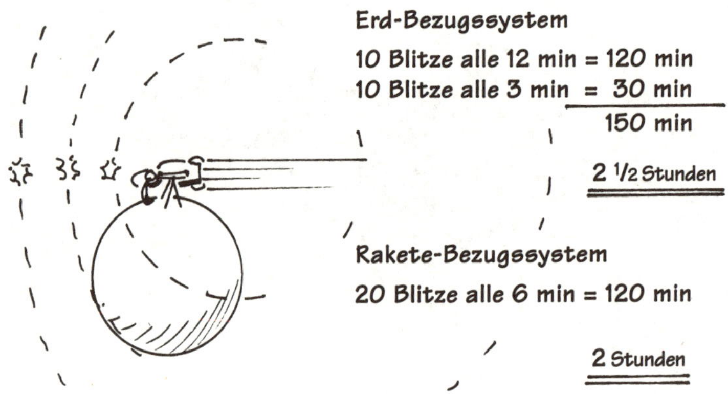

Erd-Bezugssystem
10 Blitze alle 12 min = 120 min
10 Blitze alle 3 min = 30 min
150 min
2 1/2 Stunden
Rakete-Bezugssystem
20 Blitze alle 6 min = 120 min
2 Stunden

Biologische Uhr

Es gibt allerlei Uhren: Sanduhren, elektrische Uhren, mechanische Uhren, Lichtuhren und biologische Uhren. Nachdem gezeigt werden kann, dass Bewegung den Lauf einer Uhrenart verlangsamt, müssen dadurch notwendigerweise alle Arten von Uhren gleichermaßen beeinflusst werden?

a) Ja, alle Uhren müssen gleichermaßen beeinflusst werden.
b) Nein, das muss nicht sein.

Antwort: Biologische Uhr

Die Antwort lautet a). Gesetzt den Fall, zwei verschiedenartige Uhren werden auf Gleichlauf justiert und dann in einem Kasten verschlossen. Der Kasten wird nun in gleichförmige Bewegung versetzt. *Falls* diese Bewegung die eine Uhr mehr als die andere beeinflusste, würde eine in dem verschlossenen Kasten mitfahrende Person die unterschiedliche Anzeige der Uhren feststellen. Die eingeschlossene Person hätte dann ein Mittel festzustellen, dass der Kasten sich bewegt! Dies würde ein Grundprinzip der Relativität verletzen, nämlich dass es für eine Person im geschlossenen Kasten keinerlei Möglichkeit gibt, zwischen den Zuständen der Ruhe und der gleichförmigen Bewegung zu unterscheiden. Wenn eine Uhr sich verlangsamt, müssen sich also alle Uhren verlangsamen, auch die biologische Uhr des eigenen Körpers, und zwar um genau dieselbe Zeitspanne.

Starke Kiste

Gesetzt den Fall, eine Atombombe explodiert in einer Kiste, die stark genug wäre, um alle von der Bombe freigesetzte Energie zusammenzuhalten. Nach der Explosion würde die Kiste

a) mehr als vor der Explosion wiegen
b) weniger als zuvor wiegen
c) gleich viel wie zuvor wiegen

Antwort: Starke Kiste

Die Antwort lautet c). Die Atombombe verwandelt ihre Masse teils in Energie. Also wiegt die Bombe, oder was von ihr übrig ist, nach der Explosion weniger. Aber man darf die Energie nicht vergessen, welche ebenfalls Masse besitzt. Wie viel? Die Energie hat genauso viel Masse, wie die Bombe verloren hat, und all diese Energie steckt noch in der Kiste. Also wiegt die Masse der Energie den Massenverlust der Bombe auf, weshalb sich das Gesamtgewicht der Kiste durch die Explosion nicht ändern kann.

Lord Kelvins Vision

Vor über hundert Jahren lebte ein Physiker namens William Thomson, der Maxwells Lehrer war und später zu Lord Kelvin geadelt wurde. An ihn erinnern wir uns, wenn wir die absolute Temperatur des Eispunkts als 273 K (273 Kelvin) bezeichnen.

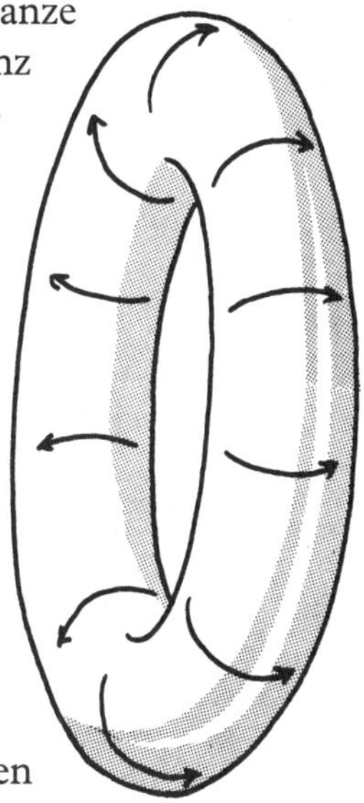

Thomson stellte sich vor, dass der ganze Raum mit einer unsichtbaren Substanz namens »Äther« angefüllt sei, und mittels dieses Äthers erklärte er die Existenz von Licht sowie von Materie. In Ruhe war der Äther nichts anderes als das leere Vakuum des Raums. Aber falls der Äther in Schwingungen versetzt würde, würden sich über ihn die Schwingungen ausbreiten wie Schallwellen über die Luft. Die Ätherwellen wären die Lichtwellen. Die Atome der Materie wären nichts anderes als winzige Wirbel in dem Äther, wie ein Rauchring in Luft. Der Äther wäre reibungslos, also würden – einmal in Drehung versetzt – die Wirbel sich auf ewig drehen und daher zusammenhalten.

Angenommen, Thomsons Vision sei richtig und Atome seien Wirbel im Äther, und man könnte eines der Wirbelatome zerstören. Würde man erwarten, dass die Zerstörung in der Freisetzung von kinetischer Energie resultierte?

a) ja b) nein

Antwort: Lord Kelvins Vision

Die Antwort lautet a). Das Wirbelatom enthält kinetische Energie ebenso, wie ein Schwungrad kinetische Energie enthält. Wird es zerstört, muss jene Energie irgendwohin gehen. Somit wurde das Freiwerden von Energie bei Zerstörung von Materie schon vorausgesehen, hundert Jahre vor der Atombombe.

Thomson versuchte, alle Sachen im Universum als Manifestationen der Zustände einer einzigen zugrunde liegenden Sache zu erklären – auch heute noch ist dies das Ziel der Physik. Thomsons Wurf überstieg seine Möglichkeiten, aber er wusste immerhin, in welche Richtung er werfen musste.

Übrigens war Thomson ein durchaus praktischer Typ, der viele Erfindungen machte: Vorrichtungen für Schiffskompasse, für Unterwasser-Kabel, für Rechenmaschinen und so fort. Thomson war experimentell wie theoretisch beschlagen.

Einsteins Dilemma

Welche der folgenden Behauptungen ist richtig? Die Lichtgeschwindigkeit im leeren Raum ist

a) stets gleichbleibend
b) an einigen Stellen langsamer als an anderen – die Lichtgeschwindigkeit ist daher nicht gleichbleibend

Antwort: Einsteins Dilemma

Es grenzt an Blasphemie, das auszusprechen, aber die Antwort lautet b). Die Schwerkraft kann ein Lichtbündel verbiegen und sich nach unten krümmen lassen. Denn während die Unterseite des Lichtbündels wie auf der Innenseite einer Straßenkurve von U nach u verläuft, verläuft die Oberseite des Bündels wie auf der Außenseite der Kurve von O nach o.

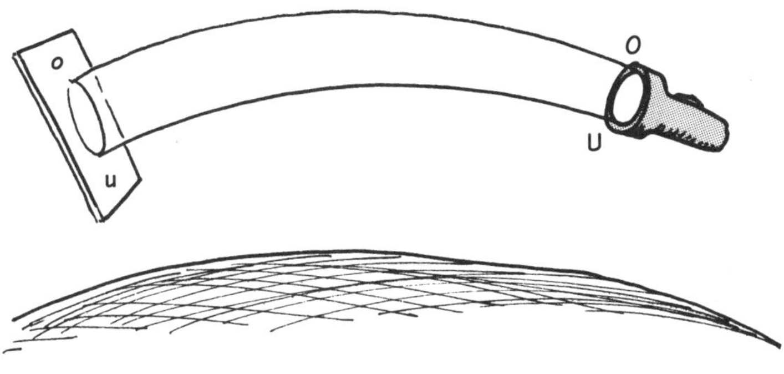

Soll das Licht die Taschenlampe verlassen und in einem Stück beim Papier ankommen, muss das Licht auf der Unterseite sich langsamer bewegen als auf der Oberseite.

Als Einstein dies verkündete, hatten seine Kritiker einen wahren Freudentag. Aus den verschiedensten Gründen gab es eine Menge Leute, die auf Einstein herumhackten, einige aus politischen Gründen und andere, weil sie seine Theorie nicht verstanden, obwohl sie eine Menge Physik konnten. Einstein hatte zunächst eine große Sache daraus gemacht, dass die Lichtgeschwindigkeit eine Konstante sei, aber jetzt musste er einräumen, dass sie nicht immer unveränderlich ist. Also war er nun verletzbar und kam unter Beschuss.

Zur Klarstellung für alle, die zuhören und denken können, lieferte Einstein folgende Erklärung: In Teilen des Raumes, wo es keine Schwerkraft gibt oder so wenig, dass man sie vernachlässigen kann, hat man einen einfachen Spezialfall – die *spezielle* Relativitätstheorie. In der *speziellen* Relativitätstheorie ist die Lichtgeschwindigkeit eine Konstante. Doch im Allgemeinen gibt es Schwerkraft im Raum, und wenn man die Schwerkraft nicht vernachlässigen möchte, gibt es einen komplizierteren Fall, die *allgemeine* Relativitätstheorie. In der *allgemeinen* Relativitätstheorie ist die Lichtgeschwindigkeit nicht unveränderlich, vielmehr wird sie verringert, wenn man sich der Erde oder irgendeiner anderen großen Masse nähert. Die Unterseite des Lichtbündels läuft deshalb langsamer als die Oberseite, weil sie näher an der Erde ist.

Bisher sprachen wir über die Lichtgeschwindigkeit im leeren Raum. In Glas oder Wasser wird die Lichtgeschwindigkeit natürlich verringert. Daher kamen einige Leute auf die Idee, dass der leere Raum um eine Masse herum wirkt, als ob er Wasser oder Glas beinhalte. Manche Leute mögen sich das so verbildlichen, aber die meisten sehen dies etwas anders, wie in ZEITVERWERFUNG erklärt wird.

Zeitverwerfung

Welche der beiden Feststellungen ist richtig?

a) Es gibt Plätze im Raum, wo selbst in Ruhe die Zeit verlangsamt läuft.
b) Es sind keine Ruheplätze im Raum, wo die Zeit verlangsamt läuft.

Antwort: Zeitverwerfung

Wie in Zukunftsromanen lautet die Antwort a). Einstein sagte, dass wir uns die Schwerkraft folgendermaßen vorstellen können: Dinge fallen nicht wirklich herunter – vielmehr bewegt sich der Boden nach oben! Tatsächlich beschleunigt der Boden nach oben, wie der Boden in einem beschleunigenden Raumschiff.

Wenn ein Raumschiff im Weltraum, abseits aller Schwerkraft, seine Raketen zündet, scheint alles im Raumschiff nach hinten Richtung Raketenende zu fallen. Die Beschleunigung der Rakete schafft künstliche Schwerkraft. Einstein sagt nun: Es gibt keinen Unterschied zwischen den Wirkungen künstlicher und echter Schwerkraft (die künstliche Schwerkraft kann natürlich nur so lange dauern, bis die Rakete keinen Treibstoff mehr hat).

Auf Anhieb scheint es tatsächlich keinen Unterschied zwischen künstlicher und echter Schwerkraft zu geben, aber man stelle sich mal Folgendes vor: Im Raumschiff werden zwei Lichtblitze vom Boden nach oben gesendet, wie in dem unten skizzierten Comic-Strip. Dessen Einzelbilder sind, sagen wir mal, eine Sekunde auseinander.

Die von der Rakete zwischen den Einzelbildern zurückgelegte Strecke nimmt zu, weil sie beschleunigt. Blitz A startet in Bild 1, und Blitz B startet in Bild 2 genau eine Sekunde später. Die vom Licht zurückgelegte Strecke ist gleichbleibend. Blitz A kommt in Bild 3 oben an und Blitz B in Bild 6.

Also Blitze, die eine Sekunde nacheinander *starteten*, sind bei der *Ankunft* oben drei Sekunden auseinander. Jetzt betrachte man eine lange Perlenschnur von Blitzen, die in Sekunden-Abständen starten. Sie würden oben als lange Perlenschnur mit 3-Sekunden-Abständen ankommen. Die Häufigkeit der Ankünfte ist also geringer als die der Starts.

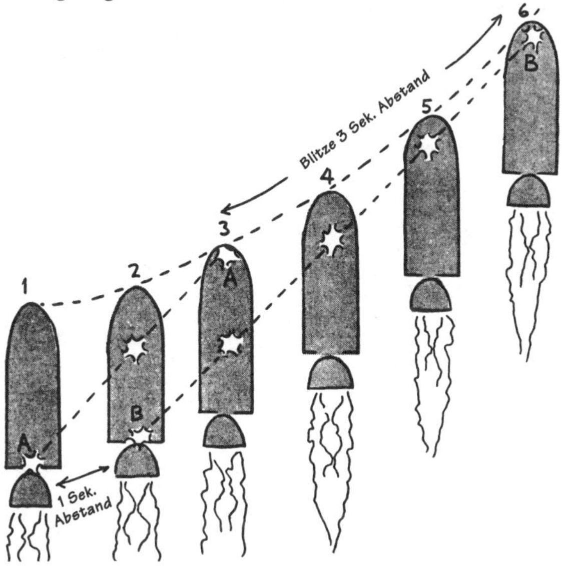

Nun sind nach Einstein künstliche und echte Schwerkraft einander völlig gleichwertig. Wenn sie denn gleichwertig sind, sollten Lichtblitze vom Boden eines Turms oben im Turm weniger häufig ankommen, als sie starteten.

Wenn man etwa Blitze mit der Häufigkeit von 1000 pro Sekunde vom Boden absendet, sollten sie oben mit einer verringerten Häufigkeit ankommen, sagen wir 999 pro Sekunde. Aber das ist schwer zu glauben. Wohin ging der fehlende Blitz? Eintausend starteten am Boden während jeder Sekunde, aber nur 999 kommen während jeder Sekunde oben an. Irgendetwas muss jede Sekunde einen Blitz verschlucken! Aber es gibt natürlich nichts, das einfach so Blitze verschlucken könnte.

Jetzt kommt der Geniestreich. Einstein erkannte, dass die einzige Ursache dafür, dass die Häufigkeit oben anders als am Boden sein könnte, nur darin liegen könnte, dass die Uhr oben anders geht als die Uhr am Boden. Zum Beispiel würde es bei einer halbschnell gehenden Uhr zwei Sonnenuntergänge in 24 Stunden geben und bei einer viertelschnell gehenden vier Sonnenuntergänge in 24 Stunden. Falls die Häufigkeit der Blitze am Boden des Turms höher ist als diejenige oben, liegt das daran, dass die untere Uhr langsamer geht als die obere.

Schwerkraft lässt die Zeit langsam ablaufen. Masse macht Schwerkraft. Also lässt Masse die Zeit langsam ablaufen. Also läuft nahe bei Massen die Zeit langsamer als in Teilen des Raums fern von Masse. Die eigenen Füße altern langsamer als der Kopf! Wie langsam kann das gehen? Wenn es genügend Masse gibt, kann man die Zeit zum Stillstand bringen.

Wenn die Zeit langsam läuft, geht alles langsam – sogar Licht. Dies erklärt, warum Licht nahe einer Masse langsamer wandert (siehe EINSTEINS DILEMMA). So man will, kann man daher Licht langsamer wandern lassen, ohne die Lichtgeschwindigkeit zu ändern. Man ändert eben den Lauf der Zeit. Wenn es genügend Masse gibt, um die Zeit stillstehen zu lassen, dann bleibt auch das Licht stehen – paralysiert – praktisch gefangen. Aus solchen Masse-Fallen kann kein Licht entkommen. Sie heißen »Schwarze Löcher«.

Schwarze Löcher gibt es in der Theorie. Manche Naturforscher glauben, dass es sie auch in Wirklichkeit gibt. Einstein selbst glaubte nicht, dass es sie wirklich geben könnte. Die Antwort auf diese Frage wird voraussichtlich noch zu unseren Lebzeiten gefunden.

Aber zurück zur Frage, ob es Stellen im Raum gibt, wo die Zeit langsam läuft. Die Antwort ist eindeutig Ja. Wir selbst befinden uns derzeit an solch einem Ort.

$E = mc^2$

Die berühmte Gleichung $E = mc^2$ oder $m = E/c^2$ (c ist die Lichtgeschwindigkeit) sagt uns, wie viel Masseverlust ein Kernreaktor erleiden muss, damit eine bestimmte Menge Energie E erzeugt wird. Welche der folgenden Aussagen stimmt?

a) Dieselbe Gleichung $E = mc^2$ oder $m = E/c^2$ sagt uns auch, wie viel Masseverlust ein Taschenlampenakku erleiden muss, wenn die Taschenlampe eine bestimmte Menge Energie E abstrahlt.
b) Die Gleichung $E = mc^2$ gilt für die Kernenergie in einem Reaktor, aber nicht für die chemische Energie in einem Akku.

Antwort: $E = mc^2$

Die Antwort lautet a). Falls die Einstein-Gleichung $E = mc^2$ für irgendeine Energieform, etwa Kernenergie, stimmt, muss sie für jede Energieart gelten, auch die Energie eines Akkus. Warum, ist unschwer zu erkennen. Man schließe einen Kernreaktor und einen Akku in einem dichten Kasten ein, sodass nichts in den Kasten ein- oder aus ihm austreten kann. Jetzt lasse man den Reaktor Energie abgeben und diese Energie in den Akku fließen. Während der Reaktor Energie liefert, muss er an Masse verlieren. Aber es kann ja keine Masse den Kasten verlassen, wo könnte also die verlorene Masse des Reaktors abgeblieben sein? Die einzige andere Stelle könnte im Akku sein. Also gewinnt der Akku an Masse, wenn er Energie erhält, und verliert an Masse, wenn er Energie liefert. Was dann immer die Energie des Akkus empfängt, erhält auch etwas von der Masse des Akkus.

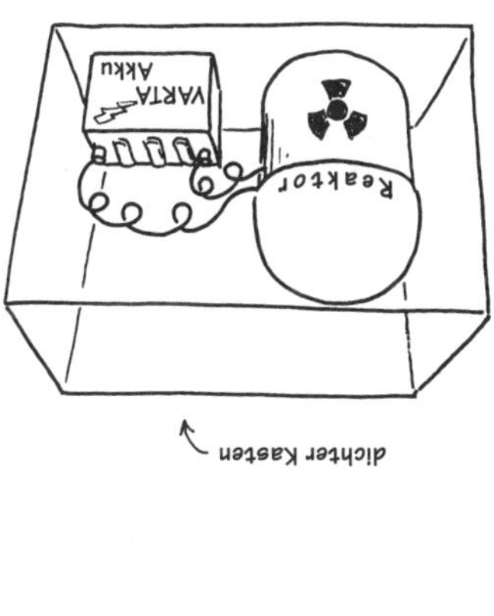

Straßenbahn und Motorrad relativistisch

Ein Elektromotorrad mit superleistungsfähigen Akkus und eine gewöhnliche Straßenbahn werden fast bis Lichtgeschwindigkeit beschleunigt. Messungen an beiden aus unserem Ruhe-Bezugssystem ergeben ein Massezuwachs

a) beim Motorrad
b) bei der Straßenbahn
c) bei beiden
d) bei keinem

Antwort: Straßenbahn und Motorrad relativistisch

Die Antwort lautet b), trotz des weit verbreiteten Irrglaubens unter Relativitäts-Fans, dass die Masse bewegter Dinge stets ansteige und gegen unendlich gehe, wenn sich die Geschwindigkeit des Dings der Lichtgeschwindigkeit nähert. Es ist aber so, dass die Masse des Dings ansteigt, nicht wenn Geschwindigkeit zugelegt, sondern wenn *Energie* draufgelegt wird.

Energie ergießt sich in die Straßenbahn vom Kraftwerk durch den Oberleitungsdraht. Doch das Motorrad führt seine eigene Energiequelle mit sich. Während bei der Straßenbahn neue Energie draufgelegt wird, wird dem Motorrad keine neue Energie zugeführt. Energie hat Trägheit. Also wächst die Masse der Straßenbahn mit der Geschwindigkeit, während die Masse des Motorrads unverändert bleibt, wie groß auch immer seine Geschwindigkeit ist.

Interessant genug ist die Kompensation aller von der Straßenbahn verlorenen Masse durch gleichen Massenzuwachs im Kraftwerk. Wenn die Straßenbahn tausend Kilo zunimmt, verliert das Kraftwerk tausend Kilo an Treibstoff und Verbrennungsprodukten. Und beim Motorrad wird jede Massezunahme von Motorrad und Fahrer durch gleiche Massenabnahme des Akkus kompensiert, sodass es netto keine Massenänderung gibt.

Also geht die Masse aller Dinge eben nicht gen unendlich, bloß weil ihre Geschwindigkeit sich der Lichtgeschwindigkeit nähert. Schließlich bewegt Licht selbst sich mit Lichtgeschwindigkeit, aber seine Masse ist sicherlich nicht unendlich.

Mehr Fragen (ohne Erklärungen)

Bei den folgenden Fragen parallel zu den bisherigen sind die Leserinnen und Leser auf sich selbst gestellt. Also physikalisch denken!

1. Ein Raumschiff reist von seiner Raumstation mit 3/4 c weg. Es feuert eine Rakete mit 3/4 c ab in eine Richtung ebenfalls weg von der Station. Bezüglich der Raumstation fliegt die Rakete mit
   a) weniger als 3/4 c   b) 3/4 c
   c) mehr als 3/4 c, aber weniger als c   d) 1 1/2 c

2. Immaterielle Sachen wie Schatten übersteigen oft die Lichtgeschwindigkeit.
   a) richtig   b) falsch

3. Ein Zug misst in Ruhe 110 Meter Länge, und ein Tunnel misst in Ruhe 100 Meter Länge. Bei langsamen Geschwindigkeiten kann es keinen Punkt geben, an dem der Zug vollständig im Tunnel verschwindet. Doch bei relativistischen Geschwindigkeiten könnte man den Zug vollkommen im Tunnel verschwinden sehen im Bezugssystem

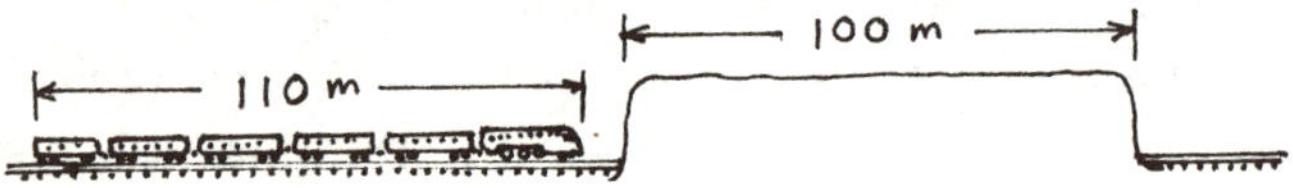

   a) des Tunnels   b) des fahrenden Zugs
   c) beider   d) keines von beiden

4. Wenn sich einem eine blinkende Lichtquelle mit hoher Geschwindigkeit nähert, misst man eine Zunahme
   a) der Frequenz ihres Lichts   b) der Geschwindigkeit ihres Lichts
   c) beider   d) keiner von beiden

5. Nach Einsteins Vorstellung von Schwerkraft würde ein ferner Beobachter beim Vorbeifahren an einem sehr massehaltigen Ding beobachten, dass die Lichtgeschwindigkeit
   a) zunimmt   b) abnimmt   c) sich gar nicht ändert

6. Genau genommen altert eine Person auf der Spitze eines Wolkenkratzers, aus Sicht einer Person im Erdgeschoss,
   a) langsamer   b) schneller   c) nicht anders

QUANTEN

Es gibt da eine Idee, die Tausende von Jahren in der Luft lag und nach und nach ihre Bestätigung gefunden hat. Die Idee besagt, dass die Welt, in der wir leben, das Resultat einer anderen Welt ist – einer Unterwelt, die man nicht sehen kann, weil sie so klein ist. Dieser Idee zufolge bestehen wir alle aus winzigen Dingen namens Korpuskeln oder Molekülen oder Atomen oder Nukleonen oder Quarks. Anscheinend kommt alles, selbst Energie, Licht und Elektrizität, in winzigen Paketen namens Quanten daher.

Die Physik hat einen Traum: wenn wir verstehen könnten, wie die Quanten ticken, und wenn die Welt bloß aus Quanten bestünde, dann könnten wir verstehen, wie die ganze Welt funktioniert.

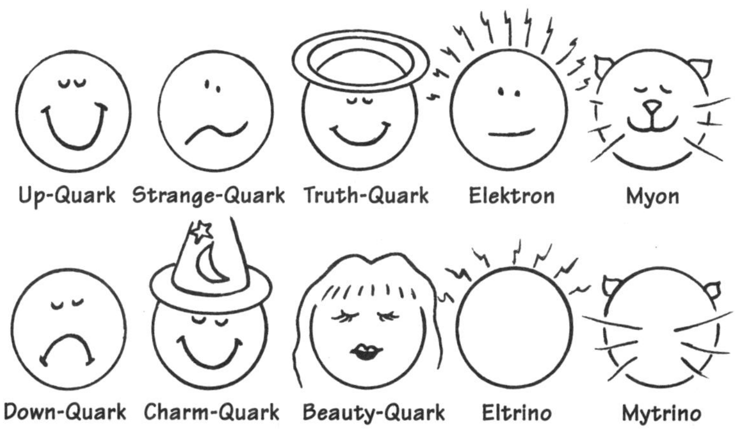

„Kleiner Elementarteilchen-Zoo"

Alles, was wir jetzt sehen, ist aus dem entstanden, was man nicht sieht.*
Hebräer 11(3) nach Neues Leben. Die Bibelübersetzung (2002)

* Martin Luther hatte pauschal übersetzt: Alles, was man sieht, ist aus dem Nichts geworden.

Tote Theorien

Es gibt den Spruch: »Naturwissenschaft ist aus den Knochen toter Theorien gebaut.« Zum Beispiel behaupten wir, dass es möglich ist, mit absoluter Gewissheit zu sagen,

a) wie ein Atom aussieht
b) wie ein Atom nicht aussieht
c) beides
d) weder – noch

Antwort: Tote Theorien

Die Antwort lautet b). Die Lektüre von Büchern der Naturwissenschaft vermittelt den Eindruck, dass Naturforscher (oder die Autoren der Bücher) meinen, sie wüssten gar alles darüber, wie die Welt funktioniert. Der Eindruck täuscht. Was sie sicher wissen, ist bloß, wie die Welt *nicht* funktioniert. Warum? Weil Naturwissenschaft anders ist als etwa Geometrie, deren Beweise letztlich auf Logik beruhen. Der Bundesgerichtshof der Naturwissenschaft ist das Labor.

Mal angenommen, man meint und beobachtet auch, dass ein gewisses Etwas ein Quadrat ist. Kann das heißen, dass dies Etwas wirklich ein Quadrat ist? Nein. Unter starker Vergrößerung dürfte man feststellen, dass es nur annähernd ein Quadrat ist. Ergo kann man nie sicher sein, dass es ein Quadrat ist. Sicher kann man nur sein, dass es kein Kreis ist.

Ideen können mit Gewissheit widerlegt (abgeschossen und zu Knochen) werden, aber keine Idee kann mit Gewissheit bestehen bleiben. Niemand weiß mit absoluter Gewissheit, wie ein Atom aussieht, aber jeder weiß (absolut sicher), dass es nicht wie eine Katze aussieht.

Höhenstrahlung

Sternenlicht regnet nachts vom Himmel herab, aber auch Höhenstrahlung. Der gesamte Energieregen aus Höhenstrahlung ist verglichen mit dem Energieregen des nächtlichen Sternenlichts

a) viel kleiner
b) etwa gleich groß
c) viel größer

Antwort: Höhenstrahlung

Die Antwort lautet b). Wie das! Warum gibt es dann so viel Gedichte übers Sternenlicht und so wenig über Höhenstrahlung? Weil wir das Universum als das nehmen, was wir sehen. Aber wie viel davon sehen wir eigentlich?

Immer kleiner

Was ist kleiner?

a) ein Atom
b) eine Lichtwelle
c) beide sind etwa gleich groß

Antwort: Immer kleiner

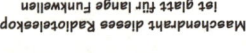

feste Oberfläche nur glatt für Lichtwellen länger als Atome

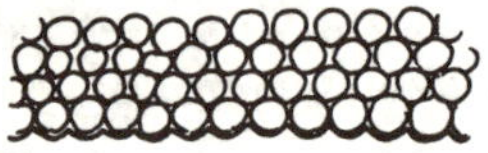

Maschendraht dieses Radioteleskops ist glatt für lange Funkwellen

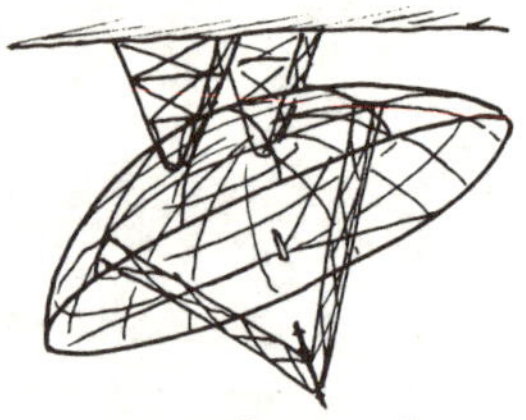

Die Antwort lautet a). Wie können wir das wissen? Etwa weil das jemand im Labor gemessen hat? Nein! Dass Atome viel kleiner als Lichtwellen sein müssen, können wir durch Überlegen herausbekommen. Wenn die Atome nicht viel kleiner wären, könnte man unmöglich eine Oberfläche ausreichend glatt machen, dass sie einen guten Spiegel liefert. Für eine saubere Reflexion muss die Wellenlänge der reflektierten Welle um einiges größer sein als irgendwelche Buckel auf der spiegelnden Oberfläche.

Das bedeutet übrigens, dass man einen Teleskopspiegel für Ultraviolett-Verwendung viel glatter polieren muss als einen für sichtbares Licht. Andererseits kommt man bei einem Infrarot-Teleskop mit einem raueren Spiegel zurecht als beim üblichen. Wenn man dann an Funkwellen denkt, darf die Spiegeloberfläche so rau sein, dass Maschendrahtzaun als akzeptabler Reflektor dienen kann.

Wenn die Lackierung eines Autos angegriffen wird, bekommen Spiegelungen der Sonne einen rötlichen Schimmer. Warum? Die Oberfläche ist angegriffen, weil sie rau und mit kleinen Grübchen übersät ist. Deswegen werden kurze, blaue Wellen nicht so gut reflektiert, wogegen die langen roten nicht so drunter leiden. Dies ist eine nette Demonstration auf der Straße, dass blaue Wellen kürzer sind als rote.

Glutrot

Vega ist ein blauer Stern, Antares ein roter. Welcher ist heißer?

a) Vega
b) Antares

Über der Eckkneipe leuchtet eine rote Neonschrift. Ist das Neon dort genauso heiß wie Antares?

a) ja
b) nein

Antwort: Glutrot

Die Antwort auf die erste Frage lautet a). Ein festes Ding wird beim Erhitzen zuerst rotglühend, dann glüht es bei weiterem Temperaturanstieg orange, dann gelb und dann weiß. Bei noch höherer Temperatur glüht es schließlich blau. Stahlkocher benutzen die Farbe der Stahlschmelze zur Beurteilung ihrer Temperatur. Glimmendes Gas ändert unter sehr hohem Druck seine Farbe mit der Temperatur ebenso.

Die Antwort auf die zweite Frage lautet b). Wäre die Neonschrift so heiß wie Antares, dann würden die Glasröhren schmelzen. Tatsächlich aber kann man die Neonröhre anfassen, so wenig heiß wird sie – wie kann dann die Neonschrift rot glimmen? Weil das Glimmende weder fest ist noch unter hohem Druck steht. Das Niederdruck-Gas gibt nicht so viel Energie ab wie ein Festkörper, der mit derselben Farbe glüht. Also kann das Niederdruck-Gas auf viel niedrigerer Temperatur sein als der Festkörper.

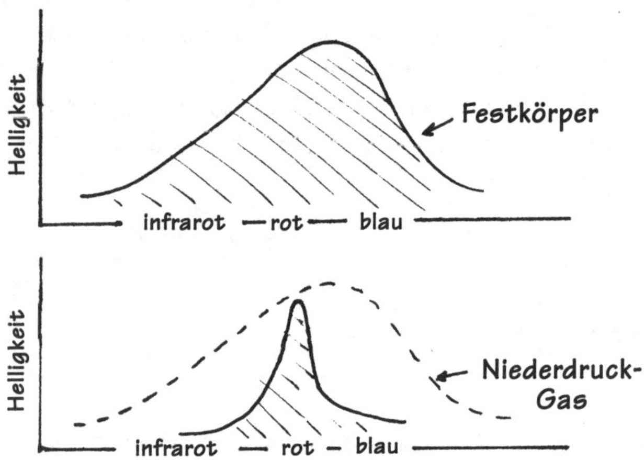

Man kann das selbst anhand eines Glasprismas erkennen. Wenn man durch das Prisma zum Licht blickt, fächert das Prisma alle in ihm enthaltenen Farben auseinander. Wenn man durch es zu einem rotglühenden Ding oder Stern schaut, wird man auch *alle* Farben sehen. Rot ist zwar am hellsten, aber alle anderen Farben neben Rot sind auch da. Wenn man durch das Prisma die rote Neonschrift betrachtet, sieht man nur Rot (und vielleicht ganz schwach ein paar andere Farben). Das Niederdruck-Gas Neon liefert weniger Strahlung (weniger Farben) als Hochdruck-Gas oder Festkörper. Derart kann Neon seine Aufgabe erfüllen und doch »cool« bleiben.

Identität dahin

Wenn Licht aus einem glimmenden Gas durch einen schmalen Spalt und dann durch ein Prisma geleitet wird, erhält man ein Linienspektrum. Ein kontinuierliches Spektrum gibt es, wenn das Gas Folgendes ist

a) ein Gemisch mehrerer Atomsorten
b) unter niedrigem Druck
c) unter hohem Druck
d) alles drei zusammen
e) nichts davon

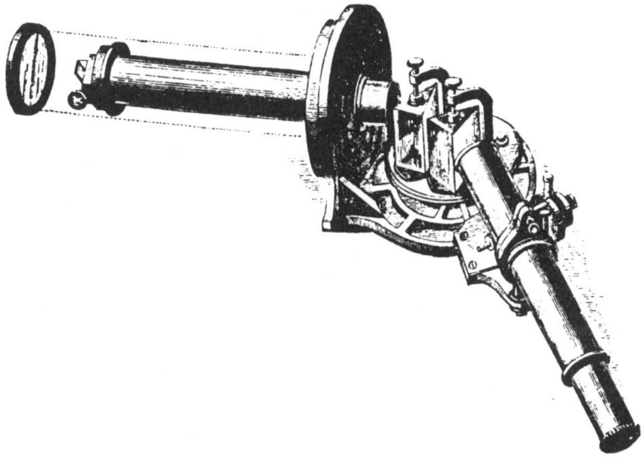

Antwort: Identität dahin

Die Antwort lautet c). Sich selbst überlassen lässt ein Atom seine Elektronen auf bestimmten Bahnen kreisen. Verliert oder gewinnt das Atom Energie, springen seine Elektronen zwischen diesen erlaubten Bahnen hin und zurück. Jeder Sprung zurück hat eine definierte Energie, wobei ein Photon einer genau definierten Farbe (oder Frequenz oder Wellenlänge) ausgesandt wird. Also strahlt das Atom (oder die Atome) beim Erhitzen nicht alle Farben ab. Man nennt dies »Linienspektrum«, weil man lediglich nebeneinander ein paar farbige Bilder des Spalts sieht, durch den das Licht geleitet wird. Diese Bilder sind die Linien des Spektrums. Zwischen den Linien ist es dunkel.

Gesetzt den Fall, das Atom bleibt nicht sich selbst überlassen, sondern das Gas wird unter hohen Druck gesetzt, wodurch das Atom mit anderen Atomen zusammengepfercht wird. Die Atome stören gegenseitig ihre Elektronenbahnen (bringen sie durcheinander). Jede Menge neue missgestaltete Bahnen entstehen dadurch. Jede Menge neue Sprünge bedeuten jede Menge neue Farben. Bald kommt jede Farbe vor – jede Farbe von Rot bis Violett – und man hat ein kontinuierliches Spektrum ohne dunkle Zwischenräume. Demnach zeigt ein Gas unter niedrigem Druck lediglich ein Linienspektrum, doch dasselbe Gas in einem Hochdruck-Stern zeigt ein kontinuierliches Spektrum.

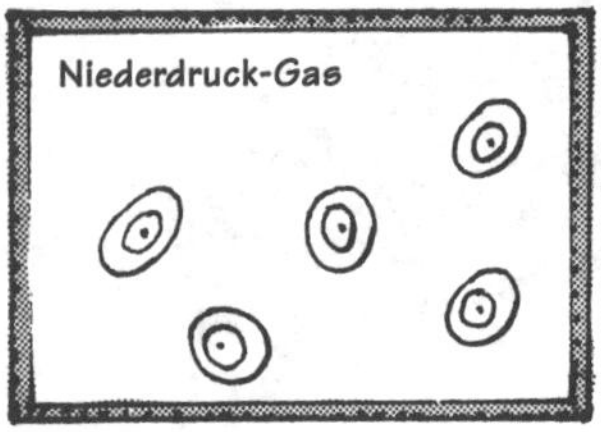

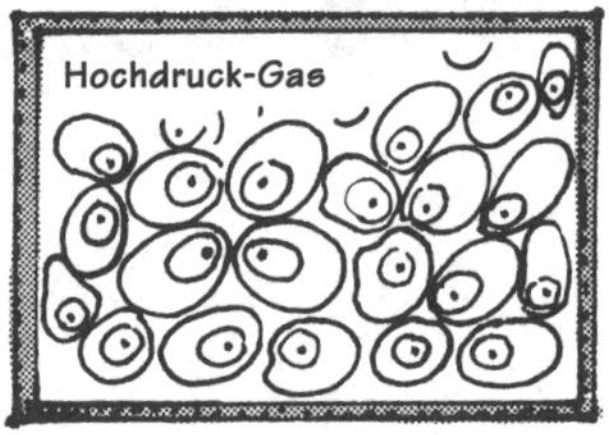

Genau dasselbe findet man bei Glocken. Einzeln aufgehängt hat jede Glocke ihre eigene Frequenz, Tonhöhe und Identität, doch zusammengebündelt bringen sie sich gegenseitig durcheinander. Sie verlieren ihre individuellen Frequenzen, Tonhöhen und Identitäten. Sie klingen nicht einmal mehr wie Glocken.

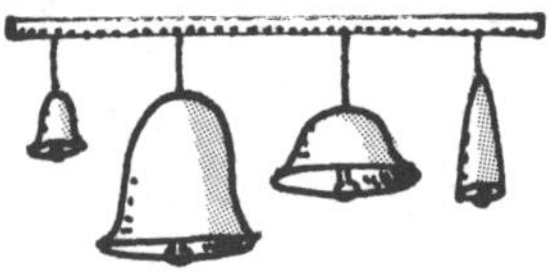

In einem Niederdruck-Gas kann man demnach die individuellen Identitäten der Atome erkennen. In einem Hochdruck-Gas oder Festkörper sind die individuellen Identitäten verschwunden.

Sparlampe

Eine Glühlampe und eine Leuchtstoffröhre verbrauchen jeweils 40 Watt. Welche gibt mehr Licht ab?

a) die Glühlampe
b) die Leuchtstoffröhre
c) beide sind gleich hell

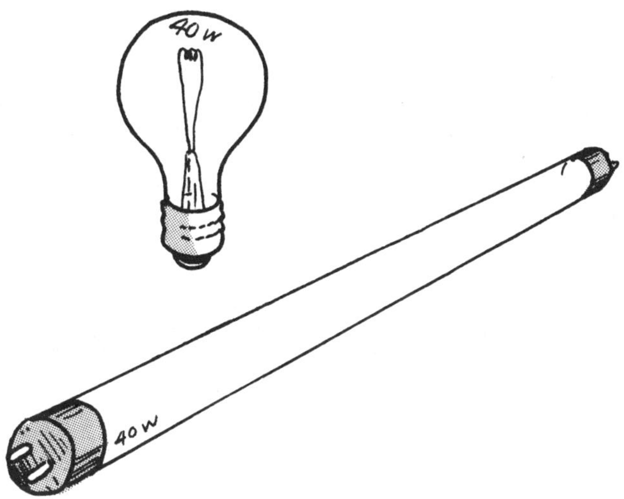

Antwort: Sparlampe

Die Antwort lautet b). Das kommt daher, dass die Glühbirne mehr Wärme liefert. Auf die leuchtende Röhre kann man unbeschadet seine Hand legen, aber auf der strahlenden Glühbirne holt man sich rasch Brandblasen. Um solche Hitze zu erzeugen, braucht es Leistung. Die Röhre liefert ungefähr viermal so viel Licht wie die Glühbirne, also verwandelt sie die meiste Leistung in Licht.

Warum dem so ist, hat mit dem Unterschied zwischen der Energieaufnahme durch ein Gas und der Energieaufnahme durch einen Festkörper zu tun. Im gasförmigen Zustand treten die Atome recht vereinzelt auf, wogegen sie im Festkörper zusammengepfercht sind. Man bedenke die unterschiedlichen Töne, die man beim Anschlagen einer einzelnen Glocke und beim Anschlagen einer Kiste proppenvoll mit Glocken erhält. Von der vereinzelten Glocke erhält man einen schönen reinen Ton.

Der Großteil der von der Glocke aufgenommenen Energie kommt als reiner Klang mit der Frequenzcharakteristik der Glocke heraus. Doch keinesfalls bei der Kiste voll mit Glocken. Der Klang aus der Kiste wäre unrein, mit vielen Frequenzen, die für die vereinzelten Glocken gar nicht charakteristisch sind. Akustikfachleute haben für solch einen Klang einen Namen: *weißes Rauschen*. Denn es besteht aus einem Gemisch vieler Frequenzen, genau wie weißes Licht eine Mischung vieler Farben ist.

Atome verhalten sich wie kleine Glocken, und ihre ausgesandte Strahlung entspricht deren Klang. Die Strahlung aus vereinzelten Atomen klingt mit reinen Frequenzen, die für das Atom charakteristisch sind. Dies ist der Fall bei der Strahlung aus den Gasatomen der Leuchtstoffröhre. Das meiste der auf die Atome übertragenen Energie wird als sichtbares Licht ausgestrahlt. Dagegen wird die Energie, welche auf die in der Wendel der Glühlampe zusammengepferchten Atome übertragen wird, nur teilweise als sichtbares Licht ausgestrahlt. Der Großteil davon wird als Infrarot-Strahlung abgegeben, gewöhnlich als »Wärmestrahlung« bezeichnet. Obwohl sie für einen kochen kann, hilft sie nicht beim Sehen.

Wird mehr elektrischer Strom durch die Glühwendel der Lampe gejagt, wird diese immer heißer und mehr Wärme und Licht wird ausgestrahlt. Der wachsende Prozentsatz an Licht übersteigt den wachsenden Prozentsatz an Wärme, sodass die Glühlampe einen immer besseren Wirkungsgrad bekommt. Doch dafür brennt sie schneller durch.

Entwicklerlampe

Schwarzweißfilm ist für blaues Licht empfindlicher als für rotes (darum kann man in der Dunkelkammer unter Rotlicht beim Entwickeln zuschauen). Demnach gibt es

a) mehr Photonen in einem Joule Rotlicht als in einem Joule Blaulicht
b) mehr Photonen in einem Joule Blaulicht als in einem Joule Rotlicht
c) dieselbe Anzahl Photonen in einem Joule Rotlicht wie in einem Joule Blaulicht

Antwort: Entwicklerlampe

Die Antwort lautet a). Fotografische Schichten werden belichtet, wenn ein Photon des Lichts ein Molekül der Schicht trifft und eine chemische Reaktion auslöst. Die Wahrscheinlichkeit, dass zwei Photonen zugleich dasselbe Molekül treffen, ist praktisch null. Wenn blaues Licht wirksamer schwärzt als rotes, muss es so sein, dass jedes blaue Photon mehr Energie hat als ein rotes Photon.* Nur wenn ein blaues Photon das Molekül der Schicht trifft, hat es alles, was es zum Schwärzen braucht. Natürlich muss die Gesamtenergie in einem Joule Rotlicht oder Blaulicht dieselbe sein. Also muss es mehr Photonen in einem Joule Rotlicht geben, weil jedes rote Photon weniger Energie hat.

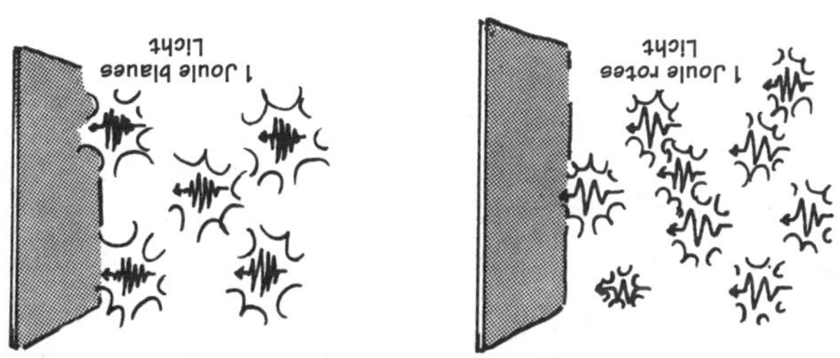

* Wir sehen mithilfe von Photonen, können aber kein einzelnes Photon anschauen, geschweige denn eine Färbung an ihm erkennen. Die saloppe Sprechweise »rotes Photon« soll Druckerschwärze sparen, korrekt ist allein: »ein Photon roten Lichts«! HEL

Photonen

Photonen sind winzige Pakete von Lichtenergie. Alle Photonen enthalten dieselben Energiemenge.

a) richtig
b) falsch

Alle gelben Photonen der Natrium-D-Linie enthalten dieselbe Energiemenge.

a) richtig
b) falsch

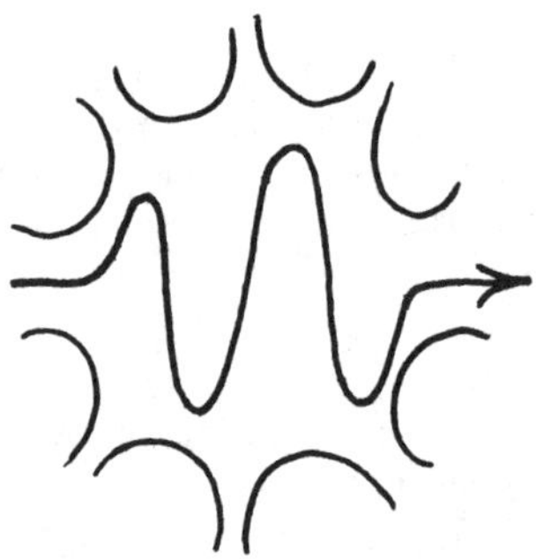

Antwort: Photonen

Die Antwort auf die erste Frage lautet b). Die Energie eines Photons hängt von seiner Farbe ab. Rote Photonen haben mehr Energie als infrarote Photonen, gelbe mehr als rote, blaue mehr als gelbe, violette mehr als blaue, ultraviolette mehr als violette.

Die Antwort auf die zweite Frage lautet a). Alle gelben Photonen vom selben Farbton haben eine bestimmte Energiemenge – nicht mehr und nicht weniger.

Photon – geschnitten oder am Stück?

Ein Bündel gelben Lichts kann in zwei Teile aufgeteilt werden, und jedes Teilbündel erscheint gelb. Kann ein Photon im gelben Lichtbündel »entzwei«geschnitten werden und wenn ja, wird es immer noch gelb erscheinen?

a) Es kann entzweigeschnitten werden und ja, es erscheint gelb.
b) Es kann entzweigeschnitten werden, aber erscheint nicht gelb.
c) Es kann nicht entzweigeschnitten werden und selbst wenn dies ginge, erschiene es nicht gelb.
d) Es kann nicht entzweigeschnitten werden, aber wenn dies ginge, erschiene es gelb.

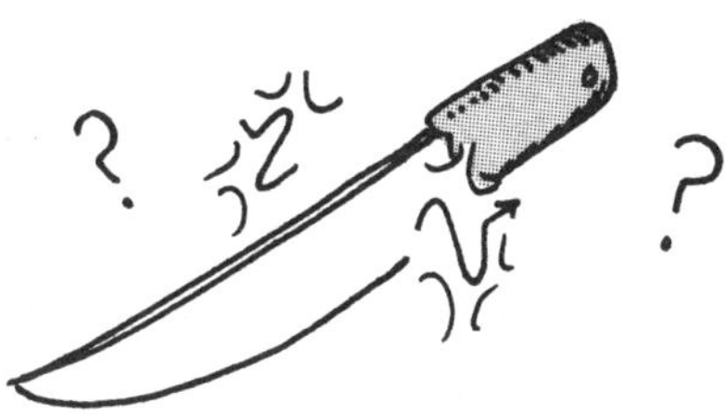

Antwort: Photon – geschnitten oder am Stück

Die Antwort lautet c). Wenn man ein Photon zu zerschneiden versucht, wird man feststellen, dass es immer auf einer Seite der Schneide ist. Man kann nicht sagen, auf welcher das sein wird, doch es wird immer auf der einen oder der anderen Seite der Schneide sein. Obwohl man ein Photon nicht zerschneiden kann, kann es absorbiert und als Paar von zwei Photonen – aber mit niedrigeren Frequenzen – wieder ausgestrahlt werden. Dies geschieht in fluoreszierenden Materialien, wo ein Molekül ein einziges ultraviolettes Photon absorbieren mag und dann ein Paar roter Photonen ausstrahlt. Die Energie der beiden roten Photonen summiert sich zu derjenigen des einen ultravioletten Photons auf.

Photonenhieb

Jedermann weiß, dass Lichtwellen Energie transportieren – so kommt die Solarenergie von der Sonne hierher. Aber übertragen Lichtwellen einen Impuls?

a) Alle Wellen, die Energie tragen, tragen auch einen Impuls.
b) Lichtwellenenergie ist reine Energie und trägt daher keinen Impuls.
c) Lichtwellen tragen Impuls sowie Energie.

Antwort: Photonenhieb

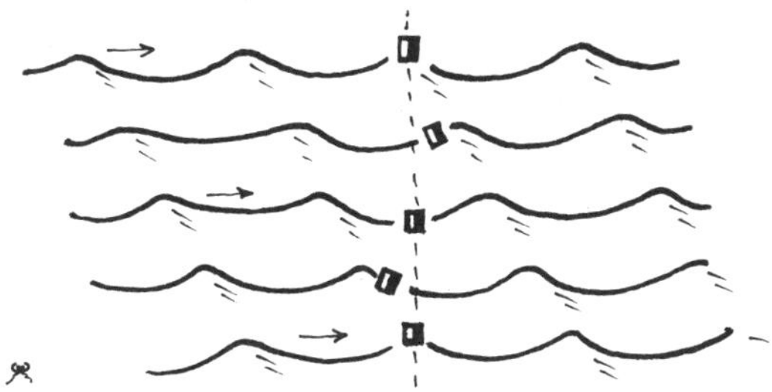

Die Antwort lautet c). Nicht alle Wellen tragen einen Impuls. Tatsächlich tragen die meisten Wellen null Netto-Impuls.* Wasserwellen zum Beispiel tragen Energie, aber sie schieben keinen Korken vorwärts, der auf ihnen tanzt. Der Korken hüpft zwar auf und nieder, kehrt aber zu seinem Ausgangspunkt zurück. Also kein Netto-Impuls gewonnen. Dasselbe gilt für Schallwellen.

Doch Lichtwellen sind anders. Sie sind in der Tat einzigartig, denn sie tragen Impuls. Es ist der Impuls des Sonnenlichts, der die Kometenschweife von der Sonne wegdrückt!

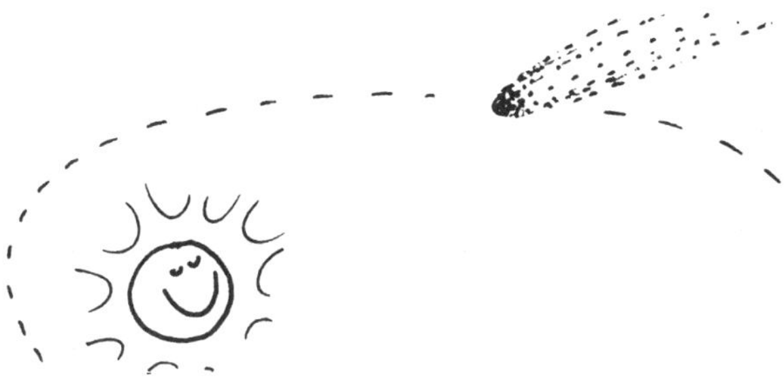

Es war dieser Impulseffekt, der es Newton schwer machte, an Licht als Wellen zu glauben, und ebendieser Effekt war es vor allem, der Einstein an Licht als Teilchen mit Masse denken ließ, die er Photonen nannte. Einstein überlegte: Wenn schon Licht Dinge schieben kann, dann muss es einen Impuls haben. Impuls ist Masse mal Geschwindigkeit. Licht hat daher nicht nur eine Geschwindigkeit, sondern auch eine Masse.

Die Kraft, die Licht auf Dinge ausübt, nennt man Strahlungsdruck. Man könnte meinen, dass die Wirkung des Strahlungsdrucks darin besteht, stets Dinge von der Sonne wegzudrücken. Erstaunlicherweise ist dem nicht so, wie in der nächsten Frage gezeigt wird.

* Der Gesamtimpuls in einer Welle ist die Summe der Impulse der einzelnen Teile der Welle, und die Summe davon ist null bis auf Effekte 2. Ordnung, außer bei Lichtwellen. – Lewis Epstein

Die Sonne drückt

Kann der solare Strahlungsdruck einige Dinge aus dem Solarsystem hinauspusten?

a) ja
b) nein

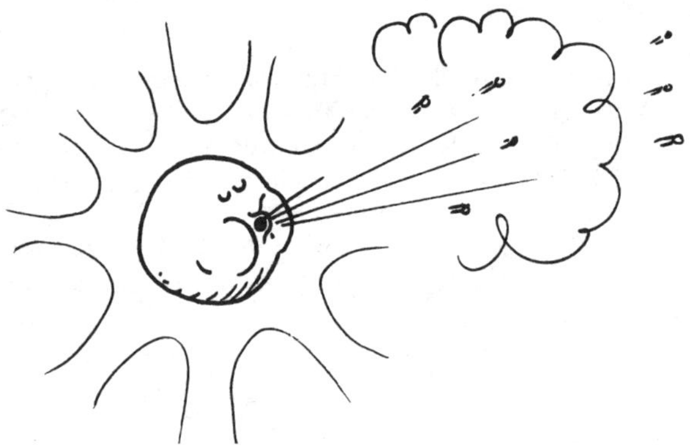

Kann der solare Strahlungsdruck einige Dinge auf die Sonne fallen lassen?

a) ja
b) nein

Antwort: Die Sonne drückt

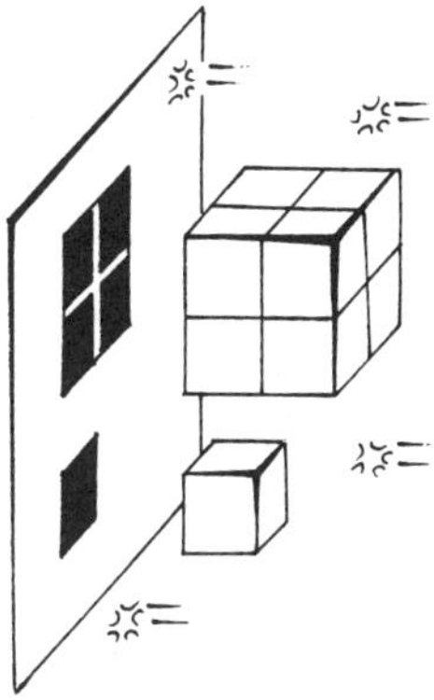

Die Antwort auf die erste Frage lautet a). Stellen wir uns ein kleines Staubteilchen auf seiner Bahn rund um die Sonne vor. Der Druck des Sonnenlichts ist dessen Schattenfläche oder Querschnitt proportional, aber die Schwerkraft ist dessen Masse proportional und die ist wiederum dessen Volumen proportional. Kleine Teilchen bieten mehr Schattenfläche in *jedem* Kubikzentimeter ihres Volumens als große Teilchen. Sind die Teilchen sehr klein, kann das bedeuten, dass der solare Strahlungsdruck die Schwerkraft überwindet – darum weisen Kometenschweife immer von der Sonne weg. Aus dem gleichen Grund kann der Wind kleine Regentropfen herumtreiben (sie sogar aufwärts pusten), während bei großen Regentropfen die Schwerkraft überwiegt.

Die Antwort auf die zweite Frage lautet ebenso a). Das scheint dem ersten Teil zu widersprechen, aber da gibt's keinen Widerspruch. Gesetzt den Fall, das Teilchen ist groß genug, sodass die Schwerkraft auf es stärker ist als die Kraft vom Strahlungsdruck – wie es bei allen Planeten und Asteroiden der Fall ist. Jetzt soll dieses Teilchen im Sonnensystem eingebunden sein. Während wir nun das Teilchen um die Sonne herumwandern sehen, erscheint es, als ob das Sonnenlicht einfach auf das Teilchen herabregnet (ist die Bahn ein Kreis, trifft das Sonnenlicht senkrecht zur Bewegungsrichtung des Teilchens ein). Vom Teilchen aus gesehen stellt sich die Sache etwas anders dar. Auf ein stehendes Auto mag der Regen vertikal herabfallen, doch wenn das Auto fährt, kommt der Regen aus der Sicht des fahrenden Autos von vorn. Also kommt auch das Sonnenlicht aus der Sicht des wandernden Teilchens von vorn (Astronomen nennen solchen Wandel »Aberration«). Der Strahlungsdruck hat also eine Komponente, die gegen die Bahnbewegung des Teilchens drückt. Langsam, aber sicher verliert das Teilchen an Bahngeschwindigkeit und gerät auf eine Abwärtsspirale in die Sonne hinab. Dies wird als Poynting-Robertson-Effekt bezeichnet – der Staubsauger im Sonnensystem!

Was ist im Ofen?

Im heißen Backofen des Herds ist am wahrscheinlichsten welche Strahlung zugegen?

a) Zwei-Meter-Funkwellen
b) Zwei-Millimeter-Funkwellen
c) beide
d) keine von beiden

Antwort: Was ist im Ofen?

Die Antwort lautet b). Die Funkwellen müssen im wahrsten Sinne des Wortes in den Ofen passen, und eine Zwei-Meter-Funkwelle passt nun mal beim besten Willen nicht in den Ofen eines normalen Hausherds.

Passend und zugegen sind in Hausöfen Zwei-Millimeter-Wellen, und zwar nicht allein in Mikrowellenherden, sondern auch in gewöhnlichen Gas- oder sogar holzgeheizten Öfen. Die Energie in einem Ofen besteht überwiegend aus Infrarotstrahlung. Infrarotwellen sind kürzer als Funkwellen, aber länger als Lichtwellen. Nun darf man nicht glauben, dass eine Menge Zwei-Millimeter-Wellen im Ofen zugegen seien, aber ein paar sind es schon. Wichtig daran ist der Gedanke, dass im Ofen ein paar Wellen von jeder Länge zugegen sind, wenn sie nur reinpassen. Zuerst mag sich das ganz vernünftig anhören, doch später könnte man meinen: »Röntgentrahlen sind ganz kurze Wellen, also müssten sie allemal in den Ofen passen.« Aber sind Röntgenstrahlen in einem Hausofen präsent? Es sind sicher ein paar Mikrowellen im Ofen – aber Röntgenstrahlen, das geht zu weit. Warum versagt die Logik hier? Warum gibt es keine Röntgenstrahlen im Hausofen? Das erfahren wir bald.

Ultraviolettkatastrophe

Man erschafft eine große, lange Welle, indem man wie skizziert ein Brett kurz in den Wassertank klatscht. Stört man das Wasser weiter nicht, erkennt man nach einer Weile, dass die große, lange Welle zu

a) einer größeren, längeren Welle geworden ist
b) vielen kleinen, kürzeren Wellen (Gekräusel) geworden ist

Falls Lichtwellen sich wirklich wie Wasserwellen verhielten und man etwas gelbes Licht in den Tank gäbe, würde man nach einer Weile erkennen, dass das gelbe Licht

a) blau geworden wäre
b) rot geworden wäre
c) gelb geblieben wäre

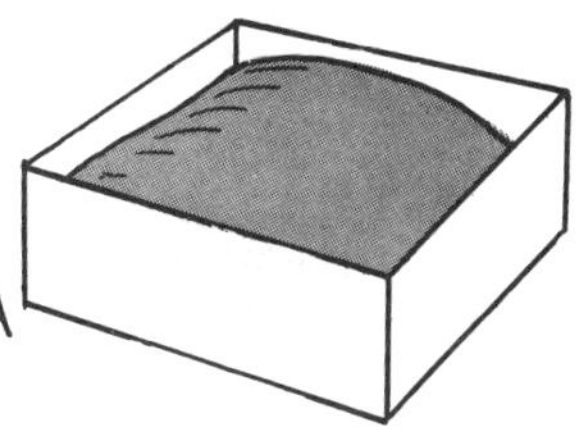

A

Verhalten sich Lichtwellen in einem Tank tatsächlich wie Wasserwellen in einem Tank?

a) ja b) nein

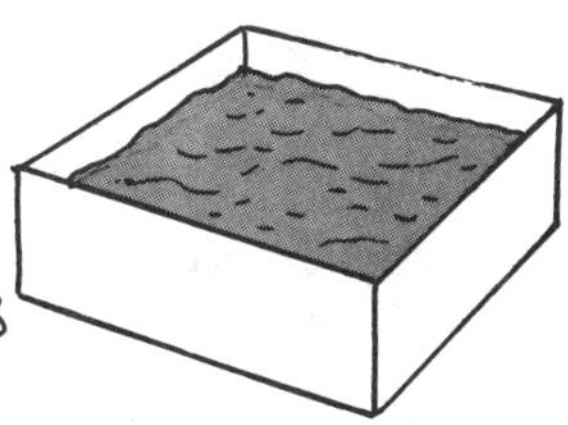

B

Antwort: Ultraviolettkatastrophe

Die Antwort auf die erste Frage lautet b). Jeder kennt die Antwort aus der alltäglichen Erfahrung, aber warum eigentlich verwandelt sich die lange Welle in kurzwelliges Gekräusel? Weil die Wellenenergie sich auf all die *möglichen* Wellensorten verteilt, welche in den Tank passen, und es eben sehr viel mehr kurzwellige als langwellige Sorten gibt, die hineinzupassen vermögen – die meisten davon sind extrem kurz.

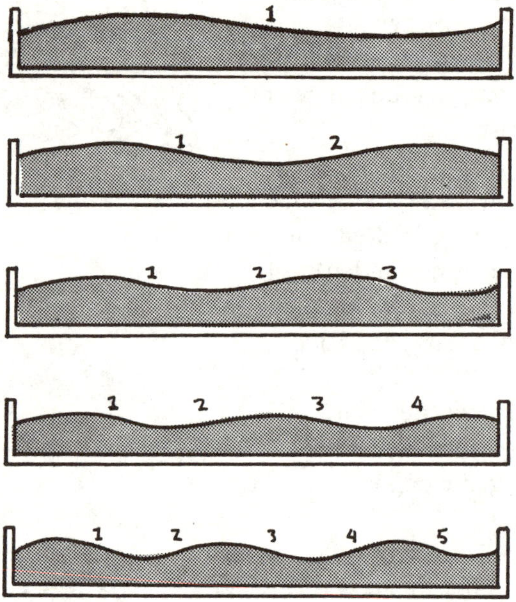

Die Antwort auf die zweite Frage lautet a). Lange Wasserwellen, eingekastelt in einem Tank, wandeln sich wie gesagt zu kurzen Kräuselwellen. Würden gelbe Lichtwellen kürzer, würden sie blau werden (rote Lichtwellen sind länger als blaue). Doch die Geschichte wäre damit noch nicht zu Ende, weil die blauen Wellen – wie die gelben – noch kürzer und somit violett werden würden und dann ultraviolett und dann Röntgenwellen und so fort.

Die Antwort auf die dritte Frage muss b) lauten. Denn wenn man immer mehr gelbes Licht in einen Kasten einspeiste und nichts davon entkommen ließe, würde das Kasteninnere zu einem gelbglühenden Ofen. Wenn man jetzt die Zufuhr gelben Lichts unterbräche sowie den Ofen einfach verschlossen hielte und falls Lichtwellen sich wie Wasserwellen verhielten, dann würde das gelbe Licht darin blau, dann violett, dann ultraviolett und so fort. Die gesamte Wärme im Hausofen würde sich in ultraviolette Strahlung verwandeln. Alle Wärme und alles Licht der Sonne würden sich in ultraviolette Strahlung verwandeln. Alle Wärme und alles Licht im Universum würden sich in ultraviolette Strahlung verwandeln. Es käme zur Ultraviolettkatastrophe (und danach zur Röntgenkatastrophe)!

Tatsächlich kommt es nicht zur Ultraviolettkatastrophe. Warum nicht? Warum teilt sich die Energie der gelben Lichtwellen nicht gleichmäßig auf all die verschiedenen Wellenlängen auf wie die Energie der Wasserwellen? Zunächst muss man wissen, dass sich die Energie des gelben Lichts durchaus auf einige Wellen unterschiedlicher Länge verteilt. Man kann selbst feststellen, dass sie sich auf längere Wellen (rotes Licht) und einige kürzere Wellen (blaues Licht) verteilt, indem man auf ein gelbglühendes Ding wie die Sonne durch ein Prisma schaut und zusätzlich zum dominanten Gelb auch rotes und blaues Licht erkennt. Doch obwohl sich schon einige kurze, blaue Wellen einschleichen, bleibt das meiste Licht gelb. Warum? Weil es schwierig ist, blaues Licht zu machen, und ultraviolettes noch schwieriger. Es braucht eine minimale Energie, um Licht irgendeiner bestimmten Energie oder Wellenlänge zu machen. Die Energie in der Welle muss eben mindestens gleich der Energie in dem Photon sein, und für blaue Photonen ist mehr Energie nötig als für rote (siehe ENTWICKLERLAMPE und PHOTON – GESCHNITTEN ODER AM STÜCK). Die Aufteilung der Energie hat viel Ähnlichkeit mit der Aufteilung des eigenen Geldes auf rote, gelbe und blaue Chips im Spielkasino.

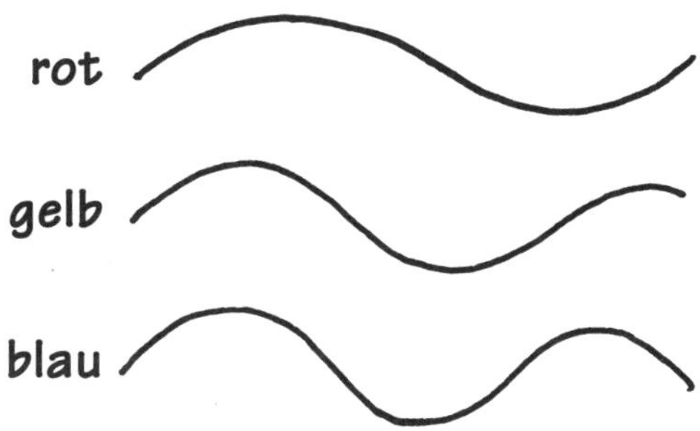

Jetzt wissen wir also, warum ein gelbglühender Ofen (oder Hochofen) gelb bleibt. Zu langen Funkwellen können die gelben Wellen nicht werden, weil Letztere nicht in den Ofen passen, und zu den sehr kurzen Ultraviolett- oder Röntgenwellen deshalb nicht, weil kurze Wellen so viel mehr Energie brauchen, dass nicht mehr genug Energie für alle passenden da wäre.

Gebeugt oder nicht

Ein Strahl Photonen verhält sich wie eine Welle, was das Phänomen der Beugungserscheinungen belegt. Ein Strahl von Teilchen verhält sich allgemein ebenso wie eine Welle, die sogenannte Materiewelle. Welche der folgenden Behauptungen stimmen?

a) Alle Wellen werden durch ein Loch gebeugt (aufgefächert).
b) Nur Materiewellen werden durch ein Loch gebeugt.
c) Nur Materiewellen werden durch ein Loch *nicht* gebeugt.

Antwort: Gebeugt oder nicht

Die Antwort lautet a). Wenn sie durch kleine Löcher gehen müssen, werden Wellen immer aufgefächert oder gebeugt. Hätten Teilchen

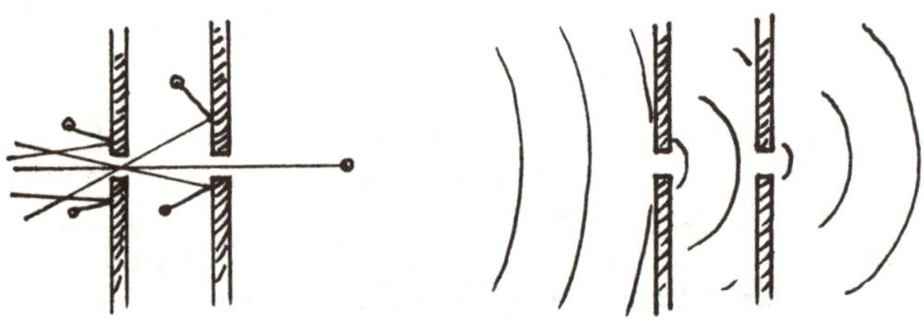

keine Welleneigenschaften, würden sie vollkommen gerade durchfliegen. Wasserwellen können wir sehen, aber es gibt viele Wellensorten, die wir nicht sehen können: zum Beispiel Schallwellen und Lichtwellen.* Daraus, *wie sie sich verhalten*, schließen wir, dass diese »unsichtbaren« Sachen Wellen sind. Der entscheidende Akt, nach dem wir Ausschau halten, ist die Auffächerung.

* Dies gilt für Lichtwellen und ebenso für Photonen. Salopp ist »rote Lichtwelle«, korrekt ist »Welle roten Lichts«. – HEL

Unsicher über Unschärfe

Nach der Heisenberg'schen Unschärferelation muss stets eine Unsicherheit oder Unschärfe vom Betrag h bestehen bezüglich

a) des Impulses eines Teilchens
b) der Energie eines Teilchens
c) des Orts eines Teilchens im Raum
d) der Lebensdauer eines Teilchens
e) nichts davon

Antwort: Unsicher über Unschärfe

Die Antwort lautet e). Dies beruht auf dem Gedanken in PHOTON – GESCHNITTEN ODER AM STÜCK.

Die Unschärferelation rührt von den wellenartigen Eigenschaften solcher »Teilchen« wie Elektronen und Protonen her. Die Wellen geben über die Dynamik des Teilchens Auskunft – über dessen Impuls, dessen Energie und sogar dessen Drehimpuls. Die Welle wandert durch Raum und Zeit. Die Wellenlänge der durch den Raum wandernden Welle ergibt den Impuls des Teilchens. Die Frequenz der durch die Zeit wandernden Welle ergibt die Energie des Teilchens. Aber eine Welle vermag eigentlich ein Teilchen nicht darzustellen! Denn ein Teilchen ist an einer einzigen Stelle im Raum anzutreffen. Eine Welle ist dagegen nicht an einer einzigen Stelle im Raum anzutreffen. Der Konflikt zwischen Welle und Teilchen ist nie zu lösen. Es kann nur einen Kompromiss geben, und dieser Kompromiss ist die Unschärferelation. Der Kompromiss lautet folgendermaßen: Wenn man eine Welle hat, die nicht ewig wandert, sondern bloß an einer Stelle wedelt und dann Selbstmord begeht, ist sie wie ein Teilchen. Solch eine Art Welle nennt man ein »Wellenpaket«.

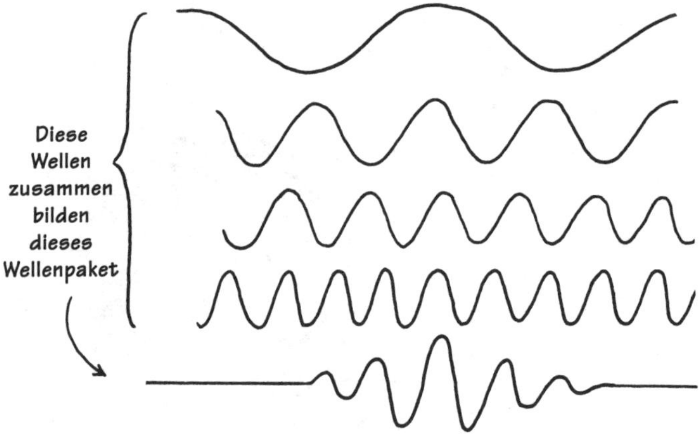
Diese Wellen zusammen bilden dieses Wellenpaket

Wellenpakete werden gemacht, indem man viele, viele einfache (harmonische) Wellen zusammenaddiert, die ewig wandern. Die Addition vieler Wellen bewirkt, dass sie einander auslöschen. Das tun sie, weil die Wellen verschiedene Wellenlängen oder Frequenzen haben, sodass einige in Phase sind, wogegen andere nicht. Doch dürften sie einander nicht vollständig auslöschen. An einer bestimmten Stelle – dem Ort, wo man das Teilchen haben möchte – sollten all die Wellen nicht in Gegenphase sein. Derart ist an jener besonderen Stelle die addierte Wirkung der Wellen konstruktiv – und sonst überall destruktiv.

Man braucht also ein *Gemisch* unterschiedlicher Wellen, um ein Wellenpaket zu machen, das wir Teilchen nennen. Jetzt kommt der Haken. Die Wellenlänge oder Frequenz stellt den Impuls bzw. die Energie des Teilchens dar. Wenn ein Gemisch unterschiedlicher Wellen ein Teilchen macht, dann hat das Teilchen automatisch ein Gemisch von Impulsen und Energien!

Solch Gemisch bedeutet »Unschärfe«. Natürlich kann man versuchen, ein Teilchen aus nur einer einzigen Welle zu machen, damit es keine Ungewissheit über dessen Impuls oder dessen Energie gibt. Aber eine einzige Welle macht noch lange kein Wellenpaket. Die einzelne Welle wandert doch auf ewig. Wenn man also ein Teilchen aus einer einzigen Welle macht, kann man nicht sagen, an welchem Ort oder zu welcher Zeit es existiert. Wieder Ungewissheit oder »Unschärfe«. Doch man braucht bei Impuls oder Energie keine Ungewissheit – wenn man Ungewissheit über Ort oder Zeit in Kauf nimmt. Man kann etwas Unschärfe bei einer Sache loswerden, aber nicht die *komplette* Unschärfe bei beiden Sachen.

Die mit h bezeichnete Zahl ist als Planck'sches Wirkungsquantum bekannt und sagt uns, wie viel Unschärfe immer bleiben muss. Die Größe h ist eine Naturkonstante, gültig im ganzen Universum, wie die Lichtgeschwindigkeit im Vakuum oder die Ladung des Elektrons. Sie ist eine kleine Zahl, daher wird ihre Bedeutung nicht auffällig, bis man die Welt der Photonen und Elektronen betritt. Doch ob nun auffällig oder nicht – sie ist *immer* wirksam. Und die Unschärferelation von Werner Heisenberg besagt wie hier visualisiert: das Produkt zweier Unschärfen (schraffiert) ist immer mindestens so groß wie h.

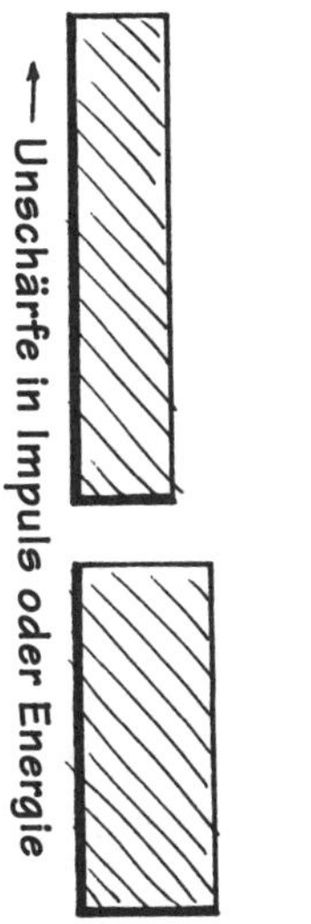

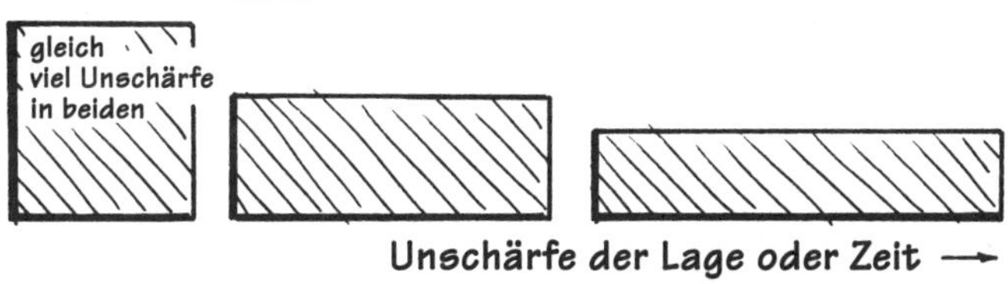

Fressfeind

Weit draußen im Weltraum trifft ein einsames Elektron ein einsames Proton. Sie ziehen einander elektrisch an und

a) werden durch Kernkräfte auseinander gehalten
b) verschmelzen, löschen einander aus und verwandeln sich in reine Energie – was die Sterne leuchten macht
c) das Proton schluckt das Elektron
d) das Elektron schluckt das Proton

Die Antwort lautet d). Denn das Wellenpaket eines Elektrons ist viel größer als dasjenige des Protons, also kann das Proton keinesfalls ein Elektron verschlingen. Das Proton hat zwar die 2000fache Masse des Elektrons, auch wenn das immer noch sehr wenig ist. Aber bloß aufgrund kleiner Masse auf kleine Dimensionen schließen darf man nicht! (Der leere Raum hat schließlich null Masse und füllt doch größtenteils das Universum, oder?) Und wirklich schluckt das Wellenpaket namens Elektron das Proton! Es gibt ein großes Wellenpaket des leichten Elektrons mit einem schweren kleinen Proton in der Mitte. Beider System ist so komprimiert wie mit der verfügbaren Energie möglich. Schlagzeile hierzu: »Im niedrigsten Energiezustand«. Und wie wird ein Elektron mit einem Proton inmitten genannt? Wasserstoffatom.

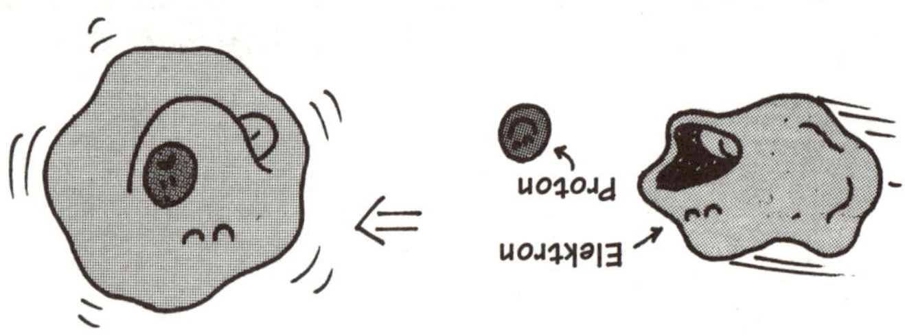

Antwort: Fressfeind

Kreisende Bahnen?

Manche Leute stellen sich ein Elektron um einen Atomkern herum als Miniaturplaneten vor, der sich um eine Miniatursonne bewegt. Ist es unabdingbar, dass sich das Elektron eines Atoms um den Kern des Atoms *herum*bewegt?

a) ja
b) nein

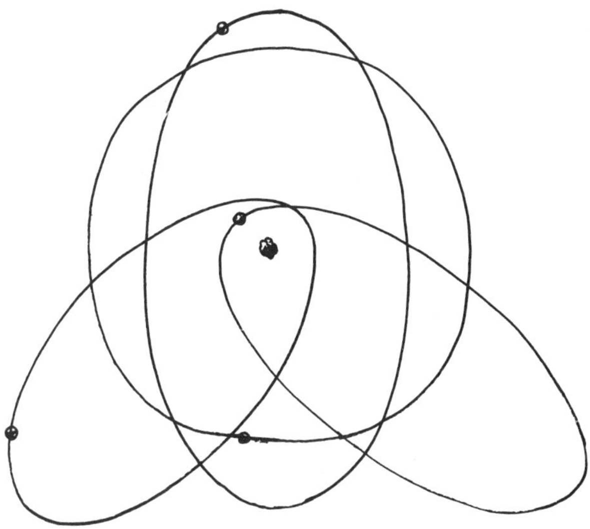

Antwort: Kreisende Bahnen?

Die Antwort lautet b). Ein Satellit braucht einen Impuls, um ein mittels Schwerkraft anziehendes Ding wie die Sonne umkreisen zu können. Doch ganz anders ist die Situation für Elektronen im Atom. Elektronen können in der Tat direkt in den Kern stürzen. Aber sie fliegen auf der anderen Seite wieder heraus, fallen wieder zurück – immer wieder. Elektronen bleiben selten im Kern, sondern fliegen einfach durch ihn hindurch. Am besten denken wir uns das Elektron als eine Welle – als zu große Welle, um in den kleinen Kern zu passen. Nun kann die Welle Kreise um den Atomkern ziehen oder gerade durch den Atomkern hindurch hin und zurück wandern. Tatsächlich erweist sich die einfachste Bahnform (Atomorbital) des Elektrons im allereinfachsten Atom (genannt Grundzustand des Wasserstoffatoms, welchen heute schon Gymnasiasten kennen) keineswegs als Kreisbahn, sondern einfach als eine Welle, die zum Kern hin und zurück läuft, wie unten rechts zum Vergleich am Kaffeebecher dargestellt.

Parterre

Atome können etwas Energie aus Licht und/oder Wärme absorbieren. Die absorbierte Energie hebt die Elektron-Welle* aus einer nahen Bahn am Kern auf eine fernere Bahn. Wenn das Atom die absorbierte Energie wieder ausstrahlt, fällt die Elektron-Welle wieder auf eine nähere und kleinere Bahn zurück. Auf der kleinsten Bahn, der Parterre-Bahn, kann das Elektron keine Energie ausstrahlen, weil

a) es null kinetische Energie hat
b) die Welle nicht in eine noch kleinere Bahn passen wird
c) beides gilt
d) nichts davon gilt

* Im Fachjargon: »Elektronenwelle«, aber es geht doch um 1 Elektron. – HEL

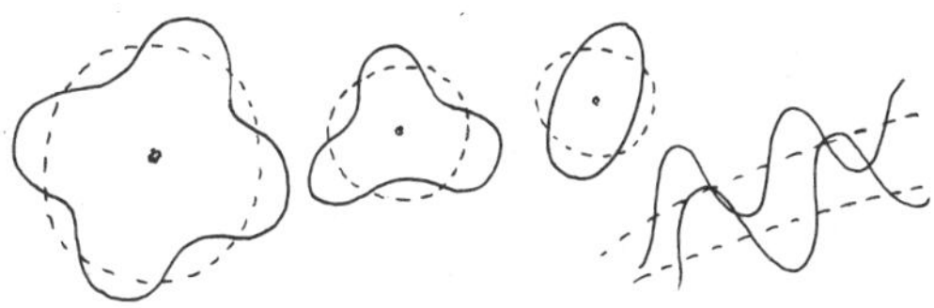

Antwort: Parterre

Die Antwort lautet b). Die Elektron-Wellenlänge muss auf den Umfang der Bahn passen. Die kleinste Umfangsbahn geht einmal rum und ist eine Wellenlänge lang. Auf eine kleinere und nähere Bahn kann die Welle beim besten Willen nicht mehr passen. In der Parterre-Bahn hat die Elektron-Welle immer noch kinetische Energie (sonst könnte sie nicht »wedeln«), doch kann sie diese Energie nicht loswerden, weil sie selbst nicht auf eine noch kleinere Bahn passen würde.

Zwei wichtige Punkte sind hier noch anzumerken. Erstens sind die Wellen auf den verschiedenen Bahnen nicht voneinander getrennt, wie manche Lehrbücher sie fälschlicherweise visualisieren. Tatsächlich überlappen sie sich beträchtlich. Zweitens fallen die Elektronenwellen nicht von selbst von ferneren Bahnen auf nähere, so wenig wie Planeten von selbst aus ferneren Bahnen auf nähere fallen. Etwas von außen muss ihren Fall und den nachfolgenden Ausstoß von Strahlungsenergie auslösen. Darum geht es bei der nächsten Frage.

Welle oder Teilchen?

Innerhalb eines Atoms benimmt sich ein Elektron als

a) Welle   b) Teilchen   c) beides

Eine Elektron-Welle kann sich mit sich selbst überlagern.

a) richtig   b) falsch

Antwort: Welle oder Teilchen?

Die Antwort auf die erste Frage lautet c), weil die Antwort auf die zweite a) lautet.

Wenn ein Elektron kreist, strahlt es Energie ab (siehe SYNCHROTRON-STRAHLUNG), also würde man erwarten, dass ein um den Atomkern kreisendes Elektron ständig Energie abstrahle. Doch Atome strahlen nicht ständig Energie ab. Wie kommt das?

Weil das Elektron als Welle gänzlich um den Atomkern herum »verschmiert« ist. Man kann nicht genau sagen, wo das Elektron ist. Alles, was man weiß, ist die Wahrscheinlichkeitsverteilung, wo es sich befinden könnte. Nämlich da, wo die Welle ist. Die Wahrscheinlichkeit fürs Elektron ist »zu einem Ring um den Kern herum verschmolzen« und solange das so bleibt, ändert sich an seinem bekannten Aufenthalt nichts. Keine Änderung des Aufenthalts bedeutet keine Bewegung, also keine Strahlung.

Wie strahlt dann ein Atom jemals Energie aus? Irgendwann wird das Atom von einem anderen Atom oder vielleicht einem Photon getroffen oder angeregt. Der Aufschlag bringt die hübsche Welle auf dem Kreis durcheinander, indem er etwas von der Welle auf eine andere (fernere) Bahn drückt. Das will heißen, dass es jetzt eine Wahrscheinlichkeit dafür gibt, dass das Elektron auf jeder der beiden neuen Bahnen ist. Ergo hat man jetzt nicht eine, sondern zwei Wellen. Diese beiden Wellen überlappen sich und überlagern einander (interferieren). An einer Stelle mag die Interferenz konstruktiv sein, an einer anderen destruktiv. Wo sie konstruktiv ist, dort ist die Wahrscheinlichkeit größer, das Elektron vorzufinden, wo sie destruktiv ist, ist es unwahrscheinlicher. Die Aufenthaltswahrscheinlichkeit des Elektrons ist nicht länger »zu einem Ring um den Kern herum verschmolzen«. Die Stelle, wo das Elektron am wahrscheinlichsten ist, das Wellenpaket nämlich, kreist rund um den Atomkern und gibt Synchrotronstrahlung ab, wie zu erwarten ist. In diesem Fall also, während die Wahrscheinlichkeit fürs Elektron zwischen zwei Bahnen vermischt ist, interferiert die Elektron-Welle mit sich selbst, und das durch diese Interferenz gebildete Wellenpaket verhält sich wie ein Teilchen.

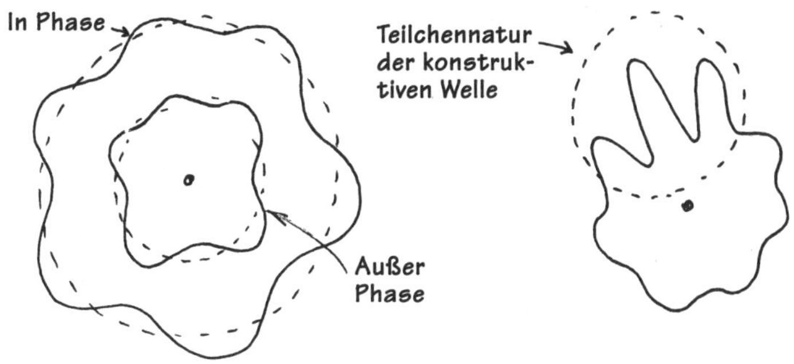

Aber beachten: Um den Strahlungsprozess auszulösen, muss etwas einen Teil der Welle auf eine wieder nähere Bahn boxen.* Im Laser kommt dieser Boxhieb von dem vorbeifliegenden Photon einer Lichtwelle. Die vorbeiwandernde Lichtwelle boxt nicht nur einen Teil der Elektron-Welle auf eine andere Bahn, sondern wenn's der Zufall will, auf genau jene Bahn, die ein Elektron-Wellenpaket nehmen wird, das mit genau der Frequenz der vorbeiwandernden Welle um den Atomkern herumschwingen wird. Das ist ein Fall von Resonanz (siehe MICKRI-MAUS).

Man betrachte jetzt ein einzelnes, bereits angeregtes Atom im Weltraum. Wenn es genügend Energie hat, kann es spontan ausstrahlen. Aber was löst hier den Strahlungsprozess aus? Was boxt hier einen Teil der Elektron-Welle auf eine andere Bahn? Eine interessante Frage und der Schlüssel zu einem seltsamen neuen Gedanken. Es scheint so, dass der Weltraum, der leere Raum, einheitlich dunkel ohne Lichtwellen oder Photonen darin, Phantom-Photonen enthält. Die Phantom-Photonen hüpfen in derart kurzer Zeit in die Existenz und wieder hinaus, dass sie mit der Unschärferelation verträglich sind (siehe UNSCHÄRFE; ist die Zeit kurz genug, ist die Energie gänzlich unbekannt. Und wenn die Energie unbekannt ist, bräuchte sie nicht null zu sein. Für ausnehmend kurze Zeiten können also im Weltraum alle möglichen Sachen existieren – wirklich verrückt!). Zudem sind es diese Phantom-Photonen, welche die spontane Ausstrahlung auslösen. Weil sie reale Sachen bewirken, kann man sie natürlich nicht Phantom-Photonen (also »unwirkliche«) nennen, sondern bezeichnet sie als virtuelle Photonen – als »mögliche«.

* Dies ist eine von Lewis Epsteins Lieblingsfragen.

Masse des Elektrons

Man betrachte die elektrische Ladung eines einzigen Elektrons, das über den unendlichen Raum »verschmiert« ist. Es bräuchte Arbeit, um diese Ladung auf ein winziges Volumen von der Größe eines Elektrons zusammenzupressen. Die dafür benötigte Energie wäre

a) nahezu null
b) gleich dem Energieäquivalent der Masse des Elektrons
c) nahezu unendlich

Antwort: Masse des Elektrons

Die Antwort lautet b). Was ist Materie anderes als erstarrte Energie! Die Gleichwertigkeit von Masse und Energie wird durch Einsteins berühmte Formel $E = mc^2$ ausgedrückt. Das Massenäquivalent der potenziellen Energie der elektrischen Elementarladung, komprimiert auf die Größe eines Elektrons, ist einfach gleich dessen Masse.

Wir können dies auch noch von einer anderen Seite betrachten. Man stellte sich das Elektron als Wellenpaket unendlicher Größe vor. Wenn wir es komprimieren, verkürzen wir dessen Wellenlänge. Die zum Zusammenquetschen eines unendlichen Wellenpakets auf die Größe eines Elektrons benötigte Arbeit ergibt eine Wellenlänge und entsprechende Frequenz und Energie, die annähernd gleich dem Massenäquivalent des Elektrons ist. Interessanterweise unterscheiden sich diese beiden komplett verschiedenen Wege zur Erklärung der Masse des Elektrons um den Faktor 137. Diese dimensionslose Größe ist recht bedeutsam und taucht in der Physik noch öfter auf.

Elektronenquetsche

Das Ergebnis der fortgesetzten Kompression eines Elektrons wäre

a) ein unendlich dichtes Wellenpaket
b) mehr Elektronen
c) nichts davon

Antwort: Elektronenquetsche

Die Antwort lautet b). Es braucht Energie, um ein Wellenpaket zu komprimieren, weil kürzere Wellen zum Existieren höhere Energie benötigen. Während man das Elektron-Wellenpaket zusammenquetscht, steckt man mehr Energie hinein. Früher oder später ist genug Energie hineingequetscht, um ein extra Elektron mit dem entsprechenden Anti-Elektron namens Positron zu erhalten. Weiteres Pressen macht eher mehr Elektronen als ein noch kleineres Elektron.

Die Antimasse der Antimaterie

Hat Antimaterie Antimasse?

a) ja
b) nein

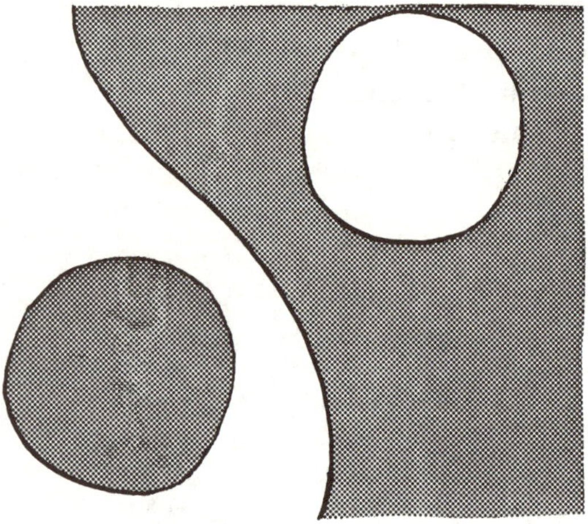

Antwort: Die Antimasse der Antimaterie

Die Antwort lautet b). Antielektronen sind genau wie Elektronen, außer dass sie eine positive Ladung haben, wogegen Elektronen eine negative haben. Könnten sie ebenso entgegengesetzte Masse haben? Nein, könnten sie nicht, und zwar aus diesem Grund: Wenn ein Antielektron ein gewöhnliches Elektron trifft, löschen sie sich gegenseitig aus und senden einen Schuss Strahlungsenergie aus, gewöhnlich Hochenergie-Röntgenstrahlung. Also bleibt nach der gegenseitigen Auslöschung Energie über. Und Energie hat eine Masse. Wenn Elektron und Antielektron gleiche, aber entgegengesetzte Masse hätten, wäre ihre kombinierte Masse null, was keine Strahlung zur Folge haben könnte, und dies widerspricht den Tatsachen. Denn die Masse der abgegebenen Röntgenstrahlung erwies sich gleich der Masse zweier Elektronen. Also muss die Masse von Elektron und Antielektron gleich sein – ohne entgegengesetztes Vorzeichen. Übrigens ist nicht alle Antimaterie elektrisch umgepolt. Zum Beispiel haben Neutronen und Antineutronen beide null Ladung, aber nichtsdestotrotz zerstören sie – zusammengebracht – einander zu einem Schuss Energie.

Fliegender Teppich

Ein Raumschiff aus Antimaterie würde durch die Schwerkraft der Erde nach oben beschleunigt wie ein fliegender Teppich.

a) richtig
b) falsch

Antwort: Fliegender Teppich

Die Antwort lautet b). Die Masse der Antimaterie kann in Strahlungsmasse verwandelt werden. Und Strahlungsmasse wird von der Schwerkraft genauso beeinflusst wie jede andere Masse. Man bedenke, das die Schwerkraft der Sonne vorbeiwandernde Lichtbündel abbiegt (Licht ist eine Form von Strahlung). Besitzt ein Ding Masse, wird es sowohl von der Schwerkraft beeinflusst als auch selbst zu einer Quelle von Schwerkraft. Und Antimaterie hat Masse, echte Masse.

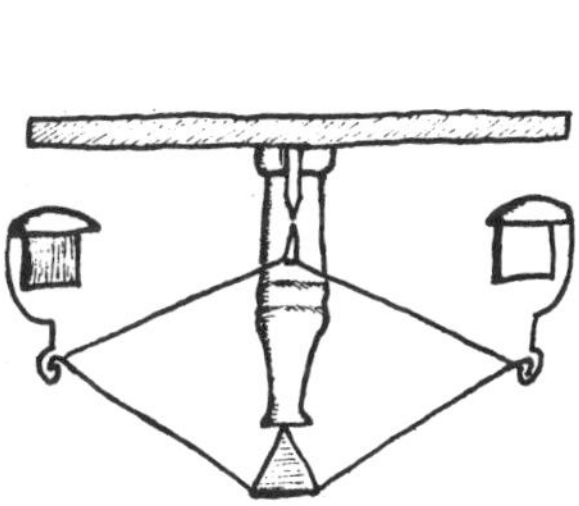

Hart oder weich

Galaxien stoßen manchmal zusammen, aber auch Atomkerne* kollidieren. Die Skizzen zeigen typische Stoßbahnen und nachfolgende Ablenkungen. Auf Skizze I ist zu sehen, dass die Dinge auf Kollisionskurs beim Stoß zurückprallen, wogegen auf Skizze II die Dinge nahezu unbeirrt weiterfliegen.

a) Skizze I illustriert einen galaktischen Zusammenstoß, Skizze II einen Zusammenstoß von Kernen.
b) Skizze I illustriert einen Zusammenstoß von Kernen, Skizze II illustriert einen galaktischen Zusammenstoß.

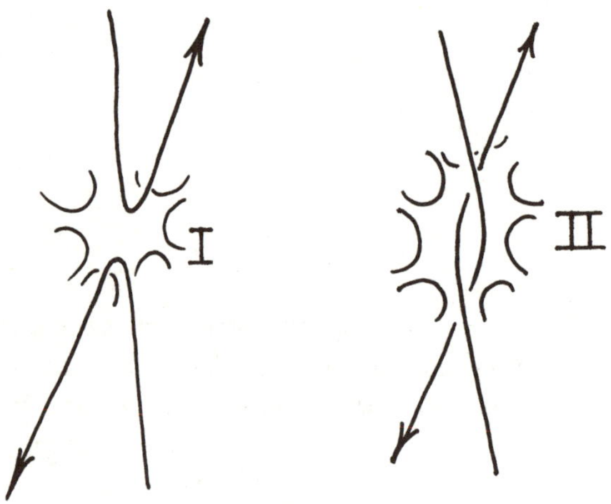

* Kerne hoher Geschwindigkeit kommen aus der Höhenstrahlung oder schießen aus radioaktiven Atomen oder Teilchenbeschleunigern.

Antwort: Hart oder weich

Die Antwort lautet b). Eine Galaxie ist eine Ansammlung von vielen Milliarden Sternen. Wir leben selbst in einer Galaxie namens Milchstraße. Gelegentlich stoßen ferne Galaxien zusammen. Doch das hört sich schlimmer an, als es ist, denn die Sterne in den Galaxien sind auf ein derart riesiges Weltraum-Volumen verteilt, dass einzelne Sterne selten aufeinander treffen (bei einem Zusammenstoß ist die Sternendichte im Weltraum gerade mal etwa doppelt so groß wie zuvor, und die Sterne sind Lichtjahre weit voneinander entfernt).

Die Galaxien sind so riesig, dass selbst beim Kontakt ihre Mitten 100 000 Lichtjahre auseinander liegen dürften, sodass die Schwerkraft zwischen den Sternen nicht allzu stark ist. Während die Galaxien einander durchdringen, wird die Schwerkraft zwischen ihnen schwächer, nicht stärker! (Genau wie die Schwerkraft schwächer wird, wenn man sich in die Erdmasse eingräbt, siehe ERDINNENRAUM.) Da die Kraft also klein und die Masse der Galaxien riesig ist, fahren die Galaxien nach dem Stoß fast geradlinig weiter. Ihre Ablenkung ist gering. Dies nennt man eine weiche Kollision.

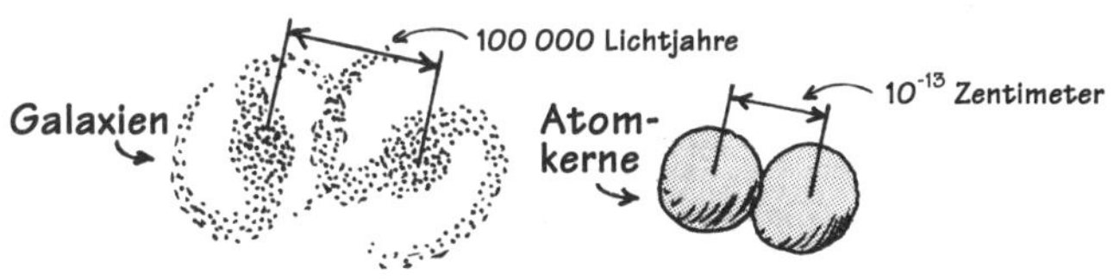

Atome dagegen sind sehr klein, sehr dicht und sehr hart. Die Mittelpunkte zusammenstoßender Kerne können sich sehr nahe kommen, nur $1/10\,000\,000\,000\,000 = 10^{-13}$ Zentimeter auseinander, und zwischen ihnen wirken einerseits die elektrostatische Kraft, stärker als die Schwerkraft, andererseits Kernkräfte, die noch stärker sind. Die Kraft zwischen den stoßenden Kernen ist also groß und deren Masse ist klein, daher werden die Flugbahnen der Kerne nach dem Stoß heftig verändert. Ihre Ablenkung ist groß. Man nennt dies eine harte Kollision.

Jetzt ein wenig Geschichte. Von vornherein wusste niemand, ob Kerne hart oder weich sind – schließlich hat noch niemand einen gesehen. Dann schoss ein Mann namens Ernest Rutherford erstmals Kerne aus radioaktivem Material auf Kerne in einer dünnen Goldfolie und untersuchte, wie die Flugbahnen der Kerne durch die Stöße verändert wurden.

Die Ablenkungen waren groß, also wusste Rutherford, obwohl er die Kerne nie gesehen hatte, dass sie hart sein mussten.

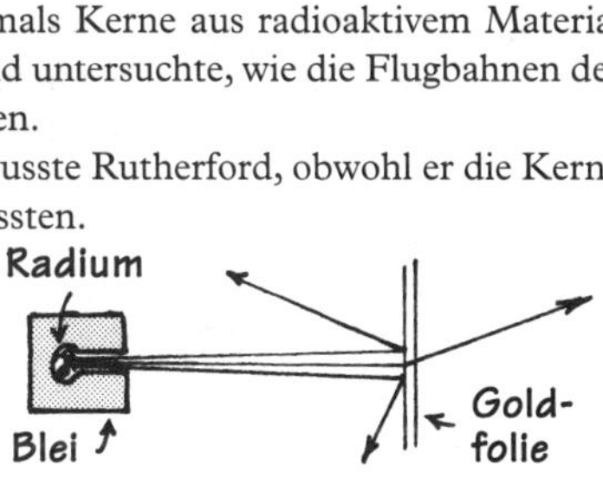

Zeeman-Effekt

Dass die Sonne eine Magnetfeld hat, wissen wir

a) durch Messungen auf einem Raumschiff nahe der Sonne
b) durch den direkten Einfluss des Sonne-Magnetfelds auf die Magnetnadel-Kompasse hier auf Erden
c) weil alles, was Schwerkraft hat, auch ein Magnetfeld hat
d) durch den Einfluss des Sonnen-Magnetfelds auf das Licht, das wir von der Sonne bekommen
e) Tatsächlich haben wir keine Kenntnis von einem Magnetfeld der Sonne und können derzeit auch keine gewinnen.

Antwort: Zeeman-Effekt

Die Antwort lautet d). Schaut man durch ein Prisma zum Licht einer Leuchtstoffröhre, sieht man einige getrennte Farbbänder mit Dunkelheit dazwischen. Das sind Spektrallinien.

Vor 1900 entdeckte ein holländischer Physiker namens Pieter Zeeman Folgendes: Wird eine Lichtquelle in ein starkes Magnetfeld gestellt, spaltet sich jede dieser Linien in drei Komponenten auf. Als dann das Sonnenspektrum um 1900 mit starken Spektroskopen untersucht wurde, entdeckte man, dass auch die Spektrallinien der Sonne aufgespalten sind.

Erster Zugriff

Physiker waren vom Zeeman-Effekt fasziniert, weil sie dadurch erstmals (1896) imstande waren, an Atome gebundene Elektronen kontrolliert anzufassen. Ihr Finger war der Magnetismus, denn mit der Magnetkraft konnte man deren Spektrallinien spalten. Die Spektrallinien, welche durch Emission oder Absorption von einem Gas im Magnetfeld erzeugt werden, sind gespalten, weil

a) Magnetkraft die Farbe eines Photons etwas verschieben kann
b) Magnetkraft einige Gasatome anzieht, andere abstößt
c) Magnetkraft die Art und Weise verändert, wie Elektronen sich in Atomen bewegen
d) Magnetkraft Photonen spaltet

Antwort: Erster Zugriff

Die Antwort lautet c). Was veranlasst die Spektrallinien, sich aufzuspalten? Die Aufspaltung rührt vom Einfluss des Magnetfelds auf die Elektronenbahnen in den Atomen des leuchtenden Gases her. Alle Änderungen der Frequenz, mit der die Elektronen um den Kern der Gasatome kreisen, bewirken Veränderungen in der Lage der Spektrallinien. Das Magnetfeld beeinflusst ebendiese Frequenz.

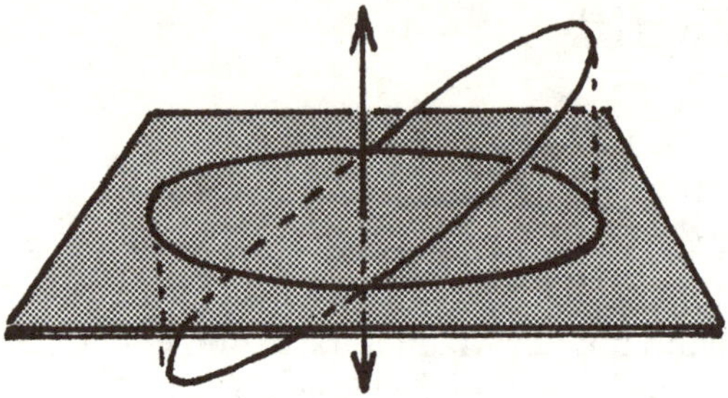

Nun erfährt ein in einem Magnetfeld wanderndes Elektron eine Kraft, die von der Magnetfeldrichtung sowie der Bewegungsrichtung des Elektrons abhängt. Bewegt sich das Elektron parallel zum Magnetfeld, wirkt keine Kraft. Wenn es sich aber senkrecht zum Feld bewegt, wirkt eine Kraft, die senkrecht zum Magnetfeld und senkrecht zur Bewegungsrichtung des Elektrons gerichtet ist.

Wie beeinflusst nun diese Kraft die Bahnbewegung des Elektrons? Die Bahnbewegung des Elektrons kann man sich als Kreisbewegung senkrecht zum Magnetfeld kombiniert mit einer Schwingung parallel zum Feld vorstellen. Die Bewegungskomponente parallel zum Feld wird vom Feld nicht beeinflusst. Je nachdem wie das Elektron kreist, erzeugt das Magnetfeld eine Kraft (siehe ELEKTRONENFALLE), welche die vorhandene Zentripetalkraft des Kerns auf das Elektron entweder erhöhen oder verringern kann. Somit hat eine Hälfte der Atome ihre Elektronen etwas zu höherer Frequenz verschoben und die andere Hälfte ihre Elektronen etwas zu niedrigerer Frequenz. Während also die Frequenz der Karussellbewegung in der Ebene je nach Drehrichtung erhöht oder verringert wird, bleibt dagegen die Frequenz der dazu senkrechten Schwingung unverändert.

Ist die Blickrichtung zur Strahlung der Atome senkrecht zum Magnetfeld, sieht man jede Spektrallinie in drei Teile aufgespalten. Die mittlere Linie bleibt infolge der Parallelbewegung vom Feld unbeeinflusst, doch beidseitig gibt es jeweils eine Linie von Elektronen, die entweder im Uhrzeigersinn oder im Gegenuhrzeigersinn kreisen. Frage: Blickt man parallel zum Magnetfeld, sieht man dann irgendeine Strahlung von der Bewegung parallel zum Feld? Wie viele Linien sieht man also bei dieser Blickrichtung?

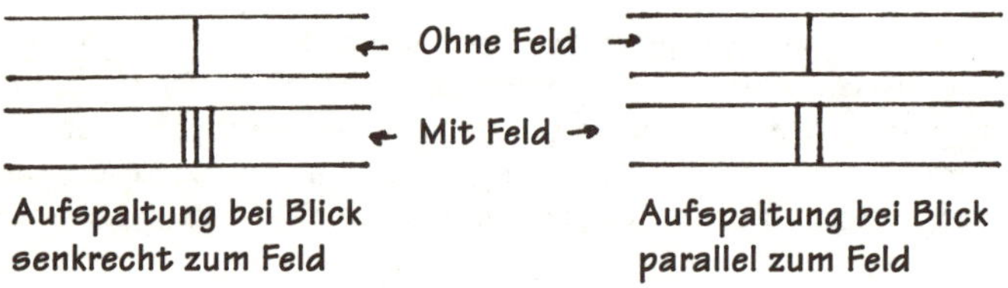

Zusammenpferchen

Die wie in der Skizze verorteten Kugeln X,Y und Z tragen die gleiche positive Ladung. Zwischen welchem Paar Kugeln ist die Kraft am größten?

a) X &Y
b) X & Z
c) Y & Z
d) Die Kraft zwischen allen Paaren ist dieselbe.

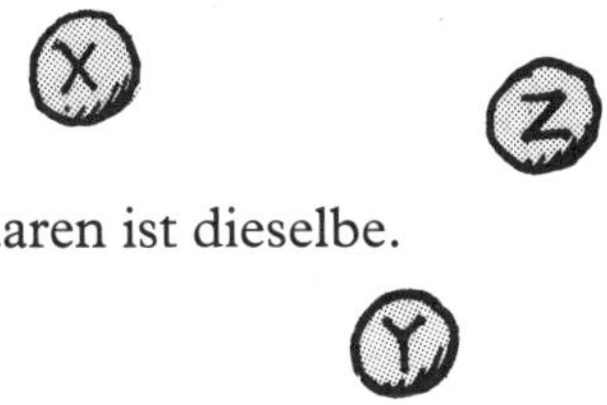

Antwort: Zusammenpferchen

Die Antwort lautet c). Alle Kugeln haben dieselbe Ladung, also stoßen alle einander ab, aber Y & Z sind enger zusammengepfercht als Y & X oder Z & X. Also ist die Abstoßung zwischen Y & Z am größten. Kraft nimmt ab, wenn der Abstand zunimmt. Das gilt für viele Kräfte der Natur: Schwerkraft, Magnetkraft, starke und schwache Kernkräfte. Aber es gilt nicht für alle Kräfte zwischen allen Dingen; zum Beispiel nimmt bei Gummibändern die Kraft zu, wenn der Abstand ihrer Enden zunimmt.

Verdoppelt man den Abstand zwischen den Kugeln, erwartet man vielleicht, dass die Kraft zwischen ihnen auf die Hälfte verringert wird, aber sie wird auf ein Viertel verringert. Warum? Wir können sofort antworten, dass die elektrische Kraft zwischen geladenen Teilchen gesetzmäßig proportional zum Kehrwert des Abstandquadrats ist. Doch wir können dies noch auf einem völlig anderen Weg erkennen – durch den Austausch »virtueller« Photonen. Die Kugeln üben Kraft aufeinander aus durch Austauschen virtueller Photonen. Virtuelle Photonen haben Impuls; der Impuls eines Photons ist umgekehrt proportional zu dessen Wellenlänge. Verdoppelt sich der Abstand zwischen den Kugeln, werden die Impulse der Photonen, welche dazwischen passen, halbiert. Würde also die Kraft halbiert? Nein. Denn die Photonen brauchen auch doppelt so lang, um zwischen den Kugeln zu wandern, wenn sich deren Abstand verdoppelt. Also wird die Kraft zwischen den Kugeln als Austauschgeschwindigkeit vom Impuls nochmals halbiert. Somit beläuft sich der komplette Abschlag auf ein Viertel.

Halbwertszeit

Auf einem fernen Planeten ist man dabei, eine Basisstation zu verlassen, die von einer radioaktiven Energiequelle versorgt wird. Doch man hat die Wahl zwischen zwei Energiequellen gleicher Masse. Welche Energiequelle versorgt die Basis länger? Quelle I benutzt ein radioaktives Isotop mit einer sechsmonatigen Halbwertszeit. Quelle II benutzt ein anderes Radioisotop, das nur halb so radioaktiv ist (nur halb so viel Leistung abgibt) wie das erste Radioisotop, aber ein Jahr Halbwertszeit hat. Die Basis funktioniert am längsten mit

a) Quelle I b) Quelle II c) beiden gleich

Antwort: Halbwertszeit

Jahr	0	1	2	3
Quelle I	2	$\frac{1}{2}$	$\frac{1}{8}$	$\frac{1}{32}$
Quelle II	1	$\frac{1}{2}$	$\frac{1}{4}$	$\frac{1}{8}$

Die Antwort lautet b). Um zu erkennen warum, lasse man die Quelle vor dem geistigen Auge arbeiten. Gesetzt den Fall, Quelle II startet mit der Leistung Eins. Nach einem Jahr ist sie auf 1/2 herunter, nach einem weiteren Jahr auf 1/4 und dann auf 1/8. Quelle I ist doppelt so leistungsfähig, startet also mit Leistung Zwei, doch nach einem Jahr hat sie schon zwei Halbwertszeiten (zu je 6 Monaten) hinter sich, also ist sie auf Leistung 1/2 herunter und nach einem weiteren Jahr auf 1/8 und dann 1/32. Demnach sollte man sich eindeutig für Quelle II entscheiden.

Eine genau gleichartige mathematische Situation gibt es bei der optischen Nachrichtenübermittlung. Licht von einem Laser wird durch eine Glasfaser als optischer Lichtleiter geschickt. Wenn Licht durch irgendetwas geht, das nicht vollkommen klar ist, dann wird eine Hälfte davon nach einer bestimmten Strecke verschluckt und nach nochmaligem Durchlaufen der gleichen Strecke dann vom Rest wieder die Hälfte. Ein Faserlichtleiter ist nicht vollkommen klar.

Jetzt vor die Alternative gestellt: doppelte Laserleistung oder Glasfaser mit halber Absorption, was würde man nehmen?

Den Transmissionsverlust in der Faser zu halbieren gleicht mathematisch der Verdopplung der Halbwertszeit des Radioisotops.

Halbieren mit Zeno

Zeno war ein alter Grieche, der vor Aristoteles' Zeit über eine Menge nachdachte. Zeno zeigte, dass logisch Offenkundiges überhaupt nicht offenkundig ist, wenn man wirklich darüber nachdenkt. Zum Beispiel sagte er, man könne eine Straße nie vollständig überqueren, weil man zunächst die halbe Breite gehen müsste – danach von der verbleibenden Hälfte erneut die Hälfte, dann vom verbleibenden Viertel wieder die Hälfte, dann vom verbleibenden Achtel wiederum die Hälfte und sofort auf immer und ewig. Demnach, argumentierte Zeno, müsste es ewig dauern, die Straße zu überqueren. Wenn man nun tatsächlich wie Zeno eine Strecke halbiert und dann die Hälfte halbiert und so fort, würde man dann ewig weiter halbieren?

a) ja b) nein

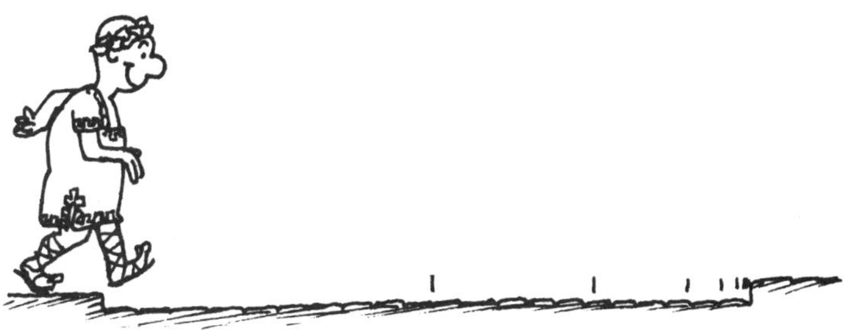

Wenn man sich also entscheidet, eine Straße zu überqueren, braucht man dann ewig bis zur anderen Straßenseite?

a) sicherlich! b) ach was!

Antwort: Halbieren mit Zeno

Die Antwort auf die erste Frage lautet a). Man kann eine Strecke wieder und wieder und wieder halbieren. In der Praxis mag das schwierig werden, aber prinzipiell kann man ewig weiter halbieren. Wir sprechen ja hier über das Schneiden oder Aufteilen von Raum, nicht eines materiellen Dings, also kommt es nicht zum Zerschneiden von Atomen.

Die zweite Antwort lautet b). Eine Straße zu überqueren, zählt zur Alltagserfahrung, also sagen wir, die Antwort entspräche bloß gesundem Menschenverstand. Doch wo bleibt die Logik? Um die erste Hälfte zu überqueren, braucht es eine bestimmte Zeitdauer, sagen wir 1/2 Sekunde. Um die verbleibende Hälfte halb zu gehen, braucht man 1/4 Sekunde und den Rest halb dann 1/8 Sekunde, das nächste Intervall 1/16 Sekunde, dann 1/32 Sekunde und so fort. Die Zeit für die Überquerung ist die Summe von unendlich viel Brüchen: 1/2 + 1/4 + 1/8 + 1/16 + 1/32 + … auf ewig. Aber – obgleich die Anzahl der Brüche unendlich ist, ist ihre Summe keineswegs unendlich. Hier sieht man, warum. Wir bezeichnen als s = 1/2 + 1/4 + 1/8 + 1/16 + … Dann nehmen wir alles mal zwei, also erhält man

2s = 2/2 + 2/4 + 2/8 +2/16 + … oder 2s = 1 + 1/2 + 1/4 + 1/8 + …
Jetzt ziehen wir die beiden Gleichungen voneinander ab:
2s = 1 + 1/2 + 1/4 + 1/8 + …
-s = – 1/2 – 1/4 – 1/8 – …

---

s = 1

Erkenntnis also: 1 = s = 1/2 + 1/4 + 1/8 + 1/16 + … auf ewig, aber über die Straße kommt man in einer Sekunde!

Diese Analyse gilt auch für die Deutsche Bundesbank, welche unsere Geldversorgung regelt. Um zu verstehen, wie das funktioniert, muss man zwei Sachen wissen: Die meisten großen Geldmengen werden in Banken verwahrt, und die meisten Einkäufe werden mit von Banken geliehenem Geld bezahlt. Wie viel kauft nun ein Euro? Den Gegenwert eines Euros? Nein! Mehr als das. Hier folgt warum. Der Mensch, der einen nagelneuen Euro erhält, legt ihn auf die Bank, die diesen dann jemand anderem leiht, der ihn zum Kauf von Gütern im Gegenwert von einem Euro verwendet. Ebendieser Euro wird alsbald auf die Bank gelegt und wieder nach draußen geliehen. Dieser Zyklus kann immer und immer wiederholt werden, sodass im Prinzip ein Euro für eine unendliche Menge Güter zahlen kann! Und warum geschieht das nicht? Weil das Gesetz über das Kreditwesen bestimmt, dass Banken nur einen bestimmten Bruchteil jedes eingelegten Euro verleihen dürfen, sagen wir die Hälfte. Man legt also einen Euro ein, und die Bank leiht €0,50 aus. Wenn dies wieder auf die Bank gelegt wird, leiht die Bank die halbe Hälfte oder €0,25 aus und so fort. Wie viel kann also jetzt der ursprüngliche Euro kaufen? Jedes Mal, wenn er zirkuliert, kauft er ein bisschen weniger, doch wenn er unendlichmal zirkuliert, ist der Gegenwert in Gütern, den er kaufen kann, €1 + €1/2 + €1/4 + €1/16 + …, also €2 in der Summe.

Manche Leute glauben, wenn die Bundesregierung die Geldmenge vergrößern wollte, dass dann die Bundesbank eben mehr Papiergeld drucken müsse – aber das muss sie nicht einmal tun. Alles, was sie tun muss, ist, den Banken zu erlauben, mehr Geld zu verleihen, sagen wir 3/4 statt 1/2 von jedem eingelegten Euro. Für wie viel kann dann ein Euro zahlen?

€1 + €3/4 + €(3/4)(3/4) + €(3/4)(3/4)(3/4) + … Und wie viel ist das? Man nehme den Trick von vorher: diese Reihe von derselben Reihe mal 3/4 abziehen

$$
\begin{aligned}
s &= 1 + 3/4 + (3/4)(3/4) + (3/4)(3/4)(3/4) + \ldots \\
-3/4\,s &= -\,3/4 - (3/4)(3/4) - (3/4)(3/4)(3/4) - \ldots \\
\hline
1/4\,s &= 1
\end{aligned}
$$

Simple Algebra liefert dann s = 4; also zahlt jetzt ein Euro für €4 werte Güter. Ausleihen von neunzig Cent für jeden eingelegten Euro lässt den Euro für wie viel Güter zahlen? Antwort: Güter im Wert von 10€.

Offensichtlich kann jeder Euro, wenn die Banken fünfzig Cent von jedem eingelegten Euro ausleihen, Güter im Gegenwert von €2 kaufen. Verleihen sie fünfundsiebzig Cent für jeden eingelegten Euro, zahlt jeder Euro für Güter im Gegenwert von €4, und Verleihen von neunzig Cent auf den Euro zahlt für zehn Euro werte Güter. Also kann die Regierung auf leichteste Art anscheinend so viel Geld machen, wie sie will, indem sie einfach den Banken erlaubt, einen größeren Bruchteil des eingelegten Geldes auszuleihen. Wo ist der Haken? Inflation!

Es gibt Situationen, die zu Zenos Denken genau passen. Es gibt die Bauteile, die Elektrizität speichern, Kondensatoren genannt. Werden sie entladen, verlieren sie ihre halbe Elektrizität in einer bestimmten Zeitdauer. Im nachfolgenden selben Intervall verlieren sie halb den restlichen Bruchteil und so weiter und so fort. Sie brauchen ewig, um all ihre Elektrizität zu verlieren! Dasselbe gilt für radioaktive Materialien, die ihre Radioaktivität verlieren, und auch für Kühlvorrichtungen, die durch Wärmeentzug versuchen, den absoluten Nullpunkt zu erreichen.

Fusion kontra Spaltung

Das natürliche Uran in der Erdkruste wurde wahrscheinlich durch Verschmelzung der Eisenkerne innerhalb alter Sterne gebildet. Diese Kernfusion

a) kühlte den Stern ab
b) heizte den Stern auf
c) könnte beides getan haben

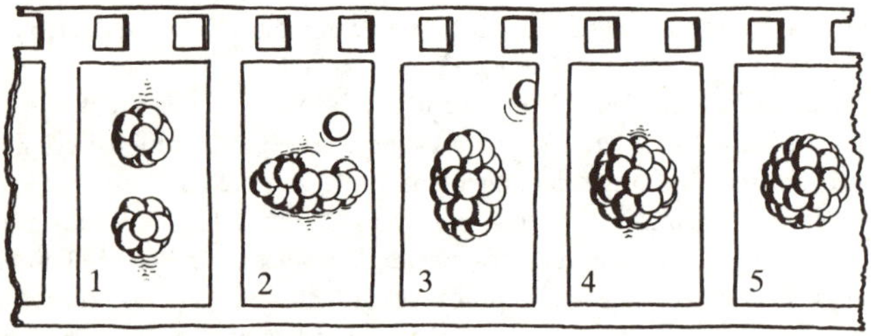

Kernfusion

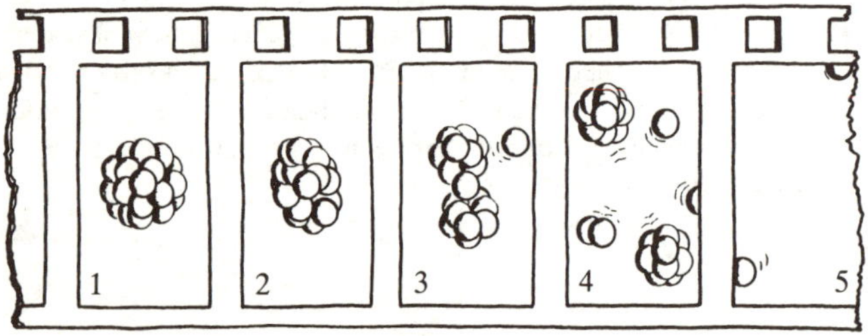

Kernspaltung

Antwort: Fusion kontra Spaltung

Die Antwort lautet a). Man könnte meinen, dass Kernfusion – das Zusammenbringen zweier Kerne leichter Atome zur Bildung eines Schweratom-Kerns – stets Energie frei werden lässt, wie es in der Sonne und bei der Wasserstoffbombe geschieht. Doch dem ist nicht so. Warum? Weil Kernspaltung – das Auseinanderbrechen eines Schweratom-Kerns unter Bildung von zwei oder mehr Leichtatom-Kernen – ebenfalls Energie freisetzen kann wie im Kernreaktor oder in der Uranbombe. Wenn denn Kernfusion stets Energie freisetzt und Kernspaltung stets Energie freisetzt, könnte man ein Atom wiederholt spalten und wieder zusammenbringen und hätte ein Perpetuum mobile, eine ewige Quelle kostenloser Energie – zu schön, um wahr zu sein!

Wenn die Spaltung eines schweren Urankerns in mehrere Eisenkerne Energie freisetzt wie bei der Atombombe, dann muss die Fusion der Eisenkerne zur Wiederherstellung des Urans Energie aufnehmen. Desgleichen muss, wenn die Fusion zweier Wasserstoffkerne unter Bildung von Helium Energie freisetzt wie bei der Wasserstoffbombe, dann die Spaltung des Heliums zurück zu zwei Wasserstoffatomen Energie aufnehmen.

Es erweist sich, dass alle Kerne mittelschwer sein möchten. Wasserstoff ist leicht, Eisen ist in etwa mittelschwer und Uran ist schwer. Daher möchte Wasserstoff verschmelzen (die Reaktion startet allerdings nicht von selbst), und Uran möchte sich spalten. Was bedeutet es eigentlich, wenn man sagt, ein Kern »möchte« mittelschwer sein? Dasselbe, wie wenn man sagt, Wasser »möchte« bergab fließen – es gibt Energie her, wenn man es runterlaufen lässt. Natürlich läuft Wasser auch bergauf, aber nur wenn man ihm Energie zufüttert.

Viel Leute glauben ja, dass das Universum meistenteils aus Wasserstoff bestand, als es anfing. Dann wurde im Innern der Sterne Wasserstoff zu immer schwereren Elementen verschmolzen. Solange der Wasserstoff zu Elementen nicht schwerer als Eisen verschmolzen wurde, setzte die Kernfusion Energie frei, welche die Sterne scheinen ließ. Aber schließlich müssen Sachen geschehen sein, welche Kerne zu Elementen schwerer als Eisen verschmelzen ließen – wie Uran, weil es ja Uran gibt! Und solche Verschmelzung muss Energie aus dem Stern nun abgezogen haben und somit den Stern abgekühlt haben durch die Bildung von Uran darin. Wie viel Wärme nahm das Uran auf, als es geschaffen wurde? Genau so viel, wie es in Kernreaktor oder Atombombe abgibt.

Sterblichkeit

Von tausend Neugeborenen wird statistisch nur die Hälfte, 500, mit 78 Jahren noch leben (dann beziehen sie 11 Jahre lang Rente).

Gesetzt den Fall, das Radioisotop »Humanium« habe eine Halbwertszeit von 78 Jahren, und man geht von 1000 Kindern bzw. 1000 »Humanium«-Atomen aus. Man wird finden, dass

a) die überlebende Anzahl Kinder oder Atome stets ungefähr gleich ist
b) während der ersten 78 Jahre die durchschnittliche Anzahl überlebender Atome größer ist als die durchschnittliche Anzahl überlebender Kinder, aber nach 78 Jahren es stets mehr überlebende Kinder gibt
c) während der ersten 78 Jahre die durchschnittliche Anzahl überlebender Kinder größer ist als die durchschnittliche Anzahl überlebender Atome, aber nach 78 Jahren es stets mehr überlebende Atome gibt

Antwort: Sterblichkeit

Die Antwort lautet c).

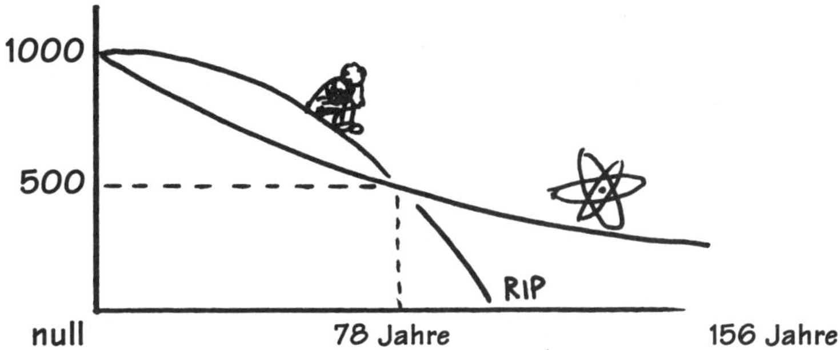

Die Sterblichkeitskurve hat für Leute oder für radioaktive Atome einen ganz unterschiedlichen Verlauf. Von den eintausend Babys sind mit Alter 57 noch 90 % am Leben und 80 % mit Alter 66. Doch dann wächst die Todesrate rapide an. Nur 50 % erreichen 78 Jahre, 25 % die 86 Jahre und 10 % die 91 Jahre. Ein Prozent erreicht 98 Jahre, und ein halbes Prozent erreicht 100 Jahre. Von den eintausend »Humanium«-Atomen machen es 50 % bis 78 Jahre, aber 25 % bis 156 Jahre.

Was macht die Kurven so verschieden? Die Wahrscheinlichkeit, ein weiteres Jahr zu leben, ist für einen 58-jährigen Menschen 99 %, aber für einen 82-Jährigen nur 90 %. Die Wahrscheinlichkeit für ein »Humanium«-Atom, ein weiteres Jahr zu leben, ist immer etwa 99 %. In diesem Sinne gilt für »Humanium«-Atome, dass sie eigentlich immer 58 Jahre alt sind – will sagen, der Prozentsatz an für ein Jahr weiterlebenden »Humanium«-Atomen ist immer derselbe wie der Prozentsatz 58-jähriger Leute, die ein weiteres Jahr überleben, nämlich 99 %.

Und die Moral von der Geschicht? Sagt sie etwas über Radioaktivität oder verschiedene Kurvenarten aus? Die Moral ist uns viel näher als das: Sie legt uns nahe, das Leben anders zu betrachten. Wir starren immer darauf, wie viele Jahre man gelebt hat (das Alter). Viel aufschlussreicher ist ein Blick darauf, wie viele Jahre die Lebenserwartung noch verspricht. Die folgende Tabelle gibt die Umwandlung vom Lebensalter zur verbleibenden Lebenserwartung (Statistisches Bundesamt 2004):

gelebte Jahre … das Lebensalter

10	15	20	25	30	35	40	45	50	55	60	65	70	75	80	85
66	61	56	51	47	42	37	32	28	24	20	16	13	10	7	5

noch zu erwartende Lebensjahre

Mit fünfundzwanzig ist die Lebenserwartung 51 weitere Jahre. Warum ist dann mit dreißig, nachdem fünf von jenen Jahren verbracht sind, die Lebenserwartung 47 Jahre statt 46 Jahre? Die Lebenserwartung nimmt zu aus demselben Grund, aus dem die Lebenserwartung eines sicher die Autobahn überquerenden Fußgängers wächst, nachdem er schon teilweise darüber ist. Unser Leben ist eine einzige Autobahn mit unendlich vielen zu überquerenden Spuren, auf deren jeder der Verkehr jedoch immer heftiger wird. Stets dran denken!

Das »Humanium« rennt ebenso über eine Autobahn mit unendlich vielen Spuren, aber der Verkehr auf jeder Spur ist immer der gleiche.

Mehr Fragen (ohne Erklärungen)

Bei den folgenden Fragen parallel zu den bisherigen sind die Leserinnen und Leser auf sich selbst gestellt. Also physikalisch denken!

1. Die Kraft, welche Elektronen in der Nähe des Atomkerns festhält, ist
   a) elektrostatisch b) Gravitation
   c) magnetisch d) keine davon

2. Bahnelektronen trudeln nicht prinzipiell in den Atomkern, wegen
   a) Drehimpuls
   b) elektrischen Kräften
   c) Wellennatur des Elektrons
   d) diskreter Energiezustände

3. Der Atomkern besteht zum Teil aus einem oder mehreren positiv geladenen Teilchen, den Protonen. Diese Protonen
   a) brauchen keine Kraft, um sie zusammenzuhalten
   b) werden durch elektrostatische Kräfte zusammengehalten
   c) werden durch Schwerkräfte zusammengehalten
   d) werden durch magnetische Kräfte zusammengehalten
   e) nichts davon

4. All die unterschiedlichen Kräfte der Natur, welche Dinge anziehen oder abstoßen, variieren derart, dass die Kraft zwischen zwei Dingen sich auf ein Viertel ihres Werts verringert, wenn der Abstand der Dinge verdoppelt wird. Diese Aussage ist
   a) richtig b) falsch

5. Die Unschärferelation besagt, dass
   a) alle Messungen zu einem gewissen Grade fehlerbehaftet sind; keine Messung ist genau
   b) wir prinzipiell nicht sowohl Ort als auch Impuls (oder Energie sowie Zeit) eines Teilchens mit absoluter Gewissheit kennen können
   c) die Physikwissenschaft im Wesentlichen unsicher ist
   d) alles zusammen
   e) nichts davon

6. Die Lichtintensität aus einem Glühlicht wird als Funktion der Frequenz aufgetragen, wie die skizzierte Strahlungskurve zeigt. Wenn dieses Licht zuvor durch ein Gas geleitet wird, würde die resultierende Strahlungskurve wahrscheinlich wie fogende Kurve aussehen?

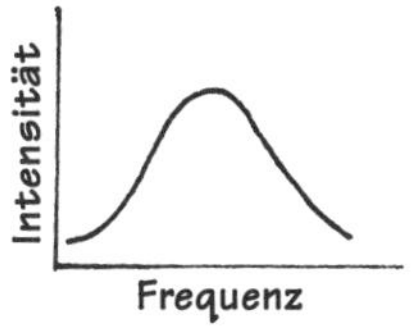

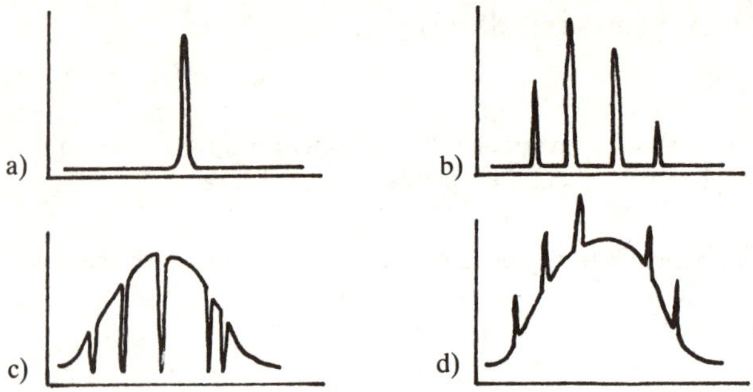

7. Das Lichtspektrum von einem glühenden Festkörper ist als Strahlungskurve rechts skizziert. Von Atomen im Gaszustand ausgestrahltes Licht würde dagegen wahrscheinlich eine Kurve ergeben, die aussieht wie

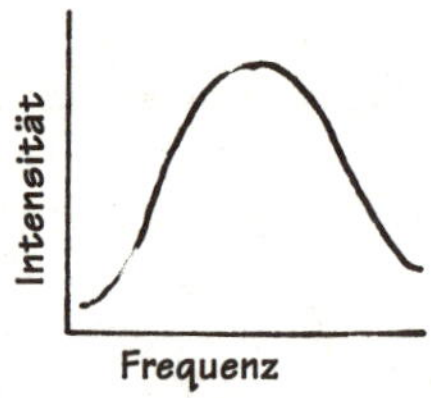

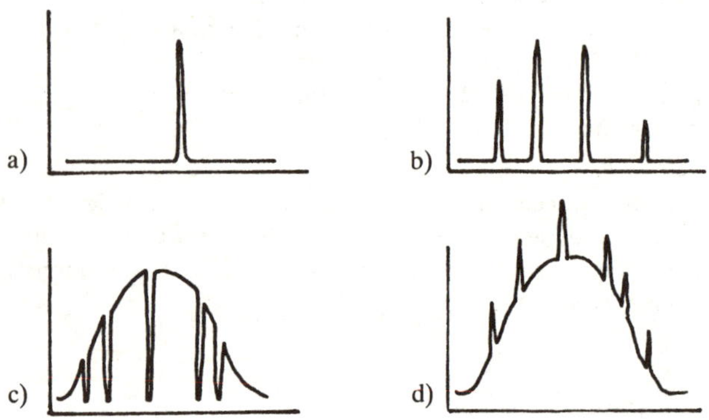

Personen- und Sachregister

Naturwissenschaft im dtv

Sandra Aamodt, Samuel Wang
Welcome to Your Brain
Ein respektloser Führer durch die Welt des Gehirns
Übers. v. N. Juraschitz
ISBN 978-3-423-**34615**-3

Gerhard Berz
Wie aus heiterem Himmel?
Naturkatastrophen und Klimawandel
Was uns erwartet und wie wir uns darauf einstellen sollten
ISBN 978-3-423-**24766**-5

Jamie Buchan
Pi mal Daumen
Was Zahlen erzählen
Übers. v. D. Mallett
ISBN 978-3-423-**34683**-2

Thomas Bührke
$E = mc^2$
Einführung in die Relativitätstheorie
ISBN 978-3-423-**33041**-1

Genial gescheitert
Schicksale großer Entdecker und Erfinder
ISBN 978-3-423-**24928**-7

Richard Dawkins
Der blinde Uhrmacher
Warum die Evolution der Beweis für ein Universum ohne Design ist
Übers. v. K. de Sousa Ferreira
ISBN 978-3-423-**34478**-4

Marcus Chown
Warum Gott doch würfelt
Über »schizophrene Atome« und andere Merkwürdigkeiten aus der Quantenwelt
Übers. v. K. Neff und S. Hunzinger
ISBN 978-3-423-**34735**-8

Das Universum und das ewige Leben
Neue Antworten auf elementare Fragen
Übers. v. F. Griese
ISBN 978-3-423-**24712**-2

Intelligentes Leben im Universum
Was wir im Alltag über Physik lernen können
Übers. v. K. Neff
ISBN 978-3-423-**24802**-0

Keith Devlin
Die Berechnung des Glücks
Eine Reise in die Geschichte der Mathematik
Übers. v. E. Heinemann
ISBN 978-3-423-**34704**-4

Lewis C. Epstein
Denksport-Physik
Fragen und Antworten
Übers. v. H.-E. Lessing
ISBN 978-3-423-**34682**-5

Detlev Ganten, Thomas Deichmann, Thilo Spahl
Naturwissenschaft
Alles, was man wissen muss
ISBN 978-3-423-**34237**-7

Naturwissenschaft im dtv

Hans Fricke
Der Fisch, der aus der Urzeit kam
Die Jagd nach dem Quastenflosser
ISBN 978-3-423-**34616**-0

Sue Halpern
Memory!
Neues über unser Gedächtnis
Übers. v. S. Vogel
ISBN 978-3-423-**34736**-5

Stephen Hawking
Das Universum in der Nussschale
Übers. v. H. Kober
ISBN 978-3-423-**34089**-2

Maarten Keulemans
Exit Mundi
Die besten Weltuntergangs-szenarien
Übers. v. J. Pinnow
ISBN 978-3-423-**34617**-7

Ulrich Kutschera
Tatsache Evolution
Was Darwin nicht wissen konnte
ISBN 978-3-423-**24707**-8

Michael Madeja
Das kleine Buch vom Gehirn
Reiseführer in ein unbekanntes Land
ISBN 978-3-423-**34705**-1

Christiane Nüsslein-Volhard
Das Werden des Lebens
Wie Gene die Entwicklung steuern
ISBN 978-3-423-**34320**-6

Ernst Pöppel
Der Rahmen
Ein Blick des Gehirns auf unser Ich
ISBN 978-3-423-**34657**-3

Josef H. Reichholf
Das Rätsel der Menschwerdung
Die Entstehung des Menschen im Wechselspiel mit der Natur
ISBN 978-3-423-**33006**-0

Die Zukunft der Arten
Neue ökologische Überraschungen
ISBN 978-3-423-**34532**-3

Brigitte Röthlein
Schrödingers Katze
Einführung in die Quantenphysik
Hg. v. O. Benzinger
Illust. v. N. Schnyder
ISBN 978-3-423-**33038**-1

Marais du Sautoy
Das Geheimnis der Symmetrie
Mathematiker entschlüsseln das Rätsel der Natur
Übers. v. S. Gebauer
ISBN 978-3-423-**34658**-0

Naturwissenschaft im dtv

Thomas Schaller
Die berühmtesten Formeln der Welt
... und wie man sie versteht
ISBN 978-3-423-**34571**-2

Simon Singh
Fermats letzter Satz
Die abenteuerliche Geschichte eines mathematischen Rätsels
Übers. v. K. Fritz
ISBN 978-3-423-**33052**-7

Geheime Botschaften
Die Kunst der Verschlüsselung von der Antike bis in die Zeit des Internet
Übers. v. K. Fritz
ISBN 978-3-423-**33071**-8

Big Bang
Der Ursprung des Kosmos und die Erfindung der modernen Naturwissenschaft
Übers. v. K. Fritz
ISBN 978-3-423-**34413**-5

Frans de Waal
Der Affe in uns
Warum wir sind, wie wir sind
Übers. v. H. Schickert
ISBN 978-3-423-**34559**-0

Primaten und Philosophen
Wie die Evolution die Moral hervorbrachte
Übers. v. B. Brandau und K. Fritz
ISBN 978-3-423-**34659**-7

Rudolf Tascher
Der Zahlen gigantische Schatten
Die fantastische Welt der Mathematik
ISBN 978-3-423-**34553**-8

Frederic Vester
Denken, Lernen, Vergessen
Was geht in unserem Kopf vor?
ISBN 978-3-423-**33045**-9

Michael Willers
Denksport-Mathematik
Rätsel, Aufgaben und Eselsbrücken
Übers. v. S. Vogel
ISBN 978-3-423-**24838**-9

dtv-Atlas Chemie
von H. Breuer
2 Bände
Band 1: ISBN 978-3-423-0**3217**-9
Band 2: ISBN 978-3-423-0**3218**-6

dtv-Atlas Mathematik
von F. Reinhardt und H. Soeder
2 Bände
Band 1: ISBN 978-3-423-03007-6
Band 2: ISBN 978-3-423-03008-3

Marcus Chown im dtv

»Wir müssen dankbar sein,
dass es Autoren wie Marcus Chown gibt ...«
The Independent

Warum Gott doch würfelt

Über »schizophrene Atome« und andere Merkwürdigkeiten
aus der Quantenwelt
Übersetzt von K. Neff

ISBN 978-3-423-**34735**-8

Wenn Wissenschaftler sich über die Welt der Quanten austauschen, ist das keine Strandlektüre für unsereins. Wenn Marcus Chown davon erzählt, bekommt man eine Vorstellung von dieser faszinierenden fremden Welt.

»Marcus Chown gibt einen unterhaltsamen Einblick in eine merkwürdige Welt, die nicht direkt mit den Sinnen erfassbar ist. Mit kleinen, phantasievollen Geschichten zieht er die Leser auch durch schwierige Kapitel ... Eine anregende Rundreise durch die Ideen der modernen Physik.«
Die Welt

Das Universum und das ewige Leben

Neue Antworten auf elementare Fragen
Übersetzt von F. Griese

ISBN 978-3-423-**24712**-2

Woher kommen wir? Wohin gehen wir? Was die Kirche dazu sagt, ist bekannt. Doch auch Physiker machen recht verblüffende Vorschläge: Kann schon sein, dass man – allerdings nicht aus religiösen, sondern aus quantenphysikalischen Gründen – auf der Stelle wiederaufersteht, wenn das Universum stirbt. Tröstlich!

Intelligentes Leben im Universum

Was wir im Alltag über Physik lernen können
Übersetzt von K. Neff

ISBN 978-3-423-**24802**-0

Marcus Chown sorgt mit Erzähltemperament und Sachkenntnis dafür, dass man mehr von der Welt versteht.

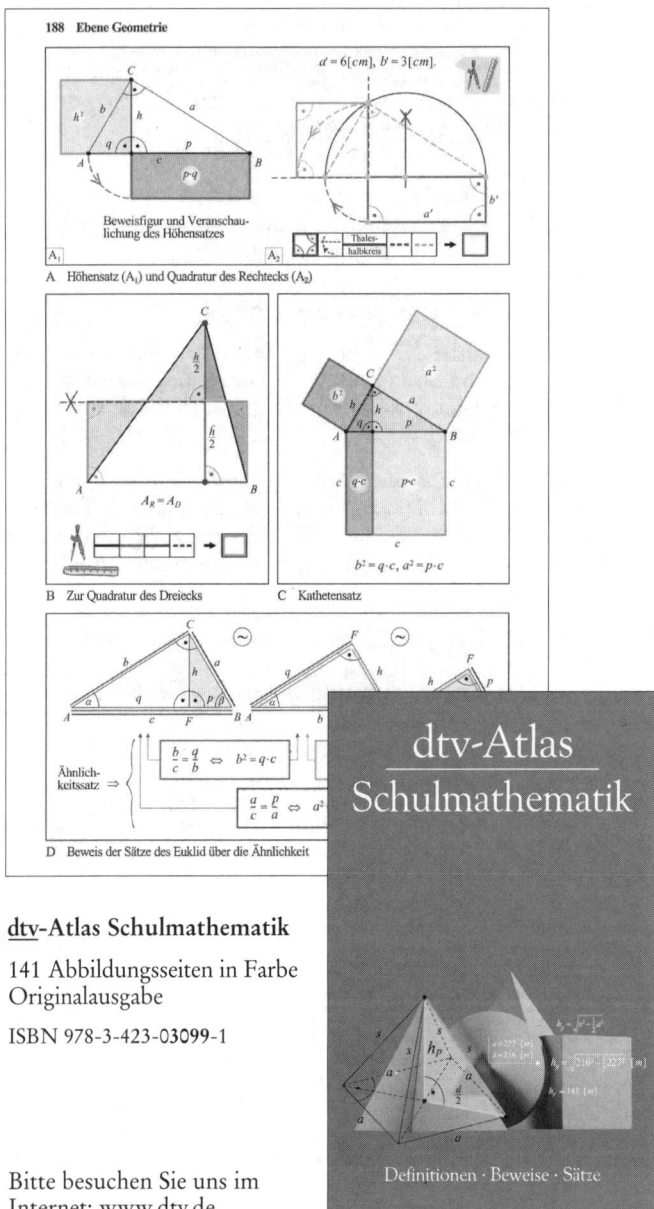

Der Bestseller-Autor hat mit diesem Buch wieder neue Maßstäbe gesetzt

Stephen Hawking
Das Universum in der Nussschale
Taschenbuchausgabe auf der Grundlage der erweiterten Neuausgabe
Übers. v. H. Kober

ISBN 978-3-423-34089-2

Die Suche nach der Formel, die das Universum erklärt, ist der heilige Gral der Physik. Die brillantesten Köpfe der Kosmologie befassen sich mit dieser Frage. Zu ihnen gehört unzweifelhaft Stephen Hawking.

Der Autor des internationalen Bestsellers ›Eine kurze Geschichte der Zeit‹ hat erneut einen Welterfolg publiziert. In der für ihn typischen witzigen und bilderreichen Sprache und mittels über zweihundert prächtiger Farbillustrationen führt er den Leser in das surreale Wunderland der modernen Raumzeit-Forschung.

»Das Verhalten des ungeheuer großen Universums lässt sich durch seine Geschichte in imaginärer Zeit verstehen, die eine winzige abgeflachte Kugel ist. Insofern hat es große Ähnlichkeit mit Hamlets Nussschale, und in dieser Nuss ist alles verschlüsselt, was in reeller Zeit geschieht. Hamlet hat also vollkommen recht. Wir können in einer Nussschale eingesperrt sein und uns doch für Könige von unermesslichem Gebiet halten.«
Stephen Hawking

Frederic Vester im dtv

Ein großer Umweltforscher und Kybernetiker, der Neuland des Denkens erschließt.

Phänomen Streß
Wo liegt der Ursprung des Streß, warum ist er lebenswichtig, wodurch ist er entartet?
ISBN 978-3-423-33044-2

Vester vermittelt in einer auch dem Laien verständlichen Sprache die Zusammenhänge des Streßgeschehens.

Denken, Lernen, Vergessen
Was geht in unserem Kopf vor, wie lernt das Gehirn, und wann läßt es uns im Stich?
Aktualisierte Neuausgabe
ISBN 978-3-423-33045-9

Frederic Vester zeigt auf seiner Kreuzfahrt durch das menschliche Gehirn eine spannende Richtung der Gehirnforschung: die Biologie der Lernvorgänge.

»Den biokybernetischen Denkansatz von Frederic Vester halte ich für den einzig richtigen Zukunftsweg.«
Daniel Goeudevert

Die Kunst, vernetzt zu denken
Ideen und Werkzeuge für einen neuen Umgang mit Komplexität
ISBN 978-3-423-33077-0

»Ein faszinierender Überblick über die Vielfalt der Elemente des Verstehens, die uns allen, insbesondere aber auch den Entscheidungsträgern in Wirtschaft, Gesellschaft und Politik zu einer kreativen Gestaltung unserer Umwelt zur Verfügung stehen.«
Ricardo Díez Hochleitner, Präsident des Club of Rome

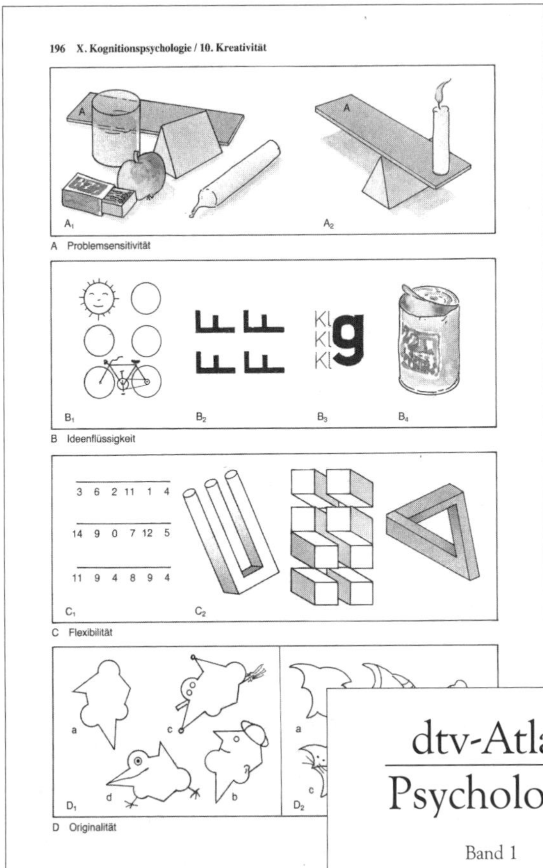

dtv-Atlas Psychologie

Band 1
104 Abbildungsseiten in Farbe
Originalausgabe

ISBN 978-3-423-03224-7

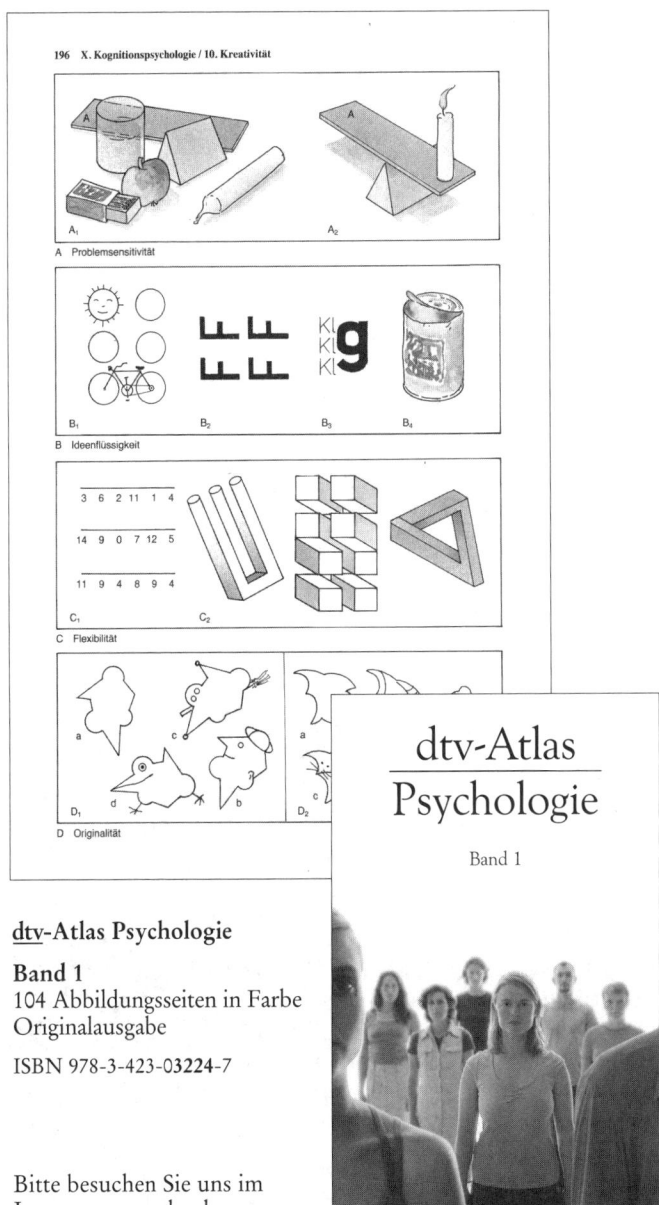

Bitte besuchen Sie uns im
Internet: www.dtv.de

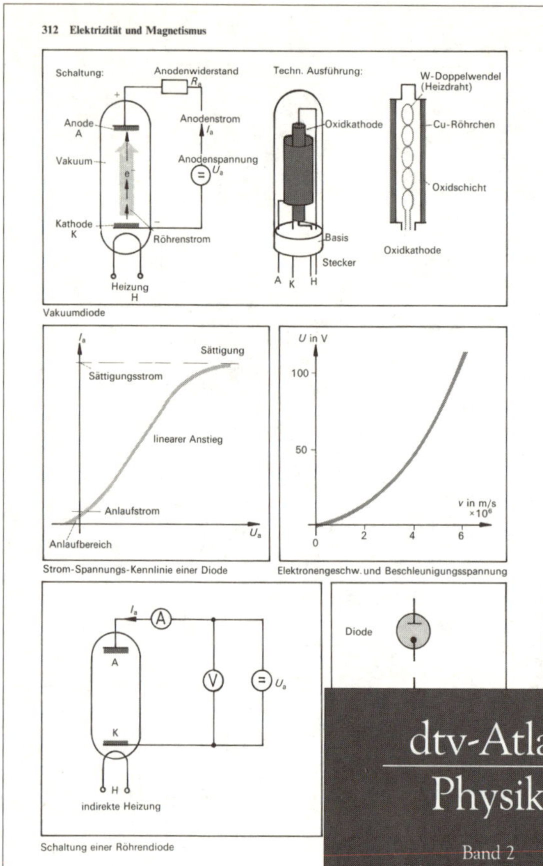

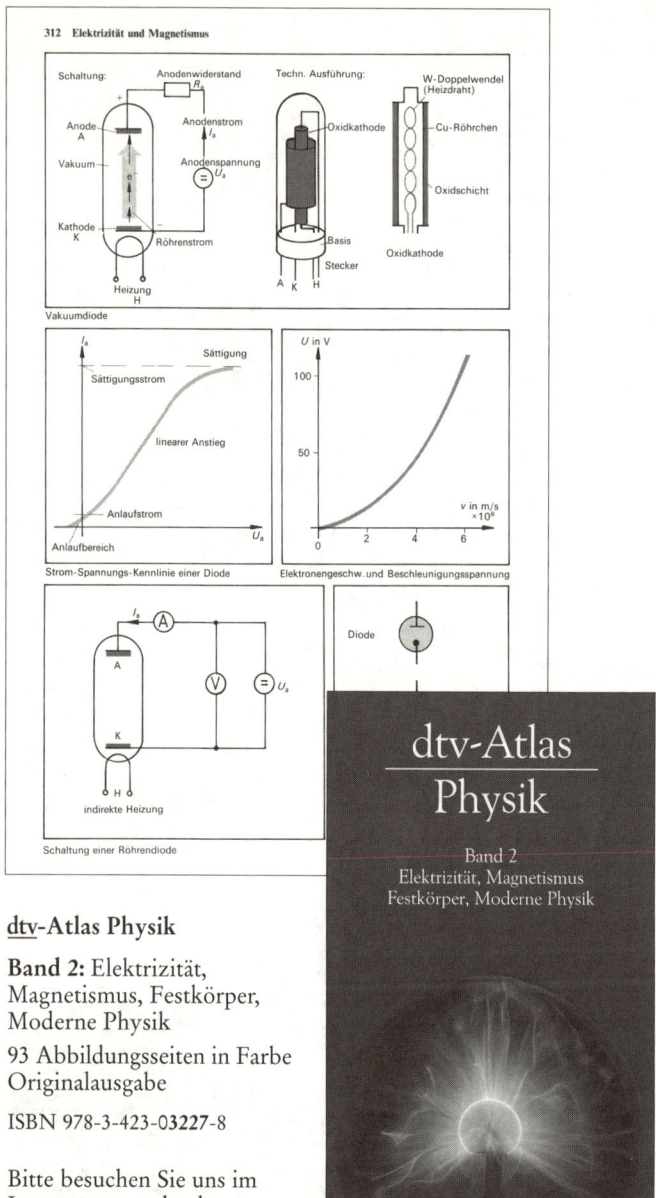

dtv-Atlas Physik

Band 2: Elektrizität, Magnetismus, Festkörper, Moderne Physik

93 Abbildungsseiten in Farbe
Originalausgabe

ISBN 978-3-423-03227-8

Bitte besuchen Sie uns im Internet: www.dtv.de

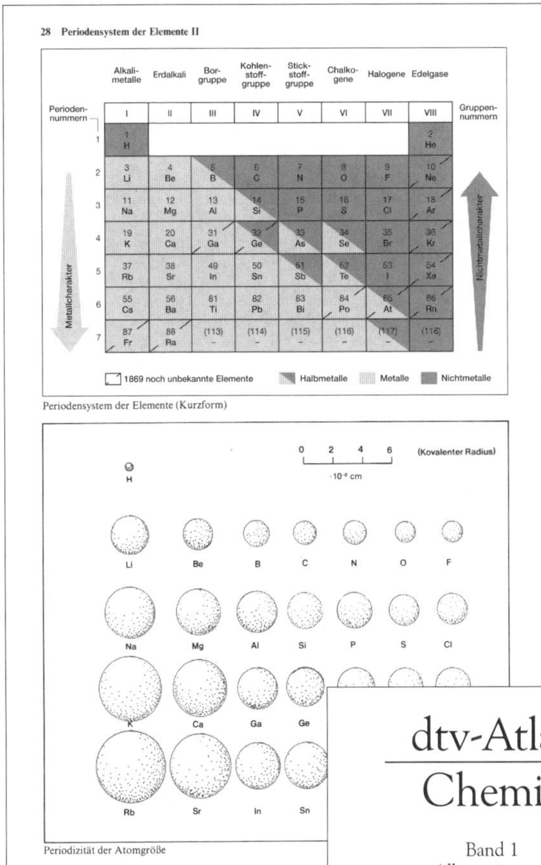
28 Periodensystem der Elemente II

Periodennummern	I Alkalimetalle	II Erdalkali	III Borgruppe	IV Kohlenstoffgruppe	V Stickstoffgruppe	VI Chalkogene	VII Halogene	VIII Edelgase
1	1 H							2 He
2	3 Li	4 Be	5 B	6 C	7 N	8 O	9 F	10 Ne
3	11 Na	12 Mg	13 Al	14 Si	15 P	16 S	17 Cl	18 Ar
4	19 K	20 Ca	31 Ga	32 Ge	33 As	34 Se	35 Br	36 Kr
5	37 Rb	38 Sr	49 In	50 Sn	51 Sb	52 Te	53 I	54 Xe
6	55 Cs	56 Ba	81 Tl	82 Pb	83 Bi	84 Po	85 At	86 Rn
7	87 Fr	88 Ra	(113) –	(114) –	(115) –	(116) –	(117) –	(118) –

Periodensystem der Elemente (Kurzform)

Periodizität der Atomgröße